신의 입자

우주가
답이라면,
질문은
무엇인가

신의 입자
The God Particle

리언 레더먼, 딕 테레시 지음 | 박병철 옮김

Humanist

* 《신의 입자(*The God Particle*)》 초판은 1993년 출간되었으며, 이 책은 2006년 개정판을 번역 출간한 것입니다.

* 본문 하단의 각주는 옮긴이 주입니다.

내가 상대성 이론과 양자역학을 좋아하는 이유는

그 내용을 이해할 수 없기 때문이다.

이 이론에 입각하여 공간을 생각하다보면

'정착을 거부하는 백조' 같다는 느낌이 든다.

그 백조는 조용히 있기를 거부하고

남의 눈에 뜨이는 것도 싫어한다.

그리고 원자는 매우 충동적이어서

마음을 종잡을 수 없는 변덕쟁이 같다.

—D. H. 로렌스

차례

책을 시작하기에 앞서

미국 텍사스 주 와사해치(Waxahachie)에서 웃기는 사건이 발생했다.

1993년에 잘못된 미래상을 갖고 집필한 책에 이제 와서 뒤늦은 서문을 쓰자니 기분이 묘해진다. 물론 그 예견은 이 책의 중요한 부분이 아니었지만, 그래도 예견은 예견이었다. 처음부터 문제의 소지가 많았던《신의 입자(The God Particle)》라는 제목도 사실은 그 잘못된 가정하에 결정된 것이다.

이 책을 집필하던 무렵, 나는 우주의 작동 원리와 우주를 구성하는 기본단위가 곧 밝혀질 것이라고 굳게 믿었다. 1993년에 우리는 텍사스 주 와사해치에 한창 건설 중이던 초전도초충돌기(Superconducting Super Collider, SSC)의 완공을 기다리며 잔뜩 기대에 부풀어 있었다. SSC는 인류역사상 가장 강력한 입자가속기(또는 충돌기)로서, 그동안 제기되어온 가장 심오한 문제에 해답을 줄 것으로 기대되었다. 그런데 예기치 않은 일이 기어이 발생하고 말았다.

사정을 설명하기 전에, 과거에도 옳았고 지금도 여전히 옳은 이 책의 주제에 대해 잠시 생각해보자. 이 책에는 기원전 600년경에 시작된 입자물리학의 역사가 요약되어 있다. 그리스의 식민지 밀레투스에서 출생한 철학자 탈레스(Thales)는 스스로에게 질문을 던졌다. "우주에 존재하는 다양한 물체들은 하나의 단순한 기본물질로 이루어져 있지 않을까?" 탈레스와 그의 동료들이 채택한 접근법은 지금까지도 똑같은 형태로 추진되고 있다. 지난 2,600년 동안 행해진 모든 연구들은 복잡다단한 우주가 궁극적으로 더 없이 단순하다는 사실을 끊임없이 재확인해주었다. 우리의 이야기는 '아토모스(atomos, 너무 작아서 보이지 않고, 더 이상 자를 수도 없는 최소 단위)'라는 용어를 처음 도입했던 데모크리토스(Democritus, B.C. 450)에서 잠시 멈췄다가 수세기를 건너뛰어 알베르트 아인슈타인(Albert Einstein)과 엔리코 페르미(Enrico Fermi), 리처드 파인먼(Richard Feynman), 머리 겔만(Murray Gell-Mann), 셸던 글래쇼(Sheldon Glashow), 리정다오(李政道, T. D. Lee), 스티븐 와인버그(Steven, Weinberg), 양전닝(楊振寧, C. N. Yang) 등 입자물리학의 스타들로 이어진다. 나는 이론물리학자들의 이름만 언급했으나, 힘든 일을 도맡아 한 사람은 나의 동료인 실험물리학자들이었다.

1993년에는 분위기가 매우 희망적이어서, 나의 친구인 스티븐 와인버그가 "최후의 이론(final theory)"을 언급해도 반발하는 사람이 거의 없었다. 19세기 말에는 아토모스에 해당하는 기본입자들 중 실험을 통해 발견된 것은 전자뿐이었다. 그 후 수십 년 사이에 다섯 개의 렙톤(전자의 사촌들)과 여섯 개의 쿼크, 그리고 기본 보손(boson)인 광자와 W, Z입자, 글루온 등 매개입자들이 무더기로 발견되었으며, 남은 것은 물질의 미스터리를 후련하게 밝혀줄 힉스보손(Higgs boson)뿐이었다. SSC의 제1임무는 바로 이 힉스보손을 발견하는 것이었다.

우리는 미래를 낙관적인 시각으로 바라보았다. 게다가 SSC 공사는 20퍼센트가 진척된 상태였다. 우리는 새로운 가속기가 반드시 필요하다고 레이건 대통령을 끈질기게 설득하여 백악관의 승인을 받아냈고, 1990년에 공사가 시작되었다. 그때까지만 해도 우리는 성공을 확신하고 있었다. 그러나 1993년에 미국 의회는 SSC 프로젝트를 취소해버렸다. 아인슈타인은 "신의 생각을 읽는 것이 물리학자의 일"이라고 했다. 그러나 우리에게는 신의 마음을 읽는 것보다 국회의원의 마음을 읽는 것이 훨씬 어려웠다. SSC를 중단함으로써 절약된 110억 달러는 다른 물리학실험을 지원하고, 세수 부족분을 메우고, 국채를 갚고, 빈곤층을 구제하고, 여드름을 치료하고, 평화를 유지하는 데 사용될 것이다. 곱씹어봐야 마음만 아프다. 다시 본론으로 돌아가자.

좋은 소식도 있다. 이 책《신의 입자》는 시대를 앞서간 책이었다. 대형하드론충돌기(Large Hadron Collider, LHC)가 가동을 앞두고 있기 때문이다. 첫 번째 빔은 2007~2008년경에 발사될 예정이라고 한다.* LHC는 힉스입자와 초대칭입자를 발견해줄 가장 강력한 후보이며(그러니까 이 책을 꼭 읽어야 한다!), 1993년의 '블랙데이' 이후 새로 제시된 파격적인 아이디어를 검증해줄 것으로 기대되고 있다. 책을 쓴 시기가 좋지는 않았지만, 나도 나름대로 선견지명을 발휘한 셈이다. 그러나 이 혁신적인 기계가 설치된 곳은 와사해치가 아니라, 소갈비 레스토랑은 별로 없지만 퐁뒤를 마음껏 먹을 수 있는 스위스 제네바이다. LHC의 도마 위에 오를 개념 중 하나는 이론물리학자들의 각별한 사랑을 받고 있는 '여분 차원(extra dimension)'이다. 우리가 알고 있는 위-아래, 좌-우, 앞-뒤 차원(x-y-z) 외에 다른 차원이 어딘가에 숨어 있다면, 우리의 우주는 완전히 다른 모습

---

* LHC의 첫 번째 빔은 2010년 3월에 발사되었다.

으로 재탄생하게 된다. 이것은 '만물의 이론(Theory of Everything, TOE)'의 범위를 좁히는 것 외에, 실험물리학자 헨리 프리슈(Henry Frisch)의 말대로 "잃어버린 양말을 찾는 데" 많은 도움이 될 것이다.

나와 함께 이 책을 공동 집필한 딕 테레시(Dick Teresi)는 책의 제목이 《신의 입자》로 결정되었을 때 "제목에 쏟아진 비난을 달게 받겠다."고 했다(물론 나는 그에게 원고료를 칼같이 지불했다.). 책을 쓰기 전에 한 강연석상에서 농담 삼아 '신의 입자'라는 말을 언급한 적이 있었는데, 그 자리에 있던 테레시가 이렇게 말했다. "그거 가제목으로 괜찮겠네요. 걱정 마세요. 가제목을 최종 제목으로 쓸 편집자는 없을 테니까요." 그 후의 일은 아는 사람만 알 것이다. 결국 이 책의 제목은 두 부류의 사람들에게 공격의 대상이 되었다. 바로 신을 믿는 사람들과 신을 믿지 않는 사람들이다. 그 중간에 있는 사람들은《신의 입자》를 너그럽게 수용해주었다.

그러나 우리는 이 제목에서 벗어날 수가 없었다. 일부 물리학회와《로스앤젤레스 타임즈(Los Angeles Times)》, 그리고 보스턴에서 발간되는 일간지《크리스천 사이언스 모니터(Christian Science Monitor)》는 힉스보손을 줄기차게 "신의 입자"로 칭하고 있다. 잘하면 이 제목으로 영화가 나올지도 모르겠다. 어쨌거나 지금 우리는 힉스보손의 발견을 코앞에 두고 있으며, 단순하고 아름다운 우주는 머지않아 그 모습을 드러낼 것이다. 이 모든 내용이 이 책에 담겨 있다.

믿어도 좋다. 내가 언제 거짓말을 하던가?

2006년, 리언 레더먼

이 책의 출연진

아토모스(Atomos, 또는 a-tom) 고대 그리스의 철학자 데모크리토스가 처음 제안
했던 이론상의 입자(현대에는 '소립자'라고도 한다.). 더 이상 쪼갤 수 없는 만물의 최
소단위로, 너무 작아서 눈에 보이지 않는다. 수소, 탄소, 산소 등 각 원소의 최소
단위를 뜻하는 '원자(atom)'는 아토모스가 아니라 아토모스의 집합체이다.

전자(Electron) 1898년에 최초로 발견된 입자. 현대적 의미의 원자가 그렇듯이,
전자도 '반지름=0'이라는 희한한 성질을 갖고 있다. 전자는 소립자 분류목록에
서 렙톤(lepton, 경입자)에 속한다.

쿼크(Quark) 원자를 구성하는 입자의 한 종류. 쿼크는 모두 여섯 종류가 있는데,
그중 다섯 종은 이미 발견되었고 나머지 하나는 물리학자들이 열심히 찾는 중이
다.• 모든 쿼크는 세 가지 색(color)을 갖고 있다. 여섯 종의 쿼크 중 우주에 자연
적으로 존재하는 것은 위쿼크와 아래쿼크 뿐이다.

뉴트리노(Neutrino, 중성미자) 렙톤족에 속하는 또 하나의 입자로, 모두 세 종류가
있다. 뉴트리노는 물질을 구성하지 않지만 특정 반응에서 핵심적 역할을 한다.
전하가 없고 반지름도 0이고 질량도 0일 것으로 추정되는 뉴트리노는 '미니멀리
즘'의 표상으로 부족함이 없다.

뮤온(Muon)과 타우(Tau)입자 전자의 뚱뚱한 사촌. 전자와 함께 렙톤에 속하지만
질량은 훨씬 크다.

• 나머지 하나의 쿼크, 즉 꼭대기쿼크는 1995년에 페르미 연구소의 테바트론을 통해 발견되
  었다.

광자(Photon), 중력자(Graviton), W^+, W^-, Z^0입자, 글루온(Gloun) 입자이긴 하지만 쿼크나 렙톤과 달리 물질을 구성하지 않는다. 광자는 전자기력을 매개하고 중력자는 중력을, W^+, W^-, Z^0입자는 약한 핵력(약력)을, 글루온은 강력을 매개한다. 단, 중력자는 아직 발견되지 않았다.

진공(Void) 아무것도 존재하지 않는 완벽한 무(無)의 상태. 이것도 데모크리토스가 처음 떠올린 개념으로, 진공 속에서 원자는 자유롭게 이동할 수 있다. 그러나 현대적 의미의 진공 속에는 온갖 가상입자를 비롯한 잡동사니들이 어지럽게 돌아다니고 있다. 요즘은 'void' 대신 'vacuum'이라는 용어를 자주 사용하며, 가끔은 '에테르'로 부르기도 한다.

에테르(Aether) 아이작 뉴턴이 처음 도입하고 제임스 클러크 맥스웰이 재도입한 개념으로, '우주공간을 가득 채우고 있는 그 무엇'을 뜻한다. 아인슈타인은 특수 상대성 이론을 발표하면서 에테르의 개념을 폐기했으나, 최근 들어 그 중요성이 다시 부각되고 있다. 에테르는 실질적으로 진공과 다를 게 없지만, 이론적으로 예견된 유령 같은 입자들로 북적대고 있다.

입자가속기(Accelerator) 입자의 에너지를 높여주는 장치. 입자가 이 속에서 가속되면 $E = mc^2$에 따라 질량이 증가한다.

실험물리학자(Experimenter) 실험에 매진하는 물리학자.

이론물리학자(Theorist) 실험을 하지 않는 물리학자.

그리고 또 하나……
신의 입자(The God Particle)
힉스입자(Higgs particle), 또는 힉스보손(Higgs boson),
또는 힉스스칼라보손(Higgs scalar boson)으로 불리기도 한다.

1장

━━━━━━━━━━━━━━━━━━━━━━━━━━━━━━━━━

보이지 않는 축구공

우주에 존재하는 것은 원자와 빈 공간뿐,
그 외의 모든 것은 의견에 불과하다.

— 아브데라의 데모크리토스

태초에 진공이 있었다. 거기에는 시간도 공간도 없고, 물질도 빛도 소리
도 없었다. 그러나 자연을 지배하는 법칙이 존재했고, 신비한 진공은 무
한한 잠재력을 갖고 있었다. 그것은 마치 거대한 바위가 절벽 끝에 아슬
아슬하게 걸쳐 있는 상황과 비슷했다⋯⋯.

여기서 잠깐.

바위가 굴러떨어지기 전에 미리 고백해둘 것이 있다. 사실 나는 지금
설명하고 있는 내용을 완전히 이해하지 못한 상태이다. 논리적으로 이야
기를 풀어나가려면 처음부터 시작해야 하는데, 아쉽게도 '우주의 처음'
에 대해서는 남아 있는 데이터가 없다. 그냥 없는 정도가 아니라 완전히,
하나도 없다. 빅뱅이 일어나고 10억×1조 분의 1초(10^{-21}초)가 지난 후부
터는 그나마 조금 알고 있지만, 그 이전에 어떤 일이 있었는지는 전혀 알
길이 없다. 만일 누군가가 우주의 탄생에 대하여 이런저런 말을 늘어놓
는다면, 그냥 한쪽 귀로 듣고 다른 귀로 흘리면 된다. 이런 상황에서 우
주 탄생의 순간을 논하는 것은 과학이 아니라 철학에 가깝다. 태초에 무
슨 일이 일어났는지는 오직 신만이 알고 있다(게다가 무슨 연유인지 그 신은
137억 년이 지난 지금까지도 비밀을 공개하지 않고 있다.).

어디까지 말했더라? 아, 그래. 절벽이야기를 하다 말았지…….

진공의 균형은 깎아지른 절벽 끝에 걸쳐 있는 거대한 바위처럼 극도로 정밀하고 아슬아슬해서, 털끝만 한 변화가 생겨도 '우주 창조'라는 엄청난 사건이 벌어질 태세였다. 그리고 그 사건은 결국 일어나고 말았다. 무(無)가 초대형 폭발을 일으키면서 엄청난 빛과 함께 시간과 공간이 탄생한 것이다.

이 초기 에너지로부터 물질이 탄생했다. 복사(輻射, radiation)의 형태로 존재했던 플라스마 입자들이 물질로 변환된 것이다(이제야 비로소 몇 가지 사실로부터 이론을 구축할 수 있게 되었다.). 이때 입자들이 서로 충돌하면서 새로운 입자가 탄생했고, 시간과 공간은 펄펄 끓어 블랙홀이 생성되었다가 분해되는 등 극렬한 변화를 겪었다. 구경꾼은 없었지만 정말 장관이었을 것이다!

우주는 탄생 직후부터 빠르게 팽창하면서 온도가 낮아지고 밀도는 감소했으며, 입자들이 서로 결합하면서 하나였던 힘이 몇 개로 분리되었다. 이 무렵에 양성자와 중성자가 생겨났고, 원자핵과 원자, 그리고 가스 구름이 곳곳에 뭉쳐서 별과 은하, 행성이 탄생했다. 그중 별로 특별할 것 없는 소용돌이 은하의 한 귀퉁이에 평범한 별 하나가 자리 잡았는데, 그 주변을 도는 조그만 행성에 대륙과 바다가 형성되고 바로 그 바다에서 탄생한 유기물 분자가 단백질 합성에 성공하면서 생명활동이 시작되었다. 그 후 단순했던 유기체들은 식물과 동물로 진화했으며, 그중에서도 가장 지능이 뛰어난 동물이 생존의 단계를 뛰어넘어 우주의 진실을 파헤치기 시작했다. 드디어 인간이 출현한 것이다.

인간은 자신의 주변 환경에 강한 호기심을 갖는 유별난 종이었다. 그 후 세월이 흐르면서 몇 차례 돌연변이가 탄생하여 더욱 특이한 기질을 갖게 되었고, 그중 방랑벽까지 장착한 일부 종족들이 대륙의 이곳저곳을 떠돌기 시작했다. 이들이 평범한 종족이었다면 사냥을 마친 후 모닥불을 피워놓고 자연과 우주의 웅장함을 즐기면서 평범하게 살았을 것이다. 그러나 선천적으로 만족을 몰랐던 그 변종들은 끊임없이 질문을 떠올렸다. '우주는 어떻게 창조되었는가? 우주의 원재료는 어떤 조리과정을 거쳐 이토록 다양한 세계로 진화했는가? 별과 행성, 육지와 바다, 햇빛, 소나무, 수달, 그리고 인간의 뇌 …… 이 복잡다단한 피조물들은 어떻게 존재하게 되었는가?' 질문은 간단했지만 답을 찾는 것은 결코 만만한 일이 아니었다. 인류는 이 궁금증을 풀기 위해 100여 세대에 걸쳐 지식을 쌓고 전수하면서 수천 년을 기다려야 했다. 게다가 애써 얻은 답 중에는 사실과 다르거나 받아들이기 어려운 것도 많았다. 하지만 다행인지 불행인지, 이 변종들은 아무리 틀려도 창피한 줄을 몰랐다. 사람들은 그들을 "물리학자"라 불렀다.

해답을 찾아 거의 2,000년을 헤맨 끝에, 지금 우리는 창조의 숨은 비화를 조금이나마 설명할 수 있게 되었다(인류에게는 꽤 긴 시간이었지만, 우주적 시간 스케일에서 보면 거의 찰나에 불과하다.). 관측실과 실험실에서 천체망원경과 현미경을 들여다보며 창조의 순간에 만물을 지배했던 원초적 아름다움과 대칭을 조금이나마 인식하기 시작한 것이다. 사람들이 원한다면 그림으로 보여줄 수도 있지만 아직은 완전하지 않다. 무언가가 우리의 시야를 방해하고 있기 때문이다. 우주는 단순함에서 시작되었을 것 같은데, 어떤 어두운 기운이 그 아름다운 모습을 가리고 있는 것 같다.

우주는 어떻게 작동하는가

나는 먼 옛날부터 과학자들을 괴롭혀왔던 어떤 문제를 부각시키기 위해 이 책을 집필하기로 마음먹었다. 물질의 궁극적 최소단위는 무엇인가? 고대 그리스의 철학자 데모크리토스는 만물의 가장 작은 단위를 '아토모스(atomos, '더 이상 자를 수 없는 것'을 뜻하는 그리스어)'라고 불렀다. 물론 이것은 독자들이 학창시절에 배웠던 원자(수소, 헬륨, 리튬, …… 우라늄 등으로 이어지는 길고 긴 목록)와는 본질적으로 다르다. 현대적 의미의 원자는 아토모스보다 덩치가 크고 구조도 훨씬 복잡하다. 하긴, 데모크리토스가 우라늄원자를 알았다 해도 그것을 아토모스라 부르지는 않았을 것이다. 물리학자나 화학자의 관점에서 볼 때 원자는 궁극의 최소단위가 아니라 전자, 양성자, 중성자가 담겨 있는 깡통이고 양성자와 중성자도 더 작은 입자(쿼크)로 이루어진 집합체이다. 따라서 모든 존재의 근원을 과학적으로 이해하려면 가장 작은 단위인 '소립자(素粒子, elementary particle)'와 이들의 거동을 좌우하는 '힘'을 알아야 한다. 물질을 이해하는 키포인트는 화학시간에 배운 원자가 아니라 데모크리토스의 아토모스라는 이야기다.

우리 주변에 있는 물질들은 엄청나게 복잡한 구조를 갖고 있다. 지금까지 알려진 원자는 거의 100종에 가깝고, 이들이 결합해서 생긴 분자는 대충 계산해도 수십 억×수십 억 개에 달한다. 행성과 별, 바이러스, 산, 지폐, 신경안정제, 출판대행인 등 이 세상 모든 것은 바로 이 분자로 이루어져 있다. 그러나 우주가 창조되던 무렵, 즉 빅뱅 직후에는 이렇게 복잡한 물질이 존재하지 않았다. 그때는 원자핵도, 원자도 없고 궁극의 최소단위(아토모스, 또는 소립자)만이 우주공간을 배회하고 있었다. 집합체가 형성되기에는 온도가 너무 높았기 때문이다. 어쩌다가 운 좋게 원자핵이 형성되었다고 해도, 온도(에너지)를 견디지 못하고 순식간에 다시 소립자로 분해되었다. 창조의 순간에는 아마도 한 종류의 입자와 하나의 힘만이 존재했을 것이다. 또는 이들이 하나로 통합된 입자/힘의 형태로 존재했을 수도 있다. 그 외에 존재하는 것이라곤 장차 우주의 앞날을 결정하게 될 무형의 '물리법칙'뿐이었다. 이 원시적 입자와 물리법칙 속에는 장차 우주의 기원을 탐구하게 될 생명의 씨앗이 잉태되어 있었다. 원시우주는 그다지 드라마틱하지 않았지만 입자물리학자에게는 최고의 연구과제이다. 뿌연 안개에 가려져 있는 극도의 단순함과 아름다움. 입자물리학자에게는 최고의 진수성찬이 아닐 수 없다.

과학의 태동

나의 영웅 데모크리토스가 태어나기 전에도 그리스에는 미신과 신화, 또는 신에 얽매이지 않고 이성적 사고와 논리로 이 세상을 이해했던(또는 이해하려고 애썼던) 철학자들이 있었다. 이들의 주장은 과학과 다소 거리가 있었지만, 원인 모를 현상으로 가득 찬 세계를 나름대로 이해하고 두려움을 극복하는 데 커다란 역할을 했다. 당시 그리스인은 낮과 밤, 계절변화, 불, 물, 바람의 관계 등 자연현상 속에서 변화의 규칙을 찾아냈고, 기원전 650년경에는 지중해 연안에 찬란한 기술문명을 꽃피웠다. 이곳에 살던 사람들은 토지를 측량하고 별자리로부터 방향을 가늠할 수 있었으며 고도의 야금술과 달력계산법(별과 행성의 위치로부터 계산된 역법)을 발전시켰다. 또한 정밀한 도구와 화려한 직물, 정교한 장식이 가미된 도자기까지 만들었다. 자연현상의 규칙을 이해하고 각 사건들 사이의 날짜 간격을 계산하는 달력도 있었으니, 앞날을 예견하는 것도 어느 정도는 가능했을 것이다. 그 무렵 고대 그리스제국의 식민지였던 밀레투스(Miletus)에서는 "이 세계는 엄청 복잡한 것 같지만 본질적으로는 매우 단순하며, 그 단순함은 논리적 사고를 통해 입증될 수 있다."는 믿음이 널리 퍼져 있었다. 그로부터 약 200년 후, 아브데라의 데모크리토스가 단순한 우주의 최소단위로 '아토모스'라는 개념을 창안하면서 본격적인 연구가 시작되었다.

요즘 대학에는 물리학과와 천문학과가 분리되어 있지만, 원래 물리학은 천문학에서 태동된 학문이다. 고대 철학자들은 경이로운 눈으로 밤하늘을 바라보며 별-행성의 움직임과 태양이 뜨고 지는 패턴으로부터 천문현상을 논리적으로 설명하는 모형을 만들었다. 그 후 하늘에서 땅으로 관심을 돌린 과학자들은 떨어지는 사과와 날아가는 화살, 단진자, 바람, 조수(潮水, tide) 등을 주의 깊게 관찰하여 자연현상을 서술하는 일련의 물리학 법칙을 알아냈고, 르네상스운동이 유럽을 휩쓸었던 1500년경 물리학은 하나의 독립적인 학문으로 자리 잡게 된다. 그로부터 다시 수백 년 후 망원경과 현미경, 진공펌프, 시계 등 다양한 도구가 발명되면서 과거에는 볼 수 없었던 다양한 현상들이 관측되었으며, 관측결과를 숫자와 그래프로 기록하면서 그 저변에 깔려 있는 수학적 규칙에 눈뜨기 시작했다. 드디어 물리학에 수학이 도입된 것이다.

20세기 초 물리학의 최대 현안은 '원자'였다. 그러나 1940년대에는 '원자핵'이 핫이슈로 부상했고, 세월이 흐를수록 연구 분야는 더욱 넓어지고 다양해졌다. 또한 관측도구가 정밀해지면서 물리학자들은 극도로 작은 영역을 볼 수 있게 되었으며, 관측데이터를 종합하면서 자연에 대한 이해가 더욱 깊어졌다. 그러나 학문의 범위가 넓을수록 종합과 분석은 그만큼 어려워지기 마련이다. 고대에는 한 사람의 철학자가 모든 자연현상을 연구했지만, 현대물리학은 몸집이 너무 비대해져서 분업을 하지 않으면 발전은커녕 유지하기도 어려웠다. 그리하여 새로운 진보가 이루어질 때마다 물리학은 점점 더 세분화되었고, 환원주의(reductionism)●를 신봉하는 일부 물리학자들은 입자물리학으로, 다른 물리학자들은 좀 더 스케일이 큰 원자물리학과 분자물리학, 또는 핵물리학 등의 분야로 각자제 길을 찾아갔다.

리언 레더먼, 물리학에 빠지다

나의 과학지식은 분자에서 출발했다. 고등학교와 대학 초년생 무렵에는 화학을 좋아했다가 점차 관심이 물리학 쪽으로 옮겨간 케이스다. 왜냐고? 화학실험실에 들어가면 자극적인 시료냄새가 코를 찌르지만, 물리학 실험실은 아무런 냄새도 나지 않기 때문이다. 간단히 말해서, 물리학이 화학보다 깔끔하다고 생각한 것이다. 그리고 또 한 가지 이유는 물리학과 학생들이 나보다 재미있고 농구도 더 잘했기 때문이다. 그중에서도 단연 눈에 띄는 학생은 지금 워싱턴대학교 교수인 아이작 핼펀(Isaac Halpern)이었다. 당시 물리학과에서는 학생들의 성적을 복도 게시판에 붙여놓았는데, 핼펀은 자신의 성적을 확인하러 가면서 이렇게 말하곤 했다. "난 지금 내 성적이 A인지 B인지 확인하려는 게 아니야. 작대기가 없

● 다양한 현상을 기본적인 하나의 원리나 요인으로 설명하려는 경향.

혀 있는 A인지(A) 고깔모자를 쓴 A인지(Â) 확인하려는 거라고!" 그의 유머는 모든 사람을 즐겁게 했다. 또 그는 넓이 뛰기를 가장 잘하는 학생이기도 했다.

나는 명쾌한 논리와 정교한 실험으로 대변되는 물리학에 점점 더 깊이 빠져들었다. 대학 졸업반 때, 고교동창이자 현재 예일대학교의 아인슈타인 석좌교수인 나의 절친 마틴 클라인(Martin Klein)은 함께 맥주잔을 기울이며 밤새도록 물리학 예찬론을 늘어놓곤 했는데, 그의 열정에 찬 눈빛과 진지한 말투는 순진했던 나를 설득하기에 부족함이 없었다. 대학을 졸업한 후 나는 미국 육군에 입대했고, 기초훈련과 제2차 세계대전에서 살아남는다면 대학원에 진학하여 물리학자가 되기로 결심했다.

다행히 큰 부상 없이 전쟁에서 살아남았고, 1948년에 컬럼비아대학교 물리학과 대학원에 입학할 수 있었다. 당시 이곳에는 세계 최대 규모의 입자가속기인 싱크로사이클로트론(synchrocyclotron)이 건설되고 있었는데, 처음 가동되던 1950년 6월에 컬럼비아대학교 총장 드와이트 아이젠하워(Dwight Eisenhower)가 직접 테이프를 끊었다. 학교 측에서는 '아이젠하워 장군과 2차 대전 참전 동기'라는 나의 타이틀이 마음에 들었는지, 주당 90시간 근로봉사를 한다는 조건으로 거의 4,000달러에 가까운 장학금을 지원해주었다. 싱크로사이클로트론은 그 무렵에 새로 건설된 몇 대의 입자가속기와 함께 '입자물리학'이라는 새로운 분야를 선도했다.

입자물리학이라고 하면 독자들은 엄청난 규모의 실험장비와 온갖 첨단장치로 무장한 실험실을 떠올릴 것이다. 사실이 그렇다. 나는 운 좋게도 대형 입자가속기가 세상에 출현하던 바로 그 시기에 입자물리학자의 길을 걷기 시작했다. 그 후로 40여 년 동안 입자물리학은 물리학 최대 현안으로 군림하면서 막강한 영향력을 발휘해왔다. 최초의 입자가속기라

할 수 있는 원자파쇄기(atom smasher)는 직경이 몇 인치에 불과했으나, 현재 세계 최대의 입자가속기인 페르미 국립 가속기 연구소(Fermi National Accelerator Laboratory, Fermilab)의 테바트론(Tevatron)은 둘레가 6.4킬로미터나 되며, 그 안에서 양성자와 반양성자가 상상을 초월하는 에너지로 격렬하게 충돌하고 있다. 그러나 2000년이 되면 테바트론은 최고의 자리를 내줘야 할 것 같다. 전 세계 모든 입자가속기를 압도하는 초전도초충돌기(Superconducting Super Collider, SSC)가 지금 텍사스 주에서 한창 건설되고 있기 때문이다. SSC의 둘레는 무려 86킬로미터에 달한다.●

입자물리학자들은 수시로 자문한다. "어딘가에서 방향을 잘못 잡은 것은 아닐까? 그동안 실험장비에 너무 의존해온 건 아닐까? 입자물리학의 입지가 확고해지면서 장비가 대형화되고 인원도 엄청 많아졌는데, 입자가 충돌하는 장면을 직접 본 사람은 없다. 가속기 안에서 입자들이 엄청난 에너지로 충돌할 때 실제로 어떤 일이 벌어지고 있는가? 아무도 알수 없다면 입자물리학은 결국 모호한 사이비과학에 머물 수밖에 없는가?" 심란한 질문이지만 마냥 덮어둘 수도 없는 노릇이다. 다행히 기원전 650년경 고대 그리스제국의 식민지 밀레투스에서 시작되어 현대까지 이어져온 과학의 여정을 되돌아보면 어느 정도 자신감을 가질 수 있다. 이길의 종착지는 '청소부에서 시장에 이르는 모든 사람이 우주의 비밀을 완전히 이해하는 세상'이다. 그동안 데모크리토스와 아르키메데스, 코페

● 그러나 이 책의 초판이 출간되고 몇 달이 지난 후, 미국 의회는 SSC의 예산집행을 취소했다. 냉전이 끝난 마당에 굳이 소련과 경쟁할 필요가 없다고 판단했기 때문이다. 그리하여 SSC는 거대한 지하터널만 남긴 채 공사가 중단되었고, 나중에 이 터널을 다시 메우는 데 수십 억 달러가 추가로 들어갔다.

르니쿠스, 케플러, 갈릴레오, 뉴턴, 패러데이, 아인슈타인, 페르미 등 당대의 석학들이 이 길을 걸어왔으며, 지금 연구실에서 밤을 밝히고 있는 물리학자들도 여행에 동참하고 있다.

이 길은 도중에 좁아지기도 하고, 난관을 극복하면 갑자기 넓어지기도 한다. 한동안은 네브리스카 주를 관통하는 80번 도로처럼 심심하기 짝이 없는 탄탄대로였다가, 어느 순간부터는 온갖 장애물이 널려 있는 구불구불한 험로로 돌변한다. 도로변에는 '전기공학'이나 '화학', '전파통신공학', 또는 '응집물리학' 등으로 진입하는 골목이 곳곳에 나 있다. 대로를 따라가다가 표지판에 매료되어 골목으로 접어든 과학자들은 라디오와 TV, 휴대폰 등을 발명하여 전 세계 사람들의 생활방식을 송두리째 바꿔놓았다. 그러나 도로를 이탈하지 않은 고집스러운 과학자들은 끊임없이 나타나는 간판, "우주는 어떻게 작동하는가."라는 간판을 바라보며 여행의 목적을 되새긴다. 1990년대를 풍미했던 입자가속기도 바로 이 대로 위에 놓여 있다.

나는 뉴욕시 브로드웨이 120번가에서 이 유서 깊은 여정에 합류했다. 당시 물리학자들의 최대 현안은 강한 핵력(strong nuclear force, 강력)과 이론상으로 예견된 입자인 파이중간자(pi meson, 또는 파이온)의 특성을 규명하는 것이었다. 컬럼비아대학교의 입자가속기는 양성자를 표적에 충돌시켜서 다량의 파이온을 만들어낼 수 있었으므로 연구를 수행하기에 아주 적절한 곳이었다. 게다가 입자가속기와 관련된 실험장비들은 구조가 비교적 단순해 물리학과에 갓 입학한 대학원생도 쉽게 이해할 수 있었다.

1950년대는 컬럼비아대학교 물리학과의 전성기였다. 이 무렵에 찰스 타운즈(Charles Townes)가 레이저를 발명하여 훗날 노벨상을 받았고(1964년), 제임스 레인워터(James Rainwater)는 원자핵 모형을 제시하여 역시 훗날 노벨상을 받았으며(1975년) 윌리스 램(Willis Lamb)은 수소원자 스펙트럼선의 미세한 이동을 발견하여 1955년에 노벨상을 수상했다. 또한 1944년에 이미 노벨상을 수상한 이시도어 라비(Isidore Rabi)는 연구팀을 진두지휘하여 폴리카프 쿠시(Polykarp Kusch, 1955년)와 노먼 램지(Norman Ramsey, 1989년)라는 두 명의 노벨상 수상자를 추가로 배출했다. 또한 리정다오(李政道)는 반전성 비보존 이론을 발표하여 1957년에 노벨상을 받았다. 이렇게 노벨상 수상자로 북적대는 곳에서 학생과 교수들은 자부심을 느끼면서도 다른 한편으로는 열등감에 주눅이 들기도 했다. 심지어 일부 젊은 교수들 중에는 재킷에 "아직 못 받았음(Not Yet)."이라고 새겨진 배지를 달고 다니는 사람도 있었다.

나는 1959~1962년 동안 두 명의 동료와 고에너지 뉴트리노 충돌실험을 수행하여 물리학계에 처음으로 이름을 알렸다. 뉴트리노는 내가 제일 좋아하는 입자이다. 질량도, 전하도 없고(질량이 있을 수도 있지만 거의 0에 가깝다.) 크기도 없으며 설상가상으로 강력의 영향도 받지 않는다. 뉴트리노는 다른 입자들과 상호작용을 거의 하지 않는 '회피성 입자'이기 때문에, 두께가 수백만 킬로미터에 달하는 납덩이가 앞을 가로막고 있어도 가뿐하게 통과한다.●

1961년에 나와 동료들이 수행한 실험은 훗날 '표준모형(standard model)'으로 불리게 될 입자물리학 이론의 기초가 되었고, 나는 이 공로를 인정받아 1988년에 노벨 물리학상을 받았다(사람들은 노벨상을 받는데 왜 27년이나 걸렸냐고 종종 물어오는데, 정확한 이유는 나도 모른다. 다만 가족들과 친구들에게는

● 상호작용을 하지 않는다는 것은 다른 입자와 충돌을 하지 않는다는 뜻이다.

"내가 한 일이 너무 많아서 노벨위원회가 그중 하나를 고르느라 오래 걸린 것"이라고 둘러대곤 했다.). 노벨상 수상자로 선정되는 것은 확실히 신나는 일이다. 그러나 실험이 성공했을 때 느꼈던 감격과 환희에 비하면 노벨상은 새 발의 피에 불과하다.

요즘 물리학자들은 과거의 과학자들이 수백 년에 걸쳐 느꼈던 감정을 한꺼번에 느끼고 있다. 사실 물리학자의 삶은 불안과 고통, 고난, 긴장, 무력감, 그리고 좌절의 연속이다. 그러나 간간이 느껴지는 상쾌함과 웃음, 기쁨, 그리고 강렬한 환희가 부정적인 감정을 잊게 해준다. 이런 구원의 순간이 자주 오면 좋겠지만, 사실은 아주 드문 데다 아무런 예고 없이 찾아오곤 한다. 다른 사람이 발표한 아름다운 이론을 어느 순간 갑자기 이해하면서 기쁨과 성취감을 느낄 때도 있다. 그러나 뭐니 뭐니 해도 가장 강렬한 순간은 우주의 비밀을 스스로 발견했을 때이다. 상상해보라. 당신이 새벽 3시에 연구실에 혼자 남아 방정식과 씨름을 벌이다가 문득 심오한 사실을 깨달았다. 바로 그 순간, 당신을 제외한 70억 명의 인류 중 그 사실을 아는 사람은 단 한 명도 없다. 이 얼마나 짜릿하고 강렬한 경험인가! 이럴 때 당신은 한시라도 빨리 연구결과를 세상에 알리고 싶을 것이다. 방송국에 연락해야 할까? 아니다. 학술적 발견은 '논문'이라는 출판물을 통해 세상에 알려진다.

이 책은 지난 2,500년 동안 과학자들이 겪었던 환희의 순간들을 시대순으로 모아놓은 것이다. 지금 우리가 우주에 대해 이 정도나마 알고 있는 것은 과학자들의 발견이 오랜 세월동안 쌓여왔기 때문이다. 이 여정에는 고통과 좌절도 중요한 역할을 했다. "유레카!"를 외치려면 운도 좋아야 하지만, 무엇보다 한 가지 문제에 집착하는 끈기와 고집이 있어야 한다.

물론 "유레카"가 과학자의 전부는 아니다. 일상생활 속에서 느끼는 소소한 기쁨도 있다. 나는 추상적인 개념을 눈으로 보여주는 실험장비를 개발하면서 소소한 기쁨을 누려왔다. 감수성 예민했던 컬럼비아 대학원생 시절, 나는 우리학교를 방문한 이탈리아 교수를 도와 입자계수기를 만든 적이 있다. 입자물리학의 세계적 권위자였던 그가 완전히 초짜였던 나와 한 팀을 이룬 것이다. 우리는 선반 위에 놋쇠관을 올려놓고 유리마개를 양끝에 부착시킨 후 유리를 관통하는 금속관 속으로 금줄을 삽입했다. 이런 일은 보통 기계를 다루는 인부들이 해주었지만, 그날은 인부들이 모두 퇴근한 후여서 모든 작업을 직접 해야 했다. 우리는 금줄에 오실로스코프를 연결한 후 특별히 제작된 기체를 몇 시간 동안 계수기 안으로 주입했다. 교수(그의 이름은 질베르토였다.)는 간간이 오실로스코프의 푸른색 화면을 바라보며 나에게 입자계수기의 역사를 설명해주었는데, 발음이 하도 희한해서 거의 반은 알아듣지 못했다. 그러던 중 갑자기 질베르토 교수가 냅다 소리를 질러댔다. "맘마미아! 레가르도 인크레디빌로! 프리모 세쿠르소!" 정확하게 옮겼는지는 자신 없다. 아무튼 이와 비슷한 말이었다. 그는 나보다 키가 15센티미터쯤 작고 체중도 20킬로그램 이상 가벼웠는데, 어디서 그런 힘이 나왔는지 나를 번쩍 안아든 채 덩실덩실 춤을 추며 실험실을 이리저리 돌아다녔다.

"어어 …… 왜 이러십니까? 대체 무슨 일이에요?"

"무필레토! 계수기가 착통해, 착통한다고!"

초짜인 나에게 '학자로서의 기쁨'을 보여주기 위해 약간 과장한 면도 있겠지만, 그날 질베르토 교수는 진정함 기쁨을 맛본 것 같았다. 우리의 손과 눈, 그리고 머리를 동원하여 직접 제작한 계수기가 우주선(宇宙線, cosmic ray)˙을 감지해냈으니, 돈주고 산 기계가 작동하는 것과는 차원이 다른 성취감을 느꼈을 것이다. 하지만 비슷한 광경을 이미 수백, 수천 번 이상 본 사람이 그토록 흥분하는 것을 보면, 발견(또는 발명)의 성취감 은 경험횟수와 무관한 것 같다. 지구로부터 수백, 수천만 광년 거리에 있는 어떤 은하에서 방출된 입자가 우여곡절 끝에 지구까지 날아왔고, 그 중 일부가 브로드웨이 120번가에 있는 한 건물의 10층에 도달했다. 그리고 방금 내 손으로 만든 입자계수기가 그 입자를 감지해냈다. 정말 짜릿하지 않은가? 그러나 이것은 과학자가 느끼는 기쁨의 극히 일부에 불과하다. 그리고 질베르토 교수의 환희에 찬 비명은 매우 강한 전염성을 갖고 있었다.

물질 도서관

나는 입자물리학을 설명할 때 로마제국의 시인이자 철학자였던 루크레티우스(Lucretius)의 은유를 즐겨 사용한다. 지금 당신에게 '도서관을 이루는 기본요소를 규명하라.'는 과제가 주어졌다고 가정해보자. 건물과 책꽂이, 선반 등 부대시설은 제외하고 책만 생각하면 된다. 자, 어디서 출발해야 할까? 일단은 책을 역사, 과학, 전기 등 분야별로 나눌 수 있고 두꺼운 책, 얇은 책, 판형이 큰 책, 작은 책 등 크기별로 나눌 수도 있다. 이런 식으로 다양한 기준을 도입하여 책들을 분류하긴 했는데 무언가 찜찜

● 우주공간에서 지구로 쏟아지는 방사선. 앞으로 이 책에 '우주선'이라는 단어가 또 등장한다면 무조건 cosmic ray라는 뜻이다. 비행접시는 이 책과 아무런 관련도 없다.

하다. 각 분야에 속하는 책들이 너무 많아서 아무래도 종류를 더 세분해야 할 것 같다. 그렇다면 지금부터는 책 속을 들여다봐야 한다. 전체적인 구조를 보니 장(章, chapter)으로 나눠져 있고 각 장은 여러 개의 문장으로 이루어져 있는데 …… 이런 것을 기준으로 분류하자니 머리가 너무 복잡하다. 그러다 문득 기발한 아이디어가 떠올랐다. 단어! 그래, 바로 그거다. 그러고 보니 도서관에 들어올 때 1층 로비에서 단어 목록을 모아놓은 두툼한 책을 본 것 같다. 그렇다. 그런 책을 '사전(dictionary)'이라고 부른다. 사전에 수록된 단어들을 문법에 따라 나열하면 도서관에 있는 모든 책들을 재현해낼 수 있다. 책 속에서는 같은 단어들이 끊임없이 반복되지만 전후관계와 위치에 따라 각기 다른 뜻을 가진다.

아이디어는 좋았는데, 단어를 기준으로 분류하자니 그 수가 너무 많다. 사용되는 빈도는 다르지만 사전에 수록된 영어단어는 거의 30만 개나 된다. 가만 …… 모든 단어는 결국 알파벳으로 이루어지지 않았던가? 오케이, 바로 그거다! 이번엔 진짜다. 알파벳 26자를 조합하면 수십 만 개의 단어를 만들 수 있고, 이 단어들을 잘 나열하면 수백만(수십 억?) 권의 책을 만들 수 있다. 그러나 알파벳을 아무렇게나 나열해놓고 단어라고 우길 수는 없으니, '철자(spelling)'라는 규칙을 도입해야 한다. 이제 대충 된 것 같다. '알파벳에 기초한 책 분류법'이라는 제목으로 논문을 한권 써야겠다. 그런데 웬 젊은 학생이 당신에게 다가와 한 마디 거든다. "아저씨, 아니 할아버지, 알파벳 26자를 다 쓸 필요가 없어요. 0하고 1만 있으면 된다고요." 요즘 아이들은 컴퓨터에 워낙 익숙해서 0과 1의 조합으로 알파벳을 만드는 프로그램쯤은 쉽게 짤 수 있다. 당신이 워낙 구세대여서 디지털 데이터에 익숙하지 않다면 도트(·)와 대시(―)로 이루어진 모스부호(Morse code)를 떠올려도 된다. 단 두 개의 요소만으로 모든 단어와 문장을 만들어내지 않았던가? 0과 1이건 도트와 대시건, 기호 두 개만 있으면 26개의 알파벳을 만들 수 있고, 알파벳을 철자규칙에 따라 잘 조합하면 사전을 만들 수 있으며, 사전에 있는 단어를 문법에 따라 나열하면 문장과 단락, 장······ 그리고 마침내 '책'을 만들 수 있다. 이런 책을 모아놓은 곳이 바로 도서관이니, 당신의 임무는 훌륭하게 완수된 셈이다. 축하한다.

가만, 0과 1을 또 다시 세분할 수는 없을까? 아무리 생각해도 그건 불가능할 것 같다. 더 이상의 분류가 무의미하다면, 이는 곧 0과 1이 도서관을 이루는 최소단위, 즉 '아토모스'임을 의미한다. 지금까지 한 이야기를 자연에 비유하면 도서관은 우주이고 문법과 철자법, 알고리즘은 힘이며, 0과 1은 우주의 아토모스인 렙톤과 쿼크에 대응된다. 도서관과 다른 점은 우주의 기본단위가 눈에 보이지 않는다는 것이다.

쿼크와 교황

강연장에서 청중석에 앉아 있던 한 여인이 단호한 표정으로 물었다. "원자를 직접 보신 적이 있나요? 본 적도 없으면서 어찌 그렇게 자신만만할 수 있죠?" 일리 있는 질문이다. 다른 사람도 아닌 과학자가 본 적도 없는 것을 확신에 찬 어조로 떠들고 있으니 의문을 가질 만하다. 하지만 나는 머릿속에 원자의 구조를 확실하게 그릴 수 있다. 원자의 중심에는 원자핵이 점처럼 찍혀 있고, 그 주변을 전자구름이 에워싸고 있다. 그리고 전자와 원자핵은 전하의 부호가 반대이기 때문에 둘 사이에는 전기적 인력이 작용한다. 내가 이런 그림을 상상할 수 있는 이유는 원자의 구조를 설명해주는 '방정식'이 존재하기 때문이다. 물론 방정식 자체가 그림을 직접 보여주지는 않기 때문에 원자의 개념도는 물리학자마다 다를 수도 있다. 이런 그림을 일반인에게 보여주면 별다른 감흥을 느끼지 못하겠지만, 어쨌거나 그 그림에는 방정식이 충분히 반영되어 있다. 이런 식으로 물리학자들은 원자와 양성자, 심지어는 쿼크까지도 볼 수 있다.

"원자를 본 적이 있는가?"라는 가시 돋친 질문에 답하려면, 우선 무언가를 '본다(see)'는 말부터 정확하게 정의해야 한다. 안경을 낀 독자들은 정말로 이 페이지를 보고 있는가? 이 책을 마이크로필름 버전으로 보고 있다면 '책을 본다'고 할 수 있을까? 판권사용료를 지불하지 않은 복사본으로 읽거나 컴퓨터 모니터를 통해 읽는 사람들은 어떤가? 질문을 좀 더 실감나게 바꿔보자. "당신은 교황을 본 적이 있는가?"

아마도 대부분의 사람들은 이렇게 답할 것이다. "당연하지, TV에서 열 번도 넘게 봤다구. 교황을 못 본 사람이 세상에 어디 있겠어?" 과연 그럴까? 당신이 TV를 통해 본 것은 교황이 아니라 전자빔이 유리 스크린 안에 칠해진 인광체를 때리면서 만들어낸 허상이었다. 당신은 실제 교황을 한 번도 본적이 없으면서 TV 스크린에 나타난 교황을 보고 '저 사람이 교황이다. 이 세상에는 교황이 존재한다.'고 하늘같이 믿고 있다. 그렇다면 물리학자가 "원자는 존재한다."고 주장하면서 내미는 증거도 그에 못지않게 타당한 것으로 인정받아야 한다.

그 증거란 다름 아닌 거품상자(bubble chamber)●이다. 페르미 연구소의 입자가속기 '테바트론' 안에서 양성자와 반양성자가 충돌하면 다양한 파

● 방사선이나 소립자 등 하전입자가 지나간 경로를 검출하는 장치로 기포상자라고도 한다.

편들이 쏟아져 나오는데, 이들은 약간의 전기공학적 과정을 거쳐 3층 높이의 6000만 달러짜리 입자감지기로 유입되고, 그 안에 설치된 수천 개의 센서들이 입자가 지나갈 때마다 전기신호를 만들어낸다. 이 신호는 수십만 개의 전선을 거쳐 데이터 분석장치에 입력되고, 분석결과는 0과 1로 변환되어 자기테이프에 기록된다. 가속기 내부에서 양성자와 반양성자가 충돌했을 때 생성되는 입자는 거의 70종에 이르는데, 자기테이프는 이 모든 데이터를 한꺼번에 기록할 수 있다.

과학자들, 특히 입자물리학자들의 자신감은 '재현 가능성'에 근거를 두고 있다. 캘리포니아에서 충돌실험을 실행하여 어떤 결과를 얻었다면, 제네바에 있는 가속기에서도 똑같은 결과가 얻어져야 한다. 만일 두 결과가 다르다면 둘 중 하나가(또는 둘 다) 오작동을 한 것이고, 결과가 같으면 결과를 신뢰함과 동시에 두 장치가 올바르게 작동했다는 확신도 가질 수 있다. 물론 이런 확신이 하루이틀 만에 생기는 것은 아니다. 한 가지 사실을 확인하기 위해 수십 년 동안 실험을 반복하는 경우도 있다.

예나 지금이나 입자물리학은 일반인들에게 "골치 아프고 어려운 학문"이다. 보이지도 않는 대상을 탐구하는 과학자들에게 의구심을 갖는 사람은 강연장에서 도전적 질문을 던졌던 그 여인뿐만이 아닐 것이다. 그래도 나는 어떻게든 독자들을 설득하고 싶다. 그래서 여기 또 하나의 은유를 시도해보기로 한다.

보이지 않는 축구공

트와일로(Twilo)라는 행성에 우리 못지않게 똑똑한 외계인이 살고 있다.

그들은 외모와 언어, 행동거지 등 많은 부분이 지구인과 비슷하지만, 한 가지 크게 다른 점이 있다. 그들의 눈에는 일종의 여과장치 같은 것이 달려 있어서, 흑백으로 이루어진 물체를 볼 수 없다. 그러니까 이들에게 얼룩말은 없는 것이나 마찬가지다. NFL(미국 미식축구리그)의 심판들이 입는 흑백 세로줄무늬 셔츠도 볼 수 없고, 흑백으로 이루어진 축구공도 보이지 않는다. 어떻게 그런 눈이 존재할 수 있냐고 묻는다면 딱히 할 말은 없지만, 따지고 보면 지구인의 눈은 훨씬 더 유별나다. 사람의 눈에는 맹점(盲點)이 두 군데나 있고, 우리의 두뇌는 다른 곳에 맺힌 상을 근거로 맹점에 어떤 상이 맺힐지 추정해낸다. 그러니까 우리 눈에 보이는 영상의 일부는 실제가 아니라 두뇌가 '대충 때려 맞춘' 가짜영상이라는 이야기다. 그런데도 우리는 눈에 보이는 것을 하늘같이 신뢰하면서 시속 150킬로미터로 고속도로를 달리고, 뇌수술을 하고, 불붙은 막대로 저글링을 한다.

어느 날, 트와일로 행성의 사절단이 친선을 도모하기 위해 지구를 방문했다. 영접단은 그들에게 지구의 문화를 소개하는 차원에서 가장 인기 좋은 이벤트를 보여주기로 했다. 때마침 그때가 월드컵 시즌이어서, 축구경기장으로 데려간 것이다. 물론 지구의 영접단은 외계인들이 흑백영상을 보지 못한다는 사실을 전혀 모르고 있다. 귀빈석에 앉은 외계인들은 점잖은 표정으로 관람을 시작했지만, 얼마 가지 않아 어리둥절한 표정으로 바뀌었다. 짧은 바지를 입은 지구인들이 발을 허공으로 올렸다 내렸다 하면서 운동장을 정신없이 뛰어다니고, 가끔은 격렬하게 충돌한 뒤 바닥에서 뒹굴기도 한다. 또 심판이라는 지구인은 시도 때도 없이 호루라기를 불어대고, 한 선수가 사이드라인에 서서 양팔을 치켜들면 다른 선수들이 일제히 그를 바라보며 갈팡질팡한다. 그러다 어느 순간에 골키

퍼라는 지구인이 허공에 떴다가 떨어지더니 선수들 중 절반이 길길이 뛰면서 좋아하고 관중들도 일제히 환호성을 지른다. 전광판을 보니 0:0이었던 스코어가 1:0으로 바뀌었다.

경기가 시작되고 15분쯤 지났을 무렵, 도무지 상황을 이해할 수 없었던 외계인들은 서로 머리를 맞대고 게임을 분석하기 시작했다. 일단 선수들은 두 종류의 옷을 입고 있으므로(다행히도 유니폼은 흑백이 아니었다.) 두 패로 나눠서 서로 이기려고 경쟁을 하고 있다는 것만은 확실하다. 외계인들은 선수의 몸동작과 동선을 분석한 끝에 '각 선수는 담당영역이 대충 정해져 있으며, 각 영역마다 몸동작이 다르다.'는 사실까지 알아냈다. 이제 그들은 각 위치마다 이름을 붙여놓고(물론 '센터포워드'나 '미드필더' 같은 이름은 아니었을 것이다.) 그곳에서 뛰는 선수들의 역할과 목적을 추정하여 커다란 차트에 정리해나가기 시작했다. 그런데 선수들의 움직임을 비교하던 중 놀라운 사실이 드러났다. 경기장 전체에 어떤 '대칭'이 존재했던 것이다. A팀의 모든 포지션에 대하여 B팀에도 그에 해당하는 포지션이 있고, 포지션이 같으면 선수의 움직임도 비슷했다.

경기종료 2분 전, 트와일로 외계인들은 수십 개의 차트와 수백 개의 공식을 토대로 축구경기의 규칙을 대충이나마 파악할 수 있었지만 어느 누구도 경기 자체를 즐기지는 못했다. 그런데 시종일관 말 한마디 없이 앉아 있던 한 젊은 외계인이 갑자기 침묵을 깨고 입을 열었다. "잠깐만요, 우리 눈에 보이진 않지만 운동장에 공이 있다고 가정하면 어떨까요?"

늙은 외계인이 반문했다. "뭐? 공이라고? 자네 어디 아픈가?"

다른 외계인들이 선수의 위치와 움직임에 집중하는 동안 그 젊은 외계인은 '드물게 일어나는 현상'에 주목하다가 중요한 돌파구를 찾아냈다. 심판이 점수획득을 선언하기 직전에, 그리고 관중들이 일제히 일어나 환호성을 지르기 바로 직전에 골네트의 한 부분이 출렁이며 부풀어올랐던 것이다. 축구경기에서는 점수가 많이 나지 않기 때문에 이런 장면을 자주 볼 수 없고, 본다고 해도 극적인 상황은 순식간에 종료된다. 그러나 그날 경기는 점수가 꽤 많이 나서 젊은 외계인은 골네트가 반구 모양으로 출렁거리는 광경을 여러 번 보았다. 그는 예리한 추론을 펼친 끝에 '지구인의 축구경기는 눈에 보이지 않는 공에 의해 전적으로 좌우된다.'는 대담한 결론에 도달했다.[•]

그는 자신이 세운 가설을 다른 외계인들에게 들려주었다. 확실한 증거는 없었지만 그들은 충분한 토론을 거친 후 젊은이의 주장에 일리가 있다고 생각했다. 사절단의 대표인 한 늙은 외계인(사실 그는 물리학자였다.)은 수천 번의 평범한 사건보다 한두 번의 특별한 사건이 훨씬 유용한 정보를 제공할 수도 있음을 잘 알고 있었다. 공의 존재를 받아들이지 않는 한, 외계인들은 눈앞에 펼쳐진 경기를 절대로 이해할 수 없고 즐길 수도 없다. '공의 존재'가 바로 문제의 핵심이다. 당장 눈에 보이진 않지만, 어쨌거나 공이 존재한다고 가정하면 모든 상황이 이해되면서 축구경기의 진수를 즐길 수 있다. 뿐만 아니라 지난 90분 동안 머리를 맞대고 짜냈던 모든 이론과 차트들, 그리고 나름대로 추론했던 경기규칙들도 소중한 자산으로 남는다. 공 하나가 모든 규칙에 의미를 부여하기 때문이다.

물리학(특히 입자물리학)의 퍼즐을 푸는 과정도 이와 비슷하다. 대상(공)을 모르면 규칙(물리법칙)을 알 수 없고, 법칙에 대한 믿음이 없으면 입자

• 지금과 달리 1990년대 FIFA의 공인구는 흑백무늬였다.

의 존재를 추론할 수 없다. 지금까지 알려진 모든 소립자는 대담한 가정
이 있었기에 그 존재가 입증될 수 있었다.

과학의 피라미드

지금 우리는 과학과 물리학을 논하는 중이므로, 진도를 더 나가기 전에
몇 가지 중요한 용어부터 확실하게 정의해둬야 할 것 같다. 물리학이란
무엇이며, 과학에서 물리학은 어떤 위치에 있는가?

　과학에는 어떤 계층이 존재한다. 단, 이 계층은 사회적 가치나 지적능
력과 무관하다. 텍사스대학교의 인문학자 프레데릭 터너(Frederick Turner)
는 이것을 좀 더 알기 쉽게 표현했다. "과학은 피라미드 구조로 이루어
져 있다." 이 피라미드의 제일 아래층에는 수학이 있다. 수학이 다른 과
학보다 우월하거나 강력해서가 아니라, 다른 과학에 의존하지 않고 독
립적으로 존재하기 때문이다. 수학 바로 위에는 수학을 언어로 사용하
는 물리학이 있고, 물리학 위에는 화학이 자리 잡고 있다. 화학은 물리
학에 기반을 두고 있지만, 물리학은 화학법칙과 별 관계가 없다. 화학
자의 주된 관심사는 "원자는 어떻게 결합하여 분자가 되는가? 분자들은
서로 가까이 접근했을 때 어떤 식으로 거동하는가?" 등이다. 다시 말해
서 화학은 '준미시적(semi-microscopic)' 스케일에서 일어나는 현상을 연구
하는 학문이다. 원자들 사이에 작용하는 힘은 매우 복잡하지만 궁극적으
로는 하전입자 사이에 작용하는 인력 및 척력과 관련되어 있는데, 이것
을 연구하는 분야가 바로 물리학이다. 그 위에는 생물학이 있다. 생물학
을 연구하려면 화학과 물리학을 모두 알아야 한다. 생물학 위로 올라가

면 피라미드 구조가 점차 희미해지고 각 분야를 구분하기도 어려워진다. 생리학, 의학, 심리학 등이 대표적 사례이다. 그리고 각 분야의 경계면에는 수리물리학이나 물리화학, 생체물리학 등 복합어로 이루어진 분야들이 자리 잡고 있다. 천문학은 물리학에 포함시켜야 마땅하지만, 지구물리학은 어디에 넣어야 할지 나도 잘 모르겠다. 신경생리학도 애매하긴 마찬가지다.

사실 과학의 전 분야를 일렬로 세워서 피라미드를 쌓는 것은 다소 무례한 행동이다. 각 분야는 서로 유기적으로 연결되어 있기 때문에, 아래쪽에 있다고 해서 더 중요한 것도 아니다. 다만 나의 전문 분야인 수학과 물리학에 관해서는 선배들의 격언을 한 마디 추가하고자 한다. "물리학자는 오직 수학자에게만 경의를 표하고, 수학자는 신에게만 경의를 표한다."(신에게라도 경의를 표한다면 그나마 다행이다. 그 정도로 겸손한 수학자를 찾기란 결코 쉽지 않다.)

실험물리학자와 이론물리학자: 농부, 돼지, 그리고 송로 버섯

입자물리학을 연구하는 학자들은 크게 이론물리학자와 실험물리학자로 나눌 수 있다. 나는 후자에 속한다. 물리학이 발전하려면 이론과 실험 사이에 긴밀한 협조가 이루어져야 한다. 이론과 실험은 긴 세월 동안 복잡다단한 애증관계로 얽힌 채 미묘한 경쟁을 치러왔다. 이론물리학자들은 중요한 실험결과를 몇 번이나 예측했는가? 이론물리학자들이 꿈도 꾸지 못했던 실험결과는 몇 개나 되는가? 예를 들어 양전자(positron)와 파이온(pion), 반양성자(altiproton), 그리고 뉴트리노는 실험실에서 발견되기 전에 이론을 통해 그 존재가 이미 예견되었던 반면, 뮤온과 타우입자, 입실론입자(upsilon) 등은 이론물리학자들의 허를 찌르는 '깜짝쇼'였다. 좀 유치한 경쟁 같지만 전자를 이론의 승리로, 후자를 실험의 승리로 간주한다면 지금까지 양 진영의 스코어는 거의 동점에 가깝다. 그런데 이 점수는 대체 누가 매기는 걸까?

실험(experiment)이란 '관찰하고 측정한다'는 뜻이다. 실험을 수행할 때는 최상의 결과가 얻어지도록 특별한 환경을 인위적으로 만들어야 한다. 현대의 천문학자들은 고대 그리스인들과 똑같은 문제점에 직면해 있다. 관찰대상인 행성, 별, 은하를 조작할 방법이 없는 것이다. 사실 고대 그리스인들은 천체를 조작할 생각조차 하지 않았다. 그들의 목적은 행성이나 별의 위치로부터 시간과 날짜를 헤아리는 것이었기에, 맨눈으로 보는 것만으로도 충분했다. 현대의 천문학자들은 별 두 개를 세게 부딪쳐보거나 두 은하를 충돌시켜보고 싶은 마음이 간절하지만 그런 기술은 아직 개발되지 않았으므로, 관측결과(주로 사진)의 품질을 높이는 데 주력할 수밖에 없다. 이것이 천문학의 한계이다. 그러나 소립자의 특성을 연구하는 방법은 1,000가지가 넘는다.

우리는 입자가속기라는 막강한 도구를 이용하여 새로운 입자를 찾는 야심찬 실험을 설계할 수 있고, 입자가 원자핵에 충돌하도록 경로를 조작할 수 있으며, 암호해독을 방불케 하는 과정을 거쳐 충돌 후 입자의 궤적이 휘어지는 이유를 다양한 가설로 설명할 수 있다. 실험물리학자는 이런 식으로 입자를 만들어내고, 그 입자가 얼마나 긴 시간 동안 존재하는지 눈을 부릅뜨고 '지켜본다.'

실험데이터를 종합·분석하여 '그와 같은 결과가 나올 수밖에 없는 이유'를 설명하는 것은 이론물리학자의 몫이다. 그런데 가끔은 새로운 입자를 가정해야만 설명 가능한 경우가 있다. 똑똑하면서 약간의 명예욕도 있는 이론물리학자라면 이런 기회를 놓칠 리 없다. 그는 당장 새로운 가설을 발표하고, 실험물리학자가 그것을 확인해주기를 기다린다. 그러나 소위 말하는 '대박'은 쉽게 터지지 않는 법, 대부분이 헛스윙으로 끝난다. 이럴 때 의기소침하여 목소리를 낮추면 그 가설은 폐기되지만, 끈기를 갖고 매달린 끝에 다음 타석에서 홈런을 날리는 경우도 있다.

물리학자가 수행하는 실험의 주된 기능은 새로운 가설을 검증하거나 새로운 영역을 개척하는 것이다. 물론 가설이 입증되는 경우보다 틀린 것으로 판명되는 경우가 압도적으로 많다. 그래서 토머스 헉슬리(Thomas Huxley)는 "아름다운 가설이 추한 사실에 밀려나는 것은 과학의 가장 큰 비극"이라고 했다. 좋은 이론이 되려면 이미 알려진 사실을 설명할 뿐만 아니라, 아직 실행되지 않은 실험결과까지 예측할 수 있어야 한다. 이론과 실험의 상호작용은 입자물리학자가 누릴 수 있는 최상의 기쁨이다.

갈릴레오와 키르히호프, 패러데이, 앙페르, 헤르츠, J. J. 톰슨과 G. P. 톰슨 부자, 그리고 러더퍼드 …… 이들은 과학사에 이름을 남긴 위대한 실험물리학자이자 동시에 뛰어난 이론물리학자였다. 그러나 요즘은 이런 사람을 찾아보기 힘들다. '이론과 실험에 모두 능통한 물리학자'가 거의 멸종단계에 이른 것이다. 단, 이탈리아의 물리학자 엔리코 페르미(Enrico Fermi)는 예외였다. 1944년에 노벨상을 수상했던 실험물리학자 이시도어 라비는 "요즘 유럽의 실험물리학자들은 간단한 덧셈도 한 번에 못하고, 이론물리학자들은 자기 신발 끈도 맬 줄 모른다."며 이론과 실험이 멀어져가는 현실을 개탄했다. 확실히 요즘 물리학계에는 완전히 다른 두 종류의 물리학자들이 존재하고 있다. 이들은 '우주를 이해한다.'는 공동의 목적을 갖고 있지만, 문화적 외양과 전문 분야, 그리고 연구스타일은 완전 딴판이다. 이론물리학자들은 해가 중천에 떠야 연구실에 나타나고 그리스의 섬이나 스위스의 산꼭대기에서 열리는 학회에 빠지지 않고 참석하며, 휴가를 꼬박꼬박 챙기고, 집에서 허드렛일을 자주 하여 가족들에게 점수도 많이 따는 편이다. 또한 이들 중에는 불면증에 시달리는 사람이 의외로 많다. 한 이론물리학자는 의사를 찾아가 이렇게 말했다고 한다. "제발 저 좀 도와주세요! 밤에 잠도 잘 자고 아침에 일어났을 때 컨디션도 괜찮은데, 오후만 되면 좌불안석입니다. 너무 불안해서 잠시도 가만히 있을 수가 없어요!" 이런 증세가 빈번하게 나타나자 한동안 물리학자들 사이에는 소스타인 베블런(Thorstein Veblen)의 베스트셀러를 패러디한 "이론가들의 여가활동(The Leisure of Theory Class)"이라는 유행어가 나돌기도 했다.●

실험물리학자들은 늦게 출근하는 법이 없다. 비결은 간단하다. 아예 집에 가지 않으니까! 실험이 한창 진행되는 동안에는 바깥 세상과 단절된 채 완전한 몰입상태를 유지한다. 정 피곤하면 가속기 바닥에 웅크리고 누워서 한 시간 정도 새우잠을 잔다. 이론물리학자는 실험에 대해 전혀 아는 것이 없어도 평생 동안 학자로 대접받으며 품위 있게 살 수 있다. 그들은 10톤짜리 기중기가 머리 위로 오락가락하는 위험한 상황에 처할 일도 없고, 해골 뒤에 대퇴골 두 개가 엑스자로 그려진 살벌한 표지판을 볼 일도 없다(이런 표지판 밑에는 주로 '위험'이나 '방사능지역'이라는 경고문이 적혀 있다.). 이론물리학자들이 처하는 위험이란 종이에 손을 베이거나 펜 끝에 찔리

● 미국의 경제학자로 가격이 비쌀수록 많이 팔린다는 '베블런 효과'로 유명하다. 원래 베블런의 책 제목은 《유한계급이론(有閑階級理論, The Theory of Leisure class)》이었다.

는 것뿐이다. 솔직히 말해서 나는 그들이 부럽다. 사실은 부러우면서 두렵기도 하다. 그러나 나는 그들이 하는 일을 존중하며, 어느 정도 애정도 갖고 있다. 또 한 가지, 일반인을 위해 교양과학도서를 쓰는 사람은 대부분 이론물리학자들이다. 하인즈 페이겔스(Heinz Pagels), 프랭크 윌첵(Frank Wilczek), 스티븐 호킹(Stephen Hawking), 리처드 파인먼 등 거의 예외가 없다. 여가시간도 많은데 책을 못 쓸 이유가 없지 않은가? 또한 이론물리학자들은 대체로 오만하다는 평판을 듣는다. 나는 페르미 연구소의 소장으로 재임하는 동안 그곳의 이론물리학자들에게 "절대로 오만하게 굴지 말라."고 경고했는데, 그중 적어도 한 사람은 내 말을 심각하게 받아들인 것이 확실하다. 어느 날 연구실 복도를 걸어가다가 그의 연구실에서 흘러나오는 기도소리를 우연히 들었기 때문이다. "주여, 저의 오만함을 용서하소서. 오만함이란 다름이 아니오라……."

대부분의 과학자들이 그렇겠지만, 특히 이론물리학자들은 경쟁심이 유별나게 강한 사람들이다. 정도가 지나쳐서 어떨 때는 멍청하게 보이기도 한다. 그러나 가끔은 삶의 모든 것을 초월한 듯한 이론물리학자도 있다. 앞에서 잠깐 언급했던 엔리코 페르미가 그 대표적 인물이다. 이 위대한 이탈리아인은 평생 동안 연구에 전념하면서도 경쟁의 '경'자 조차 입에 담은 적이 없고, 사람들에게 그런 인상을 준 적도 없다. 대부분의 물리학자들은 "그건 내가 먼저 알아낸 거야!"라는 대사를 입에 달고 살지만, 페르미는 자신이 알아낸 사실을 누군가가 도용해도 우선권 같은 것은 안중에도 없이 무조건 더 자세한 내용을 알고 싶어 했다. 어느 해 여름, 나는 롱아일랜드 브룩헤이븐 연구소(Brookhaven Laboratory) 근처에서 페르미와 함께 해변을 거닐다가 젖은 모래로 성을 쌓는 방법을 설명해 주었다. 페르미는 내 설명을 주의 깊게 듣고는 "누워 있는 나체상을 누가 더 잘 만드는지 지금 당장 해보자."고 제안했다(누가 이겼는지는 독자들의 상상에 맡기겠다.).

언젠가 학술회의에 참석했다가 점심시간에 우연히 페르미 옆에 앉은 적이 있다. 당대 최고의 물리학자가 바로 내 옆에서 식사를 하고 있다니, 그야말로 가문의 영광이었다. 감격을 주체하지 못한 나는 심호흡을 한 번 한 후 조심스럽게 페르미에게 말을 걸었다. "저, 교수님 아까 세미나 때 언급된 K_2^0입자 말이에요, 그 사람들이 제시한 증거에 대해 어떻게 생각하시나요?" 페르미는 한동안 나를 멍하니 쳐다보더니, 단호한 어조로 말했다. "이봐요, 젊은이. 내가 그 많은 입자들 이름을 다 외울 수 있다면 식물학자가 되었을 거요." 이 일화는 꽤 많은 사람들 사이에 회자된 걸로 아는데, 이 자리를 빌려 분명하게 밝힌다. 페르미의 입에서 그 유명한 말이 나오도록 만든 장본인은 바로 나였다!

이론물리학자들 중에는 따뜻한 마음과 순수한 열정을 가진 사람도 있다. 그래서 (배관공이나 전기공에 불과한) 우리 실험물리학자들은 그들과 대화하고 그들에게 배우는 것을 좋아한다. 나는 운 좋게도 이 시대를 대표하는 위대한 이론물리학자들, 캘리포니아 공과대학의 리처드 파인먼과 머리 겔만(Murray Gell-Mann), 텍사스의 명인 스티븐 와인버그, 나의 경쟁자이자 익살꾼인 셸던 글래쇼 등과 오랜 시간 동안 대화를 나누는 특전을 누렸다. 또 제임스 비요르켄(James Bjorken)과 마르티누스 벨트만(Martinus Veltman), 메리 가이아드(Mary Gaillard), 리정다오도 당대의 대가들로 나와 유쾌한 대화를 나누며 많은 것을 가르쳐주었다. 내가 수행했던 실험의 상당부분은 이들과 나눴던 대화나 이들이 쓴 논문에서 영감을 얻은 것이다. 물론 개중에는 상대하기 싫은 이론물리학자도 있다. 그런 사람을 보면 영화 〈아마데우스(Amadeus)〉에서 젊은 모차르트를 시기했던 살리에리의 기도가 떠오른다. "주여, 당신은 어찌하여 저런 개망나니 같은 녀석에게 최상의 능력을 주셨나이까!"

항상 그런 것은 아니지만, 꽤 많은 이론물리학자들이 젊은 나이에 전성기를 맞이한다. 발상을 뒤엎거나 새로운 것을 창조하는 능력이 주로 어린 나이에 발휘되기 때문일 것이다. 심지어 "15세가 넘으면 창조력이 퇴화된다."고 주장하는 사람도 있다. 어쨌거나 젊은 사람들은 쓸데없이 쌓인 지식에 방해받지 않기 때문에, 어떤 일이건 필요한 만큼만 알면 창조력을 발휘하여 좋은 업적을 남길 수 있다.

이론이건 실험이건, 물리학에서 새로운 사실을 발견한 사람은 칭송 받아 마땅하다. 그러나 이론물리학자들은 과분한 칭찬을 받는 경우가 종종 있다. 이론물리학자와 실험물리학자, 그리고 새로운 발견은 종종 농부와 돼지, 그리고 송로버섯에 비유되곤 한다. 농부는 송로버섯이 돈이 된다는 사실을 알고 있지만 송로버섯이 자라는 정확한 위치를 모른다. 그는 이런저런 궁리를 하다가 돼지가 송로버섯을 유난히 좋아한다는 사실을 떠올리고 자신이 기르는 돼지들을 초원에 풀어놓았다. 돼지는 드넓은 초원을 샅샅이 뒤진 끝에 마침내 송로버섯을 찾아냈다. 그러나 돼지의 역할은 그것으로 끝이다. 돼지가 송로버섯을 막 뜯어먹으려는 찰나, 농부가 달려와 낚아챈다.

"이놈아, 꿈 깨라. 이건 원래 내 거야!"

잠을 잊은 올빼미들

앞으로 이어질 몇 개의 장에서는 발견자의 관점(특히 실험물리학자의 관점)

에서 물질의 역사와 미래를 조명할 것이다. 갈릴레오는 피사의 사탑 옥상에서 질량이 다른 두 물체를 동시에 낙하시킨 후 바닥에서 소리가 한 번 나는지, 또는 두 번 나는지를 확인했다.● 또 엔리코 페르미와 그의 동료들은 시카고대학교의 풋볼운동장 지하에 있는 실험실에서 '지속되는 연쇄반응'을 최초로 구현했다.

과학자가 겪는 고통과 고난은 정신세계에 국한되어 있지 않다. 많은 과학자들은 육체적으로도 큰 고통을 겪었다. 갈릴레오는 종교재판에서 유죄판결을 받아 평생을 가택연금 상태에서 살았고, 퀴리부인은 방사선에 과다 노출되어 백혈병으로 세상을 떠났다. 실험물리학자들 중에는 백내장으로 고생하는 사람이 많고, 잠을 충분히 자는 사람은 거의 없다. 우리가 우주에 대하여 이만큼의 지식을 쌓을 수 있었던 것은 실험실에서 밤을 새워가며 연구에 몰입했던 수많은 올빼미들 덕분이었다.

아토모스에 관한 이야기를 하다보면 당연히 이론물리학자가 등장하기 마련이다. 언젠가 스티븐 와인버그는 이런 말을 한 적이 있다. "두 번의 획기적인 실험 사이에는 암흑기가 존재한다. 이 암흑기에 물리학을 현상 유지하고 향후 실험의 방향을 결정하는 것은 이론물리학자들의 몫이다. 또한 그들은 가랑비에 옷이 젖는 것처럼 아주 서서히 기존의 믿음을 바꿔놓는다." 와인버그의 책 《최초의 3분(The First Three Minutes)》은 조금 오래되긴 했지만 우주의 탄생비화를 설명하는 최고의 교양과학도서였다.(최초의 3분이라 …… 무슨 섹스지침서 같지 않은가? 나는 이 제목 때문에 그의 책이 잘 팔

● 일각에서는 "갈릴레오가 낙하실험을 한 것은 사실이지만 장소는 피사의 사탑이 아니었다."고 주장하는 사람들도 있다. 하지만 이 무렵에 갈릴레오가 아리스토텔레스의 이론에 반기를 든 것만은 분명한 사실이다. 장소가 어디였건, 그게 무슨 상관인가?

린다고 항상 생각해왔다.) 앞으로 나는 원자와 관련된 측정실험에 주안점을 두고 이야기를 풀어나갈 것이다. 그러나 측정데이터가 아무리 많아도 이론이 없으면 말짱 황이다. 실험물리학자들이 목매고 있는 측정이란 대체 무엇일까?

또 나왔다, 그놈의 수학!

수학을 싫어하는 독자들에게는 매우 죄송하지만, 어쩔 수 없이 수학 이야기를 조금이나마 하고 넘어가야 할 것 같다. 시멘트바닥에서 새우잠을 자는 실험물리학자들조차도 약간의 방정식과 숫자 없이는 평탄한 삶을 누릴 수 없다. 물리학을 하면서 수학을 피하는 것은 문화를 연구하면서 언어를 피하는 것과 같고, 영어를 모르면서 셰익스피어의 작품을 연구하는 것과 같다. 수학은 과학(특히 물리학)이라는 직물과 복잡하게 얽혀 있기 때문에, 수학이 빠지면 자연의 아름다움과 간결함, 그리고 자연이 걸치고 있는 멋진 의상의 상당부분을 음미할 수 없게 된다. 수학을 잘 활용하면 아이디어의 개발과정과 도구의 작동 원리, 그리고 이들이 하나로 맞물려 돌아가는 전체적 상황을 훨씬 쉽게 서술할 수 있다. 이곳에서 숫자하나를 발견했는데 저곳에서 똑같은 숫자가 발견된다면, '이곳'과 '저곳'은 심오한 원리를 통해 연결되어 있을 가능성이 높다.

사정이 이러하니, 수학이라고 무조건 외면하지 말고 용기를 갖기 바란다. 나는 이 책에서 특정 계산을 하지 않을 것이며, 이 단락을 제외하고는 수학이야기를 두 번 다시 하지 않을 작정이다. 시카고대학교에서 문과대 학생들을 대상으로 교양과학을 강의할 때에도(이 강좌의 제목은 "시인

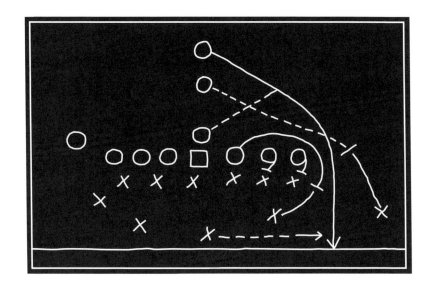

을 위한 양자역학"이었다.), 나는 수학에 대해 말만 늘어놓고 실제로는 아무런 계산도 하지 않았다. 그런데도 칠판에 추상적인 수학기호를 적기만 하면 학생들은 미간을 찌푸리며 긴 한숨을 내쉬곤 했다. $x = vt$("엑스는 브이 곱하기 티"라고 읽는다.)라는 가장 간단한 수식마저도 그들에게는 공포의 대상이었던 것이다. 매년 2만 불에 달하는 등록금을 꼬박꼬박 지불하면서 박 터지게 공부하고 있는 똑똑한 학생들이 이렇게 간단한 수식을 이해하지 못했을까? 아니다. 그럴 리가 없다. 그들은 단지 수학에 대하여 부정적인 선입견을 갖고 있는 것뿐이다. x와 t에 구체적인 값을 주고 v를 구하라고 한다면, 48퍼센트는 맞는 답을 제시할 것이고 15퍼센트는 변호사의 충고에 따라 묵비권을 행사할 것이며, 5퍼센트는 다수결로 결정하자고 덤빌 것이다(이 숫자를 다 합해도 100퍼센트가 안 된다는 거, 나도 잘 알고 있다. 그러나 나는 이론 전공이 아닌 실험물리학자이므로, 완벽하게 100으로 떨어지지 않아도 크게 개의치 않는다. 게다가 이런 실수는 학생들에게 '인간적인' 인상을 심어주어 강의의 신뢰도를 높이는 효과도 있다.). 수학 자체가 어려워서가 아니라, 그저 낯설기 때문에 수학이야기만 나오면 지레 겁을 먹는 것이다.

이런 학생들의 관심을 끌려면 좀 더 친근한 사례로 화제를 돌릴 필요가 있다. 예를 들어 다음과 같은 그림을 생각해보자.

이 그림을 화성인에게 보여주었다고 하자. 그는 온갖 지식과 상식을 총동원하여 그림의 뜻을 이해하려고 노력하겠지만 결국은 실패할 것이다. 좌절의 눈물이 그의 배꼽에서 줄줄 흘러내릴 지도 모른다. 그러나 고등학교를 중퇴한 사람도 미식축구를 좋아한다면 이 그림을 보자마자 "별거 아니네. 이건 워싱턴 레드스킨스팀이 즐겨 사용하는 블라스트(Blast) 전술 도표잖아!"라고 외칠 것이다. 오케이, 제대로 짚었다. 풀백의 태클을 피해 터치다운하는 전술을 그림으로 나타낸 것이다. 그런데 이 그림이 $x = vt$ 라는 수식보다 단순해 보이는가? 물론 아니다. 수식보다 훨씬 추상적이고 난해하다. 게다가 $x = vt$ 는 물체가 등속운동을 하는 한 우주 어디에서나 성립하지만, 그림에 제시된 레드스킨팀의 터치다운 전술은 디트로이트나 버펄로팀에게는 통할지 몰라도 베어스팀에게는 어림도 없다.

너저분하고 복잡한 미식축구 전술도가 미식축구장에서 현실적인 의미를 갖는 것처럼, 방정식은 자연에서 현실적인 의미를 갖는다. 믿기 어렵겠지만 사실이다. 그러나 중요한 것은 방정식을 푸는 테크닉이 아니라, 방정식으로부터 우주의 행동방식을 읽어내는 능력이다. 따라서 $x = vt$ 를 이해한다는 것은 곧 자연을 이해하는 능력을 갖췄음을 의미한다. 우리는 방정식으로부터 물체의 과거와 미래를 알아낼 수 있다. 방정식을 이해하면 위자보드(Ouija board)와 로제타석(Rosetta stone)을 동시에 확보한 거나 다름없다.* 그런데 방정식을 이해한다는 것은 대체 무슨 뜻일까?

가장 간단한 $x = vt$에서 시작해보자. 여기서 x는 '물체의 위치'를 나타내는 변수이다. 이 물체는 포르쉐 승용차를 타고 폼 나게 고속도로를 달리는 해리일 수도 있고, 입자가속기에서 튀어나온 전자일 수도 있다. $x = 16$이라는 것은 해리(또는 전자)의 위치가 '$x = 0$'인 기준점으로부터 16단위만큼 떨어져 있다는 뜻이다. v는 해리(또는 전자)의 빠르기를 나타내는 양으로, 해리가 한 시간당 150킬로미터를 갈 수 있는 빠르기로 내달리고 있다면 그의 속도는 $v = 150 km/h$로 표현된다. 또는 1초당 100만 미터밖에 못 갈 정도로 빈둥거리는 전자의 속도는 $v = 10^6 m/s$, 또는 $v = 10^3 km/s$이다. 마지막으로 t는 시간을 의미하는 변수로서, 누군가가 "출발!"을 외친 후 흐른 시간을 나타낸다. 그러므로 물체의 속도 v를 알면 $x = vt$의 관계를 이용하여 $t = 3$초, 또는 $t = 16$시간, 또는 $t = 10$만 년이 흐른 후에 물체가 어디에 있는지 알아낼 수 있다. 또는 $t = -7$초($t = 0$일 때보다 7초 이른 시간)나 $t = -100$만 년도 가능하다. 음수의 시간은 '과거'로 해석하면 된다. 다시 말해서 해리가 $150 km/h$의 속도로 동쪽을 향해 달렸다면, "출발!"신호가 떨어지고 한 시간이 지난 후 그의 포르쉐는 출발점으로부터 동쪽으로 150킬로미터 떨어진 곳에 있다는 뜻이다. 이 방법을 음수시간($t < 0$)에 적용하면 한 시간 전에 해리의 위치를 계산할 수도 있다. 단, 이 경우에는 해리가 '딴 곳에 정신 팔지 않고 줄곧 운전만 했다.'는 가정이 필요하다. 그렇지 않으면 한 시간 전에 해리는 술집에서 한 잔 꺾고

● 위자보드는 심령술사들이 사용하는 점괘판이고, 로제타스톤은 상형문자가 새겨진 고대 이집트의 석조유물로 흔히 '진실로 인도하는 결정적 실마리'를 상징한다.

있었을지도 모르기 때문이다.

리처드 파인먼은 또 다른 사례를 통해 이 방정식의 미묘한 점을 부각시켰다. 한 여성이 스테이션왜건을 몰고 가다가 경찰에게 저지당했다. 경찰은 회심의 미소를 지으며 그녀에게 다가가 점잖게 말했다. "당신이 방금 시속 130킬로미터로 달렸다는 거, 알고 계십니까?"

그 여성이 정색을 하며 반문했다. "말도 안 돼요. 전 15분전에 집에서 출발했단 말이에요!" 파인먼은 미적분학의 정수를 나름 유머러스하게 표현하려고 이런 예를 든 것뿐인데, 예민한 여성들로부터 성차별주의자라는 비난을 들어야 했다. 이 점에 대한 나의 견해는 …… 그냥 아무 생각 없다. 통과!

대부분의 독자들이 부담스러워하는 수학을 여기서 굳이 언급하는 이유는 '방정식에는 해(解, solution)가 존재하며, 이 해는 현실세계에서 얻은 관측결과와 비교될 수 있다.'는 점을 강조하기 위해서다. 두 값이 일치하면 원래의 법칙은 신뢰도가 더욱 높아진다. 그러나 가끔은 방정식의 해와 관측결과가 일치하지 않을 수도 있는데, 이런 경우에는 섣부른 판단을 내리지 말고 몇 번의 확인작업을 거쳐야 한다. 그래도 여전히 일치하지 않으면 기존의 법칙은 제아무리 그럴듯해도 역사의 쓰레기통으로 들어가는 수밖에 없다. 또는 자연의 법칙을 담은 방정식의 해가 예상을 완전히 빗나간 경우에는 이론 자체가 의심스러워지는데, 실험결과가 이 의외의 해와 일치한다면 물리학자는 최상의 희열을 만끽하게 된다.(물론 이런 행운을 누리는 사람은 극히 드물다.) 결과야 어찌되었건 우주를 가로지르는 거대한 진리에서 건물을 지탱하는 강철빔의 진동과 조그만 공명회로에 이르기까지, 자연의 모든 현상이 수학이라는 언어로 서술된다는 점을 기억하기 바란다.

'초' 단위로 헤아려본 우주의 나이(10^18초)

숫자와 관련하여 한 가지만 더 짚고 넘어가자. 물리학자의 관심은 극미
의 세계에서 방대한 세계 사이를 수시로 오락가락하기 때문에, 아주 작
은 수와 아주 큰 수를 자주 다루게 된다. 그런데 이런 극단적인 수를 표
기할 때 초등학교에서 배운 '자릿수 표기법'을 고집하면 번거로울 뿐더
러 종이낭비도 심하다. 그래서 나는 가능한 한 '지수 표기법'을 사용할
것이다. 예를 들어 1,000,000은 간단하게 10^6으로 쓸 수 있다. 이것은 10
을 여섯 번 곱했다는 뜻으로, 1 다음에 0이 여섯 개 붙은 수이다. 얼마나
큰 수냐고? 10^6달러가 있으면 미국정부를 약 20초 동안 유지할 수 있다.
물론 1로 시작하지 않는 큰 수도 지수 표기법으로 쓸 수 있다. 예를 들어
5,500,000은 5.5×10^6이다. 아주 작은 수는 '음의 지수'를 사용하면 된다.
즉, 1/1,000,000은 10^{-6}이며 소수점으로 표기하면 0.000001이다.

숫자 표기법도 중요하지만, 크거나 작은 수가 등장했을 때 그들이 '얼
마나 크고 얼마나 작은지' 감을 잡는 것도 그에 못지않게 중요하다. 지수
표기법의 단점 중 하나는 숫자의 거대함(또는 미세함)이 금방 눈에 보이지
않는다는 점이다. 물리학에 자주 등장하는 시간 규모는 가히 상상을 초
월한다고 할 수 있다. 10^{-1}초는 눈을 깜박이는 데 걸리는 시간이고 10^{-6}초
는 뮤온이라는 입자의 수명이며, 10^{-23}초는 빛의 입자인 광자가 원자핵을
가로지르는 데 걸리는 시간이다. 10 위에 올라가 있는 지수가 1만큼 커
지면 숫자는 10배로 커지고, 2만큼 커지면 100배, 3만큼 커지면 1,000배
로 커진다는 것을 명심하기 바란다. 따라서 10^7초는 4개월이 조금 넘는
시간이고 10^9초는 약 30년, 10^{18}초는 빅뱅(Big Bang)이 일어난 후 지금까
지 흐른 시간(약 137억 년)에 해당한다. 물리학자는 시간을 측정할 때 '분'

이나 '시' 단위를 쓰지 않는다. 아무리 긴 시간도 '초' 단위로 측정한다. 번거롭지 않겠냐고? 전혀 아니다. 우리에게는 막강한 지수 표기법이 있기 때문이다.

극미와 극대를 종횡무진하는 물리량은 시간뿐만이 아니다. 현재의 기술로 측정할 수 있는 가장 짧은 거리는 10^{-17}센티미터인데, 이것은 Z^0('지-제로'라고 읽는다.)라는 입자가 생성되었다가 사라질 때까지 진행하는 거리에 해당한다. 이론물리학자들은 이보다 훨씬 작은 공간을 자주 다루는데, 예를 들어 초끈(superstring, 이론가들 사이에서 인기는 좋지만 매우 추상적인 입자 이론으로, 아직 검증되지는 않았다.) 하나의 크기는 10^{-35}센티미터이다. 이 정도면 작아도 너무 작다. 반면에 관측 가능한 우주의 크기는 10^{28}센티미터쯤 된다.

두 개의 입자와 궁극의 티셔츠

나는 열 살 때 홍역을 심하게 앓았다. 몸이 아픈 것도 문제였지만, 그 또래의 아이들이 모두 그렇듯 친구들과 어울리지 못하는 것이 가장 큰 스트레스였다. 그때 아버지는 의기소침해진 나를 달래기 위해 알베르트 아인슈타인과 레오폴드 인펠트(Leopold Infeld)가 함께 집필한 《상대성 이론 이야기(The Story of Relativity)》를 사주셨는데, 그 책의 도입부가 지금도 생생하게 기억난다. "모든 범죄수사에는 미스터리와 단서, 그리고 이들을 추적하는 형사가 있다. 형사는 단서를 이용하여 미스터리를 해결한다."

앞으로 전개될 이야기에는 본질적으로 두 개의 미스터리가 존재하며, 둘 다 '입자'를 통해 그 모습을 드러낸다. 첫 번째 미스터리는 데모크리토스가 "더 이상 쪼갤 수 없는 물질의 최소단위"로 가정했던 아토모스로 입자물리학 기본방정식의 핵심부에 자리 잡고 있다.

아토모스의 실체는 무엇인가? 인류는 이 미스터리를 풀기 위해 지난 2,500년 동안 혼신의 노력을 기울여왔다. 결코 순탄한 여정은 아니었지만 우리의 선조 과학자들은 다양한 추측과 관측을 시도한 끝에 수천 개의 '단서'를 찾아냈다. 독자들은 앞으로 이어질 몇 개의 장을 통해 과거의 과학자들이 퍼즐을 어떤 방식으로 맞춰나갔는지 알게 될 것이다. 놀라운 것은 현대적인 개념이 16~17세기에 이미 등장했다는 점이다. 심지어 일부 개념은 기원전에도 존재했다. 이 책의 후반부에서는 현대로 되돌아와 두 번째 미스터리를 추적할 것이다.(이 미스터리도 입자와 관련되어 있으며, 첫 번째보다 훨씬 더 난해하다.) 또한 독자들은 이 책을 읽으면서 "피사의 사탑에서 쇠구슬을 떨어뜨린 16세기 수학자"와 "일리노이 주의 얼어붙은 땅 밑에서 꽁꽁 언 손을 입김으로 녹여가며 생고생을 하고 있는 현대의 입자물리학자"가 완전히 한 통속임을 알게 될 것이다. 이들은 똑같은 질문을 던지고 있다. 물질의 기본구조는 무엇인가? 우주는 어떤 원리로 작동되는가?

브롱크스에서 살던 어린 시절, 나는 형이 화학약품을 갖고 노는 모습을 몇 시간 동안 지켜보곤 했다. 어릴 때부터 손재주가 남달랐던 형은 지금 신기한 물건을 파는 사업가가 되었다. 취급하는 물건도 방귀소리가 나는 뿡뿡쿠션, 로켓 부스터처럼 생긴 자동차 번호판, 재미있는 글이 새겨진 티셔츠 등 참으로 형다운 물건이다. 사람들은 자신의 세계관을 가슴팍에 적을 수 있는 짧은 문장으로 축약하여 티셔츠에 새기고 다닌다. 나의 소원은 우주의 모든 섭리를 담은 간략한 방정식을 발견하여 티셔츠에 새기는 것이다. 내가 발견하지 못하더라도, 다른 사람이 발견할 때까지 살아서 그 환상적인 티셔츠를 꼭 한 번 입어보고 싶다.

지난 수백 년 동안 수많은 과학자들이 궁극의 티셔츠에 새겨질 문장 (또는 방정식)을 찾기 위해 일생을 바쳐왔다. 아이작 뉴턴(Isaac Newton)이 떨어지는 사과를 보고 중력을 발견한 후, 물리학자들은 사과뿐만 아니라 조수현상과 행성의 궤도운동, 뭉치는 은하 등 이전에는 전혀 다른 현상으로 간주했던 것을 하나의 이론으로 설명할 수 있게 되었다. 만일 뉴턴 시대에 티셔츠가 있었다면, 그 시대의 물리학자들은 가슴팍에 '$F = ma$'라고 새겨진 티셔츠를 입고 다녔을 것이다. 그 후 마이클 패러데이(Michael Faraday)와 제임스 클러크 맥스웰은 전자기파(electromagnetic wave) 스펙트럼의 비밀을 알아냈다. 전기와 자기, 햇빛, 라디오파, 엑스선 등은 모두 동일한 힘으로부터 탄생한 파동이었던 것이다. 요즘 웬만한 대학의 매점에 가면 맥스웰 방정식이 새겨진 티셔츠를 쉽게 구할 수 있다.

다시 세월이 흐르면서 다양한 입자들이 발견되었고, 지금은 우주의 모든 현상을 십여 개의 입자와 네 종류의 힘으로 설명하는 표준모형이 입자물리학의 정설로 자리 잡았다. 표준모형은 갈릴레오가 피사의 사탑에서 쇠구슬을 떨어뜨린 후로 물리학자들이 얻은 온갖 데이터의 최종결과물이다. 이 이론에 의하면 물질을 구성하는 입자는 여섯 종의 쿼크와 여섯 종의 렙톤으로 깔끔하게 요약된다. 조금 무리하면 티셔츠에 그려 넣을 수도 있다. 이 사실을 알아내기 위해 수많은 물리학자들이 연구실에서, 실험실에서, 그리고 차가운 콘크리트바닥에서 날밤을 새워가며 사투를 벌여왔다. 그러나 표준모형 티셔츠를 만들기 전에 한 가지 짚고 넘어갈 것이 있다. 자연은 12개의 입자와 네 종류의 힘으로 정확하게 서술되지만, 이론 자체가 아직 미완성인데다 몇 가지 심각한 모순까지 존재한다. 이런 내용까지 티셔츠에 다 새겨 넣으려면 사이즈가 XXXXL 정도는 되어야 할 것이다.

대체 누가, 또는 무엇이 완벽한 티셔츠의 탄생을 가로막고 있는 것일까? 바로 이 시점에서 두 번째 미스터리가 모습을 드러낸다. 고대 그리스시대부터 이어져온 탐구여정을 끝내기 전에, 우리의 지식이 '잘못된 단서'에 기초한 것은 아닌지 신중하게 되돌아볼 필요가 있다. 존 르 까레(John le Carré)의 소설에 등장하는 스파이처럼, 물리학자는 자신이 행하는 실험에 일종의 '덫'을 설치해놓고 용의자가 스스로 모습을 드러내도록 유도해야 한다.

베일에 싸인 힉스

요즘 입자물리학자들은 방금 말한 덫을 설치하느라 정신없이 바쁘다. 텍사스 주 왁사해치에 한창 건설 중인 둘레 86킬로미터짜리 초전도초충돌기(SSC)가 바로 그 덫이다. 우리를 괴롭혀온 악당이 제발 그 덫에 걸려주기를 간절히 바란다.●

그리고 희대의 악당! 물리학 역사상 최고의 골칫거리! 바로 그 녀석이 우리의 발목을 잡고 있다. 우주 전역에 골고루 존재할 것으로 예측되는 그 유령 같은 녀석 때문에 2,500년 넘게 이어져온 진리탐구의 여정에 제동이 걸린 것이다. 마치 누군가가, 또는 무언가가 궁극의 지식이 인류의 손에 들어가지 않도록 훼방을 놓고 있는 것 같다.

● 다시 한 번 강조하지만, 저자의 소망과 달리 SSC 프로젝트는 건설 도중에 중단되었다.

진리로 가는 길을 가로막고 있는 이 악당의 이름은 바로 '힉스장(Higgs field)'이다. 힉스장은 차가운 촉수를 전 우주에 드리운 채 입자물리학자들의 머릿속을 완전히 지배하고 있다. 거기 내포된 과학적·철학적 의미를 생각하면 온몸에 소름이 돋을 지경이다. 힉스장은 입자를 통해 특유의 흑마술을 부린다. 이 입자가 그 유명한 '힉스보손'이다. 수백 억 달러를 들여 SSC를 건설하는 것도 바로 이 힉스보손을 찾아야한다는 사명감 때문이다. 힉스보손을 만들어내고 감지하려면 그 정도로 출력이 큰 입자가속기가 필요하다. 이 입자는 물질의 궁극적 구조를 이해하고 표준모형을 굳히기 위해 반드시 필요하지만 감지하기가 너무 어렵다. 그래서 나는 힉스보손에 '신의 입자(God Particle)'라는 별명을 붙여주었다. 왜 하필 '신의 입자'냐고? 여기에는 두 가지 이유가 있다. 첫 번째로는 원래 내가 생각한 별명은 '빌어먹을 입자(Goddamn Particle)'였는데, 편집자가 언어순화를 위해 damn을 뺐기 때문이고, 두 번째는 이 책보다 훨씬 먼저 출간된 어떤 책에 이와 비슷한 내용이 언급되어 있기 때문이다.

바벨탑과 입자가속기

처음에 세상에는 언어가 하나뿐이어서 모두가 같은 말을 썼다.

사람들이 동쪽으로 이동하다가 시날(Shinar) 땅 한 들판에 이르러, 거기에 자리를 잡았다.

그들은 서로 말했다. "자, 벽돌을 빚어서 단단히 구워내자." 사람들은 돌 대신 벽돌을 쓰고, 흙 대신 역청을 썼다.

그들은 또 말했다. "자, 도시를 세우고 그 안에 탑을 쌓아 탑 꼭대기가 하늘에 닿게 하여 우리의 이름을 알리고, 온 땅 위에 흩어지지 않게 하자."

주께서 사람들이 짓고 있는 도시와 탑을 보려고 내려오셨다.

주께서 말씀하셨다. "보아라, 사람들이 같은 말을 쓰는 한 백성으로서 이런 일을 시작했으니 이제 그들은 무엇이든 못할 일이 없을 것이다. 자, 우리가 내려가서 그들이 하는 말을 뒤섞어 서로 못 알아듣게 하자."

주께서 내려와 그들을 온 땅으로 흩으셨다. 그래서 그들은 도시 세우는 일을 그만두었다.

주께서 온 세상의 말을 뒤섞으셨다 하여, 사람들은 그곳을 바벨이라 불렀다.

—창세기 11장 1~9절

성서가 쓰이기 훨씬 전, 아득하고 아득한 옛날에도 자연은 한 가지 언어만을 사용했다. 모든 만물은 아름답고 우아한 대칭 속에서 하나로 통일되어 있었다. 그러나 시간이 흐르면서 물질이 변하여 사방으로 흩어지고, 이들이 다시 국지적으로 뭉쳐서 별과 행성이 탄생했다. 그중 평범한 별 주변을 공전하는 그저 그런 행성에 유별난 생명체가 등장하여 이 모든 과정을 알고 싶어 했다.

자연을 합리적으로 이해하려는 시도가 풍성한 결실을 맺을 때에는 과학자들이 낙천적 사고에 빠졌고, 그렇지 않은 시기에는 총체적인 혼란에 빠져들었다. 그런데 더 이상 지식이 쌓이지 않는 위기의 시대를 겪고 나면 마치 긴 터널을 빠져나온 것처럼 비약적 발전이 뒤를 잇곤 했다.

지난 수십 년 동안 입자물리학자들은 더 이상 앞으로 나아가지 못한 채 지적인 스트레스에 시달려왔다. 새로 발견한 입자들로 바벨탑을 쌓다가 신의 노여움을 산 것일까? 그들은 거대한 입자가속기를 동원하여 우주의 탄생비화와 성장과정을 추적했고, 최근에는 대형 천체망원경으로 무장한 천문학자와 천체물리학자들이 이 대열에 합류했다. 이리하여 입자물리학자들은 137억 년 전에 일어났을 것으로 추정되는 빅뱅의 잔해를 간접적으로나마 볼 수 있게 되었다.

입자물리학자와 천문학자, 그리고 천체물리학자들은 우주의 삼라만상을 단순하면서 일관된 논리로 설명하는 이론을 찾기 위해 지금도 고군분투하고 있다. 초고온, 초고밀도로 응축되어 있던 초창기 우주에서 차갑고 공허해진 현재에 이르는 동안 자연을 지배하는 힘은 어떻게 달라졌으며, 물질과 에너지는 어떤 변화를 겪어왔는가. 그동안 우리는 꽤 잘해왔다. 아니, 너무 잘한 나머지 우주에 만연해 있는 기이하고 적대적인 힘과 마주치게 되었다. 우리의 행성과 별, 그리고 은하가 속해 있는 방대한 공간에 우리를 방해하는 무언가가 숨어 있는 것 같다. 그 실체는 아직 베일에 싸여 있지만, 우리에게 비협조적이라는 것만은 분명한 사실이다. 우리가 너무 가까이 접근한 것일까? 고고학적 기록을 제멋대로 뜯어고치는 오즈의 마법사라도 존재하는 것일까?

앞으로 물리학자들은 수수께끼를 풀지 못하고 주저앉거나, 아인슈타인의 말대로 탑을 계속 쌓아서 "신의 마음을 알게 되거나", 둘 중 하나의 운명을 맞이하게 될 것이다. 이 여정이 어떤 쪽으로 마무리될지는 아무도 알 수 없다. 물론 나는 후자 쪽으로 마무리되기를 간절히 바란다.

그리고 우주에는 많은 언어와 많은 말들이 존재하게 되었다.

그들은 동쪽을 향해 나아가다가 와사해치의 평원에 도달하여, 그곳에 눌러 살기로 마음먹었다. 그들은 서로에게 말했다. "자, 여기에 거대한 충돌기를 지어서 시간이 처음 창조되었던 태초를 재현해보자." 그들은

입자를 편향시키는 초전도자석을 만들었고, 충돌을 재현하기 위해 양
성자를 동원했다.

어느 날, 주께서 내려와 사람들이 짓고 있는 입자가속기를 보고는 말씀
하셨다. "보라, 내가 혼란스러워하던 것을 저들이 규명하는도다." 주께
서 긴 한숨을 내쉬고 다시 말씀하셨다. "가라, 아래로 내려가서 그들에
게 신의 입자를 하사하라. 그리하여 내가 창조한 우주가 얼마나 아름다
운지 그들 스스로 깨닫게 하라."

—신 신약성서 11장 1절

2장

최초의 입자물리학자

그는 깜짝 놀라며 물었다.

"아니, 원자를 자르는 칼을 자네가 발명했다구? 그것도 이 동네에서?"

나는 고개를 끄덕였다. "그래요, 지금 우리가 바로 그 위에 앉아 있답니다."

　　　　　　　　　　　　　　　　　　　　　—헌터 S. 톰슨에게 사과의 말을 전하며

페르미 연구소는 온갖 최신장비가 밀집되어 있는 세계 최첨단 연구소임에도 불구하고 아무나 차를 몰고 들어갈 수 있다(물론 자전거를 타거나 걸어서 들어갈 수도 있다.). 대부분의 연방시설은 기밀을 유지하느라 외부인을 적대적으로 대하지만, 페르미 연구소는 완전히 다르다. 이곳은 비밀을 지키는 곳이 아니라 비밀을 캐내는 곳이기 때문이다. 젊은이들의 반전운동 때문에 미국정부가 내홍을 앓았던 1960년대 말에 페르미 연구소의 설립자이자 초대 소장이었던 로버트 윌슨(Robert R. Wilson)은 미국 원자력위원회(U.S. Atomic Energy Commission, AEC)로부터 "급진적인 학생들이 페르미 연구소로 쳐들어왔을 때 어떻게 대응할 것인지, 구체적인 대처 방안을 모색하여 보고서로 제출해달라."는 부탁을 받았다. 다른 기관의 책임자였다면 바리케이드를 치거나 경찰에 도움을 요청하는 등 물리력에 의존했겠지만, 윌슨의 대비책은 의외로 간단했다. 그는 AEC의 담당자에게 다음과 같이 말했다. "군중이 몰려오면 치명적인 비밀무기를 들고 저 혼자 그들을 맞이하겠습니다. 그 비밀무기란 다름 아닌 '물리학 강의'입니다. 우리가 물리학을 지키고 발전시켜야 하는 이유를 설명하면 제아무리 난폭한 선동가도 자진해서 해산할 것입니다." 그 후로 지금까지 페르미 연구소의 소장을 지냈던 사람들은 비상시에 군중을 설득할 강의를 항상 준비해두고 있다. 유비무환이긴 하지만, 부디 그 강의를 써먹는 일은 없기를 바란다.

페르미 연구소는 일리노이 주 바타비아(Batavia)에서 동쪽으로 8킬로미터쯤 떨어진 곳에 자리 잡고 있다. 원래 이곳은 광활한 옥수수 밭이었는데, 28제곱킬로미터의 부지를 개조하고 건물과 시설을 새로 지어 1967년 11월 21일부터 가동에 들어갔다(시카고에서 서쪽으로 자동차를 타고 가면 한 시간쯤 걸린다.). 연구소 진입로인 파인스트리트 입구에는 초대 소장 로버트 윌슨이 직접 설계한 금속조형물이 서 있다. "붕괴된 대칭(Broken Symmetry)"으로 명명된 이 조형물은 세 개의 아치가 지상 15미터 높이에서 하나로 만나는 형태인데, 자세히 들여다보면 교차점이 조금씩 어긋나 있다. 마치 한 번도 본 적 없는 세 명의 조각가들이 제각각 아치를 만든 것 같다. 아치를 완성한 후 현장으로 가져와 세워놓고 보니, 저런, 세 개 모두 교차점에서 어긋나 있지 않은가. 물론 이것은 처음부터 계획된 형상이다. 우리 우주가 바로 이런 형태를 띠고 있기 때문이다. 조형물 주위를 한 바퀴 돌면서 바라봐도 꼭지점이 일치하는 곳은 없다. 그러나 조형물 아래 중심부에 서서 위를 바라보면 세 개의 아치는 기적처럼 한 점에서 완벽하게 만난다. 이곳에서 일하는 물리학자들은 대칭이 붕괴된 것처럼 보이는 현재의 우주에서 '숨어 있는 대칭'을 찾기 위해 고군분투하고 있으니, 페르미 연구소의 설립 목적을 한눈에 보여주는 걸작이 아닐 수 없다.

차를 타고 연구소 입구로 들어오면 이곳을 상징하는 16층짜리 건물 윌슨홀(Wilson Hall)이 시야에 들어온다. 알브레히트 뒤러(Albrecht Dürer)의 그림 〈기도하는 손〉처럼, 두 개의 거대한 콘크리트가 유리창을 사이에 두고 다소곳이 맞붙어 있는 듯한 형상이다. 이 건물은 1225년에 짓기 시작한 프랑스 보베의 생 피에르 드 보베 성당(Cathédrale Saint-Pierre de Beauvais)을 빼 닮았는데, 윌슨이 그곳을 방문했을 때 영감을 얻어 디자인을 차용한 것이다. 보베 성당은 설교단이 두 개의 타워 사이에 걸쳐 있어서 보는 이로 하여금 경탄을 자아내게 한다. 윌슨도 이 광경을 보고 깊은 감명을 받았을 것이다. 1972년에 완공된 윌슨홀도 쌍둥이타워구조로 되어 있고(기도하는 손), 몇 개의 플로어와 세계에서 가장 큰 아트리움이 쌍둥이 타워를 연결하고 있다. 윌슨홀의 입구 왼쪽에는 커다란 연못이 있고, 연못 가장자리에는 커다란 석탑(오벨리스크)이 우뚝 서 있다. 이것도 윌슨의 작품으로, 연구원들 사이에는 '윌슨이 남긴 최후의 걸작'으로 알려져 있다.

월슨홀 바로 아래 9미터 지하에는 페르미 연구소의 존재 이유인 입자가속기가 자리 잡고 있다. 가속기의 둘레는 6.4킬로미터나 되지만, 입자가 지나가는 통로는 지름이 몇 센티미터에 불과한 스테인리스 튜브이다. 여기 설치된 1,000개의 초전도자석이 양성자의 길을 유도하여 원형궤도를 유지시킨다. 가속기의 내부는 충돌과 고열로 가득 차 있다. 이 거대한 고리형 튜브 속에서 거의 광속에 가깝게 가속된 양성자는 자신의 반입자 파트너인 반양성자와 정면으로 충돌하면서 장렬하게 사라진다. 충돌 순간에는 온도가 1경 K(10^{16}K)까지 올라가는데, 이 정도면 태양 중심부는 물론이고 초신성이 폭발할 때보다 훨씬 뜨겁다. 우리 우주가 이런 온도에 도달했던 마지막 순간은 빅뱅이 일어나고 몇 분의 1초가 지났을 때였다. 따라서 그 순간을 재현하고 있는 페르미 연구소의 과학자들은 SF영화의 등장인물보다 더욱 현실적인 시간여행자라 할 수 있다.

입자가속기는 지하에 있지만, 지상에 있는 사람도 가속기의 존재를 쉽게 인지할 수 있다. 가속기의 관이 지나가는 원형궤도를 따라 6미터 높이의 둔덕이 형성되어 있기 때문이다(아주 가늘면서 둘레가 6킬로미터인 초대형 베이글을 상상하면 된다.). 언뜻 보면 방사능을 흡수하는 안전장치처럼 보이지만, 사실 이것은 윌슨의 심미안이 낳은 또 하나의 조형물이다. 그는 가속기가 완공되었을 때 성능에 만족하면서도, 공들여 만든 최신장비가 지상에서 보이지 않는다는 사실이 못내 안타까웠다. 그래서 가속기 주변에 냉각용 연못을 만들고 있는 인부들에게 "가속기의 궤적을 따라 흙으로 둔덕을 쌓아 달라."고 부탁했다. 이것만으로 부족하다고 느낀 윌슨은 원형궤적을 따라 폭 3미터짜리 운하를 파고 곳곳에 분수까지 설치했다. 이 운하는 보기에도 아름답지만 가속기에 냉각수를 공급하는 중요한 기능을 수행하고 있다. 윌슨이 아니었다면 페르미 연구소는 황량한 대지 위에 건물 몇 채만 덩그러니 서 있는 썰렁한 연구소가 되었을 것이다. 둔덕과 운하는 다른 곳에서도 쉽게 볼 수 있지만, 원형궤적을 따라 한 바퀴 도는 모습은 특이하면서도 아름답다. 지상 480킬로미터 높이에서 촬영한 위성사진을 보면 거대한 원을 그리고 있는 둔덕과 운하를 한눈에 확인할 수 있다. 이것은 아마도 일리노이 주 북부에서 가장 눈에 띄는 건축물일 것이다.

둔덕의 안쪽, 즉 가속기의 내부에 해당하는 2.7제곱킬로미터의 부지에서는 과거로 되돌아가는 희한한 프로젝트가 진행되고 있다. 한때 미국 초원을 뒤덮었다가 유럽산 목초에 밀려 지난 200년 사이에 거의 멸종되다시피 한 대초원 목초를 심기로 한 것이다. 이 작업을 위해 수백 명의 자원봉사자들이 시카고 근방의 초원을 돌아다니며 남아 있는 씨앗을 수집했다. 원형고리 안쪽에 만들어놓은 몇 개의 호수에는 북미산 야생백조와 캐나다 기러기, 그리고 캐나다 두루미들이 둥지를 틀고 있다.

둘레 6.4킬로미터짜리 원형둔덕 북쪽에는 이보다 작은 또 하나의 원형 목초지가 자리 잡고 있다. 이곳에는 약 100마리의 버펄로(buffalo)들이 한가롭게 풀을 뜯으며 어슬렁거리고 있다. 대부분이 콜로라도 주와 사우스다코타 주에서 데려온 놈들이다(일리노이 주에서도 몇 마리 보내왔다.). 그런데 왜 하필 버펄로일까? 사실 바타비아 인근에서는 지난 800년 동안 버펄로를 찾아보기 어려웠다. 사람들이 닥치는 대로 잡아먹는 바람에 씨가 마른 것이다. 그러나 연구소 부지의 원래 거주민은 사람이 아닌 버펄로였다. 고고학 자료에 의하면 인류는 약 9,000년 전부터 이곳에서 버펄로를 사냥해왔다고 한다. 연구소 부지에서 발견된 고대의 화살촉이 이 사실을 증명하고 있다. 폭스강(Fox River) 인근에 살던 미국 원주민들은 수백 년 동안 지금의 페르미 연구소 근처까지 진출하여 버펄로를 사냥했고, 그 무거운 포획물을 들고(또는 질질 끌면서) 강변에 있는 집으로 돌아갔다.

개중에는 페르미 연구소에서 방목되는 버펄로를 못마땅하게 생각하는 사람도 있었다. 언젠가 나는 연구소를 홍보하기 위해 〈필 도너휴 쇼〉라는 TV 토크쇼에 출연한 적이 있는데, 방송 도중에 한 여성 시청자가 전화를 걸어 강력하게 항의했다. "저는 페르미 연구소 근처에 사는 주민이에요. 레더먼 박사님께서는 아까부터 가속기가 안전하다고 여러 번 강조하셨는데, 그렇다면 거기 버펄로는 왜 풀어놓은 거죠? 버펄로가 방사능에 민감한 동물이라는 건 누구나 아는 사실이잖아요." 아마도 그녀는 버펄로를 '갱도 속의 카나리아'라고 생각한 것 같다. 실제로 광산에서는 갱도 내부의 유독가스를 미리 감지하기 위해 카나리아를 키우는 경우가 있었다. 그녀는 "방사능을 감지하기 위해 버펄로를 키운다는 것은 과학자들이 그만큼 불안해하고 있다는 증거"라고 주장했다. 내가 일을 하는 와

중에도 한쪽 눈으로는 계속 퍼펄로를 감시하고 있다가, 그중 한 마리가 쓰러지면 앞뒤 볼 것 없이 주차장으로 달려가 차를 몰고 멀리 도망갈 것이라고 생각한 모양이다. 그러나 버펄로는 그냥 버펄로일 뿐이다. 방사능을 측정하는 장비로는 버펄로보다 가이거계수기가 훨씬 정확하다. 게다가 가이거계수기는 목초를 축내지도 않는다.

윌슨홀에서 나와 차를 몰고 파인스트리트를 따라 동쪽으로 달리다 보면 가속기 외의 다른 시설들이 시야에 들어온다. 그중 입자검출기(collider detector facility, CDF)는 역사적 발견이 이루어지는 현장이고, 최근 완공된 전산실은 몇 년 전에 세상을 떠난 칼텍(Caltech, 캘리포니아 공과대학)의 슈퍼스타 리처드 파인먼의 이름을 따서 '리처드 P. 파인먼 컴퓨터센터(Richard P. Feynman Computer Center)'로 명명되었다. 차를 몰고 계속 달리면 에올라로드(Eola Road)가 나오는데, 여기서 우회전하여 1.6킬로미터쯤 더 가면 좌측으로 150년 된 농가가 눈에 뜨일 것이다. 주소는 에올라로드 137번지, 내가 페르미 연구소의 소장으로 재직하는 동안 살았던 집이다. 정식 주소는 아니고, 내가 임의로 붙인 나만의 주소이다. 우편물에 쓰지도 못할 주소를 왜 만들어 붙였냐고? 여기에는 그럴 만한 사연이 있다.

파인먼은 생전에 이런 말을 한 적이 있다. "우리 물리학자들은 정말 아는 게 없다. 너무나 무식하다. 그런데 가끔은 이 사실을 망각하고 자만해지기도 한다. 그래서 모든 물리학자의 연구실이나 집에 현판을 걸어둘 것을 제안하는 바이다. 내용은 길게 쓸 것도 없고, 그냥 '137'이라는 숫자 하나로 충분하다." 왜 하필 137일까? 이것은 '미세구조상수(fine structure constant)'라는 물리상수의 역수로서, '전자가 광자를 흡수하거나 방출할 확률'과 관계되어 있다. 흔히 알파(α)로 표기되는 미세구조상수는 전자 전하의 제곱을 빛의 속도×플랑크상수로 나눈 값이다.● 무슨 말인지 몰

라도 상관없다. 중요한 것은 137이라는 상수에 전자기학(전자)과 상대성
이론(빛의 속도), 그리고 양자역학(플랑크상수)의 핵심이 모두 담겨 있다는
점이다. 이 모든 이론을 종합한 결과가 '1'이나 '3', 또는 '원주율 π의 몇
배'로 나왔다면 마음이 훨씬 편했을 것이다. 그러나 자연은 인간의 심기
따위엔 관심조차 없나보다. 그 많은 수를 놔두고 왜 하필 137이란 말인
가?

　더욱 놀라운 것은 미세구조상수에 단위가 없다는 점이다. 빛의 속도,
즉 광속은 300,000km/s이다. 에이브러햄 링컨 대통령의 키는 6피트 6인
치(약 198센티미터)였다. 대부분의 숫자들은 단위와 함께 등장한다. 전자의
전하와 플랑크상수도 제각각 단위를 갖고 있다. 그런데 이 상수들을 조
합하여 미세구조상수를 계산하면 모든 단위가 기적처럼 상쇄되고 137이
라는 숫자만 달랑 남는다! 단위라는 옷을 던져버리고, 언제 어디서나 알
몸으로 출현하는 것이다. 화성에 사는 과학자, 또는 시리우스의 14번째
행성에 사는 과학자가 전하와 속도, 그리고 플랑크상수를 제아무리 희한
한 단위로 쓴다 해도, 이들을 조합하여 미세구조상수를 계산하면 항상
137로 떨어진다는 뜻이다. 그렇다. α는 그냥 순수한 숫자이다.

　물리학자들은 지난 50년 동안 137이라는 숫자를 놓고 고민에 고민을
거듭해왔다. 베르너 하이젠베르크(Werner Heisenberg)는 "137이라는 숫자
의 출처를 설명할 수만 있다면 양자역학의 모든 수수께끼는 일거에 해결
될 것"이라고 단언했다. 나는 학부생들을 대상으로 양자역학을 강의하고
있는데, 미세구조상수가 나올 때마다 다음과 같은 조언을 주곤 한다. "타

● $\alpha = e^2/c\hbar$, 여기서 $\hbar$는 플랑크상수 h를 2π로 나눈 값이다.

지로 여행갈 때는 '137'이라고 쓴 푯말을 챙겨가세요. 언어가 안 통하는 곳에서 곤경에 빠졌을 때 이 푯말을 들고 사람이 많이 다니는 길목에 서 있으면 그곳의 물리학자나 물리학과 학생들이 알아서 도와줄 겁니다."
(이 방법을 실제로 써먹은 학생이 있는지는 알 수 없지만, 반드시 성공하리라 확신한다.)

137의 중요성을 강조하면서 물리학자의 오만함을 풍자하는 이야기가 하나 있다. 오스트리아의 저명한 수리물리학자이자 스위스학파의 대표 주자였던 볼프강 파울리(Wolfgang Pauli)가 우리의 짐작대로 천국에 갔다. 그는 살아 있는 동안 물리학에 지대한 공언을 한 사람이었기에, 특별히 신을 알현할 수 있었다.

"파울리, 그대에게 질문할 권리를 주겠노라. 질문은 단 하나만 허용할 것이니, 신중하게 생각해서 물어보거라."

길게 생각할 것도 없었다. 파울리가 일생을 두고 고민했던 문제가 있었으니까.

"α의 값이 왜 137인가요?"

"허허, 그거 좋은 질문이구면. 잘 보거라." 신은 분필을 집어들고 칠판에 방정식을 휘갈기기 시작했다. 그런데 몇 분이 지난 후 뒤를 돌아보니 파울리가 손을 내젓고 있지 않은가. "에이, 그건 완전 헛소리잖아요. 말도 안 돼!"

파울리와 관련된 실화도 있다. 실제로 파울리는 생의 마지막 순간까지 미세구조상수와 씨름을 벌였다. 그가 말년에 병원에서 목숨이 걸린 위험한 수술을 코앞에 두고 있을 때 조교가 찾아왔는데, 병문안을 마치고 떠나려 할 때 파울리가 힘겹게 손가락을 들어 출입문을 가리켰다. 그 병실의 번호가 바로 137이었던 것이다. 137 …… 그래서 내가 살던 집 주소도 에올라로드 137번지였다.

레더먼의 밤

바타비아의 어느 주말, 나는 늦은 저녁식사를 마치고 집을 향해 차를 몰았다. 에올라로드를 달리다보면 페르미 연구소 중앙실험실에서 새어나오는 불빛이 유난히 밝게 보인다. 일요일 밤 11시 30분, 윌슨홀은 여전히 풀가동 중이다. 우주의 미스터리를 풀기 위해 이곳의 과학자들은 주말을 잊은 지 오래다. 16층 건물 중 어디에도 불이 꺼진 층은 없다. 각 층마다 연구원들이 불완전한 이론을 어떻게든 멀쩡하게 만들어보려고 피로에 지친 눈을 끔뻑이며 날밤을 새고 있다. 다행히도 나는 집에 와서 푹신한 침대에 누울 수 있다. 소장이 된 후로 연구소에서 밤을 새우는 날이 현격하게 줄었다. 일과 사투를 벌이는 대신, 일을 끌어안고 잘 수 있게 된 것이다. 차가운 바닥에 웅크리고 앉아 가속기에서 출력될 데이터를 밤새도록 기다리지 않아도 된다니, 이보다 고마운 일이 없다. 그런데도 나는 쿼크와 지나(Gina), 렙톤과 소피아(Sophia)가 걱정되어 쉽게 잠을 이루지 못한다. 한동안 뒤척거리다가 물리학으로부터 탈출하기 위해 전통적인 '양떼 헤아리기' 모드로 들어갔다. …… 134, 135, 136, 137 …….

어느 순간, 나는 갑자기 침대에서 벌떡 일어났다. 알 수 없는 긴박감이 몰려와 누워 있을 수가 없었다. 나는 창고에서 자전거를 꺼내 타고—여전히 파자마를 입은 채—밖으로 나왔다. 페달을 밟을 때마다 옷깃에 달린 메달들이 하나씩 떨어져 나갔다. 나는 입자검출기(CDF)가 있는 쪽으로 자전거를 몰았다. 그곳에서 중요한 회의가 있는데, 빨리 가려고 해도 몸이 말을 듣지 않는다. 있는 힘을 다해 페달을 밟았지만 나와 자전거는 마치 슬로모션처럼 아주 조금씩 나아갈 뿐이었다. 이런 식으로 한동안 자전거와 씨름을 벌이다가 문득 얼마 전에 한 심리학자가 나에게 했던 말이 떠올랐다. 그는 꿈을 꾸면서

'나는 지금 꿈을 꾸고 있다.'는 사실을 인식할 수 있다고 했다. 바로 자각몽 (自覺夢, lucid dream)이다. 그는 이 사실을 알아채면 꿈속에서 무엇이건 자신이 원하는 대로 할 수 있다고 했다. 첫 번째 단계는 지금 겪고 있는 상황이 현실 이 아닌 꿈이라는 것을 알아챌 만한 단서를 찾는 것이다. 오케이, 그건 쉽다. 지금 나는 꿈을 꾸는 게 확실하다. 왜냐하면 모든 글씨가 이탤릭체로 써 있 으니까! 나는 이탤릭체가 싫다. 도무지 읽을 수가 없기 때문이다. 이제 나는 꿈을 제어할 수 있다. 한마디만 외치면 된다. 하나, 둘 …… "이탤릭체, 제발 좀 사라져라!"

오케이, 이제 좀 살 것 같다. 나는 자전거를 고단기어에 놓고 CDF를 향해 광속으로 달렸다.(자각몽 속에서는 무엇이건 내 맘대로 할 수 있다!) 그런데 이런 ……, 너무 빨랐나보다. 어느새 지구를 여덟 바퀴 돌고 다시 집으 로 돌아왔다. 기어를 왕창 낮추고 시속 190킬로미터로 '기어서' 드디어 CDF에 도착했다. 새벽 3시인데도 주차장에 차 댈 곳이 마땅치 않다. 입 자가속기가 잠을 자지 않으니 연구원들도 전염된 모양이다.

나는 작은 소리로 휘파람을 불며 입자검출기가 있는 건물로 들어갔다. 이 건물은 온통 오렌지색과 푸른색으로 칠해져 있어서 언제 봐도 격납고 같다. 사무실과 전산실, 그리고 제어실은 모두 한쪽 벽에 도열해 있고 건 물의 나머지 부분은 3층 높이의 5,000톤짜리 검출기가 독차지하고 있다. 이 거대한 스위스시계를 조립하기 위해 200명의 물리학자와 200명의 공 학자들이 8년 동안 비지땀을 흘렸다. 검출기의 생긴 모습은 컬러풀한 거 미줄을 연상케 한다. 모든 부품들이 가운데 나 있는 조그만 구멍에서 출 발하여 방사형으로 뻗어나가는데, 색상도 아주 다양하다. 겉모습만 화려 한 게 아니다. 이 장치는 우리 연구소의 '눈' 역할을 한다. 검출기가 없으 면 가속기 튜브 안에서 무슨 일이 일어났는지 알 방법이 없다. 이 튜브는

가속기에서 뻗어 나와 검출기의 중심부까지 연결된다. 바로 이 중심부에서 양성자와 반양성자가 정면충돌을 일으키고, 여기서 방사형으로 쏟아져 나온 수백 개의 입자들이 방사형으로 나열된 각종 검출장치에 도달하는 것이다.

입자검출기는 기차처럼 레일 위에 놓여 있다. 정기점검을 할 때마다 이 엄청난 녀석을 조립실로 옮겨야 하기 때문이다. 특별한 일이 없는 한, 정기점검은 1년 중 전기요금이 제일 비싼 여름철에 실시한다.(독자들도 1년에 1000만 달러가 넘는 전기요금 고지서를 받는다면 우리처럼 잔머리를 굴리고 싶어질 것이다!) 오늘밤 검출기는 열심히 작동중이며, 수리실로 가는 통로는 방사능을 막기 위해 두께 3미터짜리 강철 문으로 굳게 닫혀 있다. 입자가속기는 양성자-반양성자 충돌 사건의 대부분이 검출기로 이어지는 파이프 안에서 일어나도록 설계되었다.(이 곳을 '충돌영역'이라 한다.) 검출기의 임무는 양성자(p)와 반양성자(p̄)가 정면충돌하면서 생성된 입자들을 잡아내어 특성을 분류하는 것이다.

나는 여전히 파자마를 입은 채 2층에 있는 제어실로 올라갔다. 제어실은 검출기에 어떤 입자가 포획되었는지 하루 24시간 감시하는 곳이다. 실내는 예상대로 조용했다. 이제 날이 밝으면 용접공을 비롯한 여러 작업부들이 기기를 수리하고 성능을 테스트하느라 이곳을 정신없이 돌아다닐 것이다. 이곳의 조명은 다른 방보다 어둡게 조절되어 있다. 실내가 어두워야 컴퓨터에 장착된 푸른색 신호등이 잘 보이기 때문이다. CDF 제어실에서 사용하는 컴퓨터는 독자들이 가계부를 관리하거나 포토샵으로 사진을 고칠 때 사용하는 매킨토시와 똑같은 제품이다. 양성자와 반양성자가 충돌하면서 발생한 온갖 파편들은 검출기에 의해 특성별로 분류되고, 이 자료는 우리가 자체제작한 컴퓨터를 거쳐(이놈은 덩치만 크고 볼

품없게 생겼다.) 날렵한 매킨토시에 저장된다. 자체제작 컴퓨터는 사실 정교하게 만들어진 '데이터 수집 시스템(Data Acquisition System, DAQ)'으로, 괴물 같은 CDF 제작에 참여했던 15개 대학의 가장 뛰어난 과학자들이 심혈을 기울여 설계한 것이다. DAQ의 임무는 초당 수십만 번씩 일어나는 충돌 사건 중 분석할 만한 가치가 있는 것을 스스로 선별하여 마그네틱 테이프에 저장하는 것이다. 그리고 매킨토시 컴퓨터는 데이터를 수집하는 다양한 하위시스템을 관리하고 있다.

방안에는 빈 커피 잔이 사방에 널려 있고 젊은 연구원들이 한쪽 구석에서 휴식을 취하고 있다. 과다노동에 카페인까지 과다섭취했으니 제정신일 리가 없다. 이 시간에 실험실을 지키고 있다면 대학원생이거나 박사학위를 취득한 지 얼마 되지 않은 젊은 포스트닥(postdoctorial, 박사후 과정)일 가능성이 높다. 근무시간을 자기 마음대로 골라잡기에는 짬밥이 딸리기 때문이다. 간간이 젊은 여성 연구원도 눈에 뜨인다. 대부분의 물리학 실험실에서 젊은 여성은 희귀종 취급을 받는데, CDF의 진보적인 고용정책 덕분에 이곳만은 예외가 되었다.

방 한쪽 구석에 웬 노인이 앉아 있다. 옷차림이 참 희한하다. 덥수룩한 수염에 깡마른 얼굴 …… 풍기는 분위기는 다른 연구원들과 비슷한데, 얼굴이 낯선 것으로 보아 이곳 직원은 아닌 것 같다. 가만, 저 노인이 입고 있는 옷 …… 혹시 고대 로마인들이 즐겨 입던 토가가 아닌가? 그는 혼자 낄낄거리며 매킨토시 컴퓨터를 바라보고 있다. 역사상 가장 위대한 실험을 수행해 온 CDF 제어실에 혼자 들어와 웃고 있다니, 보통 사람은 아닐 것이다. 괜히 쭈뼛거리지 말고 단호하게 대하는 편이 나을 것 같다.

레더먼: 실례합니다. 혹시 시카고대학교에서 오기로 한 그 수학자신가요?

토가 입은 노인: 직업은 맞췄지만 출신지는 틀렸소. 내 이름은 데모크리토스요. 시카고가 아니라 아브데라에서 왔소. 사람들은 나를 '웃기는 철학자'라고 부른다오.

레더먼: 네? 아브데라요?

데모크리토스: 그렇소. 그리스 트라키아 근처에 있는 도시라오.

레더먼: 그래요? 트라키아에 사람을 보내달라고 부탁한 적은 없는데 ······ 그리고 웃기는 철학자도 필요 없습니다. 이곳에서 웃기는 일은 제가 도맡아서 하고 있거든요.

데모크리토스: 그래요, '웃기는 소장'에 대해서는 나도 들은 적이 있소. 걱정 마시오. 오래 있진 않을 테니까. 지금까지 쭉 둘러봤는데, 오래 머물 곳은 아닌 것 같소.

레더먼: 근데 왜 하필 제어실로 오셨습니까?

데모크리토스: 나는 지금 무언가를 찾는 중이라오. 아주 작은 무언가를.

레더먼: 그렇다면 제대로 찾아오셨습니다. 그게 우리 전문이거든요.

데모크리토스: 나도 알고 있소. 여기를 찾느라 2,400년을 헤맸다오.

레더먼: 네? 뭐라고요? 2,400년? 그럼 당신이 바로 그 데모크리토스란 말입니까?

데모크리토스: 다른 데모크리토스가 또 있는지는 난 모르겠고, 아무튼 당신은 나보다 2,400살쯤 어리니까 반말해도 되겠소? 존댓말은 워낙 길어서 노인한테 힘들거든.

레더먼: 물론이죠! 그런데 혹시 《멋진 인생(It's a Wonderful Life)》이라는 소설에 등장하는 천사 클라렌스처럼 자살을 막기 위해 오신 건가요? 제 손목을 칼로 그어버릴까 고민하던 중이었거든요, 그 빌어먹을 꼭대기쿼크

(top-quark)를 찾지 못해서 말이죠.

데모크리토스: 예끼! 자살이라니……. 꼭 소크라테스 같은 말을 하는구먼. 난 천사가 아닐세. 그런 불사의 존재는 플라톤이라는 멍청한 녀석이 생각해낸 거라고. 난 그 정도로 바보는 아니야.

레더먼: 불사의 존재가 아니라면 여긴 어떻게 오신 겁니까? 선생님께서는 2,000년도 더 전에 돌아가셨잖아요.

데모크리토스: 하늘과 땅에서는 자네가 생각하는 것보다 훨씬 많은 일들이 벌어지고 있다네.

레더먼: 어? 그거 어디선가 들어본 말인데…….

데모크리토스: 16세기에 갔다가 마주친 어떤 친구한테 들은 말이라네. 자네 질문에 답하려면 요즘말로 시간여행을 하는 중이라고 해야겠지.

레더먼: 시간여행이요? 그렇다면 기원전 5세기에 시간여행법을 알아내셨단 말입니까?

데모크리토스: 시간이라는 거, 알고 보면 별거 아닐세. 앞으로도 가고 뒤로도 가는 거야. 캘리포니아 해변에서 파도를 타는 젊은이들처럼, 자네는 시간에 올라탈 수도 있고 내릴 수도 있다네. 정작 어려운 건 시간이 아니라 물질이지. 우리 대학원생 몇 명을 이 시대로 보냈는데, 그중 하나가 스티븐 호킹일세. 여기서 꽤 잘나간다며? 그 친구 전공분야가 바로 '시간'이었다네. 그가 아는 건 다 내가 가르친 거지.

레더먼: 아하, 어쩐지……. 그런데 그 귀한 지식을 왜 책으로 출판하지 않으셨습니까?

데모크리토스: 출판? 허허……. 나는 책을 67권이나 썼고 당대에 꽤 많이 팔렸다네. 출판업자가 홍보를 열심히 안 해서 세계적 베스트셀러가 못 된 거라고. 자네 시대 사람들이 나에 대해 아는 건 아리스토텔레스가 쓴

책 덕분일 걸세. 한 다리 건너 전해 들었으니 틀린 내용이 많을 텐데, 원전의 주인공한테 한번 들어보겠나? 나는 여행을 많이 했네. 정말 많이 했지! 시간여행 말고 진짜 여행 말일세. 내 시대에 살았던 그 누구보다 많은 땅을 밟으면서 다양한 문물을 익혔고, 당대의 최고 현자들에게 많은 가르침을 받았다네. 이 방면에서 나를 능가하는 사람은 아마 없을 걸?

레더먼: 하지만 플라톤은 선생님을 별로 좋아하지 않았던 것 같습니다. 그가 선생님을 싫어한 나머지 선생님의 책을 몽땅 태웠다던데, 그게 정말인가요?

데모크리토스: 맞아. 그 미신에 환장한 미치광이가 그런 망나니짓을 저질렀지. 하지만 내 책은 살아남았네. 그땐 책을 무단복제해도 불법이 아니었거든. 그 후 알렉산드리아 도서관에 큰불이 났을 때에도 내 책은 사람들에게 거의 잊힐 뻔했지. 자네들이 시간에 대해서 왜 그렇게 무식한 줄 아는가? 알렉산드리아에 있던 보물 같은 책들이 그때 다 타버렸기 때문이라네. 그나마 시간을 조금 아는 친구를 꼽는다면 뉴턴과 아인슈타인쯤 되려나?

레더먼: 그런데 1990년대의 바타비아에는 왜 오셨는지요?

데모크리토스: 내가 창안했던 개념 중 하나를 확인하기 위해서라네. 우리 시대 사람들한테는 거의 받아들여지지 않았지만······.

레더먼: 뭔지 알겠습니다. 원자를 말씀하시는 거죠? 선생님께서 창안하셨던 아토모스요!

데모크리토스: 맞아. 눈에 보이지 않고 더 이상 쪼갤 수 없는 궁극의 단위, 궁극의 입자 말일세. 모든 물질의 기본단위라 할 수 있지. 후손들이 내 이론을 얼마나 발전시켰는지 궁금해서 시간을 가로질러 온 것일세.

레더먼: 선생님의 이론이라 함은······.

데모크리토스: 하하! 자네 지금 나한테 미끼 던진 거 맞지? 괘씸하긴 하지만 자네의 향학열을 봐서 용서해주지. 우리 선수끼리 까놓고 얘기하자고. 내 이론은 자네도 잘 알고 있지 않나. 나는 지금 수십, 수백 년의 세월을 오락가락하고 있다는 걸 잊지 말게. 나는 19세기 화학자와 20세기 물리학자들이 내 아이디어를 갖고 잘 놀았다는 걸 익히 알고 있네. 오해는 하지 말게나. 그 정도면 꽤 잘한 거니까. 플라톤, 그 친구가 조금만 더 똑똑했다면 이렇게 오래 걸리지 않았을 텐데…….

레더먼: 저도 다 들어본 이야기입니다만, 선생님께 직접 들으니까 가슴에 팍팍 와 닿네요. 요즘 사람들은 선생님의 이야기를 들으려면 다른 사람이 쓴 책을 봐야 하거든요.

데모크리토스: 가슴에 와 닿는다니 나도 기쁘구먼. 하긴, 그동안 똑같은 말을 수도 없이 반복했지. 내 말이 지루하게 들린다면, 그건 내가 최근에 오펜하이머(John R. Oppenheimer)와 똑같은 대화를 나눴기 때문일 걸세. 그 친구, 물리학과 힌두철학이 일맥상통한다는 둥 따분한 소리를 하도 해대길래 그냥 '펑!'하고 사라져버렸지. 자네도 그럴 양이면 아예 입을 다무는 게 좋을 거야.

레더먼: 저는 아닙니다. 힌두철학은 잘 몰라요. 그 대신 거울대칭붕괴(mirror-symmetry breaking)에서 짜장면의 역할에 관한 저의 이론을 들려드릴까요? 만물이 공기, 흙, 불, 물로 이루어져 있다는 고대이론 못지않게 타당한 이론이거든요.

데모크리토스: 내가 아토모스의 모든 것을 설명해줄 테니 제발 그 입 좀 다물어주겠나?

레더먼: 넵!

데모크리토스: 나를 비롯한 원자론자들이 후대에 남긴 업적을 제대로 이

해하려면 2,600년 전으로 거슬러 올라가야 하네. 내가 세상에 태어나기 200년 전, 그러니까 기원전 600년경 이오니아의 밀레투스라는 깡촌에서 탈레스라는 사람이 태어났지. 요즘 사람들이 터키라고 부르는 동네라네.

레더먼: 저도 압니다. 그분도 철학자였지요?

데모크리토스: 그래, 그리스 최초의 철학자였지. 소크라테스 이전의 철학자들도 꽤 유식했다네. 뛰어난 수학자이자 천문학자였던 탈레스는 이집트와 메소포타미아로 진출해서 지식을 더욱 정교하게 다듬었지. 리디아 (Lydia)와 메디아(Medes)의 전쟁이 끝날 무렵에 탈레스가 일식을 예견했다는 거 알고 있나? 그는 역사상 최초로 책력•을 만들었는데, 요즘은 이런 일을 농부들이 한다지? 또 그는 작은곰자리로 방향 찾는 방법을 개발해서 우리시대 선원들에게 전수했다네. 최초의 야간 항해술이었지. 이뿐만이 아닐세. 탈레스는 정치 고문이자 사업가였고, 실력 있는 공학자이기도 했네. 고대 그리스의 철학자들은 말주변만 좋았던 게 아니야. 우리 고대사람들이 자네들보다 과학문명에서 뒤쳐진 건 사실이지만, 말만 잘한다고 무조건 존경하는 바보는 아니었거든. 당시 철학자들은 실용적인 예술과 응용과학에도 아주 능했기 때문에 사람들로부터 존경을 받은 거지. 요즘 물리학자들도 그런가?

레더먼: 우리도 가끔은 쓸모 있는 것을 만들어내기도 합니다. 하지만 대부분은 전문 분야가 아주 편협하고 그리스어를 할 줄 아는 사람도 거의 없어요.

데모크리토스: 내가 영어를 할 줄 아는 걸 고맙게 생각하게. 어쨌거나 탈레

• 천체를 관측하여 해와 달의 운행과 절기 등을 기록한 책.

스는 내가 그랬던 것처럼 끊임없이 스스로 자문했지. "이 세계는 무엇으로 이루어져 있으며, 어떤 원리로 작동하는가?" 생각해보게. 주변을 둘러보면 너무 혼란스럽지 않은가? 꽃은 피었다가 죽고, 홍수는 땅을 파괴하고, 호수는 육지로 변하고, 하늘에서는 유성이 시도 때도 없이 떨어지고, 느닷없이 회오리바람이 나타나서 곡식창고를 휩쓸고, 멀쩡했던 산이 갑자기 폭발하고, 아이는 날이 갈수록 늙어서 결국 한줌 재로 사라지지. 이렇게 모든 것이 변하는 와중에도 영원히 변치 않는 무언가가 과연 존재할까? 이 모든 것을 간단한 법칙으로 축약해서 인간이 이해한다는 것이 가능하다고 생각하나?

레더먼: 글쎄요, 탈레스는 답을 얻었나요?

데모크리토스: 물이었지. 그는 물이 만물의 근본이자 궁극의 원소라고 생각했다네.

레더먼: 그걸 어떻게 알았대요?

데모크리토스: 알고 보면 그리 황당한 생각도 아닐세. 그 사람의 생각을 모두 알 수는 없지만, 자네도 한번 생각해보게. 생명체가 성장하려면 물이 있어야 하잖나. 적어도 식물은 물이 없으면 곧바로 사망이지. 씨앗의 주성분도 물이고 말이야. 대부분의 물질은 열 받으면 물을 분출한다네. 게다가 물은 고체, 액체, 기체상태로 모두 존재할 수 있는 유일한 물질이거든. 확실하진 않지만 탈레스는 이 과정을 확장하면 물이 흙으로 변할 수도 있다고 생각했을 걸세. 아무튼 탈레스는 자네들이 말하는 '과학'을 이 세상에 탄생시킨 장본인이라네.

레더먼: 첫 시도 치곤 꽤 괜찮았네요.

데모크리토스: 그런데 에게해 주변의 역사학자들은 탈레스가 이끄는 무리를 별로 좋아하지 않았다네. 특히 아리스토텔레스는 그 일당들을 못 잡

아먹어서 안달이었지. 그의 관심은 오직 '힘'과 '인과관계'였거든. 아리스토텔레스 앞에서 그 밖의 다른 이야기를 하면 당장 쫓겨났을 걸? 그는 밀레투스에서 탈레스의 철학에 빠져 있는 사람들을 싸잡아 비난하면서 속사포처럼 질문을 퍼부었다네. 다른 것도 많은데 왜 하필 물인가? 얼음이 물로, 물이 수증기로 바뀌는 것은 무슨 힘 때문인가? 물은 왜 여러 가지 상태로 존재하는가? 등등…….

레더먼: 현대물리학에서는 …… 에, 또 …… 그러니까 …… 요즘 물리학은 힘을 부가적 요소로 간주하는데요…….

데모크리토스: 탈레스와 그의 무리들은 물에 기초한 물질의 특성에 '원인'이라는 개념을 우겨 넣었다네. 힘과 물질을 통합한 거지! 이 이야기는 나중에 다시 하자구. 자네가 말하는 '글루온'과 '초대칭'이라는 것도 나중에 내가 알아듣게 설명 좀 해주게.

레더먼: (닭살 돋은 피부를 마구 긁으며) 탈레스는 정말 천재였군요. 그밖에 또 무슨 일을 했나요?

데모크리토스: 그는 지구가 물위에 떠 있다고 믿었네. 20세기 기준으로 보면 멍청한 생각 같지만, 당시에는 이런 신비적 개념이 유행했거든. 또 그는 자석에 의해 철이 움직이는 광경을 보고 "자석은 영혼을 갖고 있다."고 주장하기도 했다네. 하지만 단순함의 미학을 신봉했던 탈레스는 우리 주변의 물질이 제아무리 다양해 보여도 우주에는 하나의 통일된 질서가 존재한다고 믿었지. 아, 그리고 또 하나, 그는 물에 특별한 의미를 부여하려고 대대로 전해오는 신화에 논리적 사고를 결합시켰네.

레더먼: 탈레스는 이 세상이 거북이 등에 얹혀 있다고 믿지 않았나요?

데모크리토스: 이 친구, 완전히 정반대로 알고 있구만. 탈레스는 과학을 탄생시킨 장본인이야. 어느 날 그는 친구들과 역사에 남을 중요한 모임을

가졌다네. 아마 밀레투스 중심가에 있는 식당의 내실이었을 걸세. 이집 트산 와인 몇 잔을 들이켜고 정신이 알딸딸해지자 아틀라스신이고 뭐고 다 팽개치고 준엄한 합의에 도달했지. "지금 이 순간부터 세상 돌아가는 이치는 엄밀한 논리에 기초하여 설명하기로 서약한다. 이제 미신 같은 건 버리고 아테나, 제우스, 헤라클레스, 라(Ra), 붓다, 노자(老子) 등도 더 이상 거론하지 말자. 그런 존재가 정 필요하다면 우리 스스로 찾아낼 수 도 있지 않은가. 한 번 해보자. 그런 의미에서 다 같이 건배!" 이건 아마 도 역사상 가장 의미 있는 의기투합일 걸세. 때는 기원전 650년, 아마 목 요일이었던 것으로 기억하는데……. 아무튼 그날이 바로 과학이 탄생한 날이지.

레더먼: 선생님은 지금 우리가 미신을 완전히 제거했다고 보십니까? 창조 설을 주장하는 사람이 아직도 많은데, 혹시 그들을 만나보셨나요? 심지 어는 동물권익보호단체라는 것도 있다고요.

데모크리토스: 그래? 여기 페르미 연구소에?

레더먼: 아뇨, 하지만 가까운 곳에 있어요. 그런데 이 세상이 흙, 공기, 불, 물로 이루어져 있다는 이론은 대체 언제 나온 겁니까?

데모크리토스: 보채지 말고 기다리게. 그 이론을 언급하기 전에 알고 넘어 가야 할 사람이 몇 명 더 있으니까. 아낙시만드로스(Anaximander)라고 자 네 혹시 들어봤나? 탈레스의 친구인데, 흑해 지도를 만들어서 밀레투스 의 선원들에게 나눠주는 등 실용적인 일을 많이 했던 사람이지. 그도 탈 레스처럼 물질의 최소단위를 찾았지만 "물은 절대로 최소단위가 될 수 없다."는 결론에 도달했다네.

레더먼: 그리스철학이 또 한 번의 도약을 이루었군요. 그리스하면 또 빼 놓을 수 없는 게 바클라바(baklava)* 아니겠습니까?

데모크리토스: 농담이라고 한 건가? 재미없으니 그만두게. 이제 곧 자네들이 만든 이론에 도달하게 될 걸세. 실용적 천재였던 아낙시만드로스는 그의 멘토인 탈레스처럼 틈날 때마다 철학토론에 참여했지. 그는 이 세상을 '경쟁의 장'으로 보았다네. 뜨거운 것과 차가운 것, 젖은 것과 마른 것 등 정반대의 형질들이 주도권을 빼앗기 위해 서로 경쟁하고 있다는 거야. 물은 불을 끄고 태양은 물을 증발시키고, 기타 등등……. 그러니까 물이나 불처럼 자신의 라이벌과 경쟁하고 있는 물질들은 우주의 기본요소가 될 수 없다는 거지. 여기에는 대칭도 존재하지 않는다네. 그리스인들이 대칭을 얼마나 좋아했는지 자네도 잘 알지? 아낙시만드로스는 "탈레스의 말대로 모든 물질이 물로 이루어져 있다면 불이나 열은 이 세상에 존재할 수 없다. 왜냐하면 물은 불을 생성하지 않고 제거하기 때문이다."라고 주장했다네. 아주 간단명료하지 않은가?

레더먼: 물이 아니라면 대안이 있어야겠지요. 아낙시만드로스는 만물의 근본이 뭐라고 생각했습니까?

데모크리토스: 그는 만물의 근본을 '아페이론(apeiron)'이라 불렀다네. 경계가 없다는 뜻이지. 물질의 1차적 상태는 엄청나게 큰(무한대도 가능한) 질량이고, 이것이 경쟁 상대 없이 중립을 지키는 원형이라고 생각한 것일세. 사실은 나도 그에게 많은 영향을 받았네.

레더먼: 그 아페이론이라는 게 선생님께서 말씀하진 아토모스 같은 겁니까? 하지만 아페이론은 무한히 크고, 아토모스는 눈에 보이지 않을 정도로 작잖아요. 헷갈리는데요?

● 얇은 페이스트리 반죽에 견과류, 밤, 꿀 등을 채워 넣은 그리스 전통과자.

데모크리토스: 아닐세. 아낙시만드로스도 곧 무언가를 깨닫게 되지. 아페이론은 시간과 공간에 무한히 뻗어 있지만 구조라는 게 없었네. 한 마디로 '부품'이 없었던 거지. 그냥 아페이론뿐이었던 거야. 자네도 가장 근본적인 물질을 찾는다면 바로 이런 것을 찾는 게 좋을 걸세. 자네들은 현대과학이 대단한 업적을 이뤘다며 기고만장하고 있지만, 사실은 2,000년 전에 내 동료들이 보여줬던 선견지명을 뒤늦게 인정한 것에 불과하다네. 아낙시만드로스가 발견한 건 바로 진공이었으니까! 내가 자네들 현대과학사를 뒤져보니 1920년대에 와서야 진공의 의미를 깨닫기 시작했더군. 폴 디랙(Paul Dirac)인가 뭔가 하는 친구가 처음 알아냈더라고. 아낙시만드로스의 아페이론은 내가 제안했던 '허공(void)'과 비슷한 개념이라네. 운동하는 입자의 배경인 텅 빈 공간을 의미하지. 아이작 뉴턴과 제임스 클러크 맥스웰은 이것을 '에테르'라 불렀고…….

레더먼: 물질이야기를 하다가 갑자기 진공으로 넘어가시네요. 그럼 물질은 어떻게 되는 겁니까?

데모크리토스: 어허, 보채지 말고 좀 더 들어보라니까! (허리춤에서 양피지 두루마리를 꺼내고, 할부로 구입한 안경을 코 위에 얹는다.) 아낙시만드로스가 했던 말이 여기 적혀 있군. 내 자네를 위해 읽어주지. "만물의 근본은 물도 아니고 소위 말하는 '원소'도 아니다. 그것은 지금까지 언급된 그 어떤 물질과도 다르며, 온 세상에 끝없이 퍼져 있다. 하늘과 땅도 여기서 탄생하여 그 안에 존재하고 있다. 모든 만물은 이로부터 탄생하여 이것으로 되돌아간다……. 서로 상반되는 물질들도 이 안에 공존하고 있다." 어떤가? 20세기 물리학은 진공 중에서 물질과 반물질이 생성되고 이들이 만나서 소멸한다던데, 어쩐지 표절한 냄새가 나지 않나?

레더먼: 글쎄요, 그런 것 같긴 한데…….

데모크리토스: 아낙시만드로스는 서로 상반되는 것들이 아페이론(진공이나 에테르라고 불러도 상관 없네.) 속에서 공존하다가 그 안에서 분리되었다고 했는데, 자네가 생각하는 것과 아주 비슷하지?

레더먼: 그러네요. 인정합니다. 그런데 아낙시만드로스가 무엇 때문에 그런 결론에 도달했는지 궁금한데요?

데모크리토스: 물론 그가 반물질을 예견한 건 아니지. 하지만 그는 진공이 주어지면 뜨거운 것과 차가운 것, 젖은 것과 마른 것, 달콤한 것과 쓴 것 등 서로 상반된 것들이 자연스럽게 분리된다고 생각했네. 현대물리학의 양전하와 음전하, 그리고 N극과 S극도 이 목록에 포함되겠지. 이들이 하나로 결합하면 모든 성질이 상쇄되면서 아페이론으로 돌아간다는 거야. 정말 멋지지 않나?

레더먼: 민주당원과 공화당원도 거기 포함되나요? 혹시 선생님 친구분 중에 리퍼블리카스(Republicas)라는 사람도 있습니까?

데모크리토스: 하하하, 가끔은 재미있는 농담도 할 줄 아는구만! 아주 맘에 드네, 아무튼 계속 진도를 나가보자고. 아낙시만드로스의 의도는 이 세상에 그토록 다양한 기본원소가 존재하는 이유를 설명하는 것이었다네. 그의 이론은 몇 가지 부가적인 신조를 낳았는데, 그중 일부는 자네도 동의할 걸세. 한 가지 예를 들자면 아낙시만드로스는 인간이 동물로부터 진화했고, 그 동물들은 바다생물로부터 진화했다고 믿었네. 그러나 뭐니 뭐니 해도 그가 남긴 가장 큰 업적은 '이 세상을 등에 지고 있는 아틀라스신'이나 '땅을 떠받치는 바다'를 고려 대상에서 완전히 제거했다는 것이지. 그는 "무언가로 떠받치지 않아도 이 세상은 안전하게 존재할 수 있다."는 사실을 간파한 거야. 무한히 넓은 공간 속에 어떤 물체가 놓여 있다고 상상해보게. 굳이 동그란 모양이 아니어도 상관없네. 그 물체가 대

체 어디를 갈 수 있겠나? 떠받치지 않아도 그 자리에 있지 않겠냐구. 그 물체 외에 아무것도 없다면 뉴턴의 법칙과 완전히 일치하지. 또 아낙시만드로스는 이 세상(또는 우주)이 여러 개 존재한다고 믿었다네. 아니, 여러 개 정도가 아니라 무한히 많다고 생각했지. 하나의 우주가 사라지면 그 다음 우주가 나타나고 …… 이런 식으로 계속된다는 거야.

레더먼: 〈스타트렉(Star Trek)〉에 나오는 대체우주 같은 건가요?

데모크리토스: 프로그램 광고할 생각이라면 그만두게. 난 그런 거 안 보니까. '무한히 많은 세상'은 우리 원자론자에게도 아주 중요한 개념이었지.

레더먼: 잠깐만요. 선생님께서 옛날에 쓰신 책이 방금 기억났습니다. 구체적인 내용까지 생각나네요. 거기 이렇게 적어놓으셨지요. "이 우주에는 다양한 크기의 세상이 존재한다. 태양과 달이 없는 세상도 있고, 이곳보다 훨씬 큰 세상도 있으며, 태양과 달이 여러 개인 세상도 있다."

데모크리토스: 맞아. 우리 그리스인이 품었던 생각 중에는 커크선장과 일치하는 부분도 있지.

레더먼: TV는 안 보신다더니, 순 뻥이었네요.

데모크리토스: 시간여행을 하다보면 알기 싫어도 알게 돼! 아무튼 발상은 비슷하지만 사고의 깊이는 우리가 훨씬 심오했지. 그보다는 내가 제안했던 거품우주와 자네 친구들 사이에서 한창 유행하는 인플레이션 우주론을 비교하고 싶네.

레더먼: 맞습니다. 그걸 생각하면 지금도 소름이 끼쳐요. 그런데 선생님의 선배 중 한 분은 공기가 궁극의 물질이라고 믿지 않았던가요?

데모크리토스: 아낙시메네스(Anaximenes)를 말하는구만. 아낙시만드로스의 젊은 동료이자 탈레스의 마지막 추종자였지. 그는 한때 아낙시만드로스에게 매료되었다가 나중에 탈레스한테 붙어서 만물의 근본 요소가 공기

라고 주장했다네. 물에서 공기로 바뀌긴 했지만 그 밥에 그 나물이지 뭐.

레더먼: 아낙시만드로스의 말을 좀 더 주의 깊게 들었더라면 그런 삽질을 하지 않았을 텐데, 안타깝네요.

데모크리토스: 나도 그렇게 생각하네. 하지만 아낙시메네스도 똑똑한 구석이 있긴 있었지. 만물의 근본이 공기라고 무턱대고 주장한 게 아니라, 공기로부터 다양한 물질의 생성과정을 보여주는 그럴듯한 장치까지 발명했거든. 듣자하니 자네도 실험에 목매고 산다면서?

레더먼: 네, 그래요. 맘에 안 드십니까?

데모크리토스: 자넨 고대 그리스학자들의 이론을 대놓고 빈정대지 않았나. 실험으로 검증될 수 없다면서 말일세.

레더먼: 사실이 그렇잖아요. 우리 실험물리학자들은 검증되거나 반증될 수 있는 이론만 취급하거든요. 그게 우리 밥줄이라고요.

데모크리토스: 그렇다면 아낙시메네스를 비난하지 말게. 그의 믿음은 관측에 기초한 거니까. 그는 공기의 밀도가 높고 낮음에 따라 물질의 다양한 원소들이 생성된다는 것을 이론으로 정립했다네. 공기는 물로 변환되고, 그 반대도 가능하지. 열과 냉기는 공기를 다양한 물질로 변환시킬 수 있다네. 아낙시메네스는 이렇게 주장했지. "열이 공기를 희박하게 만들고 냉기가 공기를 밀집시킨다는 것은 간단한 실험으로 확인할 수 있다. 입술을 조금만 연 채 숨을 쉬면 찬 공기가 나오고, 입을 크게 열고 숨을 쉬면 따뜻한 공기가 뿜어져 나온다."

레더먼: 국회의원들은 저보다 아낙시메네스를 더 좋아할 것 같네요. 실험하는 데 돈이 별로 들지 않을 테니까요. 그리고 그 따뜻한 공기는…….

데모크리토스: 무슨 말인지 알아. 냄새가 심하게 나겠지. 아무튼 그리스인들이 실험도 하지 않고 무작정 믿었다는 자네의 생각은 잘못된 거라

고. 사실 탈레스와 아낙시메네스에게도 큰 고민거리가 있긴 있었지. 물이 흙으로 변하거나 공기가 불로 변하는 광경을 본적이 없었거든. 두 사람은 조용히 입을 다물고 있었지만 나와 동시대에 살았던 파르메니데스 (Parmenides)와 엠페도클레스(Empedocles)가 문제삼으면서 세상에 알려지게 되었다네.

레더먼: 드디어 나왔네요. 흙, 공기 …… 등등을 주장했던 사람이 엠페도클레스 맞지요? 파르메니데스는 무슨 주장을 했습니까?

데모크리토스: 그는 '이상주의의 아버지'라고 불렸다네. 그의 사상을 제일 많이 베낀 작자가 바로 그 멍청한 플라톤이야. 하지만 알고 보면 파르메니데스는 골수 유물론자였다고. 그는 '존재'에 대해서 엄청나게 많은 이야기를 했는데, 사실 그건 정신이 아니라 물질이었거든. 파르메니데스는 그 '존재'라는 것이 새로 만들어지지도 않고 사라지지도 않는다고 믿었네. 물질이 갑자기 탄생하거나 사라지는 일은 없다는 뜻이지. 그건 그냥 거기에 있고, 우리는 그것을 절대로 파괴할 수 없다는 거야. 무슨 말인지 알아듣겠나?

레더먼: 아닙니다. 그건 틀렸어요. 지금 당장 지하 가속기실로 가보시겠습니까? 제가 증명해드리죠. 물질을 만들고 파괴하는 게 우리가 늘 하는 일이라고요.

데모크리토스: 알아, 안다구. 하지만 이건 아주 중요한 개념이라네. 파르메니데스는 그리스 사상가들이 애지중지했던 개념 하나를 수용했지. 바로 '단일성(oneness)'이야. 굳이 원한다면 '총체성(wholeness)'라고 불러도 상관없네. "존재는 존재한다." 존재는 완벽하고 영원한 거라네. 자네들도 단일성을 꽤나 좋아한다고 들었는데…….

레더먼: 맞습니다. 정말 완벽하고 영원한 개념이지요. 요즘 물리학자들은

자연의 법칙을 하나로 통일하는데 목을 매고 있어요. 대표적인 것이 '대통일 이론(Grand Unified Theory, GUT)'입니다.

데모크리토스: 자네들이 제아무리 비싼 실험장비를 동원한다 해도 생각만으로 물질을 존재하게 만들 수는 없겠지? 거기에 에너지를 투입해야 하잖나.

레더먼: 맞아요. 전기요금 고지서가 그걸 증명하고 있지요.

데모크리토스: 알 만하네. 어떤 면에서 보면 파르메니데스도 크게 틀린 건 아닐세. 물질과 에너지를 '존재'에 포함시킨다면 존재가 생성되지도, 파괴되지도 않는다는 그의 주장은 어느 정도 맞는 셈이지. 하지만 우리 경험과 일치하지는 않는 것 같네. 나무가 타면 땅으로 돌아가고, 불은 물에 굴복하고, 뜨거운 공기는 물을 증발시키고, 꽃은 피었다가 죽지 않는가. 이 명백한 모순을 옆길로 피해간 사람이 엠페도클레스였다네. 그는 물질이 보존된다는 파르미네데스의 주장을 받아들여 "물질은 제멋대로 나타나거나 사라질 수 없다."고 주장하는 한편, 한 물질이 다른 물질로 변할 수 있다는 탈레스와 아낙시메네스의 주장은 거부했지. 그렇다면 우리 주변에서 끊임없이 진행되고 있는 변화는 어떻게 설명해야 할까? 이 딜레마를 해결하기 위해 등장한 것이 바로 흙, 공기, 불, 그리고 물이었다네. 이들은 다른 물질로 변하지 않고 각각이 궁극적인 입자(particle)로 이루어져 있어서, 이로부터 모든 물체들이 만들어진다고 생각했지.

레더먼: 아하, 이제야 시원하게 말씀하시는군요.

데모크리토스: 자네가 좋아할 줄 알았네. 네 가지 원소인 흙, 공기, 불, 물이 섞여서 모든 물체가 탄생하고, 물체가 다시 원소로 분리되면 더 이상 존재하지 않는다는 원리지. 하지만 이들 네 가지 원소 자체는 갑자기 나타나거나 사라지지 않고 항상 그 모습대로 존재한다는 거야. '궁극적 입자'

라는 개념은 내 취향이 아니지만, 엠페도클레스가 제안했던 원리는 지적으로 엄청난 도약이었다네. 이 세상에는 기본요소가 단 몇 개 밖에 없는데, 그것들을 이리저리 조합하면 모든 만물을 만들어낼 수 있다. 이 얼마나 멋진 발상인가! 심지어 엠페도클레스는 사람의 뼈가 흙, 물, 불로 이루어져 있다고 주장하기도 했지. 구체적인 조리법은 나도 잘 모르겠지만……

레더먼: 저도 공기, 흙, 불, 물을 섞어봤는데, 부글거리는 진흙밖에 안 나오던데요?

데모크리토스: 대화 수준을 좀 낮춰서 현대물리학으로 가보세. 그러면 이해가 좀 쉬울 테니까.

레더먼: '힘'은 어떤가요? 그리스의 현자 중 힘의 필요성을 깨달은 사람은 없었던 것으로 아는데요.

데모크리토스: 아주 없진 않았지. 내가 힘을 별로 중요하게 생각하지 않았던 것은 사실이지만, 엠페도클레스는 달랐다네. 그는 네 가지 원소로 다른 물체를 만들려면 힘이 필요하다는 사실을 뒤늦게 깨닫고 여러 가능성을 물색한 끝에 '사랑'과 '투쟁'이라는 두 가지 힘을 떠올렸지. 사랑은 물질을 끌어들이고 투쟁은 물질을 멀리 떼어놓는다는 거야. 별로 과학적이진 않지만, 자네들도 별로 다를 게 없더구만. 기본입자 몇 개와 한 세트의 힘으로 우주의 삼라만상을 설명한다고? 거기에 아주 희한한 이름까지 붙여가면서?

레더먼: 어떤 면에서는 선생님 말씀이 맞는 것 같네요. 우리가 만든 이론이 바로 '표준모형'입니다. 우주에 대해 우리가 아는 모든 것을 12개의 입자와 네 종류의 힘으로 설명하는 이론이지요.

데모크리토스: 나도 알아. 그러고 보면 엠페도클레스의 세계관도 자네들과

크게 다르지 않았던 것 같네. 그는 우주가 네 종류의 입자와 두 개의 힘으로 설명된다고 했으니, 개수만 다를 뿐이지 기본원리는 완전 판박이잖아. 안 그런가?

레더먼: 그렇긴 하지만 내용은 다르죠. 불, 흙, 투쟁……. 저희는 그런 거 취급 안 한다고요.

데모크리토스: 그렇다면 지난 2,000년 사이에 과학이 크게 발전했다는 것을 자네가 보여줘야겠군. 나도 엠페도클레스의 이론을 더 이상 밀어붙이지 않겠네.

레더먼: 선생님께선 무엇을 믿으시나요?

데모크리토스: 아, 그래. 진도를 계속 나가야지. 내가 자연에 관심을 갖게 된 것은 파르메니데스와 엠페도클레스 덕분이었다네. 사실은 그들의 영향을 꽤 많이 받았어. 나는 더 이상 분해할 수 없는 아토모스(또는 원자)의 존재를 굳게 믿었다네. 그것은 우주를 구성하는 최소단위이자 우주에서 제일 작은 존재이기도 하지.

레더먼: 기원전 5세기 그리스에 그 보이지 않는 원자를 감지할 수 있는 장치가 있었단 말입니까?

데모크리토스: 그런 장치는 없었지.

레더먼: 그럼 뭐가 있었는데요?

데모크리토스: '감지' 보다는 '발견'이 더 적절한 표현일 걸세. 나는 순수한 논리를 통해 원자가 존재한다는 사실을 발견했다네.

레더먼: 결국은 그냥 생각만 해봤다는 거잖아요. 선생님도 실험은 안 하셨군요.

데모크리토스: (실험실의 한쪽 끝을 손으로 가리키며) 거대하고 정확한 기계장치보다 생각만으로 더 좋은 결과를 낳는 실험도 있는 거야.

레더먼: 원자라는 개념은 대체 어떻게 떠올리신 겁니까? 그건 정말 기발하면서도 위대한 가설이었어요. 2,000년이 넘도록 생생하게 살아 있으니까요. 아니, 세월이 흐를수록 더욱 막강한 위력을 발휘해왔지요. 어떻게 그런 생각을 하셨는지 정말 궁금하네요.

데모크리토스: 빵이었지. 빵.

레더먼: 네? 빵이요? 누군가가 원자를 발견해달라면서 선생님한테 돈이라도 줬다는 말입니까?

데모크리토스: 그런 의미의 빵이 아닐세. 자네들은 정부로부터 돈을 받아서 연구를 수행한다며? 우리 때는 그런 거 없었다고. 나는 진짜 빵을 말하는 거야. 먹는 빵 말일세. 길고 긴 단식기간이 거의 끝나가던 어느 날, 한 친구가 갓 구워낸 빵을 들고 내 방으로 들어왔는데, 고개를 들기도 전에 그것이 빵임을 알 수 있었지. 보지도 않고 어떻게 알 수 있었을까? 나는 생각했지. '눈에 보이지 않는 빵의 진수(essence)가 허공을 가로질러 내 코에 도달했다.' 그리고는 그 냄새를 노트에 적어놓고 '공간을 가로질러 온 빵의 진수'에 대해 깊이 생각해보았다네. 조그만 물웅덩이는 점점 작아지다가 결국은 사라지지. 왜 그런가? 물은 어떤 과정을 거쳐 사라지는가? 보이지 않는 물의 진수가 웅덩이에서 빠져나와 멀리 날아간 것인가? 빵이 그랬던 것처럼? 나는 친구인 레우키포스(Leucippus)와 이 문제를 놓고 며칠 동안 토론을 벌였네. 참다못한 마누라가 몽둥이를 들고 쳐들어오는 바람에 그만뒀지만…… 아무튼 우리는 나름대로 결론을 내렸지. "모든 물체가 원자로 이루어져 있다면 그 원자는 눈에 보이지 않을 정도로 작을 것이며, 종류도 엄청나게 많을 것이다. 물원자, 철원자, 데이지꽃잎원자, 벌의 앞다리원자 등등……." 원래 그리스식 사고방식은 우아하고 깔끔한 게 특징인데, 이건 너무 많아서 너저분하더라고.

한동안 고민하다가 좀 더 나은 아이디어를 떠올렸다네. 우선 몇 가지 기본 형태(매끄러운 것, 거친 것, 둥근 것, 뾰족한 것 등)의 원자를 가정한 후 각 모양마다 몇 개씩 취하는 거야. 단, 각 형태의 원자들은 무한히 많이 존재한다는 가정하에 말이지. 이제 선택된 원자들을 텅 빈 공간에 갖다 놓고 마음대로 움직이도록 방치해두자구. (내가 '텅 빈 공간'을 이해하느라 술을 얼마나 마셨는지 자넨 모를 걸세. 아무것도 없는 무無를 맨 정신으로 어떻게 정의하겠나?) 원자들은 쉴 새 없이 움직이면서 서로 부딪치고, 가끔은 들러붙기도 하면서 한 무더기는 포도주가 되고, 또 한 무더기는 포도주잔이 되고, 다른 무더기는 페타치즈나 바클라바, 또는 올리브가 되겠지.

레더먼: 아리스토텔레스는 원자가 자연적으로 낙하한다고 주장하지 않았습니까?

데모크리토스: 그건 그 친구 생각이지, 나하고는 무관하네. 캄캄한 방에 햇살이 들었을 때 허공에 날아다니는 먼지를 본적이 있겠지? 그 먼지들이 바닥으로 떨어지던가? 완전 제멋대로 날아다니잖나. 원자도 그럴 거라는 말일세.

레더먼: 원자를 더 이상 쪼갤 수 없다는 생각은 어떻게 떠올리셨습니까?

데모크리토스: 마음속에서 그냥 떠올랐지. 청동으로 만든 칼을 상상해보게. 하인에게 날을 갈아놓으라고 시키면 그는 밤새도록 열심히 숫돌에 갈아서 칼 위로 나풀거리며 떨어지는 풀잎이 두 동강 날 정도로 날카로워질 걸세. 이제 내가 그 칼을 들고 치즈 한 조각을…….

레더먼: 페타치즈요?

데모크리토스: 당연하지. 난 다른 치즈는 안 먹네. 아무튼 그 치즈를 반으로 자르고, 반쪽을 또 자르고, 반의 반쪽을 또 자르고 계속 자르다보면 치즈조각이 너무 작아져서 더 이상 손으로 잡을 수 없게 되겠지? 그럼

지금부터 상상의 나래를 펴보자구. 내 몸이 작아지고 칼날이 엄청나게 예리하다면 계속 잘라나갈 수 있을 걸세. 이 과정을 반복하다보면 어떤 결과에 도달할 것 같은가?

레더먼: 페타치즈 가루가 되겠지요.

데모크리토스: 내가 아무리 웃기는 철학자라지만, 자네의 그 썰렁한 농담은 정말 참기 어렵구만. 치즈를 계속 자르다보면 더 이상 자를 수 없는 딱딱한 최소단위에 도달할 수밖에 없다네. 칼 가는 하인들이 대대손손 직업을 물려받아 수백 년 동안 칼을 간다고 해도, 더 이상 자를 수 없는 최소단위가 존재한단 말일세. 나는 이것이 필연이라고 생각하네. 영원히 자른다는 건 도저히 있을 수 없는 일이야. 나뿐만 아니라 다른 철학자들도 그렇게 생각할 걸세. 이 최소단위가 바로 내가 말했던 '아토모스'라네.

레더먼: 아니, 기원전 5세기에 그리스에서 그런 생각을 떠올리셨단 말입니까?

데모크리토스: 왜? 맘에 안 드나? 자네 생각하고 많이 다른가?

레더먼: 아뇨, 아주 비슷합니다. 다만 그 아이디어를 처음 출판한 사람이 내가 아닌 선생님이라는 게 배가 좀 아프네요.

데모크리토스: 하지만 자네들이 말하는 원자는 아토모스가 아닐세.

레더먼: 아, 그건 19세기 화학자들이 사실을 잘못 알고 선생님의 용어를 빌려 썼기 때문이에요. 지금은 주기율표에 있는 원자(수소, 산소, 탄소, 등등)를 쪼갤 수 없다고 믿는 사람은 없습니다. 그 사람들이 경솔했던 거지요. 19세기 화학자는 선생님께서 제안했던 아토모스를 발견했다고 굳게 믿었지만, 사실 원자는 궁극의 치즈조각이 아니었던 거죠.

데모크리토스: 그럼 지금은 찾았나?

레더먼: 찾긴 찾았는데 하나가 아니더라고요. 무지 많아요.

데모크리토스: 물론 그렇겠지. 레우키포스와 나도 많을 거라고 생각했네.

레더먼: 근데 레우키포스라는 분, 실제로 존재했던 사람 맞습니까? 아무래도 가공의 인물 같은데…….

데모크리토스: 레우키포스의 부인한테 가서 그런 소리 했다간 당장 밥주걱이 날아올 걸? 하긴, 일부 학자들이 그런 주장을 하긴 했었지. 하지만 레우키포스는 (컴퓨터를 가리키며) 이 맥킨 …… 머시기라는 기계만큼 명확한 존재였네. 우리 두 사람은 어떤 내용을 누가 먼저 떠올렸는지 기억이 안 날 정도로 항상 붙어 다니면서 원자이론에 몰두했었지. 그가 나보다 몇 살 위였기 때문에 사람들은 그를 내 스승으로 오해하곤 했지만, 우린 어디까지나 동료였다고.

레더먼: 하지만 원자의 종류가 여러 개라고 주장한 건 선생님이잖아요.

데모크리토스: 맞아, 그건 확실하게 기억나는구만. 나는 더 이상 쪼갤 수 없는 최소단위가 무수히 많다고 믿었지. 이들은 모양과 크기가 제 각각이고 견고하면서 불투명하지만, 그 밖의 물성(物性)은 갖고 있지 않다네.

레더먼: 모양은 있는데 세부구조는 없다는 말이죠?

데모크리토스: 그래, 아주 적절한 표현이군.

레더먼: 그럼 선생님의 표준모형에서 '원자'와 '원자가 모여서 이루어진 물질' 사이에는 어떤 관계가 있습니까?

데모크리토스: 글쎄, 그 부분이 좀 불분명한데……. 예를 들면 단맛 나는 음식은 매끄러운 원자로 이루어져 있고 쓴 음식은 뾰족한 원자로 이루어져 있다고 생각했지. 쓴 음식을 먹으면 혀가 아프니까. 또 액체원자는 둥글고, 금속원자는 서로 잘 달라붙도록 미세한 갈퀴가 달려 있고, 불은 사람의 영혼처럼 작은 구형원자로 이루어져 있고……. 파르메니데스와 엠페도클레스가 주장했던 것처럼, 이 세상 그 무엇도 새로 만들어지거나

사라지지 않는다네. 그런데도 주변 물체들이 끊임없이 변하는 이유는 그것을 이루고 있는 원자들이 뭉쳤다가 흩어지기를 반복하기 때문이지.

레더먼: 뭉쳤다가 흩어지는 원인은 뭔가요?

데모크리토스: 원자는 끊임없이 움직이고 있네. 그러다가 적절한 배열이 되면 서로 결합하면서 나무, 물, 파스타 등 눈에 보이는 형상을 만들어내지. 또 이들의 외형이 변하는 것도 원자들이 계속 움직이면서 서로 떨어져 나가기 때문이네.

레더먼: 그렇다면 원자로 이루어진 물체는 새로 만들어지지도, 사라지지도 않는 겁니까?

데모크리토스: 그렇지. 새로 만들어졌다는 느낌은 환각일 뿐일세.

레더먼: 아무런 특성도 갖고 있지 않은 원자로부터 모든 만물이 만들어진 것이라면, 우리 주변에 있는 물체들은 왜 그토록 다양한 걸까요? 바위는 단단하고, 수프는 걸쭉하고, 양은 보드랍고…….

데모크리토스: 간단한 원리일세. 단단한 물체는 원자들이 빽빽하게 결합되어 있어서 그 안에 빈 공간이 거의 없고, 부드러운 물체는 빈 공간이 많기 때문에 부드럽게 느껴지는 거지.

레더먼: 고대 그리스 철학자들은 텅 빈 공간의 개념을 받아들였군요.

데모크리토스: 당연하지. 레우키포스와 내가 원자의 개념을 도입하고 보니 그것을 놓을 자리가 필요하더라고. 레우키포스는 원자가 놓일 수 있는 '텅 빈 공간'을 정의하려고 무던히도 애를 썼지만 뜻대로 되지 않았지. 그러게, 내가 술 좀 줄이라고 그렇게 타일렀건만……. 하긴, 술을 끊어도 별 소용없었을 걸세. 생각해보게. 텅 비어 있다는 건 아무것도 없다는 건데, 그런 걸 대체 무슨 수로 정의하겠나? 설상가상으로 파르메니데스는 "텅 빈 공간은 존재할 수 없다."는 것을 엄밀한 논리로 증명까지 해버렸

다네. 그래서 우리는 포도주를 왕창 마시고 "파르메니데스의 증명은 존재하지 않는다."고 결론내렸지. 껄껄……. 공기, 흙, 불, 물이 대세였던 시대에 텅 빈 공간은 다섯 번째 원소로 간주되었다네. 자네들은 이것을 '제5원소(quintessencial)'라고 부른다지? 정말 어려운 문제였어. 자네들은 어떤가? '무'의 개념을 순순히 받아들였나?

레더먼: 선택의 여지가 없었지요. 무가 없으면 제대로 작동하는 게 아무 것도 없었으니까요. '텅 빈 공간'은 지금도 엄청나게 어렵고 복잡한 문제로 남아 있습니다. 하지만 아까 말씀하셨듯이 우리가 생각하는 무는 에테르, 복사, 음에너지, 힉스 등등 이론적인 개념으로 가득 차 있습니다. 온갖 잡동사니가 쌓여 있는 헛간하고 비슷해요. 이젠 무 없이는 아무 것도 할 수 없을 정도라니까요.

데모크리토스: 자네들이 그 정도로 고생했는데, 기원전 420년에는 어땠을지 상상해보게. 파르메니데스는 아예 텅 빈 공간이 존재하지 않는다고 주장했고, 레우키포스는 "텅 빈 공간이 없으면 운동이 일어날 수 없으므로 반드시 존재해야 한다."며 파르메니데스의 주장을 반박했지. 하지만 가장 기발했던 건 엠페도클레스의 논리였다네. "공간이 없어도 운동은 일어날 수 있다. 바다에서 헤엄치는 물고기를 생각해보라. 바닷물은 물고기의 머릿부분에서 갈라졌다가 꼬리부분에서 다시 만난다. 물고기와 바닷물은 항상 접촉한 상태이며, 이들 사이에 빈 공간은 존재하지 않는다. 그런데도 물고기는 잘 움직이고 있지 않은가? 그러니 텅 빈 공간은 잊어라. 그런 건 없어도 된다!"

레더먼: 당시 사람들이 그의 주장을 받아들였습니까?

데모크리토스: 엠페도클레스는 매우 현명한 사람이었다네. 그는 전에도 허공의 개념을 논리적으로 반박한 적이 있었지. 그와 동시대에 활동했던

피타고라스학파 사람들은 "단위들이 서로 분리되려면 공간이 있어야 한다."며 텅 빈 공간의 개념을 받아들였네.

레더먼: 그 사람들, 교리 때문에 콩을 안 먹었다면서요?

데모크리토스: 그랬지. 굳이 교리를 따지지 않아도 콩을 안 먹는 건 그리 나쁜 생각이 아니야. 피타고라스의 추종자들은 곡물더미 위에 앉지 않고 깎아낸 발톱을 밟지 않는 등 별 희한한 타부가 많았다네. 하지만 자네도 알다시피 그들은 수학과 기하학으로 재미있는 일도 많이 했지. 피타고라스학파는 허공이 공기로 가득 차 있다고 주장했는데, 엠페도클레스는 공기가 물질임을 증명하는 것으로 그들의 주장을 일축해버렸다네.

레더먼: 그러면 선생님께서는 무슨 근거로 허공의 개념을 수용하셨습니까? 생전에 엠페도클레스를 존경하셨던 걸로 아는데요.

데모크리토스: 말도 말게나. 내가 그놈의 텅 빈 공간 때문에 한 30년은 늙었을 걸세. 아무것도 없는 상태를 무슨 수로 서술한단 말인가? 정말 완벽하게 아무것도 없다면, 그런 것이 어떻게 존재할 수 있겠나? 여기 보게, 내 손은 지금 책상을 만지고 있네. 손이 책상을 향해 움직이는 동안, 내 손바닥은 손과 책상 사이를 채우고 있는 따뜻한 공기를 느꼈다네. 하지만 엠페도클레스의 말대로 공기는 공간 자체와 다르지. 내가 느낀 건 공기일 뿐, 공간이 아니란 말일세. 아까 내가 원자가 움직이는 배경이 필요해서 공간의 개념을 떠올렸다고 했었지? 바로 그 점이 문제라구. 그런 공간을 느낄 수 없는데, 원자를 무슨 수로 상상할 수 있겠나? 이 세계를 원자로 설명하려다가 정의할 수 없는 것을 정의해야 하는 난처한 상황에 빠진 거지.

레더먼: 그래서 어떻게 하셨습니까?

데모크리토스: 그냥 걱정하지 않기로 했다네. 문제를 피해간 거지.

레더먼: 아, 실망 …… 허탈……

데모크리토스: 하하… 그건 농담이고, 사실은 내 칼로 문제를 해결했다네.

레더먼: 치즈를 썰던 그 상상의 칼 말인가요?

데모크리토스: 아니, 그거 말고 사과를 써는 진짜 칼 말일세. 칼날이 무언가를 자르려면 자신이 통과할 수 있는 빈 공간을 찾아야겠지?

레더먼: 만일 사과가 빈 틈 없이 꽉 들어찬 원자로 이루어져 있다면요?

데모크리토스: 그렇다면 자를 수 없겠지. 원자는 절대로 두 동강 낼 수 없으니까. 하지만 우리 눈에 보이는 모든 물체는 자를 수 있네. 칼날이 충분히 예리하다면 말이지. 그러니까 공간은 존재하는 거야. 그런데 여기서 한 가지 짚고 넘어갈 것이 있네. 내가 항상 마음속으로 되뇌면서 긴 세월동안 간직해온 교훈인데, 논리적 딜레마에 빠졌다고 해서 포기하면 안 된다는 걸세. "그래, 정 그렇다면 무를 받아들이겠다."는 마음자세로 계속 전진해야 하네. 우주의 비밀을 풀고 싶다면 이 점을 꼭 명심하게나. 논리라는 칼날 위를 아슬아슬하게 걸어가면서 언제라도 추락할 각오가 되어 있어야 하네. 물론 현대의 실험물리학자한테 이런 말을 하면 뒤로 넘어가겠지. 모든 것을 시시콜콜 증명하면서 앞으로 나아가는 사람들이니까.

레더먼: 아뇨, 선생님의 접근방식은 매우 현대적입니다. 우리도 똑같이 하고 있는 걸요. 일단 가정부터 세우고 그 진위여부를 확인합니다. 가정이 없으면 아무것도 할 수 없지요. 가끔은 이론물리학자들이 하는 말에 귀를 기울이기도 합니다. 그래도 문제가 풀리지 않으면 '이 문제는 미래의 물리학자들을 위해 남겨둔다.'며 슬쩍 옆으로 치워놓곤 하지요.

데모크리토스: 이제 슬슬 바른 말을 하기 시작하는구만. 그 태도, 맘에 드네.

레더먼: 감사합니다. 아무튼 선생님의 우주는 아주 단순하군요.

데모크리토스: 우주에 존재하는 것은 원자와 빈 공간뿐, 그 외의 모든 것은 사건에 불과하다네.

레더먼: 그걸 알아내셨는데, 왜 20세기 끝자락으로 오셨습니까?

데모크리토스: 아까도 말했지만 인간의 사건이 언제쯤 진실과 일치하게 될지 궁금했거든. 우리시대 사람들은 아토모스의 존재를 부정했는데, 1993년의 사람들은 그것을 받아들였을 뿐만 아니라 심지어 그것을 찾아 냈다고 믿고 있더군.

레더먼: 그렇기도, 아니기도 합니다. 궁극의 입자가 존재한다는 것에는 의심의 여지가 없지만, 선생님께서 말씀하셨던 그런 방식은 아니거든요.

데모크리토스: 그래? 어떻게 다른데?

레더먼: 선생님께서는 아토모스가 여러 종류라고 하셨지요? 액체는 둥그런 아토모스로 이루어져 있고 금속은 갈퀴 달린 아토모스, 설탕은 매끄러운 아토모스, 레몬은 날카로운 아토모스 기타 등등…….

데모크리토스: 그래서, 요점이 뭔가?

레더먼: 너무 복잡하잖아요. 우리가 취급하는 아토모스는 훨씬 단순하다고요. 선생님 이론에는 아토모스의 종류가 참 많더군요. 이 세상에 100만 종류의 물질이 존재한다면 아토모스도 거의 100만 종류라는 얘기인데, 아무리 생각해도 너무 많은 것 같습니다. 우리는 단 한 종류의 아토모스를 찾고 있어요.

데모크리토스: 단순함을 추구하는 그 뜻은 높이 사겠네만, 과연 그런 이론이 자연을 제대로 서술할 수 있을지 살짝 의심이 가는군. 달랑 한 종류의 아토모스만으로 그 많은 물질을 어떻게 재현한단 말인가? 그리고 그 하나뿐인 아토모스를 찾긴 찾은 건가?

레더먼: 하나이기를 바랬는데, 사실은 몇 개 됩니다. 한 종류는 '쿼크'라 하고, 다른 한 종류는 '렙톤'이라고 하지요. 쿼크 6종에 렙톤 6종, 그러니까 모두 12개가 되는군요.

데모크리토스: 그놈들이 내가 말했던 아토모스와 비슷하던가?

레더먼: 더 이상 쪼갤 수 없고, 견고하고, 내부구조가 없고, 눈에 보이지 않는다는 점에서 선생님의 아토모스와 비슷하지요. 이 입자들은 …… 정말 작아요.

데모크리토스: 얼마나 작은데?

레더먼: 쿼크는 거의 점이나 마찬가지입니다. 우리는 쿼크를 아예 크기가 없는 점으로 간주하고 있어요. 크기가 없으니 당연히 모양도 없고요. 선생님의 아토모스는 둥글고, 뾰족하고, 매끄럽고, 길쭉하고 …… 다양한 형태를 갖고 있지만 쿼크는 그렇지 않습니다.

데모크리토스: 크기가 없는데 존재한다고? 그것도 견고하게?

레더먼: 우리는 쿼크가 수학적인 점이라고 믿고 있어요. 단, 견고성에 대해서는 아직 논쟁의 여지가 남아 있습니다. 쿼크가 다른 쿼크와 결합하는 방식, 또는 렙톤과 결합하는 방식에 따라 물질의 견고성이 달라지는 거지요.

데모크리토스: 상상이 안 가는구만. 잠시 시간을 좀 주게. 자네 이론의 문제점을 알 것 같네. 크기가 없는 쿼크를 받아들인다고 치자고. 하지만 단 몇 개의 입자만으로 나무, 거위, 그리고 이 매킨 머시기 등등 다양하기 그지없는 거시적 존재를 어떻게 설명한단 말인가?

레더먼: 쿼크와 렙톤이 결합해서 우주의 모든 만물을 만들어내는 거지요. 쿼크 여섯 종류에 렙톤도 여섯 종류가 있으니까 얼마든지 가능합니다. 쿼크 두 개와 렙톤 한 개만 있어도 수십 억 가지 물질을 만들어낼 수 있

어요. 얼마 전까지만 해도 그렇게 믿었었구요. 하지만 자연은 좀 더 많은 아토모스가 필요했나봅니다.

데모크리토스: 입자 12개로 다 된다니, 내 아토모스보다 단순한 건 사실 이구만. 그런데 원래 '한 개'이길 바랬다면서? 12개면 너무 많은 거 아닌가?

레더먼: 쿼크는 원래 하나인데 여섯 가지 면을 갖고 있는지도 모르죠. 우리는 그 여섯 가지 특성을 쿼크의 "향(香, flavor)"이라고 부릅니다. 이들이 다양한 방식으로 결합하면서 온갖 물질들이 만들어지는 거지요. 선생님의 아토모스와 다른 점은 물질마다 각기 다른 쿼크를 일일이 할당할 필요가 없다는 것입니다. 불을 이루는 쿼크, 산소를 이루는 쿼크, 납을 이루는 쿼크 …… 이렇게 구별할 필요 없어요. 6가지 쿼크와 6가지 렙톤으로 뭐든지 다 만들 수 있으니까요.

데모크리토스: 그럼 쿼크끼리는 어떤 식으로 결합하나?

레더먼: 쿼크들 사이에는 강한 핵력(강력)이라는 힘이 작용합니다. 전기력(electrical force)하고는 아주 다른 희한한 힘이지요. 물론 그들 사이에는 전기력도 작용하구요.

데모크리토스: 그래, 전기력에 대해선 나도 좀 안다네. 19세기에 갔을 때 패러데이와 대화를 나눈 적이 있거든.

레더먼: 그래요? 그분은 정말 뛰어난 과학자였어요.

데모크리토스: 그랬겠지. 하지만 수학실력은 정말 형편없더라고. 그가 고대 이집트에서 태어났다면 절대로 성공하지 못했을 걸? 가만, 얘기가 잠깐 삼천포로 빠졌군. 방금 전에 말한 강력이라는 거, 중력하고는 다른 힘인가?

레더먼: 중력이요? 그건 너무 약해서 명함도 못 내밀어요. 쿼크는 글루온

(gluon)이라는 매개입자를 통해서 다른 쿼크와 결합하지요.

데모크리토스: 글루온이라고? 아까는 쿼크의 조합으로 모든 물질이 만들 어진다고 하더니, 아직 뭐가 남았나?

레더먼: 아뇨, 물질을 구성하는 건 쿼크가 맞습니다. 하지만 '힘'을 빼놓으면 안 되죠. 자연에는 게이지보손(gauge boson)이라는 입자가 존재하는데, 이들의 임무는 힘과 관련된 정보를 입자 A에서 입자 B로, 그리고 다시 입자 B에서 입자 A로 전달하는 것입니다. 그렇지 않으면 입자 B는 A가 자기한테 힘을 행사하고 있다는 것을 알 방법이 없으니까요.

데모크리토스: 와우, 유레카! 참으로 그리스적인 생각이로다! 탈레스가 알았다면 길길이 뛰면서 좋아했을 걸세.

레더먼: 칭찬 감사합니다. 게이지보손은 힘전달입자, 또는 매개입자라고도 하는데요, 이들이 가진 질량과 스핀, 그리고 전기전하가 힘의 특성을 좌우하지요. 예를 들어 전자기력을 매개하는 광자는 질량이 없기 때문에 아주 빠르게 움직일 수 있습니다. 그래서 전자기력은 아주 먼 거리까지 작용하지요. 글루온도 광자처럼 질량이 0이어서 강력은 무한히 먼 곳까지 작용하지만, 힘이 너무 강하기 때문에 쿼크들이 아주 가까이 붙어 있어요. 반면에 약한 핵력(약력)을 매개하는 W입자와 Z입자는 질량이 커서 멀리 가지 못하기 때문에, 약력은 아주 가까운 거리에서만 작용합니다. 그 외에 중력을 매개하는 중력자(graviton)도 있는데요, 아직 발견되지 않은 데다가 중력이론 자체도 아직 미완성이라 드릴 말씀이 별로 없네요.

데모크리토스: 가만, 가만 …… 너무 복잡해서 정리가 안돼! 아니, 이게 내이론보다 단순하단 말인가?

레더먼: 그럼 고대의 원자론자들은 다양한 힘을 어떻게 설명했습니까?

데모크리토스: 우린 굳이 설명하려고 애쓰지 않았다네. 레우키포스와 나는 원자가 끊임없이 움직여야 한다고 생각했고, 그냥 그 개념을 받아들였지. 밀레투스식 관점에 따라 "운동은 원자의 속성 중 하나"라고 말한 기억은 나는데, 이 세상이 움직이는 원자로 이루어진 이유에 대해서는 아무런 언급도 하지 않았네. 자연은 원래 그런 것이니, 기본적인 특성이 그렇다면 받아들여야겠지. 이것이 네 가지 힘으로 자연을 설명하는 자네들 이론에 어긋난다고 보는가?

레더먼: 꼭 그렇진 않습니다. 그런데 갑자기 궁금해지네요. 원인을 끝까지 캐지 않고 그냥 받아들였다니, 혹시 고대의 원자론자들은 운명이나 우연 같은 것을 믿었습니까?

데모크리토스: 우주의 삼라만상은 우연과 필연의 결과라네.

레더먼: 우연과 필연은 정 반대 개념이잖아요.

데모크리토스: 맞아. 하지만 자연은 두 가지를 모두 따르고 있지. 양귀비씨 앗을 심은 자리에서 엉겅퀴가 아닌 양귀비가 나오는 건 필연이지만, 이 양귀비가 자라서 맺게 될 씨앗의 개수는 원자의 충돌에 의해 좌우되니 우연적인 요소도 무시할 수 없는 거라네.

레더먼: 자연이 우리에게 포커 패를 나눠주고 있는데, 패가 얼마나 좋은지는 팔자소관이라는 말이군요. 상대가 블러핑을 했을 때 소심한 제가 겁먹고 패를 덮는 건 필연이구요.

데모크리토스: 비유가 좀 천박하긴 하지만 …… 그래, 그게 세상 돌아가는 이치라네. 어떤가? 맘에 안 드나?

레더먼: 아뇨, 현대물리학의 기본적인 믿음과 아주 비슷하네요. 우리는 그걸 '양자역학'이라 부르고 있습니다.

데모크리토스: 아, 그래. 1920~1930년대를 주름잡았던 그 망나니들 말이

지? 그 시대엔 오래 머물지 않아서 잘 모르지만, 양자패거리는 아인슈타인하고 사이가 별로 안 좋았다고 하더군. 그들 사이에 오갔던 논쟁은 나도 이해가 안 가더라고.

레더먼: 아니, 그 역사의 현장을 대충 지나치셨단 말입니까? 닐스 보어(Niels Bohr)와 베르너 하이젠베르크, 막스 보른(Max Born) 등으로 대표되는 양자 진영과 에르빈 슈뢰딩거(Erwin Schrödinger), 알베르트 아인슈타인으로 대표되는 반대진영 사이에 역사적인 논쟁이 한바탕 크게 벌어졌었는데, 선생님 마음에는 별로 안 드셨나보군요.

데모크리토스: 오해하지 말게. 그들이 똑똑했다는 건 나도 인정하네. 그런데 그 친구들, 툭하면 신을 들먹이더군. 논쟁을 벌이다가 말이 궁해지면 어김없이 신을 찾던데, 그건 좀 아닌 것 같더라고.

레더먼: 그 시절에 아인슈타인이 남긴 유명한 말이 있습니다. "신은 우주를 상대로 주사위놀음 따위는 하지 않는다."라고 말이죠.

데모크리토스: 나도 들었네. 궁지에 몰릴 때마다 항상 그런 식이었지. 하긴, 나의 열렬한 지지자였던 아리스토텔레스도 내가 우연을 신봉하면서 운동을 주어진 것으로 생각했다며 나를 비난했다네.

레더먼: 양자역학은 마음에 드시던가요?

데모크리토스: 맘에 들었지. 사실 아주 좋아했다네. 최근에 시간여행을 하던 중 리처드 파인먼이라는 물리학자를 만난 적이 있는데, 아주 큰상을 받은 친구인데도 자신은 양자역학을 제대로 이해하지 못했다고 고백하더군. 나도 그 이론은 …… 잠깐, 자네 지금 화제를 돌리고 있지 않은가. 아까 자네가 침을 튀어가며 열변을 토했던 '단순한' 입자로 돌아가자구. 쿼크라는 입자들이 서로 들러붙어서 …… 뭘 만든다고 그랬지?

레더먼: 쿼크는 하드론(hadron, 강입자)이라는 조금 큰 입자를 구성하는 기

본단위입니다. 하드론은 그리스어로 무겁다는 뜻이고요.

데모크리토스: 자네 지금 공자 앞에서 문자 쓰나? 내 모국어인데 그걸 모를까봐? 아무튼 영어를 주로 사용하는 자네들이 물리적 객체에 그리스식 이름을 붙였다니 기특하구만.

레더먼: 우리의 길을 밝혀주신 선생님들께 그 정도 예의는 갖춰야죠. 쿼크로 이루어진 하드론 중 제일 유명한 것이 바로 양성자(proton)인데요, 하나의 양성자는 세 개의 쿼크로 이루어져 있습니다. 사실 양성자와 사촌지간에 있는 다른 하드론들도 쿼크 세 개로 만들 수 있는데, 쿼크의 종류가 6개니까 $6 \times 6 \times 6 = 216$가지 조합이 가능합니다. 대부분의 하드론은 실험실에서 이미 발견되었구요, 람다(Λ), 시그마(Σ) 등 그리스 문자로 표기하고 있지요.

데모크리토스: 그러니까 양성자가 하드론의 한 종류란 말이지?

레더먼: 네. 그리고 양성자는 우주에서 가장 흔한 하드론이기도 합니다. 예를 들어 쿼크 세 개가 결합하면 양성자나 중성자가 되지요. 그리고 양성자 한 개에 전자(이 입자는 렙톤에 속합니다.) 한 개를 추가하면 원자가 됩니다. 이것이 바로 수소원자인데, 원자 중에서 구조가 제일 단순하기 때문에 질량도 제일 가볍습니다. 지구생명체에게 필수적인 산소원자는 양성자 8개와 중성자 8개, 그리고 전자 8개로 이루어져 있지요. 특히 양성자와 중성자는 아주 작은 영역에 똘똘 뭉쳐 있는데, 이것을 원자핵이라 부릅니다. 수소원자 두 개와 산소원자 한 개가 결합하면 드디어 우리 눈에 보이는 물이 되지요. 약간의 물과 탄소, 그리고 산소와 질소를 잘 섞으면 각다귀가 되고, 말이 되고, 결국은 선생님 같은 그리스인도 될 수 있습니다.

데모크리토스: 그 모든 것이 쿼크에서 시작된다는 말이군.

레더먼: 넵!

데모크리토스: 그 외에 다른 것은 전혀 필요 없고?

레더먼: 그렇진 않아요. 원자가 모양을 유지하고 다른 원자와 결합하려면 무언가가 더 있어야 합니다.

데모크리토스: 아까 그 글루온이라는 게 있으면 되겠군.

레더먼: 아뇨, 글루온은 쿼크를 결합시키는 역할만 해요.

데모크리토스: 제길 …… 아님 말구!

레더먼: 바로 이 대목에서 척 쿨롱(Chuck Coulomb)과 마이클 패러데이 같은 전기학자들이 등장하게 되지요. 그 사람들은 원자핵 주변에 전자를 잡아두는 전기력을 연구했습니다. 그리고 원자핵과 전자가 복잡한 춤을 추면서 원자들 사이에 잡아당기는 힘을 발생시키는 거고요.

데모크리토스: 전기가 흐르는 게 전자 때문이라지?

레더먼: 네. 하지만 전자의 역할은 그게 전부가 아니에요.

데모크리토스: 그럼 전자도 게이지보손이겠구만. 아까 말했던 광자와 W, Z입자처럼 말일세.

레더먼: 아뇨, 전자는 게이지보손이 아니라 물질을 이루는 입자입니다. 렙톤이라는 입자족에 속하지요. 쿼크와 렙톤은 물질을 이루고 광자와 W, Z입자, 중력자는 힘을 매개합니다. 그런데 현대물리학에서는 힘과 입자의 구별이 확실치 않아요. 둘 다 입자로 간주해도 아무런 문제가 없거든요. 새로운 형태의 단순화라 할 수 있지요.

데모크리토스: 어쩐지 내 이론이 더 낫다는 느낌이 드는군. 내 이론은 복잡하고 자네는 단순함을 추구한다더니, 결국 내 이론보다 훨씬 복잡하잖아. 아까 렙톤이 여섯 종류라고 했는데, 전자 외에 나머지 다섯 개는 뭔가?

레더먼: 세 종류의 뉴트리노와 뮤온, 타우입자인데요, 이 얘기는 나중에

하죠. 전자는 오늘날 세계경제에 가장 큰 영향을 미치는 입자입니다. 타의 추종을 불허하지요.

데모크리토스: 전자와 여섯 종류의 쿼크만 고려하면 된다는 거지? 이들이 모여서 새가 되고, 바다가 되고, 구름이 되고…….

레더먼: 사실, 지금 우주에 존재하는 대부분의 물질은 위쿼크와 아래쿼크, 그리고 전자로 이루어져 있습니다. 여섯 종류의 쿼크 중에서 두 종류가 대부분을 차지한다는 거죠. 뉴트리노는 우주공간을 자유롭게 돌아다니고 가끔은 방사성원소의 원자핵에서 방출되기도 하지만, 나머지 쿼크와 렙톤들은 우리가 실험실에서 만들어내야 합니다. 자연에서는 거의 발견되지 않으니까요.

데모크리토스: 발견되지도 않는데 왜 굳이 입자목록에 포함시킨 거지?

레더먼: 역시, 정곡을 찌르시는군요. 우리는 다음의 명제를 하늘 같이 믿고 있습니다. "물질을 구성하는 기본입자는 6종의 쿼크와 6종의 렙톤, 총 12가지이다. 그러나 빅뱅이 일어났던 우주 초창기에 이들은 구별되지 않는 동일한 입자였다."

데모크리토스: 그 황당한 이야기를 믿는 사람이 몇 명쯤 되나? 한두 명? 일부 이단자들? 아니면 모든 물리학자들이 믿고 있는가?

레더먼: 전부 믿고 있지요. 식견을 갖춘 입자물리학자라면 여기에 이의를 제기하지 않을 겁니다. 물리학뿐만 아니라 과학계 전체가 믿고 있습니다. 그들은 물리학자를 믿으니까요.

데모크리토스: 가만……. 우리 두 사람 의견이 어디서부터 빗나갔더라? 나는 더 이상 자를 수 없는 최소단위인 원자(아토모스)의 종류가 무수히 많고, 외형상 상호보완적인 특성에 따라 서로 결합한다고 했지. 반면에 자네는 아토모스의 종류가 12개뿐이고, 이들은 모양이 없으면서 부호가 반

대인 전기전하에 의해 결합한다고 주장했네. 쿼크와 렙톤도 더 이상 자를 수 없다고 했고 …… 그런데 12개라는 거, 정말 확실한 건가?

레더먼: 글쎄요, 그건 세는 방법에 따라 달라지겠지요. 반쿼크가 6종, 반렙톤도 6종이 있고…….

데모크리토스: 하나님 …… 아니, 제우스님 맙소사!

레더먼: 더 들어보세요. 상황이 그렇게 나쁜 건 아니라구요. 우리 두 사람은 어긋난 것보다 일치하는 게 더 많거든요. 선생님께서는 부정적으로 말씀하시지만, 정보와 지식의 양이 지금과는 비교가 안 될 정도로 미천했던 2,500년 전에 쿼크와 다름없는 '원자'의 개념을 떠올리셨다는 게 정말 믿어지지 않습니다. 선생님은 그 이론을 입증하기 위해 어떤 실험을 하셨습니까? 요즘은 간단한 아이디어 하나를 입증하는 데도 수십 억 드라크마*가 들어가는데, 그렇게 적은 비용으로 어떻게 연구를 수행하셨나요?

데모크리토스: 구식방법으로 했지. 학자에게 돈을 대주는 에너지부나 과학재단이 없었으니, '순수한 이성'으로 모든 문제를 해결했다네.

레더먼: 아니, 그럼 실험으로 입증되지도 않은 이론을 그토록 자신 있게 주장했단 말입니까?

데모크리토스: 그건 아닐세. 우리가 자네들보다 무식했던 건 사실이지만, 개념을 수정해나가는 과정에서 나름대로 실마리를 찾았네. 아까도 말했지만 양귀비 씨앗에서는 양귀비가 자라고, 겨울이 지나면 봄이 오고, 하늘의 태양은 떴다가 지지 않는가. 엠페도클레스는 이런 규칙을 분석한

---

* 고대 그리스의 화폐단위.

끝에 흐르는 물로 시간을 측정하는 물시계를 만들었고 회전하는 물통의 운동을 연구했지. 비싼 실험장비가 없어도 눈만 부릅뜨고 있으면 결론을 내릴 수 있는 거라네.

레더먼: 우리 시대에도 그런 말을 한 사람이 있습니다. "보는 것만으로도 많은 것을 알아낼 수 있다."고 했지요.

데모크리토스: 바로 그거야! 자네 시대에도 그리스식 혜안을 가진 천재가 있단 말인가? 도대체 누구인고?

레더먼: 요기 베라(Yogi Bera)●라는 사람입니다만…….

데모크리토스: 분명 세계 최고의 철학자겠군.

레더먼: 글쎄요, 그렇다고 해두죠 뭐. 그런데 선생님께서는 왜 실험을 믿지 않으시는 겁니까?

데모크리토스: 감각보다는 마음이 훨씬 믿을 만하기 때문이라네. 마음에는 순수하고 절대적인 지식이 담겨 있거든. 시각, 청각, 후각, 미각, 그리고 촉각으로부터 얻은 지식은 2차적이면서 상대적인 지식일 뿐이지. 생각해보게. 자네가 달다고 느낀 음료가 나한테는 시큼할 수도 있고, 자네의 마음을 사로잡은 여자가 나한테는 무의미할 수도 있지 않은가. 못생긴 아이도 제 어미 눈에는 예쁘게 보이는 법, 그러니 이런 정보를 어떻게 믿을 수 있겠나?

레더먼: 그렇다면 선생님께서는 이 세계를 측정할 수 없다고 생각하시는 겁니까? 우리 감각이 정보를 왜곡하기 때문에요?

데모크리토스: 아니, 감각은 허공에서 지식을 창출해내지 못한다네. 모든

● 1940~1960년대 뉴욕 양키즈팀을 이끌었던 전설적인 포수.

물체는 원자를 방출하기 때문에 우리는 그것을 보거나 냄새 맡을 수 있지. 내가 서재에서 빵 냄새를 맡았던 것처럼 말일세. 원자를 통한 영상이 감각기관으로 유입되고, 이것이 우리 마음에 전달되면서 외부 물체를 인지하게 되는 거라네. 하지만 그 영상은 공기를 통과하면서 왜곡되기 때문에 진정한 실체라고 할 수 없지. 멀리 있는 물체가 보이지 않는 것도 바로 이 왜곡현상 때문이라네. 우리의 오감은 실체를 끊임없이 왜곡하고 있기 때문에, 그로부터 우리가 얻을 수 있는 건 주관적인 정보뿐일세.

레더먼: 이 세상에 객관적 실체는 존재하지 않는다고 생각하시는 건가요?

데모크리토스: 오, 노! 객관적 실체는 분명히 존재하지. 다만 그것을 정확하게 인지할 수 없을 뿐이야. 몸이 아플 때는 음식 맛이 다르게 느껴지고, 오른손이 따뜻하게 느끼는 걸 왼손은 미지근하다고 느낄 수도 있지 않은가. 물체를 구성하는 원자의 배열상태에 따라, 그리고 그것을 느끼는 우리 몸의 원자 배열상태에 따라 결과는 얼마든지 달라질 수 있지. 진실은 감각보다 훨씬 깊은 곳에 숨어 있다네.

레더먼: 관측대상과 관측도구(지금의 경우는 사람의 몸)가 서로 상호작용을 주고받으면서 관측대상의 본질에 변화가 초래된다는 말이군요. 그래서 관측결과도 실제와 다를 수밖에 없구요.

데모크리토스: 표현방식이 좀 유별나긴 하지만 대충 그런 뜻이지. 자넨 어떻게 생각하나?

레더먼: 선생님께서 말씀하신 '왜곡된 지식'을 저는 '측정에 필연적으로 수반되는 불확정성(uncertainty)'으로 이해하고 있습니다만…….

데모크리토스: 그 정도 표현은 참아줄 만하군. 헤라클레이토스(Heraclitus)는 이런 말을 했지. "감각은 엉터리 증인이다."라고 말이야.

레더먼: 선생님께서 순수한 지식의 원천이라고 표현하셨던 '마음'은 어떤

가요? 마음이 감각보다 어떤 면에서 우월한 겁니까? 선생님의 세계관에 따르면 마음은 영혼이 육체에 투영된 결과이고 영혼도 결국은 원자로 이루어져 있습니다. 이 원자들도 계속 움직이면서 외부에 있는 변형된 원자들과 상호작용하고 있을 텐데, 그렇다면 감각과 사고는 완벽하게 분리될 수 없는 거 아닌가요?

데모크리토스: 아주 좋은 지적이군. 내가 옛날에 말했던 것처럼 빈곤한 마음은 자기 스스로 만들어낸 것일세. 바로 감각이 만들어내고 있지. 그래도 순수한 이성은 감각보다 정확하다네. 문득 자네가 목매고 있는 실험에 회의적인 생각이 드는구만. 이 거대한 건물에 온갖 기계장치와 전선을 산더미처럼 쌓아놓고 대체 뭘 알아내겠다는 건가? 그들도 어차피 인간의 감각을 통해 인지될 텐데 말이지. 실소가 절로 나오네 그려, 허허……

레더먼: 그럴지도 모르죠. 하지만 이곳에 있는 물건은 '우리가 보고 듣는 것은 도무지 믿을 수가 없다.'는 사실을 입증한 기념비적 실험장비들입니다. 16~18세기 과학자들은 수많은 시행착오를 거치면서 '관측행위에 주관성이 개입되어 있다.'는 사실을 서서히 깨달았고, 노트에 숫자를 기록하면서 관측과 측정에 객관성을 조금씩 부여해나갔지요. 우리는 전 세계 수많은 연구실에서 다양한 가설과 새로운 아이디어를 검증하다 중요한 사실을 깨닫게 되었습니다. 동일한 실험결과를 여러 번 반복 재현시킬 수 있어야 객관성이 확보된다는 사실을 말이죠. 그 후로는 실험장비가 아무리 우수해도 여러 곳에서 다양한 방식으로 시도한 실험이 일관성 있는 결과를 낳지 못하면 아무도 그 결과를 믿지 않았습니다. 장소와 방법뿐만 아니라 시간이 달라도 여전히 같은 결과가 나와야 합니다. 예를 들어 모든 물리학자가 수백 년 동안 신주단지처럼 모셔왔던 이론을 어떤

젊은 녀석이 하룻밤 실험으로 반증했다해도 우리는 그를 원망하지 않습니다. 실험결과가 정확하고 재현 가능하다면 그가 옳은 것이지요. 원망은커녕, 입이 마르도록 칭찬하고 큰상까지 안겨줍니다. 시기심과 두려움을 떨쳐버리고 그 망할 녀석을 인정해주는 수밖에 없어요. 안 그러면 오히려 학계에서 따돌림을 당할 테니까요.

데모크리토스: 그렇다면 권위는 어떻게 되는 건가? 내 이야기를 후세에 책으로 남겼던 아리스토텔레스를 생각해보게. 당시 그에게 동조하지 않는 사람은 추방당하거나, 투옥되거나, 산 채로 매장당하기도 했단 말일세. 그 덕분에 내 원자이론이 중세까지 살아남긴 했지만⋯⋯.

레더먼: 지금은 많이 좋아졌습니다. 아직 완전하진 않지만 옛날 보단 훨씬 낫지요. 요즘 과학자는 의심 많고 회의적일수록 좋은 평가를 받는답니다.

데모크리토스: 거 듣던 중 반가운 소식이구만. 그런데 자네 시대 과학자들 중 실험을 하지 않고 창문도 닦지 않는 사람은 뭘 해서 먹고살지?

레더먼: 요즘은 '이론가'라는 직업이 있어요. 보수도 꽤 좋고, 시간도 많고, 나름대로 폼도 나지요. 하지만 저는 우리 연구소에 이론물리학자를 많이 채용하지 않았습니다. 그 사람들은 주말을 앞뒤로 이중으로 망친다며 절대로 수요일에 미팅을 하지 않더라고요. 그나저나 선생님께서는 이론가를 자처하면서 실험물리학자를 싫어하진 않으시겠지요? 실제로 실험을 하셨으니까요.

데모크리토스: 어? 내가 실험을 했다구?

레더먼: 네, 칼로 치즈를 열심히 썰었잖아요. 물론 상상 속에서 진행되긴 했지만 그래도 실험은 실험이죠. 머릿속에서 치즈를 계속 썰어나가다가 아토모스라는 개념에 도달하신 거 아닙니까?

데모크리토스: 그래. 하지만 그건 어디까지나 상상이었네. 순수한 논리였다고.

레더먼: 그 칼을 선생님께 보여드리면 인정하시겠습니까?

데모크리토스: 뭔 소릴 하는 거야? 자네 어디 아픈가?

레더먼: 아토모스에 도달할 때까지 물질을 자를 수 있는 칼을 보여드리겠다고요.

데모크리토스: 원자를 자르는 칼을 자네가 발명했다고? 이 동네에서?

레더먼: (고개를 끄덕이며) 지금 우리가 그 위에 앉아 있답니다.

데모크리토스: 이 연구실 말인가? 연구실이 칼이야?

레더먼: 아뇨, 연구실 건물이 아니라 입자가속기를 말하는 겁니다. 지금 우리 발밑에서 입자들이 둘레 6.4킬로미터짜리 원형튜브를 돌아 서로 격렬하게 충돌하고 있거든요.

데모크리토스: 그렇게 하면 물질을 아토모스까지 자를 수 있단 말인가?

레더먼: 네. 쿼크와 렙톤으로 분해되지요.

데모크리토스: 대-단하구만! 그럼 쿼크나 렙톤보다 더 작은 입자는 없단 말이지? 정말 확실한 건가?

레더먼: 아 …… 네. 확실합니다. 저는 그렇게 생각합니다. 아마도…….

데모크리토스: 어째 대답이 확실치 않구만. 아직 자신이 없는 거지? 확신이 선다면 자르는 짓을 그만뒀을 텐데, 아직도 열심히 자르고 있잖은가.

레더먼: 솔직히 말하면 선생님 말씀이 맞습니다. 쿼크와 렙톤 안에 작은 인간들이 조종석에 앉아 있을지도 모르죠. 하지만 이들이 최소단위 입자임이 확실하다 해도 실험은 계속할겁니다. 충돌과정을 분석하면 쿼크와 렙톤의 성질을 알 수 있거든요. 돈이 엄청나게 많이 들지만 분명히 그럴 만한 가치가 있다고요.

데모크리토스: 참, 아까 물어보려다가 잊은 게 하나 있네. 그 쿼크라는 거 말일세, 크기가 없는 점입자라고 했는데, 그렇다면 쿼크가 물질에서 분리되어 나왔다는 걸 어떻게 확인할 수 있지?

레더먼: 질량이죠. 쿼크는 종류마다 질량이 다르거든요.

데모크리토스: 어떤 건 무겁고, 어떤 건 가볍다는 말인가?

레더먼: 네.

데모크리토스: 이거야 원 …… 도무지 이해할 수가 없구만.

레더먼: 질량이 제 각각이라는 거 말입니까?

데모크리토스: 아니, 질량이 있다는 것 자체가 이상하지 않은가. 나는 아토모스를 제안할 때 질량이 없는 것으로 간주했다네. 그런데 점에 불과한 쿼크가 질량을 갖고 있다니, 자네는 그게 안 이상한가? 어디 내가 알아듣게 설명 좀 해보게.

레더먼: 사실은 저도 이해가 안 갑니다. 그것 때문에 골머리를 무지 않았는데, 어떻게 설명해야 할지 아직도 모르겠어요. 하지만 실험결과가 그런 걸 어쩌겠습니까? 게이지보손으로 가면 상황은 더욱 난감해집니다. 이론에 의하면 이들의 질량은 0이어야 하거든요. 영, 제로, 완전한 無! 그런데…….

데모크리토스: 생각해보게. 바위를 집어들면 묵직한 무게가 느껴지고, 양모 한 뭉치를 집어들면 훨씬 가볍지? 둘의 무게가 다른 이유를 누군가가 묻는다면 "바위를 이루고 있는 아토모스(쿼크라고 불러도 상관없네.)와 양모를 이루는 아토모스의 무게가 다르기 때문"이라고 설명하면 될 것 같지만, 좀 더 깊이 들어가면 나도 머리가 복잡해진다네. 아까도 말했듯이 인간의 감각은 엉터리 증인임을 명심하게나. 순수한 이성으로 생각해보면 질량이 존재한다는 것 자체가 미스터리일세. 질량이 없는 아토모스가 모

였는데 무슨 수로 질량을 만들어내겠나? 자네는 설명할 수 있겠나? 무엇이 입자에 질량을 부여하는지 말일세.

레더먼: 맞아요. 정말 지독한 미스터리입니다. 지금도 그 의문을 풀기 위해 백방으로 노력 중인데요. 이 책이 8장으로 갈 때까지 기다려주신다면 저희가 발견한 해답을 들려드리죠. 요즘 물리학자들은 물체의 질량이 장(場, field)에서 온 것으로 추정하고 있습니다.

데모크리토스: 장이라니?

레더먼: 이론물리학자들은 '힉스장(Higgs Field)'이라고 부르지요. 이것은 아낙시만드로스가 말한 아페이론처럼 전 공간에 퍼져 있는 장인데, 진공을 교란시키고 물질을 잡아당겨서 무겁게 만드는 주범입니다.

데모크리토스: 힉스라구? 대체 힉스가 누구야? 내 이름을 따서 '데모크리톤'이라고 부르면 좀 좋아? 이름만 들어도 '모든 입자들과 상호작용하는 그 무엇'이라는 의미가 확실하게 전달되잖아! 게다가 어감도 뭔가 있어 보이고 말이야. 힉스가 뭔가, 힉스가. 쯧쯧⋯⋯.

레더먼: 죄송합니다. 이론물리학자들은 무언가 발견할 때마다 기를 쓰고 자기 이름을 붙이거든요. 제가 대신 사과드리겠습니다.

데모크리토스: 그런데 그 장이라는 건 대체 뭔가?

레더먼: 힉스보손이라는 입자로 표현되는 장입니다.

데모크리토스: 입자라구? 거 아주 맘에 드는구만. 그래서, 자네의 그 입자가속기가 힉스입자를 찾았나?

레더먼: 아, 아뇨.

데모크리토스: 그럼 어디서 찾았는데?

레더먼: 아직 못 찾았습니다. 오직 물리학자의 마음속에만 존재하고 있지요. 일종의 '순수하지 않은 이성'이라고나 할까요?

데모크리토스: 찾지도 못했는데 왜 믿는 건가?

레더먼: 반드시 존재해야만 하니까요. 공간 전체에 육중한 장이 깔려 있어서 사물의 외형과 실험결과를 왜곡시키고 있습니다. 반드시 그래야만 합니다. 그렇지 않다면 쿼크와 렙톤, 그리고 네 종류의 힘은 난센스가 돼버리니까요.

데모크리토스: 자네 말하는 투가 꼭 그리스인 같네 그려. 허허, 그 힉스장이라는 거 어쩐지 정이 가는군. 어쨌거나 난 이제 가봐야겠네. 21세기로 가면 특제 샌들을 구할 수 있다고 하더라고. 이왕 가는 김에 내 이론이 확실하게 입증된 시기로 가고 싶은데, 언제 어디로 가면 좋을지 추천 좀 해주겠나?

레더먼: 두 가지 시간대를 추천해드리죠. 하나는 1995년의 이곳 바타비아구요, 또 하나는 2005년의 텍사스 주 왁사해치입니다.

데모크리토스: 이그, 내 그럴 줄 알았네. 하여간 물리학자들은 죄다 똑같다니까! 자넨 이 모든 문제가 몇 년 안에 해결될 거라고 생각하나? 하긴, 1900년에 갔을 때 만난 켈빈경(Lord Kelvin, 윌리엄 톰슨)과 1972년에 만난 머리 겔만은 물리학이 종착점에 거의 도달했다고 큰소리를 치더군. 자연에서 일어나는 모든 현상들을 몇 개만 빼고 완벽하게 이해했다고 말이야. 그 몇 개도 6개월이면 다 풀릴 거라고 장담하더라고.

레더먼: 그런 뜻으로 한 말이 아닌데요…….

데모크리토스: 나도 그러길 바라네. 난 이 길을 2,400년 동안 걸어왔다고. 결코 쉬운 일이 아니었어.

레더먼: 저도 압니다. 제가 1995년과 2005년을 추천해드린 데에는 그럴 만한 이유가 있어요. 그 시기에 물리학자들이 흥미로운 발견을 할 가능성이 아주 높거든요.

데모크리토스: 예를 들면 어떤 거?

레더먼: 쿼크는 여섯 종류가 있습니다. 기억하시죠? 그중 다섯 개가 발견되었는데, 마지막 발견은 1977년에 바로 여기, 페르미 연구소에서 이루어졌습니다. 이제 남은 건 쿼크 중에서 제일 무거운 여섯 번째 쿼크인데요, 바로 꼭대기쿼크(top-quark)라는 놈이죠.

데모크리토스: 그 놈을 찾기 위한 실험이 1995년에 시작된다는 말인가?

레더먼: 아뇨, 지금 열심히 찾는 중입니다. 우리 발밑에서 열심히 가동되고 있는 입자가속기가 그 일을 떠맡고 있지요. 입자를 표적에 빠른 속도로 충돌시키면 다양한 입자들이 튀어나오는데, 그 와중에 꼭대기쿼크가 생성되는 날을 손꼽아 기다리는 중입니다. 1995년이 되면 꼭대기쿼크가 발견되거나, 아니면 그런 입자가 존재하지 않는다는 게 증명되거나, 둘 중 하나로 판가름날 겁니다.

데모크리토스: 그런 엄청난 일을 할 수 있단 말인가?

레더먼: 네. 우리 입자가속기는 엄청나게 강력하면서 정교하거든요. 꼭대기쿼크가 발견되면 모든 것이 질서정연하게 정리될 거구요, 선생님의 원자론은 6개의 쿼크와 6개의 렙톤으로 확고하게 자리를 잡을 겁니다.

데모크리토스: 발견되지 않으면?

레더먼: 모든 게 무너져 내리겠지요. 입자물리학의 금자탑이라며 애지중지해왔던 표준모형도 쓰레기통으로 들어갈 겁니다. 이론물리학자들은 사태를 비관한 나머지 2층 창문에서 뛰어내리거나 버터 바르는 칼로 자기 손목을 그을지도 모르죠. 하지만 건물 옥상으로 올라가거나 고기 써는 칼을 집어들지는 않을 것 같네요.

데모크리토스: (박장대소를 하며) 그거 참 볼만하겠군 그래! 오케이, 1995년의 바타비아로 가봐야겠네.

레더먼: 저, 그런데요……. 표준모형이 쓰레기통으로 들어가면 선생님의 이론도 끝장나는 거예요. 알고 계셔야 할 것 같아서…….

데모크리토스: 이봐, 젊은이. 내 이론은 2,000년 넘게 생존해왔다고. 쿼크와 렙톤이 아토모스가 아니라면 다른 무언가로 대치될 거네. 아토모스의 개념은 죽지 않을 거란 말일세. 지금까지 쭉 그래왔고 앞으로도 그럴 거야. 그런데 2005년은 뭔가? 왁사해치는 또 어디고?

레더먼: 텍사스 주에 있는 황량한 사막지대입니다. 거기에 역사상 최대규모의 입자가속기가 건설되고 있어요. 이집트의 거대 피라미드 이후 가장 큰 과학적 도구로 역사에 기록될 거예요. (피라미드를 누가 설계했는지는 알 수 없지만, 노동은 우리 선조인 유태인들이 다 했습니다!) 가속기의 이름은 초전도초충돌기(SSC)인데, 2005년에 완공될 예정입니다. 의회가 예산승인을 뒤로 미루면 몇 년 더 늦어질 수도 있고요.

데모크리토스: 꼭대기쿼크는 1995년쯤 이곳에서 발견될 거라고 했잖나. 뭘 찾으려고 그 무지막지한 장치를 또 만드는 거지?

레더먼: 아까 말씀드렸던 힉스보손이죠. 그게 발견되면 힉스장의 존재도 입증되는 거구요. 본질적으로 단순했던 이 세계가 왜 지금처럼 복잡해졌는지, 그리고 물질이 왜 질량을 갖게 되었는지, SSC가 모두 밝혀줄 겁니다. 꼭 그렇게 되었으면 좋겠네요.

데모크리토스: 그리스의 신전처럼 말이지?

레더먼: 네, 아니면 브롱크스의 유대교 성당처럼요.

데모크리토스: 그 SSC라는 거, 꼭 보고싶네. 더불어 그 입자도 말일세. 근데 '힉스보손'이라는 이름은 정말 운치가 없어도 너무 없구만.

레더먼: 저는 그것을 '신의 입자(God Particle)'라고 부릅니다만…….

데모크리토스: 그게 훨씬 낫군. 첫 글자를 대문자 'G' 대신 소문자 'g'로 바

꾸면 더 나을 걸세. 그런데 궁금한 게 또 하나 있네. 자넨 실험물리학자니까 잘 알 것 같은데, 아무런 증거도 없이 그런 큰일을 벌이진 않았겠지? 힉스입자가 존재한다는 증거로는 어떤 게 있나?

레더먼: 없습니다. 하나도 없어요. 순수한 이성을 제쳐두고 당장 눈에 보이는 것만 갖고 따진다면, 힉스입자가 존재하지 않는다는 증거만 사방에 널려 있지요.

데모크리토스: 그런데도 자넨 거기에 목을 매고 있잖아.

레더먼: 부정적인 증거는 역사적 발견의 서막에 불과합니다. 그리고 미국에는 우리한테 딱 맞는 격언이 있어요.

데모크리토스: 뭔데?

레더먼: "끝날 때까지는 끝난 게 아니다."라고 말이죠.

데모크리토스: 그것도 요기 베라가 한 말인가?

레더먼: 넵!

데모크리토스: 그 친구, 정말 천재일세 그려!

그리스의 트라키아 지방 북쪽 에게해 연안, 네스토스강 하구에 아브데라라는 도시가 자리 잡고 있다. 이 지역의 다른 도시들처럼 아브데라에도 슈퍼마켓과 주차장, 영화관 등이 내려다보이는 언덕이 있고, 언덕을 지키는 바위에는 유구한 역사가 새겨져 있다. 지금으로부터 약 2,400년 전에 아브데라는 그리스 본토와 이오니아(현 터키의 서부지역)를 잇는 중요한 통로였는데, 키루스 2세의 군대를 피해 도망쳐온 다수의 피난민들이 이곳에 정착하여 살고 있었다.

기원전 5세기의 아브데라는 어떤 모습이었을까? 염소지기가 대부분이었던 그 시절에는 자연현상을 굳이 과학적으로 설명할 필요가 없었다.

하늘에서 내리치는 번개는 올림푸스산에 거주하는 제우스신이 격노하여 홧김에 집어던진 벼락이었고, 바다의 날씨는 변덕스럽기로 유명한 포세이돈의 그날 심기에 따라 좌우되었으며, 한해 농사의 길흉을 좌우하는 요인은 날씨가 아니라 풍작의 여신 세레스(Ceres)의 자비심이었다. 이런 시대에 과연 어느 누가 전통적인 신앙과 믿음을 저버리고 쿼크와 양자 이론에 부합되는 개념을 떠올릴 수 있었을까? 그런데 그런 사람이 실제로 있었다. 그것도 달랑 한 사람이 아니라 여러 명이었다. 고대 그리스문명이 그토록 찬란한 유산을 남길 수 있었던 것은 통찰력과 창조력을 겸비한 천재들이 바람처럼 나타나 당대의 사상을 이끌었기 때문이다. 그중에서도 데모크리토스는 단연 돋보이는 천재 중의 천재였다.

데모크리토스의 사상은 생전에 그가 남긴 두 마디 격언에 잘 표현되어 있다. "실제로 존재하는 것은 원자와 빈 공간뿐, 그 외의 모든 것은 의견에 불과하다." "우주에 존재하는 모든 것은 우연과 필연의 결과이다." 물론 그가 이런 생각을 떠올릴 수 있었던 것은 밀레투스에서 살다 간 선조들의 찬란한 업적 덕분이었다. 그들은 "혼돈스러운 세상의 저변에는 단 하나의 질서가 존재하며, 우리는 그 질서를 이해할 수 있다."고 굳게 믿는 사람들이었다.

데모크리토스의 방랑벽은 타의 추종을 불허한다. "나는 내 시대에 살았던 그 누구보다 많은 땅을 밟으면서 다양한 문물을 익혔고, 당대의 최고 현자들에게 가르침을 받았다." 그는 이집트에서 수학을 익혔고 바빌로니아에서 천문학을 배웠으며, 피사도 방문했다. 그러나 탈레스와 엠페도틀레스, 레우키포스가 그랬던 것처럼, 그가 원자론을 떠올린 곳은 이집트도, 바빌로니아도 아닌 그리스였다.

그리고 데모크리토스는 자신의 사상과 이론을 분명히 책으로 남겼다!

알렉산드리아 도서관의 장서목록에는 물리학, 우주론, 천문학, 지리학, 생리학, 의학, 지각론, 인식론, 수학, 자기학, 식물학, 시론 및 음악론, 언어학, 농학, 미술 등의 분야에서 60권이 넘는 데모크리토스의 저서가 수록되어 있다. 그러나 이 중 온전하게 남아 있는 책은 단 한 권도 없다. 남아 있는 것이라곤 후대의 그리스 역사가들이 그에 관하여 한 다리 건너 전해 들은 내용을 정리한 것뿐이다. 또한 그는 뉴턴과 마찬가지로 마술과 연금술에 대한 책까지 썼다. 한 사람이 이토록 방대한 분야를 마스터했다는 게 도무지 믿어지지가 않는다. 대체 그는 어떤 인물이었을까?

데모크리토스는 역사학자 사이에서 '웃기는 철학자'로 알려져 있다. 인간의 몽매함을 웃음으로 승화시켰기 때문이다. 그는 다른 그리스 철학자들처럼 물질적으로 풍족한 삶을 누렸지만 섹스에는 부정적인 입장을 취했다. "즐거움이 너무 강렬하여 의식을 압도한다."는 이유였다. 데모크리토스가 수준 높은 사고력을 발휘할 수 있었던 비결은 '섹스 멀리하기'였을지도 모른다. 그렇다면 현대의 이론물리학자들도 수준 높은 사고력을 발휘하기 위해 섹스를 금지할 필요가 있다.(단, 실험물리학자들은 생각할 필요가 없으므로 이 금지령에서 제외된다!) 데모크리토스는 우정의 가치를 높이 사면서도 여자는 해롭다고 생각했다. 또 그는 자식교육이 자신의 철학에 위배될 것을 염려하여 후손을 낳지 않았다. 아무튼 그는 격렬하고 열정적인 것을 싫어했다.

여기까지는 책에 실린 내용이다. 과연 사실일까? 별로 그럴 것 같지 않다. 사실 그는 격렬함과 무관한 사람이 아니었다. 그가 창안한 원자는 한시도 쉬지 않고 '격렬하게' 움직이고 있으며, 그의 주장을 믿으려면 '열정'이 있어야 했다. 그는 자신의 이론을 굳게 믿었지만 당대에 명성을 얻지는 못했다. 아리스토텔레스는 데모크리토스를 존경했으나 플라톤은 앞서 말한 대로 그의 책을 모두 불태워버렸다. 데모크리토스의 고향에서는 당대 최고의 궤변론자인 프로타고라스(Protagoras)의 인기가 훨씬 좋았다. 그는 부잣집 젊은이들에게 웅변을 가르치는 선생이었는데, 아브데라를 떠나 아테네에 갔을 때 군중으로부터 열광적인 환영을 받았다. 그러나 데모크리토스가 아테네에 갔을 때에는 아무도 그를 알아보지 못했다고 한다.

데모크리토스는 믿는 것이 많았다. 앞에 소개했던 '꿈속의 대화'는 그중 일부만 다룬 것이다. 사실 그 대화는 데모크리토스의 어록에 나의 상상력을 가미하여 나름대로 재미있게 꾸며본 것이다. 그가 실험에 대한 선입견을 바꾼다는 내용은 내가 임의로 창작했지만, 그의 기본적인 신조는 가능한 한 있는 그대로 전달하려고 노력했다. 그가 정말로 페르미 연구소를 방문하여 입자가속기를 본다면, 틀림없이 '물질을 최소단위까지 자르는 칼'을 떠올렸을 것이다.

텅 빈 공간, 즉 허공에 대한 데모크리토스의 관점은 가히 혁명적이었다. 예를 들어 그는 공간에 위아래가 없고 중심도 없다는 사실을 그 옛날에 이미 알고 있었다. 이 개념을 처음 떠올린 사람은 아낙시만드로스였지만, 지구가 우주의 중심이라고 하늘같이 믿던 시대에 이런 생각을 떠올렸다니 그저 놀라울 따름이다. 우주선에서 촬영한 우주사진을 일상적으로 접하는 현대인에게도 '위아래가 없는 공간'은 여전히 난해한 개념이다. "우주는 여러 개가 존재하며, 크기도 제각각이다."라는 주장은 한 술 더 뜬다. 이 우주들은 간격이 모두 달라서 보는 방향에 따라 개수도 다르다. 개중에는 번창하는 우주도 있고, 쇠퇴하는 우주도 있다. 물론 우리의 우주도 그중 하나다. 수많은 우주가 공간을 표류하다가 두 우주가 충돌하면 대폭발을 일으키며 사라진다. 어떤 우주에는 동물도 식물도 없고 물도 존재하지 않는다. 이상하게 들릴 지도 모르지만 나는 데모크리토스의 다중우주와 현대의 인플레이션 이론(inflation theory)에서 말하는 거품우주가 크게 다르지 않은 것 같다. 이 모든 개념은 지금으로부터 2,400년 전, 고대 그리스제국 곳곳을 돌아다녔던 웃기는 철학자의 머리에서 탄생했다.

"모든 것은 우연과 필연의 산물"이라는 데모크리토스의 명언도 20세기 최고의 물리학 이론인 양자역학의 역설과 드라마틱하게 일치한다. 데모크리토스는 원자들이 서로 충돌하면 엄격한 법칙에 따라 필연적인 결과를 낳는다고 했다. 그러나 어떤 충돌이 더 빈번하게 일어나고 특정 위치를 어떤 원자가 더 좋아하는지는 우연에 의해 좌우된다. 거의 완벽해 보이는 태양계조차 우연의 산물이라는 뜻이다. 이 수수께끼는 현대 양자이론에서 '변하는 확률분포의 평균'이라는 형태로 등장한다. 평균에 기여하는 무작위사건의 발생 횟수가 많아질수록 결과를 더욱 정확하게 예측할 수 있다. 데모크리토스가 2,400년 전에 도입했던 개념이 지금까지도 적용되고 있는 것이다. 주어진 원자 하나의 앞날을 정확하게 예측할 수는 없지만, 수많은 원자들이 무작위로 충돌하면서 초래되는 결과는 매우 정확하게 알 수 있다.

데모크리토스가 감각을 믿지 않은 것도 놀라운 통찰의 결과였다. 그는 "인간의 감각기관은 원자로 이루어져 있고 이 원자는 물체를 이루는 원자들과 충돌하고 있기 때문에, 물체를 본질 그대로 느끼는 것은 불가능하다."고 했다. 앞으로 5장에서 언급되겠지만, 이 내용은 하이젠베르크의 불확정성 원리(uncertainty principle)와 일맥상통한다. 아무리 세심한 주의를 기울여도 무언가를 관측하는 행위는 관측대상을 교란시킬 수밖에 없다. 꽤 시적이지 않은가?

철학사에서 데모크리토스의 위상은 그리 높지 않다. 철학자와 역사학자들이 인정하는 표준잣대를 들이댄다면 비슷한 시기에 활동했던 소크라테스와 아리스토텔레스, 플라톤에 비해 무게감이 많이 떨어진다. 심지어 역사학자 중에는 그의 원자론을 '그리스철학에 짧게 추가된 주석' 정도로 취급하는 사람도 있다. 그러나 데모크리토스를 높이 평가했던 영국의 철학자 버트런드 러셀(Butrand Ressell)은 자신의 책에 다음과 같이 적어놓았다. "고대 그리스 철학은 데모크리토스 이후로 점차 쇠퇴하여 르네상스가 도래할 때까지 회복하지 못했다. 데모크리토스와 그의 선조들은 아무런 사심 없이 오직 세상 돌아가는 이치를 이해하기 위해 혼신의 노력을 기울였다. 그들은 상상력이 풍부했고 열정이 넘쳤으며, 위험한 모험을 마다하지 않았다. 또한 세련된 지성에 순수한 호기심을 결합하여 유성과 일식, 물고기, 회오리바람, 종교, 도덕 등 거의 모든 것을 파고들었다." 정말로 그랬다. 그들은 편견으로 가득 찬 시대에 살면서도 과감하게 미신을 버리고 과학을 선택했다.

러셀과 데모크리토스는 철학자면서 수학자라는 공통점이 있다. 그래서 러셀이 데모크리토스에게 각별한 애정을 갖게 되었는지도 모른다. 사실 수학자들은 데모크리토스나 레우키포스, 또는 엠페도클레스처럼 엄밀한 사색가를 좋아하는 경향이 있다. 러셀의 지적에 의하면 아리스토텔레스는 원자론을 재해석하면서 원자의 운동을 고려하지 않았으며, 레우키포스와 엠페도클레스는 우주에 어떤 '목적'을 부여하지 않았다는 점에서 반대론자들보다 훨씬 더 과학적이었다. 원자론자들은 기계론적인 질문을 던지고, 기계론적 답을 제시한다. 그들이 '왜?'라고 물을 때, 그들은 특정 사건의 '원인'을 묻고 있는 것이다. 그러나 플라톤과 아리스토텔레스가 탐구한 것은 사건의 원인이 아니라 '사건의 목적'이었다. 러셀은 플라톤과 아리스토텔레스가 원인보다 목적을 추구했기 때문에, 그들의 논리는 창조주나 조물주로 귀결될 수밖에 없었다고 지적했다. 그리고 창조주를 창조한 슈퍼창조주를 굳이 도입할 생각이 없다면 그들의 논리는 거기서 끝난다. 러셀은 "이런 식의 사고방식이 과학을 막다른 길로 몰고 갔으며, 한 번 갇힌 과학은 수백 년 동안 헤어나지 못했다."고 했다.

기원전 400년경의 그리스와 비교할 때, 지금 우리의 지식은 얼마나 발전했을까? 실험에 기초한 표준모형은 사색을 통해 탄생한 데모크리토스의 원자론과 크게 다르지 않다. 닭고기 수프에서 중성자별에 이르기까지, 과거와 현재의 우주에 존재하는 모든 것들은 열두 종류의 물질입자로 이루어져 있다. 현대적 의미의 아토모스는 쿼크와 렙톤이라는 두 개의 족(族, family)으로 분류된다. 쿼크는 모두 여섯 종류가 있는데, 이름을 나열하면 위쿼크(up quark), 아래쿼크(down quark), 맵시쿼크(charm quark), 기묘쿼크(strange quark), 꼭대기쿼크(top quark), 바닥쿼크(bottom quark)이다. 우리에게 친숙한 전자를 비롯하여 전자뉴트리노, 뮤온, 뮤온뉴트리노, 타우, 타우뉴트리노는 렙톤에 속한다.

위에서 굳이 "과거와 현재의 우주"라고 쓴 이유는 둘 사이에 커다란 차이가 있기 때문이다. 우주 전체가 아니라 '현재 우주의 한 귀퉁이에 있는 시카고 남부'만을 만들어내고 싶다면 12종의 입자를 모두 동원할 필요가 없다. 쿼크는 양성자와 중성자를 구성하는 위쿼크와 아래쿼크만 있으면 되고(이것만 있으면 주기율표에 있는 모든 원자핵을 만들 수 있다.), 렙톤은 원자핵의 주변을 돌면서 우리에게 각종 편의를 제공해주는 전자와 여러 반응에서 중요한 역할을 하는 뉴트리노만 있으면 된다. 그렇다면 타우와 뮤온, 맵시, 기묘, 꼭대기, 바닥쿼크는 왜 있는 것일까? 이들은 입자가속기 안에서 만들어질 수 있고 우주선의 충돌과정에서 생성되기도 한다. 그래도 이상하다. 이제는 더 이상 물질을 구성하지 않는 입자들이 왜 아직도 남아 있는 것일까? 이 질문은 나중에 다루기로 한다.

만화경 들여다보기

기원전 4세기에 처음 등장한 원자론은 현대의 표준모형에 도달할 때까지 참으로 다사다난한 우여곡절을 겪었다. 원자는 "모든 것은 물(구성요소=1개)"이라고 주장했던 탈레스에서 시작하여 공기, 흙, 불, 물(구성요소=4개)이라고 주장했던 엠페도클레스를 거쳐 "생김새는 다양하지만 개념상으로는 하나(구성요소 = ?)"라고 주장했던 데모크리토스로 이어졌다. 그 후 원자론은 한동안 정체기를 겪다가 루크레티우스, 뉴턴, 로저 조세프 보그코비치(Roger Joseph Boscovich) 등에 의해 철학적으로 논의되었으며, 1803년에 존 돌턴(John Dalton)을 만나면서 드디어 실험대상으로 구체화되었다. 그 후 원자는 화학자들의 손으로 넘어가 20종, 48종으로 늘어났고 20세기 초에는 92종에 달했다. 게다가 핵화학자들은 자연에 존재하지 않는 원자를 인공적으로 만들어서 112종으로 늘려놓았으며, 이 숫자는 지금도 계속 증가하는 중이다. 또 영국의 어니스트 러더퍼드(Ernest Rutherford)는 돌턴의 원자가 더 쪼갤 수 없는 최소단위가 아니라 원자핵과 전자로 이루어져 있음을 발견함으로써(구성요소=2개) 윷놀이의 백도처럼 '위대한 한 걸음'을 뒤로 내딛었다. 아, 참! 광자도 있었지(구성요소=3개). 1930년에는 원자핵이 양성자와 중성자로 이루어져 있음이 밝혀졌고(구성요소=4개), 지금은 쿼크 6개와 렙톤 6개, 게이지보손 12개, 여기에 반입자와 색전하(color charge)까지 고려하면 구성요소는 총 60개가 된다. 하긴, 개수가 몇이건 그게 무슨 상관인가?

앞으로 우리가 '프리쿼크(prequark)'라는 것을 발견해서 기본입자의 종류가 줄어들지도 모른다. 역사를 돌아보면 그렇게 되지 말란 법도 없다. 그러나 역사가 반드시 재현된다는 보장도 없다. 혹시 우리가 검은 선글라스를 낀 채 자연을 바라보고 있는 것은 아닐까? 표준모형에 아토모스가 그토록 많은 것은 바로 이 선글라스 때문일 지도 모른다. 아이들이 좋아하는 만화경은 단순한 그림을 거울에 비춰서 복잡한 형상을 만들어낸다. 망원경에 잡힌 별도 중력이라는 렌즈를 통해 변형된 모습을 보여주는 것이다. 그렇다면 내가 '신의 입자'로 명명한 힉스입자 역시 표준모형 뒤에 숨어 있는 단순한 대칭을 보여줄지도 모른다.

이 시점에서 우리는 다시 해묵은 철학적 논쟁으로 되돌아가게 된다. 우주는 실재하는가? 만일 실재한다면, 우리는 그 실재를 이해할 수 있는가? 대부분의 이론물리학자는 이 의문을 해결하려고 노력하지 않는다. 그들은 데모크리토스가 그랬던 것처럼 객관적 실체를 액면 그대로 받아들이고 후속 계산을 수행한다(노트와 연필만으로 어떤 결론에 도달할 수 있다면, 그것도 꽤 현명한 선택이다.). 그러나 실험물리학자들은 엉성한 감각과 둔탁한 실험장비 때문에 골머리를 앓으면서도 어떻게든 실체를 측정해보려고 안간힘을 쓰고 있다. 그 실체가 우리의 측정에 순순히 응해줄지, 아니면 장비를 들이댈 때마다 미꾸라지처럼 빠져나갈지는 아무도 모른다. 가끔은 실험에서 얻어진 숫자가 너무 이상해서 목덜미가 서늘해지기도 한다.

질량이란 무엇인가? 쿼크와 W, Z입자의 질량 데이터를 바라보고 있노라면 당혹을 넘어 좌절감까지 느껴진다. 전자, 뮤온, 타우로 대표되는 렙톤은 질량만 서로 다를 뿐, 다른 성질은 완전히 똑같다. 질량은 과연 실재하는 양일까? 혹시 우주가 만들어낸 환상은 아닐까? 1980~1990년대에는 "무언가가 전 공간을 가득 메우고 있으면서 원자에 '질량'이라는 환영을 부여하고 있다."는 주장이 물리학계를 지배했다. 그 '무언가'는 미래의 어느 날 우리의 실험기구 안에서 입자의 형태로 커밍아웃할 것이다.

그때까지 이 세상에 존재하는 것은 원자와 공간뿐이며, 그 외의 모든 것은 한낱 의견에 불과하다.

어디선가 데모크리토스가 나를 바라보며 킬킬거리는 것 같다.

막간 A: 두 도시 이야기

밀레투스

데모크리토스
아르키메데스
프톨레마이오스
코페르니쿠스
브라헤
케플러
갈릴레오
뉴턴
돌턴
외르스테드

전기공학
패러데이
라부아지에
전파공학
맥스웰
베크렐
퀴리
헤르츠
아인슈타인
러더퍼드
보어
하이젠베르크
슈뢰딩거
파울리
페르미
로렌스
기계공학

원자물리학

윌슨
겔만
파인만
글래쇼
와인버그
이곳을 주목할 것!
피치와 크로닌
샤르파크
팅/리히터
루비아
페르미연구소
핵물리학
왁사해치
버거킹

3장

||||||||||||||||||||||||||||||||||||||||||||||||||||||||||||||||||||||||||||||||||||||||||||||||||||||||||

원자를 찾아서
: 역학

갈릴레오의 위대한 저서 《두 개의 새로운 과학에 관한 대화(*Dialogho sui due massimi sistemi del mondo*)》의 출간 350주년 기념행사를 준비하고 계신 여러분에게 꼭 하고 싶은 말이 있습니다. 갈릴레오 사건 뒤로 교회는 더욱 성숙한 태도로 적절한 권위를 지켜왔습니다. 저는 이 자리를 빌어 1979년 11월 10일에 로마교황청 과학원에서 했던 말을 다시 한 번 강조하고자 합니다. "신학자와 과학자, 그리고 역사학자들은 진지한 상호협조를 통해 갈릴레오를 더욱 깊이 연구해주시기 바랍니다. 원인을 누가 제공했건 간에 당대의 잘못을 깊이 뉘우치고, 과학과 종교의 생산적 화합을 방해하는 모든 불신을 떨쳐버리기 바랍니다."

—1986년, 교황 요한 바오로 2세

빈센초 갈릴레이(Vincenzo Galilei)는 뛰어난 수학자였지만, 이상하게도 수학자를 싫어했다. 사실 그는 수학자이기 이전에 16세기 피렌체에서 명성이 자자한 음악가이자 류트연주자였다. 그는 1580년대부터 음악 이론에 관심을 갖기 시작했는데, 당시에는 이론이라 부르기 어려울 정도로 체계가 잡혀 있지 않았다. 빈센초는 이 모든 것이 2,500년 전에 죽은 피타고라스(Pythagoras) 때문이라고 생각했다.

신비주의자 피타고라스는 데모크리토스보다 약 100년 전에 그리스의 사모스섬(Samos)에서 태어났다. 그는 생의 대부분을 이탈리아에서 보냈는데, 그곳에서 재력가 밀로(Milo)의 후원을 받아 비밀스러운 조직을 결성했다. 이 조직은 수학자들의 모임이 아니라 '수를 수호한다.'는 기치 아래 각종 의식을 치르고 금기사항을 철저하게 지키는 등, 요즘 말로 하면 '사이비 종교단체'에 가까웠다. 이들은 콩을 먹지 않았고 한 번 땅에 떨어뜨린 물건은 절대로 줍지 않았으며, 아침에 일어나면 내 몸이 이불에 남긴 흔적을 지워야 한다며 정성을 다해 주름을 폈다. 또한 그들은 영혼의 윤회를 믿었기에 개를 먹거나 때리지 않았다. 오랫동안 연락이 끊겼던 친구가 그 사이에 죽어서 개로 환생했을지도 모르기 때문이다.

그러나 뭐니 뭐니 해도 피타고라스 추종자들의 가장 큰 관심사는 단연 '수'였다. 그들은 모든 사물이 숫자로 이루어져 있다고 굳게 믿었다. 그들에게 사물은 수로 헤아리는 대상일 뿐만 아니라, 그 자체로 1, 2, 7, 32 …… 와 같은 숫자였다. 또한 피타고라스는 사물의 형태에 수를 대응시켰으며, 지금도 통용되고 있는 제곱과 세제곱의 개념을 창안했다.(당시에는 '삼각수triangular number'와 '사각수oblong number'라는 개념도 있었지만 지금은 사용되지 않는다.)

피타고라스는 직각삼각형에서 위대한 진리를 발견한 최초의 인간이었다. "직각삼각형에서 빗변의 길이를 제곱한 값은 직각을 끼고 있는 나머지 두 변을 각각 제곱해서 더한 값과 같다." 이것은 미국 아이오와 주의 디모인에서 몽골의 울란바토르에 이르기까지, 기하학교실에 앉아 있는 전 세계의 모든 청소년에게 반 강제로 주입되는 가장 유명한 수학정리이다. 나는 이 정리를 언급할 때마다 내 학생 중 하나가 군대에 있을 때 겪었다는 일화가 생각난다. 어느 날 그 부대의 상사가 이등병들을 모아놓고 미터법을 강의하고 있었다.

상사: 미터법으로 말하면 물은 90도에서 끓는다. 알겠나?

이등병: 저 …… 상사님, 물은 100도에서 끓지 않나요?

상사: 아, 맞다. 내가 착각했군. 90도에서 끓는 건 '직각'이었지. 좋은 지적이었다, 이병!

피타고라스와 그의 추종자들은 수의 비율을 집중적으로 연구했다. 이들이 완벽한 도형이라고 생각했던 황금직사각형(golden rectangle)의 가로세로 비율은 파르테논 신전을 비롯한 여러 그리스 건축물에 적용되었으며, 르네상스시대 그림에서도 종종 찾아볼 수 있다.

피타고라스는 우주에 관심을 가졌던 최초의 인간이기도 했다. 사람과 지구, 머리 위에서 회전하는 별 등 우주에 존재하는 모든 것에 '코스모스(kosmos)'라는 이름을 붙인 사람은 칼 세이건(Carl Sagan)이 아니라 피타고라스였다. kosmos는 질서와 아름다움의 속성을 뜻하는 그리스어로서, 영어에는 이에 해당하는 단어가 없기 때문에 그냥 코스모스로 부르는 게 최선이다. 피타고라스는 우주전체가 질서정연한 코스모스이며, 인간 개개인도 코스모스라고 했다.

만일 피타고라스가 현세에 살아 있다면 아마도 말리부 언덕이나 마린카운티에 살면서 선댄스 아카시아(Sundance Acacia)나 프린세스 가이아(Princess Gaia)처럼 콩을 싫어하는 젊은 미인들과 함께 건강식품 전문 레스토랑을 들락거렸을 것이다. 또는 캘리포니아대학교 산타크루즈 캠퍼스의 수학과 부교수로 재직하면서 학생들 사이에 교주처럼 군림했을지도 모른다.

대부분이 지어낸 이야기일 가능성이 높지만, 어쨌거나 피타고라스는 이야깃거리가 참으로 많은 사람이다. 그러나 이 책에서 중요한 것은 피타고라스집단이 음악에 수를 결부시킬 정도로 음악도 유별나게 사랑했다는 점이다. 피타고라스는 두 소리의 화음이 '화성수(sonorous number)'라는 숫자에 따라 결정된다고 믿었다. 두 음의 진동수가 1, 2, 3, 4로 만들어진 비율일 때(1/2, 1/3, 2/3, 1/4, 3/4 등) 가장 완벽한 화음이 생성되고, 이 네 개의 수를 모두 더하여 얻어진 10은 피타고라스와 그 추종자들 사이에서 가장 완벽한 수로 대접받았다. 이들은 회합이 열리는 자리에 악기를 가져와서 즉흥연주회를 벌이기도 했는데, 당시에는 CD가 없었으므로 연주실력이 어느 정도였는지는 알 길이 없다. 우리는 그저 후대의 한 음악가가 내린 비평으로부터 그들의 실력을 대충 짐작할 수 있을 뿐이다.

빈센초 갈릴레이는 "화음에 대해 그들이 갖고 있던 개념으로 미루어볼 때 피타고라스는 화성을 완전히 잘못 짚었고, 추종자들은 모두 음치였음이 분명하다."고 단언했다. 16세기에 활동했던 음악가들은 고대 그리스 음악에 별다른 관심을 보이지 않았으나 피타고라스가 세운 음 체계는 빈센초가 살던 시대에 온전하게 전수되었으며, 화성수 역시 (별로 실용적이진 않았지만) 음악 이론의 한 부분으로 자리 잡고 있었다. 당시 빈센초에게 음악을 가르쳐준 스승은 최고의 음악 이론가이자 피타고라스를 가장 열렬하게 추앙했던 쥬세포 차를리노(Gioseffo Zarlino)였다.

빈센초와 차를리노는 피타고라스 음계를 놓고 수시로 논쟁을 벌였다. 빈센초는 자신의 논리에 나름대로 확신을 갖고 있었지만 스승의 배경지식과 권위, 그리고 말빨에 밀려 종종 수세에 몰리곤 했다. 그러던 어느 날, 드디어 빈센초는 자신의 주장을 입증해줄 혁명적인 방법을 고안해냈다. 그렇다, 그것은 바로 '실험'이었다! 길이가 각기 다른 여러 개의 줄, 또는 길이는 같지만 장력이 다른 여러 개의 줄을 팽팽하게 당겨놓고 일일이 퉁겨보면서, 빈센초는 음계와 관련하여 피타고라스가 미처 몰랐던 수학적 관계를 발견했다. 그래서 일부 역사학자는 빈센초를 "당대에 널리 수용되던 수학법칙을 실험으로 반증한 최초의 인물"로 꼽는다. 굳이 수학을 언급하지 않더라도 빈센초는 고전 다성음악에서 현대적 화성법으로 넘어가는 과도기에 가장 적극적으로 변화를 주도했던 음악가 중 한 사람이었다.

빈센초의 실험실에는 구경꾼이 한 사람 있었다. 빈센초의 장남이었던 그는 아버지의 실험기구와 계산법을 주의 깊게 바라보면서 수학과 음악의 절묘한 관계에 한껏 매료되었다. 그러나 권위적이고 독단적인 음악 이론에 염증을 느낀 빈센초는 장남을 식탁 앞에 앉혀놓고 음악을 그 지경으로 만든 수학을 맹렬하게 비난했다. 그때 무슨 이야기가 오갔는지는 자세히 알 수 없지만, 짐작컨대 아마 다음과 같은 내용이었을 것이다. "숫자로 치장한 이론 따위는 잊어버려라. 중요한 것은 소리를 들으면서 떠오르는 내면의 느낌이다. 그리고 행여 수학자가 되려고 한다면 지금 당장 포기해라. 난 절대로 그런 꼴 못 본다!" 빈센초는 장남에게 음악가의 필수요건인 박자감각을 집중적으로 가르쳤는데, 사실 이 능력은 '주기운동의 오차를 감지하는 능력'과 일맥상통하는 것이었다. 결국 장남은 아버지의 뜻을 받들어 류트 등 여러 악기를 능숙하게 다루는 연주가가 되었으나, 빈센초는 아들이 음악가가 되는 것도 못마땅하게 생각했다. 다른 아버지들과 마찬가지로 빈센초는 자신의 아들이 의사가 되어 풍족하게 살기를 원했다.

빈센초는 미처 몰랐지만, 그의 실험장치는 어린 아들에게 엄청난 영향을 미쳤다. 특히 그 소년은 실의 장력을 조절하기 위해 한쪽 끝에 매달아놓은 각양각색의 추에 각별한 흥미를 느꼈다. 줄을 퉁길 때마다 추는 단진자처럼 오락가락했고, 소년은 그 광경을 바라보며 물체의 독특한 운동방식을 떠올리곤 했다.

독자들의 짐작대로, 그 소년의 이름은 갈릴레오 갈릴레이(Galileo Galilei)
였다. 그는 동시대의 어느 누구보다 뛰어난 상상력과 치밀한 사고력을
발휘하여 과학사에 찬란한 업적을 남겼다. 아버지는 장남이 수학자가
되는 것을 몹시 싫어했지만 운명의 수레바퀴를 거역할 수 없었는지, 결
국 갈릴레오는 수학과 교수가 되었다. 그리고 어린 시절에 보았던 부친
의 실험정신을 그대로 물려받아 관측과 실험에서도 발군의 실력을 발
휘했다. 이론과 실험이 조화롭게 결합된 '과학적 방법'이 드디어 탄생한
것이다.

갈릴레오와 샤샤, 그리고 나

갈릴레오의 등장과 함께 과학은 새로운 시대를 맞이했다. 이 장과 다음
장에서는 고전물리학의 탄생과정을 심도 있게 다룰 예정이다. 글을 써
나가다 보면 갈릴레오, 뉴턴, 라부아지에, 패러데이, 맥스웰, 헤르츠 등
당대의 거장을 만나게 될 텐데, 이들은 한결같이 물질의 최소단위를 찾
기 위해 새로운 방법을 도입한 사람이었다. 그래서인지 글을 쓰기에 앞
서 두려움이 앞선다. 이들의 삶과 업적을 조명한 책은 그동안 수도 없
이 출판되었고, 명저로 꼽히는 책도 많다. 그만큼 물리학은 잘 정돈된 학
문이기에, 새로운 시도는 항상 두려움을 수반한다. 지금 나의 심정은 두
려움과 기대감이 반반씩 섞인 묘한 상태이다. 마치 샤샤 가보르(Zsa Zsa
Gabor)*의 일곱 번째 남편이 된 기분이다. 어떤 내용을 써야 할지는 알겠
는데, 어떻게 써야 재미있을지 확신이 서지 않는다.
그나마 다행인 것은 데모크리토스 이후의 사상가들이 르네상스 직전

까지 별다른 아이디어를 제시하지 못했다는 점이다. 중세의 암흑기는 과학이 침체되어 한층 더 어두웠다. 그 덕분에 입자물리학의 역사를 서술할 때는 거의 2,000년에 가까운 세월을 가뿐하게 건너뛰어도 된다. 이 기간에는 아리스토텔레스의 사상(지동설, 인간 중심적 사고방식, 종교 등)이 서구 세계를 지배했기 때문에, 물리학은 사실상 가사상태에 빠져 있었다. 물론 갈릴레오가 아무것도 없는 맨땅에서 운 좋게 보물을 캐낸 것은 아니다. 아르키메데스와 데모크리토스, 그리고 로마의 시인이자 철학자였던 루크레티우스 등 선인들이 쌓아놓은 토대가 있었기에, 갈릴레오는 그 위에 올라 날개를 펼칠 수 있었다(그가 연구했던 선인 중에는 전문역사학자나 알 법한 사람이 태반이다.). 그는 코페르니쿠스의 세계관을 면밀히 검토한 후 사실로 받아들였는데, 바로 그 순간부터 삶에 암울한 그림자가 드리우기 시작했다.

갈릴레오의 시대에는 고대 그리스식 탐구방식이 별로 환영받지 못했다. 순수한 사고만으로는 답을 낼 수 없는 문제가 도처에 널려 있었기 때문이다. 바야흐로 '실험의 시대'가 도래한 것이다. 빈센초가 아들에게 말했던 것처럼 순수한 사고(수학)와 현실세계 사이에는 인간의 감각이 있고, 그 감각을 더욱 정교하게 다듬어주는 실험이 있다. 앞으로 우리는 몇 세대에 걸쳐 과학을 견인한 실험가와 이론가들을 만날 것이며, 이들이 상호 협조하여 쌓아올린 찬란한 금자탑, 즉 '고전물리학'을 접하게 될 것이다. 흔히 '학문'이라고 하면 '학자들만 입장할 수 있는 놀이공원'을 떠

● 헝가리 출신의 미국 영화배우. 1936년 미스 헝가리라는 타이틀로 영화계에 데뷔한 후 정치가, 사업가, 영화제작자 등 다양한 남자들과 수많은 염문을 뿌리면서 1940~1960년대를 풍미했다. 총 아홉 번의 결혼을 했다고 알려진다.

올리지만, 고전물리학은 결코 그렇지 않다. 물리학법칙이 알려지면서 다양한 분야의 기술자들이 탄생했고, 이들이 모든 지구인들의 삶을 송두리째 바꿔놓았기 때문이다.

물론 자연을 측정하는 사람은 측정장비에 100퍼센트 의존한다. 그들은 장비가 없으면 한없이 무력해지는 사람들이다. 16세기는 뛰어난 과학자의 시대이자, 뛰어난 관측장비의 시대이기도 했다.

비탈길을 구르는 공

갈릴레오는 물체의 운동에 각별한 관심을 갖고 있었다. 그가 정말로 피사의 사탑에서 돌멩이를 떨어뜨렸는지는 알 수 없지만, 거리, 시간, 속도의 상호관계를 논리적으로 분석한 후에 낙하실험을 했던 것으로 추정된다. 문헌에 의하면 갈릴레오는 운동을 연구할 때 물체를 자유낙하시키는 대신 인공적으로 만든 경사로를 사용했다. 비탈길을 얌전하게 굴러오는 공과 허공에서 자유낙하하는 공 사이에 밀접한 관계가 있음을 간파한 것이다. 비탈길을 사용하면 비가 오거나 추운 날 밖으로 나가지 않아도 되고, 경사도에 따라 공의 속도를 마음대로 조절할 수 있기 때문에 관측하기도 쉽다.

처음에 그는 아주 완만한 경사에서 시작했다. 길이 1.8미터 널빤지의 한쪽 끝을 몇 센티미터 올려서 경사로를 만들고 그 위에 공을 올려놓으니 아주 천천히 굴러 내려갔다. 그 후 경사각을 조금씩 키워가면서 같은 실험을 반복했는데, 각도가 어느 이상 커지면 공의 속도가 너무 빨라서 진행거리를 재기가 어려웠다. 갈릴레오는 여기서 얻은 결과가 극단적인 각도, 즉 자유낙하하는 경우에도 적용될 수 있다고 확신했다.

이제 그에게 필요한 것은 정확한 시계였다. 요즘 같으면 동네 쇼핑몰만 가도 정확한 스톱워치를 구할 수 있지만, 갈릴레오가 이런 혜택을 누리려면 300년을 기다려야 했다. 그러나 갈릴레오가 누구인가? 그는 물리학자가 되기 훨씬 전부터 아버지에게 박자감각을 훈련받은 음악가였다. 예를 들어 행진곡은 0.5초마다 한 박자가 진행되고, 느린 왈츠의 박자간격은 약 0.7초이다. 갈릴레오는 특유의 박자감각을 동원하여 1/64초의 오차 이내로 시간을 측정할 수 있었다.

그 다음으로 필요한 것은 거리를 측정하는 수단이었다. 일상적인 거리는 자로 측정하면 되지만, 움직이는 물체가 특정 시간 동안 이동한 거리를 재려면 훨씬 복잡한 장치가 필요하다. 갈릴레오는 이 문제를 놓고 고민하던 중 기발한 아이디어를 떠올렸다. 그의 특기를 살려 경사로로 악기를 만든 것이다! 경사로의 가로방향으로 류트 줄을 팽팽하게 걸어놓고 공을 굴리면 줄을 통과할 때마다 특유의 소리가 난다(또는 줄 끝에 부가장치를 달아서 '딸깍!' 소리가 나게 만들 수도 있다.). 갈릴레오는 하나의 경사로에 여러 개의 줄을 설치한 후 공이 구를 때 소리가 나는 시간간격이 모두 같아지도록 줄의 위치를 조절했다. 행진곡을 흥얼거리기 시작하면서 그와 동시에 공을 출발시키면 정확하게 첫 번째, 두 번째, 세 번째 박자에 류트 줄에서 소리가 났다. 갈릴레오의 박자관념이 정확하다면 모든 소리의 간격은 행진곡의 한 박자에 해당하는 0.5초이다. 몇 번의 시행착오를 겪은 후, 그는 행진곡의 비트와 류트 줄에서 소리가 나는 시점이 정확하게 일치하는 배열을 찾아냈다. 그리고 자를 이용하여 줄 사이의 간격을 측정했더니 …… 세상에! 아래로 내려갈수록 간격이 정확하게 기하급수로 증가하는 것이 아닌가! 출발점에서 두 번째 줄까지 거리는 출발점에서 첫 번째 줄까지 거리(이 거리를 D라 하자.)의 4배였고 출발점에서 세 번째 줄까지 거리는 D의 9배였으며, 출발점에서 네 번째 줄까지 거리는 D의 16배였다. 공이 굴러가는데 걸린 시간은 0.5초로 모두 똑같은데, 진행거리가 D, $4D$, $9D$, $16D$ …… 로 길어진 것이다(이 숫자배열은 1^2, 2^2, 3^2, 4^2 …… 으로도 쓸 수 있다.).

비탈길의 경사각을 더 키우면 어떻게 될까? 갈릴레오는 아주 완만한 각도에서 시작하여 점점 경사를 키워나갔는데, 그래도 거리는 여전히 기하급수로 증가했다. 경사각이 커지면 공의 속도가 빨라져서 시간간격이 짧아졌지만, 진행거리는 여전히 2배, 4배, 9배, 16배 …… 로 증가했다. 그는 경사각이 너무 커서 시간을 측정할 수 없을 때까지 동일한 실험을 반복한 끝에 중요한 결론에 도달했다. 자유낙하하는 물체는 단순히 떨어지는 것이 아니라, 시간이 흐를수록 속도가 점점 빨라지고 있었던 것이다. 그랬다. 떨어지는 물체는 '가속운동'을 하고 있었다. 그리고 이 가속도는 시간이 아무리 흘러도 변하지 않았다.

그 후 갈릴레오는 수학자의 자질을 발휘하여 공의 운동을 서술하는 공식을 찾아냈다. 구르는 공이 진행한 거리 s는 이 거리를 진행하는 데 걸린 시간 t의 제곱에 비례한다. 수식으로 표현하면 $s = At^2$이다. 여기서 A는 거리와 시간을 연결해주는 상수로서, 비탈길의 경사각에 따라 다른 값을 갖는다. 또한 A에는 가속운동의 핵심개념이 담겨 있다. 즉, 떨어지는 물체는 오래 떨어질수록 속도가 빨라진다. 갈릴레오는 이로부터 "떨어지는 물체의 속도는 시간에 비례한다."는 사실을 유추해냈다(거리는 시간의 제곱에 비례하지만, 속도는 그냥 시간에 비례한다.).

갈릴레오는 1/64초의 차이까지 구별할 수 있는 훈련된 귀와 이동거리를 밀리미터 단위로 측정할 수 있는 도구, 그리고 창의력 넘치는 경사로를 이용하여 원하는 정확도로 결과를 얻어냈다. 훗날 그는 성당 지붕에 매달린 채 흔들거리는 샹들리에에서 착안하여 진자운동을 이용한 시계를 발명하기에 이른다. 현재 미국 표준국에 보관되어 있는 세슘원자시계는 오차가 1년에 100만 분의 1초도 안 된다! 인공적 요소가 전혀 가미되지 않은 천연시계도 이 못지않게 정확하다. 빠르게 회전하는 중성자별, 즉 맥동성(pulsar)은 라디오파를 일정한 간격으로 방출하고 있는데, 그 주기가 세슘원자 못지않게 정확하다.(더 정확할 수도 있다.) 갈릴레오가 이 사실을 알았다면 천문학과 원자론의 심오한 연결고리를 찾았다며 크게 기뻐했을 것이다.

그건 그렇고, 다시 $s = At^2$으로 돌아가서 생각해보자. 이 간단한 공식이 뭐 그렇게 대단하다는 말인가?

우리가 아는 한, 이것은 물체의 운동을 수학적으로 표현한 최초의 공식이다. 이 식을 이용하면 속도와 가속도의 핵심개념을 완벽하게 정의할 수 있다. 다들 알다시피 물리학은 '물질'과 '운동'을 연구하는 학문이므로, 물리학자가 포물체의 궤적과 원자의 운동, 행성과 혜성의 궤도 등을 성공적으로 분석했다면 그 결과를 정량적으로 표현할 수 있어야 한다. 실험이 뒷받침된 갈릴레오의 수학이 그 서막을 연 것이다.

물론 쉬운 일은 아니었다. 갈릴레오는 자유낙하 속에 숨어 있는 자연의 법칙을 알아내기 위해 거의 10년 동안 이 문제에 미친 듯이 몰입했고, 데이터가 부정확하여 틀린 결과를 발표한 적도 있었다. 대부분의 사람은 아리스토텔레스학파에 속하기 때문에(자신이 그렇다고 생각해본 적 있는가? 없다면 이 기회에 한 번 생각해보라. 그렇지 않다는 증거를 찾기가 쉽지 않을 것이다.) 물체의 낙하속도가 무게에 따라 달라진다고 생각하기 쉽다. 반면에 똑똑했던 갈릴레오는 그렇지 않다는 것을 입증했다. 그런데 무거운 물체가 가벼운 물체보다 빨리 떨어진다는 것이 그리도 멍청한 생각일까? 아니다. 인간이 멍청해서가 아니라, 그런 식으로 생각하도록 자연이 우리를 현혹시켰기 때문이다. 실제로 높은 곳에서 돌멩이와 신문지를 동시에 떨어뜨리면 돌멩이가 먼저 땅에 도달한다. 갈릴레오는 무거운 공이 더 빠르게 구르는 이유가 마찰력 때문임을 간파하고, 마찰을 줄이기 위해 경사로를 닦고, 또 닦고 …… 파리가 미끄러질 때까지 열심히 닦았다.

깃털과 동전

일련의 실험결과로부터 간단한 물리법칙을 이끌어내는 것은 결코 쉬운 일이 아니다. 자연은 단순하기 그지없는 법칙을 복잡한 덤불 속에 숨겨놓고 있다. 실험물리학자가 하는 일이란 이 복잡한 덤불을 걷어내는 것이다. 자유낙하가 그 대표적인 사례이다. 대학 1학년생들이 기초물리학 시간에 배우는 실험 중에 길다란 유리원통 속에서 깃털과 동전을 동시에 떨어뜨리는 실험이 있다. 동전은 1초가 채 지나기 전에 "땡그랑!" 소리를 내는 반면, 깃털은 바닥에 도달할 때까지 무려 5~6초가 걸린다. 아리스토텔레스는 이 현상을 주의 깊게 관찰한 끝에 "무거운 물체는 가벼운 물체보다 빠르게 떨어진다."는 결론에 도달했다. 이제 진공펌프로 유리관 속의 공기를 모두 빼낸 후 똑같은 실험을 반복하면 어떻게 될까? 놀랍게도 동전과 깃털은 동시에 바닥에 도달한다(아리스토텔레스를 맹신하지 않는다면 사실 놀랄 것도 없다.). 공기저항이 자유낙하법칙을 가리고 있었던 것이다. 물리학이 진보하려면 법칙을 가리고 있는 방해요인을 제거한 후, 그 저변에 숨어 있는 단순한 법칙을 찾아나가야 한다. 그런데 이상적인 환경에서나 성립하는 법칙을 어떻게 실제상황에 적용할 수 있을까? 걱정할 것 없다. 일단 깔끔한 법칙이 알려지면 공기저항 같은 외부요인을 법칙에 추가하여 실제상황을 재현할 수 있다. 낙하실험을 공기가 있을 때만 실행하여 '깃털이 나중에 떨어진다.'고 주장하는 것과, 공기가 있을 때와 없을 때 모두 실행한 후 '공기가 없으면 동전과 깃털이 동시에 떨어지지만 공기가 있으면 운동을 방해하기 때문에 깃털이 나중에 떨어진다.'고 주장하는 것은 하늘과 땅 차이다.

아리스토텔레스의 추종자들은 물체가 정지해 있는 것이 '가장 자연스러운 상태'라고 하늘 같이 믿었다. 평면 위에서 물체를 특정방향으로 밀면 잠시 움직이다가 결국은 멈춰 선다. 그렇지 않은가? 그러나 경사로 실험을 통해 이미 시행착오를 겪었던 갈릴레오는 움직이는 물체가 정지하는 것은 법칙이 아니라, 외부의 추가적인 요인 때문에 나타나는 현상이라고 생각했다. 그리고 이 생각은 과학 역사상 가장 위대한 발견으로 이어지게 된다. 미켈란젤로가 대리석 덩어리에서 위대한 작품을 꿰뚫어본 것처럼, 경사로에서 물리법칙을 찾아낸 것이다. 갈릴레오는 물체에 작용하는 힘을 연구하기에는 경사로가 부적절하다는 사실을 깨달았다. 실험이 지구상에서 진행되는 한, 마찰과 공기압 등 외부요인을 말끔히 걷어낼 수 없기 때문이다. 그때부터 갈릴레오는 또 하나의 특기인 상상력을 발휘하기 시작했다. 방해요인이 전혀 없는 이상적인 평면에서 물체를 밀면 어떻게 될까? 데모크리토스가 상상의 칼날을 갈았던 것처럼, 우리는 상상 속에서 마찰이 작용하지 않을 정도로 매끈해질 때까지 평면을 닦을 수 있다. 충분히 닦았는가? 오케이. 이제 그 평면을 상자 속에 넣고 내부 공기를 빼내서 진공상태로 만들어보자. 기압계가 0을 가리키고 있는가? 좋다. 이제 상자 안의 평면은 마찰도 없고 공기저항도 없다. 이왕 시작한 거, 한 단계만 더 나가보자. 상자와 평면의 크기를 무한대로 키우는 것이다. 물론 평면은 완벽하게 수평을 유지하고 있다. 이 평면에 조그만 공을 놓고 특정 방향으로 살짝 밀면 얼마나 멀리 굴러갈 것인가? 또 공은 얼마나 오랫동안 구를 것인가?(이 모든 실험은 머릿속에서 진행되고 있으므로 얼마든지 가능하며, 비용도 엄청 싸게 먹힌다. 아마 햄버거 하나 정도면 충분할 것이다.)

답은 '공은 영원히 굴러간다.' 갈릴레오가 펼쳤던 논리는 다음과 같다. "공기저항과 마찰이 작용하는 지구상에 경사로를 만들어놓고 바닥에서 위로 공을 쳐올리면 위로 올라가면서 속도가 점점 느려진다. 반대로 경사로에서 공을 가만히 굴리면 아래로 내려올수록 속도가 빨라진다. 그러므로 평면에서 공을 굴리면 느려지지도, 빨라지지도 않고 일정한 속도를 유지할 것이다. 그런데 속도가 변하지 않는다는 것은 '영구적인 운동'을 의미하므로, 공은 똑같은 속도로 영원히 굴러가야 한다." 갈릴레오는 순수한 직관에 의존하여 "움직이는 물체는 현재의 운동 상태를 유지하려는 성질이 있다."는 뉴턴의 첫 번째 운동법칙에 도달한 것이다. 물체가 움직이는 데 힘은 필요 없다. 힘은 물체의 운동 상태(속도)를 바꾸기만 할뿐이다. 아리스토텔레스의 세계관과는 달리, 물체의 가장 자연스러운 상태는 정지상태가 아니라 '일정한 속도로 움직이는 상태'였던 것이다. 정지상태란 속도가 0인 특별한 상태인데, 갈릴레오가 도입한 새로운 관점에 따르면 이것은 일정한 속도로 움직이는 상태보다 더 자연스러울 것도, 부자연스러울 것도 없다. 정지상태와 일정한 속도로 움직이는 상태(등속운동)는 '속도가 일정하다.'는 점에서 완전히 똑같다. 그런데 사실 이것은 우리의 직관과 일치하지 않는다. 자동차나 마차를 몰아본 사람이라면 잘 알 것이다. 가속페달을 계속 밟고 있지 않으면 자동차는 얼마 가지 않아

멈춰 선다. 말에게 채찍질을 하지 않아도 마찬가지다. 진실을 찾으려면 상상 속에서 관측장비에 이상적인 조건을 부가해야 한다.(또는 매끈한 얼음판 위에서 자동차를 몰아도 된다.) 우리가 갈릴레오를 천재라 부르는 이유는 마찰이나 공기저항 같은 방해요소를 상상 속에서 제거하고 자연의 근본적인 상호관계를 확립했기 때문이다.

앞으로 보게되겠지만, 신의 입자는 마찰이나 공기저항처럼 우주의 단순하고 아름다운 속성을 가리는 일종의 방해요소이다. 우주에는 너무 아름다워서 숨이 막힐 것 같은 완벽한 대칭이 존재하는데, 미천한 인간은 그것을 누릴 자격이 없기에 누군가가(또는 무언가가) 신의 입자를 통해 가려놓은 것 같다. 만일 그렇다면 우리가 신의 입자를 발견하는 순간에 '아름다움을 누릴 자격'도 같이 획득하게 되는 것은 아닐까?

피사의 사탑

앞서 말한 대로 갈릴레오는 복잡한 방해물을 걷어내고 단순한 법칙을 찾는데 발군의 실력을 발휘했다. 그중 가장 유명한 사례는 아마도 피사의 사탑에 얽힌 이야기일 것이다. 그러나 전문가 중에는 이 이야기가 허구라고 생각하는 사람들이 꽤 많다. 그중 한 사람인 스티븐 호킹의 논지는 다음과 같다. "갈릴레오는 경사로에 줄을 연결하여 굴러 떨어지는 공의 이동거리와 시간을 정확하게 측정할 수 있었다. 그런데 왜 이 모든 것을 포기하고 사탑으로 올라간단 말인가? 체공 시간을 측정하는 도구를 따로 만들었을까? 아니다. 다른 사람이라면 몰라도 갈릴레오에게는 난센스다. 따라서 사탑에 얽힌 이야기는 거의 확실한 허구이다." 왠지 그리스풍 느낌이 들지 않는가? 이론물리학자인 호킹은 그리스 철학자들처럼 '순수한 이성'만으로 논리를 펼치고 있다. 아무려면 어떤가? 후손들이 아무리 딴지를 걸어도 실험의 대가 갈릴레오의 명성은 굳건할 테니 말이다.

갈릴레오의 전기를 집필한 캐나다의 역사학자 스틸먼 드레이크(Stillman Drake)는 사탑에 얽힌 일화가 사실이라고 주장했는데, 그가 제시한 몇 가지 증거는 갈릴레오의 성격에 잘 부합된다. 드레이크는 "갈릴레오가 사탑에서 돌멩이를 떨어뜨린 것은 순수한 실험이 아니라, 군중 앞에서 자신의 이론을 과시하기 위한 일종의 쇼였다."고 했다. 군중에게 자신의 인지도를 높이고 비평가에게는 확실한 증거를 보여줄 수 있으니 일석이조였을 것이다. 드레이크의 주장이 사실이라면 사탑 낙하사건은 공개된 장소에서 거행된 최초의 '과학 스턴트'였던 셈이다.

갈릴레오는 한 성질 하는 사람이었다. 논쟁을 즐기는 싸움닭은 아니었지만, 누군가가 자신을 비난하거나 반대의견을 들이밀면 불같이 화를 내며 자신을 변호했다. 그는 사람이건 이론이건 어리석은 것만 보면 곧바로 불쾌감을 드러냈고, 한 번 성질을 부리기 시작하면 아무도 말릴 수 없었다. 그가 피사대학교 교수로 재직하던 시절, 모든 교수는 박사가운을 입는 것이 관례였으나 갈릴레오는 형식에 얽매이는 것을 몹시 싫어하여 끝까지 평상복을 입고 다녔다. 게다가 〈토가에 저항하며(Against the Toga)〉라는 풍자시까지 학교에 퍼뜨려서 나이 든 교수들을 불쾌하게 만들었다(당시 가운은 대단한 고가품이었다. 그래서 가운을 살 수 없었던 젊고 가난한 강사들은 갈릴레오의 시를 크게 환영했다고 한다.). 또 갈릴레오는 경쟁자들을 비난하는 글을 수시로 발표했는데, 나름대로 가명을 써가며 신분을 숨겼지만 문체가 워낙 독특했기 때문에 속는 사람이 거의 없었다. 그는 열정이 넘치고 학문적으로 순수한 사람이었지만, 이런 식으로 대인관계가 매끄럽지 못하여 사방에 적을 만들고 다녔다.

갈릴레오의 가장 강력한 경쟁자는 피타고라스 추종자였다. 그들은 "모든 물체는 힘이 가해질 때만 움직이며, 무거운 물체는 아래로 당겨지는 힘이 더 크기 때문에 가벼운 물체보다 빨리 떨어진다."고 굳게 믿으면서도, 그것을 실험으로 확인할 생각은 하지 않았다. 당시 아리스토텔레스 학파는 피사대학교뿐만 아니라 이탈리아 학계 전체를 장악하고 있었으므로, 갈릴레오는 어딜 가나 환영받기 어려운 처지였다.

피사의 사탑에서 실행된 낙하실험은 호킹이 지적한 대로 이상적인 실험은 아니었다. 사실 그것은 반대파에게 자신의 이론이 옳다는 것을 보여주기 위한 일종의 이벤트였다. 그리고 모든 이벤트가 그렇듯이, 주최자인 갈릴레오는 어떤 결과가 나올지 잘 알고 있었다. 행사를 미리 준비하기 위해 납덩이 두 개를 들고 새벽 3시에 사탑을 오르는 갈릴레오의 모습을 상상해보자. 탑 아래 광장에는 조교가 찬바람을 맞으며 대기하고 있다. 옥상(또는 꽤 높은 층)에 도달한 갈릴레오가 조교를 향해 외친다. "이봐, 내 말 들리나? 이제 내가 납덩이 두 개를 떨어뜨릴 텐데, 동시에 자네 머리에 떨어질 걸세! 혹시 큰놈이 먼저 떨어지면 비명을 지르라구. 알겠나?" 갈릴레오는 조교가 비명을 지르지 않을 거라고 확신한다. 두 개의 납덩이가 동시에 떨어진다는 것을 이미 증명했기 때문이다.

그의 증명은 다음과 같이 진행된다. 일단은 아리스토텔레스가 옳다고 가정하자. 여기 무거운 공(A)과 가벼운 공(B)이 있다. 이들을 동시에 떨어뜨렸을 때 A가 B보다 빨리 떨어진다는 것은 A가 더 빠르게 가속된다는 뜻이다. 이제 끈을 이용하여 A와 B를 하나로 묶는다(A+B). 아리스토텔레스가 옳다면 이 경우에도 B는 천천히 떨어질 것이고, 둘은 하나로 묶여 있으므로 B가 물귀신처럼 A의 낙하를 방해하여 결국 A+B는 A 혼자 떨어진 경우보다 늦게 땅에 도달할 것이다. 그러나 잠깐! A+B는 하나의 새로운 물체이며 그 무게는 A보다 분명히 무겁다. 그렇다면 A+B는 A보다 빠르게 떨어져야 할 것 아닌가? 이 명백한 모순을 어떻게 극복할 것인가? 해결책은 단 하나밖에 없다. A와 B가 바닥에 동시에 도달해야 이런 모순이 발생하지 않는다. 그 외에는 어떤 가정을 내세워도 문제를 해결할 수 없다.

전하는 바에 따르면 갈릴레오는 그날 오전 내내 사탑에서 납으로 만든 공을 떨어뜨리며 반대파를 향해 무언의 시위를 벌였다. 그 밑을 지나가는 군중은 마른하늘에 '납벼락'을 맞을까봐 겁에 질렸을 것이다. 그런데 그가 떨어뜨린 물체가 과연 납덩이였을까? 별로 그럴 것 같진 않다. 그렇다고 동전과 깃털을 사용했을 리는 없고, 아마도 크기와 모양이 같으면서 무게가 다른 물체(나무를 깎아서 만든 구와 속이 빈 납구)를 사용했을 가능성이 높다. 그래야 두 물체에 가해지는 공기저항이 비슷하기 때문이다. 그 외의 이야기는 책에 적힌 그대로다. 그날 갈릴레오는 자유낙하가 물체의 질량과 완전히 무관하다는 사실을 공개된 장소에서 실험으로 입증했고(그러나 갈릴레오는 그 이유를 알지 못했다. 진정한 이유는 아인슈타인이 1915년에 일반 상대성 이론을 발표하면서 비로소 알려지게 된다.), 아리스토텔레스의 추종자들은 잊지 못할 교훈을 얻었다(일부는 이를 박박 갈며 복수를 다짐했다.).

사탑에서의 낙하실험은 과연 과학을 위한 이벤트였을까? 아니면 경쟁자들에게 자신의 우월함을 과시하려는 쇼였을까? 나는 두 가지 요소가 모두 가미되었다고 생각한다. 물론 실험물리학자들만이 이런 성향을 갖고 있는 것은 아니다. 위대한 물리학자 리처드 파인먼은 우주왕복선 챌린저호 폭발사고(1986년) 조사위원회의 의원으로 위촉되었을 때 특유의 기지를 발휘하여 대중의 눈길을 확실하게 사로잡았다. 독자들도 기억하겠지만 당시 연료탱크의 O링(O-ring)＊의 저온내구성이 도마 위에 올랐는데, 파인먼이 단 한 번의 시연으로 모든 논쟁을 잠재운 것이다. 그는 TV 카메라 앞에서 조그만 O링을 얼음물 속에 던져 넣었고, 잠시 후 꺼낸 O링은 탄성을 완전히 잃어버렸다. 그 순간, 미국의 대다수 시청자들은 파인먼의 천재성에 탄복했고, 이론물리학자의 위상은 (잠깐이었지만) 천정부지로 치솟았다. 그런데 왠지 갈릴레오의 냄새가 나지 않는가? 파인먼은 정말로 어떤 결과가 나올지 확신이 없는 상태에서 O링을 얼음물에 던져 넣었을까?

　갈릴레오의 낙하실험은 1990년대에 '제5의 힘'이 물리학계의 핫이슈로 떠오르면서 다시 한 번 대중의 관심을 끌게 된다. 제5의 힘이란 뉴턴의 중력 외에 추가로 물체에 작용하는 가설상의 힘으로서, 이런 힘이 존재한다면 같은 높이에서 낙하한 구리공과 납공은 동시에 지면에 도달하지 않는다. 예를 들어 30미터 높이에서 두 물체를 떨어뜨리면 10억 분의 1초가 채 되지 않는 차이로 한 쪽이 먼저 떨어지는데, 갈릴레오 시대에는 측정이 불가능했지만 지금은 '한 번쯤 시도해볼 만한 도전'에 속한다. 제5의 힘은 1980년대 말에 처음 제안된 후로 꽤 많은 관심을 끌어왔지만 구체적인 증거는 아직 한 번도 발견되지 않았다. 그렇다고 확실하게 반증된 것도 아니니, 관심 있는 독자들은 신문에 난 과학관련기사를 틈틈이 읽어보기 바란다.

● 액체의 유출을 방지하기 위해 용기 주변에 두르는 O자형 고리.

갈릴레오의 원자

갈릴레오는 원자를 어떻게 생각했을까? 아르키메데스와 데모크리토스, 루크레티우스 등에게 영향을 받은 갈릴레오는 '직관적인 원자론자'에 가까웠다. 그는 빛과 물질의 특성을 수십 년 동안 학생들에게 가르치면서 여러 권의 책을 저술했는데, 특히 1622년에 출판된 《분석자(*The Assayer*)》와 마지막 저서인 《두 개의 새로운 과학에 관한 대화》에는 원자론에 대한 그의 관점이 비교적 구체적으로 서술되어 있다. 그는 빛이 점입자로 이루어져 있으며, 물질도 이와 비슷하다고 생각했던 것 같다.

갈릴레오는 원자를 "가장 작은 양자(quanta)"라 불렀고, 노년에는 "무한히 많은 허공에 의해 분리된 무한히 많은 원자"를 머릿속에 떠올리곤 했다. 그의 기계론적인 관점은 '무한소(infinitesimal, 무한히 작은 양)'라는 수학적 개념과 밀접하게 관련되어 있는데, 이것은 60년 후에 등장할 뉴턴의 미적분학에서도 핵심적인 역할을 하게 된다. 그런데 무한소는 워낙 추상적인 개념이어서, 조금만 부주의해도 모순에 도달하기 십상이다. 한 가지 예를 들어보자. 여기 원뿔모양의 물체가 있다. 학교에서 벌을 설 때, 또는 생일을 맞이했을 때 쓰는 둥글고 뾰족한 고깔모자를 떠올리면 된다. 이제 누군가가 칼을 들고 다가와 밑면과 나란한 방향으로 원뿔을 잘게 썬 후 가운데 부위에서 서로 이웃한 두 조각을 집어 들었다. 위쪽 조각의 아랫면과 아래쪽 조각의 윗면은 둘 다 원형이며, 이들은 썰기 전에 서로 맞닿아 있었으므로 반지름이 같다. 그런데 이상하지 않은가? 원래 원뿔은 위로 올라갈수록 단면적이 작아져야 하는데, 어떻게 두 면적이 같을 수 있단 말인가? 그러나 두 조각이 무한히 많은 원자와 빈 공간으로 이루어져 있다면, 위쪽 원이 아래쪽 원보다 원자의 수는 적지만 여전히 무한 개의 원자로 이루어져 있을 것이다. 그렇지 않은가? 지금 우리는 1630년경에 대두되었던 추상적 개념을 다루고 있으니, 별 것도 아닌 문제 때문에 머릿속이 복잡해졌다고 실망할 필요는 없다. 이 개념은 거의 200년이 지난 후에야 실험적으로 검증되었다. (위의 역설을 피해 가는 한 가지 방법이 있다. 원뿔을 자르는 칼날의 두께를 문제 삼으면 된다. 날의 두께가 무한히 얇지 않은 한, 역설적인 상황은 발생하지 않기 때문이다. 또 다시 데모크리토스의 웃음소리가 들려오는 것 같다.)

갈릴레오는 《두 개의 새로운 과학에 관한 대화》에서 원자의 구조에 대한 자신의 마지막 견해를 밝혔다. 그는 원자를 "크기가 없고 분해할 수 없으며 자를 수도 없는" 수학적인 점으로 간주했다. 여기까지는 데모크리토스와 비슷하다. 그러나 원자를 모양에 따라 구분했던 데모크리토스와 달리, 갈릴레오는 원자가 크기뿐만 아니라 모양도 없는 완벽한 점이라고 생각했다. 기원전 5세기에 탄생한 원자모형이 갈릴레오를 거치면서 쿼크와 렙톤 등 현대적인 점입자에 한층 더 가까워진 것이다.

입자가속기와 망원경

원자의 모습을 상상하기도 쉽지 않지만, 쿼크를 상상하는 것은 훨씬 더 어렵다. 쿼크를 본 사람이 단 한 명도 없는데, 그런 입자가 존재한다는 것을 대체 어떻게 알았을까? 사실 우리에게는 간접적인 증거밖에 없다. 입자들이 가속기 안에서 점점 빨라지다가 검출기가 있는 곳에서 서로 충돌하면 전기신호가 발생하고, 이 신호를 복잡하고 비싼 감지기 안의 전자장비들이 수집하여 컴퓨터로 전송한다. 컴퓨터는 감지기에서 날아온 전기신호를 분석한 후, 그 결과를 1과 0으로 이루어진 문자열로 바꿔서 제어실의 모니터로 전송한다. 그러면 우리는 모니터에 뜬 1과 0의 긴 행렬을 두 눈 부릅뜨고 바라보다가 어느 순간 갑자기 외친다. "드디어 나왔어, 쿼크야, 쿼크라구!" 물론 이 정도로는 독자들을 설득하기 어렵다는 거, 나도 잘 알고 있다. 물리학자는 어떤 근거로 쿼크의 존재를 확신하는 것일까? 가속기나 감지기, 또는 컴퓨터, 아니면 컴퓨터와 모니터를 연결하는 전선에서 쿼크처럼 보이는 무언가가 일시적으로 제조되어 우리를 현혹시키는 것은 아닐까? 어쨌거나 맨눈으로는 절대로 쿼크를 볼 수 없다. 보이지도 않는 것을 평생 쫓아다니면서 연구해야 한다니, 우리 신세가 참으로 안쓰럽다. 옛날에는 지식의 양이 지금보다 부족했지만, 적어도 연구 대상을 직접 볼 수는 있지 않았던가! 문득 16세기 과학자들이 부러워진다. 아예 그 시대로 돌아가는 게 낫지 않을까? 아닌가? 혹시 갈릴레오가 이곳으로 시간여행을 온다면 꼭 한번 물어봐야겠다.

갈릴레오가 남긴 문헌에 의하면 그는 엄청나게 많은 수의 망원경을 만들었다고 한다. 그리고 망원경 하나가 완성될 때마다 10만 개의 별들을 10만 번씩 관측하여 성능을 확인했다. 워낙 급진적인 사람이라 문자 그대로 믿기는 어렵지만, 망원경을 향한 신뢰와 애정은 정말 각별했던 것 같다. 다시 한 번 상상의 나래를 펴고 16세기로 돌아가보자. 지금 갈릴레오는 학생들이 모인 강의실에서 망원경으로 창문 밖을 바라보며 눈에 보이는 것을 열심히 설명하고 있다. 학생들은 뭔지도 모르면서 갈릴레오가 하는 말을 노트에 열심히 받아 적는 중이다. "저기 나무가 있군. 제일 큰 가지는 2시 방향으로 뻗어 있고, 그 끝에 나뭇잎 하나가 아슬아슬하게 달려 있고……." 이런 식으로 설명이 끝난 후 학생들은 교실을 빠져나와 각자 말이나 마차를 타고 들판을 가로질러 그 나무가 있는 곳으로 간다.

갈릴레오 교수가 과연 제대로 보았을까? 학생들은 나무의 생김새를 이리저리 훑어보며 노트에 적은 내용과 비교해본다. "가지 2시 방향, 오케이. 나뭇잎 하나? 이것도 오케이……." 이들은 지금 관측도구의 세팅 상태를 확인하고 있는 것이다. 나뭇잎이 하나가 아니라 두 개였다면 망원경 초점이 맞지 않았다는 뜻이니, 교실로 돌아가 다시 맞춰야 한다. 이제 똑같은 과정을 1만 번쯤 반복한다. 상상만 해도 끔찍하다. 그래서 갈릴레오의 정적들은 다음과 같은 논지로 갈릴레오를 비난했다. "지구상의 물체를 관측할 때 망원경이 도움이 된다는 점은 우리도 인정한다. 신이 주신 인간의 눈과 신이 창조하신 물체 사이에 다른 매개체가 끼어들어도, 그것 때문에 속지는 않을 것이다. 그러나 망원경으로 하늘을 보는 것은 전혀 다른 이야기다. 고개를 들고 하늘을 바라보니 밝은 별 하나가 반짝이고 있는데, 그것을 다시 망원경으로 보았더니 하나가 아니라 두 개였다고 하자. 그러면 당신은 별이 있는 곳까지 마차를 타고 달려가서 확인할 수 있는가? 그러지도 못하면서 별이 두 개라고 우기는 것은 정신 나간 사람이나 할 짓이다!"

너무 과격한가? 사실 그들이 했던 말을 문자 그대로 옮긴 것은 아니다. 그러나 갈릴레오가 "목성에 4개의 달이 있다."고 주장했을 때, 한 비평가는 이와 거의 비슷한 수준으로 막말을 쏟아냈다. "망원경을 사용하면 맨눈으로 볼 수 없는 것을 볼 수 있으므로, 망원경이 거짓말을 해도 확인할 길이 없다."는 것이 그 이유였다. 또 수학과의 한 교수도 목성의 달을 부정하면서 갈릴레오에게 말했다. "나도 안경 속에 점 몇 개를 찍어놓기만 하면 목성의 달을 얼마든지 발견할 수 있네. 그러니 말도 안 되는 헛소리는 집어치우게!"

이것은 실험도구나 관측장비를 사용하는 사람이라면 누구나 마주치는 문제이다. 혹시 관측장비가 지금의 결과를 만들어낸 것은 아닐까? 지금 시각으로 보면 갈릴레오를 피난했던 사람들이 멍청해 보이지만 당시에는 그럴 만한 이유가 있었다. 과연 그들은 정신 나간 사람이었을까? 아니면 과학계의 보수파였을까? 아마 둘 다였을 것이다. 1600년대의 사람들은 무언가를 바라볼 때 자신의 눈이 능동적인 역할을 한다고 믿었다. 신이 주신 인간의 눈이 외부에서 들어온 영상을 적극적으로 해석하여 지금과 같은 모습으로 보여준다는 것이다. 그러나 지금 우리는 눈이라는 것이 한 다발의 수용체가 장착된 렌즈에 불과하다는 사실을 잘 알고 있다. 이곳을 통해 들어온 정보는 시신경을 통해 대뇌의 시각피질(visual cortex)에 전달되고, 정보분석은 바로 이곳에서 이루어진다. 망원경과 마찬가지로, 우리의 눈은 물체와 두뇌 사이를 연결하는 매개체일 뿐이다. 혹시 당신은 안경을 끼고 있는가? 그렇다면 당신은 도구를 통해 수정된 영상을 보고 있는 것이다. 실제로 16세기 유럽의 독실한 기독교인들은 이미 발명된 지 300년이 지난 안경을 절대로 착용하지 않았다. 신이 주신 눈을 있는 그대로 사용하지 않고 기구의 도움을 받는 것을 신성모독이라고 여겼기 때문이다. 그중에서 눈에 띄는 예외가 한 사람 있는데, 그가 바로 독일의 천문학자 요하네스 케플러(Johannes Kepler)이다. 그는 독실한 기독교인이었으나 시력이 너무 나빠서 안경을 쓰지 않고는 책을 읽을 수 없었다. 훗날 그는 당대 최고의 천문학자가 되었으니, 기독교식 터부를 무시하고 안경을 쓴 것은 탁월한 선택이었다.

보정이 잘 된 도구는 실체와 거의 동일한 '근사적 모습'을 우리에게 보여준다. 이 책을 마저 읽으려면 마음에 들지 않더라도 이것을 사실로 받아들여야 한다. 정교한 도구는 궁극의 관측장비인 우리의 두뇌 못지않게 정확하다. 심지어 두뇌조차도 가끔은 보정이 필요할 때가 있다. 요즘 심리학자들은 다양한 실험을 통해 뇌의 허점을 강조하고 있지만, 군이 거기까지 갈 필요도 없다. 시력이 1.5인 사람도 와인 몇 잔만 들이키면 옆에서 떠드는 친구들의 수가 두 배로 많아지지 않던가?

1600년의 칼 세이건

많은 사람들이 인공물에 거부감을 갖고 있던 16세기에 갈릴레오는 실험 및 관측장비를 직접 만들고 적재적소에 사용함으로써, 과학계가 도구를 수용하는 데 결정적인 영향을 미쳤다. 나는 이것이 갈릴레오의 가장 큰 업적이라고 생각한다. 그는 예민한 성격에 뛰어난 사고력의 소유자였으며, 현대의 모든 이론물리학자가 부러워할 정도로 탁월한 통찰력을 발휘했다. 이것이 전부였다면 갈릴레오는 '꽤 많은 업적을 남긴 이론물리학자' 정도로 기억되었을 것이다. 그러나 그는 정밀한 관측을 위해 렌즈를 연마하고, 망원경을 손수 제작하고, 복합현미경과 진자시계를 발명하는 등 열정과 기술을 두루 갖춘 실험물리학자이기도 했다. 대외적으로는 온건한 보수주의자였다가도 자신의 견해에 반대하거나 비난하는 사람이 나타나면 갑자기 과격파로 돌변하여 가차 없이 독설을 퍼붓곤 했다. 그가 남긴 방대한 양의 편지와 저서로 미루어볼 때, 갈릴레오는 넘치는 활력으로 항상 분주하게 움직이는 정력가였음이 분명하다. 또 1604년에 초신성 폭발사건이 관측된 후로는 과학전도사로 변신하여 곳곳을 돌아다니면서 일반대중에게 과학강연을 베풀었으며, 대부분의 책을 알기 쉽고 대중적인 라틴어로 저술했다. 현대의 과학자 중에서 갈릴레오와 제일 비슷한 사람을 꼽는다면 나는 주저 없이 칼 세이건을 추천하고 싶다. 넘치는 열정과 대중적인 이미지, 그리고 이론과 실험에 두루 능하면서 망원경과 친했던 천문학자, 영락없는 판박이 아닌가? 그러나 갈릴레오는 대인관계가 매끄럽지 못하고 정적이 너무 많아서 보수적인 대학으로부터 종신교수직을 받기가 어려운 사람이었다. 훗날 종교법정에서 유죄판결을 받은 후로는 많이 유순해졌지만, 과도한 열정과 상습적으로 내뱉는 독설은 당시의 대학 문화에서 그리 바람직한 태도가 아니었다.

갈릴레오는 완벽한 물리학자였을까? 실험가와 이론가의 자질을 모두 갖췄다는 점에서 그는 거의 완벽한 물리학자였다. 굳이 따진다면 둘 중 어느 쪽에 더 가까웠을까? 나는 이론보다 실험 쪽에 더 높은 점수를 주고싶다. 내가 실험물리학자여서가 아니다. 그가 저지른 실수는 모두 이론에서 나왔기 때문이다. 18~19세기만 해도 이론과 실험을 겸비한 과학자가 종종 있었지만, 지금은 각 분야가 너무 세분화되고 특화되어 거의 찾아보기 어렵다. 사실 17세기에 통용되던 이론의 대부분은 실험결과를 해석하는 보충 수단에 불과했다. 앞으로 곧 보게되겠지만 위대한 이론은 위대한 실험 뒤에 출현하는 경우가 많다. 물론 갈릴레오의 시대도 예외는 아니었다.

코 없는 천문학자

갈릴레오에서 시계를 조금만 뒤로 돌려보자. 반드시 짚고 넘어가야 할 사람이 있기 때문이다. 실험과 이론을 함께 논하려면 마르크스와 엥겔스, 에머슨과 소로, 또는 지그프리트와 로이처럼 2인 1조로 언급되어야 할 콤비가 있다. 바로 브라헤와 케플러이다. 이들은 물리학자가 아닌 천문학자였지만 이 책의 취지에 정확하게 들어맞는 사람들이다.

티코 브라헤(Tycho Brahe)는 성격 유별난 과학자로 단연 챔피언감이다. 뒤에 언급될 뉴턴도 희한한 사람이었지만 브라헤 앞에서는 명함도 못 내민다. 1546년에 덴마크에서 태어난 브라헤는 실험가 중에서도 단연 돋보이는 실험가였다. 작은 세계에 집착하는 원자물리학자와 달리 브라헤의 무대는 하늘이었고, 그가 얻은 데이터는 전례를 찾아볼 수 없을 정도로 정확했다. 그는 별과 행성, 혜성, 그리고 달의 움직임을 관측하기 위해 다양한 장비를 만들었는데, 안타깝게도 망원경은 목록에서 빠져 있다.● 브라헤가 만든 관측장비는 방위각 반원계(azimuthal semicircle), 프톨레미 자(Ptolemaic ruler), 황동 육분의, 방위각 사분의, 시차측정용 자 등 매우 다양하여, 조수인 케플러와 함께 천체의 좌표를 맨눈으로 정확하게 측정할 수 있었다. 천문학자가 사분의를 사용하는 모습은 마치 총으로 새를 겨냥하는 사냥꾼을 연상케 한다. 가로대의 끝 부분에 가늠쇠가 달려 있어서, 관측하려는 별과 가늠쇠, 그리고 관측자의 눈을 일직선상에 정렬시키면 가로대를 연결하는 원호모양의 지지대가 각도기 역할을 하여 별의 고도를 표시해준다.

브라헤가 만든 장비들은 기존의 장비와 비교할 때 새로울 것이 별로 없었지만, 한결같이 당대 최고의 성능을 발휘했다. 그는 커다란 부품을 수직·수평방향으로 자유롭게 돌아가도록 만들었고, 한 방향으로 고정시키는 장치도 매우 견고하여 한번 세팅해놓으면 며칠 동안 정확하게 한 지점을 관측할 수 있었다. 또 브라헤의 장비는 덩치가 크기로 유명했다.

● 망원경은 브라헤가 죽은 뒤에 발명되었다.

물론 크다고 다 좋은 것은 아니지만, 큰 장비는 '대체로' 작은 것보다 우수한 성능을 발휘한다는 것이 전문가들의 중론이다. 브라헤가 남긴 가장 유명한 관측도구는 벽사분의(壁四分儀, mural quadrant)인데, 반지름이 무려 6미터에 달하여 한 번 옮길 때마다 장정 40명이 달라붙어 비지땀을 흘려야 했다. 이 정도면 16세기판 초대형 입자가속기라 불릴 만하다. 덩치가 크다보니 각도기에 새겨진 눈금도 1도의 1/360인 10초 간격으로 새겨져 있다. 이 장비의 관측 오차는 손에 바늘을 들고 팔을 길게 뻗었을 때 바늘의 폭에 해당하는 시야각보다 작다. 게다가 이 모든 관측을 평생 동안 맨눈으로 수행했다니, 경외감을 넘어 공포가 느껴질 정도다. 또 한 가지, 벽사분의 안쪽에는 브라헤의 실물크기 초상화가 그려져 있다. 관측장비에 자기 이름을 새겨 넣는 사람도 흔치 않은데 초상화라니……. 정말 정신세계가 특이한 사람이다.

정확성에 집착하는 사람들은 정서불안이나 편집증 환자로 취급받기 쉽다. 그러나 내가 알기로 브라헤는 딱히 그런 사람이 아니었다. 그의 가장 큰 특징은 코가 없다는 것인데, 여기에는 그럴 만한 사연이 있다. 브라헤가 스무 살 대학생이었던 시절, 지도교수의 집에서 열린 축하연 자리에서 같은 과의 만드럽 파스베르크(Manderup Parsbjerg)라는 학생과 수학문제 풀이법을 놓고 말싸움이 벌어졌다. 처음에는 고성만 오가다가 급기야 멱살잡이까지 벌어지는 바람에 친구들이 달려와 뜯어말려야 했다.(오케이, 새파란 나이에 여자문제가 아니라 수학문제 때문에 싸웠으니 약간의 편집증은 있는 것 같다. 인정한다.) 그로부터 일주일 후 크리스마스 파티에서 마주친 두 사람은 술 몇 잔을 들이키더니 또 다시 싸우기 시작했고, 감정이 격한 나머지 칼로 결투를 벌이기로 합의했다. 정말 못 말리는 청년들이다. 며칠 후, 브라헤와 파스베르크는 한적한 묘지에서 칼부림을 했는데, 시작하자마자 브라헤의 코가 한 움큼 잘려나가는 바람에 싱겁게 끝나고 말았다.

이 사건은 브라헤를 평생 동안 괴롭혔다. 그는 흉측해진 얼굴을 어떻게 수습했을까? 여기에는 두 가지 설이 있다. 하나는 다양한 재질로 여러 개의 보철용 코를 만들어서 분위기와 기분에 따라 바꿔 달고 다녔다는 것인데, 의족이나 의수라면 몰라도 눈에 훤히 드러나는 코를 귀걸이처럼 매번 바꿔 단다면 '내 코는 가짜입니다.'라고 광고를 하는 꼴이니 별로 현실성이 없다. 이보다는 금과 은을 섞은 합금으로 보철용 코 하나를 만들어서 평생 동안 차고 다녔다는 두 번째 설이 훨씬 그럴듯하다(물론 자신의 피부색으로 칠했을 것이다.). 전하는 바에 따르면 브라헤는 코가 흔들릴 때마다 다시 붙일 수 있도록 접착제가 들어 있는 조그만 상자를 항상 휴대하고 다녔다고 한다. 요즘 시각으로 보면 엄연한 장애인이니 다른 학자들의 놀림감이 된다는 것은 상상조차 할 수 없는 일이지만, 당시 갈릴레오의 경쟁자였던 한 과학자는 "그 친구, 별을 관측할 때 분명히 자기 코를 가늠자로 사용했을 것"이라며 인신공격을 서슴지 않았다.

한순간의 분노를 참지 못하여 평생을 불구로 살긴 했지만, 브라헤는 요즘 과학자들이 절대로 누릴 수 없는 특권을 갖고 있었다. 그는 뼈대 있는 귀족가문의 후예이자 프러시아 왕 프레데릭 2세의 가까운 친구였다. 브라헤가 카시오페아 별자리에서 초신성을 관측하여 유명해지자, 프레데릭 2세는 천문대로 사용하라며 덴마크 해변에 있는 작은 섬 벤(Hven)을 통째로 하사했다. 괴팍한 천문학자가 졸지에 섬의 영주가 된 것이다. 브라헤는 섬의 거주민 사이에 최고 권력자로 군림하면서 소작료를 독차지했고, 이와는 별도로 왕으로부터 별도의 지원금까지 받았다. 이것을 어떻게 해석해야 할까? 왕의 권력을 등에 업고 호의호식한 과학자? 아니다. 내가 보기에 그는 과학역사상 최초로 '정부의 지원을 받은 연구소 소장'이었다. 그것도 모든 관측장비를 직접 설계하고, 어떤 연구원보다 능숙하게 다룰 줄 아는 소장이었다. 브라헤는 섬에서 걷은 소작료와 왕의 지원금, 그리고 보유하고 있던 재산으로 거의 왕이나 다름없는 풍족한 삶을 누렸다. 그가 누리지 못한 것이 있다면 20세기 미국 과학재단의 지원금뿐이었다.

거의 8제곱킬로미터에 달하는 섬은 천문학자의 낙원이었다. 그곳은 관측도구를 만드는 공장과 물을 공급하는 풍차, 종이를 생산하는 제지공장으로 가득했고 연못도 60개나 있었다. 브라헤는 섬의 제일 높은 곳에 웅장한 저택과 관측소를 지어놓고 그곳을 '우라니보르그(Uraniborg, 천국의 성)'라 불렀다. 저택 안에는 인쇄실과 하인들의 숙소, 경비견 전용 방, 정원, 약초원 등이 들어섰고 정원에는 300여 그루의 나무들이 신선한 공기를 제공했다.

그러나 브라헤는 달갑지 않은 이유로 섬을 떠나게 된다. 그의 막강한 후원자였던 프레데릭 2세가 술독에 빠져 살다가 세상을 떠났기 때문이다. 제국의 왕이 한낱 과음으로 사망했다니 선뜻 이해가 안 가겠지만, 1600년 무렵 덴마크에서 술 때문에 사람이 죽는 것은 흔히 있는 일이었다. 새로 즉위한 왕은 벤섬을 회수하여 결혼식 파티에서 점찍은 정부 카렌 앤더스다터(Karen Andersdatter)에게 하사했다. 브라헤의 낙원 같은 삶이 너무도 허망하게 끝나버린 것이다. 나는 이 사건이 전 세계의 모든 연구소 소장에게 중요한 교훈을 주고 있다고 생각한다. 제아무리 큰 연구소에서 제아무리 중요한 일을 하고 있어도, 그들의 지위는 정부의 지침에 따라 하루아침에 바뀔 수 있다. 다행히도 브라헤는 섬을 떠난 후 스스로 자립하여 모든 관측장비와 데이터를 들고 프라하 근처에 있는 성으로 이주했고, 그곳 주민에게 열렬한 환영을 받았다.

브라헤는 우주의 규칙적인 변화에 각별한 관심을 갖고 있었다. 그는 14세 소년이었던 1560년 8월 21일에 개기일식을 생전 처음으로 목격했는데, 이것은 그 전부터 예견된 사건이었다. 소년 브라헤는 일식 자체보다 그것을 미리 예측했다는 사실에 큰 감명을 받았다. 일식 날짜를 몇 년 전에 미리 알았다는 것은 인간이 천체의 움직임을 그 정도로 정확하게 파악하고 있다는 뜻이 아닌가? 보잘것없어 보이는 인간이 어떻게 그런 엄청난 일을 해낼 수 있단 말인가? 그 후로 브라헤는 평생 동안 하늘을 바라보면서 항성 1,000개의 위치변화를 기록한 방대한 데이터북을 작성했다. 이것은 규모와 정확도면에서 2세기경에 완성된 프톨레마이오스의 관측자료집을 비롯한 그 어떤 천문관측 데이터보다 우수한 자료로서, 훗날 케플러가 행성의 운동법칙을 발견하는 데 핵심적인 역할을 하게 된다.

브라헤가 남긴 데이터북의 가장 큰 장점은 관측과정에서 발생한 오차를 꼼꼼하게 분석하여 최적의 값을 산출했다는 점이다. 그는 1580년대의 관측수준을 한참 뛰어넘어 "관측은 여러 번 반복 실행해야 하며, 매번 측정이 끝날 때마다 정확도를 확인해야 한다."고 주장했다. 관측노트에 데이터와 함께 신뢰도까지 명기하는 것은 당시로선 상상도 할 수 없는 일이었다.

브라헤는 관측자로서 당대 최고였지만, 이론가로서는 다소 부족한 점이 있었다. 코페르니쿠스가 죽고 3년 후에 태어난 그는 지구가 태양 주변을 공전한다는 코페르니쿠스의 우주관을 전적으로 거부하고 오직 프톨레마이오스의 천동설에 따라 모든 관측을 수행했다. 관측데이터는 천동설이 틀렸음을 명백하게 말해주고 있었지만, 브라헤는 고등교육을 받은 아리스토텔레스의 추종자답게 지구가 우주의 중심이라는 믿음을 끝까지

고수했다. 그가 천동설을 지지하면서 펼쳤던 논리는 다음과 같다. "만일 지구가 움직이고 있다면 움직이는 방향으로 발사된 포탄은 그 반대방향으로 쐈을 때보다 멀리 날아가야 한다. 하지만 실제로 실험을 해보면 그렇지 않다. 따라서 지구는 움직이지 않는다." 그러나 관측데이터는 자신의 믿음과 일치하지 않았기에, 브라헤는 다음과 같은 절충안을 제시했다. "모든 행성은 지구가 아닌 태양 주변을 공전하고 있다. 그러나 태양 자체가 지구를 중심으로 공전하고 있기 때문에, 모든 행성은 조금 복잡한 궤도를 그리면서 지구 주변을 공전하고 있는 셈이다. 행성의 궤도가 아무리 복잡해도 우주의 중심에는 지구가 굳건하게 자리 잡고 있다."

브라헤의 수제자

브라헤 주변에는 똑똑한 제자가 많았다. 그중에서도 가장 돋보였던 사람은 신비주의적 성향을 강하게 풍겼던 독일태생의 수학자겸 천문학자, 그리고 독실한 루터파 신도인 요하네스 케플러였다. 만일 그가 수학으로 먹고살 길을 찾지 못했다면 틀림없이 성직자가 되었을 것이다. 사실 그는 성직자 자격시험에 낙방한 후, 평소 관심 분야인 점성술을 연구하겠다는 생각으로 천문학에 뛰어들었다. 그러나 운 좋게도 브라헤가 평생동안 모아 놓은 관측자료를 통째로 물려받아 우주의 심오한 진리를 발견하게 된다.

케플러는 좋지 않은 시기에 신교도 집안에서 태어났다(당시에는 반종교개혁이 유럽 전역을 휩쓸고 있었다.). 그는 브라헤나 갈릴레오와 달리 심성이 매우 나약했고 가족도 별로 내세울 것 없는 그저 그런 평민이었다. 그의 부친은 용병이었고 어머니는 한때 마녀로 몰려 재판까지 받았으며 케플러 자신은 점성술에 몰두했으니, 사람들이 그의 집안을 어떤 눈으로 바라보았을지 짐작이 갈 것이다. 다행히도 케플러는 그 분야에서 나름대로 실력을 인정받아 약간의 보상을 받을 수 있었다. 1595년에 그라츠(Graz) 시의 위탁을 받고 달력을 제작한 적이 있었는데, 완성된 달력을 납품하면서 "혹독한 추위 때문에 흉년이 들어 농민들이 난을 일으키고 투르크족이 침략해올 것"이라고 예측했다가 정확하게 맞아 들어가는 바람에 꽤 유능한 점성술사로 알려지게 되었다. 사실 점성술을 부업으로 삼았던 천문학자는 케플러뿐만이 아니다. 갈릴레오는 메디치(Medici)가문의 의뢰를 받아 점성술 도해표인 천궁도(天宮圖)를 제작했고, 브라헤도 어설픈 솜씨로 별점을 친 적이 있다. 월식이 일어났던 1566년 10월 28일에 브라헤는 오스만제국의 술레이만 황제가 죽을 것이라고 예견했는데, 알고 보니 황제는 이미 세상을 뜬 후였다.

브라헤는 제자를 살갑게 챙기는 사람이 아니었다. 특히 케플러를 대하는 태도는 요즘 대학교수들이 포스트닥을 대하는 태도와 비슷했다.● 케플러는 스승의 지침을 잘 따랐지만 모욕을 당했다고 느낄 때는 거칠게 항의하면서 언성을 높이곤 했다. 전하는 바에 따르면 두 사람은 견원지간처럼 툭하면 싸웠다가 곧바로 화해했다고 한다. 브라헤가 케플러의 능력을 높이 사지 않았다면 진작에 쫓아냈을 것이다.

1601년 10월의 어느 날, 브라헤는 저녁만찬 자리에서 여느 때와 마찬가지로 과음을 했다. 당시에는 식사도중에 자리를 뜨는 것이 무례한 행

● 거의 노예처럼 부려먹었다는 뜻이다.

동이었기 때문에, 그는 화장실에 가지 못하고 끝까지 자리를 지키다가 식사가 끝날 무렵에 급히 화장실로 달려갔다. 그러나 황당하게도 때는 이미 늦어 있었다. 브라헤의 장기 중 중요한 부분이 파열된 것이다. 그날 이후로 며칠 동안 거동을 하지 못하다가 임종이 다가왔음을 느낀 그는 이미 후계자로 지정된 케플러를 조용히 불러서 마지막 유언을 남겼다. "그동안 자네에게 합당한 대우를 해주지 못해 미안하네. 지난 일은 모두 잊고 내가 평생을 바쳐 작성한 이 관측노트를 받아주게나. 여기에는 천체의 움직임을 관측한 모든 자료가 들어 있으니, 자네의 명석한 머리로 자료를 분석해서 우주의 심오한 법칙을 세상에 밝혀주게. 그리고 또 하나, 누가 뭐라 해도 우주의 중심은 지구라는 사실을 절대 잊지 말게……" 브라헤는 이 말을 남기고 세상을 떠났다.

평소 케플러는 천동설이 엉터리라고 생각했지만 스승의 유언을 들으며 심각한 표정으로 고개를 끄덕였다. 브라헤의 정교하고 방대한 관측노트만은 포기할 수 없었기 때문이다. 그 후 케플러는 프톨레마이오스와 브라헤의 우주모형을 고려 대상에서 완전히 제외시키고 코페르니쿠스의 지동설을 새로운 출발점으로 삼아 관측데이터를 분석하기 시작했다. 특히 코페르니쿠스의 태양계 모형에서 행성의 궤적을 원으로 간주한 부분이 마음에 들었는데, 원은 천문학뿐만 아니라 수학적으로도 가장 완벽한 도형이었기 때문이다.

케플러는 태양이 우주의 중심이라는 가설에서 한 걸음 더 나아가 "태양은 우주의 중심에서 모든 행성에 빛을 공급할 뿐만 아니라, 행성이 밖으로 이탈하지 않도록 강력한 힘을 행사하고 있다."고 생각했다. 그는 이 힘의 원천을 알아내지는 못했지만(일종의 자기력이라고 생각했다.) 태양계에 '힘'이라는 개념을 최초로 도입함으로써 장차 뉴턴이 마음놓고 달릴 수 있는 탄탄대로를 닦아놓았다.

코페르니쿠스의 태양계 모형도 브라헤의 데이터와 일치하지 않았으나, 다행히도 케플러는 스승의 관측도구와 관측노트를 무한히 신뢰했다. 그의 지침은 "원이 제아무리 완벽한 도형이라 해도 관측데이터와 일치하지 않으면 미련 없이 폐기한다."는 것이었다. 케플러는 브라헤의 노트로 되돌아가 화성의 움직임에 주목했다. 그리고 일련의 귀납적 논리를 펼친 끝에 400여 년이 지난 지금까지도 행성운동의 기본 지침으로 통하는 세 개의 법칙을 발견하게 된다. 그중 "모든 행성의 궤도는 타원이며, 두 개의 초점 중 하나에 태양이 위치하고 있다."는 제1법칙은 플라톤 이후로 당연하게 여겨져 왔던 원형궤도를 완전히 폐기시켰다. 신비주의적 사고에 빠졌던 루터파 신도가 복잡하기 그지없는 주전원(周轉圓, epicycle)● 궤도로부터 코페르니쿠스의 지동설을 구해낸 것이다. 케플러가 스승의 관측데이터를 믿지 않았다면 천문학은 잘못된 믿음에 안주하며 수백 년의 세월을 낭비했을지도 모른다.

그랬다. 행성의 공전궤도는 원이 아닌 타원이었다. 이것이 과연 순수한 수학적 결과인가? 아니면 자연의 섭리인가? 행성의 궤도가 수학적으로 완벽한 타원이고 그 초점에 태양이 자리 잡고 있다는 것은 도저히 우연일 수가 없다. 자연이 수학에 각별한 애정을 갖고 있지 않은 한, 그런 기적 같은 일치는 일어날 수 없다. 무언가가(또는 창조주가) 지구를 내려다보며 "그래, 내 취향은 역시 수학이지……."라며 흡족해하고 있을 것 같

● 원궤도를 따라 움직이는 천체를 중심으로 삼아, 그 주변을 또 공전하는 작은 천체가 그리는 궤적.

다. 행성뿐만이 아니다. 자연이 수학을 사랑한다는 증거는 도처에 널려 있다. 돌멩이를 집어서 허공으로 던지면 포물선을 그리며 날아간다. 여기서 말하는 포물선이란 '대충 그렇게 생긴 완만한 곡선'이 아니라, 수학적으로 완벽하게 정의된 이차함수곡선을 의미한다. 공기저항이 없으면 돌멩이의 궤적은 완벽한 포물선이 된다. 게다가 자연은 친절하기까지 해서, 받아들일 준비가 안 된 사람에게는 복잡한 실체를 드러내지 않는다. 지금 우리는 행성의 궤도가 완벽한 타원이 아님을 잘 알고 있지만(행성들끼리도 서로 당기고 있기 때문이다.), 브라헤의 관측장비로는 그 차이를 감지할 수 없었다.

케플러가 천재였다는 데에는 의심의 여지가 없지만, 책을 쓰면서 곳곳에 영적인 내용을 추가하여 스스로 신뢰도를 깎아내리곤 했다. 몇 가지 예를 들면 (1) 혜성은 나쁜 일을 예견하는 불길한 징조이고, (2) 우주는 성 삼위일체에 따라 세 지역으로 나뉘어져 있으며, (3) 밀물과 썰물은 지구가 숨을 쉬면서 나타나는 현상이다. 그는 지구를 거대한 생명체로 간주했는데, 이 아이디어는 '가이아 가설(Gaia hypothesis)'이라는 형태로 지금까지 남아 있다.

그럼에도 불구하고 그는 여전히 위대한 천문학자였다. 20세기 초에 세계적 명성을 누렸던 영국의 물리학자 아서 에딩턴(Arthur Eddington)은 케플러를 다음과 같이 평가했다. "그는 태양계의 움직임을 설명하는 역학 체계를 굳이 찾으려 하지 않았지만, 수학적인 아름다움을 기본 지침으로 삼아 데이터를 분석한 끝에 더 없이 아름답고 우아한 법칙을 발견했다. 자연을 대하는 그의 자세는 양자역학을 연구하는 현대 이론물리학자들과 크게 다르지 않다. 누가 뭐라 해도 케플러는 현대 이론물리학의 선구자였다."

교황과 갈릴레오

1597년, 케플러는 복잡한 계산을 마무리하기 전에 갈릴레오에게 "코페르니쿠스의 우주관을 지지해달라."는 편지를 보냈다. 갈릴레오는 '증거 불충분'을 이유로 케플러의 요청을 거절했지만, 결국 자신이 제작한 망원경을 통해 그 증거를 발견하게 된다.

　1610년 1월 4~15일, 천문학 역사상 가장 중요한 발견이 이 기간 동안 이루어졌다. 갈릴레오가 망원경으로 목성을 관측하다가 그 근처에서 네 개의 '작은 별'을 발견한 것이다. 그는 이들의 움직임을 면밀히 추적한 끝에 '목성을 중심으로 원궤도를 그리고 있다.'는 결론에 도달했고, 바로 그 순간부터 코페르니쿠스의 우주모형을 사실로 받아들이게 되었다. 무언가가 목성 주변을 공전하고 있다면, 모든 별과 행성이 지구를 중심으로 공전한다는 기존의 우주모형은 폐기되어야 한다. 과학이나 종교, 또는 정치적 견해를 뒤늦게 바꾼 사람일수록 새로운 도그마에 열성적으로 매달리는 경향이 있는데, 이 점에서는 갈릴레오도 예외가 아니었다. 케플러의 편지를 가볍게 묵살했던 그가 겨우 2년 몇 개월 만에 코페르니쿠스 우주관의 가장 적극적인 옹호자가 된 것이다. 물론 여기에는 망원경이 결정적인 역할을 했다. 세간에는 망원경의 최초 발명자를 갈릴레오로 알고 있는 사람들이 꽤 많이 있는데, 이 기회를 빌어 정정해주기 바란다. 갈릴레오는 망원경을 발명한 사람이 아니라, '최초로 망원경을 위로 치켜들고 하늘을 관측한 사람'이다.

　갈릴레오가 교회의 심기를 건드려 재판을 받았다는 이야기는 독자들도 잘 알고 있을 것이다. 교회는 그가 지동설을 퍼뜨렸다는 이유로 종신형을 선고했다(나중에 종신 가택연금으로 감형되었다.). 그로부터 190년이 지난

1822년에 교회는 태양이 태양계의 중심이라는 사실을 인정했고, 다시 163년이 지난 1985년에는 갈릴레오를 '교회로부터 부당한 취급을 받은 위대한 과학자'로 재조명했다.

태양 스펀지

목성의 위성을 발견했다는 이유로 무기징역이라니, 아무리 생각해도 좀 심한 것 같다. 그러나 따지고 보면 갈릴레오는 '이단'이라는 죄목에서 완전히 자유로운 사람이 아니었다. 물리광학과 관련된 연구결과를 발표하기 위해 처음 로마로 가던 날, 그는 볼로냐의 연금술사가 발견한 '빛나는 암석'을 몰래 품고 갔다. 당시 연금술사들이 '태양 스펀지(solar sponge)'라고 불렀던 그 광물은 다름 아닌 황화바륨이었다.

그의 속셈은 아리스토텔레스 신봉자들을 골려먹는 것이었다. 상상해 보라. 사람들을 어두운 방에 모아놓고 상자의 뚜껑을 열면 황화바륨에서 밝은 빛이 방출된다. 늙은 학자들은 벌어진 입을 다물지 못하고, 갈릴레오는 득의양양한 표정을 지으며 중얼거린다. "어때요? 이래도 빛이 실체가 아니라고 우길 겁니까?" 그는 황화바륨을 한동안 햇빛에 노출시켰다가 어두운 방으로 가져왔다. 신기한 광물 안에 빛을 '저장'한 것이다. 당시 아리스토텔레스의 신봉자들은 "빛이란 그것을 매개하는 매질의 속성으로, 실체가 없다."고 믿었는데, 갈릴레오가 그 매질에서 빛을 분리하여 원하는 장소에 옮겨놓았으니 노학자들이 얼마나 놀랐을지 상상이 갈 것이다. 당시 갈릴레오의 행동은 성모마리아의 신성함을 벗겨서 노새한테 던져준 것이나 다름없었다.

빛은 무엇으로 이루어져 있는가? 갈릴레오는 '눈에 보이지 않는 미립자'로 이루어져 있다고 생각했다. 그렇다, 빛은 입자이기 때문에 역학적 거동을 보인다. 빛은 이곳에서 저곳으로 전달될 수 있고 물체와 충돌하면 반사되거나 투과한다. 갈릴레오는 빛의 입자설에서 출발하여 모든 물질은 원자로 이루어져 있다는 결론에 도달했다. 그는 태양 스펀지가 빛을 발하는 원리를 설명하지 못했지만, 자석이 금속조각을 끌어당기듯이 특별한 광물은 빛의 미립자를 끌어당길 수 있다고 생각했다(이 가설을 공식적으로 발표한 적은 없다.). 어쨌거나 갈릴레오의 이런 행동은 가톨릭교회와의 껄끄러운 관계를 더욱 악화시켰을 것이다.

갈릴레오가 남긴 유산은 교회와 복잡하게 얽혀 있다. 그러나 그는 결코 이단자가 아니었으며, 교회의 잘못된 판단으로 희생된 성자도 아니었다. 코페르니쿠스의 우주관을 남들보다 빨리 받아들이는 바람에 남은 여생을 집에 갇힌 채 살았지만, 그가 위대한 물리학자라는 데에는 의심의 여지가 없다. 그는 실험과 수학적 사고를 하나로 결합하여 검증 가능한 이론 체계를 구축했고, '왜(Why)'보다는 '어떻게(How)?'를 추적하여 물리학과 철학을 확실하게 분리시켰다. 그의 관심은 물체가 움직이는 이유를 규명하는 것이 아니라, 물체가 운동하는 방식을 일련의 수학방정식으로 표현하는 것이었다. 그에게는 '왜 움직이는가?'보다 '어떻게 움직이는가?'가 훨씬 더 중요했던 것이다. 물론 당시에는 이것도 결코 쉬운 작업이 아니었다. 아마도 데모크리토스는 갈릴레오가 모든 일을 싹쓸이하지 않고 훗날 태어날 뉴턴을 위해 조금이나마 남겨두기를 바랐던 모양이다.

조폐국의 거장

> 자비로우신 선생님께,
>
> 저는 지금 죽음을 코앞에 두고 있습니다. 당신은 그렇지 않다고 생각하
> 실지도 모르지만, 저의 처형은 이미 정해진 사실입니다. 저는 가장 잔
> 인한 방법으로 처형될 것입니다. 이제 저를 구원할 수 있는 것은 자비
> 로우신 당신의 손길뿐입니다.

이것은 1698년에 위조지폐범으로 법정에 회부되어 사형선고를 받은 윌
리엄 챌로너(William Chaloner)가 조폐관리인에게 보낸 탄원서이다. 그는
가짜 금화와 은화를 유통시켜서 영국의 화폐질서를 혼돈에 빠뜨렸고, 조
폐관리인은 그를 체포하여 법정에 세웠다.

　이 편지의 수신자는 아이작 뉴턴이었다(얼마 후 그는 조폐국장으로 승진했
다.). 그의 임무는 조폐국을 관리하고 동전을 녹여서 새 동전으로 만드
는 개주(改鑄) 과정을 감독하며, 위조화폐와 제조범을 색출하고, 금/은화
의 일부를 깎아낸 채 유통시키는 클리퍼(clipper)들을 잡아들이는 것이었
다. 당시 영국의 조폐관리자는 살인자, 도둑, 돈세탁범 등 통화질서를 어
지럽히는 각종 범죄자들을 체포·고발하는 일 외에 의회와 정치적 경쟁
까지 벌여야 하는 매우 골치 아픈 자리였다(20세기 미국의 재무장관과 비슷하
다.). 영국왕실은 일종의 보상차원에서 당대 최고의 과학자였던 뉴턴을
한직으로 발령했으나, 정작 뉴턴은 그 일을 심각하게 받아들이고 매사에
최선을 다했다. 그는 동전의 테두리에 홈을 파서 클리퍼의 손이 간 동전
을 식별해냈고, 하나의 범죄사건이 종결되는 장면을 확인하기 위해 위폐
범의 처형장에 일일이 참석했다. 그러나 뉴턴은 조폐국으로 오기 전까지

만 해도 수학과 과학 등 자연철학에 가장 큰 업적을 남긴 위대한 물리학자였다. 그의 이론은 1900년대 초에 상대성 이론이 출현할 때까지 거의 250년 동안 물리학의 권좌를 굳건하게 지켰다.

아이작 뉴턴은 마치 배턴터치를 하듯 갈릴레오가 세상을 떠난 1642년에 영국에서 태어났다. 그가 물리학에 어떤 업적을 남겼냐고 묻는다면, 나는 이렇게 대답할 것이다. "뉴턴이 없으면 물리학은 쓰러진다." 정말로 그렇다. 뉴턴 없는 물리학은 상상조차 할 수 없다. 그가 인류사회에 미친 영향은 예수와 모하메드, 모세, 간디, 알렉산더대왕, 나폴레옹 등에 전혀 뒤지지 않는다. 그가 발견한 중력법칙(또는 만유인력법칙)과 그것을 수학적으로 다루는 방법은 지금도 전 세계 모든 기초물리학 교과서의 처음 1/3을 차지하고 있으며, 이 내용을 모르고서는 과학이나 공학을 전공할 수 없다. 혹시 이런 말을 들어본 적 있는가? "내가 남들보다 멀리 내다볼 수 있었던 것은 거인의 어깨 위에 올라서 있었기 때문이다." 이것은 뉴턴이 남긴 유명한 격언이다. 여기서 '거인'이란 코페르니쿠스, 브라헤, 케플러, 갈릴레이 등 자신보다 앞서서 우주의 법칙을 탐구했던 과학자들을 일컫는다. 그래서인지 세간에는 뉴턴이 '겸손한 물리학자'로 알려져 있다. 그러나 이 격언을 다르게 해석하는 사람도 있다. 거인의 어깨 위에 오르려면 키가 어느 정도 커야 하지 않겠는가? 그런데 같은 시대에 뉴턴의 라이벌이자 견원지간이었던 로버트 훅(Robert Hooke)은 키가 아주 작았다. 훅은 중력법칙을 자기가 먼저 발견했다며 평생 동안 뉴턴을 비방하고 다녔는데, 믿을 만한 증거를 제시한 적은 없다. 아무튼 역사학자 중에는 뉴턴의 '거인론'이 눈엣가시였던 훅을 조롱하는 농담이었다고 생각하는 사람도 있다.

뉴턴의 전기는 줄잡아 20권이 넘고, 그의 삶과 과학을 조명하는 책은 헤아릴 수 없을 정도로 많다. 리처드 웨스트폴(Richard Weatfall)이 1980년에 출간한 뉴턴의 전기에는 참고문헌이 무려 10페이지에 걸쳐 빽빽하게 나열되어 있다. 그는 이 책에서 뉴턴을 향한 존경과 애정을 숨김없이 털어놓았다.

> 나보다 현명하고 똑똑한 사람을 알게 되는 것은 나에게 주어진 특권이었다. 그동안 나는 나보다 우월한 사람을 알게 될 때마다 나의 능력을 그와 비교하여 수치로 환산해보곤 했는데, 예를 들면 누구는 나보다 두 배쯤 똑똑하고, 누구는 세 배, 또 다른 누구는 네 배 …… 이런 식이었다. 많이 똑똑할수록 숫자는 커지지만, 한 가지 공통점은 어떤 경우에도 그 숫자가 항상 유한했다는 점이다. 그런데 뉴턴의 삶과 그의 학문 세계를 연구하면서 드디어 예외가 발생했다. 그와 나 사이에는 무한대의 차이가 난다! 단언컨대 뉴턴은 이 세상을 살다 간 모든 인간들 중에서 지적 능력이 가장 뛰어난 천재 중의 천재였다. 그의 삶과 과학을 연구해본 사람이라면 어느 누구도 내 말에 이의를 달지 않을 것이다.

원자론의 역사는 환원주의의 역사와 그 궤를 같이한다. 그리고 이 분야에서 가장 큰 성공을 거둔 환원주의자가 바로 아이작 뉴턴이었다. 그에게 필적할 만한 인물은 1879년에 독일의 울름(Ulm)에서 태어나게 되는데, 그 날이 오기까지는 무려 250년을 기다려야 했다.

'힘'이 우리와 함께 하리라

과학이 진행되는 방식을 알고 싶다면 아주 좋은 방법이 있다. 다른 거 다 필요 없이, 그냥 뉴턴을 연구하면 된다. 그런데 기초물리학을 배우는 대학 1년생은 진도를 따라가기가 급급하여 뉴턴의 위대함은커녕, 그 내용조차 제대로 파악하지 못하는 경우가 태반이다. 뉴턴은 물리적 세계를 서술하기 위해 정량적이고 포괄적이면서도 사실적인 방법을 개발했다. 떨어지는 사과와 공전하는 달을 '동일한 원인에서 발생한 하나의 현상'으로 통일시킨 것은 그의 수학적 논리가 얼마나 강력한지 보여주는 대표적 사례이다. 사과는 어떻게 땅으로 떨어지는가? 달은 어떻게 지구 주변을 공전하는가? 두 현상은 공통점이 전혀 없는 것 같지만, 답은 하나의 개념 안에 들어 있다. 뉴턴은 자신의 저서에 다음과 같이 적어놓았다. "나의 바람은 자연의 모든 현상을 동일한 수준의 수학원리로 유도하는 것이다. 몇 가지 이유에 의해, 나는 모든 현상이 어떤 힘(force)에 의해 좌우된다고 생각하게 되었다."

물체가 운동하는 방식은 뉴턴 시대에 이미 알려져 있었다. 허공에 던진 돌멩이와 좌우로 왕복하는 단진자, 비탈길을 굴러 내려오는 공, 자유낙하하는 사과, 구조물의 안정성, 떨어지는 물방울의 형태 등은 반복실험을 통해 '예측 가능한 현상'으로 분류되어 있었다. 뉴턴이 한 일은 이 모든 현상을 하나의 이론 체계 안에서 하나의 원리로 설명한 것이다. 그는 "운동을 변하게 만드는 원인은 힘이며, 한 물체가 힘에 반응하는 정도는 그 물체의 '질량(mass)'과 밀접하게 관련되어 있다."고 했다. 학교에서 과학을 배운 사람이라면 뉴턴의 세 가지 법칙을 한 번쯤 들어봤을 것이다. 첫 번째 법칙은 갈릴레오가 발견했던 사실, 즉 "힘이 작용하지 않으면 물체는 똑같은 속도로 영원히 움직인다."는 내용을 뉴턴의 방식으로 재서술한 것이다. 우리에게 중요한 것은 두 번째 법칙인데, 여기서 중요한 개념은 힘이지만 질량하고도 복잡하게 얽혀 있다. 뉴턴의 제2법칙은 물체에 힘이 가해지면 운동 상태가 어떻게 변하는지를 설명해준다.

뉴턴의 제2법칙은 여러 가지 방법으로 표현될 수 있다. 지난 수백 년 동안 출간되어온 물리학교과서들은 이 내용을 가능한 한 정확하고 간결하게 표현하기 위해 백방으로 노력하다가 하나의 결론에 도달했으니, 그것이 바로 그 유명한 $F=ma$이다. 소리 내서 읽을 때에는 "에프 이퀄스 엠 에이", 또는 "힘은 질량과 가속도의 곱과 같다."고 읽으면 된다. 뉴턴은 이 방정식에서 힘이나 질량을 정의하지 않았기 때문에 이 자체가 정의인지, 아니면 물리법칙인지 분명치 않다. 그러나 사람들은 이 방정식을 통해 역사상 가장 유용한 물리법칙에 도달하려고 노력한다. 방정식의 형태는 초등학생도 이해할 수 있을 정도로 단순하지만, 실제 세계에 적용하면 엄청난 위력을 발휘한다. 또한 이 방정식은 주어진 시스템이 조금만 복잡해도 답을 구하기가 엄청나게 어렵다. 으이구, 또 그놈의 수학이냐고? 걱정할 것 없다. 나는 지금 수학문제를 풀려는 게 아니라, 수학 '이야기'를 하려는 것이다. 이 간단한 방정식은 수학적 우주로 들어가는 열쇠이기 때문에, 자세히 들여다볼 가치가 있다(책을 계속 읽다보면 뉴턴 방정식을 하나 더 만나게 될 것이다. 일단은 $F=ma$를 '공식 I'이라 하자.).

a는 무엇일까? 이것은 갈릴레오가 피사의 사탑실험에서 정의했던 바로 그 양, 즉 '가속도(acceleration)'이다. a는 떨어지는 돌멩이의 가속도일 수도 있고, 천장에 매달린 채 진동하는 단진자나 포물선을 그리며 날아가는 포탄, 또는 아폴로 우주선의 가속도일 수도 있다. 방정식의 적용범위에 제한을 두지 않는다면 a는 행성이나 별, 또는 전자의 가속도

도 될 수 있다. 가속도는 속도가 변하는 비율을 나타내는 양으로, 간단히 말해서 '속도가 변하는 속도'에 해당한다. 자동차의 오른쪽 페달을 밟으면 차의 속도가 변하지 않던가? 그래서 그 페달의 이름이 '가속페달(accelerator)'이다. 예를 들어 당신을 태운 버스가 시속 10킬로미터로 달리다가 5분 사이에 시속 60킬로미터로 빨라졌다면, 버스는 특정한 a값을 갖는다. 또 승용차가 정지상태에 있다가 10초만에 시속 90킬로미터에 도달했다면, 승용차의 가속도는 버스의 가속도보다 크다.●

m은 무엇인가? 간단히 말하자면 '물체의 고유한 성질'로서, 물체가 힘에 반응하는 정도에 따라 다른 값을 갖는다. m이 큰 물체일수록 외부에서 힘이 가해졌을 때 반응-(a)이 무디게 나타난다(즉, 속도가 천천히 빨라진다.). 이러한 성질을 흔히 '관성(inertia)'이라 하며, m의 정식명칭은 '관성질량(inertial mass)'이다. 갈릴레오는 움직이는 물체가 '현재의 운동 상태를 계속 유지하려는 성질'을 이해하기 위해 관성이라는 개념을 도입했다. $F = ma$를 이용하면 질량이 다른 여러 물체를 구별할 수 있다. 질량이 제각각인 물체를 모아놓고 하나씩 집어서 똑같은 힘을 가한 후 자와 스톱위치를 이용하여 가속도 a를 측정하면 된다. m이 다른 물체는 a도 다를 것이다(힘은 조금 뒤에 다룰 예정이다.). 다양한 물체에 대하여 이 실험을 실행한 후 각 물체의 m값을 깔끔한 표로 정리한다. 그리고 이 중에서 표준을 하나 정하여 표면에 '1,000킬로그램'이라고 새겨 넣고(이것이 우리가 사용하는 '단위질량'이다.) 세계 각국의 도량형 표준국에 배포한다. 다 되었는가?

● 속도는 '빠르다'거나 '느리다'라는 형용사를 쓸 수 있지만, 가속도에는 이런 표현을 쓰지 않는다. 가속도가 크다고 해서 반드시 빠르다는 보장이 없기 때문이다.

좋다. 이제 우리는 물체의 질량을 구할 때 굳이 힘을 가한 후 가속도를 측정할 필요가 없다. 표준국에 있는 단위질량을 기준으로 삼아 상대비교를 하면 된다. 그러면 임의의 물체의 질량은 1킬로그램짜리 표준 샘플의 몇 배, 또는 몇 분의 1로 나타날 것이다.

오케이, 질량은 이 정도로 충분하니 그 다음 질문으로 넘어가자. 방정식 $F = ma$에서 F는 무엇을 의미하는가? 앞서 말한 대로 F는 힘이다. 힘이란 무엇인가? 물체의 운동 상태에 변화를 초래하는 원인이다. 뉴턴은 이것을 "한 물체가 다른 물체를 밀고 나가는 것"이라고 표현했다. 그렇다면 무엇이 물체의 운동 상태를 바꾸는가? 힘이다. 힘이란 무엇인가? 질문을 계속 던지다보니 쳇바퀴 돌듯 원점으로 돌아왔지만 걱정할 것 없다. 뉴턴의 제2법칙을 이용하면 표준물체에 작용하는 힘들을 비교할 수 있기 때문이다. 이제 가장 흥미로운 부분이 등장한다. 힘은 자연이 제공하고, 방정식은 뉴턴이 알아냈다. 그리고 이 방정식은 종류를 불문하고 모든 힘에 똑같이 적용될 수 있다. 현대물리학이 발견한 기본 힘은 모두 네 종류인데, 뉴턴의 시대의 과학자들이 이론적으로 다룰 수 있는 힘은 그중 하나인 중력(gravity)뿐이었다. 물체가 아래로 낙하하고, 대포알이 포물선을 그리고, 단진자가 규칙적으로 흔들리는 것은 모두 중력 때문이다. 지표면 근처에 있는 모든 물체들은 지구의 중력에 끌리면서 다양한 운동을 하고 있다. 심지어 '움직이지 않는 것'도 중력 때문이다.

$F = ma$는 의자에 앉아 있는 사람처럼 정지상태에 있는 물체에도 똑같이 적용될 수 있다. 특히 당신이 욕실의 체중계에 올라선다면 문제가 좀 더 흥미로워진다. 지구는 당신을 아래로 잡아당기고, 의자(또는 체중계)는 지구의 중력과 똑같은 힘으로 당신의 몸을 위로 밀어낸다. 이 두 개의 힘을 더하면 0이기 때문에 당신의 몸은 정지상태를 유지하는 것이다. 욕실

의 체중계는 지구의 중력을 상쇄시키기 위해 치러야 할 대가가 얼마인지를 보여준다. 눈금이 80킬로그램(미국처럼 미터법을 따를 능력이 없는 나라에서는 176파운드)을 가리키고, 당신은 이맛살을 찌푸리며 중얼거린다. "아이고……. 내일부터 다이어트 해야겠네!" 이 숫자가 바로 당신의 몸에 작용하는 지구의 중력이다. 몸무게란 지구가 당신의 몸을 잡아당기는 '힘'을 의미한다. 뉴턴은 몸무게가 지역에 따라 달라진다는 사실을 잘 알고 있었다. 깊은 계곡에서 측정한 몸무게와 높은 산꼭대기에서 측정한 몸무게는 약간의 차이가 있다.[*] 달에서 체중계 위에 올라서면 지구에서 측정한 몸무게의 1/6밖에 나가지 않는다. 그러나 질량은 물체가 힘에 반응하는 정도, 즉 관성의 척도이므로 우주 어디서나 같은 값을 갖는다.

천하의 뉴턴도 마루바닥과 의자, 끈, 스프링, 바람, 물 등이 밀거나 당기는 힘이 모두 전자기력이라는 사실은 모르고 있었다. 하지만 몰라도 상관없다. 방정식-I은 힘의 원천이 무엇이건 항상 성립한다. 뉴턴은 이 법칙을 이용하여 스프링과 크리켓 방망이, 역학적 구조물, 떨어지는 물방울의 형태, 그리고 지구의 운동까지 분석할 수 있었다. 어떤 물체이건 거기 작용하는 힘이 주어지기만 하면 물체의 운동을 계산할 수 있다. 힘이 0이면 속도가 변하지 않는다. 즉, 물체는 등속운동을 한다. 공을 허공으로 던지면 위로 올라갈수록 속도가 느려지다가 최고점에 도달했을 때 일시적으로 정지상태가 되고, 다시 아래로 떨어지면서 속도가 빨라진다. 공의 위치와 상관없이 중력이 공을 항상 아래쪽으로 잡아당기고 있기 때문이다. 야구장에서 타자가 친 공이 포물선을 그리며 중견수를 향해 날

---

[*] 지구중심에서 당신이 서 있는 지점까지의 거리가 다르기 때문이다.

아간다. 공은 어떻게 이런 우아한 곡선궤적을 그리는 것일까? 지표면 근처에서 일어나는 물체의 운동은 수직성분과 수평성분으로 나눠서 생각할 수 있다(수평성분은 야구공이 지면에 드리우는 그림자의 운동이라고 생각하면 된다.). 이때 수평성분 운동에는 아무런 힘도 작용하지 않는다(갈릴레오가 그랬던 것처럼 우리도 공기저항을 무시하기로 하자. 공기저항을 고려하면 결과는 아주 조금 달라지지만 계산과정이 끔찍하게 복잡하여 본전을 찾기 어렵다.). 따라서 수평방향으로는 등속운동을 한다. 반면에 수직방향 움직임만 보면 공은 위로 올라갔다가 아래로 떨어지면서 중견수의 글러브로 들어간다. 두 성분을 합하면 어떻게 될까? 그렇다, 바로 포물선이다! 역시 자연은 기하학을 좋아하는 것 같다.

공의 질량을 이미 알고 있고 공의 가속도를 측정할 수 있다면, $F = ma$를 이용하여 공의 정확한 궤적을 계산할 수 있다. 계산을 올바르게 수행했다면 포물선 궤적이 얻어질 것이다. 그러나 포물선에도 여러 종류가 있다. 번트를 대면 공은 투수가 있는 곳까지 간신히 날아가지만, 풀스윙을 하여 제대로 맞추면 담장을 넘어간다. 왜 이런 차이가 생기는 것일까? 뉴턴은 이것을 좌우하는 변수를 '초기 조건(initial condition)'이라 불렀다. 공이 배트에 맞고 튕겨나갈 때 처음 속도는 얼마인가? 그리고 공은 처음에 어떤 방향으로 출발했는가? 배트와 충돌하는 순간, 공은 수직방향으로 솟을 수도 있고 거의 수평방향으로 날아갈 수도 있다. 물론 둘 사이의 어떤 각도도 가능하다. 이 모든 경우에 공의 궤적은 운동이 시작되는 순간의 빠르기와 진행방향, 즉 초기 조건에 의해 결정된다.●

● 모든 경우에 공의 궤적은 여전히 포물선이다.

그러나 잠깐!!!

여기에는 깊은 철학적 의미가 담겨 있다. 특정 공간에서 움직이는 여러 물체를 상상해보자. 이들의 초기 조건을 모두 알고 있고 작용하는 힘도 알고 있다면, 이들의 운동을 예측할 수 있다. 언제까지? 무한히 먼 미래까지 예측할 수 있다. 그런데 미리 알 수 있다는 것은 미래가 이미 결정되어 있다는 뜻이 아니던가? 그렇다. 뉴턴이 생각했던 세계는 모든 것이 이미 결정되어 있어서 예측이 가능한 세계였다. 이 점을 좀 더 분명하게 이해하기 위해, 이 세상이 모두 원자로 이루어져 있다고 가정해보자(앞에서 원자이야기를 그토록 장황하게 떠벌려놓고 이제 와서 '가정'이라고 하기가 좀 민망하긴 하다.). 그리고 10억×10억×10억 …… 개에 달하는 모든 원자의 초기 조건과 개개의 원자에 작용하는 힘이 모두 알려져 있다고 가정하자. 이제 무소불위의 성능을 자랑하는 슈퍼컴퓨터가 있어서 $F = ma$를 이용하여 모든 원자의 궤적을 계산하고 있다. 특정 원자가 서기 3000년 1월 1일 오전 12시 정각에 어디서 어느 방향으로, 얼마나 빠르게 움직이고 있을지 알아낼 수 있을까? 초기 조건을 알고, 질량도 알고, 방정식까지 주어져 있으니 알아내지 못할 이유가 없다. 모든 원자의 움직임은 예측 가능하다. 수많은 원자 중에는 여러분의 몸을 구성하는 원자도 있고 레더먼과 교황을 구성하는 원자도 있다. 이 모든 것들이 예견 가능하므로, 누가 언제 어디서 무엇을 하고 있을지 컴퓨터는 모든 것을 알아낼 수 있는 것이다. "나의 미래는 내가 결정한다."는 자유의지는 자존심이 만들어낸 환상에 불과하다. 그래서 뉴턴의 세계관을 "결정론적 세계관"이라 부른다. 뉴턴 이후의 철학자들은 "조물주가 한 일이라곤 우주라는 거대한 시계를 만든 후 태엽을 끝까지 감아놓은 것뿐"이라고 생각했다. 지금이 우주는 감아놓은 태엽이 풀리면서 이미 정해진 각본에 따라 진행되고 있다. 창조의 순간 이후로 우주는 신의 보살핌 없이도 잘 굴러가고 있는 것이다(1990년대의 철학자들은 여기에 동의하지 않을 수도 있다.).

이런 이유로 뉴턴은 물리학뿐만 아니라 철학과 종교에도 지대한 영향을 미쳤다. 모든 것의 출발점은 $\vec{F}=m\vec{a}$였다. 여기서 문자 위에 얹힌 화살표는 힘과 가속도가 '방향성을 가진 물리량'임을 의미한다. 반면에 질량, 온도, 부피 등은 방향성이 없다. 학창시절에 배웠겠지만 방향성을 가진 양을 '벡터(vector)'라 하고, 방향성이 없는 양을 '스칼라(scalar)'라 한다. 힘과 속도, 그리고 가속도는 벡터에 속한다.

'에프는 엠 에이'와 작별을 고하기 전에, 방정식의 위력을 조금 더 음미해보자. 도시공학, 수력공학, 음향공학 등 대부분의 공학은 이 방정식에 기초를 두고 있다. 유체의 표면장력, 파이프 안을 흐르는 유체, 모세관현상, 대륙이동, 공기와 금속 내부에서 소리가 전달되는 원리 등도 $F=ma$를 통해 이해할 수 있고, 시카고의 랜드마크인 시어스타워와 펠햄만 위를 우아하게 가로지르는 브롱크스 화이트스톤브리지 등 모든 건축물이 안정된 상태를 유지하는 것도 $F=ma$ 덕분이다. 나는 어린 시절에 매너 애비뉴에 있는 우리 집에서 자전거를 타고 펠햄만까지 달려가 이 아름답고 웅장한 다리를 경이에 찬 눈으로 바라보곤 했다. 이 다리를 설계한 공학자는 뉴턴의 방정식을 능숙하게 다룰 줄 아는 사람이었을 것이다. 요즘은 컴퓨터가 엄청나게 빨라져서 $F=ma$를 푸는 능력도 크게 향상되었다. 역시 뉴턴이다. 길에서 만나면 차라도 한 잔 대접하고 싶다!

앞서 말한 대로 뉴턴의 법칙은 세 가지가 있는데, 그중 두 개를 언급했으니 아직 하나가 남았다. 세 번째 법칙은 "작용(action)과 반작용(reaction)은 방향이 반대면서 크기가 같다."는 말로 요약된다. 물체 A가 물체 B에 어떤 힘을 가하면(작용), B는 가만히 당하고만 있지 않고 똑같은 힘을 A에게 가한다(반작용). 또한 이 법칙은 $F = ma$와 마찬가지로 둘 사이에 오간 힘이 중력이건 전기력이건 또는 자기력이건, 종류에 상관없이 항상 성립한다.

뉴턴이 가장 좋아했던 *F*

뉴턴이 남긴 업적 중 세 개의 운동법칙 다음으로 중요한 것이 바로 중력 F이다. 제2법칙에 등장하는 F는 어떤 종류여도 상관없지만, 이것을 방정식에 대입하여 답을 구하려면 F의 구체적인 형태를 알아야 한다. 지구가 야구공을 아래로 잡아당긴다는 것은 알겠는데, 그것을 수학적으로 표현할 수 없다면 $F = ma$는 그림의 떡이다. 자, 어떻게 해야 알 수 있을까? 신의 가호를 빌어야 할까? 그것도 좋은 방법이긴 하지만, 우리에게는 신보다 더 가까운 뉴턴이 있다. 역시 그는 우리를 실망시키지 않았다.

　뉴턴은 물체에 작용하는 힘이 중력인 경우, 즉 $F = ma$에서 F가 중력인 경우에 F의 구체적인 형태를 수학적으로 표현하는 데 성공했다. 이것이 바로 그 유명한 '만유인력 법칙'이다. 이 법칙에 의하면 지구뿐만 아니라 모든 물체들 사이에는 서로 잡아당기는 힘, 즉 중력이 작용한다.[*] 이 힘의 크기는 두 물체 사이의 거리에 따라 달라지며, 각 물체가 보유하고 있는 양(量)에 따라서도 달라진다. 양이라니? 무슨 양? 바로 여기서 원자에

● 중력과 만유인력의 차이는 없다. 둘은 완전히 같은 뜻이다.

대한 뉴턴의 편견을 엿볼 수 있다. 그는 중력이 물체의 표면뿐만 아니라 내부에 있는 원자까지 골고루 작용한다고 생각했다. 지구가 사과를 당기는 중력은 사과의 껍질뿐만 아니라 사과 전체에 골고루 작용한다. 지구를 구성하는 모든 원자가 사과를 구성하는 모든 원자를 일일이 잡아당기고 있는 것이다. 그리고 또 한 가지 중요한 사실, 지구만 사과를 아래로 당기는 게 아니라 사과도 지구를 위로 당기고 있다. 즉, 둘 사이에는 대칭이 존재한다. 작용 반작용의 법칙에 따라 한쪽만 일방적으로 끌리지 않고 똑같은 크기의 힘을 서로 상대방에게 행사한다는 이야기다. 물론 사과는 지구보다 훨씬 작기 때문에 지구가 위로 끌려가는 거리는 거의 무시해도 좋을 정도로 미미하지만, 어쨌거나 지구는 사과에 의해 위로 끌려가고 있다. 또한 '만유(萬有, universal)'라는 이름에서 알 수 있듯이, 중력은 우주 어디에서나 똑같은 원리로 작용한다. 지구가 달을 당기는 힘, 태양이 화성을 당기는 힘, 그리고 태양이 프록시마 센타우리(Proxima Centauri, 지구에서 태양 다음으로 가까운 별. 지구로부터 약 40조 킬로미터 거리에 있음)를 당기는 힘은 한결같이 중력법칙을 따르고 있다. 간단히 말해서 뉴턴의 중력법칙은 언제 어디서나 우주만물에 똑같이 적용되며, 힘의 세기는 두 물체 사이의 거리가 멀수록 약해진다. 학교에서는 이것을 '역제곱 법칙(inverse square law)'이라고 가르치는데, 일상적인 언어로 풀어쓰면 '두 물체 사이에 작용하는 중력은 거리의 제곱에 반비례한다.'는 뜻이다. 예를 들어 두 물체 사이의 거리가 두 배로 멀어지면 중력은 1/4로 약해지고, 세 배로 멀어지면 1/9로 약해진다.*

위로 향하는 힘

앞에서도 말했지만 힘에는 방향이 있다. 예를 들어 지구의 중력은 항상 아래쪽을 향한다. 그렇다면 의자에 앉은 사람의 엉덩이를 떠받치는 힘의 정체는 무엇일까? 나무배트가 공에 가하는 힘은? 못을 때리는 망치의 힘, 풍선 안에 주입된 헬륨가스가 발휘하는 힘, 나무토막을 수면 아래로 밀어 넣었을 때 물이 위쪽으로 가하는 압력, 용수철을 눌렀다가 놓았을 때 튕겨 오르는 힘 등……. 이런 힘들은 어디서 온 것일까? 우리는 왜 벽을 관통하지 못하는 걸까? 믿기 어렵겠지만 '위'로 향하는 모든 힘의 원천은 전기력이다.

물리학을 배우지 않았거나 배운 지 오래 된 독자들은 선뜻 이해가 가지 않을 것이다. 체중계에 올라서거나 소파에 앉았을 때 찌릿한 느낌 같은 것은 없기 때문이다. 그런데 여기서 한 가지 명심할 것이 있다. 모든 힘이 직접적으로 작용하지는 않는다는 것이다. 개중에는 간접적으로 작용하는 힘도 있다. 데모크리토스에게(또는 20세기에 실행된 실험으로부터) 배운 바와 같이, 모든 물질은 원자로 이루어져 있고 물질의 내부는 대부분이 텅 비어 있다. 원자를 단단하게 결합시키고 물체의 견고함을 유지하는 힘은 전기력이다(고체를 투과하기 어려운 이유는 양자역학과도 관련되어 있다.). 그리고 전기력은 엄청나게 강하다. 체중계 속에 들어 있는 작은 금속부

● 저자는 중력의 세기를 좌우하는 요인으로 두 물체 사이의 거리만 언급했을 뿐, 다른 요인은 그냥 '양(量)'이라는 것 외에 아무런 언급도 하지 않았다. 여기에는 그럴 만한 이유가 있으니, '질량'이라고 생각하고 싶더라도 일단은 보류해주기 바란다. 자세한 이야기는 잠시 후에 나올 것이다.

품이 당신의 발바닥에 가하는 전기력은 지구 전체가 당신을 잡아당기는 중력과 맞먹는다. 그래서 그 위에 올라서도 아래로 가라앉지 않는 것이다. 그렇다고 호수 한 복판에 맨발로 서거나 아파트 10층 베란다에서 허공으로 발을 내딛는 사람은 없으리라 믿는다. 물과 공기는 원자들 사이의 거리가 너무 멀어서 당신의 몸무게를 지탱할 수 없다.

물질을 결합시키고 견고함을 유지시켜주는 전기력과 비교할 때, 중력은 너무나도 미약한 힘이다. 얼마나 약하냐고? 나는 학생들과 함께 이런 실험을 한 적이 있다. 우선 단면이 5×10센티미터이고 길이가 30센티미터인 굵직한 나무막대를 준비한다(사실 굵기는 아무래도 상관없다.). 이 나무막대의 중간 지점에 펜으로 분할선을 긋고, 한쪽에 '상부', 반대쪽에 '하부'라고 표시해둔다. 그리고 '상부'라고 쓴 부분의 끝을 손으로 잡고 막대를 수직방향으로 늘어뜨린다(스키스틱을 잡은 자세와 비슷하다.). 여기서 질문, 지구 전체가 막대의 하부를 잡아당기고 있는데, 왜 아래로 떨어지지 않을까? 답, 하부는 전기력을 통해 상부와 단단하게 결합되어 있고, 레더먼 교수가 상부를 단단하게 쥐고 있기 때문이다. 오케이, 정답이다.

실험은 아직 끝나지 않았다. 이제 학생 하나를 불러 아래쪽을 단단히 쥐게 한 후 펜으로 표시해놓은 중간 지점을 소형 전기톱으로 자른다(톱밥이 사방으로 튀니까 고글을 쓰는 게 좋다. 나는 소싯적부터 목공예 장인이 되고 싶었다.). 자, 지금 막대가 잘려나가는 중이다. 절단작업이 끝나면 상부가 하부에 작용하는 전기력은 0으로 사라질 텐데, 그래도 둘 사이에는 여전히 힘이 작용한다. 무슨 힘이냐고 물으면 섭섭하다. 앞에서 그토록 강조하지 않았던가? 모든 물체 사이에는 언제 어디서나 '중력'이 작용한다고 말이다. 자, 거의 다 잘려나갔다. 완전히 잘라지면 막대의 하부는 상부가 행사하는 중력에 의해 위로 끌리면서, 그와 동시에 지구가 행사하는 중력에 의해 아래쪽으로도 끌릴 것이다. 과연 둘 중 누가 더 셀까? 막대의 상부보다는 지구가 더 크니까 아래쪽으로 당기는 힘이 더 셀 것 같다. 그냥 센 정도가 아니라 무지막지하게 세다. 그래서 절단작업이 끝나면 하부는 맥없이 아래로 떨어질 것이다. 준비되었는가? 하나, 둘, 셋 …… "텅!"

하부가 바닥으로 떨어졌다. 막대의 상부와 지구의 '잡아당기기 싸움'에서 지구가 이긴 것이다. 중력방정식을 이용하여 약간의 계산을 해보면, 지구가 막대의 하부를 잡아당기는 중력은 상부가 하부를 잡아당기는 중력보다 10억 배 이상 강하다는 것을 알 수 있다.(굳이 확인할 필요 없다. 그냥 나의 계산을 믿어주기 바란다.) 그런데 막대를 자르기 전에는 상부와 하부가 굳건하게 붙어 있었으므로, 상부가 하부를 잡아당기는 전기력은 최소한 지구가 하부를 잡아당기는 중력과 같고, 상부가 하부를 잡아당기는 중력보다는 최소한 10억 배 이상 강하다는 결론에 도달하게 된다. 전기력이 얼마나 강한 힘인지 이제 실감이 가는가? 다양한 장비가 구비된 실험실에서는 좀 더 우아한 방법으로 증명할 수 있지만, 강의실에서는 이정도가 최선이다. 아무튼 두 힘의 비를 정확하게 계산하면 10^{41}이라는 답이 얻어지는데 이것은 1 다음에 0이 41개 붙은 수로서, 십진표기법으로 쓰면 다음과 같다.

100,000,000,000,000,000,000,000,000,000,000,000,000,000

비슷한 스케일에서 전기력은 중력보다 10^{41}배쯤 강하다. 10^{41}이 얼마나 큰 수인지 상상할 수 있겠는가? 아마 어려울 것이다. 그렇다고 그냥 넘어가기도 찜찜하니, 약간의 감이라도 잡기 위해 한 가지 예를 들어보자. 여기 전자와 양전자˙가 1/250센티미터(1/100인치) 거리를 두고 서로 마주

보고 있다. 둘 사이에는 중력과 전기력이 동시에 작용할 텐데, 우선 중력부터 계산해보자……. 귀찮으니 그냥 했다고 치자. 그 다음, 전기력은 계산하나마나 중력보다 10^{41}배쯤 크게 나오겠지만 우리의 목적은 이게 아니다. 여기서 질문, 전자와 양전자 사이의 전기력이 "둘 사이의 거리가 1/250센티미터일 때의 중력"과 같아지려면 얼마나 멀어져야 할까? 답은 약 1000조 킬로미터(5광년)까지 멀어져야 한다. 단, 전기력이 중력과 마찬가지로 거리의 제곱에 반비례한다는 가정하에 그렇다. 이 정도면 도움이 되었는가? 좌우지간 중력과 전기력을 직접 비교하는 것은 우주와 먼지 한 톨을 비교하는 것과 비슷하다. 그런데도 갈릴레오가 오직 중력에만 집중했던 이유는 지구의 모든 부분이 표면 근처에 있는 모든 물체를 잡아당기기 때문이다. 연구 대상이 원자 또는 그 이하로 작아지면 중력은 감지하기 어려울 정도로 약해진다. 굳이 원자까지 가지 않아도, 중력과 무관하게 벌어지는 현상은 도처에 널려 있다. 예를 들어 두 개의 당구공으로 충돌실험을 할 때, 실험자는 중력에 의한 효과를 가능한 한 줄이기 위해 테이블을 수평으로 맞춘다(한쪽으로 약간 기울어진 당구대를 상상해보라. 정상적인 게임을 할 수 있겠는가?). 완벽하게 수평이 잡힌 테이블에서는 공을 수직하향으로 잡아당기는 중력이 공을 수직상향으로 밀어내는 테이블의 힘과 정확하게 상쇄되어, 수평방향 운동이 모든 것을 좌우한다.

● 전자의 반입자. 질량은 전자와 같고 전기전하도 전자와 같지만 부호가 반대이다.

두 질량의 미스터리

뉴턴의 중력법칙은 중력이 중요한 역할을 하는 모든 경우에 $F = ma$에 들어갈 F를 결정해준다. 앞에서 언급한 바와 같이, 뉴턴은 중력 F의 크기가 두 물체의 '중력적 양'에 비례한다고 했다. 두 물체가 지구와 달이라면, 둘 사이의 중력은 '지구가 보유하고 있는 중력적 양' × '달이 보유하고 있는 중력적 양'에 비례한다. 뉴턴은 이 심오한 진실을 정량적으로 표현하기 위해 또 하나의 공식을 고안해냈는데, 일상적인 언어로 표현하면 다음과 같다. "임의의 두 물체 A와 B 사이에 작용하는 중력은 어떤 상수(보통 G로 표기한다.)에 A의 중력적 양(M_A라 하자.)과 B의 중력적 양(M_B)을 곱한 후 A와 B 사이의 거리(R)의 제곱으로 나눈 값과 같다." 물론 수식으로 쓰면 훨씬 간단하다.

$$F = G\,\frac{M_A \times M_B}{R^2}$$

이것을 '공식 II'라 하자. 수학이라면 치를 떠는 사람도 수식으로 표현하는 것이 훨씬 효율적임을 인정하리라 믿는다. A와 B는 어떤 물체여도 상관없지만, 머릿속에 구체적으로 그리고 싶다면 A를 지구, B를 달이라고 생각해도 된다. 이런 경우에 지구와 달 사이의 중력은 다음과 같이 표현될 것이다.

$$F = G\,\frac{M_{earth} \times M_{moon}}{R^2}$$

지구와 달 사이의 거리는 약 40만 킬로미터이며, 상수 G의 값은 M을 킬로그램 단위로, R을 미터 단위로 환산했을 때 6.67×10^{-11}이다. G는 중력의 크기를 결정하는 상수로서 그 값이 매우 정확하게 알려져 있는데, 굳이 외울 필요는 없고 10^{-11}이 매우 작은 값이라는 사실만 기억하면 된다. 중력 F가 중요한 역할을 하려면 두 개의 M 중 적어도 하나 이상이 지구와 견줄 정도로 커야 한다. 만일 조물주가 G의 값을 0으로 세팅해놓았다면 지구에 생명체가 탄생하지 못했을 것이며, 기적 같이 태어났다고 해도 금방 멸종했을 것이다. G가 0이면 중력이 아예 작용하지 않는다는 뜻이므로 지구는 타원궤도의 접선방향을 따라 멀리 날아갈 것이고, 온난화 때문에 고생하던 지구는 상황이 역전되어 꽁꽁 얼어붙을 것이다.

이제 남은 것은 M이다. 우리는 이것을 '중력질량(gravitational mass)'이라 부른다. 나는 이것이 "지구와 달에 함유된 중력적 양으로, 둘 사이에 작용하는 중력의 세기를 좌우한다."고 말했었다. 위의 공식에 의하면 지구의 M과 달의 M이 클수록 중력도 강해진다. 잠깐! 저기 뒷자리에서 누군가가 투덜대고 있다. "그래요, 질량이 두 종류네요. $F = ma$(공식 I)에 등장하는 질량(m)하고 공식 II에 등장하는 질량(M)하고 …… 그래서, 뭐가 잘못됐습니까?" 날카로운 지적이다. 잘못된 것은 없지만 결코 가볍게 넘길 문제가 아니다.

중력질량을 M, 관성질량을 m이라 하자. M은 한 물체가 다른 물체에 행사하는 중력의 세기를 좌우하는 양이고, m은 물체에 힘이 가해졌을 때 힘에 저항하는 정도, 즉 '관성'을 가늠하는 양이다. 임의의 물체는 이 두 가지 양을 모두 갖고 있지만 속성이 완전히 다르기 때문에, M과 m이 같을 이유는 어디에도 없다. 그런데 갈릴레오가 피사에서 했던 낙하실험을 비롯하여 다른 물리학자들이 실행했던 일련의 실험결과들은 $M = m$임을 강하게 시사하고 있다. 이 사실을 처음으로 간파한 사람이 바로 우리의 영웅, 뉴턴이었다. 중력질량은 뉴턴의 제2법칙에 등장하는 관성질량과 정확하게 일치한다.

성에 움라우트가 두 개 붙어 있는 사람

뉴턴은 두 개의 양이 같은 이유를 설명하지 못했지만 실험을 통해 $M/m=$ 1.00 ± 0.01임을 확인했다. 즉, M과 m이 1퍼센트 오차 이내로 같다는 뜻이다. 그로부터 200여 년이 지난 후, 헝가리의 귀족 로란드 외트뵈시 남작(Baron Roland Eötvös)은 1888~1922년에 걸쳐 알루미늄, 구리, 나무 등 다양한 재질의 진자를 이용한 창의적 실험을 실행하여 M과 m이 10억분의 5의 오차 이내로 같다는 것을 확인했다. 수학기호로 쓰면 M(중력)/m(관성) = 1,000,000,000 ± 0.000000005이다. 이는 곧 두 질량의 비율이 1.000000005와 0.999999995 사이에 있음을 의미한다.

현재 M/m의 값은 소수점 이하 12번째 자리까지 '0'으로 확인된 상태이다. 갈릴레오는 피사의 사탑에서 질량이 다른 두 물체가 동일한 비율로(정확하게는 동일한 가속도로) 낙하한다는 사실을 실험으로 확인했고, 뉴턴은 이론적으로 그 이유를 알아냈다. M과 m이 같다는 것은 물체에 작용하는 중력이 관성질량에 비례한다는 것을 의미한다. 대포알의 질량(M)은 조그만 쇠구슬의 질량보다 수천 배 크기 때문에 중력도 수천 배 강하다. 그러나 대포알은 관성질량(m)도 쇠구슬보다 수천 배 커서 중력(힘)에 대한 저항도 그만큼 크다. 그러므로 두 물체를 같은 높이에서 동시에 낙하시키면 두 효과가 정확하게 상쇄되어 대포알과 쇠구슬은 동시에 지면에 도달한다.

그러나 뉴턴의 논리는 결과론일 뿐, M과 m이 같은 근본적인 이유를 설명하지는 못한다. 지난 수백 년 동안 과학자들은 이 '기적 같은 일치'를 좀 더 근본적인 단계에서 설명하기 위해 백방으로 노력해왔지만 별다른 결과를 얻지 못했다. 그들에게 이 문제는 현대 양자역학에서 '137'의 출처를 설명하는 것만큼 어려운 과제였다. 그러다가 1915년에 아인슈타인의 일반 상대성 이론이 출현하면서 $M = m$은 '등가원리(equivalence principle)'라는 심오한 원리를 통해 멋지게 설명되었다.

외트뵈시 남작은 M과 m을 정밀하게 측정하여 과학사에 큰 족적을 남겼지만, 이것이 그의 최대업적은 아니었다. 무엇보다도 그는 구두법의 선구자였다. 성(姓)에 움라우트(umlaut)가 두 개나 붙어 있지 않은가. 더욱 중요한 것은 그가 과학교육에 지대한 관심을 갖고 고등학교 교사를 양성하는 데 심혈을 기울였다는 점이다(나 역시 이 분야에 관심이 많다.). 역사학자들은 그 시기에 부다페스트에서 에드워드 텔러(Edward Teller), 유진 위그너(Eugene Wignor), 레오 실라르드(Leo Szilard) 같은 물리학자와 존 폰 노이만(John von Neumann) 같은 위대한 수학자가 대거 출현한 것을 외트뵈시의 공적으로 돌리고 있다. 20세기 초에 헝가리에서 걸출한 과학자와 수학자들이 얼마나 많이 쏟아져 나왔는지, 세간에는 "화성인들이 지구를 접수하기 위한 전초기지로 부다페스트를 점령했다."는 음모론까지 나돌 정도였다.

뉴턴과 외트뵈시의 업적은 우주비행에서 극적으로 드러난다. 독자들은 TV를 통해 우주정거장 안에서 승무원이나 펜, 물통 같은 잡동사니들이 둥둥 떠다니는 광경을 보았을 것이다. 언뜻 보기엔 무중력상태인 것 같지만, 사실 이들은 무중력상태에 있지 않다. 이곳에서도 중력은 여전히 정상적으로 작용한다. 지구는 우주정거장과 승무원, 그리고 펜의 중력질량에 걸맞는 인력을 행사하고 있다. 그리고 우주정거장의 공전궤도는 공식 I에 따라 관성질량에 의해 결정된다. 그런데 중력질량과 관성질량이 같기 때문에 우주정거장과 우주인, 그리고 펜이 일제히 똑같은 운동을 하면서 마치 중력이 없는 것처럼 둥둥 떠다니는 것이다.

이 상황을 이해하는 또 다른 방법이 있다. 우주정거장과 그 안에 포함된 모든 것들이 일제히 자유낙하를 하고 있다고 생각해도 된다. 우주정거장이 궤도운동을 한다는 것은 사실상 지구를 향해 자유낙하를 하고 있는 것이나 다름없다. 궤도운동이란 원래 그런 것이다. 달도 지구를 향해 자유낙하하는 중이다. 그런데도 지구로 떨어지지 않는 이유는 지구의 표면이 매 순간 추락하는 높이만큼 휘어 있기 때문이다(지구는 둥그랗다!). 그러므로 자유낙하하는 우주인과 펜은 피사의 사탑에서 떨어지는 두 물체처럼 항상 같은 위치를 고수한다. 우주정거장 안에서 우주인이 체중계 위에 올라간다면 눈금은 정확하게 0을 가리킬 것이다. 발바닥에 체중계를 테이프로 부착시킨 채 피사의 사탑에서 뛰어내려도 눈금은 0이다.(물론 착지하는 순간에는 과도한 힘이 가해져서 박살날 것이다. 물론 다리뼈도 함께⋯⋯.) 그래서 외관상 무중력상태인 것처럼 보이는 것이다. NASA에서는 바로 이 원리를 이용하여 우주인들에게 무중력상태 적응훈련을 실시하고 있다. 우주인들을 제트기에 태워서 높이 이륙했다가 어느 순간 엔진을 끄면 제트기가 포물선을 그리며 추락한다.(또 포물선이다!) 이때 안에 타고 있는 사람들은 자유낙하 상태에 놓이면서 아무런 무게감도 느끼지 못한다(물론 제트기는 몇십 초 후에 다시 엔진을 켜고 상승한다. 이런 훈련을 하루에 수십 번 반복한다고 생각해보라. 우주인들이 무중력상태 훈련용 제트기를 '구토혜성vomit comet'이라고 부르는 데에는 다 그럴 만한 이유가 있다.).

뉴턴은 17세기에 이미 우주인과 펜의 운동을 이해하고 있었다. 사람을 우주로 보내려면 오만 가지 장치가 필요하지만, 우주선 그 자체의 운동을 분석할 때는 뉴턴의 물리학만으로도 충분하다. 우주인이 타임머신을 타고 17세기로 돌아가서 뉴턴을 만난다 해도, 두 사람은 아무런 문제없이 대화를 나눌 수 있을 것이다.

통합의 달인

뉴턴은 케임브리지에서 거의 반 은둔생활을 했다. 당시 영국을 이끌던 대부분의 과학자들은 런던이나 그 근처에 거주하면서 도시생활에 젖어 있었지만, 뉴턴은 틈날 때마다 링컨셔(Lincolnshire)에 있는 가족농장을 방문했다. 그는 1684~1687년 동안 필생의 역작인《자연철학의 수학적 원리(*Philosophiae Naturelis Pricipia Mathematica*)》(이하《프린키피아》)를 집필했는데, 이 책에는 과거에 뉴턴이 연구했던 수학과 역학이 다소 불완전하고 감질나는 형태로 종합되어 있다.《프린키피아》는 뉴턴의 20년 연구 인생이 집약된 한 편의 교향곡이었다.

뉴턴은《프린키피아》를 집필하면서 혜성의 궤도와 목성/토성의 위성, 템스강의 조수현상 등 다양한 주제들을 다시 분석하고, 다시 계산하고, 다시 한 번 확인하는 등 극도의 심혈을 기울였다. 절대시간과 절대공간, 그리고 세 가지 운동법칙이 구체적으로 언급된 것도 이 책이 처음이었다. 그는 질량이라는 개념을 도입하면서 "물질의 양은 밀도와 크기에서 발생한다."고 적어놓았다.

머릿속이 온통 창의적인 생각으로 가득 차있던 뉴턴이었지만, 부작용도 만만치 않았던 것 같다. 뉴턴과 함께 생활했던 조교의 증언을 잠시 들어보자.

뉴턴은 항상 진지하고 신중한 자세로 연구에 몰입했다. 한번 집중하면 밥 먹는 것조차 잊어버릴 정도였다. 사실 나는 그가 식사하는 모습을 거의 본 적이 없다. …… 아주 가끔은 교수식당에 가겠다며 자리를 뜰 때도 있었는데, 그나마 길거리로 나갔다가 방금 전 계산이 틀렸음을 깨닫고 연구실로 황급히 달려오기 일쑤였다. …… 머릿속에 새로운 아이디어가 떠오르면 책상으로 달려가 그냥 선 채로 연구노트에 무언가를 휘갈기곤 했다. 그에게는 의자를 당겨 앉는 것조차 시간낭비였다.

창조적인 과학자가 연구에 지나치게 몰두하면 이렇게 된다.

《프린키피아》는 영국을 비롯한 유럽 전역에 가히 핵폭탄급 반향을 불러일으켰다. 책이 출판되기도 전에 "뉴턴이 드디어 책을 쓴다."는 소문이 나돌 정도로, 그는 수학자와 물리학자들 사이에서 이미 막강한 영향력을 행사하고 있었다. 존 로크(John Locke)와 볼테르(Voltaire) 같은 철학자들도 《프린키피아》를 읽고 뉴턴에게 관심을 갖기 시작했으며, 크리스티안 하위헌스(Christiaan Huygens)와 고트프리트 라이프니츠(Gottfried Leibniz) 같은 저명한 비평가들도 연구의 깊이와 탁월한 성과에 극찬을 아끼지 않았다. 심지어 뉴턴의 최대 라이벌이자 견원지간이었던 "땅딸이" 로버트 훅마저 "내 연구를 표절하긴 했지만 훌륭한 책"이라고 칭찬했을 정도였다.

나는 케임브리지대학교를 방문했을 때 문헌관리 담당자에게 《프린키피아》의 사본을 볼 수 있겠냐고 정중히 물어보았다. 원본은 꿈도 꾸지 않았고, 사본도 헬륨가스가 주입된 유리상자 속에 신주단지 모시듯 보관되어 있으리라 생각했다. 그러나 웬걸? 《프린키피아》는 도서관 책장에 다른 책들과 함께 아주 태연하게 꽂혀 있었다. 게다가 그 책은 사본도 아닌 초판이었다! 과학의 역사를 바꾼 책, 인류가 남긴 가장 값진 책이 대학

도서관에 진열된 채 학생들의 대여를 기다리고 있었다.

　뉴턴은 대체 어떻게 그런 영감 어린 생각을 떠올릴 수 있었을까? 사실은 그 무렵에 행성의 운동에 관하여 훅이 저술한 책이 이미 출간되어 있었다. 아마도 이 책은 '떨어지는 사과'만큼이나 뉴턴에게 많은 내용을 시사했을 것이다. 전하는 바에 따르면 뉴턴은 유럽 전역에 흑사병이 돌았을 때 케임브리지를 떠나 고향 울즈소프(Woolsthorpe)에서 한동안 휴식을 취했는데, 이른 달이 뜬 어느 날 늦은 오후에 산책을 하다가 사과나무에서 사과가 떨어지는 광경을 보고 달과 사과를 연관시켰다고 한다. 지구는 사과와 같이 표면 근처에 있는 물체뿐만 아니라 저 멀리 달까지 중력을 행사하고 있었던 것이다. 이 힘은 사과를 아래로 떨어뜨리고, 달을 공전하게 만든다. 뉴턴은 사과와 달의 관측데이터를 자신의 운동방정식에 대입하여 만족할 만한 결과를 얻었고, 1680년대 중반에는 지구역학과 천체역학을 하나로 통합했다. 중력법칙을 이용하면 태양계의 운동과 조수간만, 은하와 성단의 형성과정, 핼리혜성의 궤적 등을 놀라울 정도로 정확하게 설명할 수 있다. 1969년에 승무원 세 명을 태우고 달에 착륙했던 아폴로 11호는 최첨단 과학이 집약된 최고의 발명품이었지만, 달과 우주선의 궤적을 미리 예측하고 승무원을 무사히 귀환시키기 위해 NASA의 컴퓨터에 입력된 방정식은 300년 전에 탄생한 뉴턴의 운동방정식이었다.

중력의 문제점

앞서 말한 대로 미시적 스케일에서 전자가 양성자에 미치는 중력은 전기력에 비해 너무나도 작다. 수치로 나타내려면 0을 41개나 써야 한다. 중력은 정말 …… 약해도 너무 약하다! 그래서 중력법칙을 확인하려면 관측대상을 무조건 키워야 한다. 실제로 중력의 역제곱법칙은 태양계의 움직임을 통해 확인되었다. 이것을 좁아터진 실험실에서 확인하려면 아주 예민한 비틀림저울을 사용해야 하는데, 약간의 진동만 있어도 데이터가 무용지물이 되기 때문에 어려운 실험으로 정평이 나 있다. 그러나 지금 물리학자들은 중력과 관련된 또 다른 이유 때문에 골머리를 앓고 있다. 중력은 자연에 존재하는 네 가지 기본 힘 중 하나인데, 유독 중력만이 양자역학과 조화를 이루지 못하는 것이다. 앞에서 말했듯이 나머지 세 개의 힘, 즉 약력과 강력, 그리고 전자기력은 모두 입자에 의해 매개된다. 그러나 중력을 매개하는 입자는 아직 발견되지 않았다. '중력자'라고 이름은 지어놨는데, 감지된 사례는 아직 한 건도 없다. 초신성이나 블랙홀, 또는 충돌하는 중성자별 등 우주적 대혼란 속에서 방출되는 중력파(gravitational wave)를 검출하기 위해 엄청나게 큰 장치도 만들었지만 아직 감감 무소식이다. 그래도 과학자들은 포기하지 않고 끈질기게 기다리고 있다.•

중력은 입자물리학과 우주론의 결합을 방해하는 가장 큰 걸림돌이다. 지금 우리의 처지는 고대 그리스의 철학자들과 비슷하다. 실험으로 구현할 방법이 없으니, 보고 싶은 사건이 우연히 일어나기를 하염없이 기다

• 엄청나게 큰 장치란 레이저 간섭계를 이용한 중력파 감지장치 LIGO(Laser Interferometer Gravitational-Wave Observatory)를 말한다. 이 책을 번역하는 지금(2016년 2월 12일), LIGO에서 중력파가 검출되었다는 뉴스가 TV를 통해 방영되고 있다. 간접적으로 확인된 적은 몇 번 있었지만 직접 검출된 것은 이번이 처음이다. 레더먼도 몹시 좋아하고 있을 텐데, 이미 90대의 고령이라 펄펄 뛰지는 못할 것 같다.

리는 수밖에 없다. 입자가속기로 양성자 두 개를 충돌시키듯이 두 개의 별을 강제로 충돌시킬 수 있다면 가시적인 효과를 만들어낼 수 있을 텐데, 그럴 방법이 없는 것이다. 빅뱅 이론이 옳다면(나는 최근에 열린 한 학술 모임에서 이 이론이 옳다는 것을 확신하게 되었다.) 우주 초기에 모든 입자는 아주 작은 공간에 뭉개져 있었을 것이다. 이런 상황에서 개개의 입자는 엄청난 에너지(질량)를 갖게되고, 중력은 원자규모에서도 막강한 위력을 발휘한다. 그런데 원자규모에서는 뉴턴의 역학이 아닌 양자역학이 적용되기 때문에, 중력과 양자역학을 조화롭게 섞지 못하는 한 우리는 빅뱅과 소립자의 깊은 구조를 결코 이해하지 못할 것이다.

뉴턴의 원자

뉴턴을 연구한 학자들은 그가 입자론을 지지했다는 데 대체로 동의하고 있다. 중력은 그가 수학적으로 다뤘던 여러 힘 중 하나일 뿐이다. 뉴턴은 "지구와 달이건 지구와 사과이건 간에, 두 물체 사이에 작용하는 힘은 그 물체를 구성하는 입자 사이에 작용하는 힘이 거시적으로 나타난 결과"라고 했다. 단언하긴 어렵지만, 나는 뉴턴이 미적분학을 개발한 것도 기본적으로 원자의 존재를 믿었기 때문이 아닐까 생각한다. 예를 들어 지구와 달 사이에 작용하는 힘을 계산하려면 공식 II를 사용해야 하는데, 둘 사이의 거리 R을 어디서 어디까지 거리로 잡아야 할지 분명치 않다. 지구와 달이 아주 작다면 아무런 문제가 없다. 그냥 "두 물체의 중심에서 중심까지의 거리"를 R에 대입하면 된다. 그러나 지구는 덩치가 매우 크기 때문에, 지구를 구성하는 작은 입자 하나가 달에 미치는 힘을 계산하고, 그 바로 옆에 있는 입자가 달에 미치는 힘을 계산하고, 또 그 옆에 있는 입자가 …… 등등, 모든 입자에 대하여 이 계산을 각각 수행한 후 모두 더해야 한다. 그런데 지구를 구성하는 입자의 수는 거의 무한대에 가까워서, 이 계산을 일일이 수행하는 것은 현실적으로 불가능하다. 뉴턴은 이 문제를 어떻게 해결했을까? 그렇다, 바로 적분이다! 적분이란 무한히 작은 양을 무한히 많이 더하는 수학테크닉으로, 고등학교를 졸업한 독자라면 지금 쯤 아련한 추억에 빠져들고 있을 줄 안다. 뉴턴은 24세였던 1666년에 미적분학을 개발했다. 1666년은 뉴턴이 흑사병을 피해 고향에서 지냈던 해인데, 바로 이 때 미적분학과 운동방정식, 중력법칙, 광학 등 엄청난 업적을 한꺼번에 이루었기 때문에 "기적의 해"라 불리기도 한다.

17세기에는 원자론을 믿을 만한 증거가 거의 없었다. 뉴턴은 《프린키피아》에 다음과 같이 적어놓았다. "물체를 구성하는 미세 입자를 이해하려면 경험에 의존하는 수밖에 없다. 물체가 견고하다는 것은 부분이 견고하다는 뜻이므로 …… 우리가 만질 수 있는 물체뿐만 아니라 다른 물체들도 견고한 입자로 이루어져 있다는 추론이 가능하다."

뉴턴은 광학을 연구하다가 갈릴레오와 마찬가지로 "빛은 입자의 흐름"이라는 결론에 도달했다. 그는 《광학(Opticks)》이라는 저서의 끝 부분에 당시 학계의 중론과 자신의 파격적인 의견을 다음과 같이 요약해 놓았다.

물체가 작은 입자들로 구성되어 있다고 가정하면 빛이 반사되거나 굴절되는 이유를 설명할 수 있다. 그런데 혹시 이 입자들이 원거리 상호작용을 통해 빛뿐만 아니라 대부분의 자연현상을 만들어내고 있는 것은 아닐까? 물체들이 중력과 자기현상, 그리고 전기적 현상을 통해 서로 영향을 미친다는 것은 이미 알려진 사실이다. 이 사례들은 자연의 의도와 진로를 알려줄 뿐만 아니라, 이들보다 더 강한 인력이 존재할 수도 있음을 시사하고 있다. …… 이 힘이 극히 가까운 거리에서만 작용한다면 눈에 뜨이지 않을 것이다. 전기적 인력도 마찰에 의한 자극 없이 가까운 거리에서 작용할지도 모른다.

이 얼마나 뛰어난 선견지명인가! 1990년대 물리학의 성배인 대통일 이론을 연상케 한다. 중력과 달리 '가까운 거리에서만 작용하는 힘'이라니, 마치 원자 내부에서 작용하는 강력과 약력을 말하는 것 같지 않은가? 뉴턴의 추론은 여기서 끝나지 않는다.

이 모든 것을 종합해볼 때, 태초에 신은 모든 물질을 단단하고, 무겁고, 투과할 수 없으면서 이동가능한 입자의 형태로 창조한 것 같다. …… 이 원시입자들은 고체형태였고 …… 매우 견고하여 인간의 능력으로는 더 이상 잘게 쪼갤 수 없다.

확실한 증거는 없지만 물리학을 쿼크와 렙톤의 세계로 인도한 주인공은 뉴턴이었던 것 같다. 현대의 입자물리학자들은 특별한 힘을 연구하기 위해 태초에 신이 '하나의 형태로 창조했던' 피조물을 분해하고 있으니, 뉴턴의 예견에서 크게 벗어나지 않은 셈이다.

유령 같은 에테르

뉴턴은 《광학》의 제2판에서 몇 가지 질문을 제기했다. 이 질문들은 매우 날카로우면서도 답이 제시되어 있지 않기 때문에, 책을 읽는 사람은 누구든지 자신이 원하는 결론을 도출할 수 있다. 개중에는 뉴턴이 20세기 양자역학의 파동-입자 이중성을 예견했다고 주장하는 사람도 있는데, 내가 보기에 그 정도로 멀리 간 것 같지는 않다. 뉴턴의 이론에서 가장 심각한 문제는 원격작용(action at a distance)이다. 지구가 사과를 잡아당기면 사과는 떨어지고, 태양이 행성을 잡아당기면 행성은 타원궤도를 돈다. 그런데 이상하지 않은가? 사과와 지구, 그리고 태양이 무슨 생명체도 아닌데, 자기 근처에(또는 아주 먼 곳에) 다른 물체가 있다는 것을 어떻게 알고 힘을 행사한다는 말인가? 그리고 두 물체 사이에는 텅 빈 공간밖에 없는데, 무슨 수로 힘을 전달한다는 말인가? 17세기 물리학자들은 이 문제를 해결하기 위해 에테르라는 가상의 물질을 생각해냈다. 보이지 않고 만질 수도 없는 무형의 매질이 우주 공간을 가득 채우고 있다는 것이다. 물체 A는 바로 이 에테르를 통해 멀리 떨어져 있는 물체 B와 접촉할 수 있다.

앞으로 알게 되겠지만 제임스 클러크 맥스웰도 전자기파의 매질이 에테르라고 생각했다. 1905년에 아인슈타인의 특수 상대성 이론이 등장하면서 이 개념은 폐기되었으나, 에테르는 마치 사도 바울처럼 뜨고 지기를 반복하다가 지금은 또 다른 버전의 에테르가 신의 입자의 배후에 숨어 있을 것으로 추정되고 있다(데모크리토스와 아낙시만드로스가 말했던 '허공'과 비슷하다.).

결국 뉴턴은 에테르를 포기했다. 원자론을 고수하려면 에테르가 필요하긴 한데, 그 특성이 너무 희한하여 받아들일 수 없었기 때문이다. 게다가 에테르는 물체의 운동에 아무런 영향도 주지 않으면서 힘만 전달하는 물질이어야 했다. 그렇지 않으면 공간을 가득 채우고 있는 에테르 때문에 행성들이 궤도에서 벗어날 것이기 때문이다.

이 문제에 대한 뉴턴의 관점은 《프린키피아》에 다음과 같이 명시되어 있다.

> 공간을 통해 힘을 전달하는 어떤 '원인'이 존재한다. 이것은 (자기력의 중심에 있는 자석처럼) 중심부에 있는 물질일 수도 있고, 아직 드러나지 않은 미지의 물질일 수도 있다. 나는 힘의 물리적 원인을 고려하지 않은 채 수학적 개념만을 구축해왔다.

놀랍지 않은가? 지금 뉴턴은 "모든 이론은 실험과 일치해야 사실로 인정된다."는 현대물리학의 제1계명을 강조하고 있다. 만일 뉴턴이 지금 시대의 세미나에 참석해서 이런 발언을 했다면 청중석에서 우레와 같은 박수가 쏟아졌을 것이다. 중력의 본질은 무엇인가? 중력은 무엇으로부터 탄생하는가? 어려운 질문이다. 아마도 중력이 '고차원 시공간의 대칭'이라는 심오한 개념의 결과임을 누군가가 나서서 증명하기 전까지는 철학적 질문으로 남을 것이다.

철학이야기는 이 정도로 해두자. 뉴턴은 다양한 물리 문제에 적용할 수 있는 통합체계를 구축함으로써 원자론을 크게 발전시켰다. 또 그가 발견한 원리는 공학과 기술 등 실질적인 분야에도 지대한 영향을 미쳐서 전 인류의 삶을 송두리째 바꿔놓았다. 뉴턴의 역학과 그의 새로운 수학은 현대의 모든 기초과학과 기술을 떠받치는 주춧돌이 되었으며, 자연을 바라보는 관점에도 혁명적인 변화를 가져왔다. 이 변화가 없었다면 산업혁명도 일어나지 않았을 것이고, 새로운 지식과 기술을 체계적으로 탐구하지도 못했을 것이다. 뉴턴 이전의 세상이 '무언가 일어나기를 기다리는 정적인 세상'이었다면, 그 후의 세상은 '지식을 추구하면서 그 지식으로 주변 환경을 제어하는 세상'으로 탈바꿈했다. 그리고 또 한 가지, 뉴턴의 자연관은 환원주의적 사고방식에 막강한 날개를 달아주었다.

물리학, 수학, 원자론 등 과학 분야에서 뉴턴이 남긴 업적은 다양한 문헌에 분명하게 기록되어 있다. 그러나 그가 물리학 못지않게 많은 시간을 투자했던 연금술과 신비적 종교철학, 특히 고대이집트의 마술사들이 신봉했던 신비학(神秘學)에 관한 연구는 거의 하나도 전수되지 않았다. 뉴턴은 케임브리지대학교의 루카스 석좌교수로서(지금은 스티븐 호킹이 이 자리를 물려받았다.), 그리고 말년에는 런던의 정치인으로서 타인에게 모범적이고 책임감 있는 모습을 보여줘야 했기에, 자신이 위험한 종교적 사조에 빠져 있다는 것을 대놓고 드러낼 수 없었다. 만일 생전에 이 사실이 알려졌다면 그동안 쌓아온 명성에 큰 타격을 입었을 것이다.

마지막으로 아인슈타인이 뉴턴에게 바친 헌사를 들어보자.

뉴턴경, 저를 용서하시기 바랍니다. 당신은 사고력과 창조력에 관한 한 당대에 이를 수 있는 최고 경지에 도달하신 분입니다. 그러나 지금 우리는 자연을 좀 더 깊이 이해하기 위해, 경험에 기초한 당신의 이론에 어쩔 수 없이 수정을 가하게 되었습니다. 자연의 본성은 우리의 경험과 완전히 다르기 때문입니다. 그래도 이것만은 알아주십시오. 당신이 창조한 개념은 지금도 모든 물리학자들의 길을 안내하고 있습니다.

달마티아의 예언자

역학의 시대, 위대한 고전물리학의 시대를 마무리하기 전에 한번쯤 짚고 넘어갈 만한 인물이 있다. "시대를 앞서갔던 아무개 ……."라는 말을 다소 남발하는 듯한 느낌이 들지만, 어쨌거나 필요하다면 계속 사용할 것이다. 갈릴레오나 뉴턴을 말하는 게 아니다. 이들은 늦지도, 빠르지도 않은 적절한 시기에 살다 갔다. 당시에는 중력, 실험, 측정, 수학적 증명 …… 이 모든 것들이 무주공산에서 주인을 기다리고 있었다. 갈릴레오와 케플러, 브라헤, 그리고 뉴턴은 적절한 시기에 태어나 동시대의 과학자들이 받아들일 수 있는 주장을 펼쳤기 때문에 큰 무리 없이 수용될 수 있었다. 이 정도면 꽤 운이 좋은 편이다. 물론 역사에는 운이 없는 과학자도 종종 있었다.

로저 조지프 보스코비치(Roger Joseph Boscovich)는 뉴턴 사망 16년 전인 1711년에 크로아티아의 두브로브니크에서 태어나 생의 대부분을 로마에서 보낸 물리학자이다. 그는 뉴턴의 열렬한 지지자였으나 중력에 대해서는 약간의 의구심을 갖고 있었다. 그는 "뉴턴의 중력 이론은 먼 거리에서만 정확하게 들어맞는 고전적 한계이다. 거리가 가까워지면 역제곱 법칙에 미세한 오차가 발생한다."고 주장했다. 중력법칙이 원자규모까지 적용되지는 않는다고 생각한 것이다. 그는 원자규모로 들어가면 인력과 척력이 진동하면서 새로운 형태의 힘이 작용할 것으로 추측했다. 18세기 과학자로서는 가히 혁명적인 발상이었다.

보스코비치는 해묵은 '원격작용' 문제도 깊이 파고들었다. 기하학자이기도 했던 그는 멀리 있는 물체에 힘이 전달되는 원리를 설명하기 위해 '역장(力場, fields of force)'이라는 개념까지 생각해냈다. 이뿐만이 아니다!

보스코비치는 18세기의 다른 학자들에게 미쳤다는 소리를 듣고도 남을 파격적인 주장을 펼쳤다(그가 20세기에 태어났어도 크게 다르지 않았을 것이다.). 그는 "물질은 눈에 보이지 않고 더 이상 자를 수 없는 입자로 이루어져 있다."고 생각했다. 여기까지는 별로 새로울 것이 없다. 레우키포스와 데모크리토스, 갈릴레오, 그리고 뉴턴도 이 의견에 동의할 것이다. 그러나 보스코비치는 한 걸음 더 나아가 그 입자들이 크기가 아예 없는 기하학적 점이라고 주장했다. 과학의 모든 개념이 그렇듯이, 이것도 처음 대두된 개념은 아니었다. 갈릴레오는 말할 것도 없고, 고대 그리스의 철학자들도 이와 비슷한 생각을 떠올렸을 것이다. 여러분이 고등학교 때 배웠던 것처럼 점이란 그냥 위치일 뿐 길이도, 면적도, 부피도 없다. 그러니까 크기가 없는 점들이 모여서 지금과 같은 물체들이 만들어졌다는 이야기다! 마치 '0을 부지런히 더하면 10이 된다.'고 주장하는 것과 비슷하다. 말도 안 된다고? 아니다, 말이 된다. 1968년에 바로 이런 입자가 실제로 발견되었기 때문이다. 지금 우리는 그 입자를 "쿼크"라 부르고 있다.

　보스코비치에 관한 이야기는 이 책의 뒷부분에 다시 언급될 것이다.

4장

다시 원자를 찾아서

: 화학자와 전기기술자

과학자는 우주와 맞붙으려는 사람이 아니다. 그들은 우주를 있는 그대로 받아들인다. 우주는 과학자에게 향기로운 음식이자 미지의 탐험 영역이며, 우주를 향한 모험은 그들에게 영원한 행복을 안겨준다. 우주는 순종적이면서도 그 속성을 파악하기 어렵지만 따분하지 않다. 작은 부분도 큰 부분도 한결같이 경이롭다. 간단히 말해서 '우주 탐구'는 남자가 가질 수 있는 최상의 직업이다.[*]

— 이시도어 아이작 라비

들어가기 전에: 데모크리토스의 원자를 파고든 사람은 물리학자들뿐만이 아니었다. 고전물리학이 눈부신 발전을 이루는 동안(1600~1900년경) 화학자들도 원자론에 투신하여 뚜렷한 업적을 남겼다. 사실 화학자와 물리학자는 크게 다른 사람들이 아니다. 나도 처음에는 화학을 전공했다가 물리학이 더 쉬울 것 같아서 물리학과로 전과한 경력이 있다. 그 후로 가장 친했던 친구들이 화학자와 대화를 나누는 모습을 종종 볼 수 있었다.

화학자는 물리학자가 하지 못했던 일을 멋지게 해냈다. 원자와 관련된 실험을 직접 실행한 것이다. 갈릴레오와 뉴턴을 비롯한 17세기의 물리학자들은 연구실에서 상상의 나래를 펼치며 오만가지 실험을 다했지만, 원

● 라비는 직업을 가진 여자가 거의 없었던 19세기에 태어났다.

자만은 순전히 이론물리학의 범주 안에 머물러 있었다. 게을러서가 아니라, 마땅한 실험도구가 없었기 때문이다. 원자의 존재를 만천하에 드러낸 최초의 실험을 수행한 사람은 물리학자가 아닌 화학자였다. 4장에서는 데모크리토스의 아토모스가 실제로 존재한다는 것을 입증했던 역사적 실험을 살펴볼 것이다. 이제 곧 알게 되겠지만 항상 좋은 일만 있었던 것은 아니다. 처음부터 단추를 잘못 꿰거나 가짜 실마리에 현혹되어 길을 잘못 든 사람도 있고, 결과를 잘못 해석하여 학자로서의 명성에 치명타를 입은 사람도 있었다.

23센티미터짜리 진공을 발견한 사람

본격적인 화학이야기로 들어가기 전에 먼저 알아둬야 할 인물이 있다. 원자론을 올바른 과학적 개념으로 복원시키기 위해 역학과 화학자 사이에서 가교역할을 했던 에반젤리스타 토리첼리(Evangelista Torricelli)가 바로 그 사람이다. 일찍이 데모크리토스는 "우주에 존재하는 것은 원자와 빈 공간뿐, 그 외의 모든 것은 의견에 불과하다."고 천명한 바 있다. 그러므로 원자론의 타당성을 입증하려면 원자가 존재한다는 것뿐만 아니라 원자 사이에 빈 공간이 존재한다는 것까지 입증해야 한다. 그러나 아리스토텔레스는 진공의 개념을 수용하지 않았고, 이 전통이 충실하게 이어져 르네상스시대의 교회도 "자연은 진공을 혐오한다."고 주장했다.

　토리첼리가 갈릴레오의 문하생으로 입문하던 무렵에도 과학계의 분위기는 크게 다르지 않았다. 갈릴레오는 1642년에 피렌체의 주민으로부터 위탁받은 연구를 토리첼리에게 넘겨주었다. 당시 피렌체에서 우물을 파던 인부들은 빨펌프(suction pump)로 물을 아무리 빨아올려도 10미터(정확하게는 10.13미터) 이상 올라오지 않는다는 사실을 잘 알고 있었다. 왜 그럴까? 갈릴레오를 비롯한 과학자들이 세웠던 가설은 "진공은 일종의 '힘'이며, 펌프에 의해 생성된 부분적 진공이 물을 위로 끌어올린다."는 것이었다. 그러나 갈릴레오는 우물 같은 하찮은 일에 시간을 빼앗기기 싫었는지, 이 문제를 토리첼리에게 떠넘겼다.

토리첼리는 몇 번의 실험을 거친 후 "진공이 물을 끌어올리는 것이 아니라, 정상적인 공기의 압력이 물을 위로 밀어 올린다."는 결론에 도달했다. 펌프가 작동하여 파이프 속 물기둥 위쪽의 공기압이 낮아지면, 바깥에 있는 정상적인 공기압이 바닥수면을 아래로 밀어서 파이프 내부의 수면이 상승한다는 것이다. 토리첼리는 갈릴레이가 사망한 다음 해에 역사에 남을 유명한 실험을 수행하여 자신의 이론이 옳다는 것을 확인했다. 수은은 같은 부피의 물보다 13.5배 무겁기 때문에, 토리첼리의 추론이 옳다면 파이프 안에 물 대신 수은을 채워 넣었을 때 공기압에 의해 올라가는 높이가 1/13.5(약 76센티미터)밖에 되지 않을 것이다. 그는 길이 1미터짜리 유리관을 구해서 한쪽 끝을 밀봉한 후 수은을 가득 채워 넣고 뚜껑을 닫았다. 그리고 이 유리관을 거꾸로 뒤집어서 수은이 들어 있는 접시에 끝을 담근 채 뚜껑을 열었더니 수은의 일부가 유리관 밖으로 빠져나오면서 일정한 높이의 수은기둥이 형성되었다. 그 높이가 과연 얼마였을까? 토리첼리가 자로 재어보니 예상대로 정확하게 76센티미터였다!

토리첼리의 수은기둥은 인류가 만든 최초의 기압계였다. 그는 수은기둥의 높이가 그날의 기압에 따라 수시로 달라진다는 사실을 간파했다. 그러나 지금 우리에게 중요한 것은 76센티미터짜리 수은기둥이 아니라, 그 위에 형성된 23센티미터짜리 공간이다. 이 안에는 수은도 없고 공기도 없다. 아무것도 없는 텅 빈 공간, 즉 진공(vacuum)이다! 엄밀히 따지면 완벽한 진공은 아니다. 수은이 증발하면서 생긴 약간의 기체가 그 안을 메우고 있기 때문이다. 수은기체의 양은 온도에 따라 달라지는데, 상온에서 이 기체가 발휘하는 압력은 약 10^{-6}토르쯤 된다(1토르torr는 대기압의 10억 분의 1이다. 독자들의 짐작대로, 이 단위는 토리첼리의 이름에서 따온 것이다.). 요즘 제작되는 진공펌프를 사용하면 특정 용기의 내부기압을 10^{-11}토르 이하로 낮출 수 있다. 어쨌거나 토리첼리는 역사상 최초로 고품질 진공을 인공적으로 구현하는 데 성공했다.* 자연이 진공을 좋아하건 싫어하건, 진공은 분명히 자연의 일부였다. 이제 진공의 존재가 입증되었으니, 그 다음으로 할 일은 원자의 존재를 입증하는 것이었다.

기체를 압축하다

그 다음 등장인물은 아일랜드 출신의 화학자 로버트 보일(Robert Boyle)이었다. 그는 동료 화학자 사이에서 "물리학자인지 화학자인지 분간하기 어려울 정도로 물리학에 너무 치중되어 있다."는 이야기를 자주 들었지만, 화학사에 위대한 업적을 남겼으니 화학자라는 데에는 의심의 여지가 없다. 또 그는 영국을 비롯한 유럽대륙에 원자론을 전파한 일등공신이기도 했다. 당시 사람들은 그를 '화학의 아버지', 또는 '코크백작의 삼촌'이라고 불렀다.

---

* 진공의 품질이 좋다는 것은 완벽한 진공에 가깝다는 뜻이다.

보일은 토리첼리의 실험을 계기로 진공에 각별한 관심을 갖게 되었다. 그는 뉴턴을 그토록 사랑했던(!) 로버트 훅을 조수로 고용하여 진공펌프의 성능을 개선하는 일을 맡겼는데, 펌프가 잘 작동할수록 기체에 대한 관심이 높아지다가 마침내 '원자론의 핵심은 기체'라는 결론에 도달했다. 물론 이 과정에는 훅의 역할도 컸을 것이다. 그는 기체를 압박했을 때 용기의 내벽에 압력이 가해지는 것은 기체를 구성하는 입자들이 내벽을 때리면서 나타나는 현상이라고 생각했다. 풍선에 공기를 주입하면 팽팽해지는 것도 같은 이유다. 그러나 풍선 안에는 수십 억×수십 억 개의 원자들이 돌아다니면서 매 순간마다 수많은 원자들이 풍선 벽을 일제히 때리고 있기 때문에, 개개의 원자가 벽에 남기는 '충돌흔적'을 눈으로 확인할 수는 없다.

보일도 토리첼리와 마찬가지로 수은을 사용했다. 5.2미터짜리 유리관을 J자 모양으로 구부린 후(한쪽은 길고 한 쪽은 짧다.), 짧은쪽 끝을 막아놓고 긴쪽으로 통해 수은을 주입하면 J자 유리관의 가운데 휘어진 부분이 수은으로 막힌다. 이 상태에서 수은을 더 부으면 짧은쪽에 형성된 빈 공간이 점점 작아지면서 압력이 높아지는데, 이때 긴쪽 수은기둥과 짧은쪽 수은기둥의 높이 차이를 알면 압력을 계산할 수 있다. 보일은 이 실험을 통해 기체의 부피가 기체에 가해진 압력에 반비례한다는 사실을 알아냈다. 짧은쪽(막힌쪽) 유리관에 갇힌 기체의 압력은 '두 수은기둥의 차이에 해당하는 무게+대기가 열린쪽 유리관의 수은 면을 내리누르는 힘'에 비례한다.* 수은을 추가하여 압력을 두 배로 만들면 갇힌 공기의 부피는

● 압력은 힘을 면적으로 나눈 값이다.

1/2로 줄어들고, 압력을 세 배로 키우면 부피는 1/3으로 줄어든다. 이것이 바로 그 유명한 '보일의 법칙(Boyle's law)'이다.

보일은 이 실험을 통해 기체는 압축될 수 있다는 또 하나의 중요한 사실을 알아냈다. 압축된다는 것은 부피가 줄어든다는 뜻이므로, 기체를 구성하는 입자는 처음부터 공간 속에 충분한 여유를 두고 드문드문 분포되어 있어야 한다. 이 상태에서 압력이 가해지면 입자 사이의 거리가 가까워지면서 부피가 줄어든다. 그렇다면 이것으로 원자의 존재가 입증된 것일까? 아니다. 단지 원자가설에 위배되지 않는다는 것뿐, 이 결과는 다른 방식으로 설명될 수도 있다. 그러나 기체가 압축 가능하다는 것은 물질이 입자로 이루어져 있다는 강력한 증거였기에, 뉴턴을 비롯한 당대의 과학자들은 원자설을 큰 거부감 없이 받아들였다. "모든 물질은 연속적으로 이루어져 있다."는 아리스토텔레스의 주장이 위기에 봉착한 것이다. 그렇다면 압축이 거의 불가능한 액체와 고체는 입자로 이루어져 있지 않다는 말인가? 아니다. 이들도 입자로 이루어져 있지만 입자 사이에 여유공간이 거의 없어서 압축되지 않는 것뿐이다.

보일은 실험의 대가였다. 그러나 갈릴레오 등 여러 실험가의 성공사례에도 불구하고 17세기 과학자들은 실험을 별로 신뢰하지 않았다. 실험으로 무언가를 입증하는 것이 과연 가능한가? 보일은 이 문제를 놓고 네덜란드의 철학자 베네딕트 스피노자(Benedict Spinoza, 그는 렌즈연마사이기도 했다.)와 장기간동안 열띤 논쟁을 벌였다. 스피노자는 "이론만이 유일한 증명이며, 실험은 결과를 뒷받침하는 보조수단에 불과하다."고 주장했다. 뿐만 아니라 하위헌스와 라이프니츠 같은 대가들도 실험결과를 별로 신뢰하지 않았으니, 실험가들에게는 꽤나 힘든 시기였을 것이다.

보일은 원자의 존재를 입증하는 일련의 실험을 수행하여 다소 어수선

했던 화학계에 새로운 활기를 불어넣었다(그는 '원자'보다 '미립자corpuscle'라는 용어를 더 선호했다.). 사실 17세기 화학은 엠페도클레스의 4원설(四原設)에서 크게 벗어나지 못하고 있었다. 다른 점이 있다면 공기, 흙, 불, 물 외에 소금, 유황, 수은, 점액, 기름, 영혼, 산, 알칼리 등이 추가된 것뿐이었다. 당시 화학자들은 이 목록이 "만물을 구성하는 가장 단순한 원소이자 반드시 필요한 재료"라고 믿었다. 모든 물질에 산(酸, acid)이 들어 있다니, 이 얼마나 황당한 발상인가! 이런 식으로는 가장 간단한 화학반응조차 설명할 수 없었을 것이다. 보일의 미립자설은 열악하기 그지없었던 17세기의 화학계에 좀 더 분석적이고 환원주의에 가까운 길을 제시했다.

작명 게임

17~18세기 화학자들의 골칫거리 중 하나는 다양한 화학물질의 이름에 어떤 규칙이나 통일성이 전혀 없다는 것이었다. 이 혼란스러운 상황은 "화학계의 뉴턴"으로 불리는 앙투안 로랑 라부아지에(Antoine-Laurent Lavoisier)가 1787년에 《화학물질 명명법(Mèthode de Nomenclature Chimique)》을 출간하면서 어느 정도 정리되었다(아마도 화학자들은 뉴턴을 "물리학계의 라부아지에"라고 부를 것이다.).

라부아지에는 정말로 다재다능한 사람이었다. 그는 저명한 지질학자이자 과학적 영농법의 개척자였으며, 유능한 재정가이자 프랑스혁명을 주도했던 개혁가이기도 했다. 오늘날 전 세계적으로 사용되고 있는 미터법도 18세기에 라부아지에가 개발한 새로운 도량형에 기초한 것이다('파운드'와 '피트' 단위에 각별한 애정을 갖고 있는 미국도 1990대부터 미터법을 조금씩 수용하고 있다.).

17세기의 화학자들은 방대한 양의 데이터를 수집해놓았으나 정리가 전혀 되어 있지 않았다. 당시 통용되었던 폼폴릭스(pompholyx), 철단(鐵丹, Colcothar), 삼염화비소(butter of arsenic), 산화아연(flowers of zinc), 석황(石黃, orpiment), 마셜 에티오프(martial ethiop) 등의 용어들은 어떤 원소의 화합물이며 어떤 공통점이 있는지 이름만으로는 알 수가 없었다. 어릴 적부터 "논리적 사고는 잘 정돈된 언어에서 나온다."는 격언을 마음 깊이 새겨왔던 라부아지에는 화학에 관심을 가진 후 중구난방이었던 화학물의 명칭을 체계적으로 바꿔나가기 시작했다. 그 덕분에 마셜 에티오프는 산화철(iron oxide)이 되었고 석황은 황화비소(arsenic sulfide)가 되었으며, "ox-," "sulf-" 같은 접두어와 "-ide," "-ous" 등의 접미어는 수많은 화합물을 체계적으로 분류하는데 큰 도움이 되었다. 그까짓 이름이야 아무려면 어떠냐고? 아니다. 이름은 체계적 사고를 도울 뿐만 아니라 가끔은 사람의 운명을 바꾸기도 한다. 아치볼드 리치(Archibald Leach)라는 촌스러운 이름으로 어떻게 〈필라델피아 스토리〉나 〈북북서로 진로를 돌려라〉와 같은 명화의 주인공이 될 수 있겠는가? 그가 케리 그란트(Cary Grant)로 이름을 바꿨기 때문에 가능한 일이었다.

그러나 라부아지에에게 개명은 그리 만만한 과제가 아니었다. 화학물질의 이름을 바꾸기 전에 화학이론부터 손을 봐야 했기 때문이다. 라부아지에가 화학사에 남긴 가장 큰 업적은 기체의 특성과 연소과정을 규명한 것이다. 18세기의 화학자들은 물을 가열했을 때 발생하는 기체만이 진정한 기체라고 굳게 믿고 있었다. 지금은 모든 물질이 고체, 액체, 그리고 증기(기체) 상태에 놓일 수 있다는 것을 초등학생도 알고 있는데, 이 사실을 제일 먼저 간파한 사람이 바로 라부아지에였다. 또 그는 연소

(燃燒)가 탄소나 유황, 또는 인(燐, phosphorus) 같은 물질이 산소와 결합하면서 발생하는 현상임을 알아냈다. 아리스토텔레스의 추종자들이 믿었던 거창한 프로지스톤(phlogiston)* 이론을 화학반응의 한 종류로 단순화시킨 것이다. 라부아지에는 정교한 실험과 엄밀한 분석을 통해 부실했던 화학을 현대과학의 한 분야로 격상시켰다. 원자론 분야에 남긴 업적은 별로 없지만, 그가 기초를 닦아놓지 않았다면 19세기의 과학자들은 원자의 존재를 입증하기 어려웠을 것이다.

펠리컨 증류기와 풍선

라부아지에는 물을 좋아했다. 그 무렵 대부분의 과학자는 물을 더 이상 쪼갤 수 없는 물질의 기본단위로 간주했고, 심지어 물은 적당한 환경이 조성되면 흙으로 변한다고 믿는 사람도 있었다. 물을 냄비에 담아서 계속 끓이다보면 고체 잔여물이 수면에 뜨는데, 이것을 물의 또 다른 형태라고 믿은 것이다. 위대한 화학자 로버트 보일조차도 물이 다른 물질로 변할 수 있다는 황당한 주장을 사실로 받아들였다. 그는 물로 재배되는 식물을 보면서 "물은 식물의 줄기와 잎, 또는 꽃으로 변형될 수 있다."고 주장했다. 학자들 수준이 이 정도였으니, 대부분의 사람이 실험을 믿지 않은 것도 무리가 아니었다. 이런 결론을 하나둘씩 받아들이다보면 자연스럽게 스피노자의 철학에 동화된다.

● 산소가 발견되기 전에 가연물의 주성분으로 간주되었던 가공의 원소.

18세기 화학실험이 부실했던 것은 주로 부실한 측정 때문이었다. 이 사실을 간파한 라부아지에는 자신이 직접 만든 '펠리컨 증류기(pelican disstiller)'를 이용하여 역사에 남을 유명한 실험을 수행했다. 물이 끓으면서 생긴 수증기를 동그랗게 생긴 유리에 모아 응축시킨 후 손잡이처럼 생긴 관을 통해 다시 끓는 용기로 주입하여 같은 과정을 처음부터 되풀이하는 실험이었다.* 이 모든 과정을 밀폐된 유리관 안에서 실행하면 물의 양은 변하지 않을 것이다. 라부아지에는 펠리컨 증류기와 물(정확하게는 물과 증기)의 무게를 정밀하게 측정한 후 101일 동안 물을 끓이면서 이 과정을 반복한 끝에 측정 가능한 양의 불순물을 얻었다. 이 불순물의 정체는 과연 무엇일까? 끓는 와중에 물이 다른 원소로 변한 것일까? 실험을 어설프게 설계했다면 이런 결론이 내려질 수도 있겠지만, 라부아지에에게는 어림도 없는 소리였다. 바로 이 의문을 풀기 위해 펠리컨 증류기를 발명했기 때문이다. 101일 동안 물을 끓인 후 펠리컨 증류기와 물, 그리고 불순물의 무게를 다시 한 번 정밀하게 측정해보니, 정확하게 초기 펠리컨+물의 무게＝101일 후 펠리컨+물+불순물의 무게였다. 또한 처음 물의 무게＝101일 후 물의 무게였고, 처음 펠리컨의 무게＝101일 후 펠리컨+불순물의 무게였으니, 여기서 내릴 수 있는 결론은 하나뿐이다. 101일 후에 발생한 불순물은 물의 변신이 아니라 펠리컨 증류기에서 떨어져 나온 유리와 이산화규소였다. 라부아지에는 이 실험을 통해 "정확한 측정 없이 진행된 실험은 무의미할 뿐만 아니라 잘못된 결론에 도달

● 수증기를 응축시키는 동그란 부분이 음식을 저장하는 펠리컨의 부리와 비슷하여 이런 이름이 붙었다.

할 수도 있다."는 것을 명백하게 보여주었다.

그러나 이 획기적인 실험에도 불구하고 대부분의 화학자는 여전히 물을 기본원소 중 하나로 간주했다. 물이 다른 원소로 변하지 않는다는 것은 라부아지에의 펠리컨으로 입증되었지만, 기본원소가 아니라는 증거는 없었기 때문이다. 이 잘못된 환상을 바로잡은 사람도 라부아지에였다. 그는 두 개의 노즐로 기체를 분사하는 장치를 이용하여 제3의 물질을 만들어내는 실험을 한동안 실행했는데, 어느 날 산(酸)을 만들겠다는 생각으로 한쪽으로는 산소, 다른 한 쪽으로는 수소기체를 분사했다가 놀라운 결과를 얻었다. 산이 아닌 물이 얻어진 것이다. 그는 연구노트에 이 실험의 결과물을 "증류수만큼 순수한 물"이라고 적어놓았다. 왜 아니겠는가? 산소와 수소가 만났으니 당연히 물이 생성될 수밖에! 그는 이 실험을 통해 물은 기본원소가 아니라 산소와 수소로 만들 수 있는 화합물임을 확실하게 증명했다.

1783년, 몽골피에(Montgolfier) 형제가 더운 공기를 채워 넣은 인공기구를 타고 최초로 유인비행에 성공했다. 외견상으로는 화학자들과 별 관련이 없었지만, 장차 화학을 발전시키는데 간접적으로 큰 공헌을 하게 될 사건이었다. 그 후 고등학교 물리교사였던 샤를(J.A.C. Charles)이 수소 기구를 타고 3,000미터 고도에 도달했고, 이 뉴스를 접한 라부아지에는 "기구를 타고 구름 위로 올라가 운석을 연구할 수도 있겠다."고 생각했다. 얼마 지나지 않아 그는 기구용 기체의 저가 대량생산을 연구하는 위원회에 합류하여 뜨겁게 달군 쇠링을 포신에 채워 넣고 그곳에 다량의 물을 통과시켜서 수소로 분해하는 방법을 개발했다.

이제 물에서 수소기체를 얻는 수준에 도달했으니, 화학자를 비롯한 지식인 중 물을 기본원소로 간주하는 사람은 거의 없었다. 그러나 라부아지에는 수소생산공장을 운영하면서 새로운 사실을 발견하고 또 다시 경이의 세계로 빠져들었다. 물을 분해하여 얻어진 산소와 수소의 무게비율이 항상 8:1로 일정했던 것이다. 수치가 일정하다는 것은 깔끔한 법칙에 따라 물이 형성된다는 뜻이고, 이 법칙을 설명하려면 원자론을 수용하는 수밖에 없었다.

라부아지에는 원자론에 특별한 매력을 느끼지 않았다. 그저 "눈에 보이지 않는 작은 입자들이 모든 물체의 화학적 특성을 좌우하고 있는데, 우리는 그것에 대해 아는 바가 거의 없다."고 말했을 뿐이다. 만일 그가 현역에서 은퇴하여 여유로운 노후를 보냈다면 자신의 생각을 정리하면서 원자론에 많은 업적을 남겼을지도 모른다. 틀림없이 그랬을 것이다. 그러나 라부아지에는 프랑스혁명을 지지했음에도 불구하고 공포정치 기간 동안 과거 징세청부인이었던 전력이 드러나 감방에 투옥되었고, 그로부터 2년 후인 1794년에 50세의 젊은 나이로 단두대에서 처형되었다.

라부아지에가 처형된 다음날, 프랑스의 기하학자 조지프 루이 라그랑주(Joseph Louis Lagrange)는 비극적인 사건을 한탄하며 다음과 같은 말을 남겼다. "그의 머리를 베는 데에는 단 몇 초면 충분했겠지만, 프랑스에서 그와 같은 두뇌가 다시 태어나려면 100년 이상을 기다려야 할 것이다."

원자로 되돌아가다

라부아지에가 세상을 떠나고 한 세대가 지난 후, 중산층 출신의 영국인 교사 존 돌턴이 그의 연구에 관심을 갖기 시작했다. TV에서나 볼 수 있는 전형적인 과학자를 현실세계에서 찾는다면, 돌턴만큼 딱 들어맞는 사람도 찾기 힘들 것이다. 그는 말 그대로 평탄하고 심심한 삶을 살았고, "내 머리는 삼각형과 화학반응, 그리고 전기실험 등으로 가득 차 있어서 결혼이 끼어 들 여지가 없다."면서 결혼도 하지 않았다. 그에게 가장 중요한 일은 아마도 도보여행과 퀘이커교도집회였을 것이다.

기숙학교의 평범한 교사로 사회생활을 시작한 돌턴은 틈날 때마다 뉴턴과 보일의 논문을 읽으면서 10년 동안 근속하다가, 맨체스터에 있는 한 대학에서 수학과 교수로 와달라는 제안이 들어와 흔쾌히 자리를 옮겼다. 그런데 막상 맨체스터에 가보니 대학측에서 수학뿐만 아니라 화학 강의를 병행해야 한다는 조건을 추가로 내걸었고, 그 바람에 돌턴의 강의는 주당 21시간으로 늘어났다! 결국 돌턴은 1800년에 교수직을 그만두고 본인이 직접 교습학원을 설립하여 학생들을 가르치면서 화학연구를 계속 진행해나갔다. 그가 원자론을 집중적으로 연구한 시기는 1803~1808년 사이였는데, 그 전까지만 해도 돌턴은 화학자들 사이에서 "화학에 관심이 많은 아마추어" 정도로 알려져 있었다. 지금 우리는 돌턴을 "데모크리토스가 창안했던 '원자'라는 용어를 공개적으로 사용한 최초의 화학자"로 알고 있지만, 두 개념 사이에는 커다란 차이가 있다. 데모크리토스는 각 물질이 각기 다른 원자로 이루어져 있다고 생각한 반면, 돌턴의 원자론에서는 '무게'가 핵심적인 역할을 했다.

돌턴이 남긴 가장 중요한 업적은 단연 원자론이다. 역사학자 중에는 원자론에서 돌턴의 역할이 지나치게 과장되었다고 주장하는 사람도 있지만, 화학이 지금과 같은 기초과학으로 자리 잡는 데 원자론이 결정적 역할을 했다는 것에는 의심의 여지가 없다. 그리고 이 장의 서두에서 말한 바와 같이, 실험을 통해 원자론을 최초로 입증한 사람은 물리학자가 아닌 화학자였다. 고대 그리스인은 모든 것이 시도 때도 없이 변하는 이 세상에서 영원히 변치 않는 무언가를 찾다가 '아토모스'에 도달했다. 아토모스 자체는 불변이지만 종류가 엄청나게 많고, 배열상태만 바꾸면 모든 변화를 재현해낼 수 있다. 그러나 현대화학에서는 단 몇 개의 원자만으로 온갖 물질을 만들어낼 수 있다. 탄소원자는 산소원자 한 개, 또는 두 개와 결합할 수 있고 수소원자는 산소, 염소, 또는 황 원자와 결합하면서 각기 다른 물질을 만들어낸다. 바로 이 대목에서 우리는 돌턴이라는 영웅을 기억할 필요가 있다.

기체의 성질을 설명하려면 원자의 존재를 가정해야 한다고 굳게 믿었던 돌턴은 이 아이디어를 화학반응에 적용하여 실험을 반복한 끝에 "모든 화합물의 성분비율은 일정하다."는 결론에 도달했다. 예를 들어 탄소와 산소가 결합하면 일산화탄소(CO)가 되는데, 이 혼합물 중 탄소가 차지하는 무게가 12그램이면 산소는 16그램이고, 탄소가 12파운드면 산소는 항상 16파운드가 필요하다.

어떤 단위를 쓰건, 돌턴이 특정한 탄소와 산소의 무게비율은 항상 12:16이었다. 이것을 어떻게 설명해야 할까? 탄소원자 하나의 무게가 12단위이고 산소원자 하나의 무게가 16단위라면, CO의 양이 얼마이건 간에 C(탄소)와 O(산소)의 무게비율은 항상 12:16으로 나타날 것이다. 물론 이 정도로는 원자론이 옳다고 우기기 어렵다. 그러나 수소-산소 화합물과 수소-탄소 화합물의 성분을 비교해보면 수소 : 탄소 : 산소의 무게비율은 항상 1 : 12 : 16으로 일정하다. 이쯤 되면 달리 설명할 방법이 없을 것이다. 동일한 논리를 다른 화합물에 적용해도 결론은 항상 원자론으로 귀결된다.

돌턴은 "모든 화학물질의 기본단위는 원자이며, 각 원자들은 고유의 무게를 갖고 있다."고 선언함으로써 과학계에 일대 혁명을 불러일으켰다. 여기서 잠시 1808년에 그가 발표한 글의 일부를 읽어보자.

그동안 철학적인 화학자들이 생각해왔던 대로, 물질이 취할 수 있는 '상태(state)'는 세 가지가 있다. 탄성유체(기체)와 액체, 그리고 고체상 태가 바로 그것이다. 대표적인 사례로는 물을 들 수 있다. 물을 끓일 때 생성되는 증기는 완벽한 기체이고 상온에서 물은 완벽한 액체이며, 물 이 얼어서 생긴 얼음은 단단한 고체이다. 이로부터 우리는 다음과 같은 결론을 내릴 수 있다. 모든 물체는 상태를 막론하고 지극히 작은 원자 로 이루어져 있다. 이 원자들은 서로 잡아당기는 힘, 즉 인력을 통해 결 합상태를 유지하고 있으며, 이들 사이에 작용하는 힘은 주변 환경이 물 체에 작용하는 힘보다 강하다…….

화학적으로 무언가를 분석하고 종합하는 행위는 입자들이 분리되거나 결합하는 현상을 체계화하는 것과 크게 다르지 않다. 화학적 과정을 통 해서는 물질을 새로 만들거나 파괴할 수 없다. 수소원자 하나를 새로 만들거나 없애는 것은 태양계에서 행성 하나를 새로 만들거나 없애는 것과 비슷하다. 우리가 할 수 있는 일이란 결합상태에 있는 원자를 분 리하거나 분리된 원자를 다시 결합시키는 것뿐이다.

라부아지에와 돌턴은 연구스타일이 확연하게 다르다. 매사에 꼼꼼했던 라부아지에는 실험의 정확성을 최우선으로 꼽았고, 이러한 성향은 화학 적 방법론에 극적인 변화를 가져왔다. 반면에 돌턴은 실수가 많은 사람으 로 유명하다. 그는 처음에 산소와 수소의 무게비율을 7:1로 산출했고 물 과 암모니아의 구성성분을 잘못 짚는 바람에 한동안 혼란에 빠지기도 했 다. 그러나 2,200년 동안 모호한 가설로 명목을 유지해왔던 원자론을 확고한 이론의 반열에 올려놓음으로써 과학의 새로운 지평을 열었다. 돌턴은 "그런 날이 빨리 오지는 않겠지만, 일단 원자론이 확립되면 화학은 아름답고 단순한 과학으로 재편성될 것"이라고 단언했다. 게다가 이 모든 업적을 현미경이나 입자가속기 같은 첨단장비 없이 시험관과 화학저울, 그리고 약간의 문헌과 상상력만으로 이루어냈다. 정말 놀랍지 않은가?

돌턴의 원자는 데모크리토스가 상상했던 아토모스와 본질적으로 다르다. 예를 들어 산소원자는 더 이상 분할할 수 없는 최소단위가 아니라 복잡한 내부구조를 갖고 있다. 그러나 당시에는 데모크리토스의 철학에 가장 근접한 단위였기에, 아토모스의 개념을 그대로 이어받아 '원자'라는 이름으로 불리게 되었다. 오늘날 '원자'라고 하면 당연히 돌턴의 원자를 의미한다. 돌턴의 원자는 수소나 산소, 또는 우라늄 같은 '화학원소'의 단위로 통용되고 있다.

1815년의 어느 날, 영국의 《로열 인콰이어러(Royal Enquirer)》지에 다음과 같은 기사가 실렸다.

보아뱀의 배설물을 연구하던 화학자가
만물을 구성하는 궁극의 입자를 발견하다

과학계에서는 가끔, 아주 가끔 누군가가 너무도 아름답고 단순해서 맞을 수밖에 없는 이론이나 현상을 발견하여 수천 년 동안 풀지 못했던 문제를 일거에 해결한 듯 보이는 경우가 있다. 그러나 이런 사례 100건 중 99건은 결국 틀린 것으로 판명된다.

영국의 화학자 윌리엄 프라우트(William Prout)가 바로 그런 경우였다.

그는 1815년에 '거의 옳은 것 같은' 추론을 제기하여 화학계 전체를 흥분의 도가니로 몰아넣었는데, 아이러니하게도 잘못된 반증을 통해 틀린 것으로 판명되었다. 프라우트는 모든 물질의 궁극적 기본단위가 수소원자라고 주장했고, 화학계에서는 드디어 오래된 수수께끼가 풀렸다며 흥분을 감추지 못했다.

지금 생각하면 일고의 가치도 없는 엉터리 주장 같지만, 당시로서는 '아주 조금 틀린' 심오하고 우아한 가설이었다. 프라우트의 목적은 그때까지 발견된 화학원소 25종의 공통분모를 찾는 것이었으니, 단순성을 추구하는 19세기 초의 똑똑한 과학자라면 누구나 그런 결론에 도달했을 것이다. 그런데 의외인 것은 얼마 전까지만 해도 그가 소변에 관한 책을 집필하고 보아뱀의 배설물을 분석하는 등 주류 화학계에서 다소 벗어난 길을 가고 있었다는 점이다. 배설물에서 어떻게 원자론을 떠올렸을까? 궁금하긴 하지만 깊이 생각하고 싶진 않다.

프라우트는 원자량이 1인 수소가 가장 가벼운 원소라는 점에 착안하여 '가장 근본적인 원소는 수소이며 나머지는 수소가 모여서 만들어진 화합물'이라고 생각했다. 그리고 고대 그리스 학자의 사상을 계승한다는 뜻에서 이 기본원소를 '원질(原質, protyle)'이라 불렀다. 사실 따지고 보면 그리 터무니없는 생각도 아니다. 대부분 원소의 원자량은 수소의 정수배로 떨어지기 때문이다. 그러나 측정기술이 개량되면서 프라우트의 가설은 설 자리를 잃게 되었다. 예를 들어 염소 무게는 수소의 35.5배인데, 이 값은 프라우트가 말하는 원질을 반으로 쪼개지 않는 한 자연에 존재할 수 없다. 물론 이것은 잘못된 반증이다. 자연에 존재하는 염소는 수소가 35인 것과 수소가 37인 것이 있는데(이들을 '동위원소isotope'라 한다.), 35짜리가 더 많기 때문에 이들의 가중평균이 35.5로 나타난 것뿐이다. 여기서 말하는 '수소'는 양성자와 중성자를 의미하며, 둘의 질량은 거의 같다.

따지고 보면 프라우트는 만물의 기본단위로 수소가 아닌 핵자(nucleon, 원자핵을 구성하는 입자. 양성자와 중성자의 통칭)의 존재를 예견한 셈이다. 19세기 초의 과학수준에서 이 정도면 정말 최고의 가설이라고 할 수 있다. 25종의 원소를 더욱 단순한 체계로 통합하려는 시도는 언젠가 결실을 맺게 될 운명이었다.

그러나 19세기는 그럴 만한 시기가 아니었다.

원소로 하는 카드게임

속성으로 되돌아보는 17~19세기 화학의 역사에서 등장하는 마지막 인물은 시베리아출신의 화학자이자 원소주기율표의 창시자인 드미트리 멘델레예프(Dmitri Mendeleev)이다. 그의 주기율표 덕분에 화학자들은 물질을 체계적으로 분류할 수 있었고, 데모크리토스의 원자에 더욱 가까이 다가갈 수 있었다.

멘델레예프는 실수가 잦은 사람이었다. 그는 당시 유행했던 신 우유 다이어트의 신빙성을 검증하겠다며 우유만 먹고살다가 피골이 상접하는 등 기이한 행동을 자주 하여 동료들의 놀림감이 되곤 했다. 또 그는 상트페테스부르크대학교에서 학생들과 친분이 두터운 교수로 유명했는데, 학생시위를 지지했다는 이유로 정년을 채우지 못하고 해고당했다.

학교에서 강의를 하지 않았다면 멘델레예프의 주기율표는 탄생하지 못했을 것이다. 그는 화학교수로 처음 채용된 1867년에 마땅한 교과서가 없음을 깨닫고 교재를 직접 저술하여 학생들에게 나눠주었다. 화학에서 가장 중요한 것은 질량이라고 굳게 믿었던 멘델레예프는 교과서를 집 필하던 중 그때까지 알려진 모든 원소를 무게에 따라 분류한다는 간단한 아이디어를 떠올렸다.

그가 생각한 원소분류법은 다름 아닌 '카드게임'이었다. 원소를 뜻하는 기호와 원자량, 그리고 화학적 특성(예: 나트륨-활성금속, 아르곤-불활성기체 등)을 카드에 적어 넣고 솔리테어게임(solitaire)●을 한 것이다. 실제 게임에서는 같은 모양을 순서대로 쌓아나가지만 멘델레예프는 원소의 특성에 따라 원자량이 증가하는 순서로 카드를 쌓아나갔고, 같은 게임을 반복하다보니 원소들 사이에서 어떤 주기성이 눈에 뜨이기 시작했다. 화학적 성질이 비슷한 원소들이 카드 8장마다 반복적으로 나타났던 것이다. 예를 들어 리튬(Li), 나트륨(Na), 칼륨(K)은 모두 활성금속으로 3, 11, 19번째 카드에 해당하고 수소(1, H), 불소(9, F), 염소(17, Cl)는 활성이 강한 기체이다. 그래서 세로줄이 8개가 되도록 카드를 배열해보니 특성이 비슷한 원소들이 같은 세로줄에 배열되면서 원소의 주기성이 확연하게 드러났다.

원소를 갖고 카드놀이를 했다니 참으로 기발한 발상이다. 게다가 멘델레예프는 굳이 모든 칸을 채워넣으려고 애쓰지도 않았다. 원래 그의 의도는 가로줄을 원자량이 하나씩 증가하는 순서로, 세로줄을 화학적 성질이 비슷하면서 원자량이 8씩 증가하는 순서로 배열하는 것이었는데, 카드를 하나씩 채워넣다보니 곳곳에 빈칸이 생겼다. 그러나 멘델레예프는 굳이 기존의 원소로 채우려 애쓰지 않고 그냥 빈칸으로 남겨두었다. 그

● 혼자 하는 카드놀이. MS 윈도우에 기본으로 깔려 있다.

리고 빈칸에는 산스크리트어로 하나(one)를 뜻하는 '에카(eka)'라는 이름을 붙여놓았다. 예를 들어 알루미늄(Al) 바로 아래 빈자리는 '에카알루미늄', 실리콘(Si) 아래 빈자리에는 '에카실리콘'이라고 적어 넣는 식이었다.

멘델레예프의 동료들은 군데군데 이빨이 빠져 있는 주기율표를 보고 실소를 금치 못했다. 그러나 5년 후인 1875년에 발견된 갈륨(Ga)은 주기율표에서 에카알루미늄 자리에 딱 들어맞았고, 1886년에 발견된 게르마늄(Ge)은 에카실리콘이었다. 화학원소 카드게임은 결코 장난이 아니었던 것이다.

원자량을 측정하는 기술이 향상되지 않았다면 멘델레예프는 주기율표에 확신을 갖지 못했을 것이다. 실제로 그는 규칙을 유지하기 위해 몇 가지 원소의 원자량을 임의로 수정했는데, 정작 측정을 수행했던 화학자들은 애써 얻은 값을 제멋대로 바꿔놓았다며 멘델레예프를 못마땅하게 생각했다.

원소들이 무게에 따라 어떤 규칙을 갖고 있다고? 좋다. 측정결과가 그러하니 그렇다 치자. 그런데 왜? 원소는 왜 그런 주기적 성질을 갖고 있는가? 화학자들은 일제히 꿀 먹은 벙어리가 되었다. 이 질문에 답하려면 원자핵과 양자적 원자가 발견될 20세기까지 기다려야 했다. 사실 주기율표가 처음 공개되었을 때 대부분의 화학자들은 별로 반기지 않았다. 더이상 분할할 수 없는 만물의 기본단위치고는 종류가 너무 많았기 때문이다. 처음에 25개로 출발했던 주기율표는 곧 50개로 불어났고, 얼마 후에는 90개를 넘어섰다. 주기율표를 접한 1800년대 말의 화학자들은 머리를 쥐어뜯고 싶었을 것이다. 근 2,000년 동안 그토록 찾아 헤맸던 '단순한 통일'은 어디로 갔는가? 그런 것은 애초부터 존재하지 않았다는 말인가? 사실 멘델레예프가 발견한 질서는 한층 더 깊은 단계의 단순성을 암시하고 있었다. 이제 와서 얘기지만, 주기율표에 나타난 원소의 주기적 특성은 원자 내부에 주기적으로 반복되는 구조가 존재한다는 강력한 증거였다. 그러나 당시 화학자들은 수소나 산소 같은 원자가 더 이상 분할되지 않는다는 오래된 믿음을 포기하지 못했다.

주기율표가 복잡한 것은 멘델레예프의 잘못이 아니었다. 그는 복잡한 원소목록을 정리하고 최선을 다해 규칙을 찾아냈을 뿐이다. 그런데도 그는 학계의 인정을 받지 못했으며, 1907년에 세상을 뜰 때까지 노벨상도 받지 못했다. 그나마 위안이 되는 것은 그의 장례식에서 제자들이 최대한의 경의를 표했다는 점이다. 그날 학생들은 특별히 제작한 대형 주기율표를 높이 치켜들고 장례행렬의 뒤를 조용히 따라갔다. 오늘날 멘델레예프의 주기율표는 전 세계 고등학교의 화학교실과 모든 연구소에 진열되어 있다.

이제 고전물리학의 마지막 단계에 도달했다. 지금부터는 입자보다 힘 쪽으로 관심을 돌려서, 18세기 말부터 뜨거운 관심사로 떠오른 '전기(electricity)'의 발달사를 살펴보기로 하자.

과거에 전기는 신비로 가득 찬 힘이었다. 번개가 내리칠 때 빼고는 자연적으로 발생하는 경우가 거의 없었기 때문이다. 그래서 전기적 현상을 연구하는 것보다 그런 현상을 인공적으로 만들어내는 것이 더 큰 문제였다. 지금 우리는 모든 곳에 전기가 존재한다는 사실을 잘 알고 있다. 모든 물체는 어떤 형태로든 전기를 띠고 있으며, 그 존재가 겉으로 드러날 때마다 엄청난 힘을 발휘한다. 특히 입자가속기에서 생성되는 입자를 논할 때에는 이 사실을 깊이 숙지하고 있어야 한다. 19세기만 해도 전기는 현대물리학의 쿼크 못지않게 신비한 존재였지만, 오늘날 전기는 우리의 생활을 완전히 지배하고 있다. 전기를 분석하고 제어하는 능력이 인류의 삶을 송두리째 바꿔놓은 것이다.

19세기에 전기와 자기를 연구했던 과학자들의 이름은 지금도 일상 생활 속에서 회자되고 있다. 샤를 오귀스탱 드 쿨롱(Charles Augustin de Coulomb, 전하의 단위), 앙드레 마리 앙페르(André Marie Ampère, 전류의 단위, 미국식 발음인 '암페어'로 사용됨), 게로르그 옴(Georg Ohm, 저항의 단위), 제임스 와트(James Watt, 일률의 단위), 제임스 줄(James Jule, 에너지의 단위), 알레산드로 볼타(Alessandro Volta, 전압의 단위)는 각종 단위로 사용되고 있으며, 루이지 갈바니(Luigi Galvani)는 그가 발명한 전류측정기 '갈바노메터 (galvanometer, 검류계)'를 통해 이름을 남겼다. 칼 프리드리히 가우스(Carl Friedrich Gauss)와 한스 크리스티안 외르스테드(Hans Christian Oersted), 빌헬름 에두아르드 베버(Wilhelm Eduard Weber)의 이름도 자기와 관련된 물리량의 단위로 사용되면서 전 세계 전기공학과 학생들을 괴롭히고 있다. 이 분야에 큰 공헌을 하고도 물리량의 단위로 이름을 남기지 못한 사람은 벤저민 프랭클린(Benjamin Franklin) 뿐이다. 불쌍한 벤……. 하지만 100 달러짜리 지폐에 그의 얼굴이 큼지막하게 인쇄되어 있으니 어느 정도 보상은 된 셈이다. 전기에 두 종류가 있다는 사실을 최초로 간파한 사람은 쿨롱이나 앙페르가 아닌 프랭클린이었다. 그는 이것을 '조(Joe)'와 '모 (Moe)'로 부를 수도 있었지만, 만인의 안녕을 위해 '플러스(+)'와 '마이너스(-)'라는 평범한 이름을 선택했다. 또한 그는 '전기전하(electric charge)' 라는 용어를 최초로 사용했고, 전하가 보존된다는 것을 최초로 알아낸 장본인이기도 하다. 전하는 한 물체에서 다른 물체로 이동할 수 있지만, 어떤 경우에도 전체 전하량은 변하지 않는다. 그러나 전기와 자기 분야에서 최고의 업적을 남긴 사람은 영국의 마이클 패러데이와 제임스 클러크 맥스웰이었다.

전기 개구리

우리의 이야기는 1700년대에 발명된 갈바니의 배터리에서 시작된다. 이 발명품은 훗날 또 한 사람의 아탈리아인 볼타의 손을 거치면서 성능이 크게 향상되었다. 갈바니는 개구리의 반사신경을 관찰하던 중(거창한 실험은 아니고, 개구리를 금속으로 만든 미니침대에 묶은 채 바깥에 방치해두고 번개가 칠 때까지 기다리는 식이었음) 동물의 몸에 미세한 전류가 흐르는 '동물전기(animal electricity)' 현상을 발견했고, 이 실험은 1790년경 볼타에게 중요한 실마리를 제공했다. 자동차의 제왕 헨리 포드(Henry Ford)가 초기에 생산했던 전기자동차의 배터리박스에 개구리를 넣어놓고 다음과 같은 문구를 새겨 넣었다고 상상해보라. "24킬로미터 주행할 때마다 개구리에게 먹이를 주시오." 갈바니의 개구리는 철제 격자 위에 누운 채 놋쇠 갈고리에 걸려 있었으므로, 개구리의 몸에 흐르는 전기는 철과 놋쇠에서 생성된 것이었다. 이 사실을 간파한 볼타는 개구리 대신 소금물에 가죽을 담그고 양쪽에 두 종류의 금속을 접촉시켜서 전기를 발생시키는 데 성공했다. 그리고 얼마 후에는 아연과 구리판을 이용하여 최초의 전지인 '전퇴(電堆, pile)'를 발명했고(전퇴의 크기가 클수록 더 많은 전류가 발생한다.), 전퇴에서 발생하는 전류를 측정하기 위해 전위계까지 만들었다. 이로써 실험가들은 번개가 칠 때까지 기다릴 필요 없이 실험실에서 전류를 생산할 수 있게 되었으며, 모든 전기현상은 화학반응을 통해 만들어낼 수 있다는 사실도 알게 되었다.

전하를 띤 두 물체 사이에 힘이 작용하는 방식을 알아낸 사람은 쿨롱이었다. 그는 이 실험을 수행하기 위해 아주 작은 힘까지 측정할 수 있는 비틀림저울을 발명했다. 물론 그가 측정한 힘은 전기에 의해 발생하는 힘, 즉 전기력이었다. 쿨롱은 비틀림저울을 이용하여 두 전기전하 사이에 작용하는 힘이 둘 사이의 거리의 제곱에 반비례한다는 것과, 같은 부호의 전하들끼리는 서로 밀어내고(++ 또는 --), 다른 부호끼리는 잡아당긴다는 사실을 알아냈다.(+- 또는 -+) 이것이 바로 그 유명한 '쿨롱의 법칙'으로, 장차 원자의 세계를 이해하는 데 핵심적인 역할을 하게 된다.

18세기 말~19세기 초의 과학자들은 전기와 자기를 완전히 다른 현상으로 취급했다. 그러나 1820~1870년 사이에 다양한 실험이 실행되면서 전기와 자기가 동일한 현상의 다른 측면임이 밝혀졌고, 여기에 빛까지 하나로 통합한 '고전 전자기 대통일 이론'이 탄생하게 된다.

화학결합의 비밀: 다시 입자로 돌아오다

전기와 관련된 초기지식의 대부분은 전기화학(electrochemistry)이라는 분야를 통해 얻어졌다. 과학자들은 볼타전지의 양쪽 극판을 도선으로 연결해놓으면 전류가 흐른다는 사실을 깨달았고, 이 도선을 도중에 끊어서 금속조각에 연결한 후 액체 속에 담가도 액체를 타고 전류가 흐른다는 사실도 알게 되었다. 또한 액체 속에 전류가 흐르면 화학반응이 초래되어 전기분해가 일어난다는 사실도 알게 되었다. 예를 들어 볼타전지의 양극판을 물속에 담가놓으면 한쪽에서는 산소기체가, 다른 쪽에서는 수소기체가 발생하는데, 이는 곧 물이 산소와 수소의 화합물임을 의미한다. 물 대신 염화나트륨(소금물)을 사용하면 한쪽 극판에는 나트륨이 도금되고 반대쪽 극판에서는 녹색의 염소기체가 발생한다. 이것이 바로 '전기도금'으로, 처음 발견된 후 수십 년만에 거대산업으로 성장했다.

전류에 의해 화합물이 분해된다는 것은 원자의 결합과 전기력 사이에 밀접한 관계가 있다는 뜻이다. 원자들 사이에 작용하는 인력(화합물 사이의 '친화력affinity')의 원천은 결국 전기력이었던 것이다.

마이클 패러데이는 학술용어를 정리하는 것으로 전기화학 연구를 시작했다.* 라부아지에가 화학물질의 이름을 지으면서 개념을 정리했던 것처럼, 용어정리는 패러데이에게도 커다란 도움이 되었다. 그는 액체에 잠긴 금속을 '전극(electrode)'으로 명명했고 음의 전극을 '음극(cathode)', 양의 전극을 '양극(anode)'이라 불렀다. 물속에 전류를 흘려주면 전하를 띤 원자들이 음극에서 양극으로 이동한다. 정상적인 화학원자는 양전하나 음전하 없이 전기적으로 중성이지만, 이들이 전류에 노출되면 어떻게든 전하를 띠게 된다.** 패러데이는 전하를 띤 원자를 '이온(ion)'으로 명명했다. 지금 우리는 '중성원자가 전자 몇 개를 잃거나 획득하면 이온이 된다.'는 사실을 익히 알고 있다. 그러나 패러데이가 활동하던 시대는 전자가 발견되기 전이었다. 전자를 몰랐으니 전기현상의 근원도 알 턱이 없었다. 그런데 패러데이는 어떻게 이온이라는 개념을 떠올릴 수 있었을까? 혹시 전자의 존재를 예측한 것은 아닐까? 그는 1830년대에 극적인 실험을 실행하여 다음과 같은 두 개의 결론에 도달했다(이것은 훗날 '패러데이의 법칙'으로 알려지게 된다.).

1. 하나의 전극에서 석출된 화학물질의 양은 전류와 시간의 곱에 비례

• 패러데이는 정규교육을 받지 않고 왕립학회 소속 화학자의 실험조수로 학계에 입문했다.
•• 정상적인 원자는 양전하와 음전하가 전혀 없는 것이 아니라, 둘이 정확하게 상쇄되어 중성 상태를 유지한다.

한다. 즉, 전극에서 방출된 질량은 액체를 통과한 전기의 양에 비례
한다.

2. 일정한 전기량에 의해 석출된 질량은 (물질의 원자량)×(화합물에
   들어 있는 원자의 개수)에 비례한다.

이 법칙에 따르면 전기는 연속적으로 매끄럽게 흐르는 양이 아니라 여
러 개의 '덩어리'로 이루어져 있음이 분명하다. 패러데이의 법칙에 돌턴
의 원자설을 접목하면 액체 속의 원자(이온)들은 전극으로 이동하여 수소
나 산소, 또는 은과 같은 자유원자로 환원된다고 생각할 수 있다. 이로부
터 내릴 수 있는 결론은 하나뿐이다. '전기는 입자로 이루어져 있다.' 그
러나 이 사실을 확인하려면 전자가 발견될 19세기 말까지 거의 60년을
기다려야 했다.

코펜하겐의 충격

패러데이 이후 전기의 역사는 덴마크의 코펜하겐으로 넘어간다. 1820년
에 한스 크리스티안 외르스테드가 역사에 길이 남을 발견을 이루어냈다.
그는 볼타전지의 한 단자를 다른 단자에 전선으로 연결하여 안정적인 전
류를 생성시켰다. 이 무렵에도 전기는 여전히 미스터리였지만, 어쨌거나
전류는 전선을 통해 전기전하가 이동하는 현상처럼 보였다. 여기까지는
새로운 것이 없다. 그런데 외르스테드가 전선 근처로 나침반을 가져가자
정말로 신기한 현상이 나타났다. 원래 나침반의 바늘은 주변에 자석이
없는 한 지구의 북극 근처를 가리키기 마련인데, 전류가 흐르는 전선 가

까이 가져갔더니 갑자기 바늘이 휙 돌아가면서 전선과 수직한 방향을 가리키는 것이 아닌가! 외르스테드는 이 현상 때문에 한동안 고민하다가 어느 날 문득 새로운 의문을 떠올렸다. 혹시 나침반이 자기장을 감지하는 게 아닐까? 그렇다면 전선이 자기장을 만들었다는 이야기인가? 그렇다. 외르스테드는 전기와 자기의 연결고리를 발견한 것이다. "전류는 자기장을 생성한다." 물론 자석도 자기장을 만든다. 독자들은 자석 주변에 뿌려진 쇳가루가 자기장의 방향을 따라 도열하는 모습을 한번쯤 본 적이 있을 것이다(자석은 냉장고 문에 사진을 붙일 때도 유용하다.). 자석이 금속을 잡아당긴다는 것은 옛부터 잘 알려진 현상이다. 하지만 [전류가 흐르는 도선] = [자석]이라니! 이 놀라운 소식은 삽시간에 유럽 전역으로 퍼져나갔고, 과학자들은 경악을 금치 못했다.

이 소식을 접한 파리의 앙드레 마리 앙페르는 전류와 자기장 사이의 수학적 관계를 성공적으로 유도해냈다. 전류에 의해 형성된 자기장의 크기와 방향은 전류의 양과 도선의 기하학적 형태(직선, 원형, 사각형 등)에 따라 달라진다. 또 앙페르는 일련의 실험과 수학적 논리를 결합하여 직선, 곡선, 원형고리, 또는 원통모양으로 둘둘 감은 전선 등에 의해 생성되는 자기장 계산법을 개발하여 학자들 사이에 뜨거운 논쟁을 야기했다. 평행하게 세팅된 한 쌍의 직선 도선에 같은 방향으로 전류가 흐르면 두 도선은 서로 잡아당기고, 반대방향으로 전류가 흐르면 서로 밀어낸다. 즉, 전류가 흐르는 도선들은 서로 상대방에게 힘을 행사한다(각 도선들이 만든 자기장 때문이다.). 패러데이의 전기모터는 바로 이 현상을 이용한 발명품이었다. 원형(圓形)전선에 전류가 흐르면 자기장이 생성된다. 여기에도 매우 심오한 뜻이 담겨 있다. 혹시 고대인들이 말했던 자철광(천연자석)은 원자규모에서 흐르는 원형전류 때문에 자성을 띠게 된 것은 아닐까?

다른 과학자와 마찬가지로 자연법칙의 통일과 단순화를 추구했던 외르스테드는 중력, 전기, 자기가 동일한 힘의 다른 모습이라고 믿었다. 아마도 전기와 자기의 연결고리를 본인이 직접 발견했기 때문일 것이다. 이런 성향은 앙페르에게서도 발견된다. 그는 "자기는 전기가 움직이면서 생기는 현상(전기역학)이므로 굳이 따로 고려할 필요가 없다."고 주장했다.

세상을 바꾼 제본공

마이클 패러데이를 빼놓고는 전기와 자기를 논할 수 없다(앞에서도 몇 번 언급되었지만 그건 예고편에 불과했다. 지금부터가 진짜다!). 그는 당대 최고의 실험가였다. 이 말을 인정하기 싫다면 …… 좋다, 그는 당대 최고의 실험가 후보에 오를 만한 사람이었다. 지금까지 출판된 패러데이의 전기는 뉴턴과 아인슈타인, 그리고 마릴린 먼로의 전기보다 많다. 비결이 뭘까? 한 마디로 단정짓긴 어렵지만 신데렐라를 닮은 그의 독특한 이력이 적지 않은 역할을 한 것 같다. 패러데이는 가난한 대장장이의 아들로 태어나 항상 배가 고팠고(빵 한 조각으로 일주일을 버틴 적도 있다.), 14세가 되었을 때 가족의 생계를 돕기 위해 학교를 그만두고 제본소에 견습공으로 취직했다. 그러던 어느 날 한 고객이 대영백과사전의 제본을 맡겼고, 소년 패러데이는 심심풀이로 "전기(electricity)" 부분을 읽다가 완전히 빠져들었다. 장차 세상이 송두리째 바뀔 것을 알리는 전조치고는 참으로 소박하고 조용했다.

여기서 잠시 짚고 넘어갈 것이 있다. AP통신사에 다음과 같은 두 건의 뉴스가 동시에 타전되었다고 가정해보자.

(1)

전기를 발견한 패러데이

왕립학회가 그의 업적을 극찬하다

(2)

나폴레옹, 세인트헬레나섬에서 탈출 감행

대륙군 이동개시

둘 중 어떤 뉴스가 헤드라인을 장식할까? 그렇다, 당연히 나폴레옹이다!
그러나 패러데이는 거의 50년 동안 영국을 '전기충격'으로 몰아넣었고
현대인의 삶을 극적으로 바꿔놓았다. 인류역사를 통틀어 한 사람의 상상
력이 전 세계에 이토록 막대한 영향을 미친 사례는 찾아보기 힘들다. 요
즘 대중들에게 가장 큰 영향력을 발휘하는 기관은 TV 방송국일 텐데,
그곳에서 일하는 기자와 편집자들이 학창시절에 과학과목을 강제로라도
수강했다면 모를까 …… 패러데이 같은 인물은 두 번 다시 등장하기 어
려울 것이다.

양초와 모터, 그리고 발전기

패러데이가 어떻게 세상을 바꿨는지 지금부터 찬찬히 살펴보자. 그는 21
세의 나이에 화학자로 학계에 입문하여 벤젠을 비롯한 유기화합물을 여
러 종 발견했고, 전기화학을 거쳐 물리학 쪽으로 방향을 틀었다(1989년에
유타대학교의 화학자들이 저온핵융합을 발견했다며 학계를 떠들썩하게 만들었다가 불

발로 끝난 적이 있다. 그들이 패러데이의 전기분해법칙을 제대로 이해했다면 이런 민망한 사건은 애초부터 일어나지 않았을 것이다.). 그 후 패러데이는 전기와 자기분야에서 연타석 대박을 터뜨렸는데, 대충 나열하면 다음과 같다.

- 변하는 자기장이 전기장을 생성한다는 유도법칙을 발견
  (이 법칙은 그의 이름을 따서 '패러데이의 자기유도법칙'이라 한다.)
- 최초로 자기장으로부터 전류를 유도
- 전기모터(전동기)와 발전기를 발명
- 전기와 화학결합의 상호관계를 규명
- 자기장이 빛에 미치는 영향을 발견
- 기타 등등 …… 그 외에도 많다!

이 모든 업적을 박사, 석사, 학사학위는커녕 고등학교도 다니지 못한 학력으로 이루어냈다! 한 가지 문제는 패러데이가 수학을 전혀 몰랐다는 점이다. 그래서 그는 자신이 발견한 내용을 방정식 대신 일상적인 언어로 표현했고, 가끔은 데이터를 설명하는 그림을 그려 넣기도 했다.

지난 1990년에 시카고대학교에서 〈성탄절강의(The Christmas Lecture)〉라는 TV 과학강연 시리즈를 기획한 적이 있는데, 영광스럽게도 내가 첫 번째 강연자로 선정되었다. 그때 나는 강연제목을 놓고 한동안 고민하다가 1826년에 패러데이가 어린아이들에게 베풀었던 '양초와 우주(Candle and the Universe)'라는 강연을 떠올렸다. 이 강연에서 그는 "타들어가는 촛불에서 모든 과학적 과정을 찾아볼 수 있다."고 했는데, 1826년에는 맞는 말이었지만 1990년에는 더 이상 그런 주장을 할 수 없었다. 그 사이에 촛불보다 훨씬 높은 온도에서 진행되는 물리적 과정이 여러 개 발견되었기

때문이다. 그럼에도 불구하고 패러데이의 강연은 매우 명쾌하고 흥미진진하여, 똑같은 내용을 성우의 목소리로 재현해서 CD로 제작한다면 아이들에게 아주 좋은 크리스마스 선물이 될 것이다. 그렇다. 패러데이는 뛰어난 물리학자일 뿐만 아니라, 과학의 대중화에 앞장섰던 과학전도사였다!

앞에서 말한 대로 패러데이의 전기분해 이론은 화학원자의 전기적 구조를 규명하고 장차 전자를 발견하는 데 중요한 역할을 했다. 그러나 이 모든 것을 무색하게 만드는 패러데이 최고의 업적이 있으니, 전자기유도 현상과 '장'의 개념이 바로 그것이다.

현대물리학이 전기(정확하게는 전자기, 또는 전자기장)를 공략해온 과정은 팅커-에버스-챈스로 이어지는 더블플레이와 비슷하다.● 물리학의 팀워크는 외르스테드-앙페르-패러데이로 이어지는데, 먼저 등장한 외르스테드와 앙페르는 전류와 자기장의 특성을 이해하는 첫 걸음을 내디뎠다. 가정집에서 전선을 타고 흐르는 전류는 주변에 자기장을 만든다. 그러므로 전선을 잘 조작하면 소형 선풍기를 구동하는 자석부터 입자가속기에 사용되는 초대형 자석까지, 모든 종류의 자석을 원하는 대로 만들 수 있다. 그렇다면 천연자석도 전자석과 비슷한 원리로 설명될 수 있지 않을까? 원자규모에서 흐르는 전류가 미세한 자기장을 생성하고, 이들이 모여서 거시적인 자성을 만들어낸 것은 아닐까? 만일 그렇다면 알루미늄이나 구리가 자성을 띠지 않는 것은 원자규모에서 흐르는 앙페르전류의

● Tinker to Evers to Chance, 1900년대 초에 미국 프로야구팀 시카고 컵스(Chicago Cubs)의 2루수 조 팅커(Joe Tinker)와 유격수 자니 에버스(Johnny Evers), 그리고 1루수 프랭크 챈스(Frank Chance)가 구축했던 환상의 더블플레이 팀워크를 일컫는 유행어.

방향이 제멋대로여서 자기장이 상쇄되었기 때문일지도 모른다.

　패러데이는 전기와 자기를 통일한다는 원대한 꿈을 꾸고 있었다. 전기가 자기장을 만든다면 자석도 전기를 만들 수 있지 않을까? 그러지 못할 이유가 어디 있는가? 우리의 경험에 의하면 자연은 분명히 대칭을 선호한다. 그러나 패러데이는 이 사실을 증명하기 위해 10년이 넘는 세월을 인내해야 했다(1820~1831년). 물론 이것은 패러데이가 남긴 최고의 업적이 되었다.

　패러데이가 추구했던 대칭은 전자기유도라는 현상을 통해 극적으로 드러났다. 이 대목에서 다시 한 번 떠오르는 격언, 역시 뛰어난 명성의 배후에는 뛰어난 실험이 있었다. 패러데이는 한 가지 의문을 떠올렸다. 전류가 흐르는 전선을 자석으로 움직이게 만들 수 있지 않을까? 그는 이 힘을 눈으로 확인하기 위해 전선의 한쪽 끝을 배터리에 연결하고, 반대쪽 끝은 수은과 자석이 들어 있는 비커 속에서 자유롭게 흔들릴 수 있도록 걸쳐놓았다. 이 상태에서 전선에 전류를 흘렸더니 비커에 걸쳐놓은 전선이 자석 주위로 원을 그리며 빙글빙글 돌아가는 것이 아닌가! 최초의 전기모터는 이렇게 탄생했다. 전기는 결국 에너지였고, 패러데이는 전기에너지를 운동에너지로 바꾼 것이다.

　이제 1831년으로 건너뛰어 다른 발명품을 살펴보자. 패러데이는 도넛 모양으로 구부린 철심의 한쪽 옆구리에 구리선을 여러 번 감은 후 선의 양끝을 검류계(전류측정장치, galvanometer)에 연결했다. 그리고 도넛형 철심의 반대쪽 옆구리에는 구리선을 이전보다 듬성듬성하게 감은 후 선의 양끝을 배터리에 연결했다. 겉모습은 매우 소박하지만 사실 이것은 최초의 변압기(transformer)였다. 배터리에 연결된 부분을 A, 검류계에 연결된 부분을 B라 하자. 이 상태에서 전원을 켜면 과연 어떤 일이 벌어질까?

이 장치는 과학의 역사를 바꿔놓았다. 패러데이는 코일 A에 흐르는 전류가 그 주변에 자기장을 만들고, 이 자기장이 코일 B에 전류를 유도할 것이라고 예측했다. 배터리의 전원을 켜는 순간, B에 연결된 검류계의 바늘이 휙 돌아갔다. 오케이, 전류가 흐른다! 코일 B에는 검류계만 연결했을 뿐, 어떤 전원장치도 연결하지 않았는데 전류가 흐른 것이다. 그러나 이런 현상은 처음에만 잠깐 나타날 뿐, 검류계의 바늘은 곧바로 0으로 되돌아가서 꼼짝도 하지 않았다. 그리고 얼마 후 배터리의 전원을 껐더니 검류계의 바늘이 이전과는 반대방향으로 휙 돌아갔다가 다시 0으로 되돌아왔다. 검류계의 감도를 높이면 무엇이 달라질까? 아무것도 달라지지 않는다. 구리선을 더 촘촘하게 감아도, 배터리를 더 강한 것으로 교체해도 달라지는 게 없다. 오직 배터리의 전원을 켜거나 끌 때만 유도전류가 잠깐 흐르다가 사라진다. 이 사실을 깨달은 순간, 패러데이는 '유레카'를 외쳤다(영국에서는 이런 극적인 순간을 '바이 조브 모멘트By Jove moment'라 한다.). 코일 A가 코일 B에 전류를 유도하는 것은 'A의 전류가 변할 때에만 일어나는 현상'이었던 것이다. 그 후 30년에 걸친 연구 끝에 다음과 같은 물리법칙이 명예의 전당에 올랐다. "변하는 자기장은 전기장을 만든다."

얼마 후 이 법칙으로부터 탄생한 것이 바로 발전기였다. 역학적 장치를 이용하여 커다란 자석을 회전시키면 자기장이 변하면서 전기장이 생성되고, 여기에 회로를 연결하면 전류가 유도된다. 대형 자석을 떨어지는 물로 돌리면 수력발전, 석탄으로 물을 끓여서 생긴 증기로 돌리면 화력발전, 바람으로 돌리면 풍력발전, 원자력 에너지로 물을 끓여서 자석을 돌리면 원자력 발전 …… 등등이다. 그 후로 24시간 전기를 생산하는 발전소가 곳곳에 건설되면서 밤과 낮의 구별이 사라졌고, 전기로 작동되는 오만가지 물건들이 봇물 터지듯 쏟아져 나와 현대인의 생활양식을 완전히 바꿔놓았다.

그러나 과학자들은 여기에 만족할 수 없다. 우리는 지금 만물의 기본 단위인 아토모스와 신의 입자를 찾는 중이다. 이 책에서 패러데이를 비중 있게 다루는 이유는 입자가속기가 그의 법칙에 크게 의존하고 있기 때문이다. 전기로 돌아가는 지금 세상에 패러데이가 살아 돌아온다 해도, 밤에도 일할 수 있다는 것 외에는 별 다른 감흥을 받지 못할 것이다.

패러데이는 크랭크를 돌려서 작동하는 전기발생장치를 직접 제작했다. 당시에는 이런 장치를 '다이나모(dynamo)'라 불렀다. 그러나 그는 새로운 발명품을 응용하는 데에는 별 관심을 두지 않고 항상 새로운 발견에 몰입했다. 1832년에 영국수상이 패러데이의 연구실을 방문했을 때, 이상하게 생긴 기계장치를 가리키며 "저게 뭐하는 물건입니까?" 하고 묻자 패러데이가 대답했다. "글쎄요, 저도 잘 모르겠습니다. 하지만 언젠가 영국정부는 저 물건 덕분에 세금을 더 걷을 수 있을 겁니다." 그로부터 48년이 지난 1880년, 영국정부는 전기에 세금을 물리기 시작했다.

'장'이 그대와 함께 하리라

패러데이가 창안한 여러 개념들 중 환원주의의 역사에 가장 큰 공헌을 한 것은 '장(場, field)'의 개념이었다. 이 내용을 제대로 이해하려면 패러데이보다 80년 먼저 태어나 원자론에 확실한 족적을 남긴 로저 보스코비치를 다시 한 번 떠올릴 필요가 있다. 그는 만물의 최소단위인 아토모스를 머릿속에 그리면서 한 가지 의문을 떠올렸다. "아토모스는 어떻게 충돌하는가?" 당구공 두 개가 부딪치면 순간적으로 모양이 변했다가 원래 형태로 되돌아가려는 탄성에 의해 서로 멀어진다. 그렇다면 두 개의 아토모스가 충돌해도 모양이 변형될 것인가? 찌그러진 아토모스를 상상할 수 있는가? 무엇이 찌그러지고 무엇이 회복된다는 말인가? 보스코비치는 이 문제를 놓고 고민하다가 '아토모스는 크기가 없고 내부구조도 없는 수학적인 점'이라는 결론에 도달했다. 또한 이 점은 인력과 척력을 발휘하는 원천이기도 하다. 보스코비치는 원자규모에서 일어나는 충돌을 그럴듯하게 보여주는 기하학적 모형까지 만들었다. 그의 점원자(아토모스)는 뉴턴이 생각했던 '질량을 가진 단단한 원자'의 모든 조건을 만족하면서 '크기는 없지만 관성(질량)은 있다.'는 이점을 갖고 있었다. 아토모스가 힘을 발휘하면서 우주 전역에 퍼져 있다는 것은 시대를 한참 앞서가는 파격적 발상이었다. 패러데이도 아토모스가 점이라고 생각했으나, 뚜렷한 증거가 없었기 때문에 대놓고 주장하지는 않았다. 어쨌거나 보스코비치와 패러데이는 모든 물질이 '힘으로 에워싸여 있는 점-원자(아토모스)'로 이루어져 있다고 생각했다. 일찍이 뉴턴은 "힘은 질량에 작용한다."고 했으니, 두 사람은 뉴턴의 개념을 확실하게 계승한 셈이다. 그런데 이 힘은 어떤 과정을 거쳐 자신의 모습을 드러내는 것일까?

대학의 커다란 강의실을 떠올려보자. 강단에 서서 강의를 시작하려는데 학생들의 반응이 신통치 않다. 아무래도 오늘은 따분한 강의를 듣기 싫은 모양이다. 그래서 나는 한 가지 아이디어를 떠올렸다. "자, 오늘은 강의 대신 게임을 한번 해봅시다. 왼쪽에 앉은 사람이 들었던 손을 내리면 본인도 손을 올렸다가 내리는 겁니다. 이런 식으로 오른쪽 끝까지 가면 우리의 규칙은 '왼쪽에 앉은 사람……'에서 '오른쪽에 앉은 사람……'으로 바뀝니다. 자, 준비됐습니까? 왼쪽 끝줄부터 시작!" 말이 끝나자마자 학생들의 손으로 만들어진 물결이 강의실을 가로질러 좌우로 퍼져나간다. '학생'이라는 매질을 통해 하나의 교란이 특정한 속도로 이동하고 있는 것이다. 축구장에서 관중이 연출하는 파도치기 응원이나 실제의 물결파도 이와 같은 원리로 작동한다. 교란상태(파동)는 한 지점에서 다른 지점으로 전달되지만 물을 구성하는 입자는 위아래로만 움직일 뿐, 수평방향으로는 이동하지 않는다. 이 경우에 '교란'이란 물의 높이를 의미하고, 물 자체가 매질의 역할을 한다. 공기를 통해 전달되는 음파도 마찬가지다. 그런데 한 원자에서 발휘되는 힘은 어떻게 텅 빈 공간을 뛰어넘어 다른 원자에게 전달되는 것일까? 뉴턴은 이 문제에 관하여 "어떤 가설도 제시하지 않겠다."며 한 걸음 뒤로 물러났다. 뉴턴조차 손을 들 정도면 엄청나게 어려운 문제임이 분명하다. 그러나 먼 거리까지 작용하는 중력의 원리를 이해하려면 반드시 해결되어야 할 문제였다.

패러데이는 "질량이나 전하와 같은 힘의 근원이 어딘가에 놓여 있으면 그 근처의 공간이 교란된다."는 가정하에 '장'이라는 개념을 도입했다. 자석이나 코일의 주변공간이 힘의 근원 때문에 왜곡된다고 생각한 것이다. 그런데 3장에서 말한 바와 같이 보스코비치도 원격작용을 설명하기 위해 '역장'이라는 개념을 떠올렸다. 둘 중 누가 먼저였을까? 이점에 대해서는 역사학자들도 의견이 분분하다. 패러데이는 1832년에 다음과 같은 글을 남겼다. "자석이 멀리 떨어져 있는 쇠붙이나 다른 자석을 잡아당길 때 …… 힘이 전달될 때까지는 어느 정도 시간이 소요된다." 다시 말해서 모종의 교란(예를 들어 0.1 테슬라의 자기장)이 공간을 가로질러 가다가 쇠붙이를 만나면 그 존재를 인지하고 힘을 행사한다는 것이다. 해변에 밀려오는 1미터짜리 파도도 바닷물이라는 매질이 없으면 전달될 수 없다. 그렇다면 자기장을 전달하는 매질은 무엇일까? 이 문제는 나중에 다시 논하기로 하자.

독자들은 학창시절 과학시간에 막대자석을 종이로 덮고 그 위에 쇳가루를 뿌려서 자기장의 모양을 관찰해본 적이 있을 것이다. 처음에는 아무런 형태도 보이지 않지만 종이를 툭툭 건드리면 마찰력이 줄어들면서 특별한 방향성을 띠게 되는데, 이때 각 지점에서 쇳가루가 가리키는 방향이 바로 자기력선의 방향이다. 패러데이는 자기력선을 "장의 개념이 가시화된 결과"라고 생각했다. 수학에 익숙하지 않아서 더 이상 구체적인 언급을 하지 않았지만, 그가 제안했던 장의 개념은 스코틀랜드의 물리학자 제임스 클러크 맥스웰에게 전수되어 고전 전자기학을 완성하는 데 핵심적인 역할을 했다.

패러데이와 작별을 고하기 전에 원자론에 대한 그의 생각을 정리하고 넘어가자. 그는 1839년에 출간된 두 권의 저서에 다음과 같은 글을 남겼다.

> 원자의 실체는 아직 미지로 남아 있지만 작은 입자를 머릿속에 그려볼 수는 있다. 지금까지 알려진 여러 가지 증거들로 미루어볼 때, 물질을 구성하는 원자들은 전기력과 밀접하게 관련되어 있는 것 같다. 특히 화학물질 사이의 친화도(affinity, 원자들 사이에 작용하는 인력)는 원자의 전기적 성질에 좌우되는 것이 분명하다.

> 솔직히 말해서 나는 원자를 떠올릴 때마다 마음 한구석이 꺼림칙하다. 원자라는 용어를 입에 담기는 쉽지만, 복잡한 화합물에서 원자의 개념을 정립하기란 여간 어려운 일이 아니기 때문이다.

에이브러햄 파이스(Abraham Pais)는 《내부의 경계(Inward Bound)》라는 자신의 책에서 패러데이를 언급하며 "뛰어난 실험물리학자였던 그는 실험으로 확인된 사실만 받아들였다."고 했다. 패러데이가 원자론에 미온적인 태도를 보였던 것은 수학을 못해서가 아니라, 원자의 존재를 입증할 만한 실험도구가 없었기 때문이다. 그러나 그가 제안했던 장의 개념은 문자 그대로 물리학의 새로운 '장'을 열었다.

빛의 속도

첫 번째 드림팀이 외르스테드-앙페르-패러데이였다면, 두 번째 드림팀은 패러데이-맥스웰-헤르츠였다. 패러데이는 세상을 바꾼 발명가였지만, 사실 그의 이론은 과학적으로 부족한 부분이 많았다. 맥스웰이 없었다면 패러데이의 이론은 영원히 사장되었을지도 모른다. 맥스웰-패러데이의 관계는 케플러-브라헤의 관계와 비슷하다. 패러데이의 자기력선은 장의 개념으로 넘어가는 디딤돌이 되었으며, "전자기적 작용은 즉각적으로 전달되지 않는다."는 1832년 논평은 맥스웰의 위대한 발견에 핵심적인 역할을 했다.

맥스웰은 고전 전자기학을 완성한 후 모든 영광을 패러데이에게 돌렸다. 심지어 패러데이가 수학에 익숙하지 않았던 것조차 자신에게 도움이 되었다고 했다. 그 덕분에 모든 개념을 자연스럽고 일상적인 언어로 표현할 수 있었기 때문이다. 맥스웰은 "내가 한 일이라곤 전기와 자기에 대한 패러데이의 관점을 수학적으로 표현한 것뿐"이라고 했다. 그러나 전문가의 눈으로 볼 때 맥스웰의 논문은 패러데이의 수준을 훨씬 능가하는 역작임이 분명하다.

1860~1865년에 걸쳐 맥스웰이 발표한 일련의 논문들은 호박(琥珀)과 자철광에서 시작하여 2,000년 넘게 이어져온 전자기학 역사에 최고정점을 찍었다(하지만 어렵고 복잡한 수학으로 도배되어 있다……). 맥스웰의 전자기학은 패러데이의 이론에 수학적 곡을 붙였을 뿐만 아니라(안타깝게도 무조無調였지만), 유한한 속도로 진행하는 전자기파의 존재를 확실하게 입증해 해묵은 논쟁에 종지부를 찍었다. 패러데이와 맥스웰 시대의 과학자들은 중력이나 전기력이 즉각적으로 전달된다고 생각했다. 다시 말해서, 힘이 전달되는 데 시간이 전혀 소요되지 않는다고 믿은 것이다. 패러데이는 변하는 자기장이 전기장을 만든다는 것을 실험적으로 증명했고, 맥스웰은 대칭성에 입각하여 변하는 전기장이 자기장을 만든다고 가정했다. 그리고 이것을 수학적으로 표현하다보니 전기장과 자기장이 진동하는 파동의 형태로 나타났고,• 이 파동은 진원지로부터 특정 속도로 퍼져나간다는 결론에 도달했다. 또 그가 유도한 방정식에 의하면 파동의 속도는 모든 전기현상에 개입되어 있는 상수와 자기현상에 개입되어 있는 상수의 조합으로 표현되었다.

전자기파의 속도를 알아낸 것은 맥스웰의 업적 중 단연 최고로 꼽힌다. 그는 전자기파의 거동을 서술하는 파동방정식을 이리저리 갖고 놀다가 파동의 속도에 해당하는 항에 상수를 대입하여 3×10^8m/s라는 값을 얻었다. 오, 마이 갓! 세상에, 이럴 수가……. 그 값은 바로 몇 년 전에 측정된 빛의 속도와 정확하게 일치했다! 이것이 과연 우연일까? 아니다, 우연 치곤 너무나 극적이다. 뉴턴의 관성질량과 중력질량 사례에서 보았

• 이것을 전자기파라 한다.

듯이, 현실적인 과학에서 우연의 일치란 없다. 전자기파의 속도가 빛의 속도가 정확하게 같다는 것은 이들이 본질적으로 같다는 뜻이다. 그리하여 맥스웰은 빛(가시광선)이 전자기파의 한 종류라는 역사적 결론에 도달했다. 전기는 전선만으로 전달되는 것이 아니라, 빛처럼 공간을 가로지르며 퍼져나갈 수 있는 양이었다. 이 부분과 관련하여 맥스웰은 자신의 논문에 다음과 같이 적어놓았다. "빛이란 전기와 자기현상의 원인인 매질을 가로지르는 파동이다." 그 후 하인리히 헤르츠(Heinrich Hertz)는 실험실에서 전자기파를 만들어내어 맥스웰의 이론을 확인했고, 굴리엘모 마르코니(Guglielmo Marconi)를 비롯한 현대의 발명가들은 이 원리를 이용해 라디오와 레이더, 텔레비전, 마이크로파, 레이저통신 등을 발명했다.

전자기파가 작동하는 방식은 다음과 같다. 여기 전자 하나가 정지상태에 놓여 있다. 전자는 전하를 띠고 있으므로 주변에 전기장을 형성한다. 전기장의 세기는 전자와 가까울수록 강하고 멀어질수록 약하다. 또한 전자의 전하는 부호가 마이너스(-)이기 때문에 전기장은 모든 지점에서 전자가 있는 쪽을 '향한다.' 그런데 이런 장이 존재한다는 것을 어떻게 알 수 있을까? 방법은 간단하다. 아무 곳에나 양전하를 갖다놓으면 전자 쪽으로 향하는 힘을 느끼게 된다. 이 상태에서 도선을 따라 전자를 가속시키면 두 가지 현상이 일어난다. (1) 특정 지점의 전기장은 즉각적으로 변하지 않고, 전자가 움직인다는 정보가 그곳에 도달하면 비로소 변한다. (2) 전자가 움직인다는 것은 전류가 흐른다는 뜻이므로, 주변에 자기장이 생성된다.

이제 위에서 서술한 전자와 그 주변에 있는 다른 전자들을 일정한 주기로 진동시키면 전기장과 자기장이 변하고, 이 변화는 도선으로부터 빛의 속도로 퍼져나간다. 이것이 바로 전자기파의 정체이다. 지금 우리는 이 도선을 '안테나(antenna)'라 하고, 전자를 진동시키는 힘을 'RF신호(radio frequency signal)'라 부른다. 이런 식으로 정보가 담긴 전자기파가 안테나에서 방출되어 빛의 속도로 퍼져나가다가 다른 안테나(수신용 안테나)에 도달하면 그 안에 있는 전자들을 동일한 주기로 진동시켜서 전류를 만들어내고, 이 전류로부터 원래의 정보가 음향이나 영상으로 재현된다.

이 엄청난 업적에도 불구하고 맥스웰은 정당한 평가를 받지 못했다. 그 당시 과학자들은 맥스웰의 업적을 다음과 같이 평가했다.

- "다소 조잡한 개념"―리처드 글레이즈브룩
- "감탄과 함께 불안감과 불신감이 밀려온다……."―앙리 푸앵카레
- "독일에서는 인정받지 못했고 그의 이론을 아는 사람도 거의 없다"―막스 플랑크
- "전자기 이론에 대하여 내가 하고 싶은 말은 단 하나, 수용하기 어렵다."―켈빈경

이런 비평을 듣고 슈퍼스타가 되기는 어려웠을 것이다. 그러나 역사의 순리를 거스를 수는 없는 법, 결국 맥스웰은 한 실험물리학자에 의해 전설의 반열에 오르게 된다. 그러나 안타깝게도 맥스웰은 그 날을 맞이하지 못하고 10년 일찍 세상을 떠났다.

구원자 헤르츠

진정한 영웅은 10년이 넘는 세월동안(1873~1888년) 끈질기게 실험을 수

행하여 맥스웰의 이론을 입증했던 하인리히 헤르츠였다(의견일치와 담을 쌓은 역사가들도 이점만은 대부분 동의하고 있다.).

파동의 마루에서 다음 마루까지의 거리를 파장(wavelength)이라 한다. 해변으로 밀려오는 전형적인 파도의 파장은 대략 6~10미터 정도이고, 음파의 파장은 센티미터 단위이다. 전기장과 자기장도 전자기파라는 파동의 형태로 나타난다. 적외선과 마이크로파, 엑스선, 라디오파 등의 차이점은 파장이 다르다는 것뿐, 이들 모두가 전자기파에 속한다. 흔히 '빨주노초파남보'로 표현되는 가시광선은 전자기파 스펙트럼의 중간부분에 위치하고 있다. 라디오파와 마이크로파는 가시광선보다 파장이 길고 자외선과 엑스선, 감마선은 가시광선보다 파장이 짧다.

헤르츠는 높은 전압이 걸린 코일과 감지장치를 이용하여 전자기파를 발생시키고 속도를 측정했다. 그의 예상대로 전자기파의 반사, 굴절, 편광 등은 빛과 완전히 동일했고, 빛과 마찬가지로 한곳에 집중시킬 수도 있었다. 당대 최고 석학들의 혹평에도 불구하고 결국은 맥스웰이 옳았던 것이다. 헤르츠는 정밀한 실험을 통해 맥스웰의 이론을 검증한 후, 모든 내용을 네 개의 방정식으로 요약했다. 이것이 바로 그 유명한 '맥스웰 방정식'이다(자세한 내용은 조금 뒤에 다루기로 한다.).

헤르츠가 애쓴 덕분에 맥스웰의 이론은 학계에 널리 수용되었으며, 이와 함께 '원격작용(action-at-a-distance)'이라는 해묵은 문제도 말끔하게 해결되었다. 장의 형태로 전달되는 힘은 빛의 속도로 공간을 가로질러간다. 맥스웰은 전기장과 자기장을 전달하는 매개체의 필요성을 느끼고 패러데이-보스코비치의 개념을 이어받아 "에테르라는 물질이 공간을 가득 채우고 있으며, 그 안에서 전기장과 자기장이 진동하고 있다."고 가정했다. 뉴턴이 제안했다가 폐기된 고전적 에테르처럼 맥스웰의 에테르도 매우 유별난 가설이었지만, 얼마 후 불어닥칠 과학혁명에서 핵심적인 역할을 하게 된다.

패러데이-맥스웰-헤르츠로 이어지는 드림팀은 축소주의를 지향하는 대학에 또 하나의 선물을 안겨주었다. 전기, 자기, 광학을 가르치는 교수를 일일이 고용할 필요가 없어진 것이다. 맥스웰이 이 모든 과목을 통합한 후로는 한 사람으로 충분했다(그 덕분에 대학 풋볼팀의 예산이 풍족해졌다.). 방대한 범위의 자연현상과 수많은 문명의 이기들이 전자기학 하나로 설명되기 때문이다. 모터, 발전기, 변압기, 온갖 종류의 전력, 그리고 태양빛과 별빛, 라디오, 레이더, 마이크로파, 적외선, 자외선, 엑스선, 감마선, 레이저 등등⋯⋯. 이 모든 것이 전자기학에 포함되어 있다. 그리고 전자기파의 거동방식은 맥스웰이 창안한 네 개의 방정식으로 완벽하게 서술된다. 예를 들어 전기장과 자기장은 자유공간(진공)에서 다음의 방정식을 만족한다.

$$c \nabla \times E = -(\delta B / \delta t)$$
$$c \nabla \times B = (\delta E / \delta t)$$
$$\nabla \cdot B = 0$$
$$\nabla \cdot E = 0$$

여기서 E는 전기장, B는 자기장이고 c는 전기적 양과 자기적 양의 조합으로 계산되는 빛의 속도로서, 실험실에서 간단하게 측정할 수 있다.[●] 보다시피 위의 방정식에서 E와 B를 맞바꿔도 달라지는 게 없다. 즉, 맥스웰 방정식에서 E와 B는 대칭적이다. 뒤집어진 삼각형과 연산자 '×', '·'는 신경쓸 것 없다. 그런 거 몰라도 방정식의 원리를 이해하는 데에는 아무 문제 없다. 어쨌거나 위에 열거한 네 개의 방정식을 한 마디로 요약하면 다음과 같다. "빛이 있으라!"

대학 캠퍼스를 걷다가 위의 방정식이 새겨진 티셔츠를 입고 활보하는 학생과 마주친다면, 십중팔구는 물리학과 아니면 전자공학과 학생일 것이다. 그러나 원래 맥스웰이 유도한 방정식은 이렇게 깔끔한 형태가 아니었다. 전자기학의 모든 내용을 네 개의 방정식으로 단순명료하게 정리한 사람은 맥스웰이 아니라 헤르츠였다. '이론과 실험에 모두 뛰어난' 희귀종이었던 그는 패러데이가 그랬던 것처럼 자신의 연구결과를 현실세계에 응용하는 데에는 별 관심이 없었다. 그런 일은 마르코나나 토크쇼 진행자 래리 킹과 같이 '덜 과학적인' 사람들을 위해 남겨두었다. 헤르츠의 가장 큰 업적은 맥스웰의 거창한 이론을 간단명료하게 다듬은 것이다. 그가 없었다면 물리학과 학생들은 맥스웰의 너저분한 수식이 빼곡하게 적혀 있는 XXXL 사이즈 티셔츠를 입고 다녀야 했을 것이다.

이 책의 취지를 살리기 위해, 그리고 최근에 나에게 팩스로 독촉장을 보내온 데모크리토스를 진정시키기 위해, 다시 원자이야기로 돌아가야 할 것 같다. 맥스웰은 원자를 어떻게 생각했을까? 물론 그는 원자의 존재를 믿었으며, 기체를 원자의 집합으로 간주한 이론을 제안한 적도 있었다. 또 그는 화학원자가 단단한 물체일 뿐만 아니라 복잡한 내부구조를 갖고 있다고 믿었다. 이 믿음은 광학 스펙트럼에 기초한 것으로, 훗날 양자 이론에서 중요한 역할을 하게 된다. 그러나 맥스웰은 원자를 더 이

- 여기서 말하는 '전기적 양'이란 자유공간의 유전율 ε_0이고, '자기적 양'은 자유공간의 투자율 μ_0를 의미한다. 전자기파의 속도는 $1/\sqrt{\varepsilon_0\mu_0}$이며, 이 값은 우리가 알고 있는 빛의 속도 c와 정확하게 일치한다.

상 쪼갤 수 없는 최소단위로 간주했다. 1875년에 발표된 논문에는 원자에 대한 그의 관점이 다음과 같이 서술되어 있다. "우주에는 대규모 재앙이 이미 일어났거나 앞으로 일어날 수도 있다. 지금 우리가 살고 있는 태양계도 한바탕 혼돈을 겪은 후 폐허에서 탄생한 부산물일지도 모른다. 그러나 만물의 기본단위인 원자는 극도의 혼란 속에서도 파괴되거나 마모되지 않고 예나 지금이나 똑같은 형태로 남아 있다." 이 글에서 '원자'를 '쿼크와 렙톤'으로 바꾸면 완벽하게 들어맞는다.

맥스웰에 대한 최종평가는 결국 아인슈타인의 몫이었다. 그는 맥스웰을 가리켜 "단일 인물로는 19세기에 가장 위대한 업적을 남긴 과학자"라고 했다.

자석과 쇠공

눈치챈 독자들도 있겠지만, 나는 지금까지 전자기학의 역사를 되돌아보면서 몇 가지 중요한 부분을 대충 얼버무리고 넘어갔다. 19세기 물리학자들은 장이 일정한 속도로 전달된다는 것을 대체 어떻게 알았으며, 무려 30만km/s에 달하는 빛의 속도를 무슨 수로 측정했을까? 그리고 '즉각적인 원격작용'과 '지연된 반응' 사이에는 어떤 차이가 있을까?

첫 번째 의문을 풀기 위해 축구장으로 가보자. 그라운드 한쪽 끝에는 강력한 전자석이 놓여 있고, 반대편 끝에는 커다란 쇠공이 가느다란 줄을 통해 기중기에 매달려 있다. 쇠공은 전자석에 끌릴 것이므로, 줄이 지면과 이루는 각도는 90도에서 조금 벗어나 있다. 이제 누군가가 대형 전자석으로 다가가 신호에 맞춰 전원스위치를 끄면 기울어져 있던 공은 평형상태(90도)로 되돌아올 것이다. 그런데 '스위치를 끈 시간'과 '기울어져 있던 쇠공이 평형상태를 향해 움직이기 시작한 시간'이 정확하게 일치할까? 원격작용을 믿는 사람들은 'Yes!'라고 대답할 것이다. '자석과 쇠공은 자기력을 통해 단단하게 결합되어 있었는데, 이 결합력이 갑자기 사라졌으므로 공은 '즉각적으로' 되돌아가야 한다.'는 것이 그들의 논리이다. 그러나 유한속도 옹호론자들은 단호하게 'No!'를 외친다. '자석의 전원이 꺼졌으니, 이제 너는 원위치로 되돌아가도 된다.'는 정보가 쇠공에게 도달하려면 짧기는 하지만 어쨌거나 시간이 걸리기 때문이다. 그래서 쇠공은 스위치를 끈 후 아주 조금 기다렸다가 움직이기 시작한다. 이것이 바로 '지연된 반응'이다.

지금 우리는 답을 알고 있다. 쇠공은 '빛이 축구장을 가로지르는 데 걸리는 시간'만큼 기다렸다가 원위치로 돌아가기 시작한다. 전자석이 꺼졌다는 정보가 빛의 속도로 전달되기 때문이다. 빛의 속도는 엄청나게 빠르지만 무한대는 아니기 때문에, 아무리 가까운 거리를 이동해도 시간이 걸리기 마련이다. 정밀한 시계를 동원하면 이 시간차를 측정할 수 있다. 그러나 맥스웰의 시대에 이 문제는 치열한 논쟁을 야기했다. '장'이라는 개념의 생사여부가 여기에 달려 있었기 때문이다. 그렇다면 실험을 해서 확인하지 않고 왜 그렇게 싸우기만 했을까? 빛의 속도가 너무 빠르다는 게 문제였다. 빛이 축구장으로 가로지르는데 걸리는 시간은 약 100만 분의 1초인데, 당시에는 그정도로 정밀한 시계를 만들 수 없었다. 요즘은 원자시계를 이용하여 10억 분의 1초까지 측정할 수 있으므로 축구장이 아니라 조그만 실험실에서도 지연된 반응을 관측할 수 있다. 예를 들어 달 표면에 반사거울을 설치해놓으면 지구에서 발사된 레이저가 거울에 반사되어 되돌아올 때까지 걸리는 시간으로부터 지구와 달 사이의 거리를 정확하게 측정할 수 있다. 레이저(빛)는 달까지 왕복하는 데 약 2.5초가 걸린다.

좀 더 스케일이 큰 예를 들어보자. 그리니치 표준시로 1987년 2월 23일 오전 7시 36분, 남반구 하늘에서 폭발하는 별 '초신성 87A'가 관측되었다. 이 사건이 일어난 곳은 지구로부터 16만 광년 거리에 있는 대마젤란 성운(Large Magelanic Cloud)이었다. 초신성 87A가 폭발하면서 방출된 빛이 지구까지 도달하는 데 16만 년이 걸렸다는 뜻이다. 즉, 호모 사피엔스가 아프리카에 처음 등장했을 무렵에 폭발한 별빛이 이제서야 지구에 도달한 것이다. 그래도 이 정도면 가까운 이웃에 속한다. 망원경에 포착된 가장 먼 별은 80억 광년 거리에 있는데, 지금 지구망원경에 포착된 별빛이 방출된 순간을 기준으로 잡으면 현재보다 빅뱅이 더 가깝다.

그 다음 두 번째 질문으로 넘어가자. 빛의 속도를 최초로 알아낸 사람은 프랑스의 물리학자 아르망 이폴리트 루이 피조(Armand Hippolyte Louis Fizeau)였다. 그는 오실로스코프도, 수정시계도 없었던 1849년에 빠르게 돌아가는 톱니바퀴와 정교하게 배열된 거울을 이용하여 빛의 속도를 측정하는 데 성공했다(거울은 빛의 이동경로를 늘이는 데 사용되었다.). 톱니바퀴의 반지름과 회전속도를 알고 있으면 하나의 톱니에서 그 다음 톱니로 넘어가는데 걸리는 시간을 계산할 수 있다. 피조는 어느 한 순간에 톱니바퀴의 凹부분을 통과한 빛이 멀리 있는 거울까지 갔다가 반사되어 그 다음 凹부분을 통해 들어오도록 톱니바퀴의 회전속도를 조절했다. 대단한 피조! 정말 기가 막힌 아이디어다. 그 다음에는 톱니바퀴의 속도를 올려서 凹부분을 통과한 빛이 되돌아왔을 때 그 다음 凸부분에 막히도록 만들었다. 이제 빛이 이동한 거리를 알고(빛이 凹를 출발하여 凸로 되돌아올 때까지 이동한 거리) 이동하는 데 걸리는 시간도 알았으니(톱니바퀴가 凹에서 바로 옆에 있는 凸까지 돌아가는 데 걸린 시간) 나눗셈만 하면 된다. 피조가 얻은 결과는 정확하게 3억 m/s(30만 km/s)였다.

전기의 르네상스라 할 만한 이 격동의 시대에 활동했던 과학자들은 상당히 심오한 철학을 갖고 있었다. 외르스테드는 (뉴턴과 달리)자연의 모든 힘이 하나의 근본적인 힘의 다른 모습이라고 굳게 믿었다(당시에 알려진 힘은 중력과 전자기력뿐이었다.). 이 얼마나 현대적인 발상인가! 또한 전기와 자기의 대칭성을 간파한 패러데이는 단순성과 통일성을 추구했던 고대 그리스의 철학자들을 연상시킨다(단순성과 통일성은 1990년대에 페르미 연구소가 추구하는 137가지 목표에 포함되어 있다.).

물리학, 폐업신고?

지금까지 우리는 갈릴레오에서 헤르츠까지, 300년에 걸친 고전물리학의 역사를 되돌아보았다. 물론 이 책에 언급된 과학자들만 업적을 남긴 것은 아니다. 예를 들어 네덜란드의 물리학자 크리스티안 하위헌스는 빛과 파동의 특성을 규명하는 데 중요한 실마리를 제공했고, 해석기하학의 창시자이자 원자론을 열성적으로 지지했던 프랑스의 르네 데카르트(René Descartes)는 물질과 우주에 대하여 심도 있는 이론 체계를 세웠다(그다지 성공적인 이론은 아니었다.).

이 책의 2~3장에 수록된 내용은 소위 말하는 '고전물리학 개론'이 아니다. 군이 말한다면 '원자론을 중심으로 되돌아본 고전물리학의 역사'쯤 될 것이다. 고전시대 물리학의 키워드는 중력이나 전자기력 같은 '힘'이었다. 앞서 말한 대로 중력은 질량을 가진 물체들 사이에 작용하는 인력이다. 그러나 패러데이는 전기를 연구하면서 중력과 다른 속성을 발견했다. 전기에서 중요한 것은 물질이 아니라 '장'이다. 물론 전기력을 알고 있으면 뉴턴의 운동방정식 $F = ma$를 적용하여 물체의 운동궤적을 알아낼 수 있다. 힘을 중심으로 생각한다면 물체의 관성이 중요한 역할을 한다. 물질에 중점을 두지 않은 패러데이식 접근법은 원자론의 선구자인 보스코비치의 직관에서 유래된 것이다. 패러데이는 '전기를 띤 원자'에 대하여 최초의 실마리를 제공했다. 물론 과학의 역사를 '궁극의 입자를 탐구해온 역사'로 한정지을 수는 없다. 그러나 물리학 영웅의 마음속에는 만물의 기본단위를 찾으려는 욕구가 항상 자리 잡고 있었다.

1890년대의 물리학자들은 물리학이 모든 것을 알아냈다며 자신만만했다. 그들은 전기와 자기, 빛, 역학, 움직이는 모든 물체, 우주론, 중력 등 자연의 모든 현상을 이미 알려진 간단한 방정식으로 이해할 수 있다고 믿었다. 또 주기율표를 확보한 화학자들은 "원자의 모든 것을 알았으니 원자론에 대해서는 더 이상 논할 것이 없다."고 생각했다. 수소, 헬륨, 탄소, 산소 등은 더 이상 쪼갤 수 없는 고유의 원자들로 이루어져 있고 원자는 눈에 보이지 않으니 더 이상 할 일이 없다고 생각한 것이다.

그래도 몇 가지 의문은 남아 있었다. 영국의 과학자 레일리경(Lord Rayleigh)이 당시 통용되던 원자론과 화학을 적용하여 태양의 수명을 계산했는데, 모든 연료가 소진될 때까지 3만 년이 걸린다는 결과가 얻어졌다. 겨우 3만 년이라니? 그러면 지구의 역사는 아무리 길어봐야 3만 년이 채 안 된다는 말인가? 지나가는 개가 웃을 일이다. 빛을 매개한다는 에테르도 물리학자들을 불편하게 만들었다. 에테르가 정말로 존재한다면 완전히 투명하고 원자를 교란시키지 않으면서 그 사이의 빈 공간을 가득 채우고 있어야 한다. 그러면서 무지막지하게 빠른 빛의 속도를 유지시킬 만큼 견고해야 하는데, 대체 이런 물질이 어떻게 존재할 수 있다는 말인가? 그러나 당시의 과학자들은 이런 난제들이 언젠가는 해결될 것이라며 여유만만했다. 중요한 문제들은 모두 해결되었고, 남은 문제들(태양에너지, 방사능 등)도 뉴턴-맥스웰의 막강한 이론이 있으니 조만간에 해결될 것이라고 생각했다. 만일 내가 1890년에 물리학과 학생들을 가르치는 교수였다면 "시간낭비하지 말고 집에 가서 다른 직업을 찾아보라"고 충고했을 것이다. 물리학은 깔끔하게 정리되어 선물상자에 들어갔고, 나비매듭까지 지어졌다.

그런데 19세기 말에 갑자기 선물상자를 뜯어야 할 일이 생겼다. 항상 그랬듯이 이번에도 소란을 일으킨 주인공은 '실험'이었다.

최초의 입자

19세기 물리학자들은 기체로 채워진 유리관 속에서 기체의 압력을 낮췄을 때 발생하는 전기방전현상에 지대한 관심을 갖고 있었다. 유리세공자가 액체유리에 기체를 불어넣어 1미터짜리 유리관을 제조한 후 금속전극을 안에 넣고 밀봉하여 실험실에 배달하면 실험가는 내부의 공기를 다시 빼내고 수소나 공기, 또는 이산화탄소 등을 주입한 후 전선을 이용하여 유리관의 전극을 고성능 배터리에 연결하고 실내조명을 끈다. 이것으로 준비 완료! 이제 유리관 내부의 압력을 서서히 낮추면 그 속에서 휘황찬란한 불빛이 나타나 춤을 추기 시작한다. 사실 우리에게는 별로 신기할 것도 없다. 네온사인이 도처에 널려 있으니까. 그러나 19세기의 유리관 방전은 과학자뿐만 아니라 일반인에게도 특별한 구경거리로 통했다. 유리관의 압력이 충분히 낮아지면 섬광은 음극에서 양극으로 진행하는 가느다란 선으로 변한다. 사람들은 이 현상을 '음극선(cathode ray)'이라 불렀다. 요즘도 결코 단순하다 할 수 없는 음극선은 19세기 말 전 유럽의 물리학자와 일반대중들을 완전히 사로잡았다.

음극선을 자세히 들여다보면 몇 가지 모순적인 현상이 발견된다. 음극선은 음전하를 운반하면서 직선을 따라 진행한다. 또 유리관 안에 조그만 바퀴를 설치해놓고 음극선을 쪼이면 제법 빠르게 돌아간다. 전기장은 음극선의 궤적을 편향시키고, 자기장을 걸어주면 가느다란 음극선빔이 원형으로 구부러진다. 또 음극선은 두꺼운 금속을 통과하지 못하지만 얇은 금속막은 쉽게 통과했다.

이 정도면 꽤 흥미롭긴 하지만 결정적인 의문이 남아 있다. 음극선의 정체는 무엇인가? 19세기 말에 두 가지 가능성이 제기되었는데, 그중 하나는 음극선이 "에테르 안에서 질량 없이 일어나는 전자기적 진동"이라는 것이었다. 제법 그럴듯한 추측이다. 광선처럼 빛을 발하고 있으니 전자기파의 일종일 가능성이 높다. 그리고 전기는 분명히 전자기의 한 형태이므로 음극선과 어떻게든 연관되어 있을 것이다.

또 다른 과학자들은 음극선이 물질의 한 형태라고 생각했다. 기체분자들 중 일부가 전기로부터 전하를 획득하여 음극선현상을 일으킨다는 것이다. 개중에는 음극선이 지금까지 한 번도 고립된 채 발견된 적 없는 미세입자들로 이루어져 있다고 주장하는 사람도 있었다. 학자들마다 의견은 분분했지만, "무언가가 허공에서 전하를 운반하고 있다."는 데에는 대부분 동의하는 분위기였다. 독자들에게 미리 살짝 비밀을 누설하자면, 음극선은 전자기적 진동도, 기체분자도 아니었다.

패러데이가 1800년대 말에 살았다면 뭐라고 했을까? 그의 법칙에 입각해서 생각해보면 '전기를 띤 원자'가 존재하는 것 같다. 앞에서도 말했지만 패러데이는 이와 비슷한 실험을 수행한 적이 있다. 음극선과 다른 점은 기체 대신 액체에 전기를 흘려주었다는 점이다. 그때 패러데이는 전하를 띤 원자를 발견하고 '이온'으로 명명했었다. 1874년에 아일랜드의 물리학자 조지 존스턴 스토니(George Johnstone Stoney)는 원자가 이온으로 변할 때 잃어버리는 전하의 단위를 '전자'라고 불렀다. 패러데이가 음극선을 보았다면 전자가 작동중임을 알아챘을지도 모른다.

일부 과학자들은 음극선이 입자라고 생각했고, 개중에는 전자를 발견했다고 확신하는 사람도 있었다. 하지만 어떻게 입증할 것인가? 당시에는 영국, 스코틀랜드, 독일, 미국 등에서 내노라하는 과학자들이 기체방전을 연구하고 있었는데, 그중 몇 사람이 문제의 핵심에 도달했고 1985년에 영국의 물리학자 조지프 존 톰슨(Joseph John Thompson)이 드디어 잭팟을 터뜨렸다. 톰슨의 실험은 조금 나중에 다루기로 하고, 지금부터 '거의 진실에 도달했던' 두 사람의 스토리를 소개하고자 한다.

톰슨의 업적에 제일 근접한 사람은 프러시아의 물리학자 에밀 바이헤르트(Emil Weichert)였다. 그는 1887년 1월에 공개강연을 하는 자리에서 실내조명을 끄고 길이 40센티미터, 지름 8센티미터짜리 유리관으로 음극선 쇼를 연출하여 청중들을 완전히 사로잡았다.

입자를 포착하려면 전하(e)와 질량(m)을 알아야 한다. 그러나 값이 너무 작아서 19세기 말의 기술로는 측정할 수 없었다. 과학자들은 이 문제를 피해가기 위해 기발한 방법을 고안해냈다. 음극선에 이미 알고 있는 전기력과 자기력을 걸어서 반응을 관찰하는 것이다($F = ma$를 기억할 것!). 음극선이 전하를 띤 입자로 이루어져 있다면 힘에 영향을 받는 정도는 입자의 전하(e)에 따라 다르게 나타날 것이며, 입자의 질량(m)이 클수록 반응이 더디게 나타날 것이다. 그러므로 안타깝긴 하지만 이 방법으로는 오직 e/m밖에 알 수 없다. 다시 말해서 e나 m을 개별적으로 알아낼 수 없고, 두 값의 비율만 알 수 있다는 뜻이다.● 간단한 예를 들어보자. 21이라는 숫자가 나에게 주어졌는데, 이 값이 다른 두 숫자의 비율이라면 (21, 1), (63, 3), (7, 1/3), (210, 10) …… 등 무한한 조합이 가능하다. 그러나 둘 중 하나의 숫자에 대하여 약간의 정보를 갖고 있다면 나머지 숫자를 추측할 수 있다.

바이헤르트는 e/m을 구하기 위해 자석 틈새로 유리관을 끼워 넣었다. 그러면 하전입자들이 자석의 영향을 받아 휘어진 궤적을 그리는데, 입자의 속도가 느릴수록 쉽게 휘어진다. 이런 실험을 반복하여 입자의 속도를 알아내면 자석에 의해 휘어진 정도로부터 e/m을 구할 수 있다.

e/m을 알았다면, 그 다음 단계는 가능한 e값을 상정하여 입자의 질량 m을 알아내는 것이다. 바이헤르트는 다음과 같이 결론지었다. "지금 우리가 다루는 것은 화학원자가 아니다. 음극선 속에서 움직이는 입자는 가장 가벼운 수소원자보다 2,000~4,000배나 가볍다." 이 정도면 거의 진실에 도달한 거나 다름없다. 그는 음극선을 구성하는 입자가 지금까지 알려지지 않은 새로운 입자임을 간파하고 있었으며, 질량도 거의 비슷하게 알아냈다(실제로 전자의 질량은 수소원자의 1/1,837이다.). 그런데 왜 바이헤르트는 톰슨만큼 유명해지지 못했을까? 원인은 바로 e에 있었다. 그는 새로운 입자의 전하량을 가정만 했을 뿐, 아무런 근거도 제시하지 못했다. 게다가 평소에 지구물리학에도 관심이 많았던 그는 이직문제로 우왕

● 이 값을 비전하(比電荷, specific charge)라 한다.

좌왕하느라 e/m 측정실험에 몰두하지 못했다. 올바른 결론에 도달했지만 충분한 데이터를 수집하지 못한 것이다. 참으로 안타까운 일이다!

두 번째 차점자는 베를린의 물리학자 발터 카우프만(Walter Kaufmann)이다. 그는 1987년 4월에 결승점을 통과했는데, 바인헤르트와는 정반대의 이유로 성공하지 못했다. 실험데이터는 아주 훌륭했는데 해석을 잘못한 것이다. 카우프만은 전기장과 자기장을 이용하여 e/m을 측정한 후, 한 걸음 더 나아가 기체의 종류(공기, 수소, 이산화탄소 등)와 압력이 달라졌을 때 e/m의 변하는 양상을 관측했다. 바인헤르트와 달리 카우프만은 음극선이 전하를 띤 원자라고 생각했기 때문에, 기체의 종류를 바꾸면 질량도 달라질 것이라고 생각했다. 그러나 유리관 내부의 환경을 아무리 바꿔도 e/m 값은 달라지지 않았고, 반복된 실험에 지친 카우프만은 관심을 다른 곳으로 돌려버렸다. 더욱 안타까운 점은 카우프만이 얻은 e/m 값이 톰슨의 값보다 훨씬 정확했다는 것이다. "여기 좀 보세요! 저는 원자가 아니라 모든 원자에 공통적으로 들어 있는 작은 입자라구요! 그러니까 기체의 종류나 압력을 아무리 바꿔도 e/m 값이 달라지지 않는 거잖아요! 정말 모르겠어요? 에구, 답답해!" 아마 유리관 속의 전자는 이렇게 외치고 싶었을 것이다.

톰슨은 원래 수리물리학자였으나 1884년에 케임브리지대학교 캐번디시 연구소(Cavendish Laboratory)의 교수로 임명되면서 팔자에 없는 실험물리학에 발을 들여놓았다. 그는 손재주가 서툴러서 실험장비를 잘 망가뜨리는 교수로 유명했는데, 다행히도 뛰어난 조교를 만나 예민한 장비들을 멀리할 수 있었다.

톰슨은 1896년부터 음극선실험에 착수했다. 손재주는 여전히 서툴었지만, 길이 38센티미터짜리 유리관 끝에서 방출되는 음극선은 톰슨의 호기심을 자극하기에 충분했다. 음극선이 도달하는 양극에는 구멍 몇 개가 뚫려 있어서, 가느다란 빔이 유리관 끝에 도달하여 형광막을 때리면 작은 녹색 점이 생기도록 세팅되었다. 어느 날 톰슨은 유리관 안에 15센티미터짜리 전극쌍을 삽입했다가 깜짝 놀랐다. 전극 사이를 통과하는 음극선이 자신의 진행방향과 수직한 전기장을 만들어냈고(물론 두 전극은 배터리에 연결되어 있었다.), 바로 이 영역에서 음극선이 편향된 것이다.

음극선이 전기장에 반응한다는 것은 음극선이 전하를 운반한다는 뜻이다. 반면에 음극선이 광자(빛의 입자)로 이루어져 있다면 전기장을 가뿐하게 무시하고 직선경로를 따라갔을 것이다. 위쪽 전극을 음극으로 세팅하면 형광막에 생긴 점은 아래로 이동했고, 양극으로 바꿔주면 위로 이동했다. 이것으로 한 가지 사실이 분명해졌다. 음극선은 전하를 띠고 있었다! 톰슨이 이 사실을 재차 확인하기 위해 배터리의 전원을 교류로 바꿨더니 녹색 반점이 위아래로 빠르게 이동하면서 녹색 줄을 만들어냈다. 톰슨은 전혀 인식하지 못했겠지만, 사실 이것은 최초의 TV 브라운관이 탄생하는 순간이었다.

힘(전기장의 세기)은 이미 알고 있는 양이므로, 음극선의 진행속도만 알면 뉴턴역학을 이용하여 녹색 반점의 이동거리를 쉽게 계산할 수 있다. 바로 이 대목에서 톰슨의 기지가 발휘된다. 그는 유리관 내부에서 전기장에 의한 편향과 자기장에 의해 편향이 정확하게 상쇄되도록 자기장의 세기를 조절했다. 그런데 자기력은 음극선의 속도(아직 모르는 양)에 의해 좌우되므로, 계측기에 나타난 전기장과 자기장의 눈금만 읽으면 음극선의 속도를 알 수 있다. 톰슨은 이런 식으로 속도를 알아낸 후 다시 이전 실험으로 되돌아가서 전기장에 의해 편향되는 정도를 측정하여 음극선 입자의 비전하, 즉 e/m 값을 정확하게 결정할 수 있었다.

전기장을 걸어주고, 편향된 거리를 측정하고, 자기장을 걸어서 편향을 상쇄시키고, 다시 전기장의 세기를 측정하여 e/m를 알아냈으니, 결코 간단한 실험은 아니었다. 톰슨은 카우프만처럼 음극물질을 바꿔가면서(알루미늄, 백금, 구리, 주석 등) 동일한 실험을 반복했는데 결과는 항상 똑같았다. 유리관 속의 기체를 공기, 수소, 이산화탄소 등으로 바꿔도 마찬가지였다. 그러나 톰슨은 카우프만의 실수를 반복하지 않았다. 그는 "음극선은 전하를 띤 기체분자가 아니라, 모든 물질에 공통적으로 들어 있는 기본입자이다."라고 결론지었다.

톰슨은 여기서 끝내지 않고 에너지 보존법칙을 이용하여 다시 한 번 검증절차를 거쳤다. 음극선의 에너지는 배터리에서 입자로 전달된 에너지와 같으므로 이미 알고 있는 값이다. 그는 음극선을 금속조각으로 받아내서 발생한 열을 측정한 후 전자(아마도?)가 획득한 에너지와 금속조각이 획득한 에너지를 비교하여 e/m 값을 재산출했다. 여기서 얻은 값은 2.0×10^{11}C/kg이었는데, 첫 번째 실험에서 얻은 값과 크게 다르지 않았다. 톰슨은 이 모든 결과를 종합하여 1897년에 다음과 같이 발표했다. "우리는 음극선 안에서 새로운 상태에 있는 입자를 발견했다. 이것은 일상적인 기체상태가 아니라 한층 더 세분화된 상태로서, 모든 화학원소를 구성하는 공통적인 기본요소이다."

이 입자를 뭐라고 부를 것인가? 톰슨은 몇 가지 명칭을 놓고 고민하다가 스토니가 제안했던 "전자"를 선택했다. 그 후 톰슨은 새로운 입자를 홍보하기 위해 1897년 4월부터 8월까지 순회강연과 집필에 전념했다.

이것으로 끝났을까? 아니다. e/m 만으로는 전자의 전하(e)와 질량(m)을 알 수 없다. 몇 년 전의 바이헤르트와 똑같은 난관에 봉착한 톰슨은 좀 더 현명한 해결책을 강구해야 했다. 새로운 입자의 e/m 값은 제일 가벼운 원자인 수소원자의 e/m보다 거의 1,000배 이상 크다. 그래서 톰슨은 전자의 e가 수소원자보다 훨씬 크거나, 전자의 m이 수소원자의 m보다 훨씬 작을 거라고 생각했다. 큰 e와 작은 m, 둘 중 어느 쪽이 진실일까? 그는 새 입자의 질량이 수소원자의 질량보다 훨씬 작다는 대담한 가정 하에 '작은 m'쪽을 택했다.(역시 잭팟을 터뜨리는 사람은 뭔가 달라도 다르다!) 그 무렵 대부분의 물리학자와 화학자들은 여전히 원자를 '쪼갤 수 없는 최소단위의 아토모스'로 간주하고 있었는데, 톰슨의 실험에 의하면 원자는 더 이상 아토모스가 아니었다. 유리관 안에서 현란한 빛을 발하며 사람들의 눈을 즐겁게 해주던 음극선이 바로 그 증거였던 것이다.

1898년에 톰슨은 '안개상자(cloud chamber)'라는 새로운 장비를 도입하여 음극선의 전하를 계속 측정했고, 간접적으로 질량을 측정하는 실험도 꾸준히 실행해나갔다. 안개상자는 스코틀랜드 출신의 제자 윌슨(C.T.R. Wilson)이 만든 것으로, 당시 스코틀랜드에서는 비가 내리는 원인을 분석할 때 이 장비를 일상적으로 사용해왔다. 특정 고도에서 떠다니는 먼지에 수증기가 들러붙어 덩치가 커지면 비가 되어 내린다. 공기가 깨끗한 경우에는 전하를 띤 이온이 먼지의 역할을 대신할 수 있는데, 이 원리를 이용한 것이 바로 안개상자이다. 톰슨은 전위계를 이용하여 안개상자에 들어 있는 총 전하량을 측정한 후 물방울의 개수로 나눠서 물방울 하나에 들어 있는 전하량을 알아냈다.

나도 옛날에 박사학위 논문을 쓰면서 윌슨의 안개상자를 직접 만들어본 적이 있는데, 내 평생 두 번 다시 떠올리기 싫은 경험이었다. 안개상자도 싫었고, 윌슨도 싫었고, 그 빌어먹을 장치와 관련된 사람도 다 싫을 정도였다. 톰슨이 이런 분통 터지는 장치로 전자의 전하와 질량을 알아냈다는 건 거의 기적에 가깝다. 장애물은 이뿐만이 아니다. 톰슨은 전기장을 어떻게 측정했을까? 배터리에 붙어 있는 정격전압 딱지를 읽은 것일까? 아니다. 당시에는 정격전압이라는 용어조차 없었다. 자기장의 세기는 또 어떻게 측정했을까? 전류는? 계기판의 눈금을 읽는 것도 만만치 않았다. 바늘이 워낙 굵은데다 쉬지 않고 흔들렸기 때문이다. 이런 계기판으로 영점 조정이나 할 수 있었을까? 1897년에 생산된 실험장비들은 표준규격을 따를 의무가 없었기 때문에 전위, 전류, 온도, 압력, 거리, 시간 등을 정밀하게 측정하려면 배터리와 자석, 그리고 미터법 등에 대하여 상당한 배경지식을 갖고 있어야 했다.

대외적인 문제도 있다. 특정 연구소에 속한 신분으로 자신이 원하는 실험을 하려면 연구소의 최고책임자에게 허락을 받아야 한다. 무작정 떼를 쓴다고 되는 게 아니라, 장비를 축내가면서 실험을 강행할 가치가 있다는 것을 납득시켜야 한다. 물론 책임자가 되면 이런 제약에서 많이 자유로워지는데, 톰슨이 바로 그런 경우였다. 그러나 무엇보다도 중요한 것은 실험종목을 결정하는 일이다. 톰슨은 재능이 있었고 정치적 수완도 갖췄으며, 다른 사람들이 실패한 실험에 도전할 만큼 용기와 열정도 있었다. 그는 1898년에 "전자는 원자의 일부이며 음극선은 원자에서 분리된 전자의 흐름"임을 만천하에 공포했다. 내부구조가 없고 더 이상 분할되지도 않는다는 화학원자를 분해하는데 성공한 것이다.

원자가 분해되면서 역사상 최초로 소립자의 존재가 확인되었다. 데모크리토스의 웃음소리가 또 들려오는 것 같다……

5장

벌거벗은 원자

여기서 무슨 일이 벌어지고 있어.

정확하게 뭔지는 나도 잘 몰라.

— 버펄로 스프링필드

1999년 12월 31일이 되면 새 천년 맞이 축하파티를 준비하느라 온 세상이 시끌벅적해질 것이다.[●] 그러나 바로 그 시간에 캘리포니아의 팰로앨토(Palo Alto)에서 시베리아의 노보시비르스크(Novosibirsk)까지, 그리고 남아프리카공화국의 케이프타운에서 아이슬란드의 레이캬비크(Reykjavik)까지, 전 세계에 흩어져 있는 물리학자는 거실 소파에 길게 누운 채 쉬고 있을 것이다. 바로 전 해인 1998년에 "전자 발견 100주년 기념행사"를 뻑적지근하게 치르느라 완전 탈진했을 것이기 때문이다. 물리학자들은 소립자가 처음 발견된 날을 유난히 챙기는 경향이 있다. 그런 입자가 정말 있는지 확실하지 않아도 상관없다. 일단 모여서 축하부터 하고 본다. 게다가 전자는 만물의 기본이자 현대문명의 일등공신이 아니던가! 1998년이 오면 물리학자들은 길거리에서 톰슨의 이름을 목청껏 외치며 집단춤판을 벌일지도 모른다.

전자의 탄생지인 케임브리지대학교 캐번디시 연구소의 연구원들이 술

● 재차 강조하지만 이 책의 초판은 1993년에 출간되었다.

자리에서 외치는 건배사 중에는 이런 것도 있다. "전자여, 그대가 영원히 무용(無用)하기를 기원하노라!" 물론 말도 안 되는 기원이다. 전자가 발견된 지 100년도 채 되지 않았는데, 인류가 누리는 모든 기술은 이 조그만 녀석에게 전적으로 의지하고 있다.

일상생활 속에서 전자는 만사를 편리하게 만들어주는 일등공신이지만, 물리학자에게는 꽤나 다루기 어려운 입자이다. 전자는 발견과 동시에 문제를 야기했고, 이 문제는 지금까지 우리를 괴롭히고 있다. 오늘날 물리학자들은 전자를 상상할 때 "전하를 띤 채 빠르게 자전하면서 자기장을 만들어내는 구형(求刑) 입자"를 떠올린다. 톰슨은 전자의 전하와 질량을 알아내기 위해 거의 사투를 벌였으나, 지금 이 값은 매우 정확하게 알려져 있다.

원자의 세계에서 전자는 반지름이 0인 입자로 간주된다. 간단히 말해서 크기가 없다는 뜻이다. 그렇다면 당연히 다음과 같은 의문이 떠오를 것이다.

- 반지름이 0이면 무엇이 자전한다는 말인가?
- 크기가 없는데 어떻게 질량을 가질 수 있는가?
- 전자의 전하는 어디에 있는가?
- 무슨 근거로 전자의 반지름이 0이라고 주장하는가?

이 대목에서 우리는 보스코비치를 괴롭혔던 바로 그 문제에 직면하게 된다. 보스코비치는 원자의 충돌문제를 해결하기 위해 '원자는 크기가 없는 점이지만 질량과 전하를 갖고 있다.'고 가정했다. 다분히 이론적이면서 사색적인 가정이다. 그러나 전자는 이론이 아니라 현실세계에 존재하는 입자이다. 전자는 점입자이면서 물리적 특성들을 모두 갖고 있다. 질량? 있다. 전하? 있다. 스핀? 있다. 반지름? 없다.

루이스 캐롤(Lewis Carroll)의 대표작 《이상한 나라의 앨리스》에 등장하는 '체셔캣(Cheshire Cat, 웃는 고양이)'을 떠올려보자. 고양이가 웃는다. 그런데 몸이 점점 사라진다. 그러다 어느새 고양이는 온데간데없고 미소만 남는다. 이제 자전하는 전하덩어리를 떠올려보자. 덩어리의 몸집이 서서히 줄어든다. 그러다 어느 새 덩어리는 사라지고 스핀과 전하, 질량, 그리고 미소만 남는다…….

이 장에서는 양자 이론의 탄생과 발달사를 되돌아볼 것이다.[•] 주 무대는 원자의 내부가 될 텐데, 전자에서 시작하여 이야기를 풀어나갈 생각이다. '스핀과 질량은 있으면서 크기가 없는 입자'는 우리의 직관에 정면으로 상치되기 때문이다. 아침마다 하는 조깅은 육체적 운동이고, 이런 입자를 상상하는 것은 정신적 운동에 속한다. 평소 쓰지 않던 근육에 갑자기 무리한 힘이 가해지면 통증을 느끼는 것처럼, 전자를 상상하려면 평소 잠들어 있던 두뇌부위를 써야 하기 때문에 머리에 쥐가 날지도 모른다.

'질량과 전하, 그리고 스핀을 갖고 있는 점입자'의 개념은 지금도 여전히 문제로 남아 있다. 이 책의 주제인 신의 입자도 이런 구조적 어려움과 밀접하게 관련되어 있다. 물리학자들은 질량의 근원을 아직 이해하지 못하고 있는데, 1930~1940년대에 전자와 관련하여 제기된 일련의 문제들은 지금 우리가 겪고 있는 어려움의 전조였다. '전자의 크기 측정'이라

[•] 양자 이론(quantum theory)과 양자역학(quantum mechanics)은 단어의 뉘앙스가 조금 다르지만 저자는 두 용어를 같은 의미로 사용하고 있다.

는 연구주제는 미국 뉴저지에서 파키스탄의 라호르(Lahore)에 이르기까지 전 세계적으로 수많은 물리학박사를 양산해왔으며, 이런 추세는 한동안 계속될 것이다. 그동안 관측장비가 꾸준히 개선되면서 전자의 반지름은 점점 더 0에 가까워졌다. 마치 조물주가 전자를 손에 쥐고 가능한 한 작게 만들려고 있는 힘을 다해 쥐어 짠 것 같다. 1970~1980년대에 대형 입자가속기가 건설되면서 측정값은 더욱 정확해졌고, 1990년에 전자의 반지름은 마침내 0.000000000000000001센티미터, 즉 10^{-18}센티미터까지 도달했다. 이것은 지금까지 물리학에서 측정된 모든 값들 중 0에 가장 가까운 값이다. 여기서 0을 몇 개 더 추가할 수 있는 실험방법이 있다면, 나는 기꺼이 모든 일을 제쳐두고 그 실험에 전념할 것이다.

전자가 갖고 있는 또 하나의 흥미로운 특성으로 'g인자'라는 것이 있다. 이것은 전자의 자기적 성질을 나타내는 양인데, 양자 이론으로 계산된 값은 다음과 같다.

$$2 \times (1.001159652190)$$

이게 뭐가 어쨌냐고? 자릿수를 보라. 무려 13자리나 되지 않는가! 이 계산을 수행하려면 관련 분야를 몇 년 동안 공부한 후 그 비싼 슈퍼컴퓨터를 며칠 동안 가동해야 한다. 하지만 여기까지는 이론에 속하고, 이 값이 맞는지 확인하려면 실험실에서 측정한 후 이론 값과 비교해야 한다. 실험물리학자들은 g인자를 측정하기 위해 정교한 실험법을 개발했는데, 워싱턴대학교의 한스 데멜트(Hans Dehmelt)가 얻은 값은 다음과 같다.

$$2 \times (1.001159652193)$$

보다시피 12번째 자리(소수점 이하 11번째 자리)까지 정확하게 일치한다. 이론과 실험이 이토록 정확하게 일치할 수 있다니, 그저 경이로울 따름이다. 여기서 주목할 점은 g인자의 값이 양자 이론에서 얻은 결과이며, 양자 이론의 핵심부에는 하이젠베르크의 불확정성 원리가 자리 잡고 있다는 것이다. 1927년, 독일의 물리학자 하이젠베르크가 놀라운 원리를 제안했다. 입자의 위치와 속도를 '동시에' 무한정 정확하게 측정할 수 없다는 원리가 바로 그것이다. 실험장치가 불완전하거나 그것을 사용하는 사람이 서툴러서가 아니다. 불확정성 원리는 가장 근본적인 단계에 존재하는 자연의 법칙이기 때문에, 어느 누구도 이 한계를 극복할 수 없다.

그러나 양자 이론은 불확정성 원리라는 족쇄에도 불구하고 다양한 물리량들을 소수점 이하 11자리까지, 또는 그 이상으로 정확하게 계산할 수 있다. 20세기 과학혁명을 주도해온 양자 이론……. 그 출발점은 불확정성원리였다.

양자 이론의 탄생비화는 한 편의 추리소설을 방불케 한다. 그리고 모든 미스터리가 그렇듯이 여기에는 일련의 단서들이 있고(개중에는 맞는 것도 있고 틀린 것도 있다.), 형사를 헷갈리게 만드는 집사도 있다. 경찰과 FBI가 현장에서 충돌하여 논쟁을 벌이고, 그 와중에 몇 명의 영웅이 탄생하기도 한다. 지금부터 우리는 1900~1930년대에 걸쳐 진행된 양자혁명의 역사를 다소 제한된 시각으로 살펴볼 것이다.● 그런데 본론으로 들어가기 전에 미리 경고해둘 것이 있다. 미시세계는 우리의 직관과 완전 딴판이다! 점질량, 점전하, 점스핀 등은 원자세계에서 이미 실험으로 확인된

● 리언 레더먼은 실험물리학자이므로 실험에 중점을 두겠다는 뜻으로 해석된다.

입자의 특성이지만, 거시세계에서 볼 수 있는 양은 결코 아니다. 이 장을 읽은 후에도 독자들과 내가 친구로 남으려면, 거시세계에서 쌓은 경험이 정말로 편협하고 인간중심적이라는 것을 깊이 인식해야 한다. 미시세계에서는 상식이라는 것이 아예 통하지 않는다. 그러니 '정상(normal)'에 대한 집착은 일찌감치 버리고 충격에 대비해둘 것을 권하는 바이다. 양자이론의 창시자 중 한 사람인 닐스 보어는 "양자 이론을 접하고 충격을 받지 않는다면 제대로 이해하지 못한 것"이라고 했고, 리처드 파인먼은 "이세상에 양자 이론을 이해하는 사람은 없다."고 단언했다.(그래서 내 강의를 듣는 학생들은 이렇게 따지곤 한다. "파인먼도 모른다는데, 대체 교수님께서는 저희한테 뭘 기대하시는 겁니까?") 아인슈타인과 슈뢰딩거를 비롯한 당대의 석학들도 양자 이론에 강한 거부감을 나타냈다. 그러나 유령 같은 양자는 우주의 기원을 이해하는 데 반드시 필요한 이론이다. 적어도 지금까지는 그렇다.

원자세계를 공략해온 무기 중에는 뉴턴의 고전역학과 맥스웰의 방정식도 있었다. 거시세계에서 일어나는 모든 현상은 이 두 개의 이론으로 완벽하게 설명되는 것처럼 보였다. 그러나 1890년대에 실행된 일련의 실험은 이론물리학자들을 몹시 난처하게 만들었다. 음극선에서 전자가 발견된 사연은 앞에서 이미 다루었고, 1895년에 독일의 물리학자 빌헬름 뢴트겐(Wilhelm Röntgen)은 엑스선을 발견했다. 1896년에 프랑스의 물리학자 앙투안 베크렐(Antoine Becquerel)은 책상서랍에 우라늄과 사진건판을 무심결에 같이 넣어두었다가 방사선을 발견했고, 얼마 후 방사선은 물질의 수명(lifetime)과 반감기(half-life)라는 개념을 낳았다. 과학자들은 방사성물질이 붕괴되는 데 걸리는 시간을 '평균적으로' 계산할 수 있었지만, 특정 원자가 언제 붕괴되는지는 알 방법이 없었다. 이것은 무엇을 의미하는가? 아무도 답을 제시하지 못했다. 새로 발견된 현상들은 과학자들이 성서처럼 떠받들던 고전물리학을 무용지물로 만들었다.

무지개만으로는 충분치 않다

이와 비슷한 시기에 빛도 주요 관심사로 떠올랐다. 17세기에 뉴턴은 유리로 프리즘을 발명하여 백색광이 여러 개의 단색광으로 이루어져 있음을 알아낸 바 있다. 태양광이 프리즘을 통과하면 붉은색에서 보라색에 이르는 단색광 스펙트럼이 나타난다. 그 후 1815년에 독일의 유리세공사 요제프 폰 프라운호퍼(Joseph von Fraunhofer)는 광학기기의 성능을 크게 개선하여 태양광 스펙트럼을 분석하다가 놀라운 사실을 발견했다. 빙고! 화려한 무지개색 사이에서 어둡고 가느다란 선들이 나타난 것이다. 그가 발견한 선은 모두 576개였는데, 별다른 규칙 없이 무작위로 분포된 것처럼 보였다. 대체 왜 이런 현상이 나타난 것일까? 그 무렵 과학자들은 빛이 파동이라고 하늘같이 믿고 있었다. 그리고 19세기 중반에 제임스 클러크 맥스웰은 빛이 전기장과 자기장으로 이루어진 파동이며, 파장(파동의 마루와 마루 사이의 거리)에 따라 색이 결정된다는 사실을 알아냈다.

눈에 보이는 빛, 즉 가시광선의 파장은 진한 붉은색에 해당하는 $8,000\text{Å}$ •에서 진한 보라색의 $4,000\text{Å}$ 사이에 있다. 프라운호퍼는 검은 선의 위치를 이 단위로 표현해놓았는데, 예를 들어 $\text{H}\text{Å}$('에이치알파'라고 읽는다. 마음에

● Å는 옹스트롬(angstrom)으로 $1\text{Å}=10^{-10}$미터, $8,000\text{Å}=0.00008$센티미터이다.

들지 않으면 그냥 '어빙Irving'이라고 읽어도 상관없다.)로 불리는 선은 스펙트럼 중간의 초록색 영역에 해당하는 6,562.8Å에서 나타난다.

스펙트럼선과 화학원소 사이의 관계를 알아낸 사람은 독일의 물리학자 구스타프 로베르트 키르히호프(Gustav Robert Kirchhoff)였다. 그는 1859년에 구리, 탄소, 나트륨 등 다양한 원소들이 밝게 빛날 때까지 불꽃으로 가열한 후 기체에서 방출된 빛을 분석했는데, 놀랍게도 각 원소마다 특정 위치에서 유난히 밝은 스펙트럼선이 형성되어 있었다(키르히호프가 사용한 현미경에는 눈금이 새겨져 있어서 선의 위치를 정확하게 파악할 수 있었다.). 키르히호프는 그의 동료였던 로베르트 분젠(Robert Bunsen)과 함께 스펙트럼선의 위치를 분석한 끝에 다음과 같은 결론에 도달했다. "선의 위치는 원소마다 다르고 한 종류의 원소는 항상 같은 위치에서 스펙트럼선을 만든다. 따라서 스펙트럼선은 원소의 종류를 알려주는 일종의 지문역할을 한다."(키르히호프는 원소를 태우기 위해 누군가의 도움이 필요했다. 분젠은 그 유명한 '분젠버너'를 발명한 장본인이니, 아마 최상의 적임자였을 것이다.) 그 후로 과학자들은 약간의 기술만 익히면 주어진 원소 샘플에 어떤 불순물이 섞여 있는지 알 수 있게 되었으며, 빛을 발하는 모든 물체(태양과 별도 포함된다!)의 구성성분도 분석할 수 있게 되었다. 또한 스펙트럼선은 원자마다 달랐으므로, 새로운 선을 발견했다는 것은 곧 새로운 원소를 발견했음을 의미했다. 한마디로 "원소 노다지 붐"이 일어난 것이다. 1878년에는 태양에서 새로운 원소가 발견되어 헬륨(helium)*으로 명명되었고, 1895년에는 지구에서 헬륨이 최초로 발견되었다.

● 헬륨(He)은 태양의 신 helios에서 따온 이름이다.

당신에게 역사상 최초로 별에서 날아온 빛의 스펙트럼을 분석할 기회가 주어졌다고 상상해보라. 그 얼마나 짜릿한 순간이겠는가! 게다가 그 별이 지구에도 존재하는 물질로 이루어져 있다면 극도의 성취감과 함께 우주적 일체감이 쓰나미처럼 몰려올 것이다. 물론 별빛은 아주 희미하기 때문에 스펙트럼을 분석하려면 고가의 천체망원경과 고도의 분광학기술이 필요하지만 투자할 만한 가치가 있었다. 그로부터 엄청난 진실이 밝혀졌기 때문이다. "태양과 별은 지구에서 흔히 발견되는 원소로 이루어져 있다." 역시 코페르니쿠스가 옳았다. 지구는 특별한 존재가 아니었던 것이다.

그런데 태양 스펙트럼에서 검은 선을 최초로 발견한 사람이 왜 하필 프라운호퍼였을까? 이 이야기는 잠시 후에 다루기로 한다. 태양의 뜨거운 중심부에서는 모든 파장의 빛이 방출되고 있지만, 상대적으로 차가운 표면 기체층을 통과할 때 특정 파장의 빛이 흡수되어 태양을 탈출하지 못한다. 그러므로 프라운호퍼의 검은 선은 '흡수된 빛'을 의미했다. 반면에 키르히호프가 발견했던 밝은 선은 '방출된 빛'에 해당한다.

우리가 1800년대 말에 살았다면 어떤 해석을 내릴 수 있었을까? 당시만 해도 화학원자는 질량이 있고 단단하면서, 세부구조가 없고 분할할 수도 없는 궁극의 아토모스였다. 그런데 각 원자들은 일련의 전자기적 에너지 스펙트럼선을 만들어내고 있다. 아마도 일부 과학자들은 스펙트럼 데이터를 보고 "이것 봐, 원자에 세부구조가 있었어!"라며 길길이 뛰었을지도 모른다. 일반적으로 역학적 물체에 규칙적인 충격을 가하면 공명(共鳴, resonance)이 일어난다. 피아노나 바이올린의 줄은 몸체와 공명을 일으켜 소리를 내고, 테너가수가 특정 음을 길게 뽑으면 유리잔이 깨지고, 군인들이 일제히 발걸음을 맞춰 다리 위를 행진하면 다리가 출렁거린다. 빛도 마찬가지다. 빛은 속도를 파장으로 나눈 값을 박자로 삼아서 공명을 일으킨다.[•] 이런 역학적 사례들을 접하다보면 한 가지 질문이 떠오른다. "원자에 내부구조가 없다면, 어떻게 스펙트럼선 같은 공명적 특성이 나타날 수 있는가?"

원자가 내부구조를 갖고 있다면 뉴턴과 맥스웰의 이론은 어떤 결과를 낳을 것인가? 고전적인 이론으로는 엑스선과 방사능, 전자, 그리고 스펙트럼선을 설명할 수 없다(많은 사람들이 시도했지만 모두 실패했다.). 그러나 이들은 뉴턴/맥스웰의 이론에 위배되지도 않는다. 그냥 설명하기가 어려울 뿐이다. 고전물리학에 무언가 문제가 있는 것 같긴 한데 결정적인 증거가 없었기 때문에, 19세기 말의 물리학자들은 '언젠가 똑똑한 친구가 나타나서 위기에 처한 고전물리학을 구원해줄 것'이라는 희망을 품고 있었다. 그러나 구원투수는 끝내 나타나지 않았고, 오히려 고전물리학의 기반을 송두리째 뒤흔드는 결정적 증거가 발견되었다. 그것도 한 개가 아니라 무려 세 개였다!

증거 1: 자외선파탄

고전물리학을 위협하는 첫 번째 증거는 '흑체복사(black body radiation)'였다. 모든 물체는 '복사'라는 형태로 에너지를 방출한다. 물체가 뜨거울수록 복사되는 에너지도 많다. 살아 있는 인간은 약 200와트의 에너지를

• 이 값을 진동수(frequency)라 한다.

눈에 보이지 않는 적외선의 형태로 방출하고 있다(이론물리학자는 210와트, 정치가는 250와트쯤 될 것이다.).

이와 동시에 모든 물체는 주변으로부터 에너지를 흡수하고 있다. 물체의 온도가 주변보다 높으면 흡수량보다 방출량이 많기 때문에 물체의 온도가 내려간다. 흑체(black body)란 가장 이상적인 흡수체로서, 자신에게 전달된 에너지를 100퍼센트 흡수하는 물체이다. 이런 물체가 식으면 빛을 반사하지 않아서 검은색으로 보이기 때문에 '흑체'로 불리는 것이다. 19세기 말에 실험물리학자들은 복사에너지를 측정하는 표준 샘플로 흑체를 자주 사용했다. 석탄이나 편자, 토스터 전선 등이 뜨겁게 달궈지면 빛을 방출하는데, 흥미로운 것은 빛의 파장에 따라 방출되는 양이 조금씩 다르다는 점이다. 이런 물체를 달구면 처음에는 옅은 적색을 띠다가 온도가 올라감에 따라 진한 적색→노란색→청백색→흰색(엄청 뜨거운 상태!)으로 변한다. 그런데 왜 하필 흰색으로 끝나는 걸까?

색 스펙트럼이 위와 같은 패턴으로 이동한다는 것은 물체에서 가장 강하게 방출되는 빛(단색광)의 피크가 온도가 올라갈수록 파장이 짧은 쪽으로 옮겨간다는 뜻이다. 그리고 피크가 이동하면 파장에 따른 빛의 분포가 넓어진다. 이런 식으로 피크가 푸른색에 도달할 때쯤이면 다른 단색광들도 다량으로 복사되어 뜨거운 물체가 흰색으로 보이는 것이다. 이런 상태를 흔히 '백열(白熱, white hot)'이라 한다. 요즘 천체물리학자들은 빅뱅 후 우주공간에 남아 있는 흑체복사를 연구하고 있다.

이야기가 잠깐 옆길로 샜다. 아무튼 1890년대에 흑체복사 관련 데이터는 날이 갈수록 개선되었다. 그런데 여기에 맥스웰의 이론을 적용한 결과는 어땠을까? 한마디로 파탄, 그 자체였다! 이론과 실험이 달라도 너무 달랐다. 고전이론에 입각하여 파장에 따른 빛의 강도분포를 그래프로 그려보니 실험결과와 완전 딴판이었다. 맥스웰의 이론에 따르면 가장 짧은 파장이 가장 강하게 복사되고, 이 값은 보라색을 거쳐 눈에 보이지 않는 자외선 영역까지 걸쳐 있다. 말도 안 된다. 난센스도 이런 난센스가 없다. 흔히 '자외선 파탄(ultraviolet catastrophe)'으로 알려진 이 결과는 고전물리학이 틀렸음을 강하게 시사하고 있었다.

처음에는 단순한 오류라고 생각했다. 물리학자들은 황당한 마음을 애써 추스르며 "복사체에서 전자기파가 발생하는 과정을 좀 더 깊이 이해하면 맥스웰의 방정식으로 올바른 결과를 얻을 수 있을 것"이라고 믿었다. 이 실패를 처음으로 심각하게 받아들인 사람은 알베르트 아인슈타인이었으나, 진짜 해결사는 다른 곳에서 나타났다.

그의 이름은 막스 플랑크(Max Planck), 베를린에서 열이론을 오랫동안 연구해온 40대 초반의 물리학자였다. 그는 27세의 젊은 나이에 교수가 되었는데, 학식은 높았으나 외모가 워낙 동안이어서 다음과 같은 일화가 전해온다. 하루는 플랑크가 어느 강의실에서 강의를 해야 할지 몰라 과 사무실 직원에게 물었다. "실례지만 플랑크 교수가 강의하는 교실이 어딘가요?" 그러자 직원이 단호한 어조로 말했다. "젊은이, 거긴 가지 말게. 자넨 너무 어려서 플랑크 교수님의 강의를 이해하지 못할 걸세."

플랑크는 베를린 연구소의 동료들 덕분에 흑체복사 실험데이터를 쉽게 접할 수 있었다. 그는 맥스웰의 이론으로 데이터를 설명하는 데 실패했다는 이야기를 듣고 자신이 그 문제를 해결하기로 마음먹었다. 특이한 것은 그가 흑체복사의 물리적 원리를 생각하기에 앞서 실험데이터를 훌륭하게 재현하는 수학적 표현부터 찾았다는 점이다. 그가 찾아낸 공식은 주어진 온도에서 각 파장에 대한 복사에너지 분포를 잘 재현했을 뿐만 아니라, 온도변화에 따른 그래프의 이동까지 실험결과와 정확하게 일치했다(복사 그래프의 구체적인 형태가 주어지면 복사체의 온도를 계산할 수 있다.). 이 사실을 확인한 플랑크는 그날 저녁 아들과 포도주잔을 기울이며 자신에 찬 어조로 말했다. "오늘 내가 뉴턴에 버금가는 중요한 발견을 했단다."

그 다음 과제는 순전히 추론만으로 찾아낸 복사공식을 자연법칙과 결부짓는 것이었다. 실험데이터에 의하면 흑체는 짧은 파장의 복사를 거의 방출하지 않는다. 고전 맥스웰 이론에 의하면 짧은 파장의 복사가 가장 많이 방출되는데, 현실은 정반대다. 이것을 설명하려면 어떤 법칙이 필요할까? 그로부터 몇 달 후, 플랑크는 연구결과를 논문으로 출판하면서 대담한 가설을 내세웠다. 열은 에너지의 한 형태이므로, 복사체의 에너지함량은 온도에 의해 좌우된다. 뜨거운 물체일수록 더 많은 에너지를 갖고 있다. 고전이론에서 이 에너지는 모든 파장에 대하여 동일하게 분포되어 있다. 그러나(바로 여기다. 온 몸에 소름이 돋는다! 역사상 처음으로 양자 이론이 등장하는 순간이다!) 에너지가 파장에 따라 다르다고 가정해보자. 좀 더 구체적으로 말해서, 흑체가 짧은 파장의 빛을 복사할 때 더 많은 에너지를 소모한다고 가정하자. 그렇다면 맥스웰의 이론은 더 이상 적용되지 않는다. 짧은 파장의 빛을 계속 방출하다보면 에너지가 금방 거덜날 것이기 때문이다.

플랑크의 복사공식이 이론적으로 타당하려면 두 가지 가정이 필요했다. 하나는 복사되는 빛에 담겨 있는 에너지의 양이 빛의 파장에 따라 다르다는 가정이고, 또 하나는 복사에너지가 불연속적 양이라는 가정이었다. 그래서 플랑크는 복사에너지가 불연속적인 다발, 또는 작은 덩어리로 방출된다고 가정하고 이 덩어리를 "양자"라고 불렀다.(빰빠라밤, 드디어 등장했다!) 각 덩어리에 담겨 있는 에너지는 간단한 공식 $E = hf$를 통해 빛의 진동수와 관련되어 있다. 즉, 양자의 에너지 E는 빛의 진동수 f에 상수 h

를 곱한 값과 같다. 그런데 진동수 f는 파장에 반비례하므로 빛의 파장이 짧을수록(또는 진동수가 클수록) 해당 양자의 에너지가 크다.[●] 온도가 주어지면 흑체의 에너지도 그만큼 한정되어 있으므로 높은 진동수 복사가 일어나지 않은 것이다. 에너지가 불연속이라니, 다소 황당하긴 했지만 복사공식을 방어하는 길은 이것뿐이었다.

플랑크는 실험데이터에 기초하여 상수 h 값을 결정했다. 그런데 h에는 대체 어떤 의미가 담겨 있을까? 플랑크는 이 상수를 "작용양자(quantum of action)"라 불렀지만 지금은 "플랑크상수(Planck's constant)"로 통한다. 이 상수는 처음 탄생한 순간부터 지금까지, 그리고 앞으로도 영원히 새로운 물리학의 상징으로 남을 것이다. h의 값은 $4.11 \times 10^{-15}\,\mathrm{eV} \cdot \mathrm{s}$인데, 굳이 외울 필요는 없고 아주 작은 값이라는 사실만 기억하면 된다(소수점 이하 15번째 자리에서 처음으로 0이 아닌 숫자가 등장한다.).

양자다발이라는 개념은 새로운 물리학으로 가는 전환점이었다. 그러나 플랑크와 그의 동료들은 이 사실을 전혀 인식하지 못했고, 물리학계도 그의 복사 이론을 심각하게 받아들이지 않았다. 그 당시 양자의 중요성을 인식한 사람은 아인슈타인뿐이었으며, 물리학자들이 양자에 관심을 가질 때까지는 25년을 더 기다려야 했다.[●●] 사실 플랑크는 자신이 유도한 복사공식을 별로 달갑지 않게 생각했다. 그는 고전물리학이 붕괴되는 모습을 결코 보고 싶지 않았지만, 양자의 중요성을 깨달은 후 다음과 같이 고백했다. "우리는 양자 이론과 더불어 사는 수밖에 없다. 이 이론

● 빛의 파장을 λ라고 했을 때, $f = c/\lambda$의 관계에 있다. 여기서 c는 빛의 속도이다.
●● 그 무렵 아인슈타인은 박사학위를 받은 후 마땅한 취직자리를 구하지 못하여 특허청 말단직원으로 간신히 생계를 꾸리고 있었다.

은 광학뿐만 아니라 물리학 전체로 퍼져 나갈 것이다." 이 얼마나 정확한 예견인가!

1990년, 우주배경복사 탐사위성 COBE(Cosmic Background Explorer)가 우주 전역에 퍼져 있는 배경복사 데이터를 지구로 전송해왔는데, 그 분포도는 플랑크의 복사공식과 기가 막힐 정도로 정확하게 일치했다. 앞서 말한 대로 복사에너지 분포그래프가 주어지면 복사체의 온도를 알아낼 수 있다. COBE가 보내온 데이터와 플랑크의 복사공식으로부터 계산된 우주공간의 온도는 2.73K(영하 270.27도)였다. 우주는 역시 추운 곳이다.

증거 2: 광전효과

이제 알베르트 아인슈타인이 스위스 특허청 사무원으로 일했던 1905년으로 넘어가보자. 그는 1903년에 취리히공과대학에서 물리학 박사학위를 받은 후 1년이 넘도록 그 흔한 강사자리 하나 얻지 못했으나, 1905년에 과학사에 길이 남을 대박을 터뜨렸다. 바로 이 해에 아인슈타인은 당대 물리학계의 최대 현안 세 개를 연달아 해결했는데, 광전효과(지금 우리가 다루는 주제)와 브라운운동 이론(이건 다른 참고서적을 찾아보기 바란다.), 그리고 특수 상대성 이론이 바로 그것이다. 아인슈타인은 전자기파(빛)에너지가 hf 단위의 덩어리로 방출된다는 플랑크의 양자가설을 의외로 순순히 받아들였다. 고전 이론에 따르면 하나의 파장은 다른 파장으로 매끄럽게 넘어갈 수 있었지만, 양자가 존재하는 한 빛에너지는 덩어리 단위로 존재해야 했다.

아인슈타인은 양자의 개념을 이용하여 하인리히 헤르츠의 실험결과를 설명하기로 마음먹었다. 과거에 헤르츠는 라디오파를 발생시켜서 맥스웰의 전자기파 이론을 입증한 사람이다. 그는 두 개의 금속구 사이에 스파크를 일으키는 실험을 하던 중 금속구의 표면을 깨끗하게 닦을수록 스파크가 잘 일어난다는 사실을 발견했다. "표면이 깨끗하면 전하가 표면을 쉽게 탈출한다."고 추측한 헤르츠는 사실여부를 확인하기 위해 금속에 빛을 쪼이는 실험을 병행했는데, 이상하게도 금속표면에서 전하를 탈출시키려면 남보라색 빛을 쪼여야 했다. 그러나 일단 전하가 표면을 탈출하면 에너지 공급원으로 변신하여 스파크를 오랫동안 지속시켰다. 헤르츠는 자세한 원인을 모른 채 "금속표면을 닦으면 빛과 금속의 상호작용을 방해하는 산화물이 제거된다."고 생각했다.●

남보라색 빛은 어떻게 금속 표면에서 전자를 탈출시키는가? 빛은 에너지의 일종이므로 전자에 에너지를 전달할 것이고, 에너지를 받은 전자는 어떻게든 구속력을 이겨내고 탈출할 수도 있을 것이다. 그러나 이 과정을 자세히 들여다보면 상식적으로 이해되지 않는 부분이 있다.

1. 붉은색 빛은 아무리 강하게 쪼여도 금속표면에서 전자를 탈출시키지 못한다.
2. 보라색 빛은 아주 희미하게 쪼여도 전자가 쉽게 표면을 이탈한다.
3. 쪼여준 빛의 파장이 짧을수록(보라색에 가까울수록) 튀어나온 전자의 에너지가 크다.

● 금속표면에 빛을 쪼였을 때 전자가 이탈하는 현상을 광전효과(photoelectric effect)라 한다.

아인슈타인은 빛이 덩어리로 이루어져 있다는 플랑크의 양자가설이 광전효과의 핵심임을 깨달았다. 헤르츠가 열심히 닦아놓은 금속구의 표면에서 조용히 살아가고 있는 전자를 상상해보자. 이 전자를 표면에서 떼어내려면 어떤 빛을 쪼여야 할까? 아인슈타인은 플랑크의 복사공식에 입각하여 다음과 같은 논리를 펼쳤다. "빛의 파장이 충분히 짧으면 전자가 탈출에 충분한 에너지를 획득하여 금속표면을 탈출할 수 있다. 전자는 에너지 덩어리 한 개를 완전히 흡수하거나, 아니면 아예 흡수하지 않거나 둘 중 하나이다." 전자가 삼킨 에너지 덩어리의 파장이 너무 길면(에너지가 충분치 않으면) 전자는 금속표면을 탈출하지 못한다. 자신을 붙들고 있는 결합력을 극복할 수 없기 때문이다. 이런 에너지 덩어리(파장이 긴 빛)는 아무리 많이 쪼여봐야 전자의 탈출에 아무런 도움도 되지 않는다. 중요한 것은 덩어리의 개수가 아니라, 덩어리 하나가 갖고 있는 에너지이다.

아인슈타인의 아이디어는 완벽하게 먹혀들어갔다. 플랑크의 흑체복사이론에서는 빛의 양자, 즉 광자가 방출된 반면, 광전효과에서는 전자에게 흡수된다. 그러나 두 경우 모두 에너지와 진동수 사이에는 $E = hf$의 관계가 성립했다. 양자라는 개념이 또 한 번 성공을 거둔 것이다. 아인슈타인의 광자(당시에는 '광양자'로 불렸다.)는 1923년에 미국의 물리학자 아서 콤프턴(Arthur Compton)에 의해 그 존재가 입증되었다. 콤프턴은 광자와 전자가 충돌했을 때 에너지와 운동량이 변하는 패턴이 당구공 두 개가 충돌했을 때와 똑같다는 사실을 입증함으로써 광자가 입자임을 증명했다. 그러나 광자는 파동의 특성인 진동수(또는 파장)와도 관련된 희한한 입자였다.

빛은 입자인가? 아니면 파동인가? 이 문제는 오래 전부터 과학자들 사이에 치열한 논쟁을 야기해왔다. 뉴턴과 갈릴레오는 빛이 미립자로 이루어져 있다고 생각했고, 네덜란드의 천문학자 크리스티안 하위헌스는 파동이라고 주장했다. 그 후로 100년이 넘는 세월동안 뉴턴의 입자설과 하위헌스의 파동설이 첨예하게 대립해오다가, 19세기 초에 토머스 영(Thomas Young)의 이중슬릿실험이 알려지면서 이 논쟁은 파동설의 승리로 일단락되었다(영의 실험은 잠시 후에 다시 언급될 것이다.). 그러나 빛의 입자설은 양자 이론을 통해 '광자'라는 형태로 화려하게 부활하여 "파동-입자 이중성"이라는 지독한 역설을 낳았다.

그 후 고전물리학은 뉴질랜드 출신의 물리학자 어니스트 러더퍼드가 원자핵을 발견하면서 또 하나의 심각한 문제에 직면하게 된다.

증거 3: 건포도가 박힌 푸딩

어니스트 러더퍼드는 전문 캐스팅회사가 발탁한 배우처럼 적절한 시기, 적절한 장소에 딱 맞춰 나타난 해결사였다. 큰 덩치에 거친 목소리, 그리고 팔자수염이 트레이드마크였던 러더퍼드는 캐번디쉬 연구소에 연구원 학생으로 입학한 최초의 외국인이었다. 입학할 당시 그곳의 소장이었던 톰슨은 때마침 전자의 발견을 코앞에 두고 있었다. 게다가 그는 패러데이 못지않게 실험기구를 잘 다뤘으므로, 손재주가 몹시 서툴렀던 톰슨에게는 구세주와도 같았다. 전하는 바에 따르면 러더퍼드는 실험을 할 때 욕을 입에 달고 살았다. 험한 말을 마구 내뱉으면 실험결과가 좋게 나온다고 믿었다는데, 그가 얻은 결과를 보면 효력이 꽤 좋았던 것 같다. 러더퍼드의 업적을 평가할 때에는 그의 매서운 눈초리 밑에서 역사적 실험을 함께 수행했던 제자와 포스트닥들도 고려해야 한다. 대표적인 인물로는 베타붕괴를 발견한 찰스 엘리스(Charles D. Ellis)와 중성자를 발견한 제임스 채드윅(James Chadwick), 그리고 가이거계수기를 발명한 한스 가이거(Hans Geiger) 등이 있다. 내가 해봐서 잘 아는데, 50여 명의 대학원생들을 가르치고 감독하기란 결코 쉬운 일이 아니다. 그들이 써온 논문을 평가하는 데만도 엄청난 시간이 소요된다. 게다가 그 논문이 "이 분야는 거의 미개척 분야여서 지금까지 어느 누구도 발을 들여놓은 적이 없으며……." 라는 식으로 장황하게 시작되면 지도교수의 스트레스는 최고조에 이른다. 더 말해 무엇하랴, 그냥 러더퍼드 이야기나 계속하자.

러더퍼드는 이론 분야에 꽤 뛰어난 실력을 갖고 있었음에도 불구하고, 이론물리학자들을 공공연하게 경멸하고 다녔다. 20세기 초에 뉴스채널이 적었기에 망정이지, 요즘 같았으면 부정적인 평판 때문에 한 트럭 분량의 연구보조금을 날려버렸을 것이다. 지금까지 전해오는 그의 어록 몇 개를 추려보면 다음과 같다.

- "내 실험실에서 우주 운운하다가 나한테 들키면 가만두지 않겠다!"
- "상대성 이론? 우리는 그따위 허접한 이론에 신경 쓰지 않는다."
- "모든 과학은 물리학 아니면 우표수집으로 귀결된다."
- "최근에 내가 옛날에 썼던 논문을 다시 읽으면서 혼자 중얼거렸다. "러더퍼드, 넌 정말 기막히게 똑똑한 녀석이야!"

이 기막히게 똑똑한 녀석은 한동안 대서양 너머 몬트리올의 맥길대학교로 자리를 옮겼다가 영국 맨체스터대학교로 돌아왔고, 1908년에는 방사능 분야의 연구 업적을 인정받아 노벨상을 수상했다. 웬만한 사람 같았으면 노벨상으로 인생의 정점을 찍고 남은 생을 여유롭게 살았겠지만,

러더퍼드에게 그것은 시작에 불과했다.

러더퍼드의 연구 인생을 돌아보려면 캐번디시 연구소를 빼놓을 수 없다. 이 연구소는 1874년에 케임브리지대학교의 부설연구소로 출범하여 맥스웰이 1대 소장을 지냈고(이론물리학자가 연구소 소장이라니, 황당하지 않은가?) 2대 소장 레일리경을 거쳐 1884년에 톰슨이 3대 소장으로 취임했다. 1885년, 톰슨이 역사적인 발견을 눈앞에 두고 있을 때 러더퍼드가 잔뜩 촌스러운 모습으로 입학했으니, 참으로 절묘한 타이밍이다. 여기서 잠깐 돌발퀴즈 하나. 과학자의 성공을 좌우하는 가장 중요한 요인은 무엇일까? 실력? 배경? 연줄? 다 아니다. 제일 중요한 것은 '운'이다. 운이 따르지 않는다고 생각된다면 더 늦기 전에 다른 직업을 찾는 게 좋다. 러더퍼드는 운을 타고난 사람이었다. 그가 얼마 전에 발견된 방사능을 연구한 것은(그 당시에는 베크렐선Becquerel line이라 불렸다.) 1911년에 원자핵을 발견하는 데 결정적인 도움이 되었다. 러더퍼드는 맨체스터대학교에서 이 역사적인 발견을 이루어낸 후 캐번디시 연구소로 금의환향하여 톰슨의 뒤를 이어 소장이 되었다.

톰슨이 전자를 발견한 후로 물질의 구조는 한층 더 복잡해졌다. 원자 내부에 전자라는 입자가 돌아다닌다는 것은 화학원자에 세부구조가 존재한다는 뜻이고, 데모크리토스의 '아토모스'에 도달하려면 한참 멀었다는 뜻이기도 하다. 전자가 음전하를 띠고 있다는 것도 문제였다. 모든 물질은 전기적으로 중성인데, 전자가 그 안에 존재한다면 음전하를 상쇄시켜줄 양전하는 대체 어디에 숨어 있는가?

극적인 스토리는 대부분 평범하게 시작된다. 영화가 그렇고 현실은 더욱 그렇다. 포스트닥 한스 가이거와 그의 똘마니 격인 대학원생 에른스트 마이스너(Ernest Meisner)가 실험실에서 한창 비지땀을 흘리고 있는데 연구소 소장이 근엄한 표정으로 문을 열고 들어온다. 두 사람은 알파(α)입자 산란실험을 수행하는 중이다. 라돈-222와 같은 방사능물질에서 자연적으로 방출된 알파입자는 본질적으로 헬륨원자의 핵과 동일하다(1908년에 러더퍼드가 최초로 발견했다.). 라돈은 납으로 된 상자에 들어 있고, 상자에는 작은 구멍이 뚫려 있어서 이곳을 통과한 알파입자는 얇은 금박에 충돌한 후 사방으로 흩어진다. 이 역사적인 산란실험을 계획하고 실행에 옮긴 사람은 러더퍼드 소장이며, 가이거와 마이스너는 표적 주변에 설치해놓은 감지기를 통해 알파입자가 산란된 각도를 확인하는 중이었다. 이 실험의 목적은 표적(금)에 입자를 충돌시킨 후 산란되는 방향을 분석하여 표적에 들어 있는 원자의 구조를 간접적으로 추정하는 것이다. 금박표적 주변에는 황화아연 스크린이 설치되어 있어서, 산란된 알파입자가 이곳을 때리면 섬광이 발생한다. 번쩍! 대부분의 알파입자들은 금박표적을 그대로 통과하거나 경로가 아주 조금 편향되어 표적 바로 뒤쪽에 있는 황화아연 스크린에 도달한다. 말로는 간단해 보이지만 사실 이것은 엄청나게 어려운 실험이다. 당시에는 입자의 수를 헤아리는 장치가 없었기 때문에(입자를 세는 장치, 즉 '가이거계수기'를 만든 사람은 당연히 가이거인데, 이들은 아직 일일이 눈으로 헤아리고 있었다.) 가이거와 마스덴은 섬광에 눈을 적응시키기 위해 매번 실험을 시작하기 전에 암실에서 몇 시간 동안 죽치고 앉아 있어야 했다. 이 단계를 거친 후에는 황화아연 스크린에서 스파크가 발생한 위치와 빈도수를 연구일지에 기록하며 하루를 다 보냈다.

연구소의 두목인 러더퍼드는 암실에 들어가지 않아도 되고, 하루 종일 스크린을 바라볼 필요도 없었다. 그냥 점잖게 한마디만 하면 된다. "수고들 많네. 뒤로 되튕기는 놈이 없는지 잘 살펴보라구." 금박표적을 향해 입사된 알파입자들 중에서 180도 뒤로 튕겨나오는 경우가 있는지, 하루

종일 두 눈 부릅뜨고 잘 지켜보라는 이야기다. 훗날 마스덴은 그 시절을 회상하며 말했다. "놀랍게도 그런 경우가 정말로 있었다. …… 나중에 복도에서 러더퍼드 교수와 마주쳤을 때 그 사실을 보고했다."

이 실험에서 알파입자 8,000개당 한 개가 뒤로 되튕기는 것으로 판명되었다. 가이거와 마스덴은 1909년 5월에 실험 결과를 논문으로 발표했고, 러더퍼드는 논문을 읽은 후 짤막하게 소감을 피력했다. "그것은 내 인생을 통틀어 가장 놀라운 사건이었다. 허공에 휴지조각을 매달아놓고 40센티미터짜리 포탄을 발사했는데, 그 포탄이 뒤로 튀어서 나에게 날아온 것과 비슷하다."

1911년 초에 러더퍼드는 이론물리학자로 변신하여 알파입자가 뒤로 되튕기는 이유를 성공적으로 설명한 후, 가이거와 마스덴을 만난 자리에서 미소 띤 얼굴로 말했다. "원자의 구조를 드디어 알아냈다네. 그때 알파입자가 뒤로 튕겨나온 이유도 더불어 알게 되었지." 그해 5월에 러더퍼드는 원자핵의 존재를 알리는 논문을 발표함으로써 한 시대의 종말을 예고했다. 이제 원자는 눈으로 확인할 수 있는 존재가 되었으며, 복잡한 내부구조를 갖고 있고 더 작게 분할될 수 있으니 궁극의 아토모스는 아니었다. 또한 원자의 중심부에 단단한 핵이 자리 잡고 있다는 놀라운 사실이 밝혀지면서 핵물리학(nuclear physics)이라는 새로운 분야가 탄생했고, 원자의 내부에 관한 한 고전물리학은 아무런 도움도 되지 못했다.

물론 모든 문제가 일사천리로 풀린 것은 아니었다. 처음에 러더퍼드는 알파입자 산란데이터를 놓고 거의 18개월 동안 깊은 고민에 빠졌다. 무거운 알파입자가 왜 금 원자를 통과하지 못하고 뒤로 튕겨나왔을까? 러더퍼드뿐만 아니라 당시 대부분의 물리학자들은 휴지를 향해 발사된 대포알처럼 알파입자가 표적을 가볍게 관통할 것으로 생각했다.

그런데 왜 표적원자를 휴지에 비유했을까? 그 기원은 뉴턴까지 거슬러 올라간다. 그는 "임의의 물체가 역학적으로 안정한 상태에 놓이려면 물체에 작용하는 힘이 모두 상쇄되어야 한다."고 선언했다. 그러므로 원자가 안정한 상태를 유지하려면 전기적 인력과 척력이 상쇄되어 전체적으로 중성인 상태를 유지해야 한다. 19세기에서 20세기로 넘어가던 무렵, 이론물리학자들은 원자가 중성이 되도록 전자를 배치시킨 각종 '원자모형'을 만드느라 여념이 없었다. 일단 원자 내부에는 음전하를 띤 전자가 돌아다니고 있으므로, 이것을 상쇄시킬 양전하가 어딘가에 존재해야 한다. 그런데 전자는 엄청나게 가볍고 원자는 무겁기 때문에, 하나의 원자 내부에 수천 개의 전자가 돌아다니거나(그래야 충분히 무거워지므로), 원자 무게의 대부분을 양전하가 차지하고 있어야 한다. 1905년까지 알려진 수많은 원자모형 중에서 가장 그럴듯한 것은 톰슨이 제안한 '건포도가 박힌 푸딩' 모형이었다(톰슨은 전자를 발견한 후 학계에서 '미스터 전자'로 통했다.). 대충 말하자면 커다란 양전하 덩어리에 군데군데 전자가 건포도처럼 박혀 있는 모형이다. 이런 원자는 역학적으로 안정하며, 전자가 평형상태를 중심으로 진동하는 것도 허용된다. 그러나 톰슨은 양전하의 특성에 대하여 아무런 설명도 하지 못했다.

러더퍼드의 생각은 달랐다. 그는 "양전하가 원자 질량의 대부분을 차지하는 건 맞지만, 원자의 중심부에 아주 작은 크기로 똘똘 뭉쳐 있다."고 생각했다. 그래야 알파입자가 뒤로 되튕기는 현상을 설명할 수 있기 때문이다. 원자의 크기는 제일 바깥쪽을 돌아다니는 전자에 의해 결정되고, 그 중심에는 엄청나게 작고 무거운 양전하가 자리 잡고 있다는 것이다. 바로 원자핵이 탄생하는 순간이다! 그 후 실험데이터가 계속 쌓이면서 러더퍼드의 원자모형은 한층 더 구체화되어 "원자핵의 부피는 원자 하나의 부피의 1조 분의 1"이라는 구체적인 수치까지 제시되었다. 이 모형에 의하면 원자의 내부는 거의 텅 비어 있는 거나 마찬가지다. 손으로 책상을 두드릴 때 단단한 재질이 느껴지는 것은 원자의 내부가 꽉 차있기 때문이 아니라, 원자와 분자 사이에 작용하는 전기력 때문이다. 아리스토텔레스가 이 사실을 알았다면 등골이 오싹했을 것이다.

뒤로 팅겨나오는 알파입자를 보고 러더퍼드가 얼마나 놀랐을지 아직도 실감이 안 가는 독자들을 위해, 볼링장으로 무대를 옮겨보자. 당신이 10개의 볼링핀을 향해 힘차게 공을 던진다. 묵직한 공이 맹렬하게 굴러 볼링핀을 강타한다. 여기까지는 오케이. 그런데 볼링공이 핀과 충돌하자마자 뒤로 팅겨나와 당신을 향해 무시무시한 속도로 날아온다! 당신은 놀랄 겨를도 없이 목숨을 구하기 위해 필사적으로 도망간다……. 이런 일이 과연 일어날 수 있을까? 볼링핀 중에 이리듐(비중이 제일 큰 금속)으로 만든 놈이 섞여 있다면 얼마든지 가능하다. 이리듐으로 만든 핀은 볼링공보다 50배나 무겁기 때문이다! 이제 두 물체가 충돌하는 과정을 슬로우 모션으로 다시 한 번 살펴보자. 볼링공과 이리듐 핀이 접촉하는 순간부터 두 물체는 안으로 서서히 일그러진다. 그러다 어느 순간 볼링공이 완전히 정지했다가 일그러진 부위가 다시 복원되면서 두 물체는 서로 멀어지기 시작한다. 그러나 무거운 이리듐 핀은 무겁기 때문에 아주 느리게 움직이고, 상대적으로 가벼운 볼링공은 아주 빠른 속도로 왔던 길을 되돌아간다. 이것이 바로 탄성충돌이다. 당구공이 당구대 쿠션에 부딪혔다가 팅겨나올 때에도 이와 비슷한 일이 벌어진다. 러더퍼드가 알파입자의 되팅기는 현상을 대포알에 비유한 것은 원자에 대한 선입견 때문이었다. 그 시대의 물리학자들은 원자를 "희박하게 퍼져 있는 구형 푸딩"으로 생각했다. 금 원자의 경우, 푸딩의 반지름은 10^{-9}미터쯤 된다.

러더퍼드가 생각했던 원자핵을 직경 6밀리미터짜리 완두콩에 비유한다면, 원자의 반지름은 무려 90미터에 달한다. 축구장 6개가 가뿐하게 들어가는 크기다. 이렇게 넓은 땅덩어리의 중심에 완두콩 하나가 덩그러니 놓여 있고, 그 주변에는 완두콩보다 훨씬 작은 전자 몇 개가 돌아다니고 있다. 이것이 전부다. 나머지 공간은 텅 비어 있다.

러더퍼드는 역시 운이 좋은 사람이었다. 그가 방사능원으로 사용했던 라돈은 약 500만 전자볼트(eV, 에너지의 단위. 500만 전자볼트 = 5MeV)의 알파입자를 방출했는데, 이것은 원자핵을 발견하기에 아주 적절한 값이었다. 즉, 에너지가 충분히 낮아서 알파입자가 원자핵에 가까이 접근하지 못하고 전기적 척력에 밀려 튕겨나왔던 것이다. 핵 주변을 에워싸고 있는 전자구름은 질량이 너무 작아서 알파입자의 경로에 거의 아무런 영향도 주지 못한다. 만일 알파입자의 에너지가 이보다 훨씬 컸다면 원자핵을 뚫고 들어가 강력을 경험했을 것이고(강력에 대해서는 나중에 따로 다룰 예정이다.), 알파입자의 산란 패턴은 훨씬 복잡하게 나타났을 것이다(대부분의 알파입자들은 원자핵으로부터 멀리 떨어진 곳을 지나가기 때문에 경로가 거의 변하지 않는다.). 가이거와 마스덴이 얻은 알파입자의 산란패턴은 원자핵을 점으로 간주한 수학모형과 거의 일치했다(그 무렵에 다른 실험팀이 얻은 결과도 크게 다르지 않았다.) 물론 지금 우리는 원자핵이 점이 아니라는 사실을 잘 알고 있다. 그러나 알파입자가 원자핵에 너무 가까이 접근하지 않도록 에너지를 낮추면 러더퍼드와 동일한 결과가 얻어진다.

알파입자의 산란분포가 '점' 주변에 형성된 장으로 설명되었으니, 보스코비치가 살아서 이 소식을 들었다면 매우 기뻐했을 것이다. 그러나 러더퍼드의 실험은 원자핵의 발견을 넘어 더욱 깊은 의미를 갖고 있었다. 충돌실험에서 입사입자가 크게 편향된다는 것은 큰 질량이 아주 작은 영역에 집중되어 있음을 뜻한다. 훗날 입자물리학자들은 바로 이 사실에 입각하여 쿼크의 존재를 예견할 수 있었다. 원자의 구조를 규명하는데 러더퍼드의 실험이 하나의 이정표가 된 것이다. 러더퍼드가 제안한 원자모형은 태양계와 비슷한 점이 많았다. 양전하를 띤 무거운 원자핵이 중심부에 놓여 있고, 음전하를 띤 전자들이 그 주변에서 다양한 궤도를 돌고 있다. 그리고 원자핵의 양전하와 전자의 음전하가 정확하게 상쇄되어 원자는 전체적으로 중성이다. 이런 모형에서는 뉴턴과 맥스웰의 고전 이론이 큰 무리 없이 적용될 수 있다. 공전하는 전자들은 태양계의 행성처럼 $F = ma$를 따르고 있다. 단, 원자의 경우 F는 중력이 아니라 원자핵과 전자 사이에 작용하는 전기력이다(쿨롱의 법칙). 또한 전기력은 중력처럼 역제곱법칙을 만족하므로, 언뜻 생각하면 전자는 안정된 궤도를 유지할 것 같다. 이렇게 탄생한 것이 바로 원자의 '태양계 모형'이다.

　모든 것이 잘 맞아 들어가는 것처럼 보였다. 그러던 어느 날, 덴마크에서 온 젊은 이론물리학자가 러더퍼드에게 인사를 건넸다. "처음 뵙겠습니다. 저는 보어라고 합니다. 풀네임은 닐스 헨드릭 다비드 보어(Niels Hendrik David Bohr)구요. 저는 이론물리학을 전공했는데, 선생님을 도우러 왔습니다." 실험물리학자 러더퍼드의 반응이 어땠을지 상상이 가지 않는가?

고군분투

양자역학은 이론물리학자들의 머리에서 이미 완성된 형태로 태어난 이론이 결코 아니다. 양자 이론은 화학원자의 데이터에서 출발하여 아주 서서히 진화해왔다. 원자세계를 이해하기 위해 과학자들이 쏟아 부은 노력은 그보다 더 작은 세계(원자핵의 내부)를 이해하기 위한 전초전이었다.

현실세계가 베일을 빨리 벗지 않은 것은 오히려 축복이었다. 페르미 연구소에서 얻은 데이터가 갈릴레오나 뉴턴에게 주어졌다면, 그들은 과연 어떤 일을 할 수 있었을까? 콜롬비아대학교 교수인 나의 연구동료를 예로 들어보자. 그는 젊고 똑똑하면서 열정 넘치는 사람으로 유명한데, 어느 해엔가 물리학 전공을 희망하는 신입생 40명을 데리고 2년 동안 집중교육을 시키는 특별강좌를 맡게 되었다. 교수 한 사람에 40명의 예비 물리학자와 2년의 시간, 과연 효과가 있었을까? 안타깝게도 그 강좌는 완전 실패로 끝났다. 대부분의 학생들이 전공을 바꾸겠다며 다른 학과로 가버린 것이다. 왜 그랬을까? 이 과목을 수강했다가 수학과로 옮긴 한 학생이 다음과 같이 털어놓았다. "멜(Mel, 담당교수의 이름)은 제가 만났던 교수님 중 단연 최고였습니다. 2년 동안 우리는 뉴턴역학과 광학, 전자기학 등 전통적인 물리학과 함께 경이로 가득 찬 현대물리학을 배웠지요. 그 교수님은 현대물리학을 강의하면서 본인이 현재 진행 중인 연구의 어려운 점을 간간이 소개했는데, 저는 그 대목에서 완전히 주눅이 들었습니다. 저의 능력으로는 도저히 할 수 없는 일이더라고요. 그래서 더 늦기 전에 수학으로 전공을 바꿨지요."

이 사례를 생각하다보면 더욱 심각한 후속 질문이 떠오른다. 인간의 두뇌는 과연 양자물리학의 신비를 풀 수 있을까? 양자 이론이 탄생한지 거의 70년이 지났는데, 세계최고의 물리학자들도 완전한 답을 찾지 못하고 있다.[•] 이론물리학자 하인즈 페이겔스(안타깝게도 1988년에 등반사고로 사

[•] 거의 100년이 다 되어가는 지금까지도 상황은 별로 개선되지 않았다.

망했다.)는 자신의 저서 《우주암호(*The Cosmic Code*)》에 "인간의 두뇌는 양자적 실체를 이해할 정도로 충분히 진화하지 못했다."고 적어놓았다. 그의 말이 맞을지도 모른다. 일부 물리학자들은 자신의 두뇌가 다른 사람보다 훨씬 우수하게 진화했다고 믿고 있지만, 나는 페이겔스의 생각에 한 표 던지고 싶다.

양자 이론은 정말로 희한하면서 신비롭다. 그러나 무엇보다 신기한 것은 이 유별난 이론이 현실과 정확하게 맞아떨어진다는 점이다. 원자와 분자, 복잡한 고체, 금속, 절연체, 반도체, 초전도체 등 어디에 적용해도 틀린 적이 없다. 양자 이론은 산업계에도 긍정적인 영향을 미쳐서 국민총생산(GNP)을 높이는 데 큰 역할을 했다. 그러나 더욱 중요한 것은 원자세계를 넘어 원자핵, 쿼크, 그리고 궁극의 아토모스와 신의 입자에 도달하는 과정에서 우리가 사용할 수 있는 도구가 양자 이론뿐이라는 사실이다. 양자 이론에서 지금까지 풀리지 않은 개념상의 난제는 대다수 물리학자들이 철학적 문제로 치부하고 있지만, 언젠가는 우주의 신비를 푸는 데 핵심적인 역할을 하게 될 것이다.

보어: 나비의 날개 위에 서다

19세기 말~20세기 초에 걸쳐 고전물리학으로 설명할 수 없는 몇 가지 실험결과들이 연달아 발표되면서 물리학에 검은 구름이 끼기 시작했고, 러더퍼드의 실험은 고전물리학의 관에 마지막 대못을 박았다. 또한 이 시기는 실험물리학자가 이론물리학자에게 큰소리를 칠 수 있는 절호의 기회이기도 했다. "이봐, 새로운 물리학이 필요하다는 걸 아직 모르겠니?

우리 실험가들이 분명하게 보여줬잖아. 대체 얼마나 더 보여줘야 믿을 건데?" 러더퍼드도 자신이 제안한 원자모형이 고전물리학을 그토록 심하게 뒤흔들 줄은 미처 짐작하지 못했던 것 같다.

바로 이 시기에 닐스 보어가 등장한다. 패러데이에게 맥스웰이 있었고 브라헤에게 케플러가 있었다면, 러더퍼드에게는 보어가 있었다. 당대 최고의 물리학자 J. J. 톰슨을 돕기 위해 덴마크에서 영국 케임브리지대학교로 건너온 보어는 톰슨의 저서에서 잘못된 부분을 자꾸 찾아내어 주변사람들을 성가시게 만들었다. 그는 칼스버그 맥주사의 장학금을 받고 캐번디시 연구소에 들어가 1911년 가을에 새로운 원자모형을 주제로 한 러더퍼드의 강의를 들었다. 당시 보어의 연구주제는 금속 내부에 돌아다니는 자유전자였는데, 고전물리학으로는 전자의 거동을 설명할 수 없다는 것을 어렴풋이 느끼고 있었다. 물론 플랑크의 양자가설과 아인슈타인의 광전효과에 대해서도 잘 알고 있었을 것이다. 특정 원소를 가열했을 때 나타나는 스펙트럼선도 원자의 양자적 성질을 강하게 암시하고 있었다. 보어는 러더퍼드의 강의와 그의 원자모형에 깊은 감명을 받고 1912년에 4개월 동안 맨체스터를 방문하기로 마음먹었다.

보어는 새로운 원자모형을 연구하다가 심각한 문제점을 발견했다. 맥스웰 방정식에 따르면 핵 주변을 도는 전자는 안테나에서 진동하는 전자처럼 복사에너지를 방출한다. 그런데 여기에 에너지 보존법칙을 적용하면 전자는 궤도가 점점 작아지면서 원자핵 속으로 빨려 들어가야 한다. 그렇다면 이 세상에 멀쩡하게 남아 있을 원자는 없다. 전자가 핵 속으로 빨려 들어간다면, 모든 물질은 안정된 상태를 유지하지 못하고 순식간에 붕괴되어야 한다. 그런데 이 세상은 너무도 멀쩡하게 유지되고 있지 않은가! 심각한 문제임은 분명한데, 보어의 머리에는 마땅한 대안이 떠오르지 않았다.

　보어는 어쩔 수 없이 새로운 시도를 감행했다. 제일 먼저 도마 위에 오른 것은 가장 간단한 수소원자였다. 그는 수소기체 속에서 알파입자의 속도변화 등 각종 데이터를 분석한 후 "수소원자에는 러더퍼드의 궤도를 도는 전자가 단 하나밖에 없다."고 결론지었다. 고전물리학의 종말을 예측하고 새로운 물리학을 향해 첫발을 내디딘 것이다. 고전물리학으로는 수소원자 안에서 돌고 있는 전자의 궤도반경을 구할 방법이 없었다. 사실 태양계모형의 가장 모범적인 사례는 태양계 그 자체이다. 여기에 뉴턴의 법칙을 적용하면 모든 행성의 궤도를 계산할 수 있다. 일단 궤도반지름이 계산되면 행성의 공전속도와 공전주기도 알 수 있다. 그리고 똑같은 행성이라 해도 속도에 따라 궤도반지름은 얼마든지 달라질 수 있다. 그러나 여러 개의 수소원자 속에 들어 있는 전자는 한결같이 똑같은 궤도를 돌거나, 아니면 몇 개의 한정된 궤도만 도는 것처럼 보였다. 고전적 논리에 의하면 무수히 많은 가능성이 있는데, 실제로는 그렇지 않았던 것이다. 보어는 모든 가능성을 고려한 끝에 "전자는 극히 제한된 궤도에만 존재할 수 있다."는 파격적 주장을 펼쳤다.

　또한 그는 "전자가 이 특별한 궤도에 놓여 있으면 복사에너지를 방출하지 않는다."고 가정했다. 그야말로 과학사에 길이 남을 대담한 가정이었다. 맥스웰이 이 말을 들었다면 무덤 속에서 돌아누웠겠지만, 보어의 입장에서는 이론과 현실을 일치시키기 위해 최선을 다했을 뿐이다. 이와 함께 수십 년 전에 키르히호프가 발견했던 원자의 스펙트럼선이 중요한 이슈로 떠올랐다. 다른 원소와 마찬가지로 수소기체에 열을 가하면 스펙트럼의 특정 위치에 밝은 선이 형성된다. 보어는 이 현상을 설명하기 위해 "전자는 몇 개의 궤도를 선택적으로 돌 수 있으며, 각 궤도는 각기 다른 에너지에 대응된다."고 가정한 후, 하나의 전자에 반지름과 에너지가 각기 다른 여러 개의 상태를 부여했다. 그리고 스펙트럼선을 설명하기 위해 "전자는 높은 에너지준위에서 낮은 에너지준위로 점프할 때마다 복사에너지를 방출한다."고 가정했다. 이때 복사된 광자의 에너지는 두 에너지 준위의 차이와 같다. 다소 엉뚱한 발상이었지만 여기까지는 그런대로 참아줄만하다. 그런데 보어는 전자의 궤도반지름과 관련하여 기존의 물리학을 완전히 벗어난 또 하나의 가정을 제안했다. "전자의 각운동량은 새로운 양자단위의 정수배에 해당하는 값만 가질 수 있다." 그가 말한 새로운 양자단위란 바로 플랑크상수 h였다. 훗날 보어는 이때를 회상하며 "당시 물리학계는 예전부터 알려져 있던 양자개념을 어떻게든 응용해보려는 분위기였다."고 했다.

그 후 맨체스터의 조그만 하숙방에서 보어는 종이와 연필, 칼, 자, 그리고 약간의 참고서적을 펼쳐놓고 전자의 거동을 설명하는 새로운 법칙을 집요하게 파고들었다. 대체 얼마나 대단한 인물이길래, 눈에 보이지도 않는 전자를 놓고 고전물리학을 깡그리 뒤엎는 주장을 그토록 거침없이 펼쳤던 것일까? 누가 그에게 그런 막강한 권한을 주었을까? 비결은 간단하다. 보어의 이론이 실험결과와 잘 일치했기 때문이다. 사냥터에서는 "꿩 잡는 것이 매"이고, 물리학에서는 "실험데이터를 잘 설명하는 이론이 장땡"이다. 다른 잔소리는 필요 없다. 보어의 논리는 가장 간단한 수소원자에서 시작된다. 그는 자신이 찾은 법칙의 저변에 심오한 원리가 깔려 있음을 대충 짐작하고 있었지만, 일단은 법칙 자체에 집중했다. 이것이 바로 이론물리학자의 연구방식이다. 아인슈타인의 표현을 빌면, 보어는 "신의 마음을 읽으려고" 애를 쓰고 있었다.

맨체스터에서 코펜하겐으로 돌아온 보어는 자신의 아이디어를 계속 발전시켜서 1913년 4, 6, 8월에 세 편의 논문을 연달아 발표했다(이것이 그 유명한 보어의 '위대한 3부작'이다!). 이 논문에서 그는 고전물리학에 새로운 가설을 추가한 '수소원자의 양자 이론'을 창안하여 기존의 스펙트럼선을 꽤 정확하게 설명했다. 스펙트럼선 데이터는 스트라스부르크, 괴팅겐, 밀라노 등지에 흩어져 있던 키르히호프와 분젠의 제자들이 지루한 반복실험을 거쳐 매우 정확하게 알아냈는데, 수소원자의 경우 이 값은 $\lambda_1 = 4,100.4$, $\lambda_2 = 4,339.0$, $\lambda_3 = 4,858.5$, $\lambda_4 = 6,560.6$이다.(누가 물어봤냐고? 그냥 참고삼아 적어봤다. 물론 외울 필요는 없다.) 이 값들은 어디서 왔으며, 왜 이런 값만 허용되는 것일까? 이상하게도 보어는 스펙트럼선을 별로 중요하게 생각하지 않았다. "스펙트럼선은 정말로 경이롭다. 하지만 그로부터 새로운 사실을 알아내기는 어렵다고 본다. 나비의 날개가 제아무리 호화롭고 아름답다 해도, 그로부터 생물학적 원리를 알아낼 수는 없지 않은가?" 그러나 보어의 생각과 달리 수소원자의 스펙트럼선은 양자세계를 이해하는 키포인트였다(나비의 날개에도 진화생물학적 정보가 담겨 있다.).

보어의 이론에서 가장 중요한 개념은 에너지였다. 에너지는 뉴턴 시대에 엄밀하게 정의된 후로 다양한 분야에 적용되어왔으며, 지금은 "교양인이라면 반드시 알아야 할 필수지식"이 되었다. 에너지에 대해 잘 모른다고? 걱정할 것 없다. 그럴 줄 알고 준비한 게 있으니까!

2분짜리 에너지 강의

"질량이 있는 물체가 움직이면 운동에너지를 갖는다." 고등학교 물리시간에 배웠을 것이다. 운동에너지 외에, 물체는 어떤 위치에 놓여 있는 것만으로도 에너지를 가질 수 있다. 시어스타워 꼭대기에 얹혀 있는 강철구는 위치에너지를 갖고 있다. 누군가가 강철구를 그곳까지 운반하느라 엄청 고생했기 때문이다. 이 강철구가 아래로 떨어지면 위치에너지는 운동에너지로 변환된다.

에너지가 관심을 끄는 이유는 딱 하나, 보존되는 양이기 때문이다. 밀폐된 용기에 들어 있는 기체를 생각해보자. 이 안에서는 수십 억 개의 기체분자들이 빠르게 움직이면서 용기 내벽에 부딪히고, 자기들끼리도 수시로 충돌하고 있다. 충돌이 일어날 때마다 기체분자의 속도가 달라지고 방향도 임의로 변하지만 총 에너지는 항상 똑같다. 과학자들은 18세기가 되어서야 열이 에너지의 한 형태임을 깨달았다. 화학물질은 석탄이 타는 것과 같은 화학반응을 통해 에너지를 방출한다. 에너지는 역학적 에너지, 열에너지, 화학에너지, 전기에너지, 그리고 핵에너지 등 다양한 형태로 존재하며, 한 형태에서 다른 형태로 끊임없이 변하고 있다. 또한 물체의 질량도 $E = mc^2$을 통해 에너지로 변환될 수 있다. 어떤 환경에서 어떤 반응이 일어나건, (질량을 포함한) 계의 총에너지는 무조건 보존된다. (사례 1) 평평한 바닥에서 벽돌을 밀면 앞으로 미끄러지다가 멈춰 선다. 이때 벽돌의 운동에너지는 바닥과의 마찰을 통해 열에너지로 전환된다. 벽돌은 멈추고, 바닥의 온도는 올라간다. (사례 2) 주유소에서 자동차에 연료를 채운다. 당신은 45리터의 연료에 해당하는 화학에너지를 구입했다. 이제 당신이 차에 올라 시동을 걸면 화학에너지가 운동에너지로 바뀔 것이다. 연비가 좋은 자동차라면 이 에너지로 700킬로미터를 갈 수 있다. 어떤 경우에도 에너지는 보존된다. 수력발전소에서는 폭포의 위치에너지를 전기에너지로 바꿔서 각 가정에 공급하고 있다. 자연의 에너지 대차대조표는 칼같이 정확하다. 이 세상에 공짜는 없다.

그래서, 뭐가 어쨌는데?

다시 원자로 돌아가자. 보어의 원자모형에서 전자는 특정 궤도를 점유하고 있다. 각 궤도는 고유의 반지름을 갖고 있으며, 전자가 어느 궤도에 있느냐에 따라 원자의 에너지상태(또는 에너지준위)가 결정된다. 반지름이 가장 작은 궤도는 에너지가 가장 낮은 상태, 즉 '바닥상태(ground state)'에 해당한다. 수소기체에 에너지를 투입하면 일부는 기체분자의 속도를 높이는 데 사용되고, 일부는 전자에 흡수되어(단, 진동수가 딱 맞는 에너지 덩어리여야 한다. 광전효과를 상기할 것) 전자의 에너지준위가 높아진다(또는 궤도반지름이 커진다.) 각 에너지준위는 1, 2, 3, 4 …… 와 같은 숫자로, 각 준위에 해당하는 에너지는 E_1, E_2, E_3, E_4 …… 로 표기된다. 보어는 광자의 파장에 따라 에너지가 결정된다는 아인슈타인의 아이디어를 이용하여 새로운 원자모형을 만들었다.

모든 파장의 광자들이 수소원자에 쏟아지면 전자는 그중에서 적절한 파장을 가진 광자를 골라 흡수하여 E_1에서 E_2로, 또는 E_3로 '점프'한다. 원자라는 고층아파트의 1층에 거주하던 전자가 더 높고 비싼 층으로 이주하는 것이다.(이 아파트는 고층일수록 비싸다!) 물론 이사를 하려면 가격 차이에 딱 들어맞는 대출(광자)을 받아야 한다. 야간광고판에 사용되는 방전관이 그 대표적 사례이다. 전기에너지가 공급되면 방전관은 수소원자 특유의 색으로 밝은 빛을 발휘한다. 전기에너지가 수조 개의 전자 중 일부에 흡수되어 원자의 에너지준위가 높아지는 것이다. 전기에너지가 많이 공급될수록 더 많은 전자들이 높은 에너지준위를 점유하게 된다.

보어의 원자모형에서 높은 에너지준위로 올라간 전자는 자발적으로 다시 낮은 준위로 떨어진다. 여기서 방금 전에 언급했던 에너지 보존법칙을 떠올려보자. 전자가 낮은 에너지준위로 떨어지면 남는 에너지는 어디로 가는가? 보어는 "아무 문제없다."며 자신만만하다. 전자가 낮은 준위로 떨어지면서 두 에너지준위의 차이에 해당하는 광자를 방출하면 된다. 예를 들어 전자가 4준위에서 2준위로 떨어진다면, 이때 방출되는 광자의 에너지는 E_4-E_2와 같다. 물론 $E_2{\rightarrow}E_1$, $E_3{\rightarrow}E_1$, $E_4{\rightarrow}E_1$ 등 다른 점프도 가능하며, E_4에서 E_1으로 떨어질 때 $E_4{\rightarrow}E_2$, $E_2{\rightarrow}E_1$과 같이 두 단계를 거칠 수도 있다. 어떤 경우이건 에너지가 변하면 그 차이에 해당하는 광자가 방출된다. 이것이 바로 스펙트럼선의 비밀이었다.

보어의 원자모형은 고전물리학을 수정하여 억지로 끼워 맞춘 듯한 느낌이 들지만, 역시 물리학의 거장다운 발상이었다. 그는 필요할 때 뉴턴과 맥스웰을 호출했고, 방해가 될 때는 서랍 속에 가둬두었다. 또 플랑크와 아인슈타인의 이론도 필요할 때에만 적용했다. 과연 이런 식으로 올바른 답을 얻을 수 있을까? 그렇다. 얻을 수 있다. 보어는 그 정도로 똑똑한 사람이었다.

지금까지 언급된 내용을 정리해보자. 19세기에 프라운호퍼와 키르히호프가 밤을 새워가며 노력해준 덕분에 스펙트럼선의 위치가 정확하게 알려졌고, 원자(또는 분자)가 특별한 파장의 복사에너지를 흡수하거나 방출한다는 사실도 알았다. 또한 막스 플랑크 덕분에 빛이 양자단위로 방출된다는 사실을 알았으며, 헤르츠와 아인슈타인 덕분에 빛의 흡수 역시 양자단위로 이루어진다는 사실도 알게 되었다. 톰슨은 전자를 발견했고 러더퍼드는 원자의 구조를 알아냈다. 즉, 원자의 중심부에는 아주 작은 원자핵이 자리 잡고 있으며, 나머지 공간에 전자가 흩어져 있다.(대부분의 공간은 텅 비어 있다.) 그 후 닐스 보어는 전자가 한정된 궤도만 점유할 수 있다고 주장했다. 전자는 에너지양자를 흡수하여 더 큰 궤도로 점프할 수 있고, 작은 궤도로 떨어질 때에는 빛의 양자인 광자를 방출한다. 이 양자는 고유의 파장을 갖고 있으며, 스펙트럼선을 만드는 원인이기도 하다. 그리고 나는 부모님 덕분에 학교에 다니면서 이 모든 사실을 알게 되었다.

1913~1925년에 걸쳐 개발된 보어의 이론은 지금 "고전 양자 이론"으로 불리고 있다. 양자 이론이긴 하지만 아직은 고색이 창연하다는 뜻이다. 플랑크와 아인슈타인, 그리고 보어는 서로 바통을 이어가며 고전물리학을 궁지로 몰아넣었다. 물론 고전물리학에 무슨 감정이 있어서가 아니라, 실험데이터를 설명하기 위한 고육지책이었다. 플랑크의 이론은 흑체복사 스펙트럼과 정확하게 일치했고, 아인슈타인은 광전효과의 비밀을 풀었다. 보어가 유도한 수학공식에는 전자의 질량과 전하, 플랑크상수, 원주율 π, 그리고 에너지준위를 뜻하는 숫자('양자수'라고 한다.) 등이 포함되어 있는데, 이 모든 값들이 얽히고설켜서 수소원자의 스펙트럼선을 정확하게 재현했다.

러더퍼드는 보어의 이론을 인정하면서도 보어가 고려하지 않았던 문제를 제기했다. '전자는 언제, 어떻게 다른 에너지준위로 점프하는가?' 이 질문은 '방사성원소는 언제 붕괴하는가?'라는 질문과 일맥상통한다. 고전물리학에서 원인 없는 결과란 존재할 수 없는데, 원자영역에서는 이런 인과율(因果律, causality)이 적용되지 않는 것처럼 보였다. 보어는 위기 상황을 감지하고 나름대로 해결책을 내놓았으나, 이 문제는 1916년에 아인슈타인이 '자발적 전이'를 발표할 때까지 해결되지 않은 채 남아 있었다. 한편, 원자세계를 꾸준히 탐구해온 실험물리학자들은 보어가 미처 생각하지 못했던 몇 가지 중요한 사실을 알아냈다.

정확성에 유난히 집착했던 미국의 물리학자 알버트 마이컬슨(Albert

Michelson)은 수소원자의 스펙트럼선을 분석하다가 하나인 줄 알았던 선이 두 줄로 나 있는 것을 발견하고 깜짝 놀랐다. 두 개의 선이 가깝게 붙어 있어서 한 줄로 보였던 것이다. 이는 곧 전자가 낮은 준위로 점프할 때 둘 중 하나를 고르는 '선택의 여지'가 존재한다는 뜻이다. 요즘 물리학자들은 이것을 "미세구조(fine structure)"라 부른다. 첫 번째 실마리를 푼 사람은 보어의 동료였던 아르놀트 조머펠트(Arnold Sommerfeld)였다. 그는 '수소원자 내부의 전자는 거의 광속으로 움직이기 때문에 1905년에 발표된 아인슈타인의 특수 상대성 이론을 고려해야 한다.'고 생각했다. 이것은 하나의 현상을 설명하기 위해 양자 이론과 상대성 이론을 모두 동원한 최초의 시도였다. 상대론적 효과를 고려하면 보어의 이론에서 하나였던 전자궤도가 '가까이 붙어 있는 두 개의 궤도'로 분리된다. 그래서 스펙트럼선이 두 개로 나타났던 것이다. 조머펠트는 이 계산을 수행하면서 방정식에 자주 등장하는 상수 $2\pi e^2/hc$를 그리스문자 α로 표기했는데,(방정식 자체는 신경쓸 것 없다. 알아봐야 머리만 아프다.) e에 전자의 전하를 대입하고 h에는 플랑크상수, c에 빛의 속도를 대입하면 $\alpha = 1/137$이라는 값이 얻어진다. 또 나왔다, 137! 단위가 없는 순수한 상수이다.

실험물리학자들은 원자모형을 계속 수정해나갔다. 전자가 발견되기 전인 1896년에 네덜란드의 물리학자 피터르 제이만(Pieter Zeeman)은 강력한 자석의 두 극 사이에 소금을 놓고 분젠버너로 가열했다. 뜨거워진 소금에서는 노란색 빛이 방출되는데, 이것을 분광계로 받아 분석해보니 스펙트럼선이 훨씬 굵게 나타났다. 자기장 때문에 하나의 선이 여러 개로 분리된 것이다. 이 현상은 1925년에 네덜란드의 물리학자 사무엘 구드스미트(Samuel Goudsmit)와 조지 울렌벡(George Uhlenbeck)에 의해 더욱 정확하게 관측되었고, 두 사람은 "스펙트럼선의 세분화를 설명하려면 전자가 '스핀(spin)'이라는 물리량을 갖고 있다고 가정하는 수밖에 없다."고 결론지었다. 고전물리학의 스핀이란 팽이와 같이 대칭축을 중심으로 자전하는 물체가 갖는 양이며, 전자의 스핀은 이것의 양자적 버전에 해당한다.

보어는 1913년에 이 모든 아이디어를 마치 정품에 이상한 옵션을 주렁주렁 달아놓은 커스텀자동차마냥 자신의 원자모형에 갖다 붙였다. 에어컨과 휠캡을 새로 달고 뒷범퍼까지 요란하게 장식한 포드자동차처럼, 보어의 원자모형은 부자연스러운 외형에도 불구하고 실험결과를 매우 정확하게 재현해냈다. 정말 대단한 업적이다!

보어의 이론은 거의 완벽했다. 문제는 단 하나, 틀린 이론이라는 점이었다.

베일을 들추다

1912년에 완성된 보어의 '조립식 이론'은 1924년에 프랑스의 한 대학원생이 중요한 실마리를 발견하기 전까지 점점 더 곤경에 빠져들었다. 사실 그 실마리라는 것도 처음에는 신출내기 물리학자가 박사학위 논문에 휘갈겨놓은 약간의 허풍처럼 보였다. 그러나 불과 3년 사이에 그의 아이디어는 미시세계에 대한 관점을 송두리째 바꿔놓았다. 현대물리학에 새로운 바람을 일으킨 풍운아, 억세게 운 좋았던 그 대학원생의 이름은 루이 드브로이(Prince Louis-Victor de Broglie)였다. 프랑스 귀족으로 태어나 파리의 소르본대학교에서 박사과정을 밟은 드브로이는 학위 논문 주제를 놓고 고심하다가 아인슈타인의 광양자 이론에서 결정적인 힌트를 얻었다. 빛은 간섭하고, 회절하고, 굴절되는 등 파동적 특성을 모두 갖고 있다. 이런 빛이 어떻게 에너지 덩어리(입자)의 집합처럼 거동할 수 있다는 말인가?

드브로이는 빛의 파동-입자 이중성이 전자와 같은 물질입자에도 똑같이 적용되는 기본원리라고 생각했다. 플랑크의 양자가설이 발표된 후 아인슈타인은 광전효과를 통해 빛의 양자에 파장(또는 진동수)와 관련된 에너지를 할당했고(상기하자, $E = hf$!), 드브로이는 여기에 새로운 대칭성을 부여했다. 파동이 입자처럼 행동한다면, 전자와 같은 입자도 파동처럼 행동할 수 있지 않을까? 드브로이는 전자가 에너지와 관련된 파장을 갖는다고 가정하고, 자신의 아이디어를 간단한 공식으로 표현했다.[●] 그리고 이 관계를 수소원자의 전자에 적용했다가 의외의 대박을 터뜨렸다. 에너지를 파장으로 환산해보니 특정 궤도만 허용했던 보어의 짜깁기공식이 완벽하게 설명된 것이다. 이로써 모든 것이 분명해졌다! 전자의 파장을 λ라 했을 때, 궤도의 길이(원주의 길이)가 λ의 정수배로 정확하게 떨어지는 궤도만 허용된다. 좀 더 간단한 예를 들어보자. 일단 한화로 100원짜리 동전 한 개와 10원짜리 동전 한 줌을 준비한다. 이제 테이블 가운데에 100원짜리 동전을 놓고(원자핵) 그 둘레를 10원짜리 동전(전자)으로 에워싼다. 구식 동전이 아니라면 완전히 에워싸는데 7개가 필요할 것이다. 이것이 전자가 취할 수 있는 가장 작은 궤도에 해당한다. 여기에 동전 하나를 추가하여 10원짜리 동전 8개로 닫힌 원을 만들려면 원의 크기

● $\lambda = h/p$, 이게 전부다. 여기서 λ는 전자의 파장이고 h는 플랑크상수, p는 전자의 운동량이다. 물론 이 관계는 전자뿐만 아니라 모든 입자에 대해 성립한다.

를 키워야 하는데, 아무렇게나 키우면 안 되고 동전 8개에 딱 맞는 크기여야 한다. 이 조건을 만족하는 원은 하나밖에 없다. 10원짜리 동전을 9, 10, 11개로 계속 늘여 나가면 원은 점점 커지고, 각 원들은 특정한 반지름을 갖는다. 즉, '정수 개의 동전'으로 만들 수 있는 원의 크기는 지극히 한정되어 있다. 그 사이에서 어정쩡한 크기의 원을 만들려면 동전을 포개놓거나 쪼개는 수밖에 없다. 이 사례에서 10원짜리 동전의 폭을 전자의 파장으로 대치시키면 실제 전자와 똑같아진다. 궤도의 길이가 파장의 정수배면 한 바퀴 돈 후에 전자의 파동이 매끄럽게 연결되지만, 그렇지 않으면 파동이 불규칙하게 겹쳐서 안정한 궤도를 형성하지 못한다. 드브로이는 이런 논리에 따라 허용된 궤도의 반지름이 전자의 파장에 의해 결정된다고 결론지었다.

전자가 파동이라면 간섭이나 회절도 일으킬 수 있지 않을까? 드브로이는 박사학위 논문에서 이 문제를 다뤘으나, 실험적 증거가 없었으므로 확답을 제시하지는 못했다. 그의 논문을 심사했던 교수들은 젊은 학생의 기교에 흥미를 느꼈지만 파동-입자의 이중성이라는 개념에는 시큰둥한 반응을 보였다. 그때 심사교수 중 한 사람이 외부 전문가의 의견을 듣기 위해 논문 복사본을 아인슈타인에게 보냈는데, 그는 "거대한 베일의 한 구석을 들추는 대담한 가설"이라며 드브로이의 논문을 극찬했다. 결국 드브로이는 1924년에 박사학위를 받았고, 5년 후인 1929년에는 박사학위 논문으로 노벨상을 받은 최초의 물리학자가 되었다. 그러나 이 분야에서 가장 큰 성공을 거둔 사람은 드브로이의 논문에서 무한한 가능성을 발견한 에르빈 슈뢰딩거였다.

실험적 증거가 없는 상황에서 드브로이의 아이디어를 수용하기란 결코 쉬운 일이 아니었다. 전자파동이라니, 대체 그게 무슨 뜻인가? 뚜렷한 지지도, 반대도 없이 의문만 증폭되다가 1927년에 드디어 미국 뉴저지에서 증거가 발견되었다. 민간연구기관인 벨 전화연구소에서 진공관을 연구하던 클린턴 데이비슨(Clinton Davisson)과 레스터 저머(Lester Germer)가 다양한 산화물로 코팅된 금속에 전자를 충돌시키는 실험을 수행하던 중 이상한 현상을 발견했다. 산화물코팅을 입히지 않은 금속에 충돌한 전자들이 이상한 무늬를 만든 것이다(당시 저머는 데이비슨의 보조연구원이었다.).

1926년에 데이비슨은 학회 참석 차 영국을 방문했다가 드브로이의 아이디어를 전해 듣고 무릎을 쳤다. 황급히 벨 연구소로 돌아와 파동의 관점에서 실험데이터를 분석해보니 전자가 만든 무늬는 파동이 만든 무늬와 일치했고, 그 파동의 파장은 전자의 에너지와 관련되어 있었다. 데이비슨과 저머는 서둘러 결과를 발표했는데, 시기가 매우 적절하여 1937년에 노벨상을 받게 된다. 그 무렵에 J. J. 톰슨의 아들인 조지 톰슨(George P. Thompson)이 캐번디시 연구소에서 비슷한 연구를 하고 있었으니, 발표가 조금만 늦었어도 노벨상은 톰슨 혼자 받았을 것이다. 결국 데이비슨과 톰슨은 전자의 파동을 발견한 공로로 1937년에 노벨 물리학상을 공동으로 수상했다.

J. J. 톰슨과 G. P. 톰슨은 애정이 돈독한 부자지간으로 유명했다. 아들 톰슨이 아버지에게 쓴 편지 중에는 이런 것도 있다.

아버님께

ABC 세 변으로 이루어진 구면삼각형이 주어졌다고 하겠습니다……

(이후 세 장의 편지지를 빼곡하게 채운 후)

아들 조지 올림

원자 내부에 갇혀 있건 진공관 속에서 돌아다니건 간에, 모든 전자는 파동적 성질을 갖고 있었다. 그런데 대체 전자의 어떤 부분이 파동치는 것일까?

배터리의 원리도 모르는 물리학자

러더퍼드가 전형적인 실험물리학자였다면, 그에 대응되는 전형적인 이론물리학자는 베르너 하이젠베르크였다. 원자핵의 자기모멘트를 측정하여 1944년에 노벨상을 받은 이시도어 라비는 이론물리학자를 "자기 신발끈도 못 매는 사람"으로 정의했는데, 하이젠베르크야말로 이 정의에 딱들어맞는 사람이었다. 그는 유럽을 통틀어 제일 똑똑한 학생 중 한 명이었으나, 뮌헨대학교의 박사학위 논문 심사에서 거의 떨어질 뻔했다. 심사위원 중 한 사람이자 평소 하이젠베르크를 별로 좋아하지 않았던 빌헬름 빈(Wilhelm Wien, 흑체복사 이론의 선구자) 교수가 계속 딴죽을 걸었기 때문이다. 빈은 논문을 심사하는 자리에서 그에게 엉뚱한 질문을 던졌다. "배터리는 어떤 원리로 작동하는가?" 당황한 하이젠베르크는 아무 말도 하지 못했다. 그러자 빈은 실험과 관련된 질문을 계속 퍼부으며 하이젠베르크를 괴롭혔다. 다행히도 다른 교수들이 분위기를 무마시켜준 덕분에 하이젠베르크는 'C'라는 성적으로 간신히 학위증을 받을 수 있었다.

하이젠베르크의 아버지는 뮌헨대학교의 그리스어문학과 교수였다. 그덕분에 하이젠베르크는 청소년기에 원자론이 수록되어 있는 플라톤의 저서 《티마이오스(Timaeus)》를 원문으로 읽었는데, 원자가 육면체이거나 피라미드형이라는 주장은 어린 소년이 보기에도 헛소리처럼 들렸다. 그러나 "물질의 최소단위를 모르고서는 결코 우주를 이해할 수 없다."는 플라톤의 기본사상은 하이젠베르크의 마음을 완전히 사로잡았다. 그 후로 하이젠베르크는 가장 작은 입자를 탐구하는 데 평생을 바치기로 마음먹었다.

하이젠베르크는 러더퍼드-보어의 원자모형을 머릿속에 그리려고 노력했지만 아무것도 떠오르지 않았다. 원자력위원회(Atomic Energy Commission, AEC)의 로고마크(중심부의 핵 주변으로 조그만 전자들이 공전하는 그림으로 물론 복사에너지는 방출하지 않는다.) 같은 것은 현실과 거리가 멀어 보였다. 하이젠베르크의 눈에 보어의 전자궤도는 러더퍼드의 원자모형을 실험데이터와 일치시키기 위해 억지로 꿰어 맞춘 누더기로 보일 뿐이었다. 진짜 궤도는 어떻게 생겼을까? 보어의 양자 이론은 고전물리학의 그늘에서 완전히 벗어나지 못했다. 전자궤도의 불연속성을 설명하려면 더욱 급진적인 논리가 필요했다. 하이젠베르크는 상상력을 총동원하여 원자를 머릿속에 그려보다가 결국 '원자를 시각화하는 것은 불가능하다.'는 사실을 깨닫고, 자신만의 확고한 지침을 세웠다. "관측할 수 없는 대상에 집착하지 마라. 전자의 궤도는 관측할 수 없다. 그러나 스펙트럼선은 관측 가능하다." 그 후 하이젠베르크는 행렬(matrix)이라는 수학형식에 기반을 둔 '행렬역학(matrix mechanics)'을 구축했다. 그의 접근법은 수학적으로 난해하고 머릿속에 그리기는 더욱 어려웠지만, 보어의 이론을 개선했다는 점에는 의심의 여지가 없었다. 얼마 후 행렬역학은 마술 같은 궤도반지름을 도입하지 않고서도 보어의 이론을 재현하는 데 성공했다. 구식 이론이 해결하지 못한 문제를 행렬로 해결한 것이다. 그러나 하이젠베르크의 행렬역학은 다루기가 너무 어려웠다.

그러던 중 물리학의 역사를 바꿔놓을 휴가시즌이 찾아왔다.

물질파와 산장의 여인

하이젠베르크가 행렬역학을 완성하고 몇 달이 지났을 무렵, 취리히대학교 물리학과의 평범한 교수 에르빈 슈뢰딩거가 1925년 크리스마스를 열흘쯤 앞두고 은밀한 휴가를 떠났다. 그는 알프스의 한적한 산장을 2주 반 동안 예약했는데, 동행한 사람은 아내가 아니라 빈 출신의 오래된 여자친구였다. 이 여행에서 누더기가 다 된 양자역학을 어떻게든 되살리고 싶었던 슈뢰딩거는 가져간 진주 두 알을 양쪽 귀에 꽂아 주변소음을 차단한 후, 창조적 영감을 얻기 위해 여자친구를 침대에 눕혔다. 이것으로 준비는 끝났다. 이제 새로운 이론을 창조하면서 그녀를 행복하게 해주면 된다. 다행히도 슈뢰딩거에게는 그럴 만한 능력이 있었다(이 정도 일을 수행할 능력이 없다면 물리학자가 될 생각은 접는 게 좋다.).

슈뢰딩거는 실험물리학자로 학계에 첫발을 들여놓았다가 일찍 이론으로 전향한 사람이다. 알프스 산장으로 여행을 떠날 때 그의 나이는 서른여덟, 결코 젊은 물리학자는 아니었다. 물론 세상에는 중년이나 노년의 이론물리학자도 많지만, 대부분의 경우 20대에 전성기를 보내고 30대부터는 연구보다 대외활동에 집중하는 '고참 정치가'가 되기 마련이다. 특히 양자역학의 전성기에는 이런 현상이 두드러지게 나타나서, 폴 디랙과 베르너 하이젠베르크, 볼프강 파울리, 닐스 보어는 모두 20대에 생애 최고의 이론을 발표했다. 디랙과 하이젠베르크가 노벨상을 받으러 스톡홀름으로 갈 때, 두 사람 모두 어머니를 대동할 정도로 '젊은 아들'이었다.●

● 두 사람 모두 31세에 노벨상을 받았다(디랙은 1933년, 하이젠베르크는 1932년).

디랙이 남긴 글 중에는 이런 것도 있다.

나이란 모든 물리학자들이 경계해야 할
열병과도 같은 것
서른 살을 넘긴 물리학자는
차라리 죽는 게 낫다

(디랙이 받은 것은 노벨 문학상이 아니라 물리학상이었다. 이해해주기 바란다.) 다행히
도 디랙은 젊은 시절의 나약한 감상에서 벗어나 82세까지 꿋꿋하게 살
았다.

슈뢰딩거의 여행가방에는 물질과 입자에 관한 드브로이의 논문도 들
어 있었다. 그는 알프스 산장에서 드브로이의 물질파(matter wave)를 상상
하다가 새로운 아이디어를 떠올렸다. "전자를 '파동 같은 입자'로 취급하
지 말고, 아예 파동으로 취급하면 어떨까?" 그리고는 곧바로 전자를 물
질파로 간주한 방정식을 유도했다. 바로 그 유명한 '슈뢰딩거 파동방정
식(Schrödinger's wave equation)'이 탄생하는 순간이었다. 이 방정식에서 제
일 중요한 것은 Ψ(psi, 프사이)로 표기되는 양이다. 지금도 물리학자들 사
이에는 "파동방정식이 모든 것을 사이(sigh, 한숨. Ψ와 발음이 비슷함)로 바꿔
놓았다."는 농담 아닌 농담이 나돌고 있다. Ψ의 정식명칭은 '파동함수
(wave function)'로, 전자에 대하여 우리가 알고 있는 모든 정보(또는 알 수 있
는 모든 정보)가 여기에 담겨 있다. 물리학자들은 수소원자를 포함하여 양
자 이론이 적용되는 모든 대상에 슈뢰딩거의 방정식을 적용해왔다(방정
식을 풀면 Ψ가 위치와 시간의 함수로 얻어진다.). 다시 말해서 원자와 분자, 광자,
중성자, 쿼크 등 미시세계를 구성하는 모든 요소들이 입자가 아닌 '파동

역학(wave mechanics)'으로 서술된다는 뜻이다.

슈뢰딩거는 자신이 파동방정식을 유도했음에도 불구하고 스스로 고전역학의 구원자를 자처하고 나섰다. 그는 전자가 음파나 수면파, 또는 맥스웰의 전자기파 같은 고전적 파동이며, 입자처럼 보이는 것은 환상일 뿐이라고 주장했다. 간단히 말해서 모든 입자를 물질파로 간주한 것이다. 보어의 원자에서 궤도 사이를 오락가락하는 전자와 달리, 파동은 이해하기 쉽고 머릿속에 그리기도 쉽다. 슈뢰딩거는 방정식에 등장하는 Ψ가 물질파의 밀도를 나타낸다고 해석했다(정확하게는 Ψ가 아니라 Ψ^2이다.). 그의 방정식을 적용하면 원자 속에서 전기력의 영향을 받는 전자의 파동을 계산할 수 있다. 예를 들어 수소원자에서 슈뢰딩거의 파동은 보어가 예견했던 궤도에서 덩어리로 뭉쳐 있다. 슈뢰딩거의 파동방정식을 수소원자에 적용하면 보어의 전자궤도와 스펙트럼선이 자연스럽게 얻어진다. 무리한 가정을 세울 필요도 없고, 상수를 끼워 넣을 필요도 없다. 수소뿐만 아니라 더 복잡한 원자도 마찬가지다. 방정식을 풀기가 까다롭긴 하지만, 항상 정확한 답을 얻을 수 있다.

산장에서 돌아온 슈뢰딩거는 몇 주 후에 자신이 유도한 파동방정식을 논문으로 발표하여 엄청난 반향을 불러일으켰다. 그것은 물질의 구조를 밝히는 가장 강력한 수학도구이자, 현대적 양자역학의 탄생을 알리는 신호탄이었다(1960년까지 슈뢰딩거의 파동방정식을 응용한 10만 편 이상의 논문이 발표되었다.). 그 후 슈뢰딩거는 5편의 후속 논문을 연달아 발표했다. 양자역학의 기초를 닦은 기념비적 논문 여섯 편이 반년 사이에 연이어 탄생한 것이다. 원자폭탄의 아버지로 불리는 로버트 오펜하이머는 파동역학을 "인류가 발견한 것 중 가장 완벽하고 정확하면서 사랑스러운 이론"이라 했고, 위대한 수학자이자 물리학자였던 아르놀트 조머펠트는 "슈뢰딩거의 이론은 20세기에 이루어진 최고의 발견 중에서도 단연 최고"라며 극찬을 아끼지 않았다.

전기작가나 사회역사학자들은 한동안 슈뢰딩거의 스캔들을 캐느라 여념이 없었지만, 사실 물리학자들은 남의 사생활에 별 관심이 없다. 게다가 이 정도로 엄청난 업적을 남겼으니, 나는 개인적으로 슈뢰딩거를 용서하고자 한다.

확률파동

물리학자들은 슈뢰딩거의 파동방정식을 열렬히 사랑했다. 양자계에 적용하기만 하면 항상 올바른 답을 주었기 때문이다. 하이젠베르크의 행렬역학과 슈뢰딩거의 방정식은 둘 다 옳았지만, 대부분의 물리학자들은 슈뢰딩거의 방법을 선호했다. 파동방정식은 그들에게 친숙한 미분방정식 형태를 띠고 있기 때문이다. 방정식이 발표되고 몇 년 후, 하이젠베르크와 슈뢰딩거 이론의 물리적 개념과 계산결과는 완전히 같은 것으로 판명되었다. 둘 사이의 차이라고는 수학적 언어가 다른 것뿐이다. 요즘은 두 이론을 적절히 섞어서 사용하고 있다.

슈뢰딩거 방정식의 유일한 문제는 Ψ의 해석방법이었다. 슈뢰딩거는 이것이 물질파의 밀도를 나타낸다고 생각했으나, 결국은 사실이 아닌 것으로 판명되었다. 물론 Ψ가 파동이라는 데에는 의심의 여지가 없다. 그런데 대체 무엇이 파동치고 있는가? 파동을 일으키는 주체는 누구인가?

슈뢰딩거가 연타석 홈런을 날렸던 1926년, 독일의 물리학자 막스 보른이 해결책을 내놓았다. 그는 Ψ가 '특정한 시간, 특정한 위치에서 입자(전자)가 발견될 확률'과 관련되어 있다고 주장했다. 앞서 말한 대로 Ψ는 위치와 시간의 함수이다. 즉, 전자의 위치와 시간이 변하면 Ψ도 변한다. Ψ^2의 값이 큰 곳에서는 전자가 발견될 확률이 높고, $\Psi = 0$인 곳에서 전자는 절대로 발견되지 않는다. 파동함수는 결국 확률의 파동이었던 것이다.

보른이 이런 생각을 떠올리게 된 것은 어떤 에너지 장벽을 향해 전자빔을 발사하는 실험 때문이었다. 예를 들어 −10볼트짜리 음극단자에 연결된 전선스크린을 향해 5볼트의 에너지로 전자를 발사했다고 하자. 고전적인 관점에서 보면 전자는 '10볼트 장벽'을 뚫지 못하고 튕겨나와야 한다. 전자의 에너지가 장벽보다 높으면(즉, 10볼트 이상이면) 담 위로 던져진 공처럼 장벽을 통과할 것이고, 이보다 작으면 담을 향해 던져진 공처럼 튕겨나올 것이다. 그러나 슈뢰딩거의 파동방정식을 이런 경우에 적용하면 파동함수 Ψ의 일부는 에너지장벽을 통과하고 일부는 반사된다. 그런데 이것은 광자(빛)의 전형적인 특성이 아니던가? 쇼윈도 앞에 서면 매장 안에 전시된 상품이 보이고, 그것을 들여다보는 당신의 모습도 보인다. 빛은 유리를 통과하면서 동시에 반사되기도 한다. 슈뢰딩거의 파동방정식을 전자에 적용하니 이와 비슷한 결과가 얻어졌다. 에너지장벽을 만나면 전자의 일부가 통과하고 일부가 반사된다는 말인가? 하지만 반으로 쪼개진 전자는 한 번도 관측된 적이 없다!

이 실험은 다음과 같은 방식으로 진행된다. 1,000개의 전자를 에너지장벽을 향해 발사한다. 가이거계수기의 눈금을 보니 550개가 장벽을 통과했고 450개는 반사되었다. 이 중에서 쪼개진 전자는 없다. 1,000개 모두 '온전한' 전자이다. 슈뢰딩거의 파동함수를 제곱해보니 통과 : 반사의 비율이 55 : 45로 실험데이터와 일치한다. 보른의 해석을 받아들인다면 하나의 전자가 장벽을 통과할 확률은 55퍼센트고 반사될 확률은 45퍼센트이다. 그런데 전자는 절대 쪼개지지 않으므로, 슈뢰딩거의 파동은 전자가 아니라 확률을 의미한다.

보른은 하이젠베르크와 마찬가지로 당대 최고 물리학자들의 집단인 괴팅겐학파(Göttingen school)의 일원이었다. 그가 슈뢰딩거의 Ψ에 통계적 해석을 내린 것은 괴팅겐의 물리학자들이 "누가 뭐라 해도 전자는 입자이다."라고 못을 박았기 때문이다. 전자는 가이거계수기에 검출되고, 윌슨의 안개상자에 뚜렷한 궤적을 남기며, 다른 입자와 충돌하면 뒤로 팅겨 나온다. 또한 슈뢰딩거의 파동방정식은 전자파동의 거동을 올바르게 서술하고 있다. 그렇다면 이것을 입자에 대한 방정식으로 바꿀 수는 없을까?

아이러니는 역사의 가장 오래된 친구라고 했던가? 맥스웰 장방정식과 광자의 관계에 대하여 아인슈타인이 1911년에 발표한 논문은 또 다시 모든 것을 바꿔놓았다. 아인슈타인은 장이 광자를 '발견될 확률이 높은 곳'으로 인도한다고 제안했다. 그리고 보른은 아인슈타인의 논문에서 영감을 얻어 입자와 파동의 부조화를 다음과 같이 해결했다. 전자는 감지기에 검출될 때 입자처럼 행동한다. 그러나 감지기 사이의 빈 공간에서는 슈뢰딩거의 방정식에 따라 파동처럼 분포되어 있다. 다시 말해서 슈뢰딩거의 Ψ는 각 위치마다 전자가 존재할 확률을 나타내고, 이 확률은 파동처럼 행동한다. Ψ를 구하는 방법은 슈뢰딩거가 알아냈으니, 가장 어려운 부분은 일단 해결된 셈이다. 그러나 방정식의 진정한 의미를 알아낸 사람은 막스 보른이었고, 보른의 아이디어는 아인슈타인의 논문에서 비롯되었다. 아이러니한 것은 아인슈타인이 보른의 해석을 끝까지 받아들이지 않았다는 점이다.

의류업자의 물리학

막스 보른이 Ψ를 확률분포로 해석하면서, 인류의 자연관은 뉴턴 이후 가장 큰 변화를 겪었다. 슈뢰딩거는 자신이 유도한 파동방정식이 말도 안 되는 결과를 낳았다며 방정식을 유도한 것을 두고두고 후회했다. 그러나 보어와 하이젠베르크, 조머펠트를 비롯한 다수의 물리학자들은 보른의 확률해석을 별 거부감 없이 받아들였다. 그는 자신의 논문에 "슈뢰딩거의 방정식으로 알아낼 수 있는 것은 확률뿐이다. 그러나 이 확률의 수학적 형태는 완벽하게 예측 가능하다."고 적어놓았다.

보른의 해석에 의하면 슈뢰딩거 방정식의 확률파동 Ψ는 전자의 거동과 에너지, 위치 등을 알려준다. 그러나 이 모든 양들은 확률의 형태로밖에 얻을 수 없다. 전자의 파동이란 바로 이 확률의 파동이었던 것이다. 파동형태로 얻어진 여러 개의 해(解)가 한 장소에서 더해지면 그곳에서 입자가 발견될 확률이 커지고, 서로 상쇄되면 확률이 작아진다. 이것을 실험으로 확인하려면 실험을 아주 여러 번 수행해야 한다. 실제로 실험을 해보면 대부분의 경우 전자는 확률이 높은 곳에서 발견되고, 확률이 작은 곳에서 발견되는 경우는 아주 드물다. 물론 당연한 결과이다. 예를 들어 슈뢰딩거 방정식을 푼 결과 전자가 위치 A에서 발견될 확률이 95퍼센트고 B에서 발견될 확률이 5퍼센트로 얻어졌다면, '100번 관측하기 실험'을 여러 번 수행했을 때 95번은 A에서 발견되고 5번은 B에서 발견되는 경우가 가장 많다.* 놀라운 것은 똑같은 실험을 두 번 수행했을 때 다른 결과가 얻어질 수도 있다는 점이다.

슈뢰딩거의 파동방정식과 Ψ에 대한 보른의 해석은 엄청난 성공을 거두었다. 이 방정식을 풀면 수소원자와 헬륨원자의 내부구조를 이해할 수 있고, 성능 좋은 컴퓨터만 있으면 전자를 92개나 거느리고 있는 우라늄 원자까지 이해할 수 있다. 또 슈뢰딩거 방정식과 Ψ는 원소들이 결합하여 분자가 되는 과정을 밝혀줌으로써, 다소 모호했던 화학을 과학의 한 분야로 격상시켰다. 전자현미경과 양성자현미경도 파동방정식의 산물이다. 1930~1950년 사이에는 파동방정식이 원자핵까지 적용되어 핵물리학의 발전을 견인했다.

슈뢰딩거의 방정식은 놀라울 정도로 정확하다. 그러나 이 방정식으로 알 수 있는 것은 오직 확률뿐이다. 이게 도대체 무슨 뜻일까? 물리학의 확률은 우리 인생에서의 확률과 비슷하다. 보험회사와 증권사는 말할 것도 없고 의류회사와 음료회사, 그리고 포춘지가 선정한 500대 기업의 간부들은 전적으로 확률에 입각하여 회사를 운영하고 있다. 통계에 의하면 1941년에 미국에서 태어난 비흡연 백인남성의 평균수명은 76.4세이다. 보험설계사는 고객에게 이 자료를 보여주며 "당신은 앞으로 20년을 더 살아야 하니 빨리 노후대책을 세워야 한다."라고 윽박지른다. 그러나 1941년에 태어난 당신의 형(또는 아버지나 할아버지)이 몇 살까지 살지는 아무도 알 수 없다. 그는 당장 내일 교통사고로 죽을 수도 있고, 발톱에 병균이 침투하여 2년 만에 죽을 수도 있다.

시카고대학교의 한 강의실, 나는 학생들의 교육을 위해 의류업 종사자로 변신한다. 의류업계에서 성공하는 데 필요한 자질은 물리학자로 성공하는 데 필요한 자질과 비슷하다. 두 분야 모두 확률을 잘 이해하고 트위

- 주사위에서 눈금 1이 나올 확률이 1/6이라고 해서 여섯 번 던졌을 때 1이 반드시 한번 나온다는 보장이 없는 것과 같은 이유다.

드재킷을 잘 골라 입을 줄 알아야 한다. 아무튼, 나는 학생들에게 한 사람씩 일어나 자신의 키를 크게 외치라고 시킨다. 그 사이에 나는 키의 통계분포를 그래프용지에 그려 나가고 있다. 어느덧 학생들의 신장 공개가 끝나고 그래프를 확인해보니 142센티미터가 두 명, 147센티미터가 한 명, 157센티미터 네 명 …… 등이다. 개중에는 키가 198센티미터인 껑다리도 하나 있다(안타깝게도 시카고대학교에는 농구팀이 없다!). 내 강의를 수강하는 남녀학생 166명의 평균 신장은 170센티미터였다. 키 분포를 그래프로 그려보니 170센티미터 근처에서 매끈한 종 모양의 곡선이 나타나고 그 바깥영역에서는 좌우로 급격하게 감소한다. 이로써 나는 물리학과 신입생의 '키 분포곡선'을 얻었다. 그런데 물리학과 학생이 다른 과 학생보다 특별히 크거나 작을 이유가 없으므로, 이 통계자료는 시카고대학교 전체 학생을 대표하는 자료로 간주해도 무방하다. 그래프의 세로축 눈금을 읽으면 각 키에 해당하는 학생의 분포상황을 퍼센트로 나타낼 수 있다. 예를 들어 157~163센티미터 사이에 있는 학생은 전체의 11퍼센트이고, 163~168센티미터 사이에 있는 학생은 전체의 26퍼센트이다.

통계분석이 끝났으니, 이제 옷을 만들 차례다. 학생들이 모두 내 고객이라면(내가 의류업계로 나선다 해도 그럴 가능성은 거의 없지만……), 각 치수의 옷을 얼마나 생산해야 할지 미리 알 수 있다. 그래프가 없다면 XXL 사이즈를 대량으로 만들었다가 수백 벌이 창고에서 썩을지도 모른다(그러면 나는 동업자 제이크에게 모든 책임을 떠넘길 것이다. 덤앤더머가 따로 없다.).

원자규모에서 일어나는 물리적 과정에 슈뢰딩거의 방정식을 적용하면 학생들의 키와 비슷한 분포곡선이 얻어진다. 단, 구체적인 모양은 다를 수도 있다. 예를 들어 원자 내부의 전자가 얼마나 멀리 분포되어 있는지 (원자핵으로부터 얼마나 멀리까지 도망갈 수 있는지) 알고 싶다면 Ψ로부터 전자의 확률분포곡선을 구하면 된다. 실제로 이 곡선은 원자핵으로부터 10^{-8} 센티미터 떨어진 곳에서 급격하게 감소한다. 구체적인 계산을 해보면 전자가 원자핵으로부터 10^{-8}센티미터 이내에서 발견될 확률은 약 80퍼센트인데, 이것이 바로 바닥상태에 해당한다. 여기서 전자가 첫 번째 들뜬 상태로 점프하면 원자의 평균반지름은 바닥상태의 네 배로 커진다. 물론 다른 '점프'에 대해서도 동일한 계산을 수행할 수 있다. 그런데 한 가지 명심할 점은 '확률적 예견'과 '가능성'을 엄밀하게 구별해야 한다는 것이다. 가능한 에너지준위는 정확하게 알 수 있지만, "정확하게 어느 준위에서 전자가 발견될 것인가?"라고 묻는다면 할 말이 없다. 우리가 알 수 있는 거라곤 원자의 과거 상태를 고려한 확률뿐이기 때문이다. 예를 들어 E_3 준위에 있는 전자가 E_1으로 떨어질 확률은 82퍼센트고 E_2로 떨어질 확률은 9퍼센트…… 등이다. 이것이 우리가 알아낼 수 있는 최선이다. 데모크리토스의 말대로, 역시 우주의 삼라만상은 우연과 필연의 결과였다. 에너지준위가 다양하게 존재하는 것은 필연적인 결과이고, 특정 전자가 지금 어떤 준위에 있는지는 우연에 의해 결정된다.

확률의 개념을 가장 잘 이해하는 사람은 아마도 보험설계사일 것이다. 그러나 고전물리학에 익숙했던 20세기 초의 물리학자들은 확률 때문에 몹시 당혹스러웠다(지금도 크게 달라지지 않았다.). 앞서 말한 바와 같이 뉴턴의 물리학에 의하면 모든 것은 이미 결정되어 있다. 허공으로 던져진 돌멩이와 발사대를 떠난 로켓, 그리고 태양계의 행성들은 이미 결정된 경로를 따라 움직인다. 물체에 작용하는 힘과 초기 조건을 알고 있으면 돌멩이와 로켓, 그리고 행성의 경로를 정확하게 예측할 수 있다. 그러나 양자 이론에서는 천만의 말씀이다. 무엇보다도 초기 조건 자체가 명확하지 않다. 입자의 위치와 에너지, 속도 등은 오직 확률적으로 예측할 수 있을 뿐이다. 갈릴레오와 뉴턴 이후 거의 3세기 동안 결정론적 세계에서 살아왔던 사람들에게 보른의 확률해석은 재앙이나 마찬가지였다. 물리학자들이 양자 이론에 적응하려면 최고수준의 보험설계사가 되어야 했다.

산꼭대기에서 마주친 경이로움

슈뢰딩거와 보른을 거쳐 탄생한 양자 이론에는 아인슈타인의 특수 상대성 이론이 고려되어 있지 않았다. 그러나 두 이론은 언제 어디서나 성립하는 범우주적 진리였으므로, 한쪽만으로는 완벽한 이론이 될 수 없었다. 당시 양자 이론과 특수 상대성 이론은 조머펠트의 중재하에 이미 상견례를 마친 상태였는데, 결코 화목한 분위기는 아니었다.

해결사로 나선 사람은 영국의 물리학자 폴 디랙이었다. 그는 1927년에 두 이론을 조화롭게 결합하여 전자가 만족하는 디랙 방정식(Dirac equation)을 유도했는데, 이 방정식에 의하면 전자는 '스핀'이라는 물리량을 갖고 있으면서 자기장을 생성해야 했다. 이 장의 서두에서 언급했던 g인자를 기억하는가? 디랙은 몇 단계의 계산을 거쳐 g인자의 값이 2.0이라는 사실을 알아냈다.(이 값은 나중에 더욱 정밀하게 수정된다.) 이뿐만이 아니다! 디랙은 자신이 유도한 방정식의 해를 구하던 중 정상적인 해 이외에 이상한 해가 추가로 존재한다는 사실을 깨달았다(당시 그는 24세였다.). 두 번째 해가 물리적 의미를 가지려면 전자와 모든 특성이 똑같으면서 전하의 부호만 반대인 입자가 존재해야 했다. 수학적으로는 그리 복잡한 개념이 아니다. 독자들이 중학교에서 배운 바와 같이, 4의 제곱근은 2와 -2, 두 개가 있다. 음수를 두 번 곱하면 양수가 되기 때문이다. 2×2는 = 4,

$(-2) \times (-2) = 4$이다. 즉, 모든 수는 두 개의 제곱근을 갖고 있다.

그런데 이것을 디랙 방정식의 대칭성에 적용하면 "모든 입자는 자신과 질량이 같고 전하가 반대인 파트너입자를 갖고 있다."는 결론이 내려진다. 매우 보수적이면서 말수가 지극히 적었던 디랙은 이 사실을 아무에게도 알리지 않고 연구를 계속 진행하다가 마침내 "자연에는 전자와 함께 양전하를 가진 전자도 함께 존재한다."고 선언했다. 그런데 파트너를 가진 입자는 전자뿐만이 아니었으므로, 누군가가 디랙의 두 번째 해에 "반물질(antimatter)"이라는 이름을 붙여주었다. 디랙의 예측이 맞는다면 반물질은 어디에나 존재해야 한다. 그러나 당시만 해도 그런 입자는 단 한 번도 발견된 적이 없었다.

1932년, 칼텍(캘리포니아공과대학)의 물리학자 칼 앤더슨(Carl Anderson)은 직접 제작한 안개상자를 이용하여 우주선입자의 궤적을 촬영하던 중, 모든 성질이 전자와 똑같으면서 전하의 부호만 반대인 새로운 입자를 발견했다. 그는 이 입자에 '양전자'라는 이름을 붙이고 곧바로 실험논문을 발표했는데, 참고문헌을 쓰는 란에 디랙의 논문을 언급하지 않았다. 그러나 앤더슨이 발견했다는 양전자는 누가 봐도 디랙이 예견한 "전자의 파트너입자"임이 분명했다. 5년 전에 디랙 방정식에서 예견된 반입자가 드디어 실험실에서 발견된 것이다. 앤더슨이 관측한 우주선은 은하 저편에서 날아와 지구 대기로 쏟아져 내리는 방사선으로, 양전자 외에 다양한 입자들이 섞여 있다(다른 입자들은 나중에 언급될 것이다.). 앤더슨은 관측 데이터를 보강하기 위해 패서디나(Pasadena)에 있던 관측장비를 콜로라도의 산꼭대기로 옮겼다. 그곳의 대기가 더 얇아서 관측이 용이했기 때문이다.

당시《뉴욕타임스》의 표지에는 양전자의 발견을 공식적으로 선언하는 앤더슨의 모습이 대문짝만하게 실렸고, 10세 소년이었던 나는 산꼭대기에서 중요한 과학적 발견을 이루어낸 물리학자들을 한없이 동경하게 되었다.

반물질은 물리학에서 엄청나게 중요한 테마이다. 특히 입자물리학자의 삶은 반물질과 복잡다단하게 얽혀 있다. 자세한 이야기는 뒤에 이어지는 장에서 다루기로 한다. 어쨌거나 반물질은 양자 이론이 일궈낸 또 하나의 위대한 성공이었다.

불확정성 원리

1927년, 하이젠베르크는 양자 이론의 주춧돌이 될 불확정성 원리를 발견했다. 사실 양자 이론은 1940년이 되어서야 비로소 완성된 형태를 갖추었다. 그 후 양자장 이론으로 촉발된 2차 양자혁명은 지금도 여전히 진행 중이며, 양자버전의 중력 이론이 완성되지 않는 한 영원히 마무리되지 않을 것이다. 그러나 이 책의 목적상 양자혁명에 관한 이야기는 불확정성 원리로 마무리 짓는 게 좋을 것 같다. 하이젠베르크의 불확정성 원리는 슈뢰딩거 방정식으로부터 얻어진 수학적 결과이며, 양자역학의 기초를 이루는 논리적 가정이다. 양자세계에서 벌어지는 사건을 제대로 이해하려면 하이젠베르크의 아이디어를 반드시 알아둘 필요가 있다.

양자 이론의 창시자들은 "오직 실험만이 모든 것을 말해준다."고 주장한다. 우리 실험물리학자에게는 참으로 반가운 소리다. 이론의 역할이란 관측 가능한 사건을 미리 예측하는 것뿐이다. 물론 당연한 이야기지만, 이 사실을 망각하면 역설적인 상황에 처하기 쉽다(일부 인기 있는 대중작가들이 이런 문제를 즐겨 다루고 있다.). 또 한 가지 덧붙일 것은 양자 이론이 직면해왔던 문제점과 앞으로 직면하게 될 문제가 측정이론과 관련되어 있다는 점이다.

하이젠베르크는 다음과 같이 선언했다. "입자의 위치와 운동에 관한 지식에는 한계가 있으며, 두 양의 불확정성을 곱한 값은 h보다 크다(h는 $E = hf$에 등장했던 플랑크상수이다.)." 다시 말해서, 위치의 측정오차와 운동(정확하게는 운동량)의 측정오차가 서로 반비례 관계에 있다는 뜻이다. 둘 중 하나를 정확하게 알수록 다른 하나는 더욱 부정확해진다. 세밀한 눈금이 새겨진 좌표를 이용하여 전자의 위치를 꽤 정확하게 측정했다면, 전자의 운동량은 "1에서 1,000 사이"라는 식으로 오차범위가 매우 넓어진다. 그리고 위치와 운동량의 불확정성(오차)을 곱한 값은 항상 h보다 크다. 하이젠베르크의 불확정성 원리는 '전자의 궤도'라는 고전적 관념을 무용지물로 만들어버렸다. 이것이 얼마나 파격적인 원리인지 실감하기 위해, 잠시 뉴턴의 고전역학으로 되돌아가보자.

현대자동차가 적당한 속도로 곧게 뻗은 직선도로를 달리고 있다. 지금 우리는 도로변에 관측장비를 설치해놓고 기다리는 중이다. 우리의 임무는 자동차가 우리 옆을 스쳐 지나갈 때쯤 특정시간에 차의 위치와 속도를 측정하는 것이다. 뉴턴은 "특정 시간에 물체의 위치와 속도를 (정확하게)알고 있으면 물체의 모든 미래를 (정확하게)알 수 있다."고 했다. 그런데 자와 시계, 전구, 카메라 등을 조립하여 관측을 시도해보니 위치를 정밀하게 측정할수록 속도의 오차가 커지고, 반대로 속도를 정밀하게 측정하면 위치의 오차가 커진다(속도는 위치의 변화량을 시간으로 나눈 값이다.). 하지만 걱정할 것 없다. 고전물리학에서는 관측장비를 개선하여 위치와 속도의 정확도를 얼마든지 높일 수 있기 때문이다. 정부로부터 예산을 더 받

아내서 좋은 장비로 바꾸면 된다.•

그러나 원자규모의 세계에서는 하이젠베르크의 불확정성 원리가 중요한 요인으로 작용하기 때문에, 정부 예산을 아무리 많이 받아낸다 해도 오차를 극복할 수 없다. 위치와 운동량의 불확정성(오차)을 곱한 값이 플랑크상수보다 크다는 것은 장비의 성능이나 사용자의 손재주 때문이 아니라, 자연의 가장 근본적인 단계에 내재하는 법칙이다. 이상하게 들리겠지만, 미시세계에서 발생하는 불확정성은 물리적으로 이미 검증된 사실이다. 예를 들어 우리에게 '전자의 위치와 속도를 동시에 정확하게 측정하라'는 임무가 떨어졌다고 해보자. 위치를 측정하려면 일단 전자를 '봐야 한다.' 즉, 전자에 광자를 쏴서 충돌시켜야 한다. 직접 눈으로 보지 않고 카메라를 비롯한 다른 장비를 동원한다 해도, 어쨌거나 전자에 빛을 쪼여야 그 존재를 확인할 수 있다. 자, 조명 준비하시고 …… 켜세요! 오케이, 전자가 보인다! 이제 특정한 순간에 전자의 위치를 알아낼 수 있다. 그런데 광자가 전자를 때렸기 때문에 전자의 속도가 변했다. 충돌하기 전에 속도가 얼마였을까? 아무도 모른다. 광자와 충돌한 후에야 전자가 보이기 시작했으니, 우리가 아는 것이라곤 그 후에 얻어진 정보뿐이다. 위치를 정확하게 측정하느라 속도를 엉망으로 만들어놓은 것이다. 양자세계에서 무언가를 측정하는 행위는 필연적으로 측정대상을 교란시킨다. 측정장비를 원자보다 작고, 예민하고, 정밀하게 만들 수 없기 때문이다. 원자 하나의 크기는 약 10^{-8}센티미터고 질량은 10^{-18}그램에 불과하

• 거시적 세계에도 불확정성 원리가 적용되지만, 측정값에 비해 h가 워낙 작기 때문에 정확도에 한계가 없다고 봐도 무방하다.

기 때문에, 아주 미세한 조작만 가해도 엄청난 변화가 초래된다. 반면에 고전적인 물리계(큰 물리계)에서는 관측대상에 큰 영향을 주지 않은 채 정밀한 관측을 수행할 수 있다. 예를 들어 물의 온도를 측정한다고 가정해보자. 조그만 온도계를 담갔다고 해서 바닷물의 온도가 달라지겠는가? 턱도 없는 소리다. 물론 조그만 물웅덩이에 전봇대만 한 온도계를 담그면 온도계가 물의 온도를 재는 것이 아니라 물이 온도계의 온도를 재는 꼴이 된다. 이런 멍청한 짓을 "측정"이라고 부르는 사람은 없다. 거시계에서는 관측대상의 덩치가 크기 때문에, 웬만한 장비를 들이대도 심각한 변화가 초래되지 않는다. 그러나 원자규모의 세계에서는 관측 자체도 계의 일부로 간주해야 한다.

지독한 수수께끼: 이중슬릿실험

양자 이론이 우리의 직관과 일치하지 않는다는 것을 가장 극명하게 보여주는 사례는 단연 이중슬릿실험이다. 이 실험을 최초로 실행한 사람은 영국의 의사이자 물리학자, 또 고고학자였던 토머스 영이었다. 그는 1804년에 빛을 대상으로 이중슬릿실험을 수행하여 빛이 파동임을 확실하게 증명했는데, 대략적인 과정은 다음과 같다. 가까운 간격으로 두 개의 슬릿이 평행하게 뚫려 있는 벽을 향해 단색광을 발사한다. 슬릿을 통과한 빛은 멀리 떨어져 있는 스크린에 도달하여 특정한 무늬를 만든다. 두 개의 슬릿 중 하나를 막아놓고 빛을 쪼이면 스크린에는 슬릿과 나란한 방향으로 두툼하고 밝은 줄 한 개가 형성되는데, 이 줄은 가장자리로 갈수록 어두워진다. 그러나 두 개의 슬릿을 모두 열어놓은 상태에서 빛을 쪼이면 수감자들이 입는 죄수복처럼 어둡고 밝은 줄무늬가 반복해서 나타난다. 어두운 줄은 빛이 도달하지 않은 부분이다.

영은 이 줄무늬가 빛이 파동이라는 증거라고 주장했다. 왜 그럴까? 스크린에 나타난 줄무늬는 임의의 파동 두 개가 만났을 때 형성되는 간섭무늬였기 때문이다. 예를 들어 두 개의 수면파가 마루(파동의 가장 높은 곳)끼리 만나면 파고가 높아지고, 마루와 골(파동의 가장 낮은 곳)이 만나면 파동 자체가 사라져버린다. 이것은 오직 파동만이 갖고 있는 특성이다.

그런데 영의 실험에서 줄무늬는 어떻게 생긴 것일까? 결론부터 말하면 각 슬릿을 통과한 두 줄기 빛의 '경로차(經路差)' 때문이다. 슬릿 1에서 스크린 상의 특정 지점 A까지의 거리를 d_1이라 하고, 슬릿 2에서 A까지 거리를 d_2라 했을 때, d_1과 d_2의 차이가 파장의 정수배이면 A에서 보강간섭이 일어나 밝은 빛이 도달하고, 파장의 반정수배이면 A에서 소멸간섭이 일어나 빛이 도달하지 않는다. 그리고 정수와 반정수 사이의 어정쩡한 값이면 희미한 빛이 도달한다(간단히 말해서, 스크린에 마루와 마루가 만나면 밝아지고, 마루와 골이 만나면 어두워진다.). 이 효과가 전체적으로 어우러져서 밝고 어두운 줄무늬가 반복적으로 나타났던 것이다. 그러므로 슬릿을 통과한 무언가가 스크린에 간섭무늬를 만들었다면, 그 '무언가'는 파동임이 분명하다.

빛 대신 전자를 사용할 수도 있다. 이 실험은 데이비슨과 저머가 벨 연구소에서 했던 실험과 원리적으로 비슷하다. 그런데 전자를 사용해도 빛의 경우와 똑같은 간섭무늬가 얻어진다! 스크린에는 입자의 수를 세는 가이거계수기가 줄줄이 설치되어 있어서, 각 지점에 전자가 도달할 때마다 '딸깍!' 소리가 난다. 즉, 가이거계수기는 파동이 아닌 '입자'를 감지하는 장치이다. 일단 계수기가 제대로 작동하는지 확인하기 위해, 슬릿 2를 납덩이로 막아놓는다. 이제 전자는 슬릿 1로만 통과할 수 있다. 이 상태에서 인내심을 갖고 기다리면 수천 개의 전자가 스크린에 도달할 텐데, 거의 모든 계수기에서 소리가 난다. 물론 슬릿 1과 비슷한 높이에 있는 계수기가 제일 바쁘게 딸깍거리겠지만, 변두리에 있는 계수기에서도 가끔씩 소리가 들려온다. 그러나 두 개의 슬릿을 모두 열어놓으면 특정 위치에 있는 계수기들은 딸깍 소리를 한 번도 내지 않는다!

잠깐 스톱! 여기서 잠시 짚고 넘어갈 것이 있다. 슬릿 2를 막아놓았을 때 전자는 슬릿 1을 통과하여 어떤 전자는 왼쪽으로, 어떤 전자는 오른쪽으로, 또 어떤 전자는 똑바로 나아가서 연장선상에 있는 계수기에 주로 도달한다. 이것은 토머스 영이 슬릿 하나만 열어놓고 빛을 발사했을 때 얻은 무늬와 비슷하다. 다시 말해서, 전자가 입자처럼 행동했다는 뜻이다. 여기까지는 아무 문제없다. 그러나 슬릿 2를 막고 있던 납덩이를 제거하여 두 슬릿을 모두 열어놓으면, 영의 실험에서 검은 줄무늬에 해당하는 곳에 설치해놓은 계수기들이 갑자기 침묵시위를 벌인다. 그런 곳에는 전자가 하나도 도달하지 않는 것이다. 슬릿을 하나만 열어놓았을 때는 입자처럼 행동하던 전자가 슬릿 두 개를 모두 열어놓으니 파동처럼 행동한다. 그러나 전자는 여전히 입자이다. 왜냐고? 전자가 도달한 곳에서는 가이거계수기가 분명히 "딸깍!"소리를 냈기 때문이다.

독자들은 이렇게 생각할지도 모른다. "전자 하나가 슬릿 1을 통과하고, 그와 '동시에' 또 하나의 전자가 슬릿 2를 통과했다면, 이들이 어떻게든 간섭을 일으켜서 줄무늬를 만들 수도 있지 않을까?" 오케이, 좋은 지적이다. 나는 이 의문을 풀기 위해 전자총을 아주 느린 속도로 발사한다. 1분당 전자 한 개씩, 이 정도면 두 개의 전자가 각 슬릿을 동시에 통과하는 일은 절대로 없다. 그런데도 스크린에는 간섭무늬가 나타난다!• 정말이지 환장할 노릇이다. 결론을 말하자면, 슬릿 1을 통과하는 전자는 슬릿 2가 열려 있는지, 또는 막혀 있는지를 '알고 있다.' 왜냐하면 슬릿 2의 개폐여부에 따라 스크린의 무늬가 달라지기 때문이다.

어쩌다가 전자가 이렇게 똑똑해졌을까? 당신이 이 실험을 수행한다고 가정해보자. 슬릿을 향해 전자총을 발사할 때, 총에서 나온 탄환은 분명히 입자였다. 그리고 잠시 후 가이거계수기에서 딸깍 소리가 났으므로, 스크린에 도달한 것도 입자임이 분명하다. 슬릿을 모두 열어놓았건, 둘 중 하나를 막아놓았건 간에, 이 실험은 입자에서 시작하여 입자로 끝난다. 그러나 슬릿의 개폐여부에 따라 입자의 도착점이 달라진다는 것은 슬릿을 통과하는 입자가 다른 슬릿의 개폐여부를 알고 있다는 뜻이다. 슬릿 2를 막아놓으면 전자는 "오케이, 스크린 아무 곳에나 도달해도 되겠군."이라고 중얼거리고, 슬릿 2가 열려 있으면 "어라? 아무 데나 도달하면 안 되겠네? 줄무늬를 만들려면 겨냥을 잘 해야 겠어."라고 중얼거리는 걸까? 말도 안 된다. 전자는 생명체가 아니므로 슬릿의 개폐상태를 인지할 수 없다. 그렇다면 이 상황을 어떻게 설명해야 할까? 정말 지독한 수수께끼다.

이 실험에 양자역학을 적용하면 전자가 특정 슬릿을 통과할 확률과 스크린상의 특정 위치에 도달할 확률을 계산할 수 있다. 이 확률은 파동이기 때문에 이중슬릿 간섭무늬와 똑같은 형태로 분포된다. 두 슬릿이 모두 열려 있으면 확률파동 Ψ가 간섭을 일으켜서 특정 지점에 전자가 도달할 확률이 0으로 사라진다($\Psi = 0$). 바로 위에 써놓은 전자의 독백은 고

● 가이거계수기의 수치를 밝기로 환산했다고 생각하면 된다.

전적인 사고방식의 산물이다. 양자세계에서 "전자는 자신이 어떤 슬릿을 통과했는지 어떻게 아는가?"라는 질문은 관측을 통해 답을 구할 수 없다. 전자의 궤적을 일일이 따라갈 수 없기 때문에, 전자가 어느 쪽 슬릿을 통과했는지 묻는 것은 답변 가능한 질문이 아니다. 여기에 하이젠베르크의 불확정성 원리를 적용해도 동일한 결론에 도달한다. 전자가 어느 쪽 슬릿을 통과했는지 알려면 전자총과 슬릿 사이에서 전자의 궤도를 측정해야 하고, 이를 위해서는 광자(빛)를 쪼여야 한다. 그런데 전자가 광자와 부딪히면 운동 상태가 크게 변하여 스크린에 간섭무늬가 더 이상 나타나지 않는다. 우리는 초기 조건을 알 수 있고(총에서 발사된 전자), 결과도 알 수 있지만(전자가 스크린에 도달한 지점), 전자가 거쳐간 중간경로를 알려고 하면 간섭무늬가 사라져버린다. 그야말로 귀신한테 홀린 기분이다.

양자역학은 말한다. "측정할 수 없는 것을 놓고 고민하지 마라. 자연은 원래 그런 것이다." 그러나 이런 설명으로 만족할 사람은 없다. 주변 세상을 가능한 한 자세히 알고 싶은 것이 인지상정이다. 하지만 어쩌겠는가? 양자역학의 과일을 따먹으려면 이 답답한 상황에 익숙해지는 수밖에. 새로운 지식의 대가치고는 너무 크다고 생각하는 사람들에게 이런 말을 해주고 싶다. "우리에게는 선택의 여지가 없다. 미시세계에 적용했을 때 제대로 작동하는 이론은 양자 이론뿐이다."

뉴턴과 슈뢰딩거

양자 이론에 적응하려면 새로운 직관이 필요하다. 대학교 물리학과에서는 학생들에게 고전물리학을 몇 년 동안 가르친 후 양자역학으로 넘어간다. 그 후 대학원에 진학하여 2년 이상 공부를 해야 양자적 직관을 어느 정도 키울 수 있다(독자들은 이 지루한 과정을 하나의 장으로 끝낼 수 있으니 운이 좋은 편이다.).

뉴턴역학과 양자역학, 둘 중 어느 쪽이 맞는 이론인가? 자, 심사위원들로부터 봉투가 넘어왔다(두두두둥!). 승자는 바로 …… 슈뢰딩거! 뉴턴역학은 규모가 큰 물체의 운동을 정확하게 서술하고 있지만, 원자세계로 가면 거의 무용지물이 된다. 반면에 슈뢰딩거의 방정식은 작은 물체의 거동을 서술하기 위해 개발되었지만 큰 물체에 적용해도 뉴턴역학과 동일한 결과를 얻을 수 있다.

고전적인 사례를 들어보자. 다들 알다시피 지구는 태양 주변을 공전하고, 전자는 (보어의 구식 용어를 사용하면) 원자핵 주변을 공전하고 있다. 그러나 전자는 특별한 조건을 만족하는 궤도만 돌 수 있다. 행성이 돌 수 있는 궤도도 이런 식으로 한정되어 있을까? 뉴턴에게 묻는다면 두 눈을 부릅뜨며 "그걸 질문이라고 하니? 행성은 어떤 궤도도 돌 수 있어!"라고 외칠 것이다. 그러나 사실은 행성의 궤도도 전자처럼 한정되어 있다. 믿기 어렵겠지만 사실이 그렇다. 슈뢰딩거의 방정식을 태양계에 적용하면 행성이 점유할 수 있는 궤도가 띄엄띄엄 나타난다. 다만 그 수가 너무 많아서 제한이 없는 것처럼 보이는 것이다. 전자의 궤도공식에서 분모에 있는 전자의 질량을 지구의 질량으로 대치하고 지구와 태양 사이의 거리(약 1억 5000만 킬로미터)를 고려하면 허용된 궤도 사이의 간격은 약 10억×10억 분의 1센티미터쯤 된다. 너무 작아서 있으나 마나한 값이지만, 어쨌거나 궤도에 제한조건이 있는 것만은 분명한 사실이다. 그러나 현실적으로는 이 제한조건을 깡그리 무시하고 "행성은 어떤 궤도도 돌 수 있다."고 간주해도 아무런 문제가 없다. 거시적 물체에 슈뢰딩거 방정식을 적용하면 마치 기적처럼 $F = ma$로(또는 이와 비슷한 형태로) 변신한다! 18세기에 로저 보스코비치는 "뉴턴의 공식은 먼 거리에서 대충 들어맞는 근사식이며, 아주 짧은 거리에는 적용되지 않는다."고 주장했었다. 양자역학의 출현을 미리 예측하고 한 말은 아니겠지만, 어쨌거나 결과는 맞은 셈이다. 그렇다고 해서 고전물리학 교과서를 쓰레기통에 버릴 필요는 없다. 양자역학을 몰라도 고전역학만 잘 알고 있으면 NASA에 취직하여 우주선 재진입궤도를 계산하거나 시카고컵스에서 타구의 방향을 계산하는 등 다양한 일을 할 수 있다.

양자 이론에서는 '궤도'라는 개념이 별로 유용하지 않다. '원자 속에서, 또는 입자빔 속에서 전자는 어떤 식으로 거동하는가?' 이런 질문도 필요 없다. 중요한 것은 관측결과이며, 양자 이론은 특정 결과가 나올 확률만 알 수 있다. 예를 들어 수소원자 안에서 전자의 위치를 관측하면 원자핵과 전자 사이의 거리가 하나의 숫자로 나올 텐데, 이 값은 단 한 번의 관측으로 얻은 것이 아니라 동일한 관측을 여러 번 실행하여 얻은 평균값이다. 매번 관측할 때마다 다른 값이 얻어지고, 이 값을 그래프로 그린 후 이론과 비교한다. 양자 이론으로는 한 번의 관측에서 어떤 값이 얻어질지 알 수 없고, 통계적인 결과만 예측할 수 있다. 의류업자 이야기로 되돌아가서 생각해보자. 통계조사를 실시하여 시카고대학교 신입생의 평균 신장이 170센티미터로 나왔다고 해도, 다음해 신입생의 평균 신장은 160센티미터일 수도 있고 185센티미터일 수도 있다. 지금 얻은 데이터로는 다음해 신입생의 평균 신장을 예측할 수 없다. 우리가 할 수 있는 일이란 관측결과를 모아서 통계곡선을 그리는 것뿐이다.

움직이는 입자가 에너지장벽을 만났을 때 어떤 일이 벌어지는가? 방사성 원자는 붕괴할 때까지 얼마나 걸리는가? 답을 구하는 가장 확실한 방법은 실험이다. 똑같은 실험을 여러 번 해야 할 테니, 준비를 철저히 해두는 것이 좋다. 이제 5.50메가전자볼트짜리 에너지장벽을 향해 에너지가 5.00메가전자볼트인 전자를 발사했다. 이론적으로는 100개 중 45개가 에너지장벽을 통과한다.[*] 그러나 특정한 전자 한 개를 에너지장벽으로 발사했을 때 이 녀석이 장벽을 통과할지, 아니면 튕겨나올지를 미리 알 방법은 없다. 첫 번째 실험에서는 통과하고, 두 번째 실험에서는 튕겨나오고……. 결과는 매번 제각각이다. 모든 조건은 완전히 똑같은데, 매번 다른 결과가 얻어진다. 이것이 바로 양자세계이다. 고전물리학에서는 "동일한 조건에서 동일한 실험을 반복하면 항상 똑같은 결과가 나와야 한다."는 것이 중요한 덕목이었다. 관측자마다 결과가 중구난방이면 실험이 잘못되었거나, 과학적 탐구대상이 아니라고 생각했다(예를들어, 염력이나 텔레파시 등) 하지만 양자세계에서는 이런 일이 일상다반사로 일어난다. 다른 것은 다 반복할 수 있어도, 관측결과만은 그럴 수 없다.

방사성원소의 반감기도 마찬가지다. 중성자의 반감기가 10.3분이라는 것은 "중성자 1,000개가 주어졌을 때, 그중 500개가 10.3분 안에 붕괴된다."는 뜻이다. 그렇다면 중성자 한 개만 딸랑 놓고 언제 붕괴될지 예측할 수 있을까? 불가능하다. 하나의 중성자는 3초 만에 붕괴될 수도 있고, 29분이 걸릴 수도 있다. 하나의 중성자가 정확하게 언제 붕괴될지는 아무도 모른다. 이런 식의 논리를 몹시 싫어했던 아인슈타인은 "신은 주사위놀이를 하지 않는다."며 양자역학을 거부했고, 일부 비평가들은 "개개의 중성자와 전자의 특성을 좌우하는 '숨은 변수'가 있으며, 입자를 관

● 고전물리학에 따르면 단 한 개도 통과하지 못한다.

측할 때마다 다른 결과가 나오는 것은 우리가 그 변수를 아직 모르고 있기 때문"이라고 주장했다. 입자의 내부에 스프링이나 톱니바퀴 등 운동을 좌우하는 요인이 숨어 있어서, 이것까지 고려하면 이 세상에 똑같은 전자는 없다는 것이다. 언뜻 듣기에는 양자 이론보다 훨씬 매력적이다. 사람도 평균수명이라는 것을 갖고 있지만, 이 세상에 완전히 똑같은 사람은 없지 않은가. 사실 사람의 경우에는 유전자나 막힌 동맥 등 겉으로 드러나는 변수도 많다. 엘리베이터가 추락하거나, 사랑에 빠져 판단력을 상실하거나, 메르세데스 벤츠 승용차가 갑자기 통제불능상태에 빠지는 극단적인 경우를 제외하고, 한 특정인의 사망일자는 이런 변수들로부터 예측할 수 있다.

그러나 "숨은변수가설"은 두 가지 이유에서 틀린 것으로 판명되었다. (1) 그동안 전자를 대상으로 실험을 수십 억 회 넘게 해왔는데, 그런 변수가 발견된 적이 단 한 번도 없었고, (2) 양자역학의 실험과 관련하여 새롭게 개선된 이론이 숨은변수가설을 배제시켰다.

양자역학과 관련하여 꼭 기억해야 할 세 가지

양자역학의 특성은 다음의 세 가지로 요약된다. (1) 직관에 어긋나면서 (2) 실험결과와 기막히게 잘 일치하며 (3) 아인슈타인과 슈뢰딩거 등 양자 이론의 기초를 다진 석학들조차 받아들이지 못할 정도로 파격적이다. 지금부터 각 항목들을 좀 더 자세히 살펴보자.

(1) 양자역학은 우리의 직관과 다르다. 달라도 너무 다르다. 고전역학

에서는 대부분의 물리량들이 연속적이었지만(즉, 임의의 어떤 값도 가질 수 있었지만) 양자세계에서는 불연속적이다(즉, 한정된 값만을 가질 수 있다.). 고전역학을 '물'에 비유한다면, 양자역학은 '가는 모래'에 해당한다. 당신의 귀에 들려오는 부드러운 음악은 수많은 원자들이 고막을 때리면서 만들어낸 '불연속적 정보'의 결과물이다. 앞에서 다뤘던 이중슬릿실험은 더 말할 것도 없다.

직관에 어긋나는 또 한 가지 현상은 '터널링(tunneling)'이다. 앞에서 에너지장벽을 향해 전자를 쏘는 실험에 대해 언급한 적이 있는데, 이것은 고전적으로 언덕에서 공을 굴리는 실험과 비슷하다. 언덕 아래에서 공을 세게 밀면(다량의 에너지를 투입하면) 언덕 꼭대기까지 올라간다. 그러나 초기에 에너지가 부족하면 꼭대기에 도달하지 못하고 도중에 굴러 떨어진다. 조금 비현실적인 롤러코스터를 상상해보자. 두 개의 높은 언덕길 사이에서 롤러코스터가 오른쪽 언덕을 향해 올라가다가 중간쯤에서 에너지가 소진되어 아래로 미끄러져 내려온다. 이 차량은 가장 낮은 지점을 거쳐 왼쪽에 있는 언덕으로 올라갈 텐데, 바퀴와 레일 사이에 마찰이 작용하지 않는다면 아까 올라갔던 높이만큼 올라갔다가 다시 미끄러질 것이다. 그리고 다시 최저점을 거친 후 오른쪽 언덕으로 올라가고 …… 이런 식으로 영원히 왕복운동을 반복한다. 넘을 수 없는 두 개의 봉우리 사이에 갇힌 것이다. 양자역학에서는 이런 경우를 '속박상태(bound state)'라 하며, 에너지장벽을 향해 돌진하는 전자나 두 개의 장벽 사이에 갇힌 전자는 입자가 아닌 확률파동으로 서술된다. 그런데 이런 경우에 슈뢰딩거의 방정식을 적용하면 확률파동의 일부가 에너지장벽을 뚫고 반대쪽으로 '흘러나간다(원자 또는 원자핵에서는 전기력이나 강력이 에너지장벽 역할을 한다.).' 즉, 전자가 에너지 장벽에 가로막히거나 두 개의 에너지장벽 사이에 갇혀 있는데도, 장벽 너머에서 입자가 발견될 확률이 존재한다는 뜻이다. 이것은 직관에 위배될 뿐만 아니라 난해한 역설을 야기한다. 전자가 에너지 장벽을 통과하는 동안에는 운동에너지가 음수가 되기 때문이다. 고전물리학으로는 도저히 설명할 수 없는 상황이다.[*] 그러나 양자적 직관이 진화하면서 물리학자들은 "장벽을 뚫고 지나가는 동안은 전자의 상태를 관측할 수 없으므로 운동에너지가 음수가 되어도 상관없다."는 대담한 결론에 도달했다. 우리가 알 수 있는 것은 전자가 장벽을 뚫고 나왔다는 사실뿐이다. 실제로 터널링 현상은 알파입자의 방사능을 완벽하게 설명했을 뿐만 아니라, 고체 전자공학에 등장하는 '터널 다이오드(tunnel diode)'의 이론적 기초를 제공했다. 이상하게 들리겠지만 터널링 효과가 없었다면 컴퓨터를 비롯한 각종 전자장치들도 태어나지 못했을 것이다.

1920~1930년대에 양자역학을 선도했던 물리학자들은 점입자와 터널링, 방사능, 이중슬릿실험 등 상식적으로 도저히 납득할 수 없는 현상을 반복적으로 접하면서 새로운 직관을 키웠다. 자연이 우리의 직관과 일치한다면 더 없이 좋겠지만, 그렇지 않다면 직관을 바꾸는 수밖에 없다. 자연의 법칙이 우리 입맛에 맞는다는 보장은 어디에도 없기 때문이다.

(2) 양자역학은 항상 옳은 답을 준다. 물리학자들은 1923~1927년 사이에 수행된 일련의 실험을 통해 원자의 구조를 알게 되었다. 그러나 당

● 고전적 운동에너지는 $mv^2/2$인데, 물체의 질량 m은 항상 양수이고 속도의 제곱 v^2도 항상 양수이므로, 어떠한 경우에도 운동에너지는 0이거나 0보다 커야 한다.

시에는 컴퓨터가 없었기 때문에 수소, 헬륨, 리튬과 같은 간단한 원자밖에 다룰 수 없었다. 이 무렵에 양자역학을 획기적으로 발전시킨 사람은 오스트리아 출신의 물리학자 볼프강 파울리였다. 19세에 상대성 이론을 이해할 정도로 신동이었던 그는 물리학자가 된 후에도 다른 사람의 논문을 신랄하게 비난하는 독설가로 이름을 떨쳤다.

파울리에 대해서는 좀 더 자세히 알고 넘어갈 필요가 있다. 그는 똑똑한 물리학자의 기준이 워낙 높은데다 성미가 어찌나 급했는지, 물리학자들 사이에 "새로 쓴 논문의 성공여부를 미리 알고 싶으면 학술지에 발표하기 전에 먼저 파울리에게 검증을 받아보라."는 말이 나돌 정도였다. 상대가 누구이건 조금이라도 이상한 부분이 있으면 가차 없이 독설을 퍼부었고, 100퍼센트 수긍하는 경우에도 절대로 동의한다는 내색을 하지 않았다. 아인슈타인의 전기를 집필한 에이브러햄 파이스의 증언에 의하면, 파울리가 어느 날 그를 찾아와 연구를 진행하기가 너무 힘들다며 한참 동안 투덜대다가 "이게 다 내가 아는 게 너무 많아서 그런 거야!"라는 멘트로 마무리했다고 한다. 아마도 자랑이 아니라 사실이었을 것이다. 이런 사람이 제자들에게 너그러웠을 리 없다. 취리히대학교에서 파울리의 지도를 받던 젊은 조교 빅터 바이스코프(Victor Weisskopf)가 파울리 앞에서 연구결과를 발표했을 때, "이봐, 자넨 나이도 젊은데 벌써 무명 물리학자가 되는 데 성공했구먼!"이라며 사정없이 기를 꺾어놓았고, 몇 달 후 완성된 논문을 들고 왔을 때는 역사에 길이 남을 명언을 남겼다. "이건 틀린 정도가 아니야! 틀렸다고 말할 수조차 없는 지경이라고!(Not even wrong!)"(바이스코프는 훗날 훌륭한 이론물리학자가 되었다.) 그런가 하면 또 다른 박사후 과정 연구원에게는 이런 말을 한 적도 있다. "생각하는 속도가 느린 건 괜찮아. 자네의 생각보다 논문 쓰는 속도가 더 빠른 게 문제라고!"

파울리 앞에서는 그 누구도 체면을 온전하게 지킬 수 없었으니, 인류가 낳은 최고의 물리학자 아인슈타인도 예외가 아니었다. 한번은 자신의 제자를 아인슈타인에게 추천하는 편지를 쓴 적이 있는데, 그 내용은 다음과 같다. "아인슈타인 선생님, 이 학생은 제법 똑똑하긴 하지만 수학과 물리학의 차이를 잘 구별하지 못합니다. 선생님께서도 그렇게 되신 지 꽤 오래되었으니 잘 보듬어주시리라 믿습니다." 제자를 추천하면서 이렇게 심기를 긁어놓다니, 정말 싸움닭이 따로 없다.

1924년에 파울리는 멘델레예프의 주기율표를 가장 근본적인 단계에서 설명하는 기본원리를 제안했다. 원자번호가 커질수록 원자핵에는 양전하가 많아지고, 각 에너지준위(보어의 전자궤도)에는 전자가 많아진다. 그런데 추가된 전자는 어디로 가는가? 여기서 파울리의 그 유명한 배타원리(exclusion principle)가 작동한다. "두 개의 전자는 동일한 양자상태를 공유할 수 없다." 처음에는 그저 영감 어린 추측에 불과했지만, 훗날 이 원리는 심오한 대칭의 결과로 밝혀지게 된다.

비밀실험실에서 화학원소를 제작 중인 산타의 본거지로 찾아가보자. 산타에게 실수란 있을 수 없다. 그의 두목은 신(神)인데, 별로 너그럽지 않기 때문이다. 일단 수소원자는 아주 쉽다. 양성자 한 개(수소원자의 핵)를 중심에 놓고 전자 하나를 가장 낮은 에너지준위에 배치하면 된다. 보어의 원자모형에 의하면 이곳은 반지름이 가장 작은 궤도에 해당한다(사실 보어의 구식모형은 지금도 꽤 유용하다.). 처음부터 전자가 가장 낮은 준위에 놓이도록 신경 쓸 필요도 없다. 그냥 양성자 근처에 아무렇게나 던져놓으면 자기가 알아서 에너지가 가장 낮은 '바닥상태'로 점프한다. 물론 이 과정에서 전자는 여분의 에너지를 광자의 형태로 방출할 것이다. 그 다음은 헬륨이다. 산타는 전하단위가 +2인 헬륨 원자핵을 조립한 후 전자

두 개를 추가한다. 그 다음으로 리튬원자를 중성상태로 만들려면 세 개의 전자가 필요하다. 그런데 이 전자들은 다 어디로 가는가? 앞에서 여러 번 강조한 바와 같이 양자세계에서는 지극히 한정된 상태만 허용된다. 전자는 아무 궤도나 들어갈 수 없다. 그렇다면 새로 추가된 3, 4, 5개 …… 의 전자들은 모두 바닥상태로 가는 것일까? 바로 이 시점에서 파울리의 배타원리가 위력을 발휘한다. 다시 한 번 강조하건대, 두 개 이상의 전자들은 동일한 상태를 점유할 수 없다. 헬륨의 경우, 두 번째 전자가 첫 번째 전자와 함께 바닥상태에 놓이려면 스핀의 방향이 서로 반대여야 한다. 그러나 리튬은 전자가 세 개이므로 이들 중 하나는 어쩔 수 없이 '두 번째로 낮은 에너지준위'로 올라가는 수밖에 없다. 그런데 두 번째 준위에 해당하는 궤도는 바닥상태 궤도보다 훨씬 크기 때문에(역시 보어가 최고!) 다른 원자와 결합하기 쉽다. 그래서 리튬은 화학적 활성이 매우 높은 원소에 속한다. 리튬 다음에는 전자 네 개를 가진 베릴륨인데, 네 번째 전자는 세 번째 전자와 동일한 준위에 있으면서 역시 배타원리에 따라 스핀이 반대이다.

이제 흥겨운 마음으로 베릴륨, 붕소, 탄소, 질소, 산소, 불소, 네온까지 만들었다. 그런데 네온에 이르렀을 때 제일 바깥쪽 궤도가 전자로 가득 차서 더 들어갈 자리가 없다. 이 상태에서 같은 궤도에 전자를 또 추가하면 양자상태가 같은 전자쌍이 생기기 때문이다. 해결책은? 다음 궤도로 올라가서 새로 시작하면 된다. 네온 다음은 나트륨인데, 제일 바깥 궤도에 전자가 달랑 하나만 있는 것이 리튬과 비슷하다. 그래서 리튬과 나트륨은 화학적 성질이 비슷하다. 이처럼 화학원소들이 주기적으로 비슷한 성질을 갖는 것은 파울리의 배타원리 때문이다. 멘델레예프가 화학원소를 특성에 따라 가로줄과 세로줄로 정렬시켰을 때, 과학자들은 그가 억지로 규칙을 만들고 있다고 생각했다. 그러나 수십 년이 지난 후 원소의 주기적 특성은 전자의 양자상태와 어우러져 완벽한 규칙으로 확립되었다. 첫 번째 궤도는 전자 2개, 두 번째 궤도는 전자 8개, 세 번째 궤도도 전자 8개 …… 이런 식으로 계속된다. 주기율표에는 처음부터 심오한 의미가 담겨 있었던 것이다.

지금까지 언급된 내용을 정리해보자. 파울리는 화학원소에서 전자의 배열방식을 결정하는 법칙을 발견했다. 이 법칙은 불활성기체와 활성금속 등 각종 화학원소의 특성을 설명해준다. 예를 들어 가장 바깥궤도를 점유한 외톨이 전자는 다른 원소와 쉽게 반응하기 때문에, 리튬과 나트륨은 활성금속에 속한다. 배타원리의 가장 극적인 결과는 이미 정원이 가득 찬 궤도에 다른 전자가 들어갈 수 없다는 것이다. 누구든지 배타원리를 위배하려 들면 막강한 저항력이 작용한다. 물질을 관통할 수 없는 것도 바로 이 저항력 때문이다. 원자 내부의 99.9퍼센트가 텅 빈 공간인데도 우리는 벽을 통과할 수 없다. 왜 그럴까? 우리 몸이 벽에 접촉하기 시작하면 벽 속의 원자는 길을 비켜주고 싶어도 그럴 수가 없다. 고체의 원자는 복잡한 전자기력을 통해 단단하게 묶여 있기 때문이다. 이런 상황에서 계속 밀고 들어가면 우리 몸에 있는 전자가 벽 속에 있는 전자와 동일한 양자상태에 놓일 '위험'에 처하게 되고, 이 사태를 방지하려는 저항력이 더 이상의 침투를 허용하지 않는 것이다. 총알이 벽을 관통하는 이유는 총알을 이루는 전자가 벽 속의 원자를 비집고 나아갈 정도로 에너지가 충분히 크기 때문이지, 파울리의 배타원리를 극복했기 때문이 아니다. 배타원리는 원자세계뿐만 아니라 중성자별이나 블랙홀 등 거대한 천체에서도 핵심적인 역할을 하고 있는데 …… 더 떠들었다간 삼천포로 갈 것 같아 여기서 줄인다.

원자의 구조를 이해했다면, 그 다음으로 할 일은 H_2O나 $NaCl$ 같은 분자의 구조를 이해하는 것이다. 수소와 산소, 또 나트륨과 염소는 어떤 식으로 결합하는가? 분자는 여러 개의 전자들과 원자핵 사이에 작용하는 복잡한 힘의 결과물이다. 안정된 화합물이 생성되려면 전자들이 최적의 궤도를 찾아 재배열되어야 한다. 앞서 말한 대로 양자 이론은 화학을 확고한 과학 분야로 격상시켰으며, 오늘날 양자화학은 분자생물학, 유전공학, 분자의학 등 새로운 분야를 창출하며 전성기를 구가하고 있다. 또한 양자 이론은 금속, 절연체, 초전도체, 반도체 등의 특성을 이해하고 제어하는 데에도 핵심적인 역할을 해왔으며, 20세기 과학문명의 아이콘인 트랜지스터를 낳았다. 컴퓨터와 미세전자공학(microelectronics), 레이저와 메이저(maser, 마이크로파 증폭기), 그리고 통신 및 정보 분야의 혁명적인 발전도 양자 이론의 산물이다.

요즘은 측정기술이 원자의 10만 분의 1까지 정밀해지면서 양자 이론의 중요성이 더욱 부각되고 있다. 또 천체물리학자들은 양자 이론에 기초하여 태양→적색거성→중성자별→블랙홀로 이어지는 별의 생애를 연구하고 있다. 학자들뿐만이 아니다. 양자 이론에서 파생된 산업은 현재 GNP의 25퍼센트를 차지하고 있다. 원자의 구조를 규명한 유럽의 물리학자들이 수조 달러의 경제적 가치를 창출한 것이다. 정부가 양자 이론에 기반을 둔 제품에 세금을 0.1퍼센트만 부과하여 과학연구와 교육에 투자한다면 참 좋겠지만……. 어쨌거나 양자역학은 한 번도 틀린 적이 없는 정확한 이론이다.

(3) 양자역학의 난제는 아직도 해결되지 않았다. 문제의 핵심은 파동함수 Ψ이다. 그동안 다양한 분야에서 환상적인 성공을 거두었음에도 불

구하고, 이론 자체의 의미는 아직도 불분명한 상태이다. 양자역학이 불편하게 느껴지는 것은 모든 문제를 고전적 인과율에 입각하여 이해하려는 인간의 본성 때문일지도 모른다. 미래의 어느 날 최고의 천재가 새로운 개념을 도입하여 모든 사람을 행복하게 만들어줄 수도 있지만, 어쨌거나 지금은 그다지 편안한 상태가 아니다. 독자들도 양자역학 때문에 심기가 불편하겠지만 걱정할 필요는 없다. 플랑크와 아인슈타인, 드브로이, 슈뢰딩거 등 당대의 석학들도 양자역학 때문에 평생 동안 골머리를 앓았다.

생각해보면 당연한 결과이다. 이 세상에 확실한 결과보다 확률적 결과를 선호하는 사람이 대체 어디 있겠는가? 양자역학을 수용한 물리학자들도 확률이 더 좋아서가 아니라, 다른 대안이 없었기 때문이다. 양자역학을 몹시 싫어했던 아인슈타인은 코펜하겐학파의 수장인 보어와 오랜 기간 동안 치열한 논쟁을 벌였다. 아인슈타인이 양자역학의 정곡을 찌르는 사고실험을 생각해내면 보어는 몇 주 동안 심사숙고한 끝에 논리상의 허점을 찾아내곤 했다. 두 사람의 논쟁은 의심 많은 신도와 성직자 사이의 교리문답을 연상케 한다. 아인슈타인은 교리의 허점을 파헤치는 악동이었고("신이 전지전능하다면 자신도 들어올릴 수 없을 정도로 무거운 바위를 만들 수 있을까요?") 보어는 신랄한 질문에 일일이 답하면서 교리를 사수하는 성직자였다.

보어와 아인슈타인은 학회 일정이 끝난 후 한적한 오솔길을 거닐 때에도 논쟁을 멈추지 않았다고 한다. 그때 숲 속에서 갑자가 곰이 나타났다면 어떤 일이 벌어졌을까? 나의 예상은 다음과 같다. 보어가 황급히 가방에서 300달러짜리 리복운동화를 꺼내 신고 신발 끈을 조인다. 당황한 아인슈타인이 외친다. "닐스, 지금 뭐 하는 거야? 신발이 아무리 좋아도 곰보다 빨리 뛸 수는 없다구!" 그러자 보어가 씩 웃으며 말한다. "곰보다 빨리 뛸 생각은 없어요. 당신보다 빨리 뛰기만 하면 되거든요. 그럼, 바빠서 먼저 가보겠습니다!"

1936년에 아인슈타인은 양자역학이 "상상할 수 있는 모든 실험결과를 올바르게 설명한다."는 점에 어쩔 수 없이 동의했다. 그리고는 "양자역학이 다양한 사건의 확률을 알려줄 수는 있지만, 그 자체로 완벽한 이론은 될 수 없다."는 것을 증명하는 쪽으로 방향을 틀었다. 그러나 보어는 "양자역학이 불완전한 것은 이론상의 결함이 아니라 자연의 속성이 원래 그렇기 때문"이라고 반박했다. 두 사람은 이제 세상을 떠났지만, 신이 두 사람을 앉혀놓고 시시비비를 가려주지 않았다면 지금도 저 세상에서 논쟁을 벌이고 있을 것이다.

아인슈타인과 보어의 논쟁을 제대로 소개하려면 몇 권의 책을 써야 한다. 그러나 우리도 나름대로 갈 길이 바쁘기 때문에, 한 가지 사례만 짚고 넘어가기로 한다. 우선 하이젠베르크의 불확정성 원리를 떠올려보자. 이 세상 어느 누구도 입자의 위치와 속도를 '동시에' 정확하게 측정할 수 없다. 원자의 위치를 측정하는 실험장치를 설계하고 관측을 시도하여 정확한 위치를 알아낼 수는 있다. 얼마든지 가능한 일이다. 또 원자의 속도를 관측하는 장치를 개발하여 정확한 값을 알아낼 수도 있다. 그러나 두 가지 관측을 동시에 시도하여 둘 다 정확한 값을 알아낼 수는 없다. 그 결과는 관측자가 무엇을 관측하느냐에 따라 달라진다. 우리가 하늘처럼 믿어왔던 인과율로는 설명할 수 없는 상황이다. 전자가 A지점을 출발하여 B지점에 도달했을 때, 우리는 '전자가 거쳐간 하나의 경로'를 자연스럽게 떠올린다. 그러나 양자역학에 따르면 전자는 모든 경로를 거쳐갈 수 있으며, 각 경로에는 고유의 확률이 할당되어 있다.

아인슈타인은 이 유령 같은 경로의 문제점을 부각시키기 위해 독특한 실험을 수행했다. 흔히 "EPR 역설"로 알려진 이 실험은 상상 속에서 진행되는 사고실험이기 때문에 이 자리에서 진위여부를 판단하기는 어렵고, 그냥 대략적인 내용만 알고 넘어가자. EPR은 이 역설을 만들어낸 아인슈타인(Einstein)과 포돌스키(Podolsky), 그리고 로젠(Rosen)의 이름 첫 글자를 딴 것으로, 이들의 논리는 양자적으로 얽힌 관계에 있는 두 개의 입자에서 시작된다. 스핀이 서로 다른(업/다운) 한 쌍의 입자 A, B를 생성한 후 A는 시카고로, B는 방콕으로 보낸다. 양자역학에 의하면 "관측을 하기 전에는 입자의 상태를 알 수 없다."고 했으니, 일단은 그렇다고 치자. 이제 시카고에서 A의 스핀을 관측한 결과 '업'으로 판명되었다. 그렇다면 방콕에 있는 입자 B의 스핀은 '다운'일 것이다. 굳이 관측을 하지 않아도 알 수 있다. 시카고에서 관측을 하기 전에, A의 스핀이 '업'일 확률은 50퍼센트였다. 그런데 시카고에서 관측을 실행한 순간부터 B의 스핀은 '다운'으로 결정되었다. 이상하지 않은가? 지구 반대편에 있는 입자 B는 시카고의 관측결과를 어떻게 알고 항상 A와 반대스핀을 갖는단 말인가? 입자들이 소형무전기를 휴대한 채 서로 정보를 교환한다고 해도, 무선신호는 기껏해야 광속으로 전달되기 때문에 B가 A의 스핀을 알 때까지는 분명히 시간이 걸린다. 그러나 시카고와 방콕의 측정은 거의 동시에 진행될 수도 있다.* 그러니까 A와 B 사이의 신호는 빛보다 빠르게, '즉각적으로' 전달되는 셈이다. 아인슈타인은 이것을 "원거리 유령작용(spooky action at a distance)"이라 불렀다. 그리고 EPR 세 사람은 "양자역학

---

* 빛이 시카고에서 방콕까지 가려면 약 0.07초가 걸리는데, 시카고 측정 후 0.00001초만에 방콕 측정이 이루어질 수도 있다. 이런 경우에도 B의 스핀은 '다운'일 것이다.

으로는 A와 B의 연결상태를 설명할 수 없다. 따라서 양자역학은 완전한 이론이 아니다."라고 결론지었다. 아마도 아인슈타인은 양자역학의 약점을 드디어 잡았다며 쾌재를 불렀을 것이다.

이 소식을 접한 보어는 또 다시 깊은 고민에 빠져들었다. 교화된 줄 알았던 악동이 또 다시 사고를 친 것이다. 보어는 심사숙고 끝에 "관측자와 관측대상은 독립적인 계가 아니다. A, B와 함께 그것을 관측하는 사람도 하나의 계에 포함시켜야 한다."고 대응했다. 왠지 동양의 신비주의적 종교가 연상되지 않는가? 그래서인지 이 무렵에 양자역학의 관측문제를 주제로 한 책들이 봇물 터지듯 쏟아져 나왔다. 관측자와 관측대상은 독립적인 존재인가? 아니면 유령 같은 매개체를 통해 서로 연결되어 있는가? 이 문제는 훗날 기발한 실험을 통해 극적인 국면을 맞이하게 된다.

1964년에 이론물리학자 존 벨(John Bell)은 EPR의 사고실험을 실제로 수행할 수 있는 이론적 기틀을 마련했다. 멀리 떨어져 있는 두 입자 A, B 사이의 상호관계를 수치적으로 환산하여, 아인슈타인과 보어 중 누구의 주장이 맞는지 확인할 수 있게 된 것이다. 벨의 정리는 티셔츠 한 장에 충분히 쓸 수 있을 정도로 짧아서, 지금은 대중문화의 일부로 자리 잡았다. 스프링필드에는 매주 목요일마다 모여서 벨의 정리를 놓고 토론을 벌이는 여성들의 모임이 있을 정도이다. 그러나 벨의 정리가 발표되었을 무렵에는 사람들 사이에서 '초자연적이고 신비적인 현상이 존재한다는 증거'로 인식되었으니, 당사자인 벨의 심정이 매우 착잡했을 것이다.

그 후 여러 실험물리학자들이 벨의 아이디어를 실험실에서 구현했는데, 가장 유명한 사례는 1982년에 파리에서 실행된 알랭 아스펙(Alan Aspect)의 실험이었다. 그는 양자적으로 얽힌 채 13미터 간격으로 떨어져 있는 두 광자의 스핀을 측정했는데, 그 결과는 '아인슈타인이 옳은가? 아니면 보어가 옳은가?'에 따라 다르게 나오도록 되어 있었다. 과연 어떤 결과가 나왔을까? (두두두둥……!) 역시나, 보어의 승리였다! 양자역학은 우리가 가질 수 있는 최선의 이론이었으며, "두 입자의 관계를 좌우하는 숨은 변수가 존재한다."는 아인슈타인의 주장은 틀린 것으로 판명되었다.

이것으로 논쟁이 끝났을까? 전혀 아니다. 양자적 얽힘에 관한 논쟁은 지금도 계속되고 있다. 특히 우주 초창기에 양자역학을 적용하면 난해한 질문들이 줄줄이 쏟아져 나온다. 탄생초기에는 우주가 원자 하나보다 작았기 때문에, 우주 전역에 양자역학이 적용되던 시기였다. 나는 입자가속기를 운영하는 연구소의 소장으로 수많은 물리학자들을 대변하는 입장이지만, 아직도 누군가가 양자 이론의 기본개념을 의심하고 있다는 것은 바람직한 현상이라고 본다.

양자역학을 신봉하는 나머지 물리학자들은 슈뢰딩거와 디랙, 그리고 새로 등장한 양자장 이론으로 중무장한 채 앞으로 나아갈 것이다. 신의 입자로 향하는 길이 이제 간신히 시야에 들어왔는데, 뒤돌아볼 겨를이 어디 있겠는가?

막간 B

춤추는 무술사범들

나는 80억 달러짜리 초전도초충돌기(SSC)의 필요성을 강조하고 관심을 함양하기 위해, 워싱턴에 있는 루이지애나주 민주당 상원의원 베넷 존스턴(Bennett Johnston)의 사무실을 방문한 적이 있다. 존스턴은 미국 상원의원 중 유난히 과학에 관심이 많은 사람이어서, 평소에도 주변사람들과 블랙홀과 시간여행 등 과학적인 대화를 즐겨 나누곤 했다. 사무실에 들어서니 그가 책상 뒤에서 벌떡 일어나며 손에 들고 있는 책을 흔들었다. "레더먼 씨, 어서 오세요. 그렇지 않아도 물어볼 게 엄청 많았는데 잘 오셨습니다!" 그 책은 게리 주카프(Gary Zukav)가 쓴 《춤추는 물리학 대가들 (*The Dancing Wu Li Masters*)》이었다.● 처음에 전화로 약속을 잡을 때는 "15분 동안 시간을 낼 수 있다."고 했던 그였지만, 나를 보자마자 물리학이야기를 꺼내더니 한 시간이 넘도록 끝날 줄을 몰랐다. 나는 적절한 타이밍에 초충돌기 이야기를 꺼내려고 호시탐탐기회를 엿보았지만("양성자 이야기가 나와서 말인데요, 초전도초충돌기는…….") 흥분한 존스턴은 조금의 틈도 주지 않았다. 대화 도중에 그의 비서가 간간이 들어와 다른 일정을 상기시켰는데, 그가 네 번째 들어왔을 때 존스턴이 웃으며 말했다. "자네가 왜 왔는지 알아, 안다고. 잡담 그만 하고 내 일이나 하라는 거잖아. 그래, 난 내

● 울리(Wu Li)는 물리(物理)의 중국식 발음이다.

가 할 수 있는 일을 할 거야. 하지만 대화가 너무 재미있어서 멈출 수가 없구만. 걱정 말게. 그래도 내가 할 수 있는 일은 틀림없이 할 테니까!" 실제로 그는 꽤 많은 일을 했다.

존스턴이 물리학에 관심을 보여서 반가웠냐고? 아니다. 그날 나는 심기가 몹시 불편했다. 무엇보다 미국의 상원의원이 주카프의 책을 읽고 호기심을 풀었다는 사실이 마음에 걸렸다. 지난 몇 년 동안《춤추는 물리학 대가들》이나《물리학의 도(The Tao of Physics)》처럼 동양의 신비주의사조에 물리학을 결부시킨 책들이 대중적 인기를 누려왔는데, 저자들은 한결같이 "우리는 우주의 일부이고 우주는 우리의 일부"임을 강조하고 있다. 간단히 말해서 "우리 모두는 하나"라는 것이다!(하지만 아메리칸 익스프레스는 청구서를 각 개인에게 보내고 있다.) 전 세계 물리학자들을 위한 80억 달러짜리 프로젝트에 투표권을 행사할 미국의 상원의원이 그런 책에 영향을 받았다니, 프로젝트의 앞날이 심히 걱정스러웠다. 물론 존스턴의원은 과학에 매우 박식하면서 수많은 과학자들과 친분을 나누고 있으니, 혹시 무언가를 잘못 알고 있다면 바로잡을 기회가 충분히 있을 것이다.

이런 류의 책은 양자 이론의 '유령 같은 특성'을 집요하게 파고든다. 심지어 어떤 책에서는(굳이 저자를 밝히진 않겠다.) 하이젠베르크의 불확정성 원리와 아인슈타인-포돌스키-로젠(EPR)의 사고실험, 그리고 벨의 정리를 LSD(마약)의 환각효과 및 심령현상과 연관시켰다. 오래 전에 사망한 세스(Seth)라는 사람의 목소리를 듣고 글을 썼다는 뉴욕의 주부 엘미라(Elmira)의 사연도 양자 이론과 결부지어 설명해놓았다. 이들의 요점은 "양자 이론이 유령 같은 특성을 갖고 있다면, 다른 이상한 현상들도 과학적 사실로 받아들여야 한다."는 것이었다.

이런 책들이 종교나 신비주의, 또는 유령 관련 판타지로 분류된다면 별 문제가 없다. 그러나 이들은 '양자'나 '물리학'이라는 표제를 달고 과학서적 코너에 버젓이 꽂혀 있다. 대부분의 일반대중이 이런 책을 통해 물리학지식을 얻고 있는 것이다. 요즘 인기몰이를 하고 있는 《물리학의 도》와 《춤추는 물리학 대가들》은 1970년대에 출간된 책이다. 《물리학의 도》를 집필한 프리초프 카프라(Fritjof Capra)는 빈대학교에서 물리학 박사학위를 받았고 《춤추는 물리학 대가들》의 저자인 게리 주카프는 과학전문작가로서 많은 사람들에게 물리학을 소개해왔다. 물론 좋은 일이다. 힌두교나 불교, 도교, 선(禪) 등 동양의 전통적인 종교와 양자물리학 사이의 관계를 조명하는 것 자체는 아무런 문제도 없다. 사실 카프라와 주카프의 책에는 올바르게 설명한 부분도 많이 있다. 그러나 이들은 확고하게 입증된 과학적 사실을 다루다가 도저히 물리학이라 부를 수 없는 영역으로 뛰어넘곤 한다. 둘 사이의 연결고리가 거의 없는 데도 마치 불가분의 관계인 것처럼 과장되어 있다.

예를 들어 주카프는 자신의 책에서 토머스 영의 이중슬릿실험을 자세히 소개했는데, 결과를 해석하는 방식이 매우 유별나다. 앞에서도 이미 다뤘지만 광자(또는 전자)는 슬릿의 개폐상태에 따라 각기 다른 무늬를 만들고, 실험 당사자는 스스로 자문한다. "입자는 슬릿의 개폐상태를 어떻게 아는 것일까?" 물론 이 질문은 입자가 의식을 갖고 있다는 뜻이 아니다. 의식이 없는 입자가 그것을 어떻게 아는지, 어떤 다른 요인이 입자를 그런 식으로 유도하고 있는지 궁금하다는 뜻이다. 양자역학의 근간을 이루는 하이젠베르크의 불확정성 원리에 따르면, 실험을 망치지 않으면서 (즉, 실험의 목적을 포기하지 않으면서) 입자가 둘 중 어느 쪽 슬릿을 통과했는지 확인하는 것은 불가능하다. 입자가 어느 슬릿을 통과했는지 알려주는 장치를 추가하면 스크린에서 간섭무늬가 사라진다. 직관적으로 이해하기 어렵지만 이것이 양자세계의 본질이다. 광자가 무슨 판별능력이 있어서 신기한 게 아니다.

그러나 주카프의 생각은 달랐다. 그는 광자가 슬릿의 개폐상태를 정말로 알고 있다고 주장했다. 광자가 똑똑하다는 것이다! 이뿐만이 아니다. 그는 "광자는 에너지를 실어 나를 뿐만 아니라 정보를 처리하고 그 결과에 따라 행동한다. 이 모든 정황으로 미루어볼 때, 광자는 아무래도 유기체인 것 같다. 이상하게 들리겠지만 그 외에는 달리 설명할 방법이 없다."고 써놓았다. 재미있는 해석이다. 곳곳에 철학적인 분위기까지 풍긴다. 그러나 이런 글을 쓸 생각이었다면 애초부터 '과학'이나 '물리학'이라는 타이틀을 달지 말았어야 했다.

주카프는 광자에게 지능을 부여하면서 원자의 존재는 부정했다. "원자는 단 한 번도 '현실적인' 모습을 보여준 적이 없다. 원자는 실험결과를 설명하기 위해 도입한 가상적 존재일 뿐이다. 지금까지 원자를 본 사람은 단 한 명도 없다." 청중석에 앉아 있던 그 여인이 또 질문을 던진다. "원자를 보신 적이 있나요?" 주카프는 "없다."고 단언했지만, 한참 잘못 짚었다. 그의 책이 출간된 뒤에 주사형 터널현미경(scanning tunneling microscope)이 개발되어 이미 많은 사람들이 원자를 직접 보았다. 나도 본 적이 있는데, 정말 아름다운 사진이었다.

카프라는 좀 더 영리해서 과격한 발언을 하면서도 곳곳에 안전망을 설치해놓았지만, 그 역시 또 한 사람의 물리학 비신자(非信者)였다. 그는 "'물질의 최소단위'라는 단순한 그림을 폐기해야 한다."고 주장하면서 양자역학의 의미를 자신의 취향대로 확장시켰는데, 물리학이라는 학문이 수많은 사람들의 피땀어린 노력과 눈물어린 고통의 산물임을 조금이라도 알았다면 그런 무모한 시도는 하지 않았을 것이다.

부주의한 작가의 부주의한 책은 그냥 불쾌한 정도로 끝나지만, 대놓고 떠들어대는 허풍선이들은 정말 참기 어렵다. 《물리학의 도》와 《춤추는 물리학 대가들》은 잘 쓰여진 과학책과 허풍선이의 중간쯤 된다. 과격한 어휘를 쓰기 싫어서 '허풍선이'라고 했는데, 사실은 '악랄한 사기꾼'이라는 표현이 더 적절할 것이다. 이들은 "모든 음식을 끊고 옻나무 뿌리만 먹으면 영생을 얻을 수 있다."며 대중들을 현혹시키고, 이상한 증거를 들이대면서 자신이 외계인을 만났다고 주장한다. 심지어는 수메르인이 쓴 《농사연감(Farmer's Almanac)》이 상대성 이론보다 우월하다는 주장도 서슴지 않는다. 이들은 《뉴욕 인콰이어러(New York Inquirer)》지에 기사를 쓰기도 하고, 저명한 과학자들에게 말도 안 되는 주장을 담은 편지를 줄기차게 보내고 있다. 물론 이들 중 대부분은 직접적인 해를 끼치지는 않는다. 언젠가 70세 먹은 할머니가 "작고 파란 외계생명체와 나눈 대화내용"이라며 A4용지 8장을 빼곡하게 채운 편지를 보내온 적이 있는데, 수긍하긴 어려웠지만 유해한 내용은 아니었다. 그렇다고 해서 이런 사람들이 모두 무해한 것은 아니다. 자신이 쓴 논문을 물리학 학술지 《피지컬 리뷰(Physical Review)》에 보냈다가 게재를 거절당하자 학술지 발행인을 총으로 쏴 죽인 사람도 있다(말이 좋아 논문이지, 거의 쓰레기나 다름없는 글이었다.).

많은 사람들이 공들여 일군 분야는 그 나름대로 '체제를 갖춘 집단'이다. 명문대학의 늙은 교수들도, 패스트푸드업계의 거물들도, 미국변호사협회의 임원들도, 체신노동조합의 나이 든 조합원들도 모두 그 분야에서 잔뼈가 굵은 전문가들이다. 과학은 오래된 거인을 쓰러뜨렸을 때 가장 빠르게 발전한다(다른 의미는 없다. 괜한 생각하지 말아주기 바란다.). 단, 논리적 사고와 확고한 실험을 통해 거인이 틀렸음을 입증한 경우에만 가능한 일이다. 그러나 이런 능력이 없는 성상파괴자들은 거인에게 지적인 테러를 가하여 강제로 쓰러뜨리려고 한다. 심지어는 과학 자체를 전복시키려는 듯이 덤비는 사람도 있다. 물론 자신의 이론이 이런 사람들 때문에 쓰레기 취급을 받는 것을 좋아할 과학자는 없으며, 일부는 잠시 과민반응을 보일 수도 있다. 기성조직을 전복시키려는 시도는 꽤 오래 된 전통이다. 그러나 기성과학자들은 자신과 같은 분야에 입문한 젊고 유능한 신참들을 교육하고 보상할 의무가 있기 때문에, 이단적인 주장이나 기존의 이론을 전복시키려는 잡다한 시도를 열린 마음으로 수용해야 한다. 문제는 이런 도덕적 가치가 성상파괴자들에게 유리한 쪽으로 작용한다는 점이다. 그들은 과학을 잘 모르는 출판사 편집자와 기자들을 현혹시켜서 언론을 통해 제멋대로 떠들어대고 있다. 이스라엘의 마술사 유리 겔러(Uri Gelle)와 러시아의 작가 임마누엘 벨리코프스키(Immanuel Velikovsky)가 그 대표적 사례이다. 심지어는 박사학위 논문 중에도 "사물을 보는 손"이나 "염력", "창조과학", "중합수(polywater)", "저온 핵융합" 등 말도 안 되는 제목들이 심심치 않게 눈에 뜨인다. 이들은 한결같이 "학계의 기득권층이 유리한 위치를 계속 점유하기 위해 사실을 외면하고 있다."고 주장한다.

이들의 주장은 사실일지도 모른다. 그러나 학계에서는 소위 말하는 기득권층조차 기득권층을 비난하고 있다. 물리학의 수호성자, 리처드 파인먼은 〈과학이란 무엇인가?(What Is Science?)〉라는 수필에서 학생들에게 다음과 같이 충고했다. "과학을 깊이 알면 알수록 전문가에 대한 믿음은 약해진다. 여러분도 이 과정을 겪게 될 것이다……. 과학은 무지한 전문가들의 믿음으로 이루어진 집합체이다." 그리고는 나중에 다음과 같이 덧붙였다. "무언가를 발견한 세대는 새로운 경험과 지식을 다음 세대에 넘겨줘야 한다. 그러나 우리가 아무리 애를 써도 잘못된 지식까지 덩달아 전수되기 마련이다. 그래서 무언가를 전수할 때는 존경과 무례가 미묘한 균형을 이루어야 한다. …… 그렇지 않으면 다음 세대 젊은이들이 잘못된 지식을 무턱대고 믿을 것이기 때문이다."

파인먼의 글은 과학이라는 일터에서 평생 연구에 몰입해온 과학자의 삶을 잘 대변하고 있다. 물론 모든 과학자들이 후대에 전할 만한 발견을 이루는 것은 아니며, 위대한 과학자들이 지나친 책임감을 느끼는 것도 사실이다. 그들은 자신의 논문을 마음대로 평가할 수 없고, 자신에게 도전하는 젊은 학자들의 논문을 평가하기는 더욱 어렵다. 이런 면에서는 어떤 학문체계도 완벽할 수 없다. 그러나 지적인 성상파괴자들에게 배울 것이 있다고 판단되면, 과학계는 그들을 누구보다 열렬히 환영한다. 아마도 일반대중은 이 사실을 잘 모르고 있을 것이다.

문제는 부주의한 사이비과학 작가들도 아니고, 아인슈타인이 틀렸다면서 이상한 책을 펴낸 위치타의 보험세일즈맨도 아니다. 돈 되는 일이라면 어떤 사기를 쳐도 상관없다는 유리 겔러나 벨리코프스키도 아니다. 정말로 심각한 문제는 과학을 잘 모르는 일반대중이 말도 안 되는 사이비과학에 쉽게 현혹된다는 점이다. 그들은 사기꾼에게 속아 이집트의 피라미드를 구입하고, 거액을 들여 원숭이 내분비액 주사를 맞고, 상한 살구를 먹는다. 수레를 끄는 행상인에서 TV의 골든타임에 출연한 자칭 전문가에 이르기까지, '과학'이라는 이름을 빌어 자기 실속을 채우는 사기꾼들에게 너무 쉽게 속아 넘어가는 것이다.

대중은 결코 나약한 집단이 아니다. 정치인이나 사회평론가가 조금이라도 이상한 발언을 하면 가차 없이 융단폭격을 퍼붓고 잘못을 바로잡는다. 그러나 '과학'이라는 간판을 내걸면 대중은 한없이 나약해진다. 왜 그럴까? 여러 가지 이유가 있겠지만, 가장 큰 요인은 과학을 불편하게 생각하거나 과학이 발전해나가는 과정을 잘 모르기 때문일 것이다. 일반대중은 과학을 '확고한 법칙과 신념으로 건조된 난공불락의 요새'로 생각하는 경향이 있다. 게다가 TV에 등장하는 언론 노출형 과학자들은 한결같이 흰 가운을 입고 답답한 소리만 늘어놓기 때문에, 자신의 현 지위를 지키는 데 급급한 늙은이로 보이기 십상이다. 그러나 내가 장담하건대, 과학은 그 어떤 분야보다 유연하다. 과학의 목적은 현상유지가 아니라 혁명이기 때문이다.

혁명의 메아리

과학을 특정 종교나 신비주의 사조에 결부시키는 사람들이 있다. 특히 양자역학은 이들에게 가장 손쉬운 먹잇감이다. 이들은 뉴턴의 고전역학을 물고 늘어지지 않는다. 뉴턴역학은 안전하고, 논리적이고, 직관과 잘 일치하기 때문이다. 그러나 양자역학은 개념적으로 후련하게 해결되지 않았는 데도 뉴턴역학을 밀어내고 그 자리를 꿰찼다. 무엇보다도 양자역학은 '어렵다.' 이런 불편한 상황을 타개하는 한 가지 방법은 (앞에서 소개한 책들이 다들 그랬듯이) 양자역학을 하나의 종교로 간주하는 것이다. 양자역학이 힌두교(또는 불교)와 일맥상통하지 말라는 법이 어디 있는가? 그러나 양자역학을 종교에 결부시키면 수많은 물리학자들이 공들여 개발했던 정교한 논리들은 한순간에 무용지물이 된다.

양자역학을 대하는 또 한 가지 방법은 …… 그렇다, 원래의 목적에 따라 '과학'으로 간주하는 것이다. 양자역학이 '박힌 돌을 빼낸 굴러온 돌'이라는 것도 사실은 선입견일 뿐이다. 그런 식으로 따지면 뉴턴역학은 처음부터 박힌 돌이었던가? 한 이론이 다른 이론을 대체하는 데에는 그럴 만한 이유가 있다. 과학은 옳은 개념을 주저 없이 수용할 뿐, 아직 검증되지 않았거나 멀쩡한 이론을 오래되었다는 이유로 내버리지는 않는다. 이 시점에서 물리학이 겪어온 혁명의 역사를 되돌아볼 필요가 있다.

새로운 물리학 이론이 출현했다고 해서 반드시 낡은 물리학을 대체한다는 보장은 없다. 역사를 되돌아보면 과학혁명은 항상 보수적이면서 '변화를 수용할 만한 가치가 있는' 형태로 진행되어왔다. 새로 떠오른 이슈는 파격적인 철학사조일 수도 있고, 전통적인 지식을 송두리째 갈아엎는 낯선 이론일 수도 있다. 그러나 모든 과학혁명에 공통적으로 나타나는 현상은 새로 수용된 철학이나 과학사조가 기존의 사조를 훨씬 넓은 영역으로 확장시켰다는 점이다.

고대 그리스의 아르키메데스를 예로 들어보자. 그는 기원전 100년경에 정역학(靜力學, statics)과 유체정역학(hydrostatics)의 기본체계를 구축했다. 정역학은 사다리나 교량, 아치 등 주로 편의를 위해 만든 구조물의 안정성을 연구하는 분야이며, 유체정역학은 유체의 특성을 비롯하여 무엇이 물에 뜨고 무엇이 가라앉는지, 그리고 무엇이 똑바로 뜨고 무엇이 뒤집어진 채 뜨는지를 연구하는 분야이다. 욕조에서 "유레카!"를 외치게 만들었던 부력(浮力)의 원리도 유체정역학의 산물이다. 이 모든 내용은 2,000년이 지난 지금까지도 원형 그대로 적용되고 있다.

1600년에 갈릴레오도 정역학과 유체정역학을 연구했지만, 경사로를 굴러 내려오는 물체와 허공으로 던져진 물체, 그리고 건물 옥상에서 떨어지는 물체와 줄에 매달린 채 흔들리는 진자 등으로 관측대상을 확장했다. 즉, 정지상태에 있는 물체 외에 움직이는 물체까지 연구 대상에 포함시켜서 훨씬 많은 현상을 과학적으로 설명한 것이다. 갈릴레오는 달 표면과 목성의 위성까지 발견하면서도 아르키메데스의 이론을 '타파해야 할 낡은 이론'으로 간주하지 않고 자신의 연구 대상에 포함시켰다. 두 사람의 연구범위를 그림으로 표현하면 다음과 같다.

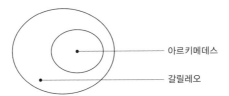

뉴턴은 갈릴레오보다 한참 더 앞으로 나아갔다. 그는 인과관계에 입각하여 태양계의 운동과 조수현상을 설명했다. 연구 대상을 태양계 전역으로 확장한 것이다. 뉴턴의 이론에서 갈릴레오나 아르키메데스의 업적에 해가 되는 것은 없다. 뉴턴은 실험 및 관측데이터를 종합하여 과학의 탐구대상을 아래 그림과 같이 확장시켰다.

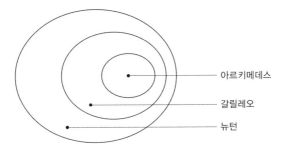

18~19세기의 과학자들은 인간이 경험할 수 없는 영역을 탐구하기 시작했다. 바로 전기와 관련된 현상이다. 엄청난 위력을 가진 번갯불은 인공적으로 만들 수 없었지만, 그 밖의 전기현상들은 사전에 세심하게 설계된 후 실험실에서 재현되었다(입자가속기 안에서 입자를 만들어내는 것과 비슷하다.). 당시 전기는 지금의 쿼크 못지않게 낯선 현상이었으나 과학자

들은 전류와 전력, 전기장, 자기장의 비밀을 서서히 풀어나갔고, 나중에는 이들을 제어하는 수준까지 도달했다. 그리하여 18세기 중반에 제임스 클러크 맥스웰은 전기와 자기현상을 하나로 통일한 전자기학을 완성했으며, 하인리히 헤르츠와 굴리엘모 마르코니, 찰스 스타인메츠(Charles Steinmetz) 등은 전자기학을 실생활에 적용하여 지금과 같이 편리한 세상을 만들어놓았다. 지금 전기는 어디서나 쉽게 접할 수 있으며, 각종 통신시설 덕분에 지구 반대편에 있는 친구와 언제든지 대화를 나눌 수도 있다. 이 모든 것이 전자기학의 산물이다. 그러나 맥스웰은 전자기학을 연구하면서 기존의 이론을 비방하거나 폐기하지 않고, 새로 알아낸 사실들을 그 위에 차곡차곡 쌓아갔다.

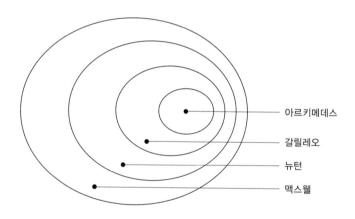

뉴턴과 맥스웰의 뒤를 이어 과학의 탐구영역을 또 한 번 확장시킨 사람은 알베르트 아인슈타인이었다. 갈릴레오와 뉴턴이 세웠던 가정에 만족하지 못한 그는 시간과 공간의 속성을 깊이 파고든 끝에 이들을 하나로 통일한 '시공간(spacetime)'의 개념을 창안했으며, 아주 빠른 속도로 움직이는 물체의 운동을 연구함으로써 물리학의 영역을 한층 더 넓혀놓았

다. 19세기에는 광속과 견줄 정도로 빠른 물체가 없었기 때문에 아무도 관심을 갖지 않았지만, 관측장비가 개선됨에 따라 원자세계에서 빠르게 움직이는 입자가 하나 둘 발견되기 시작했고, 이들의 운동을 설명하려면 아인슈타인의 상대성 이론을 적용해야 했다(우주의 초기상태를 설명할 때도 필수적이다.). 그러나 물체의 운동속도가 느려지면 상대성 이론은 뉴턴역학과 같아진다. 즉, 이번에도 물리학은 대체되지 않고 더 넓은 영역으로 확장된 것이다.

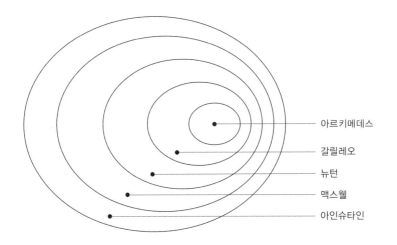

아르키메데스
갈릴레오
뉴턴
맥스웰
아인슈타인

그로부터 10년 후, 아인슈타인은 뉴턴의 중력 이론을 뛰어넘는 새로운 중력 이론을 구축했고, 이로부터 새로운 우주모형이 탄생했다(뉴턴은 우주가 불변이라고 생각했다.). 알고보니 우주는 처음 탄생한 후로 줄곧 팽창하고 있었다. 그러나 이번에도 아인슈타인의 방정식을 뉴턴의 세계에 적용해보니, 뉴턴의 물리학과 동일한 결과가 얻어졌다.

이것으로 끝났을까? 물론 아니다! 뒤늦게 발견된 원자의 내부는 완전히 다른 세계였다. 그 안에는 전자와 원자핵이 있었고, 원자핵 안에 또 무엇이 있을지 아무도 짐작할 수 없었다. 그곳에는 뉴턴의 물리학이 적용되지 않았기에 새로운 물리학이 필요했고, 구세주처럼 나타난 것이 바로 양자 이론이었다. 그러나 양자 이론에서 촉발된 물리학혁명은 아르키메데스, 갈릴레오와 충돌을 일으키지 않았고 뉴턴역학을 폐기하지 않았으며, 아인슈타인의 상대성 이론을 훼손하지도 않았다. 오히려 양자 이론 덕분에 물리학은 훨씬 넓은 영역으로 또 다시 확장되었다.

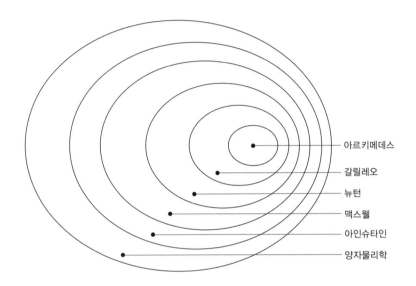

5장에서 말한 바와 같이 슈뢰딩거의 방정식은 전자를 비롯한 입자의 거동을 서술하기 위해 개발되었지만, 야구공과 같은 거시적 물체에 적용하면 기적처럼 $F = ma$로 변신한다! 반물질의 존재를 예언했던 디랙의 방정식은 슈뢰딩거 방정식을 보완하여 광속에 견줄 만큼 빠르게 움직이는 입자의 거동을 완벽하게 서술했다. 느리게 움직이는 전자에 디랙 방정식을 적용하면 전자의 스핀이 포함된 슈뢰딩거 방정식이 얻어진다. 그렇다면 디랙은 뉴턴의 물리학을 폐기했을까? 물론 아니다.

어찌 이렇게 매번 영양가 있게 발전했냐고? 아쉽지만 그건 아니다. 새로 채택된 이론보다 나왔다가 금방 폐기된 이론이 압도적으로 많다. 새로운 관측장비와 그칠 줄 모르는 호기심(그리고 정부의 연구보조금) 덕분에 탐구영역이 넓어질 때마다 새로운 아이디어와 이론, 가설 등이 쏟아져 나오지만 이들 중 대부분은 틀린 것으로 판명된다. 과학의 최전선에서 새로운 지식을 추구하는 수많은 과학자들 중 최후의 승자는 언제나 한 명뿐이며, 나머지는 역사의 주석으로 사라진다(주석으로라도 남으면 그나마 다행이다.).

과학혁명은 어떻게 일어나는가? 19세기 말과 같은 지적 평온기에는 '아직 해명되지 않은' 문제가 남아 있기 마련이다. 지적으로 혼란스러운 시기에는 발등에 불 떨어진 문제가 하도 많아서 지나치게 어려운 문제들이 뒷전으로 밀리지만, 평온기에는 과학자들의 관심이 자연스럽게 미해결문제로 집중된다. 특히 실험을 주로 하는 과학자는 자신이 새로 발견한 현상이 기존의 이론으로 설명되지 않기를 기원한다. 어쩌다 이런 경우가 발생하면 실험가는 과학계의 스타로 떠오르고, 그 현상을 설명하는 새로운 이론이 출현하여 혁명의 시동을 건다. 그러나 대부분의 경우 새로 발견된 현상은 관측상의 실수로 판명되거나 기존의 이론으로 설명되는 등, 결국 불발탄으로 끝난다. 그 외에 어떤 경우가 있을까? 분야를 막론하고 모든 새로운 발견은 다음 세 가지 경우 중 하나에 속한다. (1) 잘못된 데이터, (2) 기존의 이론으로 설명 가능, (3) 새로운 이론이 필요함. 독자들도 짐작하겠지만 혁명이 촉발되는 경우는 (3)이다. 그런데 새로운 이론의 필요성이 대두된 것은 실험 때문이었으니, 과학에 생기를 불어넣는 것은 이론이 아니라 실험이다.

혁명이 일어나면 과학의 탐구영역이 넓어지고 인류의 세계관에도 큰 변화가 초래된다. 뉴턴의 운동법칙이 알려지면서 그의 결정론적 세계관에 영향을 받은 신학자들은 신에게 새로운 역할을 부여했다. 어떤 물체의 초기상태(위치와 속도)를 알면 뉴턴의 운동방정식을 이용하여 그 물체의 모든 과거와 현재, 미래를 알아낼 수 있다. 그래서 당시 신학자들은 조물주가 태초에 우주를 창조한 후 초기 조건을 부여했고, 그 조건에 따라 인간을 비롯한 모든 만물의 운명이 이미 결정되어 있다고 생각했다. 그러나 원자세계를 지배하는 양자물리학은 결정론적 세계관을 크게 완화시켜서 개개의 원자적 사건에 불확정성이라는 여유를 허용했다. 알고 보니 원자보다 스케일이 큰 세계에서도 뉴턴의 결정론적 세계관은 지나치게 이상화(理想化)된 것이었다. 거시적 세계는 복잡한 세부구조로 이루어져 있기 때문에, 초기 조건을 조금만 바꿔도 엄청난 변화가 초래된다. 언덕을 흘러 내려오는 물이나 진자에 진자가 또 달린 이중진자는 초기 조건에 따라 결과가 크게 달라지는 '혼돈계(chaotic system)'의 대표적 사례이다. 비선형역학과 혼돈계는 현실세계의 미래가 결정되어 있지 않다는 것을 분명하게 보여주고 있다.

그렇다고 해서 현대과학과 동양종교의 공통점이 갑자기 많아졌다는 뜻은 아니다. 과학 분야 저술가들이 현대과학을 동양의 신비주의에 비유하여 독자의 이해를 도울 수 있다면 얼마든지 환영이다. 신비주의가 아니라 신비주의 할아버지라도 상관없다. 그러나 비유는 어디까지나 비유일 뿐, 대충 그려놓은 지도에 불과하며, 지도와 실제영토는 완전히 다른 세상이다. 다시 한 번 강조하거니와, 물리학은 종교가 아니다. 만일 물리학이 종교였다면 연구비를 모금하기가 훨씬 쉬웠을 것이다.

6장

||||||||||||||||||||||||||||||||||||||||||||||||||||||||||||||||||||||||||||||||

입자가속기
: 입자가속기는 원자를 박살낸다……가 아닌가?

존 패스토어 상원의원: 입자가속기가 국가안보에 도움이 될 가능성이 있습니까?

로버트 윌슨: 아뇨, 그럴 가능성은 없다고 생각합니다.

패스토어: 없다고요? 조금도 없나요?

윌슨: 네, 손톱만큼도 없습니다.

패스토어: 안보면에서 아무런 가치도 없다는 말이죠?

윌슨: 입자가속기는 사람들 사이의 존경심과 존엄, 그리고 사랑과 관련되어 있습니다. 우리는 뛰어난 화가인가? 훌륭한 조각가인가? 감성 풍부한 시인인가? 대충 이런 것들입니다. 이 나라에서 우리가 숭배하는 것과 명예롭게 여기는 것, 그리고 애국심을 불러일으키는 것들이지요. 입자가속기는 국가를 수호하는 행위와 직접적인 관계는 없지만, '국가를 수호할 가치가 있게 만드는 모든 것들'과 밀접하게 관련되어 있습니다.

페르미 연구소에는 전통이 하나 있다. 매년 6월 1일이 되면 해가 뜨나 비가 오나 상관없이 오전 7시에 모든 직원이 광장에 모여 6.4킬로미터를 달린다. 코스는 입자가속기의 경로를 따라 지상에 나 있는 원형트랙으로 반양성자가 진행하는 방향으로 달리는 것이 유일한 규칙이다. 나의 비공식 최근기록은 38분이었다. 현재 페르미 연구소의 소장이자 나의 후임자인 존 피플스(John Peoples)는 취임 후 처음 맞이한 달리기 대회에서 "더 젊고 더 빠른 소장"이라는 명찰을 내걸고 사력을 다해 뛰었는데, 자세한 기록은 모르겠지만 나보다 빨랐던 것만은 확실하다. 그러나 대회에 참가한 어느 누구도 반양성자보다 빨리 뛸 수는 없었다. 반양성자는 가속기를 한바퀴 도는 데 약 100만 분의 22초가 걸린다. 나보다 1억 배쯤 빠르다.

페르미 연구소의 직원은 아무리 열심히 뛰어도 반양성자를 절대 따라잡을 수 없을 것이다. 그렇다고 항상 패자로 남지는 않는다. 우리는 실험을 설계할 수 있기 때문이다. 가속기를 다루는 기술자들은 반양성자의 경로를 세밀하게 조종하여 맞은편에서 달려오는 양성자와 정면충돌시킨다. 입자의 충돌, 바로 이 장의 주제이다.

지금까지 우리는 선조 과학자들이 수천 년에 걸쳐 닦아놓은 과학의 고속도로를 초고속으로 질주하여 양자역학 코스까지 달려왔다. 이제 속도를 조금 늦춰보자. 지금부터는 발견도 아니고 물리학도 아닌 '기계'에 관한 이야기를 할 참이다. 갈릴레오의 경사로에서 러더퍼드의 섬광상자(scintillation chamber)에 이르기까지, 관측도구의 역사는 과학의 역사와 복잡다단하게 얽혀 있다. 특히 입자가속기를 빼놓고는 최신 물리학을 절대로 이해할 수 없다. 입자가속기와 입자감지기가 지난 40년 동안 물리학을 견인해왔다고 해도 과언이 아니다. 가속기의 원리와 목적을 알면 물리학의 상당부분을 이해할 수 있다. 지난 수백 년 사이에 등장했던 수많은 물리학 원리가 이 장치를 통해 검증되었기 때문이다.

나는 피사의 사탑이 최초의 입자가속기라고 생각한다. 갈릴레오가 탑 꼭대기에서 손에 쥐고 있던 쇠구슬을 놓으면 아래로 떨어지면서 점점 빨라졌으니, 물체를 수직방향으로 가속시키는 선형가속기였던 셈이다(탑은 수직이 아니었지만……). 그러나 진짜 가속기는 한참 후에 등장한다. 가속기는 원자세계를 들여다보고 싶은 인간 욕망의 산물이다. 갈릴레오의 수직형 가속기를 제외한다면, 입자가속기의 역사는 알파입자를 통해 원자세계를 탐험했던 어니스트 러더퍼드와 그의 제자들로부터 시작된다.

알파입자는 신이 물리학자에게 하사한 최고의 선물이었다. 천연방사성물질이 자발적으로 붕괴하면 무거운 알파입자가 빠른 속도로 방출되는데, 입자 하나당 평균 에너지는 약 500만 전자볼트(5MeV)이다. 1전자볼트(1eV)는 전자 하나가 1볼트짜리 배터리의 음극에서 양극으로 횡단할 때 획득하는 에너지에 해당한다. 지금은 다소 생소하겠지만, 이 책의 6장과 7장을 읽고 나면 전자볼트(eV)는 센티미터나 칼로리, 또는 메가바이트(MB) 못지않게 익숙한 단위가 될 것이다. 진도를 나가기 전에 미리 알아둘 약자가 몇 개 있다.

KeV: 1,000 eV (K = kilo = 1,000배)

MeV: 100만 eV (M = mega = 1,000,000배)

GeV: 10억 eV (G = giga = 1,000,000,000배)

TeV: 1조 eV (T = tera = 1,000,000,000,000배)

테라전자볼트(TeV) 단위는 지수를 이용하여 표기하는 경우도 있다. 예를 들어 10^{12}eV는 1TeV이다. 10^{14}eV를 넘어가면 인간이 만든 입자가속기를 초월하여 우주에서 지구로 쏟아지는 우주선입자의 영역으로 진입한다. 우주선입자는 개수가 그리 많지 않지만 입자 하나당 에너지는 최고 10^{21}전자볼트에 달한다.

입자물리학의 관점에서 볼 때 5메가전자볼트(MeV)는 별로 큰 양이 아니다. 러더퍼드가 사용했던 알파입자는 기껏해야 질소원자의 핵을 깨뜨릴 수 있는 정도여서, 충분한 정보를 얻지 못했다(그래도 이것은 '의도적으로'

핵충돌을 일으킨 최초의 실험이었다.) 양자 이론에 따르면 탐사영역이 작아질수록 더 많은 에너지가 필요하다. 데모크리토스의 칼을 더 날카롭게 다듬는 것과 같은 이치다. 원자핵을 깔끔하게 자르려면 수십에서 수백 메가전자볼트가 필요하다. 어떤 경우이건 에너지는 클수록 좋다.

신은 우리가 갈 길을 미리 알고 있을까?

철학이야기 하나, 앞으로 차차 언급되겠지만, 입자물리학자들은 호기심과 자존심, 권력, 욕망, 야망 등 …… 인간이 품을 수 있는 다양한 동기에서 입자가속기의 덩치를 줄기차게 키워왔다. 가끔 맥주 한 잔을 앞에 놓고 상념에 잠기다보면 이런 의문이 떠오른다. 혹시 신은 우리가 다음에 만들 입자가속기(예를 들면 브룩헤이븐에서 1959년에 완공된 30GeV짜리 괴물가속기)로 무엇을 발견하게 될지 미리 알고 있는 것은 아닐까? 우리는 에너지 기록을 계속 갱신해나가면서 일종의 퍼즐게임을 하고 있는 것일까? 비밀이 노출될 위기에 놓인 신은 겔만이나 파인먼 등 자신이 가장 총애하는 이론물리학자의 어깨 너머로 연구노트를 훔쳐보면서 거대한 가속기로 무슨 짓을 하려는지 염탐하고 있지는 않을까? 아니면 지구로 파견된 천사(뉴턴, 아인슈타인, 맥스웰 등)를 통해 30기가전자볼트짜리 입자가속기로 해야 할 일을 일일이 하달하고 있는 것은 아닐까? 이론물리학의 역사를 돌아보면 의문은 더욱 깊어진다. 마치 우리가 어느 길로 가게 될지 신이 미리 알고, 그쪽 길을 만들어놓은 것 같은 느낌이 든다. 그러나 천체물리학과 우주선 연구가 계속 발전하는 것을 보면 쓸데없는 망상 같기도 하다. 하늘 바라보기를 직업으로 삼고 있는 동료들의 말에 따르면 우주는

30기가전자볼트와 인연이 많지만 300기가전자볼트, 심지어 30억 기가전자볼트와도 각별한 관계에 있다. 우주공간은 천문학적 에너지를 가진 입자들로 가득 차 있으며, 롱아일랜드와 바타비아, 츠쿠바 등 지구상의 몇몇 특별한 장소에서는 엄청난 에너지를 가진 소립자들이 격렬한 충돌을 일으키고 있다. 지구에서는 아주 특별한 사건이지만, 우주 탄생 직후에는 일상다반사였다. 다시 기계이야기로 돌아가자.

대체 어디에 쓰려고 그런 엄청난 에너지를……

현재 세계에서 가장 강력한 입자가속기는 페르미 연구소에 있는 테바트론이다. 최대 출력은 약 2테라전자볼트, 러더퍼드의 알파입자보다 40만 배쯤 강력하다. 앞으로 건설될 SSC의 출력은 무려 40테라전자볼트에 달한다.●

40테라전자볼트라고 하면 꽤 많은 양처럼 들린다. 입자 두 개를 충돌시키는 데 이 에너지가 몽땅 투입된다면 많은 양이 맞다. 아니, 많은 정도가 아니라 어마어마한 양이다. 그러나 거시적 스케일에서 보면 사정이 크게 달라진다. 성냥 하나를 켜는 데 관여하는 원자의 수는 대략 10^{21}개 쯤 된다. 이 경우에 원자 하나당 약 10전자볼트의 에너지를 방출하므로, 성냥불 하나의 총 에너지는 약 10^{22}전자볼트, 또는 100억 테라전자볼트

● 이 책이 출간되고 20여년이 지난 지금, SSC 건설계획은 완전히 무산되었고 세계 최강 가속기 타이틀은 CERN의 대형하드론충돌기(LHC)에게 넘어갔다.

이다. SSC가 완공되면 1초당 1억 회의 충돌이 일어날 예정이고 충돌 한 건당 40테라전자볼트이므로, 총 에너지는 40억 테라전자볼트이다. 어라? 성냥개비 한 개가 발휘하는 에너지보다 작다! 어디 계산이 잘못되었나? 아니다, 우리의 계산은 정확하다. 이런 가속기로 뭘 할 수 있을지 의심스 럽겠지만, 중요한 것은 이 에너지가 수십 억×10억×10억 개의 원자에 골고루 할당되지 않고 단 몇 개의 입자에 집중된다는 점이다.

입자가속기를 좀 더 큰 스케일에서 조명해보자. 저 멀리 발전소에서 생산된 전기(정확하게는 전력)가 송전선을 타고 페르미 연구소로 배달되면 변압기가 전기에너지를 전자석과 무선주파수 캐비티(cavity, 공동)로 전송 하여 가속기가 가동된다. 결국 입자가속기는 지극히 낮은 효율로 생산된 화학에너지를 겨우 10억 개 남짓한 양성자에 집중시키는 거대한 장치인 셈이다. 기름을 구성하는 모든 원자의 에너지가 40테라전자볼트에 도달 할 때까지 들입다 가열하면 온도는 4×10^{17}K(40만×1조K)까지 올라간다. 이런 온도에서 원자는 원래 상태를 유지하지 못하고 쿼크단위까지 분해 된다. 빅뱅 후 100만×10억 분의 1초가 지났을 때 우주는 이와 비슷한 상태였다.

그래서, 이런 엄청난 에너지로 뭘 하겠다는 걸까? 앞에서도 말했지만 작은 세계로 들어갈수록 관람료는 비싸진다. 각 구조물을 분쇄하는 데 필요한 에너지는 다음에 나오는 표와 같다. 보다시피 대상이 작을수록 분해하기 어렵다. 원자를 연구할 때는 1전자볼트로 충분하지만 쿼크를 구경하려면 1기가전자볼트(10억eV)가 필요하다.

가속기는 생물학자가 작은 조직을 연구할 때 사용하는 현미경과 비슷 하다. 광학현미경으로 적혈구를 보려면 혈액 샘플에 빛을 쪼여야 한다. 미생물 사냥꾼들이 즐겨 사용하는 전자현미경은 광학현미경보다 성능이

에너지(대략적인 값)	구조물의 크기
0.1eV	분자 또는 큰 원자, 10^{-8}m
1.0eV	원자, 10^{-9}m
1,000eV	원자의 중심부, 10^{-11}m
1MeV	큰 원자핵, 10^{-14}m
100MeV	원자핵의 중심부, 10^{-15}m
1GeV	양성자 또는 중성자, 10^{-16}m
10GeV	쿼크 효과, 10^{-17}m
100GeV	조금 더 자세한 쿼크 효과, 10^{-18}m
10TeV	신의 입자? 10^{-20}m

훨씬 뛰어난데, 그 이유는 전자의 에너지가 빛에너지보다 훨씬 크기 때문이다. 생물학자는 전자의 짧은 파장 덕분에 적혈구 속의 분자까지 볼 수 있다. 관찰자가 볼 수 있는 피사체의 크기는 그곳으로 파견된 탐색자의 파장에 의해 결정된다. 양자 이론에 의하면 파장이 짧을수록 에너지가 크다. 그렇다면 둘 사이의 구체적인 관계는? 위에 제시된 표와 같다. 오른쪽에 명기한 구조물의 크기가 바로 파장에 해당한다.

1927년에 러더퍼드는 영국 왕립학회의 연례발표회장에서 "미래의 과학자들은 방사능붕괴에서 방출된 입자보다 훨씬 빠르게 입자를 가속시켜서 원자의 내부를 들여다볼 수 있게 될 것"이라고 했다. 수백만 볼트짜리 기계의 출현을 미리 내다본 것이다. 사실 이것은 미래의 이야기가 아니라, 그 무렵 물리학자들에게도 반드시 필요한 장비였다. 주어진 표적에 가능한 한 많은 입자를 발사해야 하는데, 천연 알파입자로는 턱없이 부족했기 때문이다. 당시에는 1제곱센티미터짜리 표적에 1초당 약 100

만 개의 알파입자를 쏘는 수준이었다. 이 정도면 꽤 많은 것 같지만 원자
핵의 면적이 원자의 1억 분의 1에 불과하다는 사실을 감안하면 그다지
많은 양이 아니다. 탐사입자가 원자핵에 도달하려면 적어도 1초당 10억
개를 발사하면서 에너지도 훨씬 커야 했다(당시에는 얼마나 커야 할지도 몰랐
다.). 물론 1920년대의 기술로는 꿈같은 이야기였으나, 물리학자들은 원
대한 꿈을 품고 한 걸음씩 천천히 앞으로 나아갔다. 100만 볼트짜리 입
자를 대량생산하는 기계……. 과연 만들 수 있을까? 가속기의 발달사
를 둘러보기 전에, 일단은 몇 가지 기본지식부터 갖출 필요가 있다.

간극

입자가속기의 원리는 아주 간단하다(소위 전문가라는 사람들이 이런 말을 할
때는 항상 조심해야 한다!). 우선 금속판 두 개를 30센티미터 간격으로 벌려
놓고('단자terminal'라고도 한다.) 다이하드 배터리의 양을 각 단자에 연결한
다. 이것으로 '간극(間隙, gap)'이 완성되었다. 이제 공기를 제거한 깡통 속
에 단자를 넣고 밀봉한다. 전하를 띤 입자(주로 전자나 양성자)가 간극 사이
를 자유롭게 오갈 수 있도록 세팅하는 것이 중요하다. 이 상태에서 배터
리의 전원을 켜면 음전하를 띤 전자는 +극 단자로 기꺼이 달려가 에너지
를 획득한다. 에너지의 양은 배터리 옆구리에 적혀 있다. 배터리 용량이
12볼트라면 전자 하나가 얻는 에너지는 12전자볼트이다. 오케이, 우리가
만든 간극이 전자를 가속시키는데 성공했다. +극 단자를 금속판 대신 금
속제 망사스크린(wire screen)으로 대치하면 12전자볼트짜리 전자들로 이
루어진 입자빔이 생성된다. 그러나 앞서 말한 대로 1전자볼트는 너무도

작은 양이다. 우리에게는 10억 볼트짜리 배터리가 필요한데, 이런 무지막지한 물건은 백화점에서도 취급하지 않는다. 화학적 장치로는 이 정도의 전압을 얻을 수 없다. 무언가 다른 대책이 필요하다. 그러나 가속기가 얼마나 크건 간에 기본원리는 똑같다. '간극을 건너뛴 하전입자는 에너지를 획득한다.'

입자가속기는 평범하고 얌전한 입자에게 에너지를 투입하는 장치이다. 그런데 입자는 어디서 구해야 할까? 전자는 쉽게 구할 수 있다. 전선에 열을 가하여 백열 상태로 만들면 전자가 튀어나온다. 양성자도 어렵지 않다. 양성자는 수소원자의 핵이므로(수소원자의 핵에는 중성자가 없다.) 수소기체를 돈 주고 사오면 된다. 다른 입자도 가속시킬 수 있지만, 일단은 안정한 입자여야 한다(입자의 수명이 길어야 한다는 뜻이다.). 입자가 가속될 때까지 어느 정도 시간이 걸리기 때문이다. 그리고 우리가 만든 간극은 전기력으로 작동하기 때문에, 입자는 반드시 전기전하를 띠고 있어야 한다. 이 조건을 모두 만족하는 입자는 양성자, 반양성자, 전자, 반전자(전자의 반입자) 등이다. 중양성자(deutron)●나 알파입자 같이 무거운 입자들도 가속시킬 수 있는데, 이들은 특별한 용도에 투입된다. 뉴욕 롱아일랜드에는 우라늄 원자핵을 수십 억 전자볼트까지 가속시키는 특별한 가속기가 건설되고 있다.

● 중수소의 원자핵. 양성자 한 개와 중성자 한 개로 이루어져 있다.

질량배가장치

입자가속기 안에서는 무슨 일이 일어나고 있을까? 가장 짧은 답으로는 '운 좋은 입자들이 속도를 얻는다.' 초기 가속기라면 이 정도 답으로 충분하다. 조금 진보된 답이라면 '입자의 에너지가 커진다.'일 것이다. 가속기의 성능이 개선되면서 입자의 속도는 궁극의 속도인 광속에 점점 더 가까워졌다. 1905년에 발표된 아인슈타인의 특수 상대성 이론에 의하면 이 세상 어떤 것도 빛보다 빠르게 이동할 수 없다. 이런 한계가 있기 때문에 '속도'는 별로 유용한 개념이 아니다. 간단한 예를 들어보자. 어떤 가속기가 입자를 광속의 99퍼센트까지 가속시켰는데, 10년 후에 훨씬 많은 돈을 들여 만든 가속기가 광속의 99.9퍼센트까지 가속시키는 데 성공했다. 차이는 무려 0.9퍼센트! 굉장한 진보다. 그런데 예산을 승인해준 국회의원에게 이 소식을 전하러 가야 한다. 왠지 별로 가고 싶지 않다 …….

데모크리토스의 칼날을 갈고 새로운 영역으로 우리를 인도하는 것은 속도가 아니라 에너지다. 광속의 99퍼센트로 달리는 양성자의 에너지는 약 7기가전자볼트이고(1955년, 버클리 베바트론), 광속의 99.95퍼센트로 달리는 양성자의 에너지는 약 30기가전자볼트(1960년 브룩헤이븐 AGS), 광속의 99.999퍼센트로 달리는 양성자는 약 200기가전자볼트의 에너지를 갖고 있다(1972년, 페르미 연구소). 그러므로 가속기의 성능을 속도로 가늠하는 것은 바보 같은 짓이다. 중요한 것은 에너지다. 또 한 가지 중요한 사실, 가속되는 입자는 $E = mc^2$에 따라 질량이 증가한다. 특수 상대성 이론에 의하면 정지상태에 있는 입자는 $E = m_0 c^2$의 에너지를 갖고 있다. 여기서 m_0는 입자의 정지질량이다. 그런데 속도가 빨라지면 에너지 E가 커지고, 따라서 질량이 증가한다. 즉, 속도가 빠를수록 입자를 가속시키기

가 점점 더 어려워진다는 뜻이다(그래도 에너지는 계속 증가한다.). 양성자의
정지질량은 편리하게도 거의 1기가전자볼트여서, 200기가전자볼트짜리
양성자의 질량은 병 속에 담긴 수소기체 속에서 편하게 쉬고 있는 양성
자보다 200배나 무겁다. 그러니까 입자가속기는 일종의 '질량배가장치
(ponderator)'인 셈이다.

모네의 대성당, 또는 양성자를 보는 13가지 방법

가속된 입자를 어디에 쓸 것인가? 간단한 답은 '표적에 충돌시킨다.' 그
런데 충돌과정에는 물질 및 에너지와 관련된 중요한 정보가 담겨 있기
때문에, 좀 더 자세히 알아둘 필요가 있다. 입자가속기의 다양한 부품과
입자가 가속되는 원리는 잊어버려도 된다(기억이 생생한데 굳이 잊으려고 노력
할 필요는 없다.). 가속기의 핵심은 뭐니 뭐니 해도 충돌이다.

　원자의 내부, 그리고 핵의 내부는 우리가 사는 곳과 완전히 다른 세상
이지만, 그 영역을 관찰하고 이해하는데 필요한 기술은 일상적인 분석법
과 크게 다르지 않다. 나무를 예로 들어보자. 제일 먼저 필요한 것은 빛
이다. 빛이 없으면 아무것도 볼 수 없다. 비싼 조명기구를 쓸 수도 있겠
지만 비용절감 차원에서 일단은 햇빛을 사용하자. 태양에서 날아온 광
자가 나뭇잎과 나무껍질, 그리고 줄기와 가지에 반사되고, 이 중 일부가
우리 눈에 도달한다. 다시 말해서, 표적(나무)에 충돌한 후 산란된 광자
가 감지장치(눈)에 도달한 것이다. 그 후 광자는 수정체를 통과하면서 망
막에 집중되고, 망막에 있는 시신경들이 색상, 명암, 강도 등을 감지하여
시각데이터 처리장치가 있는 대뇌의 후두엽으로 전송한다. 이곳에서 정

보분석이 끝나면 감정과 사고를 관장하는 대뇌부위가 작동하면서 명쾌한 결론을 내린다. "와, 나무다! 정말 아름답네……."

눈으로 들어오는 정보는 안경이나 선글라스를 통해 왜곡될 수도 있다. 왜곡된 정보를 복원하는 일은 두뇌의 몫이다. 이제 눈을 카메라로 대치해보자. 여행객이 나무를 사진으로 찍은 후, 집으로 돌아가 가족들에게 사진 슬라이드쇼를 보여주고 있다. 환등기를 통해 스크린에 나타난 나무의 영상은 눈으로 보는 것보다 훨씬 추상적이다. 카메라 대신 캠코더로 동영상을 찍으면 산란된 광자가 0과 1로 이루어진 디지털정보로 변환된다. 이것을 영상으로 복원하려면 디지털정보를 아날로그로 바꿔주는 TV가 필요하다.● 이 영상을 다른 행성에 파견된 과학자에게 보낸다면 디지털정보를 아날로그로 바꾸지 못할 수도 있지만, 나무의 모습은 거의 온전하게 전달될 것이다.

물론 가속기는 이렇게 간단하지 않다. 입자의 종류에 따라 정보를 얻는 방식도 다르다. 그러나 탐사입자가 원자핵과 충돌한 후 산란되는 과정은 여러 가지 면에서 나무의 경우와 비슷하다. 나무는 아침, 점심, 그리고 일몰시간에 각기 다른 모습을 보여준다. 프랑스의 루앙(Rouen)에 있는 성당을 각기 다른 시간대에 그린 모네(Monet)의 그림을 본 적이 있는가? 분명히 같은 성당인데, 태양의 위치에 따라 완전히 다른 분위기를 연출한다. 이 작품들을 감상하다보면 한 가지 의문이 떠오른다. "어떤 그림이 실제 모습인가?" 예술가의 눈에는 모든 것이 진실이다. 안개 속에서 아침햇살을 받은 모습과 정오의 햇빛에 드러나는 명암의 대조, 그리

● 역시 이 책이 오래전에 출간되었다는 것을 증명한다.

고 일몰시간의 풍부한 색감……. 이들 모두가 모두 성당의 참모습이다. 어차피 '표준조명'이라는 것은 존재하지 않으니, 특정 시간대의 모습이 다른 모습보다 진실에 더 가깝다고 우길 수 없지 않은가. 물리학자의 관점도 이와 비슷하다. 우리는 모든 정보를 똑같이 취급한다. 화가는 수시로 변하는 천연 태양 빛을 이용하고, 우리는 실험목적에 따라 전자나 뮤온, 뉴트리노 등 각기 다른 입자를 이용하는 것뿐이다.

사용법은 다음과 같다.

하나의 충돌 사건에서 우리가 알 수 있는 거라곤 들어간 입자(입사입자)와 튀어나온 입자(산란입자)뿐이다. 그 작은 영역에서 진행되는 과정을 직접 볼 수는 없다. 충돌영역은 그냥 하나의 '블랙박스'이며, 박스 안에서 어떤 일이 일어나고 있는지 관측은커녕, 상상하기도 어렵다. 그곳에서는 유령 같은 양자역학이 모든 것을 지배하고 있다. 물론 사전정보가 아예 없는 것은 아니다. 우리는 입자들 사이에 작용하는 힘과 충돌하는 입자의 물리적 특성을 설명하는 모형을 갖고 있다. 탐사입자가 표적과 충돌한 후 산란되면, 우리는 산란입자와 산란패턴을 모형에서 예견된 값과 비교하여 모형의 신뢰도를 판정한다.

페르미 연구소에서는 10세 안팎의 아이들을 위한 프로그램을 운영하고 있는데, 교육과정 중에 이런 것이 있다. 우선 빈 상자를 하나씩 나눠준다. 아이들은 상자를 이리저리 흔들어보고, 크기와 무게를 잰다. 그 다음, 상자를 회수하여 나무 조각이나 쇠구슬을 넣고 다시 아이들에게 나눠준다. 아이들은 그 안에 무엇이 들어 있는지 모르고, 뚜껑을 열 수도 없다. 이제 담당교사가 아이들에게 임무를 하달한다. "여러분, 상자의 무게를 재고, 흔들고, 기울이고 …… 어떻게 해도 좋으니, 안에 들어 있는 물체의 크기와 모양, 무게를 맞춰보세요. 그밖에 어떤 것도 좋으니 알아낼 수 있는 건 다 알아내 보세요!" 이것이 바로 산란실험의 원리이다. 담당교사의 말에 의하면 아이들은 기가 막히게 잘 맞춘다고 한다.

다시 어른들 이야기로 돌아와서 한 가지 질문을 던져보자. 양성자의 크기를 어떻게 알 수 있을까? 모네의 그림에서 실마리를 찾을 수 있을 것 같다. 양성자를 '빛'으로 사용하면 된다. 양성자는 점인가? 이것을 확인하기 위해, 물리학자는 매우 낮은 에너지에서 양성자를 다른 양성자와 충돌시킨다. 쿨롱의 법칙에 의하면 전기력은 무한히 먼 곳까지 도달하며, 두 하전입자 사이의 거리의 제곱에 반비례한다. 표적을 향해 느린 속도로 달려가는 양성자(A)와 표적양성자(B)는 모두 양전하를 띠고 있으므로, 둘 사이가 가까워지면 전기적 척력이 강해지면서 A의 속도가 느려지고, 결국에는 뒤로 밀려나게 된다. 즉, A와 B가 가까이 접근할 수 없는 것이다. 이런 종류의 '빛(사실은 A)'을 사용하면 양성자(B)는 전하를 띤 점처럼 보이는데, 도무지 믿을 수가 없다. 그래서 물리학자는 A의 에너지를 키워서 더 빠른 속도로 발사한다. 나중에 산란된 패턴을 분석해보니 두 양성자가 충분히 깊게 접촉하여 '강력'의 영향을 받았다는 증거가 발견된다. 강력은 양성자의 구성성분들을 결합시켜주는 힘으로, 전기력보다 1,000배쯤 강하다. 그런데 전기력과 달리 강력은 아주 가까운 거리에서만 작용한다. 10^{-13}센티미터 이내에서는 막강한 힘을 발휘하다가, 거리가 그 이상 멀어지면 갑자기 0으로 사라지는 것이다.

충돌에너지를 키울수록 강력에 대하여 더 많은 정보를 캐낼 수 있다. 에너지가 커지면 양성자(A)의 파장이 짧아지고,(드브로이와 슈뢰딩거를 상기하자!) 입사입자의 파장이 짧을수록 표적입자에 대하여 더 많은 정보를 알아낼 수 있다.

1950년대에 스탠퍼드대학교의 로버트 호프스타터(Robert Hofstadter)는 탐사입자로 양성자 대신 전자를 사용하여 '양성자 사진'을 찍는 데 성공했다. 그가 이끄는 실험팀은 800메가전자볼트짜리 전자빔을 세밀하게 조준하여 액체수소를 향해 발사했고, 양성자와 충돌한 전자들은 다양한 방향으로 산란되면서 특별한 산란패턴을 만들었다. 러더퍼드의 산란실험과 크게 다르지 않다. 양성자와 달리 전자는 강력의 영향을 받지 않고, 오직 양성자의 +전하에만 반응한다. 그 덕분에 스탠퍼드의 과학자들은 양성자의 전하분포를 알아낼 수 있었으며, 이로부터 양성자가 점이 아니라는 사실까지 알아냈다. 이들이 얻은 양성자의 크기는 2.8×10^{-13}센티미터였는데, 대부분의 전하는 중심부에 모여 있고 가장자리로 갈수록 희미해졌다. 그 후 전자 대신 뮤온을 사용하여 같은 실험을 반복했을 때에도 거의 동일한 결과가 얻어졌다(뮤온도 강력에 반응하지 않는다.). 호프스타터는 이 공로를 인정받아 1961년에 노벨상을 수상했다.

1968년에 스탠퍼드 선형가속기센터(SLAC)의 물리학자들은 8~15기가전자볼트의 전자를 양성자에 발사하여 완전히 다른 산란패턴을 얻었다. 입사입자의 에너지를 키웠더니 양성자가 전혀 다른 모습을 드러낸 것이다. 호프스타터가 사용했던 저에너지 전자빔으로는 양성자의 희미한 모습만 볼 수 있었다. 그가 포착한 양성자는 전하가 매끄럽게 분포되어 있는 조그만 공처럼 보였다. 그런데 SLAC의 전자가 좀더 깊숙이 들어가서 보니, 조그만 녀석들이 양성자 안에서 돌아다니고 있지 않은가! 역사상 최초로 쿼크의 존재가 드러나는 순간이었다. 기존의 데이터와 새로 얻은 데이터는 아침과 저녁에 그린 모네의 그림들처럼 일관성이 있었지만 저에너지 전자가 본 것은 전하의 평균적인 분포에 불과했고, 고에너지 전자는 양성자 안에서 세 개의 점입자들이 빠르게 돌아다니고 있다는 것을 분명하게 보여주었다. 호프스타터가 몰랐던 것을 SLAC 연구팀은 어떻게 알 수 있었을까? 고에너지 충돌 사건이 쿼크를 한 장소에 묶어놓았기 때문에 점입자의 힘을 느낄 수 있었던 것이다. 역시 입사입자의 파장이 관건이었다. 이 힘 때문에 전자는 에너지가 크게 변하면서 큰 각도로 산란되었다.(러더퍼드가 원자핵을 발견할 때도 이와 비슷한 현상이 일어났다.) 물리학자들은 이런 충돌을 "심층비탄성산란(deep inelastic scattering)"이라 부른다. 호프스타터의 실험에서는 저에너지 전자를 사용했기 때문에 쿼크의 움직임이 뭉개져서 양성자가 매끄럽고 균일한 양전하 덩어리로 보였던 것이다. 빠르게 진동하는 전구 세 개를 카메라로 찍는다고 상상해보자. 셔터를 1분 동안 열어놓으면 세 개의 전구는 한 덩어리로 찍힐 것이다. 대충 말하자면 SLAC의 실험팀은 노출시간을 아주 짧게 잡아서 흔들리는 전구를 '정지시킨 채' 사진을 찍은 셈이다.

쿼크의 존재를 예견한 고에너지 전자 산란실험은 물리학계에 지각변동을 일으켰다. 물론 이 소식을 가장 반긴 사람은 입자물리학자들이었다. 연구할 대상이 늘어났고 일거리도 많아졌으니까! 그러나 혹시 결과를 잘못 해석했거나 실험에 오류가 있다면 그보다 큰 낭패는 없을 것이다. 그래서 페르미 연구소와 유럽 입자물리학 연구소(European Center for Nuclear Research, CERN)에서는 SLAC보다 10배 강력한 150기가전자볼트짜리 뮤온과 뉴트리노를 이용하여 동일한 실험을 반복했다. 뮤온은 전자와 마찬가지로 양성자의 전자기적 구조를 탐사한다. 그러나 뉴트리노는 전자기력과 강력에 관여하지 않고, 오직 약력의 분포상태만 탐사할 수 있다(약력은 방사능붕괴를 일으키는 힘이다.). 페르미 연구소와 CERN은 치열한 경쟁 속에서 실험을 마쳤는데, 다행히도 똑같은 결과가 나왔다. 양성자는 역시 세 개의 쿼크로 이루어져 있었다. 그리고 덤으로 쿼크가 움직이는 방식도 알게 되었다. 양성자가 지금과 같은 특성을 갖게 된 것은 쿼크의 독특한 운동방식 때문이었다.

물리학자들은 전자와 뮤온, 그리고 뉴트리노를 이용한 세 가지 타입의 실험을 반복하다가 쿼크 이외에 글루온이라는 새로운 입자까지 발견했다. 글루온은 강력을 매개하는 입자로서, 이것 없이는 실험데이터를 설명할 수 없다. 또한 실험데이터를 분석하여 세 개의 쿼크가 양성자라는 감옥 안에서 휘도는 방식도 정량적으로나마 어느 정도 알게 되었다. 이런 연구(전문용어로 '구조함수structural function'라 한다.)를 근 20년 동안 계속한 끝에 양성자, 중성자, 전자, 뮤온, 뉴트리노, 광자, 파이온, 반양성자 등을 양성자에 쏘는 실험결과까지 일괄적으로 설명해주는 복잡한 모형이 완성되었다. 모네의 '루앙 대성당 연작 시리즈'보다 훨씬 다양하다. 모네보다는 월리스 스티븐스(Wallace Stevens)의 시 〈검은 새를 바라보는 열세 가지 방법〉이 더 적절한 비유일 것 같다.●

물리학자들은 충돌실험에서 '들어간 것'과 '나온 것'을 설명하는 와중에 매우 많은 사실을 알아냈다. 우리는 강력을 알았고, 이 힘으로부터 양성자(세 개의 쿼크)나 메손(meson, 쿼크와 반쿼크)과 같은 복잡한 구조물이 생성되는 비결도 알게 되었다. 충돌이 일어나는 블랙박스 내부를 들여다보지 않고서도 이토록 많은 사실을 알아냈으니, 굳이 그 안을 보려고 애쓸 필요도 없어졌다.

문득 '씨앗 속의 씨앗'이라는 화두가 떠오른다. 분자는 원자로 이루어져 있고 원자의 중심부에는 원자핵이 있다. 원자핵은 다시 양성자와 중

● 모네의 대성당 연작시리즈 중 1895년 전시회에 출품된 것만 20점이다. 저자가 잠시 착각한 것 같다.

성자로 이루어져 있고, 양성자와 중성자는 쿼크로 이루어져 있다. 그리고 쿼크는 …… 스톱! 쿼크는 더 이상 분해될 수 없다. 적어도 내가 알기로는 그렇다. 물론 확실한 건 아니다. 이 상황에서 궁극의 단위에 도달했다고 어느 누가 장담할 수 있겠는가? 하지만 물리학자를 대상으로 투표를 한다면 대부분이 쿼크가 궁극의 입자라는 데 표를 던질 것이다. 세부 구조가 계속 발견된다면 데모크리토스의 수명도 그만큼 길어지겠지만, 내가보기에 그의 역할은 쿼크로 마무리된 것 같다.

새로운 물질: 조리법

두 입자가 충돌할 때 일어날 수 있는 중요한 과정을 아직 다루지 않았다. 당구공이 충돌하면 원래 모습을 간직한 채 방향만 바뀌지만, 입자끼리 충돌하면 새로운 입자가 생성될 수도 있다. 사실 이런 일은 지금 여러분의 집에서도 수시로 일어나고 있다. 지금 당신의 방을 밝히고 있는 조명을 생각해보라. 그 빛의 근원은 전구 속 필라멘트, 또는 형광등 속의 기체에 전달된 전기에너지에 의해 요동치는 전자이다. 물론 전자가 직접 조명역할을 하는 게 아니라, 전자가 요동치면서 광자를 방출하기 때문에 빛이 생성된 것이다. 입자물리학자가 즐겨 쓰는 용어로 표현하면 다음과 같다. "충돌과정에 연루된 전자는 광자를 복사(輻射, radiate)한다." 조명등의 플러그를 벽에 달려 있는 소켓에 꽂으면 전자에 에너지가 공급되면서 이 과정이 시작된다.

지금까지 말한 내용을 일반화시켜보자. 무언가가 만들어질 때 에너지와 운동량, 그리고 전하는 보존되며, 그 밖의 양자법칙도 준수되어야 한다. 그리고 새로운 입자를 창출한 주체는 자신이 만들어낸 피조물과 어떻게든 연결되어 있어야 한다. 예를 들어 하나의 양성자가 다른 양성자와 충돌하면 파이온이라는 입자가 생성되는데, 이 과정을 기호로 표현하면 다음과 같다.

$$p^+ + p^+ \rightarrow p^+ + \pi^+ + n$$

즉, 양성자와 양성자가 충돌하면 또 다른 양성자와 양전하를 띤 파이온(π^+), 그리고 중성자(n)가 생성된다. 이 입자들은 강력이라는 힘을 통해 서로 연결되어 있으며, 위에 제시한 것은 가장 전형적인 창조과정에 속한다. 또는 이 과정을 '하나의 양성자가 다른 양성자의 영향을 받아 파이온과 중성자로 분해되었다.'고 해석할 수도 있다.

또 다른 창조과정으로는 물질과 반물질이 충돌할 때 발생하는 소멸(annihilation)을 들 수 있다. '소멸'이라는 용어는 사전적 의미 그대로 무언가가 완전히 사라지는 것을 의미한다. 전자가 자신의 반입자인 양전자와 충돌하면 둘 다 사라지고 에너지만 광자의 형태로 남는다. 그런데 보존법칙은 이런 과정을 별로 좋아하지 않기 때문에, 광자는 잠시 후에 한 쌍의 입자(전자와 양전자)를 다시 만들어낸다. 드물긴 하지만 광자가 뮤온과 반뮤온, 또는 양성자와 반양성자로 분해되는 경우도 있다. 소멸은 아인슈타인의 $E = mc^2$에 입각하여 '모든 질량이 에너지로 알뜰하게 바뀌는' 유일한 과정이다. 예를 들어 원자폭탄은 그 안에 들어 있는 질량(우라늄 또는 플루토늄)의 1퍼센트만 에너지로 전환된다. 그러나 물질과 반물질이 충돌하면 모든 질량이 사라지고 에너지만 남는다.

새로운 입자가 생성되기 위한 제1조건은 '충분한 에너지'이다. 얼마나 필요한지는 $E = mc^2$으로 확인할 수 있다. 예를 들어 전자와 반전자가 충돌해서 양성자(p)와 반양성자(p̄)가 생성될 수도 있다. 양성자의 정지질량은 약 1기가전자볼트이므로, 양성자-반양성자 쌍이 생성되려면 최소한 2기가전자볼트의 에너지가 필요하다. 여기서 에너지를 더 늘이면 양성자-반양성자 쌍이 더욱 빈번하게 생성되고, 운동에너지까지 추가로 갖기 때문에 관측하기도 쉽다.

반물질은 공상과학영화에서 강력한 대체에너지로 등장한다. 실제로 반물질 1킬로그램만 있으면 미국 전역에 하루 동안 충분한 에너지를 공급할 수 있다. 반물질이 물질과 만나면 $E = mc^2$을 통해 모든 질량이 에너지로 변환되기 때문이다. 효율면에서는 단연 챔피언이다. 석탄이나 석유를 태우면 질량의 10억 분의 1만이 에너지로 변환되며, 핵분열도 변환율이 0.1퍼센트에 불과하다. 그리고 아직 실현되지 않은 핵융합과정에서는 질량의 0.5퍼센트가 에너지로 변환된다. 왠지 비효율적인 세상에서 살고 있다는 느낌이 들지 않는가?

'무'에서 탄생한 입자들

모든 공간, 심지어 공기마저 없는 텅 빈 공간도 자연이 창조한 온갖 입자들로 북적거리고 있다. 비유적인 표현이 아니라 사실이 그렇다. 양자역학에 의하면 완벽한 무에서 입자가 생성될 수 있다. 단, 이 입자들은 아주 짧은 시간 동안 존재하다가 금방 사라진다. 도깨비시장이 따로 없다. 이 과정이 진공 중에서 진행되는 한, 겉으로는 아무런 사고도 일어나지 않는다. 어떻게 그럴 수 있을까? 충돌과정에서 어떤 일이 벌어지고 있는지, 유령 같은 양자역학에서 답을 찾아보자. 여기 진공 중에서 맵시쿼크와 반맵시쿼크(맵시쿼크의 반입자)가 쌍으로 나타났다가 사라진다. 바닥쿼크와 반바닥쿼크 쌍도 보인다. 잠깐, 저건 또 뭐지? 잘 모르겠다. 그냥 X라고 하자. 입자 X와 반X 쌍도 나타났다가 사라진다.

도무지 정신을 차릴 수가 없다. 예고도 없이 아무 데서나 닥치는 대로 출몰한다. 하지만 이 난장판 속에서도 규칙은 있다. 양자수(quantum number)를 모두 더한 값은 항상 0이 되어야 한다. 그리고 입자의 질량이 클수록 출몰 횟수가 적다. 이들은 진공으로부터 에너지를 빌려서 아주 잠깐동안 존재했다가, 하이젠베르크의 불확정성 원리로 정해진 대출기간 안에 빌린 에너지를 갚고 무로 사라진다. 자, 여기부터가 중요하다. 어떤 방식으로든 외부에서 에너지를 공급해주면, 진공에서 생성된 입자들이 곧바로 사라지지 않고 실제 입자로 둔갑하여 안개상자나 입자계수기에 검출된다. 어떻게 그럴 수 있을까? 입자가속기에서 방금 발사된 고에너지 전자가 빚을 대신 갚아주면 된다. 쿼크-반쿼크 쌍(또는 X와 반X 쌍)의 정지질량에 해당하는 에너지를 전자가 충당해주면, 진공은 채무자를 현실세계로 풀어주는 것이다. 이런 경우에 물리학자들은 "가속기 안에서 쿼크-반쿼크 쌍이 생성되었다."고 말한다. 무거운 입자를 생성시키려면 당연히 많은 에너지를 투입해야 한다. 7~8장으로 가면 이런 식으로 생성된 입자들을 무더기로 만나게 될 것이다. 또 한 가지, 진공이 가상입자들로 가득 차 있다는 것은 실험물리학자에게도 중요한 의미를 갖는다. 예를 들어 전자와 뮤온의 질량과 자기적 특성은 가상입자를 고려하여 수정되어야 하는데, 자세한 내용은 나중에 "g-2 실험(g minus 2 experiment)"을 다룰 때 언급하기로 한다.

에너지 경쟁

더 높은 에너지에 도달하려는 경쟁은 러더퍼드 시대부터 시작되었다. 그 후 1920년대에는 고전압 전력이 효율적으로 전송된다는 점에 착안하여 전력회사들이 이 경쟁에 합류했다. 고에너지 기술은 물리학뿐만 아니라 암을 치료하는 엑스선 개발에도 필수적이었다. 과거에는 종양을 제거할 때 라듐을 사용했는데, 비용이 워낙 비싼 데다 에너지도 충분하지 않았다. 그래서 전기회사와 의학연구소들이 고전압발전기 개발을 지원하기 시작했고, 이 무렵에 러더퍼드는 영국 메트로폴리탄-벡커 전력회사 (Metropolitan-Vecker Electrical Company)에 "1000만 볼트짜리 발전기를 연구실에 들어갈 수 있는 크기로 제작하고 …… 이 전압을 견딜 수 있는 진공관을 만들어달라."고 주문했다.

독일의 물리학자들은 알프스산맥에 내리치는 번개를 활용하기 위해 고군분투하고 있었다. 그들은 두 봉우리 사이에 절연 처리된 전선을 걸어놓고 1500만 볼트의 번개에너지를 유도하여 5미터 간격으로 떨어져 있는 두 금속구 사이에 거대한 스파크를 일으키는 데 성공했다. 직접 보지는 못했지만 엄청난 장관이었을 것이다. 그러나 실험 도중에 한 과학자가 기계를 만지다가 사고로 사망하면서 모든 계획이 백지화되었다.

독일의 실패사례에서 알 수 있듯이, 전력만 충분하다고 될 일이 아니었다. 안전을 위해 간극의 단자는 빔진공관(beam tube)이나 진공상자 안에 넣어서 외부와 완전히 차단시켜야 한다(전압이 워낙 높기 때문에 설계가 조금이라도 허술하면 절연체 사이에서도 아크방전이 일어날 수 있다.). 또한 진공관은 공기를 모두 빼낸 후에도 견딜 수 있도록 강한 재질로 만들어야 한다. 그러나 무엇보다 중요한 것은 진공의 품질이다. 진공관 안에서 잔여입자가 돌아다니면 빔의 진로를 방해하기 때문이다. 그리고 다량의 입자를 가속시키려면 걸어준 전압이 항상 일정한 값을 유지해야 한다. 과학자들은 1926~1933년 동안 다양한 기술적 문제를 조금씩 해결해나갔다.

에너지 경쟁은 유럽 전역으로 퍼져나갔고, 미국의 연구소와 과학자들도 경쟁에 합류했다. 독일 베를린의 전력공사에서 제작한 임펄스발생기(impulse generator)●는 240만 볼트에 도달했으나 입자를 만들지 못했고, 미국 뉴욕 주 스케넥터니에 있는 제네럴 일렉트릭사에서는 독일의 아이디어를 차용하여 에너지를 600만 볼트까지 끌어올렸다. 1928년에 워싱턴 D.C.에 있는 카네기 연구소의 물리학자 멀 튜브(Merlw Tuve)는 유도코일을 이용하여 수백만 볼트에 도달했지만 적절한 빔진공관이 없어서 제대로 활용하지 못했다. 그 후 캘리포니아 공과대학의 찰스 로리첸(Charles Lauritsen)은 75만 볼트에서 안정적으로 작동하는 진공관을 만들었고, 멀 튜브가 이 진공관을 입수하여 5만 볼트에서 초당 10^{13}개(10조 개)의 양성자를 생성해냈다. 이 정도면 원자핵을 탐사하는 데 부족함이 없다. 따지고 보면 원자핵 충돌을 처음으로 구현한 사람은 멀 튜브였다. 그러나 1933년에 개발된 두 가지 기술이 튜브의 업적을 무색하게 만들었다.

또 한 사람의 차점자는 예일대학교에서 MIT(메사추세츠 공과대학)로 자리를 옮긴 로베르트 반 데 그라프(Robert Van de Graff)였다. 그는 비단 끈을 통해 커다란 금속 구로 전하를 옮겨서 서서히 전압을 높였는데, 나중에는 수백만 볼트까지 도달하여 건물 벽에 엄청난 아크방전이 일어났다. 이것이 바로 요즘 중고등학교 실험실이나 과학전시관에서 흔히 볼 수 있

● 고전압이나 고전류를 단시간 동안 발생시키는 장치.

는 반 데 그라프 제네레이터(Van de Graff generator)이다. 그라프는 후속 연구를 통해 금속 구의 지름을 키우면 방전 속도가 느려지고, 금속 구를 건조한 질소기체 안에 넣으면 에너지가 증가한다는 사실도 알게 되었다. 결국 반 데 그라프 제네레이터는 1000만 볼트 이하에서 사용하기 적절한 것으로 판명되었지만, 아이디어가 완성되기까지는 몇 년을 더 기다려야 했다.

경쟁은 1920년대를 거쳐 1930년대 초까지 계속되었고, 캐번디시 연구소의 존 코크로프트(John Cockcroft)와 어니스트 월턴(Ernest Walton)이 간발의 차이로 최후의 승리를 거머쥐었다. 그리고 이들은(이 대목에서 한숨이 절로 나온다!) 한 이론물리학자로부터 결정적인 도움을 받았다. 코크로프트와 월턴은 여러 번 실패를 거듭한 후 원자핵을 탐사하는 데 필요한 100만 볼트를 목표로 삼고 또 한 번의 시도를 하던 중 뜻밖의 횡재를 하게 된다. 러시아의 이론물리학자 조지 가모프(George Gamow)가 코펜하겐에서 닐스 보어를 만난 후 집으로 돌아가던 길에 잠시 케임브리지를 방문한 것이다. 그곳에서 가모프는 코크로프트와 월턴을 만나 사정을 전해 듣고 결정적인 조언을 해주었다. "굳이 100만 볼트에 도달하려고 애쓸 필요 없습니다. 양자 이론에 의하면 양성자는 파동적 성질을 갖고 있기 때문에, 원자핵의 전기적 반발력을 극복하지 못해도 뚫고 들어갈 수 있거든요." 그렇다. 바로 5장에서 말한 터널효과였다. 코크로프트와 월턴은 가모프의 조언을 받아들여 목표치를 50만 볼트로 수정한 후 변압기와 전압증폭회로를 이용하여 방전관 안에서 양성자를 가속시키는 데 성공했다(이 방전관은 톰슨이 음극선을 발생시킬 때 사용했던 바로 그 방전관이었다.).

코크로프트와 월튼의 기계에서 발사된 양성자는(1초당 약 1조 개) 진공관 속에서 가속된 후 표적(납, 리튬, 베릴륨 등)을 강타했다. 때는 1930년, 가속된 입자로 핵반응을 일으키는데 드디어 성공한 것이다. 리튬원자는 40만 전자볼트짜리 양성자에 의해 분해되었는데, 이것은 기존의 예상보다 수백만 전자볼트나 낮은 값이었다. 아직은 원시적인 형태였지만, 원자를 자르는 '칼'이 드디어 과학자들의 수중에 들어온 것이다.

사이클로트론의 탄생

이제 무대는 캘리포니아주 버클리로 옮겨간다. 예일대학교에서 연구활동을 시작한 사우스다코타주 토박이 어니스트 올랜도 로렌스(Ernest Orlando Lawrence)가 1928년에 버클리로 자리를 옮겼다. 입자를 효율적으로 가속시키는 사이클로트론(cyclotron)을 발명하여 1939년에 노벨상을 받은 사람이다. 지난 몇 년 동안 덩치만 크고 고장 잘 나는 고전압발생기에 염증을 느낀 그는 고전압 없이 고에너지를 얻는 방법을 찾던 중 노르웨이의 공학자 롤프 비더뢰(Rolf Wideröe)가 쓴 논문을 읽게 되었다. 비더뢰는 "일렬로 서 있는 두 개의 간극 사이로 입자를 통과시키면 볼트 수를 높이지 않고서도 에너지를 두 배로 키울 수 있다."고 했다. 입자가 두 개의 간극을 연달아 지나가면서 에너지를 두 번 획득한다는 원리이다. 이 아이디어는 현재 운용되고 있는 '선형가속기(linear accelerator)'의 모태가 되었다.

그러나 로렌스는 비뢰더의 논문을 읽고 더 좋은 아이디어를 떠올렸다. "하나의 간극을 여러 번 반복해서 지나가면 더 많은 에너지를 얻을 수 있지 않을까?" 전하를 띤 입자가 자기장 안으로 진입하면 자연스럽게 원운동을 하게 되는데, 이 원궤도의 반지름은 자기장의 세기 및 입자의 운동량에 의해 결정된다. 운동량은 입자의 질량에 속도를 곱한 값이다(자기장이 강할수록 반지름은 작아지고, 운동량이 클수록 반지름은 커진다.). 그러므로 강력한 자석 근처에 입자를 던져놓으면 처음에는 작은 원궤도를 돌다가, 에너지를 얻으면 운동량이 증가하면서 반지름이 커질 것이다.

커다란 자석 N극과 S극 사이에 샌드위치처럼 끼워 넣은 모자상자를 상상해보자.● 모자상자의 재질은 자성이 없는 황동이나 스테인리스강이며, 내부는 진공상태이다. 상자 안에는 구리로 만든 속이 빈 D자형 구조물(이하 'D'라 하자.) 두 개가 상자를 거의 꽉 채우고 있다. 또한 D의 곡선단면은 닫혀 있고 직선단면은 열려 있으며, 두 직선단면은 좁은 간격을 두고 ꓷD형태로 서로 마주보고 있다. 그리고 하나의 D는 양전하, 다른 ꓷ는 음전하로 대전되어 있어서 둘 사이에 전위차가 존재하는데, 이 값을 1,000볼트라 하자. 또한 원의 중심에는 양성자 발생기가 설치되어 있어서(원리는 따지지 말자. 그렇지 않아도 바쁘다!), +D에서 -ꓷ로 향하는 쪽으로 양성자를 발사하고 있다. 한번 발사된 양성자는 1,000전자볼트의 에너지를 획득한 후 반지름이 커진다. 운동량이 증가했기 때문이다. 양성자는 ꓷ의 내부를 반 바퀴 돈 후 다시 ꓷD 사이의 간격에 도달하는데, 바로 이때 똑똑한 변환장치가 작동하여 ꓷ와 D의 전하부호를 바꾼다. 그러면 양성자는 건너편의 -D로 건너뛰면서 또 다시 가속되어 2,000전자볼트가 된다. 그 다음에는 D의 내부를 반 바퀴 돈 후에……. 이런 식으로 계속 반복된다. 양성자가 ꓷD 사이의 간격을 지나갈 때마다 에너지는 1,000 전자볼트씩 증가하고, 이와 함께 운동량이 증가하면서 반지름이 점점 커

● 뒤에 나오는 그림을 먼저 봐주기 바란다. 자석은 하나가 아니라 두 개이며, 모자상자는 납작한 원기둥처럼 생겼다.

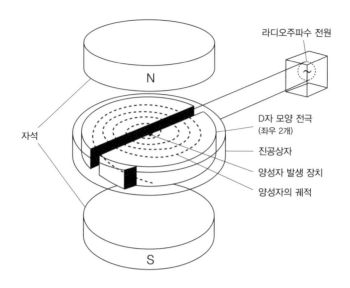

라디오주파수 전원

N

자석

D자 모양 전극
(좌우 2개)

진공상자

양성자 발생 장치

양성자의 궤적

S

지다가 결국 D의 가장자리에 나 있는 돌출부를 통해 외부로 탈출한다. 중심에서 생성된 양성자가 나선을 그리며 점점 빨라지다가 궤적이 가장 커졌을 때 외부의 표적을 향해 초고속으로 발사되는 것이다. 이 양성자가 표적에 충돌하면 다양한 변화가 일어나면서 입자물리학자의 연구가 시작된다.

사이클로트론의 핵심은 D를 막 빠져나온 양성자 앞에 항상 -D가 놓여 있어야 한다는 것이다. 즉, D의 극성이 입자의 반주기와 정확하게 맞춰서 계속 바뀌어야 한다. 가만, 방금 전에 양성자의 반지름이 점점 커진다고 하지 않았던가? 그런데 무슨 수로 매번 타이밍을 맞춰서 D의 극성을 바꾼다는 말인가? 적절한 질문이다. 언뜻 생각하면 거의 불가능할 것 같다. 하지만 가능하다! 장치를 교묘하게 설계할 필요도 없다. 정말 다행히도 양성자의 반지름이 커질수록 속도가 딱 맞게 빨라져서, 반 바퀴 도는 데 걸리는 시간은 항상 똑같다(물리학자들은 이것을 '공명가속resonant acceleration'이라는 거창한 이름으로 부르고 있다.). 그러므로 반지름이 얼마가 되었건 항상 일정한 주기로 D의 극성을 바꿔주면 양성자는 반 바퀴 돌 때마다 정확한 타이밍으로 가속된다. 사실 이것은 예전부터 라디오방송에서 사용해온 기술이어서, 이름도 '라디오주파수 발생기(radio-frequency generator)'라 한다.

로렌스는 1929~1930년에 걸쳐 사이클로트론의 이론적 기초를 확립한 후, 양성자가 D를 한번 건너뛸 때마다 1만 전자볼트씩 올라가는 100회전짜리 사이클로트론을 설계했다. 그의 생각대로라면 양성자는 최종적으로 1메가전자볼트에 도달하게 된다.(10,000eV×100회전 = 1MeV) 이 정도면 원자핵을 탐사하는데 부족함이 없다. 첫 번째 시제품은 로렌스의 제자인 스탠리 리빙스턴(Stanley Livingston)이 만들었는데, 출력이 80킬로전자볼트(8만eV)에 불과하여 기대에 부응하지 못했다. 그 후 로렌스는 원자핵을 분해시킬 정도로 강력한 사이클로트론을 만들기로 결심하고 정부와 과학재단을 열심히 설득하여 거액의 연구비를 확보했다.(무려 1,000달러였다!) 그리고 1932년, 드디어 완성된 사이클로트론은 직경 25센티미터짜리 자석으로 양성자를 1.2메가전자볼트까지 가속시키는데 성공했다. 케임브리지의 코크로프트와 월턴보다 늦어서 '최초'라는 타이틀은 달지 못했지만, 그래도 로렌스는 뿌듯한 마음으로 성공을 자축했다.

거대과학과 캘리포니아식 해결법

로렌스는 열정과 능력을 겸비한 물리학자로 "거대과학의 아버지"라 불릴 만한 사람이었다. 거대과학이란 다수의 과학자들과 크고 복잡한 시설,

그리고 막대한 예산으로 진행되는 집합적 연구시설을 의미한다. 지난 한 세기 동안 거대과학은 새로운 연구방식을 발전시켜왔다. 과학자들이 무리를 지어 연구하는 '팀 리서치(team research)'가 바로 그것이다. 또한 거대과학은 사회적 문제를 낳기도 했다(이 내용은 나중에 자세히 다룰 예정이다.). 로렌스처럼 큰 연구집단을 거느리는 사람은 16세기에 섬 하나를 관측기지로 사용했던 티코 브라헤 이후로 처음이었다. 그러나 누가 뭐라 해도 로렌스는 실험물리학 분야에서 미국을 세계적 수준으로 끌어올린 일등 공신이다. 그는 캘리포니아식 해결법, 첨단기술에 대한 열망, 복잡하고 많은 비용이 소모되는 대규모 프로젝트를 토착화시키는 데 결정적인 역할을 했다. 그것은 젊은 캘리포니아와 젊은 미국에게 더 없이 매력적인 도전과제였다.

1934년에 로렌스는 직경 94센티미터짜리 사이클로트론으로 5메가전자볼트의 중양성자빔을 만들어냈다. 양성자 한 개와 중성자 한 개로 이루어진 중양성자는 원자핵반응을 유도하는 입사입자로 사용했을 때 양성자보다 훨씬 효율적이다(중양성자는 1931년에 처음 발견되었다.). 그 후 1936년에는 8메가전자볼트짜리 중양성자빔이 생성되었고, 1939년에는 직경 150센티미터짜리 사이클로트론을 통해 20메가전자볼트까지 도달했다. 1940년에 착공하여 종전 후 완공된 괴물 사이클로트론은 자석 무게만 1만 톤에 달했다! 그 후 전 세계에 사이클로트론 건설 붐이 일어나 핵물리학이 전성기를 맞이했고, 의학계에서는 사이클로트론을 암 치료용으로 사용했다. 입자빔을 암 종양에 발사하면 에너지가 축적되어 결국은 종양을 파괴시킨다. 현재 미국에서는 1,000개가 넘는 사이클로트론이 의료용으로 사용되고 있다. 그러나 입자물리학자들은 사이클로트론을 버리고 새로운 장치를 선택했다.

싱크로트론: 무한회전

더 많은 에너지를 얻으려는 노력은 삽시간에 전 세계로 퍼져나갔고, 새로운 에너지영역에 도달할 때마다 새로운 발견이 이어졌다. 그러나 아는 것이 많아질수록 의문도 많아졌고, 의문을 풀려면 더욱 강력한 가속기가 필요했다. 자연의 풍부함은 원자핵 속에 고스란히 숨겨져 있는 것 같았다.

사이클로트론은 설계단계부터 본질적인 한계를 안고 있었다. 입자가 나선을 그리며 돌기 때문에 시간이 흐를수록 궤도가 커지는데, 사이클로트론의 직경보다 커질 수는 없으므로 회전 횟수에 한계가 있는 것이다. 따라서 더 많은 에너지를 얻으려면 사이클로트론의 덩치를 키우는 수밖에 없다. 게다가 입자의 궤도 전체에 자기장이 깔려 있어야 하기 때문에 덩치를 키우면 자석도 큰놈을 써야 하고, 이는 곧 천문학적 비용으로 이어졌다. 무슨 대책이 없을까……. 이때 등장한 구세주가 바로 싱크로트론(synchrotron)이었다! 입자가 나선을 그리지 않고 고정된 원궤도를 돌 수만 있다면, 비싼 자석을 통으로 깔 필요 없이 궤도 주변에만 설치하면 된다. 입자의 에너지가 커지면 거기에 맞게 자기장의 세기를 키워서 계속 같은 궤도에 붙잡아놓을 수 있다. 정말 기발한 아이디어다! 직경이 몇 미터나 되는 원판형 자석이 센티미터 단위로 줄어들었으니 강철재료도 엄청나게 절약된다.

1990년대로 옮겨가기 전에 짚고 넘어갈 것이 두 가지 있다. 사이클로트론에 주입된 하전입자(양성자나 중양성자)는 자석 사이에 긴 진공상자(납작한 원통 모양) 안에서 나선궤적을 그리며 가속된다. 그런데 입자가 진공상자의 내벽에 부딪히면 모든 것이 수포로 돌아가기 때문에, 이런 사고가 발생하지 않도록 입자의 궤적을 한정된 영역 안에 집중시켜야 한다.

광학렌즈가 빛을 한 점에 모으는 것처럼, 자기력을 이용하면 하전입자를 가느다란 빔 안에 가둘 수 있다.

사이클로트론의 경우에는 양성자의 궤도가 자석의 가장자리에 가까워질수록 자기장의 세기를 키워서 궤도를 조정한다. 자기력을 조절하면 양성자의 궤도가 퍼져나가는 것을 방지할 수 있다. 이 미묘하고도 중요한 사실을 제일 먼저 깨달은 사람은 로렌스의 제자이자 훗날 페르미 연구소의 입자가속기 건설에 핵심적 역할을 했던 로버트 윌슨이었다. 초기의 싱크로트론은 이런 효과가 발생하도록 자석의 모양을 수정하여 사용했으나, 나중에는 특별히 제작된 4극자자석(quadrupole magnet)으로 입자를 집중시키고 쌍극자자석(dipole magnet)으로 입자의 경로를 유도했다.

1983년에 완공된 페르미 연구소의 1조 전자볼트(1TeV)짜리 테바트론이 그 대표적 사례이다. 이곳에서 입자는 강력한 초전도자석을 통해 고정된 원궤도를 유지하고 있다. 휘어진 레일을 따라 기차가 커브를 도는 것과 같은 이치다. 자석의 N극과 S극 사이에는 스테인리스강(비자성체)으로 만든 폭 7.5센티미터, 높이 5센티미터의 타원형 파이프가 설치되어 있는데, 이곳을 통해 입자빔이 지나가기 때문에 내부는 진공처리 되어 있다. 쌍극자자석 하나의 길이는 6.4미터, 사극자자석은 1.5미터이며, 파이프 전체를 커버하려면 1,000개가 넘는 자석이 필요하다. 빔파이프와 자석은 반경 1킬로미터의 원을 따라 정교하게 설치되어 있다. 반지름이 10센티미터였던 로렌스의 가속기와 비교하면 장족의 발전이다. 이제 싱크로트론의 장점을 독자들도 알았을 것이다. 물론 자석이 아주 많이 필요하지만 진공파이프가 지나가는 길목에만 설치하면 된다. 만일 테바트론이 사이클로트론이었다면, 직경 2.6킬로미터에 둘레 6.4킬로미터짜리 거대한 원판자석을 통으로 깔아야 했을 것이다.

이곳에서 입자는 6.4킬로미터 트랙을 1초당 5만 바퀴씩 돌고 있다. 10초에 320만 킬로미터를 달리는 셈이다. 입자의 에너지는 매번 간극(사실은 정교하게 만들어진 동공洞空이다.)을 통과할 때마다 라디오주파수 전원을 통해 약 1메가전자볼트씩 상승한다. 궤도를 따라 설치된 자석은 한 바퀴당 3밀리미터 이내의 오차로 입자의 궤적을 유지시키고 있다. 물론 완벽하진 않지만 지구에서 달 표면에 앉아 있는 파리의 오른쪽 눈을 향해 총을 쐈는데 왼쪽 눈을 맞힌 셈이니, 이 정도면 충분하다. 양성자가 가속되는 동안 동일한 궤도를 유지하려면 자석의 세기도 양성자의 에너지 증가분에 맞춰 점점 강해져야 한다.

두 번째로 중요한 요소는 상대성 이론과 관련되어 있다. 양성자의 에너지가 20메가전자볼트를 넘으면 질량이 심각하게 증가하여 '사이클로트론 공명(cyclotron resonance)'이 더 이상 적용되지 않는다. 앞서 말한 대로 사이클로트론에서 움직이는 입자는 나선궤도를 그리는데, 회전이 거듭될수록 반지름이 커지고 그에 맞춰 속도도 빨라지기 때문에 가속전압기의 진동수를 조정할 필요가 없다(이 사실은 로렌스가 처음으로 알아냈다.). 그런데 입자의 질량이 증가하면 이 균형이 깨지면서 일정한 진동수로는 가속 타이밍을 맞출 수 없게 된다.● 이 오차를 만회하려면 가속전압의 진동수를 주파수 변조(FM)방식으로 낮춰서 무거워진 양성자와 보조를 맞춰야 한다. 싱크로트론과 FM 사이클로트론은 상대론적 효과를 고려한 최초

● 입자의 주기는 질량에 비례하고 자기장의 세기에 반비례한다. 즉, $T \propto m/B$이다. 상대성 이론을 고려하지 않는다면 질량 m과 자기장 B가 일정하므로 주기 T는 일정하게 유지된다. 그러나 상대성 이론에 의하면 입자의 속도가 빠를수록 m이 크게 증가하는데, 이런 상황에서 B를 그대로 두면 T가 길어져서 공명이 일어나지 않는 것이다.

의 가속기였다.

양성자 싱크로트론은 이 문제를 훨씬 우아하게 해결했다. 내용은 좀 복잡하지만, "입자의 속도는 (광속의 99.… 몇 퍼센트가 되었건) 기본적으로 일정하다."는 사실에 기초한 방법이다. 예를 들어 가속전압이 0일 때 입자가 간극을 통과하면 전혀 가속되지 않는다. 즉, 가속도가 0이다. 이때 자기장의 세기를 조금 키우면 입자의 궤도가 작아지면서 다음 턴에는 간극에 조금 일찍 도달할 것이다. 그러므로 질량이 증가하면 궤도반지름도 커져서, 에너지만 증가한 채 처음 상태로 되돌아온다. 즉, 싱크로트론 스스로 문제를 해결하는 셈이다. 입자의 에너지(질량)가 너무 커지면 반지름도 커져서 간극에 늦게 도달하고, 이것으로 오차가 수정된다. 자기장의 세기를 키우는 것은 입자의 질량에너지를 증가시키는 효과를 낳는다. 이 방법을 쓰려면 '위상안정성(phase stability)'이 확보되어야 하는데, 자세한 내용은 이 장의 끝 부분에서 다룰 예정이다.

아이크와 파이온

초기에 만들어진 입자가속기는 정감 어린 면이 있었다. 컬럼비아대학교에서 허드슨 강변의 어빙턴(Irvington)에 설치한 400메가전자볼트짜리 싱크로사이클로트론은 맨해튼에서 출퇴근 가능한 거리에 있기 때문에 특히 가깝게 느껴진다. 이 부지는 식민지시대에 미국 독립전쟁을 이끌었던 알렉산더 해밀턴(Alexander Hamilton)이 마을을 건설하고 스코틀랜드의 벤 네비스 산(mountain Ben Nevis) 이름을 따서 명명했는데, 훗날 듀퐁가의 소유로 넘어갔다가 컬럼비아대학교가 사들였다. 1947~1949년에 걸쳐 건설된 네비스 사이클로트론은 완공 후 거의 20년 동안(1950~1972년) 세계에서 가장 생산적인 입자가속기로 명성을 날리면서 150명이 넘는 박사를 배출했다. 이 중 절반은 고에너지 물리학계에 남아 버클리, 칼텍, 프린스턴 등 명문대학의 교수가 되었고 나머지 절반은 소규모 학교와 정부출연연구기관, 과학행정, 산업체 연구소, 투자은행 등 다양한 분야로 진출했다.

1950년 6월, 당시 컬럼비아대학교 총장이었던 드와이트 아이젠하워 (아이크Ike라고도 부른다.)가 가속기 개통을 축하하는 자리에서 기념연설을 했다. 그때 나는 컬럼비아대학의 대학원생이었는데, 가속기가 설치된 부지는 깔끔한 잔디와 커다란 나무들, 우거진 숲, 그리고 빨간 벽돌로 지은 아담한 건물들이 어우러져 마치 한 폭의 그림처럼 아름다웠다. 아무튼 아이젠하워가 연설을 끝내고 가속기의 메인 스위치를 올리는 순간, 삑삑거리는 소리가 스피커를 타고 정원에 울려 퍼졌다. 그날 소리의 진원을 아는 사람은 단 몇 명뿐이었는데, 그중 한 사람이 바로 나였다. 기계가 오작동을 일으켜 방사능이 유출되는 바람에 가이거계수기가 작동한 것이다. 내가 바로 그 옆에 있었기 때문에 잘 안다. 다행히도 아이젠하워를 포함한 귀빈들은 아무런 사고 없이 축하연을 마쳤다.

그런데 왜 하필이면 400메가전자볼트였을까? 1950년에 입자물리학의 가장 큰 이슈는 단연 파이온이었다(당시에는 "파이중간자"로 불리기도 했다.). 1936년에 일본의 물리학자 유가와 히데키(湯川秀樹)가 처음으로 그 존재를 예견했던 파이온은 강한 핵력의 신비를 풀어줄 강력한 후보였다. 요즘 물리학자들은 글루온을 통해 강한 핵력을 설명하고 있지만, 당시에는 파이온이 양성자와 중성자 사이를 오락가락하면서 핵을 단단하게 묶어준다고 생각했다. 입자가속기에서 파이온을 만들어내려면 입사입자의 에너지가 $m_{파이온}c^2$보다 커야 한다. 즉, 입사입자의 에너지가 파이온의 정지질량보다 커야 진공 중에서 생성된 파이온이 목숨을 길게 유지할 수 있다. 파이온의 정지질량에 광속의 제곱을 곱하면 약 140메가전자볼트가 되는데, 이 값이 곧 파이온의 정지질량 에너지에 해당한다. 그런데 입사입자가 갖고 있는 에너지의 일부만이 새 입자를 생성하는 데 쓰이기 때문에 실제로는 이보다 훨씬 커야 하고, 그래서 나온 값이 400메가전자볼트였다. 그러니까 네비스 사이클로트론은 파이온 생산공장이었던 셈이다.

베포의 여인들

1940년, 영국 브리스톨대학교의 과학자들은 사진유제*로 코팅한 유리판을 알파입자가 통과할 때 경로상에 있는 분자들이 활성화된다는 사실을 깨달았다. 이 필름을 현상하여 현미경으로 들여다보면 브롬화은(Silver bromid)** 분말가루가 남긴 흔적이 또렷하게 드러난다. 브리스톨 연구팀은 걸쭉한 유제(乳劑)를 기구에 싣고 우주선의 밀도가 지상보다 훨씬 큰 대기권 꼭대기로 올려보냈다. 이곳에서 쏟아지는 우주선입자의 에너지는 러더퍼드의 5메가전자볼트짜리 알파입자와 비교가 안 될 정도로 막대하다. 다시 말해서, 인간이 만든 나약한 가속기 대신 무지막지한 천

● 감광성 물질을 액체상태로 분산시킨 유제.
●● 은과 브로민의 화합물로 분말형태로 존재한다.

연가속기를 향해 표적 샘플을 날려보낸 것이다. 그 후 1947년에 브라질의 세자르 라테스(Cesare Lattes)와 이탈리아의 쥐세페 오치알리니(Guiseppe Occiallini), 그리고 브리스톨대학의 포웰(C.F. Powell)이 최초로 파이온을 발견했다.

방금 언급한 3인방 중 제일 눈에 띄는 사람은 오치알리니다. 가까운 친구들은 그를 "베포"라고 불렀다. 아마추어 동굴탐험가이자 타고난 익살꾼이었던 베포는 연구팀의 실질적인 수장이었으며, 젊은 여인들을 모아놓고 현미경으로 원자핵건판(유제)를 들여다보는 훈련을 시킬 때에도 모든 과정을 본인이 직접 지휘할 정도로 열정 넘치는 사람이었다. 나의 지도교수이자 베포와 가까운 친구였던 질베르토 베르나르디니(Gilberto Bernardini) 교수는 언젠가 영국 출장길에 베포를 만나러 브리스톨대학교를 방문한 적이 있다. 사전에 전화로 연구실 위치를 대충 전해 듣긴 했지만 베포의 영어발음이 워낙 엉망이라 절반도 알아듣지 못했고, 결국 베르나르디니 교수는 도중에 길을 잃고 말았다. 학교 안을 한참 헤매다가 깔끔한 영어가 들려오길래 그쪽으로 가봤더니 한 실험실에서 영국여인들이 단체로 모여 현미경을 들여다보고 있었다. 반가운 마음에 무작정 문을 열고 들어갔는데, 한쪽 구석에서 누군가 걸쭉한 이탈리아어로 욕설을 퍼붓고 있지 않은가. 그 순간 베르나르디니가 소리쳤다. "드디어 찾았써! 여키가 베포의 시럼실이었구만!"

원자핵건판에 나 있는 희미한 자국은 파이온의 흔적이었다. 우주선에 섞여 있던 파이온이 빠른 속도로 유제에 침투하여 점차 느려지다가(브롬화은 분말가루의 밀도가 높을수록 파이온의 속도는 느려진다.) 결국 멈춰서면서 긴 궤적을 남긴 것이다. 파이온은 매우 불안정한 입자여서 생성된지 수억분의 1초만에 뮤온(muon, 궤적의 끝에서 발견되는 입자)과 뉴트리노로 붕괴되는데, 뉴트리노는 투과력이 아주 강해서 건판에 아무런 흔적도 남기지 않는다. 물리학자들은 이 반응을 $\pi \rightarrow \mu + \nu$로 표기한다. 즉, 파이온은 뮤온과 뉴트리노를 낳는다. 그러나 원자핵건판에는 시간정보가 담겨 있지 않기 때문에, 어떤 입자가 어떻게 붕괴되었는지를 알아내기란 보통 어려운 일이 아니었다. 게다가 파이온의 흔적이 발견되는 경우는 1년에 단 몇 번뿐이어서, 파이온을 제대로 연구하려면 고에너지 입자가속기가 반드시 필요했다.

그 후 캘리포니아대학교 버클리캠퍼스에서는 로렌스가 제작한 직경 4.7미터짜리 사이클로트론으로 파이온을 만들어냈고, 얼마 후 로체스터와 리버풀, 피츠버그, 시카고, 토쿄, 파리, 두브나(Dubna, 모스크바 근처의 도시)에서는 싱크로사이클로트론을 이용하여 파이온-양성자-중성자 사이에서 교환되는 강한 상호작용과 파이온의 방사능붕괴와 관련된 약한 상호작용을 연구하기 시작했다. 그 외에 코넬, 칼텍, 버클리, 그리고 일리노이대학교에서는 전자를 이용하여 파이온을 생성했으나, 가장 성공적인 장비는 양성자 싱크로사이클로트론이었다.

밖으로 나온 입자빔: 도박의 달인

1950년, 컬럼비아대학교의 싱크로트론은 작동 첫날부터 말썽을 부렸지만 나에게는 박사학위를 받고 직장을 얻을 수 있는 유일한 수단이었다. 당시 입자물리학의 최고 현안이 파이온이었음은 앞에서 이미 언급한 바 있다. 네비스 사이클로트론에서 생성된 400메가전자볼트짜리 양성자를 탄소나 구리 등 임의의 표적에 발사하면 파이온이 생성된다. 버클리대학교는 브리스톨에서 원자핵건판을 능숙하게 다뤘던 세자르 라테스를 고용했다. 그는 유제덩어리를 빔 진공탱크에 넣고 그 근처에 표적을 설치한 후, 그곳을 향해 400메가전자볼트짜리 양성자빔을 발사했다. 그 후에 진행되는 일은 엄청난 끈기를 요구한다. 유제를 회수하여 현상하는 데 일주일이 걸리고, 사진을 현미경으로 분석하는 데에는 꼬박 한 달이 걸린다. 버클리 연구팀은 거의 50일 동안 밤을 새워가며 중노동을 했으나, 파이온과 관련된 충돌은 수십 건밖에 건지지 못했다. 너무 비효율적이다. 문제는 입자감지장치(원자핵건판)를 강한 자기장이 걸려 있는 가속기 내부에 설치해야 한다는 것이었다. 감지장치 중에서 실제로 입자를 감지하는 부분은 유제덩어리뿐이다. 사실은 베르나르디노 네비스 사이클로트론을 이용하여 버클리팀과 비슷한 실험을 수행할 계획이었다. 그의 제자였던 나는 박사학위 논문 프로젝트의 일환으로 입자감지용 안개상자를 만들었는데, 유제덩어리보다는 성능이 좋았지만 가속기 안에 있는 자석의 틈새와 규격이 맞지 않았고, 강력한 방사능에 견딜 수 있을지도 의문이었다. 사이클로트론의 자석과 실험구역 사이에는 3미터 두께의 콘크리트장벽이 설치되어 있어서 유출된 방사능을 막아주었다.

어느 날, MIT의 브루노 로시(Bruno Rossi)가 이끄는 우주선연구팀 중 한 사람이 포스트닥 신분으로 컬럼비아에 도착했다. 그의 이름은 존 틴로트(John Tinlot), 정말 희한한 물리학자였다. 10대 후반에 바이올린 독주회를 할 정도로 음악에 뛰어난 재능을 보였지만 심사숙고 끝에 바이올린을 던져버리고 물리학을 택했다고 한다. 그는 나와 함께 일했던 박사들 중 유일하게 나보다 나이가 어렸는 데도 배울 것이 매우 많은 사람이었다. 물리학뿐만이 아니다. 존은 타고난 경마광에다 블랙잭, 룰렛, 포커 등 온갖 종류의 도박을 아주 좋아했다. 우리는 실험실에서 모든 세팅을 끝내고 데이터가 나올 때까지 기다리는 동안 항상 포커판을 벌였고, 여행길에서는 기차건 비행기건 타자마자 무조건 카드부터 꺼내들었다. 누가 많이 땄냐고? 나는 그의 상대가 못 되었다. 물리학을 배우느라 수업료를 톡톡히 치른 셈이다. 다행히 내가 잃은 돈은 학생들과 기술자들, 그리고 연구실 경비원들과 별도의 포커판을 벌여서 간신히 회복할 수 있었다. 그들을 어떻게 끌어들였냐고? 내가 한 일이 아니다. 존이 알아서 사람들을 모아주었다.

어느 날, 존과 나는 아직 완공되지 않은 가속기 위에 걸터앉아 맥주를 마시며 이런저런 잡담을 나누고 있었는데 갑자기 그가 이상한 질문을 던졌다. "파이온이 표적을 떠나 허공을 날아가는 동안 무슨 일이 일어나는 걸까요?" 이럴 때는 대답을 잘 해야 한다. 그에게는 경마뿐만 아니라 물리학도 도박의 대상이었기 때문이다. 나는 잠시 생각을 정리한 후 신중하게 대답했다. "글쎄, 표적이 가속기 안에 있다면 강력한 자석이 파이온을 사방팔방으로 흩어놓겠지."(표적은 당연히 가속기 안에 있어야 했다. 그때만 해도 우리는 가속된 양성자를 사이클로트론 밖으로 빼낼 수 없다고 생각했다.)

존: 일부는 기계 밖으로 빠져나와서 차단벽을 때리지 않을까요?

레더먼: 그래, 하지만 모든 벽에 다 부딪히겠지.

존: 그런데 왜 발견되지 않는 걸까요?

레더먼: 그걸 어떻게 발견해?

존: 자기장으로 추적하면 되잖아요.

레더먼: 아, 그러면 되겠네.(때는 금요일 저녁 8시였다.)

존: 자기장 측정데이터 갖고 있죠?

레더먼: 나 이제 집에 가야해.

존: 갈색 두루마리 포장지를 펼쳐서 파이온의 궤적을 실측으로 그리 면…….

레더먼: 월요일에 보자구.

존: 잠깐만요, 형이 계산자로 계산해주면(1950년이었다.), 내가 경로를 그려볼게요.

나는 존에게 붙잡혀 토요일 새벽 4시까지 토론을 나눴고, 그날 우리는 향후 사이클로트론의 사용법을 완전히 바꾸게 될 중요한 사실을 발견했다. 존과 나는 가속기 내부의 표적에서 밖으로 튀어나온 입자의 에너지를 40, 60, 80, 100메가전자볼트로 가정하고 가능한 방향을 추적해보았는데, 놀랍게도 입자는 '모든 방향으로' 가지 않았다. 사이클로트론 자석의 테두리와 그 근처에 형성된 자기장의 특성 때문에, 입자가 가느다란 빔의 형태로 곡선을 그리며 기계 주변을 돌아가고 있었던 것이다. 이 현상은 지금 '장 테두리 집속효과(fringe field focusing)'로 알려져 있다. 우리는 커다란 종이를 돌려서(즉, 특정 표적을 골라서) 60메가전자볼트라는 제법 큰 에너지로 진행하는 파이온빔을 새로 제작한 안개상자 속에서 발견했다. 문제는 기계와 안개상자 사이를 가로막고 있는 콘크리트 벽이었다.

우리가 그런 발견을 하리라고는 아무도 예상하지 못했다. 월요일 아침, 우리는 새로 발견한 사실을 보고하고 몇 가지 사항을 건의하기 위해 소장실 앞에서 진을 치고 기다렸다. 우리의 요구사항은 세 가지였는데 (1) 사이클로트론 내부에 있는 표적의 위치를 바꾸고 (2) 2.5센티미터 두께의 스테인리스강이 파이온의 진로를 방해하고 있으니, 사이클로트론의 빔진공상자와 외부공간 사이에 얇은 창을 설치하고 (3) 3미터 두께의 콘크리트 벽에 가로 25센티미터, 세로 10센티미터짜리 구멍을 뚫어달라는 것이었다. 아직 졸업도 하지 않은 대학원생과 갓 들어온 포스트닥의 요구 치고는 참으로 거창했다.

당시 연구소의 소장이었던 유진 부스(Eugene Booth) 교수는 학창시절에 로즈장학금을 받은 수재이자 웬만해서는 감탄사를 뱉지 않는 조지아 주 출신의 점잖은 신사였으나, 그날만은 완전히 예외였다. 우리는 상황을 설명하고, 우기고, 감언이설로 꼬드기는 등 온갖 방법을 동원하여 그를 설득했다. "소장님, 저희를 믿어보세요. 이 실험만 성공하면 소장님은 세계적인 명성을 얻게 된다니까요! 〈파이온, 역사상 최초로 가속기를 탈출하다〉, 이 얼마나 멋진 사건입니까!"

부스 소장은 끝까지 안 된다면서 우리를 쫓아냈으나, 그날 낮에 다시 우리를 불러들였다(그 몇 시간 동안 우리 두 사람은 흥분제를 먹을까, 아니면 아예 비소를 마셔버릴까 고민하고 있었다.). 그 사이에 베르나르디니 교수가 다녀갔는데, 부스 소장이 그에게 우리가 제안한 아이디어를 설명했다고 한다. 아마도 베르나르디니 교수는 조지아 주 억양을 거의 알아듣지 못했을 것이다. 언젠가 그는 나에게 "부스인지 부드인지, 그런 미쿡 이름을 누가 제대로 발음할 수 있게써?"라며 투덜거렸다. 그러나 베르나르디니 교수는 라틴계 특유의 과장법 화술로 우리를 강력하게 지지했고, 결국 우리는 요구사항을 관철시키는 데 성공했다.

그로부터 한달 후, 모든 것이 우리의 예상대로 돌아갔다. 불과 며칠만에 나의 안개상자는 전 세계 연구소의 발견사례를 다 합한 것보다 많은 파이온을 검출해냈다. 우리는 1분에 한 번씩 사진촬영을 했는데, 각 사진에는 6~10개의 파이온 흔적이 선명하게 나타나 있었다. 그리고 사진 서너장 중 하나 꼴로 파이온이 뮤온과 '다른 무언가'로 분해되었음을 보여주는 비틀린 궤적이 찍혀 있었다. 나의 학위 논문 주제가 결정되는 순간이었다. 우리는 실험을 시작한 지 6개월만에 네 개의 빔을 만들었고, 네비스 사이클로트론은 파이온 관련 데이터를 생산하기 위해 연일 풀 가동되었다. 그 와중에도 존과 나는 시간이 날 때마다 사라토가의 경마장에 가서 운을 시험하곤 했다. 한번은 그가 여덟 번째 경주에 이겨서 28배의 배당금을 받은 적이 있는데, 그는 저녁식사비와 귀가길 자동차 기름값을 내주면서 어린아이처럼 기뻐했다. 정말 쾌활하면서 사랑스러운 친구였다.

존 틴로트는 사이클로트론에 종사하는 학자들 중 장 테두리 집속효과를 처음으로 알아낸 사람이다. 훗날 그는 로체스터대학교의 교수로 부임하여 뛰어난 연구 업적을 계속 이뤄나갔으나, 안타깝게도 43세의 젊은 나이에 암으로 세상을 떠났다.

사회과학으로의 전환: 거대과학의 탄생

제2차 세계대전은 과학자들의 연구방식에 전대미문의 변화를 가져온 분수령이었다(인정하긴 싫지만, 과학발전을 이끌어온 일등공신은 언제나 전쟁이었다.). 또한 아토모스를 추적해온 원자물리학도 전쟁이 끝난 후 새로운 국면으로 접어들었다. 전쟁은 과학기술에 새로운 도약을 이끌었고, 대부분의 변화는 미국을 중심으로 이루어졌다. 미국은 유럽과 달리 본토에서 전쟁을 겪지 않았기 때문이다. 레이더와 전자공학, 그리고 원자폭탄은 든든한 재정지원 하에 과학과 공학이 손을 잡았을 때 얼마나 대단한 결과물이 나올 수 있는지를 보여주는 대표적 사례였다.

전쟁기간동안 미국의 과학정책을 이끌었던 배너바 부시(Vannevar Bush)

가 프랭클린 루스벨트(Franklin D. Roosevelt) 대통령에게 과학과 정부의 새로운 관계를 정립하는 장문의 보고서를 제출한 후로 미국정부는 과학을 육성하는 데 전력을 다해왔고, 기초과학과 응용과학 지원예산은 해가 거듭될수록 기하급수적으로 불어났다. 1930년대 초반에 로렌스는 1,000달러의 예산을 지원 받고 기뻐했지만, 1990년에 미국정부는 과학 분야에 무려 120억 달러의 예산을 할당했다. 그간의 물가인상을 고려해도 상대가 안 되는 액수다. 또한 제2차 세계대전은 유럽의 과학자들이 미국으로 대거 진출하는 계기가 되었다(사실은 진출이 아니라 피난이었다.).

1950년대 초에는 약 20개 대학이 최첨단 핵물리학을 연구할 수 있는 입자가속기를 독자적으로 운영하고 있었다. 그 후 원자핵에 대한 이해가 깊어지면서 첨단물리학은 핵의 내부를 파고들기 시작했고, 이를 위해서는 더욱 강력한 가속기가 필요했다. 그러나 대학이나 연구소가 그 막대한 비용을 자체 조달할 수는 없었으므로, 이때부터 각 연구단체들이 모여서 몸집을 불리기 시작했다. 바야흐로 거대과학의 시대가 도래한 것이다. 이 무렵에 아홉 개 대학이 연합하여 롱아일랜드의 브룩헤이븐에 가속기를 건설했는데, 1952년에 3기가전자볼트였던 것이 1960년에는 그 열 배인 30기가전자볼트로 업그레이드되었다. 프린스턴대학교와 펜실바니아대학교도 상호협조체계를 갖추고 프린스턴 근처에 양성자가속기를 건설했고, MIT와 하버드는 전자를 6기가전자볼트까지 가속시키는 케임브리지 전자가속기(Cambridge Electron Accelerator)를 건설했다.

연구단체의 규모가 커지면서 첨단가속기의 수는 점차 줄어들었다. 원자핵 내부로 깊이 들어가려면 더 많은 에너지가 필요했고, 새 가속기가 등장하면 기존의 가속기는 단계적으로 폐기되었다. 1950년대에는 2~4명이 한 팀을 이루어 1년에 두세 건의 실험을 수행했지만, 해가 거듭될수록 연구팀의 규모는 점점 커져갔고 실험기간도 대책 없이 길어졌다. 가속기를 가동하는 시간보다 데이터를 분석하는 데 시간이 오래 걸렸기 때문이다. 이 시간을 단축하려면 효율적인 입자감지기가 반드시 필요했다. 1990년대에 페르미 연구소의 충돌기 감지시설(Collider Detector Facility)은 미국 내 12개 대학과 두 개의 국립연구소, 그리고 일본과 이탈리아에서 파견된 360명의 과학자와 학생들로 북적거리면서 거의 1년 내내 풀가동되고 있다. 이들이 쉴 수 있는 시간은 크리스마스나 독립기념일, 또는 기계가 고장났을 때뿐이다.

탁자 위에서 진행되는 소규모 실험에서 대규모 입자가속기에 도달할 때까지, 과학의 진보를 진두지휘하고 감독해온 주체는 미국 정부였다. 제2차 세계대전 때 진행된 핵폭탄 프로그램은 종전후 원자력위원회(AEC)로 재구성되어 핵무기 개발과 생산, 저장 등 핵과 관련된 모든 제반사항을 관리했고, 정부를 대신하여 핵물리학과 입자물리학의 기초연구를 지원했다.

데모크리토스의 아토모스는 미국 의회까지 진출하여 원자력 에너지를 감독하는 상하 양원 합동위원회를 출범시켰다. 이 위원회에서 발간한 청문회일지와 각종 출판물은 과학역사가들 사이에서 '정보의 포트녹스(Fort Knox)●'로 통한다. 이 기록물에는 어니스트 로렌스와 로버트 윌슨, 이시도어 라비, 로버트 오펜하이머, 한스 베테(Hans Bethe), 엔리코 페르미, 머리 겔만 등 당대 최고 과학자들의 증언이 고스란히 담겨 있다. 당시 미국 의회는 이들을 청문회에 불러서 "궁극의 입자를 찾기 위한 연구는 어떻

● 미국 켄터키 주의 군사기지로 미국정부의 금괴 저장소로 알려져 있다.

게 진행되고 있는가? 당신들은 왜 자꾸 더 큰 가속기를 원하는가?"라며 추궁했고, 과학의 앞날을 양어깨에 지고 있던 이들은 최고의 인내심을 발휘하며 최선을 다해 의원들을 설득했다. 이 장의 첫머리에 나오는 대화는 페르미 연구소의 초대 소장 로버트 윌슨과 상원의원 존 패스토어가 청문회에서 나눈 질의응답의 일부이다.

알파벳 놀이에 재미를 붙였는지 AEC는 ERDA(에너지 연구개발국, Energy Research and Development Agency)로 가지를 쳤고, 얼마 후에는 DOE(미국 에너지부, U.S. Department of Energy)로 개편되었다. 현재 원자분쇄기(입자가속기)가 가동 중인 미국의 국립연구소(스탠퍼드 선형가속기센터, 브룩헤이븐 연구소, 코넬대학교, 페르미 연구소, 초전도초충돌기)는 모두 DOE가 관리하고 있다.

일반적으로 입자가속기는 미국정부의 소유물이지만, SLAC처럼 하나의 대학교가 정부와 계약을 맺고 운영하거나 페르미 연구소처럼 여러 대학이 컨소시엄을 이루어 운영하고 있다. 연구소 소장은 계약자(대학)가 자체적으로 임명할 수 있으며, 한 번 소장으로 선출되면 연구소의 운명을 좌우하는 중요한 결정을 수도 없이 내려야 한다. 워낙 책임이 막중한 자리여서 한 번 검증된 사람이 계속 눌러 앉아 있는 경우도 많다. 예를 들어 페르미 연구소는 1979년부터 10년 동안 로버트 윌슨의 지휘하에 세계최초의 초전도가속기 테바트론을 건설했다. 또 우리는 양성자-양성자 충돌기와 2테라전자볼트에 가까운 정면충돌을 효율적으로 관측하는 거대한 감지기까지 만들어야 했다.

나는 페르미 연구소의 소장으로 취임했을 때 걱정거리가 많았다. 양자이론의 창시자들과 러더퍼드의 실험팀, 그리고 네비스 사이클로트론 위에 걸터앉아 온갖 문제를 해결했던 앞 세대 과학자들의 희열과 기쁨을 요즘 젊은 학생과 포스트닥이 과연 느낄 수 있을까? 그러나 시간이 지나면서 나의 걱정은 서서히 누그러졌다. 어느 날 입자검출기 CDF를 순시하고 있는데(데모크리토스가 없을 때!) 갑자기 젊은 학생들의 환호성이 들려왔다. 궁금한 마음에 그쪽으로 가보니 가속기 안에서 일어난 충돌 사건을 학생들이 컴퓨터로 재현하여 커다란 스크린에 전시하고 있었다. 이런 일이 반복되다보면 새로운 물리학의 지평이 열릴 수도 있다. 과거에도 항상 그래왔으니까.

대규모 연구프로젝트는 여러 개의 연구팀으로 운영되며, 하나의 팀은 교수 한두 명과 포스트닥, 대학원생 등 5~10명으로 이루어져 있다. 교수는 자신의 팀원들이 복잡한 데이터홍수 속에서 길을 잃지 않도록 책임감을 갖고 이끌어야 한다. 연구 초기에는 실험을 설계하고, 필요한 장비를 만들고, 테스트하는 일이 대부분이다. 그리고 실험이 끝나면 산더미 같은 데이터가 분석을 기다리고 있다. 일부 데이터가 분석이 늦어져서, 결국 한 팀 때문에 전체 연구일정이 뒤로 미뤄지는 경우도 허다하다. 젊은 과학자들은 지도교수의 조언 하에 위원회에서 결정한 연구과제 중 하나를 선택하는데, 해결해야 할 문제는 항상 산적해 있다. 양성자-양성자 충돌 사건에서 W^+와 W^-입자는 언제 생성되는가? 이 과정은 어떤 식으로 진행되는가? W입자의 에너지는 얼마이며, 어떤 각도로 산란되는가? 개중에는 연구의 완성도를 높이는 세부사항도 있고, 강력과 약력의 실체를 밝히는 결정적인 실마리도 있다. 어떤 과제가 누구에게 떨어질지는 예측하기 어렵다. 1990년대의 핫 토픽은 꼭대기쿼크를 발견하고 물리적 특성을 규명하는 것이다. 현재(1992년 중반) 페르미 연구소에서는 CDF의 네 연구팀이 각자 독립적으로 데이터를 분석하고 있다.

이곳의 젊은 물리학자들은 매일같이 복잡한 컴퓨터와 씨름하면서 힘든 나날을 보내고 있다. 가끔은 어설픈 장비 때문에 잘못된 결론을 내리기도 한다. 이들의 임무는 실험데이터로부터 올바른 결론을 유추하여 미시세계의 퍼즐조각을 하나라도 더 꿰어 맞추는 것이다. 힘은 들겠지만 외롭진 않다. 컴퓨터 소프트웨어와 이론분석 분야에서 최고의 전문가들이 그들을 돕고 있기 때문이다. 자, 충돌 사건에서 W입자와 비슷한 무언가가 튀어나왔다. 가만, 혹시 부속품 일부가 쪼개지면서 튀어나온 파편이 아닐까? 아니면 소프트웨어의 버그일까? 그것도 아니면 혹시 진짜인가? 진짜라면 동료연구원 해리(Harry)도 Z입자를 분석하면서 이와 비슷한 현상을 발견하지 않았을까? 또는 마저리(Marjorie)가 반동제트(recoil jet)를 분석하면서 무언가 발견하지 않았을까?

거대과학은 입자물리학자의 전유물이 아니다. 천문학자들은 우주의 비밀을 풀기 위해 초대형 천체망원경을 공유한다. 또 해양학자들은 음향탐지기와 잠수정, 특수카메라 등 고가의 장비를 공유하고 있으며, 인간 유전체 프로젝트(Human Genome Project)●는 생물학자들이 참여한 거대과학의 대표적 사례이다. 화학자들도 질량분석기와 고성능 다이레이저(dye laser), 대형컴퓨터를 공유하면서 연구규모를 키워나가고 있다. 과학이 진보하려면 세부 분야를 막론하고 비싼 장비를 공유하는 수밖에 없다.

지금까지 거대과학의 필요성을 강조해왔는데, 사실 젊은 과학자들은 테이블 위에서 소규모로 진행되는 전통적 실험에도 익숙해질 필요가 있다. 큰 프로젝트의 일원일 때는 혼자 결정할 수 있는 것이 거의 없지만, 이런 실험에서는 스위치를 켜고, 조명을 끄고, 정 피곤하면 집에 가서 잠을 청하는 등 대부분의 결정을 스스로 내려야 한다. 거대과학 못지않게

● 인간의 유전자 염기서열을 해석하는 대형프로젝트로 2003년에 완료되었다.

'작은 과학'도 수많은 발견과 혁신을 이루며 첨단과학을 이끌어왔다. 그러므로 우리는 재정지원이 거대과학에 치중되지 않도록 균형을 유지해야 하며, 두 가지 선택의 여지가 있다는 데 감사해야 한다.

다시 입자가속기로: 세 가지 혁신

지금부터 가속기의 출력을 거의 무한대까지 향상시킨(물론 재정지원은 무한대가 아니지만) 핵심기술 중 세 가지를 골라서 조명해보기로 한다.

첫 번째 혁신은 구소련의 천재 물리학자 벡슬러(V. I. Veksler)와 버클리의 물리학자 에드윈 맥밀런(Edwin McMillan)이 각자 독립적으로 발견한 '위상안정성(phase stability)'이다. 기본 아이디어를 제공한 사람은 앞에서도 언급된 적 있는 노르웨이의 공학자 롤프 비더뢰였다. 위상안정성의 개념을 좀 더 쉽게 이해하기 위해 간단한 비유를 들어보자. 여기 반구모양의 접시가 두 개 있다. 이 중 하나를 뒤집어놓고 그 위에 공을 얹는다. 그 다음, 두 번째 접시는 똑바로 놓고 그 안에 공을 집어넣는다. 이제 두 개의 공은 정지상태에 있다. 그런데 둘 다 안정한 상태일까? 아니다. 첫 번째 공은 금새 굴러 떨어지면서 상태가 급격하게 변한다. 간단히 말해서, '불안정하다.' 반면에 두 번째 공은 손으로 툭툭 건드려도 잠시 동안 오락가락하다가 다시 정지상태로 되돌아간다. 이것이 바로 '안정한 상태'이다.

가속기 내부의 입자 상태를 서술하는 수학도 이와 비슷하다. 약간의 교란(잔여기체분자나 함께 생성된 다른 입자와의 충돌 등)이 입자의 운동에 큰 변화를 초래한다면 그 입자는 불안정한 상태에 있는 것이고, 잠시 후에는 어디론가 사라져버린다. 반면에 외부 교란이 입자의 궤도를 조금 흔들었다가 다시 원래 궤도로 되돌아온다면, 그 입자는 안정한 상태이다.

가속기는 해석적 연구방법과 정교한 장비개발에 힘입어 비약적으로 발전해왔다. 이 장비들 중 대부분은 제2차 세계대전 때 개발된 레이더 기술에 기초한 것이다. 위상안정성은 다양한 기계에 전파주파수(radio frequency, rf)의 전기력을 적용함으로써 구현된다. 입자가속기가 위상안정성을 유지하려면 입자가 간극에 도달하는 시간을 약간 틀리게 조절하여 궤도가 변하도록 만들어야 한다. 그러면 다음 한 바퀴를 돌면서 오차가 자동으로 수정된다. 좀 더 정확하게 말하면 수정이 약간 지나쳐서 또 다시 오차가 발생하고, 이 과정이 반복되면서 입자의 궤도가 세밀한 폭으로 진동하게 되는데, 이것은 똑바로 놓인 접시 안에서 진동하는 공과 비슷하다. 즉, 입자의 궤도는 안정한 상태를 유지한다.

두 번째 혁신은 1952년, 브룩헤이븐 연구소에서 3기가전자볼트짜리 가속기 코스모트론(Cosmotron)을 완성할 무렵에 찾아왔다. 당시 가속기 연구팀은 제네바의 CERN에서 파견될 연구원들을 기다리고 있었는데, 이들을 맞이하기로 되어 있던 세 명의 물리학자들이 때마침 중요한 발견을 이루어냈다. 로렌스의 제자였던 스탠리 리빙스턴(Stanley Livingston)과 어니스트 쿠랑(Ernest Courant), 그리고 "가속기이론가"로 불리는 신종 전문가 하틀랜드 스나이더(Hartland Snyder)가 '강력집속(strong focusing)'의 원리를 알아낸 것이다. 자세한 내용으로 들어가기 전에, 강력집속이 요구되는 이유부터 알아보자. 앞서 말한 대로 입자는 가속기의 갭을 통과할 때마다 에너지를 얻는다. 그리고 이 갭은 라디오주파수를 발생시키는 전원에 연결되어 있다(그래서 갭을 '라디오주파수동공'이라고도 한다.). 이 과정을 계속 반복하기 위해 입자는 자기장 안에서 거의 원에 가까운 궤도를 돈다. 가속기 안에서 입자가 획득할 수 있는 에너지의 최대값은 자석이 제공할 수 있는 최대 궤도의 크기와 그 반지름에서 자석이 발휘할 수 있는 자기장의 최대값에 의해 좌우된다. 가속기의 출력을 키우려면 덩치를 크게 만들거나 더 강한 자석을 쓰면 된다. 물론 두 방법을 동시에 적용할 수도 있다.

이 변수가 결정된 상태에서 입자의 에너지가 너무 커지면 자석 바깥으로 이탈할 수도 있다. 1952년에 제작된 사이클로트론은 에너지가 1,000 메가전자볼트를 넘을 수 없도록 설계되었고, 싱크로트론은 반지름이 고정된 상태에서 자기장으로 입자의 궤적을 유도했다. 앞에서도 말했지만, 싱크로트론을 가동하면 처음에 자기장이 (처음 입사된 입자의 속도에 맞춰) 매우 약했다가 점차 증가하여 최대치에 도달한다. 이 장치는 거대한 도넛처럼 생겼는데, 초기에 제작된 싱크로트론의 도넛 반지름은 30~150센티미터 정도였고 최대 출력은 10기가전자볼트였다.

수학적으로 완벽한 자기장 안에서 안정하게 움직이는 이상적인 입자처럼, 가늘고 안정적인 입자빔을 어떻게 만들 수 있을까? 바로 이것이 브룩헤이븐 물리학자 3인방의 고민거리였다. 입자의 전체 주행거리는 엄청나게 길기 때문에, 약간의 교란이 개입되거나 자기장이 조금만 불안정해도 입자는 이상적인 경로에서 벗어나고, 조금 후면 빔 자체가 아예 사라져버린다. 입자를 안정적으로 가속시키기 위한 조건은 무엇일까? 수학적으로 접근하다보면 계산이 너무 복잡해진다. 이 문제를 풀던 한 연구원은 "랍비의 눈썹을 꼬는 것보다 어렵다."며 혀를 내둘렀다.

강력집속이란 자기장의 형태를 미세하게 변형시켜서 입자를 이상적인 궤도에 붙잡아놓는 기술을 말한다. 핵심 아이디어는 자석의 면을 곡선으로 다듬어서 입자의 궤도가 미세한 진폭으로 빠르게 진동하도록 만드는 것이다. 즉, 입자가 접시 안에서 움직이는 공처럼 오락가락하되, 평형점에서 크게 벗어나지 않고 안정한 상태를 유지해야 한다. 강력집속이 도입되기 전에는 안전을 확보하기 위해 도넛 모양 진공상자의 직경이 최소한 50~100센티미터는 되어야 했고, 자석도 거의 비슷한 크기였다. 그러나 브룩헤이븐팀의 혁신적 기술 덕분에 7.5~13센티미터까지 진공상자와 자석의 크기는 줄어들었고, 비용도 크게 절감되었다.

강력집속기술이 알려지자 반지름 60미터짜리 싱크로트론도 만만해 보이기 시작했다. 가속기의 성능을 좌우하는 요인 중에는 자기장도 있는데, 자세한 이야기는 나중에 할 예정이다. 아무튼 자석으로 철을 사용하는 한, 발휘할 수 있는 자기장은 2테슬라(2T)가 한계인데, 이런 점에서도 강력집속은 가히 혁명적인 발상이었다. 이 기술을 적용한 첫 번째 작품은 로버트 코넬대학교의 윌슨이 제작한 1기가전자볼트짜리 가속기였다. 브룩헤이븐의 연구팀은 원자력위원회에 강력집속을 응용한 양성자가속기를 만들 것을 끈질기게 건의했고(관료주의의 폐단이 여기서도 드러난다. 그러나 아무리 한탄해봐야 달라지는 것은 없다.) 마침내 브룩헤이븐에 30기가전자볼트짜리 가속기가 1960년부터 가동되기 시작했다. CERN에서는 약한 집속을 적용한 10기가전자볼트짜리 가속기 건설을 계획했다가 도중에 취소하고, 브룩헤이븐의 강력집속기술을 이용한 25기가전자볼트짜리 가속기를 건설하여 1959년부터 가동에 들어갔다(건설비용은 브룩헤이븐과 비슷했다.).

자석을 휘어서 강력집속을 구현하는 방식은 1960년대 말부터 기능분리방식으로 대체되었다. 즉, 완벽한 쌍극자자석으로 입자의 길을 유도하고 빔파이프를 따라 사극자자석을 대칭적으로 배열하여 강력집속을 구현하는 식이다.

물리학자들은 수학을 통해 자기장이 입자를 유도하고 집중시키는 원

가속기	에너지	위치	연도
베바트론	6GeV	버클리	1954
AGS	30GeV	브룩헤이븐	1960
ZGS	12.5GeV	아르곤(시카고)	1964
'200'	200GeV	페르미 연구소	1972(1974년에 400GeV로 업그레이드됨)
테바트론	900GeV	페르미 연구소	1983

리를 이해해왔다. 입자의 궤적을 제어하려면 N극과 S극이 여러 개 있는 자석(6중극자, 8중극자, 10중극자 등)의 특성을 정확하게 파악해야 하는데, 이 분야는 수학계산이 복잡하기로 유명하다. 그러나 1960년대부터는 전류, 전압, 압력, 온도 등을 컴퓨터가 제어하기 시작하면서 강력집속을 적용한 대형 가속기가 연이어 건설되었다.

에너지가 최초로 기가전자볼트(GeV) 단위에 진입한 가속기는 1952년에 완공된 브룩헤이븐의 코스모트론이다. 그 후 코넬대학교에서 1.2기가전자볼트짜리 가속기를 만들었고, 시간이 흐를수록 가속기의 출력은 기하급수적으로 증가했다. 1954년부터 건설된 가속기의 성능을 정리하면 대충 다음 표와 같다.

그 외에 새턴(Saturne, 프랑스, 3GeV), 님로드(Nimrod, 영국, 10GeV), 두브나(Dubna, 소련, 10GeV), KEK PS(일본, 13GeV), PS(CERN/제네바, 25GeV), 세르푸코프(Serpuhkov, 소련, 70GeV), SPS(CERN/제네바, 400GeV) 등이 있다.

가속기와 관련된 세 번째 기술혁신은 칼텍의 물리학자 매트 샌즈(Matt Sands)가 고안한 '다단계 폭포가속(cascade acceleration)'이다. 샌즈는 모든 변수를 철저히 분석한 끝에 "하나의 기계로는 충분히 큰 에너지를 얻을 수 없다."고 결론짓고, 0~1, 1~100메가전자볼트 등 특정 에너지구간에 특화된 단계별 입자가속기를 떠올렸다. 스포츠카의 기어를 올리면 속도가 빨라지는 것과 비슷한 이치다. 또 에너지가 증가할수록 빔은 더욱 가늘게 뭉치기 때문에, 자석에 들어가는 비용도 크게 절감된다. 다단계 가속기는 1960년대 이후로 거의 모든 가속기에 적용되었는데, 대표적 사례로는 테바트론(5단계)과 초전도초충돌기(6단계)를 들 수 있다.

클수록 좋다?

가속기와 관련하여 아직 언급되지 않은 것이 하나 있다. 과학자들은 왜 사이클로트론과 싱크로트론의 덩치를 키우려고 하는가? 덩치가 크면 어떤 점에서 유리한가? 일찍이 비더뢰와 로렌스는 입자를 고에너지로 가속시키기 위해 굳이 전압을 높일 필요가 없다는 것을 입증한 바 있다. 입자가 여러 개의 갭을 일렬로 통과하거나, 원궤도를 돌면서 하나의 갭을 여러 번 통과하면 된다. 즉, 원형가속기의 경우 입자의 최종에너지를 좌우하는 변수는 자석의 세기와 궤도반지름, 두 개뿐이다. 가속기 설계자들은 이 두 개의 변수를 조절하여 원하는 에너지를 얻는다. 그렇다면 문제의 핵심은 간단하다. 자석의 강도와 반지름에 한계가 있을까? 답은 '있다.' 반지름은 돈의 제한을 받고, 자석은 기술적인 한계가 있다. 자석을 더 강하게 만들 수 없다면 반지름을 키우고, 돈이 모자라면 강한 자석을 쓰면 된다. 물론 여기에는 가장 이상적인 조합이 존재할 것이다. 초전도 초충돌기의 목표치는 20테라전자볼트인데 자석의 한계는 이미 알려져 있으므로(그렇다고 확신한다.), 반지름은 간단한 계산을 통해 알 수 있다. 그 결과는 약 86킬로미터이다.

네 번째 혁신: 초전도체

1911년, 네덜란드의 물리학자가 놀라운 사실을 발견했다. 특정 금속을 극저온(절대온도 0K보다 조금 높은 온도)으로 냉각시켰더니 전기저항이 0으로 사라진 것이다.* 고리형 전선을 이 온도까지 냉각시키면 별도의 에너지를 공급하지 않아도 전류가 영원히 흐른다.

지금도 전력회사에서 생산된 전력이 구리선을 타고 각 가정에 공급되고 있다. 그런데 구리선을 만져보면 따뜻한 온기가 느껴진다. 왜 그럴까? 전류가 흐를 때 도선 내부에서 전하의 흐름을 방해하는 마찰이 작용하기 때문이다. 이 과정에서 낭비된 열에너지도 전력의 일부이기 때문에, 전기요금 청구서에 고스란히 합산된다. 모터나 발전기, 또는 입자가속기에 사용되는 전형적인 전자석에서 구리선은 전류를 운반하고, 이 전류는 주변에 자기장을 생성한다. 모터는 전류가 흐르는 도선 다발이 자기장에 의해 회전하면서 회전운동에너지를 발휘하는 장치이다. 그래서 작동중인 모터를 손으로 만지면 항상 뜨끈뜨끈하다. 입자가속기에서는 자기장이 입자의 경로를 유도하고 입자빔을 가늘게 집중시키는데, 장시간 작동하다보면 전자석을 감고 있는 구리선이 위험할 정도로 뜨거워지기 때문에 냉각수를 계속 흘려보내서 식혀주어야 한다. 1975년 한 해 동안 페르미 연구소 앞으로 청구된 전기요금은 약 1500만 달러(약 180억 원)였는데, 그중 90퍼센트가 '자석 유지비'였다.

가속기에 초전도 혁명이 불어닥친 것은 1960년대 초의 일이었다. 통상

---

* K는 절대온도의 단위로 0K = -273°C이며, 눈금 사이의 간격은 섭씨온도와 똑같다.

적인 금속이 초전도성을 띠려면 온도를 1~2K까지 냉각시켜야 하는데, 기술적인 문제는 물론이고 비용도 많이 들어서 별로 실용성이 없었다. 그러던 중 5~10K에서 초전도성을 띠는 특수 합금이 개발되어 응용분야가 크게 넓어졌다(대부분의 물질은 이 온도에서 꽁꽁 얼어붙지만, 헬륨은 액체상태를 유지한다.). 이때부터 가속기를 운용하는 대형연구소들은 구리선을 초전도체(니오븀-티타늄 합금 또는 니오븀-주석 합금)으로 바꾸었고, 액체헬륨을 주입하여 초전도체의 온도를 유지했다.

이와 더불어 입자검출기에 신종합금으로 만든 자석이 사용되었지만(예를 들어 거품상자를 합금으로 에워싸는 식이었다.), 입자의 에너지가 커질수록 자기장의 세기도 커져야 하는 가속기에는 사용되지 않았다. 전자석에 흐르는 전류가 변하면 마찰효과(맴돌이전류, eddy current)가 나타나서 초전도 상태가 붕괴되기 때문이다. 페르미 연구소는 1960~1970년대에 걸쳐 로버트 윌슨의 지휘하에 이 문제를 집중적으로 연구했고, 1973년에 가속기 '200'이 가동된 직후부터 초전도자석 연구개발에 착수했다. 사실 우리에게는 선택의 여지가 없었다. 그 무렵에 석유 파동이 일어나 전기요금이 크게 오른 데다, CERN과의 경쟁에서 뒤 처질 수도 없었기 때문이다.

1970년대에는 미국정부로부터 연구비를 타내기가 쉽지 않았다. 제2차 세계대전이 끝난 후 유럽의 여러 국가들이 경제와 과학기술을 재건하는 동안 연구의 주도권이 미국으로 넘어왔으나, 1970년대 후반부터 균형이 서서히 회복되기 시작했다. 이 시기에 유럽에서는 400기가전자볼트짜리 초대형양성자싱크로트론(Super Proton Synchrotron, SPS)이 건설되었는데, 정부지원금이 미국보다 많았고 감지기의 성능도 훨씬 우수하여 연구논문이 봇물 터지듯 쏟아져 나왔다.(SPS는 과학 분야에서 국제적 협력과 경쟁의 시초가 되었다. 1990년대에 유럽과 일본은 일부 분야에서 이미 미국을 앞질렀고, 다른 분야도 별로 차이가 나지 않는다.)

윌슨이 제안한 아이디어는 다음과 같다. "변하는 자기장 때문에 발생하는 문제를 해결할 수만 있다면, 초전도체로 만든 고리(ring)는 적은 전력으로 훨씬 강력한 자기장을 생성하여 주어진 반지름에서 더 큰 에너지를 얻을 수 있다." 윌슨은 당시 페르미 연구소에서 연구년을 보내고 있던 칼텍의 교수 앨빈 톨스트럽(Alvin Tollestrup)과 함께 전류와 자기장이 변할 때 국소적으로 열이 발생하는 과정을 집중적으로 연구했다(나중에 톨스트럽은 칼텍을 그만두고 페르미 연구소에 말뚝을 박았다.). 같은 시기에 영국의 러더퍼드 연구소에서도 비슷한 연구가 진행되고 있었기에, 페르미 연구소의 연구팀은 그들의 도움을 받아 수백 개의 모형을 만들 수 있었다. 이들은 야금학자 및 재료공학자들과 공동연구를 수행하여 1973~1977년 사이에 드디어 문제를 해결했다. 모형전자석에 흐르는 전류를 0암페어에서 10초만에 5,000암페어로 올려도 초전도상태가 유지되었던 것이다. 그 후 1978~1979년에 걸쳐 직경 6.4미터짜리 고성능 자석이 양산체제에 들어갔고, 1983년에는 페르미 연구소에서 '초전도 재연소장치' 테바트론이 가동되기 시작했다. 출력은 400~900기가전자볼트로 단연 최고였지만 전력소모량은 오히려 60메가와트에서 20메가와트로 줄어들었으며, 그 중 대부분은 액체헬륨을 생산하는 데 사용되었다.

윌슨이 연구개발에 착수했던 1973년에 미국의 연간 초전도체 생산량은 수백 킬로그램에 불과했다. 그러나 페르미 연구소에서만 5만 6700킬로그램의 초전도체를 소비하면서 생산자들을 크게 자극했고, 초전도 산업계 전체가 극적인 변화를 맞이하게 되었다. 지금 이 업계의 최대고객은 의료용 자기공명영상(MRI) 촬영기를 제조하는 회사들이다. 초전도업계의 전체 시장규모는 약 5억 달러로, 페르미 연구소도 약간의 기여를 하고 있다.

카우보이 소장

페르미 연구소를 가장 뚜렷하게 대표하는 인물은 단연 이곳의 초대 소장이자, 뛰어난 예술가이자, 못 말리는 카우보이이자, 탁월한 기계설계가이자, 카리스마의 상징이었던 로버트 윌슨이다. 그는 와이오밍주에서 태어나 어린 시절부터 말과 함께 자랐고, 버클리대학교에 장학생으로 입학하여 로렌스의 제자가 되었다.

윌슨이 페르미 연구소 입구에 세운 예술적 조형물에 대해서는 이 책의 서두에서 이미 언급한 바 있다. 그는 예술뿐만 아니라 기술적인 면에서도 매우 섬세하고 세련된 안목을 가진 사람이었다. 윌슨은 1967년에 페르미 연구소의 초대 소장으로 부임하여 7개의 입자빔을 생성하는 200기가전자볼트짜리 가속기 건설비용으로 2억 5천만 달러를 유치하는 데 성공했다(명세서에 그렇게 적혀 있다.). 공사는 1968년에 시작되어 5년이 걸릴 예정이었으나, 윌슨은 1년을 앞당겨 1972년에 완공했다. 게다가 이 가속기는 1974년까지 14개의 입자빔을 만들어내며 훌륭하게 작동했고, 비용도 예상보다 1000만 달러나 적게 들었다. 가속기뿐만 아니라 연구소 단지 안에 있는 모든 건물도 윌슨의 아이디어가 꽤 많이 적용되었다. 페르미 연구소는 아마도 미국정부의 시설물 중 가장 아름다운 곳 중 하나일 것이다. 윌슨이 지난 15년 동안 미국의 국방예산을 담당했다면 해마다 돈을 남겼을 것이고, 미국의 탱크는 뛰어난 성능을 자랑하면서 세계적인 예술품이 되었을 것이다.

윌슨이 교환교수로 파리에 머물던 1960년대 초의 어느 날, 그는 파리의 예술 학교 그랑드 쇼미에르(Grande Shaumière)에서 개설한 미술교실에 참가하여 곡선미 넘치는 누드화를 그리고 있었다. 그 무렵에 미국에서는 가속기 '200'의 건설이 큰 이슈로 떠오르고 있었는데, 윌슨은 그 뉴스를 별로 달갑게 생각하지 않았다. 그런데 미술교실에서 다른 사람들이 모델의 가슴을 그리는 동안, 윌슨은 휘어진 빔 튜브를 그려 넣고 그 주변에 수학공식을 휘갈겨놓았다. 정말 대단한 프로정신이다.

물론 윌슨은 완벽한 사람이 아니었다. 그는 페르미 연구소를 건립할 때 여러 방면에서 지름길을 선택했고, 가끔은 실패한 적도 있었다. 가속기 '200'을 건설할 때에는 "한 번의 실수로 1년의 시간과 1000만 달러를 낭비했다."며 두고두고 후회했다(이 실수만 아니었다면 가속기는 1971년에 완공되었을 것이다.). 또 그는 화를 잘 내는 사람으로 유명했다. 1978년에 정부의 초전도체 연구비지원이 미뤄졌을 때 불같이 화를 내면서 담당자와 여러 차례 언쟁을 벌였고, 이런 일이 자꾸 반복되자 결국 사표를 던지고 말았다. 내가 후임소장으로 물망에 오르고 있을 때 윌슨을 찾아간 적이 있는데, 승마복을 입고 말에 탄 채 나를 내려다보며 "소장 자리를 수락하지 않는다면 두고두고 괴롭히겠다."며 으름장을 놓았다. 그 후 나는 소장으로 취임하면서 봉투 세 개를 준비했다.●

● 봉투 세 개에 얽힌 농담이 있다. 한 기업가가 제법 규모가 큰 회사의 CEO로 발탁되어 전 CEO를 인사차 찾아갔더니 봉투 세 개를 건네면서 "회사가 어려움에 처할 때마다 순서대로 뜯어보라."고 했다. 그 후 회사는 한동안 잘 굴러가다가 어느 순간부터 매출이 급감하면서 심각한 위기에 처했다. 신참 CEO가 전임자의 말대로 첫 번째 봉투를 뜯어보니 "전임 CEO에게 책임을 돌려라."라고 적혀 있었다. 그래서 기자회견을 열고 전임 CEO를 마음껏 비방하며 구태의연한 경영에서 탈피하겠다고 선언했다. 그랬더니 정말로 매출이 오르고 회사가 정상을 되찾았다. 그로부터 1년 후, 생산라인에 불량이 발생하여 또 다시 회사가 위기에 처했다. CEO가 두 번째 봉투를 뜯어보니 "조직을 개편하라."라고 적혀 있었다. 그래서 CEO는 회사조직을 대대적으로 개편하여 또 다시 위기를 모면했다. 그 후 몇 년 동안 잘 굴러가다가 세 번째 위기가 찾아왔을 때 마지막 봉투를 열어보니 다음과 같이 적혀 있었다. "(후임 CEO에게 건네줄)봉투 세 개를 준비할 것".

양성자의 하루

이 장에서 언급된 모든 내용은 다섯 단계에 걸쳐 작동되는 페르미 연구소의 '다단계 폭포가속 가속기'에 함축되어 있다(반물질을 생성하는 두 개의 링을 추가하면 일곱 단계가 된다.). 하나의 가속기를 거칠 때마다 에너지는 커지고 시스템은 더욱 복잡해진다. 마치 "개체발생은 계통발생을 되풀이한다."는 생물학의 발생반복설을 연상케 한다. 페르미 연구소는 이들이 모여 복잡하고 정교한 안무가 이루어지는 초대형 무대라고 할 수 있다.

　제일 먼저 필요한 것은 가속시킬 대상이다. 일단 연구소 근처에 있는 '에이스 철물점'으로 달려가 병에 보관된 압축 수소가스를 사온다. 수소원자는 전자 한 개와 양성자 한 개로 이루어져 있다. 이 양성자가 수소원자의 핵이다. 하나의 병 속에는 페르미 연구소가 1년 동안 쓰고도 남을 양성자가 들어 있다. 가격은 약 20달러, 단 병은 철물점에 돌려줘야 한다. 5단계 중 첫 번째 기계는 1930년대에 코크로프트와 월턴이 설계했던 정전(elescrosatic) 입자가속기로, 페르미 연구소의 장비 중에서 제일 오래되었지만 거대하고 매끈한 구와 도넛처럼 생긴 링으로 장식되어 있어서 외부사람들 눈에는 가장 최신장비처럼 보인다. 사진기자들 사이에서도 인기가 제일 좋다. 코크로프트-월턴 가속기 안에서는 인공적으로 일으킨 전기스파크에 의해 수소원자에서 전자가 분리되고, 양전하를 띤 양성자가 정지상태로 남는다. 그러면 기계가 양성자를 가속시켜서 750킬로전자볼트짜리 빔을 생성하고, 이 빔은 다음 단계인 선형가속기의 입구를 향해 발사된다. 선형가속기는 150미터 길이로 늘어서 있는 라디오주파수동공(간극)으로 양성자빔을 인도하여 에너지를 200메가전자볼트까지 올린다.

이 정도면 꽤 높은 에너지다 이제 양성자빔은 자기장의 에스코트를 받으며 '부스터(booster)'라 부르는 싱크로트론으로 진입하여 정신없이 회전하면서 에너지가 8기가전자볼트까지 올라간다. 이미 이 단계에서 버클리의 베바트론을 능가했다(베바트론은 최초로 GeV 단위에 도달한 가속기였다.). 그런데도 아직 두 개의 고리(링)을 더 거쳐야 한다. 싱크로트론을 나온 양성자는 둘레 6.4킬로미터짜리 '200'가속기의 주 고리로 진입하는데, 1974~1982년 사이에는 이곳에서 400기가전자볼트까지 가속되었다. 처음 설계했을 때 예상했던 에너지보다 두 배나 큰 값이다. 주 고리는 페르미 연구소에서 가장 고된 일을 하는 핵심장비였다.

1983년에 테바트론이 다른 기계에 연결된 이후로 주 고리는 중노동에서 해방되었다. 지금은 주 고리에서 150기가전자볼트까지 가속시킨 후 초전도 테바트론 고리로 넘겨준다. 초전도 고리는 주 고리와 크기가 똑같으면서 몇 미터 아래에 설치되어 있다. 통상적인 실험에서 초전도자석은 150기가전자볼트짜리 양성자를 넘겨받아 5만 바퀴를 돌리는데, 매 회전당 에너지가 700킬로전자볼트씩 증가하여 대략 25초 후에는 900기가전자볼트에 도달하게 된다. 이 때가 되면 전자석의 도선에는 5,000암페어의 전류가 흐르고, 자기장의 세기는 4.1테슬라까지 증가한다. 과거의 철심자석으로 만들 수 있는 자기장의 두 배가 넘는 값이다. 그리고 5,000암페어의 전류를 유지하는 데 필요한 에너지는 거의 0이다! 초전도합금을 제조하는 기술은 지금도 계속 발전하는 중이어서 초전도초충돌기에 사용될 자석은 6.5테슬라의 자기장을 발휘할 예정이며, CERN의 과학자들은 니오븀 합금으로 10테슬라에 도달하기 위해 안간힘을 쓰고 있다. 지난 1987년에 도자기재료에 기반을 둔 새로운 초전도체가 발견되었는데, 액체 헬륨이 아닌 액체 질소를 사용해도 초전도상태가 유지되는 것으로 알려졌다. 간단히 말해서, 초전도체가 훨씬 저렴해졌다는 뜻이다. 그러나 자기장의 세기가 충분하지 않아서 가속기에 쓰기에는 역부족이다. 이 신종 초전도체가 과연 니오븀 합금을 대신할 수 있을지, 대신한다면 그 시기가 언제일지는 예측하기 어렵다.

어쨌거나 지금의 테바트론은 4.1테슬라가 한계이다. 이제 양성자는 전자기력에 이끌려 기계 밖으로 분출되었다가 터널 속으로 진입하여 14개의 가느다란 빔으로 갈라진다. 지금부터는 실험팀이 설치해놓은 표적과 감지기가 제 구실을 할 차례이다. 한 번의 실험에 동원되는 인원은 1000여 명, 모두가 맡은 분야의 최고 전문가들이다. 기계는 앞에서 서술한 과정을 계속 반복하는데, 30초면 한 차례의 가속과정이 마무리된다. 그러나 양성자가 한꺼번에 쏟아져 나오면 데이터를 수집하기가 어렵기 때문에, 조금씩 분출되도록 빔을 진정시키는 데 추가로 20초가 소요된다. 그러므로 병에 들어 있던 양성자가 처음 가속되기 시작하여 표적을 때리고 산란될 때까지 약 50초가 걸리는 셈이다. 이런 과정이 매 분마다 반복되고 있다.

외부로 나온 입자는 아주 가느다란 빔 속에 고밀도로 밀집되어 있다. 나는 동료들과 함께 '양성자 센터(Proton Center)'에 실험장비를 세팅해놓고 결과가 나오기를 기다린다. 이곳에서 추출된 양성자빔은 2,400미터를 날아가 폭이 0.2밀리미터밖에 안 되는 표적(면도기 날보다 가늘다!)을 정확하게 강타한다. 매 순간, 매일, 매 주마다 줄기차게 때리고 있지만 빗맞은 적은 단 한 번도 없다.

테바트론은 '조준사격모드' 외에 '정면충돌모드'로 사용할 수도 있다. 이 모드에서 양성자는 150기가전자볼트의 에너지로 테바트론을 선회하며 반양성자를 기다린다. 반양성자는 고리 안에서 반대방향으로 돌고 있다. 이들이 테바트론으로 진입하면 자석의 강도를 높여서 두 빔을 동시에 가속시킨다.

이 모든 과정에서 컴퓨터는 양성자빔이 단단히 뭉쳐서 예정된 경로를 따라가도록 자석과 라디오주파수 시스템을 제어한다. 그리고 각종 센서들은 전류와 전압, 압력, 온도, 양성자의 위치, 그리고 간간이 다우존스 주가지수를 모니터에 띄워준다. 부품 하나라도 오작동을 일으키면 진공 파이프 속의 입자빔이 경로를 벗어나 자석을 뚫고 나올 수도 있다. 구멍이 작고 깔끔해서 예쁘긴 할 텐데, 구멍 뚫는 값치고는 너무 비싸다. 다행히도 이런 사고는 아직 일어나지 않았다.

결정, 또 결정: 양성자 대 전자

지금까지 양성자에 관하여 꽤 많은 내용이 언급되었지만, 총알로 사용되는 입자는 양성자뿐만이 아니다. 양성자는 가속시키는 데 비용이 비교적 적게 든다는 장점을 갖고 있다. 테바트론은 양성자를 조 단위 전자볼트(TeV)까지 가속시킬 수 있으며, 초전도초충돌기는 20조 전자볼트(20TeV)까지 가속시킬 예정이다. 그러나 양성자는 쿼크와 글루온 등 여러 입자의 집합체이기 때문에, 한 번 충돌하면 파편이 하도 많이 튀어나와서 상황이 몹시 복잡해진다. 그래서 물리학자들은 양성자보다는 아토모스에 가까운 전자를 선호한다. 전자는 크기가 없는 점이기 때문에 충돌과정이 훨씬 깔끔하다. 다만, 질량이 너무 작아서 가속시키기 어렵고 비용도 많이 든다는 단점이 있다. 또 질량이 작으면 원궤도를 따라 가속되면서 다량의 전자기파가 방출된다. 애써 얻은 에너지가 복사에너지로 낭비되는 것이다. 그래서 전자를 가속시킬 때에는 손실을 보충하기 위해 더 많은 전력을 공급해야 한다. 가속이라는 관점에서 보면 복사에너지는 낭비일 뿐이지만, 강도가 높고 파장이 매우 짧기 때문에 부수적인 연구 대상이 되기도 한다. 실제로 원형 전자가속기 중 대부분은 싱크로트론 복사선을 만들어내는 데 사용되고 있다. 주고객은 강력한 광자빔으로 거대분자를 연구하는 생물학자들과 엑스선 석판 인쇄를 이용하여 전자칩을 생산하는 업자들, 그리고 응집 물질을 연구하는 물리학자 등이다.

에너지손실을 방지하는 한 가지 방법은 선형가속기를 사용하는 것이다. 1960년대 초에 건설된 스탠퍼드의 3.2킬로미터짜리 선형가속기가 대표적 사례이다. 이 기계는 처음 등장했을 때 물리학자들 사이에서 몬스터를 뜻하는 "M"으로 불렸다. 그만큼 출력이 상상을 초월했다는 뜻이다. 스탠퍼드 선형가속기(SLAC)는 샌안드레아스 단층으로부터 400미터쯤 떨어져 있는 스탠퍼드대학교 캠퍼스에서 출발하여 샌프란시스코만을 향해 직선으로 길게 뻗어 있다. SLAC은 설립자이자 초대 소장이었던 볼프강 파노프스키(Wolfgang Panofsky)의 열정과 노력의 산물이다. 오펜하이머의 증언에 의하면 파노프스키와 그의 쌍둥이형제 한스(Hans)는 프린스턴대학교에 함께 입학하여 둘 다 최고성적으로 졸업했는데, 둘 중 한 사람이 눈곱만큼 더 똑똑했다고 한다. 오펜하이머는 두 사람을 "똑똑한 파노프스키"와 "멍청한 파노프스키"로 구별했는데, 둘 중 누가 똑똑한지는 밝히지 않았다. 누군가가 볼프강에게 직접 물어봤더니 일급비밀이라며 대답을 회피했다고 한다.

페르미 연구소와 SLAC은 분명한 차이가 있다. 한쪽은 양성자, 다른쪽은 전자를 가속시킨다, 또 한쪽은 원형, 다른 쪽은 직선이다. 선형가속의 '선형(線型, linear)'이란 문자 그대로 똑바르다는 뜻이다. 예를 들어 한

토목회사가 최고 수준의 장비와 기술을 동원하여 3킬로미터짜리 직선도로를 건설했다고 하자. 이 길이 과연 직선일까? 아니다. 지구 표면에서는 직선처럼 보이지만 지구 자체가 둥글기 때문에, 우주공간에서 보면 '구 위에 나 있는 곡선'일 뿐이다. 그러나 SLAC의 가속기는 우주공간에서 봐도 완벽한 직선이다. 만일 지구가 완벽한 구체라면, 선형가속기는 구 위에 접한 3.2킬로미터짜리 접선에 해당한다. 전자가속기는 세계 여러 곳에서 운용되어왔지만 1960~1980년대에는 SLAC이 단연 최고였다. 이곳에서 전자는 1966년에 20기가전자볼트에 도달했고, 1987년에는 50기가전자볼트를 찍었다.

충돌기 대 표적

오케이, 이제 우리에게 선택의 여지가 주어졌다. 양성자를 가속시킬 수도 있고, 전자를 가속시킬 수도 있다. 또 원형 트랙을 돌 수도 있고 직선경로를 달릴 수도 있다. 그러나 이것 외에 또 다른 선택의 여지가 남아있다.

통상적으로 입자빔은 자기장에 갇혀 있다가 진공파이프를 통해 표적으로 유도된다. 여기까지는 이미 정해진 수순이므로, 충돌 사건으로부터 얻을 수 있는 정보의 양은 분석방법에 따라 달라진다. 가속된 입자는 특정한 양의 에너지를 갖고 있는데, 그중 극히 일부만이 근거리 정보를 알아내거나 $E = mc^2$을 통해 새로운 입자를 만들어내는 데 사용된다. 운동량 보존법칙에 의하면 초기에너지의 일부는 보존되고 일부는 충돌의 산물을 만들어내는 데 사용된다. 예를 들어 주행 중인 버스가 정지상태에 있는 트럭을 들이받으면 가속되는 버스가 갖고 있는 에너지의 상당부분이 금속조각과 유리파편, 고무조각 등을 버스가 진행하던 방향으로 날려보내는 데 사용된다. 이 에너지는 트럭을 파괴하는 데 사용될 에너지에서 빼야 한다. 즉, 버스가 많이 망가질수록 트럭의 손상은 줄어든다.

1,000기가전자볼트의 에너지를 가진 양성자 A가 정지해 있는 양성자 B와 충돌하면 어떤 부산물이 튀어나오건 충돌 전 A의 운동량과 동일한 양이 유지되도록 일제히 A의 진행방향으로 나아간다. 실험데이터에 의하면 이런 경우에 새로운 입자를 만드는데 사용되는 에너지는 1,000기가전자볼트 중 겨우 42기가전자볼트에 불과하다.

1960년대 중반에 물리학자들은 중요한 사실을 깨달았다. 가속기에서 입자 두 개를 서로 반대방향으로 가속시킨 후 정면충돌을 일으키면 훨씬 격렬한 반응이 일어난다. 충돌에너지가 가속기 성능의 두 배이고 충돌 전 총운동량이 0이기 때문에*, 모든 에너지가 고스란히 새로운 입자를 생성하는 데 투입된다. 그러므로 1,000기가전자볼트짜리 가속기에서 두 입자가 정면충돌을 일으키면 1,000＋1,000＝2,000기가전자볼트의 에너지가 새로운 입자를 만드는 데 사용된다. 전술한 43기가전자볼트와 비교하면 가히 혁명적인 발전이다. 그러나 여기에는 치러야 할 대가가 있다. 기관총으로 창고 벽을 맞추기는 쉽다. 하지만 두 사람이 서로 마주보고 총을 발사해서 총알끼리 부딪치게 한다고 생각해보라. 충돌형 가속기를 다루기가 얼마나 어려운지 감이 오는가?

---

* 두 입자의 질량과 속도가 같고 방향이 반대이므로 총운동량은 $mv + m(-v) = 0$이다.

반물질 만들기

스탠퍼드대학교는 기존의 선형가속기를 업그레이드하여 1973년에 '스탠퍼드 양전자-전자 가속기 고리(Stanford Positron-Electron Accelerator Ring, SPEAR)'라는 충돌형 가속기를 완성했다. 이곳에서는 전자빔이 3.2킬로미터짜리 선형가속기를 통해 1~2기가전자볼트까지 가속된 후 소형 자기저장고리(magnetic storage ring)로 주입된다. 반전자를 생성하는 과정은 다음과 같다. 우선 강력한 전자빔으로 표적을 때려서 광자빔(빛)을 발생시킨다. 이때 하전입자들이 덩달아 발생하는데, 광자에는 아무런 영향도 주지 않고 자석에 의해 쓸려나간다(광자는 전기적으로 중성이다.). 이 광자빔으로 백금박막 같이 얇은 표적을 때리면 광자의 에너지가 전자와 반전자를 만들어내는데, 두 입자는 광자의 에너지에서 두 입자의 정지질량 에너지를 뺀 값을 나눠 갖는다.●

이때 생성된 양전자의 일부는 자석에 끌려 저장고리(storage ring)로 주입된다. 이곳에서는 초기단계에 생성된 전자들이 들이받을 대상을 기다리며 참을성 있게 선회하고 있다. 전자와 양전자는 전하의 부호가 반대이기 때문에, 자기장 안에서 반대방향으로 원운동을 한다. 예를 들어 전자빔이 시계방향으로 돌면 양전자빔은 반시계방향으로 돈다. 결과는? 당연히 정면충돌이다. SPEAR는 몇 개의 중요한 발견을 이루어내면서 세계적으로 유명해졌고, 그 후로 다양한 약자 이름이 봇물 터지듯 쏟아

● 광자의 에너지 = (전자의 에너지 + 양전자의 에너지) + (전자의 정지질량 에너지 + 양전자의 정지질량 에너지)

져 나왔다. SPEAR (3GeV) 이전에는 ADONE(이탈리아, 2GeV)이 있었고, SPEAR 이후에는 DORIS(독일, 6GeV)와 PEP(스탠퍼드, 30GeV), PETRA(독일, 30GeV), CESR(코넬대학교, 8GeV), VEPP(러시아), TRISTAN(일본, 60~70GeV), LEP(CERN, 100GeV), SLC(스탠퍼드, 100GeV) 등이 있다. 충돌기는 두 입자빔의 에너지 합을 출력으로 간주한다. 예를 들어 CERN의 LEP는 전자와 양전자가 각각 50기가전자볼트로 충돌하기 때문에 100기가전자볼트짜리 충돌기로 분류된다.

1972년, CERN의 상호교차용 저장고리(Intersecting Storage Ring, ISR)에 양성자-양성자 충돌기가 연결되어 역사적인 가동에 들어갔다. 이곳에서는 서로 휘감아 돌아가는 두 개의 고리 안에서 양성자와 양성자가 반대방향으로 내달리다가 여덟 개 지점에서 정면충돌을 일으킨다. 전자와 양전자 같은 물질-반물질 쌍은 자기장 안에서 각기 반대방향으로 원운동을 하기 때문에 고리가 하나만 있으면 된다. 그러나 양성자와 양성자를 충돌시키려면 두 개의 고리가 필요하다.

ISR의 각 고리는 CERN의 구형가속기 PS에서 생성된 30기가전자볼트짜리 양성자로 채워져 있다. ISR는 결국 성공적인 기계로 판명되었으나, 처음 가동되던 1972년에는 고휘도(high luminosity) 충돌지점에서 1초당 충돌횟수가 수천 건에 불과하여 관계자들을 실망시켰다. 여기서 '휘도(輝度, luminosity)'란 1초당 충돌횟수를 나타내는 단위이다. ISR이 초기에 어려움을 겪으면서 물리학자들은 두 개의 총알(두 개의 입자빔)을 충돌시키는 것이 얼마나 어려운 일인지를 실감하게 되었다. 결국 ISR은 몇 차례의 개선을 거쳐 1초당 500만 건의 충돌을 기록하게 된다. ISR은 물리학 자체에도 많은 기여를 했지만, 물리학자들 사이에는 충돌기와 감지기에 대하여 소중한 교훈을 제공한 기계로 알려져 있다. ISR은 스위스장인의 작품답게 빼어난 성능과 외관을 자랑한다. 나는 1972년에 연구년을 그곳에서 보냈고, 그 후에도 자주 방문했다. 어느 해엔가 "평화를 위한 원자" 컨퍼런스에 참석했다가 이시도어 라비에게 ISR을 구경시켜준 적이 있는데, 가속기의 우아한 터널로 진입하자 라비의 눈이 동그래지면서 "와우, 파텍 필립 시계네!"라고 외쳤다.

충돌형 가속기 중에서 가장 만들기 어려운 것은 양성자-반양성자 충돌기이다. 이 기계가 세상에 나오게 된 것은 구소련의 과학도시 노보시비르스크(Novosibirsk)의 천재과학자 거슨 부드커(Gershon Budker) 덕분이었다. 그는 미국의 볼프강 파노프스키와 경쟁을 벌이며 러시아에 전자가속기를 건설하던 중 연구본부가 시베리아에 새로 건설된 대학연구 복합단지 노보시비르크로 이전하는 바람에 승리의 기쁨을 맛보지 못했다. 훗날 그는 "파노프스키는 알래스카로 유배되지 않았으므로 공정한 경쟁이 아니었다. 나는 황량한 시베리아에서 처음부터 다시 시작해야 했다."고 항변했다.

1950~1960년대에 부드커는 소련 산업계에 소형가속기를 팔아서 연구에 필요한 비용과 자재를 충당했다. 공산주의가 절정에 달했던 시기에 혼자서 자본주의체제를 운영한 셈이다. 그는 가속기 충돌 입자 중 하나로 반양성자를 사용하고 싶었으나 구하기 어렵다는 것이 문제였다. 반양성자는 고에너지 충돌이 일어날 때 $E = mc^2$을 통해 생성되며, 그 외에는 어디에도 존재하지 않는다. 또한 가속기로 반양성자 몇 개를 얻으려면 출력이 최소한 수십 기가전자볼트는 되어야 하고, 나중에 충돌용 입자로 사용하려면 가속기를 계속 가동하면서 몇 시간 동안 모아야 한다. 그러나 충돌과정에서 생성된 반양성자는 사방팔방으로 흩어지기 때문에 한데 모으기가 쉽지 않다. 가속기과학자들은 가속기 안에서 일어나는 반

양성자의 운동을 '주 방향(principal direction)'과 '주 에너지(principal energy)', 그리고 진공상자의 여유공간을 채우는 '옆방향 운동(sideways motion)' 등으로 분류한다. 부드커는 옆방향 운동성분을 '냉각시켜서' 반양성자를 고밀도 빔으로 압축시킨다는 아이디어를 떠올렸다. 물론 쉬운 일은 아니다. 이 아이디어를 구현하려면 빔을 제어하고 자기장을 안정시키는 새로운 기술이 필요하고, 그때까지 누구도 도달한 적 없는 고품질 진공상태를 유지해야 한다. 또한 양성자를 가속기로 보내기 전에 최소 10시간 동안 모으고, 저장하고, 식히는 기술도 개발해야 한다. 아이디어 자체는 훌륭했지만, 황량한 시베리아에서 달성하기에는 너무나 벅찬 프로젝트였다.

이때 등장한 인물이 네덜란드의 공학자 시몬 판데르 메이르(Simon Van der Meer)였다. 그는 1970년대 말에 CERN에서 냉각기술을 개발하여 양성자-반양성자 충돌기의 꿈을 실현시킨 주인공이다. 메이르는 CERN의 400기가전자볼트짜리 링을 양성자 저장 및 충돌용 도구로 활용하여 1981년에 최초로 양성자와 반양성자를 충돌시키는 데 성공했다. 또한 그는 카를로 루비아(Carlo Rubbia)가 설계한 충돌실험에 '통계적 냉각법(stochastic cooling)'을 적용하여 W^+, W^-, Z^0입자를 발견하는 데 결정적인 역할을 했다. 두 사람은 이 공로를 인정받아 1985년에 노벨상을 공동으로 수상하게 된다(W^+, W^-, Z^0입자는 나중에 따로 다룰 예정이다.).

카를로 루비아는 워낙 다채로운 인물이어서, 그를 제대로 소개하려면 두툼한 책 한 권을 따로 써야 할 정도다(게리 토브스Gary Taubes의《노벨상을 향한 꿈Nobel Dreams》이 바로 그런 책이다.). 이탈리아의 피사에 있는 고등사범학교(Scuola Normale Superiore)를 최우수 성적으로 졸업한 루비아는 매사 정력과 쇼맨십이 넘치는 사람으로 유명했다(엔리코 페르미도 이 학교 출신이다.). 그가 거쳐온 직장만 봐도 어떤 사람인지 대충 알 수 있다. 루비아는 네비스에서 연구원생활을 하다가 CERN으로 옮긴 후 하버드대학교, 페르미 연구소를 거쳐 다시 CERN으로 갔다가 훗날 다시 페르미 연구소에 합류했다. 여행을 얼마나 많이 했는지, 출발지와 도착지가 정반대인 비행기표를 반값으로 교환하는 복잡한 테크닉을 혼자 개발할 정도였다고 한다. 나는 언젠가 그와 만난 자리에서 "대서양 자유횡단티켓 여덟 장을 은퇴하기 전까지 절대로 다 쓰지 못할 것"이라고 장담한 적이 있다. 루비아는 1989년에 CERN의 소장으로 취임했는데, 그 무렵에 유럽은 양성자-반양성자 충돌에 관한 한 세계 최고기술을 보유하고 있었다. 그러나 페르미 연구소에서 CERN의 기술을 보완한 후로, 이 분야의 선두자리는 미국으로 넘어왔다.

반양성자는 물고기처럼 양식할 수 없고 에이스 철물점에서 팔지도 않는다. 1990년대에 페르미 연구소는 세계 최대의 반양성자 보관소였다. 이곳에서 반양성자는 고리모양으로 생긴 자기고리(magnetic ring) 안에 보관된다. 미국공군과 랜드 연구소가 합동으로 수행한 연구결과에 따르면 반양성자 1밀리그램(0.001그램)은 2톤의 연료와 맞먹는 에너지를 발휘할 수 있다. 그렇다면 세계 최대의 반양성자 생산공장인 페르미 연구소에서 1밀리그램을 생산하는 데 얼마나 걸릴까? 현재 1시간당 10^{10}개를 생산할 수 있는데, 이런 수준으로는 장비를 24시간 풀가동해도 수백만 년이 걸린다. 최신기술을 적용하면 수천 년으로 줄일 수 있다고 주장하는 사람도 있지만 별로 신빙성은 없다. 만일 내 가족이나 친구들이 반양성자 관련 주식에 투자하려 든다면, 나는 기를 쓰고 말릴 것이다.

페르미 연구소의 충돌기는 다음과 같은 원리로 작동한다. 400기가전자볼트짜리 구식 가속기가 양성자를 120기가전자볼트로 가속하여 2초에 한 번씩 표적을 때린다. 한 번 발사할 때마다 10^{12}개의 양성자가 표적에 충돌하여 약 1000만 개의 반양성자가 생성되는데, 이들은 적절한 에너지를 갖고 적절한 방향으로 나아간다. 이 과정에서 파이온이나 케이온 (kaon) 등 필요 없는 부산물이 함께 생성되지만, 이들은 상태가 불안정하여 조만간에 사라진다. 그 후 반양성자는 '분산용고리(debuncher ring)'라는 자기장고리 안에서 가느다란 빔으로 가공되어 '집적고리(accumulator ring)'로 들어간다. 두 고리의 둘레는 약 150미터로, 8기가전자볼트짜리 반양성자가 이곳에 보관된다. 부스터 가속기(booster accelerator)에서 가속되었을 때와 같은 에너지다. 이들이 입사입자로 사용할 수 있을 정도로 충분히 축적되려면 5~10시간을 기다려야 한다. 반양성자는 반물질이고 그 외의 모든 장비들은 물질로 이루어져 있기 때문에, 반양성자를 멀쩡한 상태로 보관하는 것은 매우 까다롭고 섬세한 작업이다. 이들이 물질과 조금이라도 닿으면 빛에너지를 방출하면서 순식간에 사라진다. 그러므로 반양성자가 진공튜브의 내벽에 닿지 않고 중심을 따라 원궤도를 돌게 하려면 세심한 주의를 기울여야 한다. 뿐만 아니라 진공튜브는 말 그대로 최상의 진공상태를 유지해야 한다. 만일 튜브 안에 공기입자가 조금이라도 남아 있다면 결과는 불을 보듯 뻔하다.

10시간에 걸친 축적 및 집속(集束)● 과정이 끝나면 반양성자를 원래 왔던 가속기로 되돌려보낼 준비가 시작되는데, 이 순간부터 연구소의 분위기는 로켓발사를 앞둔 NASA의 관제센터와 아주 비슷해진다. 전압? 오케이. 전류? 오케이. 자기장? 잠깐만요 ……. 아, 오케이. 이런 식으로

● 빔이 가느다란 선의 형태로 모인 상태를 말한다.

모든 계기판과 스위치를 확인한 후 카운트다운에 들어간다. ······ 셋, 둘, 하나, 스위치 온! 드디어 반양성자가 주 고리에 주입되고, 자기장 속에서 반시계방향으로 돌기 시작한다(반양성자는 음전하를 띠고 있기 때문에 회전방향이 반대이다.). 여기서 150기가전자볼트까지 가속된 반양성자는 자기장의 에스코트를 받으며 테바트론의 초전도고리 안으로 진입한다. 이곳에는 부스터 가속기의 주 고리에서 방금 전에 주입된 양성자가 시계방향으로 회전하면서 들이받을 상대를 기다리고 있다. 이제 6.4킬로미터 고리를 각기 반대방향으로 선회하는 두 개의 입자빔이 확보되었다. 각 빔은 6개의 입자다발로 이루어져 있는데, 양성자 다발 하나에는 10^{12}개의 양성자가 들어 있고 반양성자는 이보다 조금 적다.

양성자와 반양성자는 주 고리에서 확보한 150기가전자볼트에서 시작하여 테바트론의 한계인 900기가전자볼트까지 가속된 후, 마지막 단계인 '압착과정(squeezing)'으로 들어간다. 두 입자빔은 가느다란 관 안에서 반대방향으로 돌고 있기 때문에 서로 교차할 수밖에 없다. 그러나 가속되는 동안에는 빔의 밀도가 낮아서 충돌은 거의 일어나지 않는다. 압착은 특수초전도 사중극자 전자석을 통해 이루어지는데, 이 과정을 거치면 빔의 지름은 콜라를 마시는 스트로 굵기(수 밀리미터)에서 머리카락 굵기(수 마이크로미터)로 가늘어진다. 즉, 빔의 밀도가 수백만 배로 증가하는 것이다. 이제 두 빔이 한 번 교차하면 적어도 한 건 이상의 충돌이 일어나고, 강력한 자석은 충돌이 감지장치의 중심부에서 일어나도록 입자빔을 유도한다. 이것으로 가속기의 역할은 끝났다. 남은 일은 고스란히 감지기의 몫이다.

양성자-반양성자 충돌이 안정적으로 일어나면 입자검출기가 데이터를 수집하기 시작한다. 이 과정은 보통 10~20시간 동안 계속되는데, 시간이 흐르면 반양성자 다발의 밀도가 낮아지면서 충돌횟수가 눈에 띄게 줄어든다. 휘도(1초당 충돌횟수)가 처음의 30퍼센트까지 낮아졌는데 집적고리에 반양성자가 충분히 남아 있으면, 다시 NASA식 카운트다운으로 되돌아가 모든 과정을 반복한다. 테바트론 충돌기를 반양성자로 채우는 데에는 약 30분이 소요되며, 2000억 개 정도면 실험을 재개할 수 있다.(많을수록 좋다!) 이들이 5000억 개의 양성자와 진공튜브 속을 반대방향으로 돌면서 1초당 약 10만 번의 충돌을 일으킨다. 현재 계획 중인 개선작업이 마무리되면 충돌횟수는 거의 10배로 증가할 것이다.

CERN의 양성자-반양성자 충돌기가 1990년에 은퇴한 후로, 두 개의 고성능 감지기를 갖춘 페르미 연구소가 이 분야를 선도하고 있다.

블랙박스: 입자감지기

물리학자들은 고에너지 입자의 충돌을 관측하고 분석하면서 핵의 내부 구조에 대하여 많은 사실을 알게 되었다. 그 옛날 러더퍼드의 실험팀은 암실에 갇힌 채 알파입자가 황화아연 스크린을 때릴 때 발생하는 섬광을 일일이 눈으로 확인했으나, 입자의 수를 헤아리는 기술은 제2차 세계대전이 끝난 후 장족의 발전을 이루었다.

전쟁 전에는 입자를 헤아릴 때 주로 안개상자를 이용했다. 앤더슨은 이 도구를 이용하여 양전자를 발견했고, 우주선을 연구하는 전 세계의 실험실에는 거의 예외 없이 안개상자가 비치되어 있었다. 나 역시 컬럼비아대학교에서 네비스 사이클로트론의 데이터를 분석하기 위해 안개상자를 직접 만들어 사용했다. 당시 팔팔한 대학원생이었던 나는 그것이 얼마나 미묘하고 까다로운 장치인지 제대로 알지도 못하면서 버클리, 칼텍, 로체스터 등의 전문가와 경쟁을 벌이고 있었다. 안개상자는 엄청나게 예민한 장치여서, 불순물이 조금만 유입되어도 입자의 궤적과 거의 동일한 흔적이 생기는 등 사용자를 헷갈리게 만들기 일쑤였다. 게다가 당시 컬럼비아대학교에는 안개상자를 다뤄본 사람이 없었기 때문에 어디 가서 물어볼 수도 없었다. 나는 모든 관련서적을 독파하고, 그것도 모자라 유리를 수산화나트륨과 증류수로 닦아보기도 하고, 고무조리개를 메틸알콜에 넣고 끓이면서 주문까지 외워보았지만 아무런 효험이 없었다.

나는 절망한 나머지 유대교 랍비(rabbi, 율법학자)에게 도움을 청하기로 했다. 그러나 내가 초청한 랍비는 신앙심이 지나칠 정도로 돈독하고 다소 권위적인 사람이었다. 그에게 "내가 만든 안개상자에 브루차(brucha, 축복)를 내려달라."고 했더니, 물건을 직접 보여달라고 했다. 그래서 사진을 보여줬더니 내가 신성을 모독했다며 불같이 화를 내고 가버렸다. 그 다음에 불러온 랍비는 보수적인 사람이었는데, 안개상자 사진을 보고는 작동 원리를 설명해달라고 했다. 내가 찬찬히 설명을 해줬더니 수염을 만지작거리며 고개를 끄덕이다가 "미안하지만 부탁을 들어주기가 어렵겠습니다. 계율 때문에……."라며 또 가버렸다. 두 번이나 거절당한 후, 세 번째는 개혁파 랍비에게 부탁하기로 결심하고 한 사람을 수소문하여 그의 집을 찾아갔는데, 때마침 그는 자신의 애마 "재규어 XKE" 스포츠카에서 내리고 있었다. 이번에는 말이 통하겠다 싶어서 단숨에 달려가 말을 건넸다. "랍비님, 제 안개상자에 브루차를 내려주실 수 있겠습니까?" 그러자 그가 눈을 동그랗게 뜨고 되물었다. "브루차요? 브루차가 뭔데요?" 정말 되는 일이 없었다.

랍비를 찾아 헤매는 동안 시간은 속절없이 흘러 어느새 실험날짜가 다가왔다. 그때쯤 되면 모든 것이 완벽하게 작동해야 하는데, 그놈의 안개 상자를 켜기만 하면 흰 연기가 시야를 가려서 뭐가 뭔지 알 수가 없었다. 바로 그 무렵에 진정한 전문가인 질베르토 베르나르디니가 교수로 부임해 실험실을 순시하다가 문제의 안개상자를 보게되었다.

"상자 안에 있는 놋쇠 막대는 뭔카요?"

"아, 그건 방사능 원입니다. 궤적을 만들어야 하니까요. 그런데 흰 연기밖에 안 보이네요."

"그걸 체거하세요."

"네? 체거 ……? 아, 제거하라구요?"

"시, 시, 체거하세요."

그래서 나는 막대를 제거했다. 그리고 몇 분이 지났을까……. 드디어 안개상자에 궤적이 나타났다! 그토록 아름다운 광경은 평생 처음이었다. 상자 안에 설치했던 방사능 원이 너무 강력해서 내부가 이온으로 가득 찼고, 각 이온들이 물방울을 키워서 흰 안개로 나타났던 것이다. 사실 안개상자에는 방사능 원을 따로 설치할 필요가 없었다. 우주에서 쏟아져 내리는 우주선입자만으로도 궤적을 만들기에 충분했다. 브라보!

안개상자에서는 입자가 지나간 길을 따라 물방울이 선명한 궤적을 만들기 때문에, 눈으로 볼 수 있을 뿐만 아니라 고해상도 사진까지 찍을 수 있다. 입자를 추적하는 사람에게는 참으로 유용한 도구이다. 안개상자에 자기장을 걸어주면 입자가 곡선궤적을 그리는데, 이 궤적을 촬영하여 반지름을 측정하면 입자의 운동량까지 알 수 있다. 궤적이 직선에 가까울수록(곡률이 작을수록) 입자의 에너지가 크다는 뜻이다(로렌스의 사이클로트론에서도 양성자의 운동량이 증가하면 원형궤적의 반지름이 커졌다.). 나와 동료들은 파이온과 뮤온의 특성을 밝혀주는 사진을 수천 장 찍었는데, 각 사진에는 다양한 입자들이 남긴 10여 개의 궤적이 선명하게 나와 있었다(덕분에 나는 박사학위를 받고 교수도 되었지만, 안개상자는 나에게 그 이상의 의미를 갖고 있다.). 예를 들어 파이온은 안개상자를 가로지르는데 약 10억 분의 1초가 걸린다. 우리는 안개상자 안에 충돌용 금속판을 설치했는데, 실제로 충돌이 일어난 사진은 100장당 하나 꼴이었다. 촬영을 1분에 한 번밖에 할 수 없었기 때문에 대부분의 충돌 사건은 카메라에 잡히지 않았다.

거품, 거품 ······ 고난의 나날들

안개상자 다음으로 등장한 입자감지기는 1950년대 중반에 미시간대학교의 도널드 글레이저(Donald Glaser)가 발명한 거품상자였다. 초기의 거품상자는 액체 에테르(ether)*를 채워 넣은 조그만 금속 통이었다가 점차 진화를 거듭하여, 1987년에 페르미 연구소에서 퇴역한 거품상자는 액체수소로 가득 찬 4.5×3미터짜리 괴물이었다.

입자가 액체(주로 액체수소)로 가득 찬 거품상자 안을 지나가면 궤적을 따라 기포(氣泡, 거품)가 형성된다. 거품이 생기는 이유는 액체의 압력이 갑자기 낮아지면서 부분적으로 끓기 시작하기 때문이다. 액체의 비등점(沸騰點, 끓기 시작하는 온도)은 압력에 따라 달라지는데, 거품이 생긴 부위는 비등점을 이미 넘은 상태이다.(고산지대에서 밥을 해본 사람은 알 것이다. 기압이 낮으면 물은 섭씨 100도 이하에서 끓는다.) 불순물이 전혀 없는 순수한 물은

• 탄소-산소-탄소 결합이 포함된 유기화합물의 총칭.

아무리 뜨거워도 끓지 않는다. 예를 들어 완벽하게 깨끗한 냄비에 순수한 기름을 담고 열을 가하면 비등점을 넘어도 감감 무소식이지만, 여기에 감자조각 하나를 던져 넣으면 갑자기 맹렬하게 끓기 시작한다. 기포가 형성되려면 두 가지 조건이 필요하다. 첫째, 온도가 충분히 높아야 하고 둘째, 기포의 형성을 촉진하는 불순물이 있어야 한다. 거품상자에 담긴 액체는 압력이 갑자기 낮아지면서 과열상태(온도가 비등점 이상으로 높아진 상태)에 놓이게 된다. 상자 안으로 유입된 하전입자가 수많은 액체원자들과 '부드럽게' 충돌하면서 원자를 들뜬 상태로 만들고, 이렇게 들뜬 원자들이 거품의 핵*이 되어 거품을 형성하는 것이다. 거품상자 속에서 입사입자와 양성자(수소원자의 핵)가 충돌할 때 튀어나오는 모든 하전입자들도 육안으로 식별이 가능하다. 매질이 액체이기 때문에 안개상자처럼 금속판을 삽입할 필요가 없고, 충돌이 일어난 지점도 훨씬 선명하게 보인다. 지금까지 전 세계의 물리학자들은 버블상자 내부사진을 수백만 장 찍어서 자동스캐너로 분석해왔다.

　그 과정은 다음과 같이 진행된다. 여기, 가속기에서 발사된 입자빔이 거품상자를 향해 날아온다. 이 입자들이 전하를 띠고 있으면 상자 안에 10~20개의 궤적이 생기는데, 입자가 지나간 후 1,000분의 1초 이내에 피스톤을 작동시켜서 상자의 압력을 낮추면 궤적을 따라 거품이 발생한다. 그 후 또 다시 1,000분의 1초쯤 지나면 조명등이 켜지면서 필름이 이동한다. 이것으로 한 건의 사진촬영이 끝났다. 그 후로는 동일한 과정이 반복된다.

● 원자핵을 말하는 것이 아니다.

글레이저(그는 거품상자로 노벨상을 받은 후 생물학자로 변신했다.)는 '맥주에 소금을 넣으면 거품이 많아진다.'는 사실로부터 거품상자의 아이디어를 떠올렸다고 한다. 신의 입자를 찾는 데 필요한 기술 중 하나가 앤아버의 한 선술집에서 탄생한 것이다.

충돌을 분석할 때 가장 중요한 관건은 시간과 공간이다. 실험자는 입자가 궤적을 남긴 시간과 정확한 위치를 파악해야 한다. 예를 들어 입자가 감지기에 들어와 멈춘 후 곧바로 붕괴되면서 부수적인 입자가 생성되었다고 하자. 대표적인 경우가 바로 뮤온이다. 뮤온은 감지기에서 멈춘 후 100만 분의 1초 이내에 전자로 붕괴될 수 있다. 이런 경우에는 감지기가 정확할수록 더 많은 정보를 얻을 수 있다. 거품상자는 충돌 사건의 공간정보를 분석하는 데 매우 유용한 장비이다. 실험자는 이곳에 입자가 남긴 흔적을 1밀리미터 이내의 오차로 추적할 수 있다. 그러나 거품상자에는 시간과 관련된 정보가 전혀 없다.

섬광계수기(scintillation counter)를 이용하면 입자의 위치와 발생시간을 동시에 알아낼 수 있다. 이 장비는 특수한 플라스틱으로 제작되어서, 하전입자가 충돌할 때마다 작은 섬광을 방출한다. 계수기는 빛을 차단하는 검은색 플라스틱으로 에워싸여 있다. 이 안에서 발생한 섬광은 광전증폭기를 통해 전기펄스로 변환되는데, 이 펄스를 전자시계에 연결하면 섬광이 발생한 시간을 1조 분의 몇 초 단위로 알아낼 수 있다. 또 섬광계수기를 일렬로 설치해놓으면 입자가 여러 개의 계수기를 때리면서 일련의 펄스를 만들어내고, 이 데이터를 추적하면 공간상에서 입자의 경로까지 알아낼 수 있다. 데이터의 정확도는 계수기의 크기에 따라 달라지는데, 일반적으로 오차는 몇 센티미터 단위이다.

CERN의 프랑스 과학자 조르주 샤르파크(Georges Charpak)는 이 분야에서 또 하나의 획기적 발명품인 '비례도선상자(proportional wire chamber, PWC)'를 선보였다. 제2차 세계대전 때 레지스탕스로 활약했던 그는 강제수용소에 투옥되었다가 종전과 함께 극적으로 풀려난 후 세계적인 입자감지기 발명가로 명성을 날렸다. PWC는 여러 개의 도선이 상자 안에서 몇 밀리미터 간격으로 늘어서 있는 간단한 장치이다. 상자의 크기는 보통 60×120센티미터 정도이며, 그 안에 60센티미터짜리 도선 수백 개가 긴 쪽 방향으로 연결되어 있다. 도선에는 고전압이 걸려 있어서 입자가 그 근처를 지나가면 도선에 전기펄스가 발생하고, 이와 관련된 모든 데이터가 기록장치로 전송된다. 펄스를 일으킨 전선의 위치로부터 입자의 위치를 알 수 있고, 펄스가 발생한 시간은 전자시계가 알려준다. PWC는 그 후 여러 사람의 손을 거치면서 조금씩 개량되어 위치는 0.1 밀리미터, 시간은 10^{-8}초 단위까지 측정할 수 있게 되었다. 밀폐된 상자에 위와 같은 전선 층을 여러 개 쌓고 적절한 기체를 주입하면 입자의 궤적을 매우 정확하게 알아낼 수 있다. 또한 상자는 아주 짧은 시간 동안만 활성화되기 때문에 무작위로 일어나는 배경사건의 방해를 받지 않으며, 입자빔의 에너지가 커도 무난하게 작동한다. PWC는 1970년부터 전 세계 입자물리학 실험실의 필수 장비로 자리 잡았고, 샤르파크는 이 공로를 인정받아 1992년에 단독으로 노벨상 물리학상을 수상했다.

지금까지 언급된 입자감지장치는 1980년대에 등장한 신형 감지기의 부속장치로 편입되었다. 페르미 연구소 CDF는 세계에서 가장 복잡한 입자감지기이다. 3층 건물 높이에 무게는 5,000톤, 가격은 무려 6000만 달러나 된다. CDF의 임무는 테바트론에서 생성된 양성자와 반양성자의 정면충돌을 관측하고 분석하는 것이다. 이곳에서는 섬광계수기 등 최적의 조합으로 배열된 10만 개의 센서들이 충돌관련 정보를 전기펄스로 변환하여 기록장치에 보관하고 있다.

감지기를 통해 수집된 방대한 양의 데이터를 실시간으로 분석하기란 현실적으로 불가능하다. 그래서 모든 데이터는 디지털 변환과정을 거쳐 자기테이프에 저장된다. 테바트론에서는 매 초당 10만 번이 넘는 충돌이 일어나고 있기 때문에(1990년대 초에는 초당 100만 회로 늘어날 예정이다.), 컴퓨터는 '흥미로운' 충돌과 '별 볼일 없는' 충돌을 신속하게 구별해야 한다. 사실 대부분의 충돌은 후자에 속한다. 가장 흥미로운 사건은 양성자에 들어 있는 쿼크가 반양성자 내부의 반쿼크나 글루온과 충돌하는 경우인데, 안타깝게도 자주 일어나지는 않는다.

무언가 특별한 충돌이 일어나면 정보처리장치는 100만 분의 1초 안에 중요한 결정을 내린다. "이 충돌은 분석할 만한 가치가 있는가?" 사람이라면 상상도 할 수 없는 일이지만 컴퓨터에게는 아무것도 아니다. 시간은 상대적이다. 여기서 재미있는 농담 하나, 한 거북이가 시내를 거닐다가 달팽이 패거리에게 걸려 모든 것을 털렸다. 나중에 경찰이 나타나 사건정황을 묻자 거북이가 더듬거리며 대답했다. "잘 모르겠어요. 너무 순식간에 벌어진 일이라서……."

연구소의 공학자들은 컴퓨터의 부담을 줄이기 위해 충돌 사건을 좀 더 효율적으로 판단하는 시스템을 개발했다. 간단히 말해서 시스템에게 어떤 충돌 사건을 기록할지 알려주는 일종의 '스위치'를 프로그램에 삽입하는 것이다. 예를 들어 입자의 에너지가 작을 때는 스위치가 가만히 있다가, 고에너지 입자가 들어오면 스위치가 작동하여 컴퓨터에 기록을 지시하는 식이다. 새로운 현상은 저에너지보다 고에너지에서 발생할 확률이 높기 때문이다. 그런데 스위치의 작동 기준을 어떻게 정해야 할까? 기준이 너무 느슨하면 데이터가 홍수를 이루고, 기준이 너무 까다로우면 중요한 사건을 놓치거나 실험 전체가 무위로 돌아갈 수도 있다. 충돌시에 고에너지 전자가 튀어나오거나 입자제트(jet of particles)●가 발생하면 스위치가 켜지도록 세팅하는 것이 바람직하다. 통상적으로 스위치를 활성화시키는 충돌 사건은 10~20가지 경우로 한정되는데, 이 정도면 1초당 5,000~1만 건의 충돌 사건이 스위치 기준을 통과한다. 1만 분의 1초당 한 번 꼴이니, 컴퓨터에게는 좀 더 생각해볼 여유가 있다. "이 사건을 정말 기록하실 건가요?" 그 후로 4~5단계의 확인절차를 거친 후, 최종적으로 기록되는 사건은 1초당 10건 정도이다.

이렇게 걸러진 사건들은 세세한 사항까지 모두 자기테이프에 저장된다. 스위치의 기준을 넘지 못하여 기록되지 않은 사건들도 100건 중 하나 꼴로 저장된다. 행여 중요한 사건을 놓치지 않았는지 확인하기 위해서다. 이 모든 것을 총괄하는 데이터 수집 시스템(DAQ)은 필요한 건 뭐든지 알고 있다고 자부하는 물리학자와 언제나 활달한 전자공학자들의 피땀어린 노력과 협동의 산물이다. 참, 반도체에 기반을 둔 상업용 미세전자공학의 혁명도 빼놓을 수 없다.

입자감지기와 관련된 기술을 일일이 나열하자면 끝도 한도 없지만, 개인적인 관점에서 볼 때 가장 뛰어난 혁신가는 내가 대학원생이던 시절에 네비스 연구소의 다락방에서 일했던 수줍음 많은 전기기사 윌리엄 시패치(William Sippach)였다. 기계와 회로에 관한 한 웬만한 물리학자보다 뛰어났던 그는 우리에게 필요한 모든 것을 설계하고 만들어주었다. 당시 사용했던 DAQ도 그의 작품이다. 어쩌다 장비가 고장을 일으키면 새

● 방출되는 입자들이 좁은 영역에 집중되는 현상.

벽 세시에 전화를 걸어 "당신이 만든 기계가 작동하지 않아요. 어떻게 하죠?"라며 징징대곤 했는데(그렇다. 우리가 사용했던 기계는 모두 '당신'이 만든 것이었다.), 그럴 때마다 시패치는 확실한 답을 주었다. 예를 들면 "16번 선반덮개를 열어보세요. 거기 작은 스위치 보이죠? 그걸 켜면 다 해결될 겁니다. 안녕히 주무세요." 뭐, 이런 식이었다. 그의 실력이 얼마나 뛰어났는지, 뉴헤이븐과 팔로알토, 제네바, 노보시비르스크 등지에서 온 저명한 물리학자들이 그를 만나기 위해 줄을 설 정도였다.

시패치를 비롯하여 입자감지기 제작에 공헌했던 수많은 사람들은 1930∼1940년대에 시작된 입자가속기의 위대한 전통을 계승했으며, 디지털컴퓨터 1세대의 역할을 훌륭하게 수행했다. 이들의 업적은 더 나은 가속기와 감지기를 낳았고, 이런 전통은 영원히 이어질 것이다.

제아무리 비싼 가속기도 결과가 신통치 않으면 아무 소용없다. 입자감지기는 수백 억 달러짜리 기계의 가치를 입증해주는 최후의 증인인 셈이다.

입자가속기와 물리학의 진보

이제 독자들은 가속기에 관한 모든 것을 알게 되었다.(아마 그 이상일 것이다.) 이 정도면 웬만한 이론물리학자보다 낫다. 그들을 비난하는 것이 아니라, 사실이 그렇다. 그러나 가속기보다 중요한 것이 있다. 이 엄청난 기계들은 우리가 사는 세상에 대하여 무엇을 말해주고 있는가?

앞서 말한 대로 1950년대의 싱크로사이클로트론은 파이온의 특성을 밝히는데 결정적인 역할을 했다. 유가와 히데키의 이론에 의하면 양성자와 양성자, 양성자와 중성자, 그리고 중성자와 중성자가 특정한 질량의 파이온을 교환하면서 강하게 결합되어 있다. 또한 그는 순전히 이론에 입각하여 파이온의 질량과 수명을 예견했다.

파이온의 정지질량 에너지는 140메가전자볼트이다. 1950년대의 웬만한 대학교에 구비되어 있던 400~800메가전자볼트짜리 입자가속기를 통해 쉽게 생성되는 수준이다. 파이온은 뮤온과 뉴트리노로 붕괴되는데, 1950년대의 커다란 수수께끼였던 뮤온은 전자의 무거운 버전처럼 보였다. 전자와 뮤온은 거동방식이 거의 똑같지만 뮤온의 질량이 전자보다 200배나 크다. 천재 물리학자 리처드 파인먼도 이것 때문에 한동안 깊은 고민에 빠졌다. 뮤온의 미스터리는 우리의 최종목적지인 신의 입자와 밀접하게 관련되어 있다.

2세대 입자가속기는 실험의 새로운 장을 열었다. 수십 억 전자볼트(수 GeV)짜리 입자로 원자핵을 때리면 완전히 새로운 현상이 나타난다. 지금부터 기말고사를 앞두고 벼락치기 공부를 하는 학생들처럼, 가속기로 무엇을 할 수 있는지 속성으로 알아보자. 입자가속기와 감지기는 다음 두 가지 임무를 수행할 수 있다. 첫째, 입사입자를 산란시키고 둘째, 새로운 입자를 만들어낸다.(이것이 바로 새로운 현상이다!)

(1) **산란**: 산란실험에서는 입사입자가 표적과 충돌한 후 흩어지는 각도를 관측한다. 이 경우에는 각도에 따른 입자의 분포가 관건이다. 그래서 산란실험의 최종결과를 전문용어로 '각도분포(angular distribution)'라 한다. 양자역학법칙에 입각하여 실험결과를 분석하면 입자를 산란시킨 원자핵에 대하여 많은 정보를 얻을 수 있다. 입사입자의 에너지가 클수록 원자핵의 내부구조가 더욱 선명하게 드러난다. 원자핵의 구성성분(양성자와 중성자)과 이들의 배열 및 운동 상태는 모두 산란실험을 통해 알려진 것

이다. 입사입자(양성자)의 에너지를 더 키우면 양성자와 중성자의 내부를 들여다볼 수 있다. 상자 속의 상자 뚜껑을 여는 셈이다.

단순한 것이 좋다면 양성자 하나(수소원자의 핵)를 표적으로 삼을 수도 있다. 산란실험을 하면 양성자의 크기와 양전하의 분포상태를 알 수 있다. 꼼꼼한 독자라면 이렇게 물을 것이다. "표적을 때리는 입자 때문에 교란이 일어나지 않을까?" 좋은 지적이다. 물론 교란이 일어난다. 그래서 입사입자도 종류가 다양하다. 처음에는 방사능 물질에서 자연방출된 알파입자를 사용하다가 가속기에서 발사된 양성자와 전자로 바뀌었고, 그 후에는 전자에서 방출된 광자와 양성자-원자핵 충돌에서 생성된 파이온 등 소위 말하는 "2차 입자"가 사용되었다. 1960~1970년대에는 파이온이 붕괴되면서 생성된 뮤온과 뉴트리노를 입사입자로 사용했으니, 1차에서 2차를 거쳐 3차 입자까지 간 셈이다.

1980년대에 입자가속기연구소는 다양한 입자를 생산하는 서비스센터로 변신했다. 페르미 연구소는 양성자와 중성자, 파이온, 케이온, 뮤온, 뉴트리노, 반양성자, 하이퍼론(hyperon), 편극된 양성자(스핀이 한 방향으로 통일된 양성자), 표식된 광자(tagged photon, 에너지가 알려진 광자) 등 다양한 입자로 이루어진 고온빔과 저온빔을 생산하면서 잠재적 고객을 찾고 있다. 당신에게 필요한 입자빔이 이 목록에 없다면 요구서를 보내주기 바란다!

(2) **새로운 입자 만들기**: 두 번째 임무의 목적은 새로운 에너지영역에서 지금까지 발견된 적 없는 새로운 입자가 만들어질 수 있는지 확인하는 것이다. 새 입자가 존재한다면 질량, 스핀, 전하, 그리고 그것이 속하는 입자족 등 가능한 한 많은 정보를 알아내야 한다. 입자의 수명은 얼마이며 무엇으로 붕괴되는지, 그리고 입자의 세계에서 어떤 역할을 하는지

도 알 필요가 있다. 파이온은 우주선에서 처음 발견되었으나, 안개상자를 분석해보니 처음부터 우주선에 섞여 있던 입자가 아니었다. 우주에서 날아온 양성자가 지구 대기에 진입한 후 질소나 산소원자의 핵과 충돌하면서 생성된 입자가 파이온이었던 것이다. 그 외에 우주선 안에서 발견된 입자로는 K^+와 K^-, 그리고 람다입자(Λ)가 있다. 입자가속기는 1950년대 중반에 처음 등장한 후 1960년대를 거치면서 간간이 새로운 입자를 발견하여 물리학자들을 흥분시켰다. 그러나 가속기의 출력이 향상되면서 새로운 입자들이 홍수처럼 쏟아지기 시작하여 새로 작성된 입자목록에는 다섯 개도 아니고 열 개도 아닌 수백 개가 추가되었다. 이 모든 발견은 실험입자물리학의 기술을 바탕으로 이루어낸 거대과학의 쾌거가 아닐 수 없다.

새로 발견된 입자에는 대부분 그리스식 이름이 부여되었다. 발견자는 수십 명으로 구성된 연구팀인 경우가 대부분인데,[•] 그중 절반의 과학자들은 새로 발견된 입자의 물리적 특성(질량, 전하, 스핀, 수명, 양자적 특성)을 학술지에 발표하여 자신의 이름을 알렸다. 팀원 중 박사과정 학생이 있다면 학위 자격시험과 논문심사를 통과하여 초청강연에 불려 다니기도 하고, 학교에서 승진하는 등 일련의 경사를 누린다. 그러나 뭐니 뭐니 해도 이들이 제일 간절하게 기다리는 것은 자신의 발견을 재확인하는 다른 사람의 논문이다. 특히 그 실험이 자신과 다른 방법으로 진행되어 동일한 결과에 도달했다면 더할 나위 없이 좋다. 특정 장비로만 관측되는 입

• 100명이 넘는 경우도 흔하다. 이론물리학 논문은 저자가 1~4명, 많아야 10명을 넘지 않기 때문에 논문 첫 페이지에 제목과 저자, 초록, 입문 등이 넉넉하게 들어가지만, 실험논문은 공동 저자들 이름만 2~3페이지에 걸쳐 빼곡하게 적혀 있다.

자는 신빙성이 떨어지기 때문이다. 다른 환경에서 다른 장비로 관측했는데 동일한 입자가 또 발견되었다면 신뢰도가 크게 향상된다.

입자와 관련된 사건을 세세한 부분까지 보여주는 거품상자도 새로운 입자를 발견하는 데 혁혁한 공을 세웠다. 그 후에 등장한 전자감지기는 좀 더 특화된 실험에 사용된다. 일단 새로운 입자가 발견되어 정식목록에 오르면, 실험자는 입자의 수명(새로 발견된 입자는 대부분 불안정하다. 상태가 안정하고 가벼운 입자라면 진작에 발견되었을 것이다.)과 붕괴방식 등 여타의 특성을 알아내는 특별한 장비와 특별한 충돌실험 설계에 들어간다. 이 입자는 무엇으로 붕괴되는가? 예를 들어 람다입자는 양성자와 파이온으로 붕괴되고, 시그마입자는 람다입자와 파이온으로 붕괴된다. 이 모든 내용을 정리해서 표를 만들되, 거기에 압도당하지 않도록 주의해야 한다. 이들은 원자핵 내부의 복잡하고 심오한 세계로 우리를 인도하는 안내표지판일 뿐이다. 강력(강한 핵력)이 개입된 충돌에서 생성된 입자를 "하드론 (hadron, 그리스어로 무겁다는 뜻으로 강입자라고도 한다.)"이라 하는데, 지금까지 발견된 하드론은 수백 종이나 된다. 더 이상 분해할 수 없는 데모크리토스의 아토모스를 기대했는데 무겁고 분해 가능한 입자만 수백 종이라니, 참사도 이런 참사가 없다! 이런 경우에는 생물학자의 교훈을 따르는 것이 상책이다. "뭐가 뭔지 모를 때는 무조건 분류부터 하라!" 그래서 우리도 입자를 분류했다. 그 결과는 다음 장에서 다룰 예정이다.

세 가지 마무리: 타임머신과 대성당, 그리고 궤도가속기

마지막으로, 입자가속기 안에서 일어나는 사건을 새로운 관점으로 바라보자. 이 관점은 천체물리학자로부터 빌려온 것이다.(외부인들은 잘 모르겠지만, 페르미 연구소에는 소규모의 천체물리학 연구팀이 있다. 아주 재미있는 친구들이다!) 그들은 우리의 우주가 약 137억 년 전에 빅뱅(대폭발)이라는 혼돈 속에서 태어났다고 주장한다. 딱히 반론을 제기할 만한 근거가 없으니 일단은 받아들이기로 하자. 빅뱅 직후의 우주는 상상할 수 없을 정도로 뜨겁고 밀도가 높은 액상수프상태였고, 원시입자들이 그 안에서 엄청난 에너지로 충돌하고 있었다(온도와 에너지는 단위만 다를 뿐, 같은 개념이다.). 그러나 우주는 탄생과 동시에 급격하게 팽창하면서 빠르게 식었고, 빅뱅 후 10^{-12}초가 되었을 때 뜨거운 수프 속 입자의 에너지는 1조 전자볼트(1TeV)까지 감소했다. 페르미 연구소의 테바트론에서 생성된 입자빔과 비슷한 수준이다. 그러므로 입자가속기는 초기우주를 들여다볼 수 있는 일종의 타임머신인 셈이다. 테바트론은 양성자가 정면충돌을 일으키는 아주 짧은 시간 동안 '빅뱅이 일어나고 1조 분의 1초가 지난 우주'의 환경을 재현해준다. 우주를 몇 개의 연대로 나눴을 때 각 연대의 물리학과 한 연대에서 다음 연대로 전달된 물리적 조건을 알면 우주의 전체적인 진화과정을 알아낼 수 있다.

입자물리학자들은 가속기를 자랑스럽게 여기고 그것을 운용하면서 즐거움도 느끼지만, 가속기가 초기우주를 재현한다는 사실에는 별 관심이 없었다. 그러나 최근 들어 입자가속기와 우주의 연결고리가 눈에 보이기 시작했다. 입자의 에너지가 1테라전자볼트(현대 입자가속기의 한계)보다 훨씬 컸던 우주 탄생의 순간에 모든 비밀이 숨어 있음을 깨닫게 된 것이다. 신의 입자의 비밀도 이곳에 함께 묻혀 있을 것이다.

입자가속기를 천체물리학과 연계하여 타임머신으로 간주하는 것은 하나의 관점일 뿐이다. 또 하나의 관점은 가속기의 아버지이자 카우보이

소장으로 유명했던 로버트 윌슨의 책에서 찾을 수 있다. 여기서 잠깐 관련 내용을 읽어보자.

나는 페르미 연구소를 설계할 때 미학적인 면과 기술적인 면을 함께 고려했다. 그리고 이 과정에서 중세의 대성당과 가속기 사이에 신기한 유사점을 발견했다. 성당은 하늘에 가까이 닿으려는 노력의 산물이고, 가속기는 높은 에너지에 도달하려는 노력의 산물이다. 또한 두 구조물의 미학적 외관은 기술적 원인에서 탄생했다. 즉, 아름답게 보이려고 억지로 애를 쓴 게 아니라, 기술적으로 완벽함을 추구하다보니 저절로 아름다워진 것이다. 성당의 둥그런 아치는 실내 기둥을 없애고 넓은 공간을 확보하기 위한 기술적 조치였으나, 결과적으로 최상의 아름다움을 낳았다. 기술적 아름다움은 가속기에서도 찾아볼 수 있다. 입자가 그리는 나선형 궤적이 그렇고, 전기력과 자기력의 절묘한 조화도 아름답다. 두 구조물은 에너지 넘치는 밝은 입자빔을 통해 그 존재가 드러난다는 공통점도 있다.

나는 대성당의 아름다움에 매료되어 좀 더 자세히 살펴보다가, 성당건축가들의 공동체와 가속기 제작자들의 공동체 사이에서도 놀라운 유사점을 발견했다. 그들은 과감한 개혁가였고 국가라는 이름하에 치열한 경쟁을 벌였지만 기본적으로는 국제적 협력관계에 있었다. 프랑스 생드니(St. Denis)성당의 현장 공사감독이었던 쉬제(Suger)와 케임브리지의 코크로프트, 노틀담성당의 쉴리(Sully)와 버클리의 로렌스, 프랑스의 건축가 비야르 드 온느쿠르(Willard de Honnecourt)와 노보시비르스크의 부드카 …… 이들 모두는 뚜렷한 공통점을 갖고 있다.

윌슨의 글에 나도 한마디 추가하고 싶다. 대성당과 입자가속기는 웬만한 신념 없이는 감당하기 어려운 대가를 요구한다는 것이다(물론 모든 성당이 그런 것은 아니다.).

가속기 분야에서 일하는 사람은 긴 세월 동안 피땀 흘려 완성한 기계가 처음 가동될 때 가장 큰 보람과 희열을 느낀다. 모든 사람이 상기된 표정으로 제어실에 모여들고, 책임연구원들은 앞자리에 앉아 스크린을 응시하고 있다. 준비 완료. 수많은 과학자들과 공학자들의 몇 년에 걸친 노력이 결실을 맺는 순간이다. 병에 담긴 수소가 가속기 안으로 투입되고……. 와우, 제대로 작동한다! 빔이다! 사람들은 만세를 부르며 샴페인을 스티로폼 잔에 채운다. 얼굴은 기쁨과 환희로 가득 차 있다. 중세의 대성당도 이와 크게 다르지 않았을 것이다. 마지막 석상이 기둥 위에 얹혀지는 순간, 사제와 주교, 추기경, 건설노동자와 신도들, 그리고 성당 다락방에서 살게 될 꼽추까지, 웅장한 건축물에 감탄하며 신앙심을 다잡는다.

우리는 입자가속기를 대할 때, 거기 적용된 첨단기술과 출력 외에 미학적 요소도 눈여겨볼 필요가 있다. 앞으로 수천 년이 지난 후, 입자가속기는 고고학자와 인류학자들이 20세기 문명을 평가하는 중요한 잣대가 될 것이다. 가속기야말로 20세기 인류가 남긴 가장 거대한 기계이기 때문이다. 오늘날 우리는 스톤헨지와 기자의 피라미드를 보면서 그 기술적 정교함과 아름다움에 경탄을 금치 못한다. 그러나 이들은 단지 미관을 위한 조형물이 아니라, 천체의 운동을 관측하기 위한 원시적 천문대였다. 고대인들도 우주를 이해하고 우주와 조화를 이루기 위해, 엄청난 대가를 치러가면서 거대한 구조물을 건설했던 것이다. 그러므로 입자가속기는 20세기의 피라미드이며, 현대판 스톤헨지인 셈이다.

마지막으로 "페르미 연구소"라는 명칭의 원조이자 1930~1950년대에 최고의 명성을 누렸던 엔리코 페르미의 관점을 살펴보자. 이탈리아 태생인 그는 로마대학교에서 이론 및 실험물리학에 지대한 공헌을 했으며, 뛰어난 제자를 길러내는 스승으로도 유명했다. 그는 1938년에 노벨상을 수상했는데, 그 기회를 틈타 파시즘이 만연했던 조국을 떠나 미국에 정착했다.

페르미는 제2차 세계대전이 진행되는 동안 시카고대학교의 연구팀을 이끌면서 최초의 핵 연쇄반응기를 제작하여 최고 물리학자의 반열에 올랐고, 전쟁이 끝난 후에는 뛰어난 학생들을 시카고대학교로 불러들여 거대한 연구팀을 조성했다. 로마대학교와 시카고대학교에서 그의 지도를 받은 학생들은 졸업 후 학계로 진출하여 전 세계 이론 및 실험물리학을 선도해나갔다. "그가 얼마나 훌륭한 스승인지 알고 싶다면, 그의 제자 중 노벨상 수상자가 몇 명이나 되는지 헤아려 보라." 고대 아즈텍(Aztec)의 격언을 현대식으로 패러디한 것이다.

1954년에 페르미는 미국 물리학회 회장직을 그만 두면서 퇴임연설을 했다. 그는 존경심과 풍자를 적절히 섞어가며 "가까운 미래에 인류는 지구궤도에 가속기를 건설하여 우주공간의 천연 진공을 활용하게 될 것이다. 미국과 소련의 군사비용을 조금만 할당하면 얼마든지 가능한 일이다."라고 힘주어 강조했다. 내가 휴대용 계산기를 두드려보니, 10조 달러면 5만 테라전자볼트짜리 가속기를 우주공간에 건설할 수 있을 것 같다. 공사규모가 워낙 크니까 할인도 가능할 것이다. 무기를 살 돈으로 가속기를 만드는 것보다 더 평화적인 일이 또 어디 있겠는가?

막간 C

반전성이 위배되었던 주말,
우리는 신을 보았다

나는 신이 '살짝 왼손잡이'라는 것을 도저히 믿을 수 없다
— 볼프강 파울리

거울에 비친 당신의 모습을 바라보라. 오케이, 그 정도면 꽤 괜찮은 얼굴이다. 그런데 오른손을 위로 올렸더니 거울에 비친 당신도 똑같이 오른손을 올린다. 뭐라구? 그럴 리가……. 설마 왼손이겠지! 엉뚱한 손이 올라간다면 당신은 경악을 금치 못할 것이다. 우리가 아는 한, 지금까지 이런 일은 한 번도 발생한 적이 없다. 그러나 뮤온이라는 소립자에게 이런 일이 실제로 일어났다.

거울대칭은 실험을 통해 수도 없이 확인되어왔다. 전문용어로는 반전성 보존(parity conservation)이라 한다. 지금부터 '중요한 발견'에 관한 이야기를 할 참이다. 이 글을 읽고 나면 추한 현실이 아름다운 이론을 얼마든지 사장시킬 수 있음을 알게 될 것이다. 이 모든 일은 어느 금요일 점심시간에 시작되어 다음주 화요일 새벽 4시에 마무리되었다. 우리가 하늘같이 믿어왔던 자연의 법칙이 (부분적인) 오해로 판명된 것이다. 몇 시간 동안 사력을 다해 데이터를 분석한 후, 우리는 우주의 행동방식에 대한 기존의 관념을 버릴 수밖에 없었다. 아름답기 그지없는 이론이 틀린 것으로 판명되면 커다란 실망이 뒤따르기 마련이다. 자연은 우리가 생각했던 것보다 엉성하고, 다루기 어려웠다. 우리는 '더 깊은 진실을 알게 되면 진정한 아름다움이 모습을 드러낼 것'이라고 스스로 위로하며 상황을

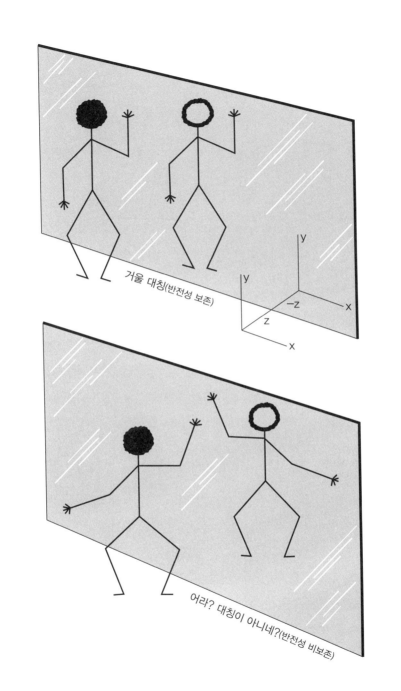

마무리지었다. 1957년 1월, 뉴욕시에서 북으로 36킬로미터 거리에 있는 어빙턴에서 반전성 보존법칙은 그렇게 물리학 역사 속으로 사라졌다.

대칭은 지극히 수학적이면서 직관적으로 아름답다. 그래서 물리학자들은 대칭을 좋아한다. 인도 최고의 건축물 타지마할 궁과 그리스의 고대사원은 대칭의 아름다움을 극한으로 끌어올린 대표적 사례이다. 인공물뿐만이 아니다. 대부분의 동물과 다양한 광물 결정은 아름다운 대칭을 갖고 있으며, 인간의 몸도 겉으로 보기에는 좌우대칭형이다. 1957년 1월 이전까지만 해도, 물리학자들은 절대적이고 완벽한 대칭성이 다양한 형태로 자연의 법칙에 내포되어 있다고 생각했다. 대칭은 고체의 결정 구조와 대형분자들, 그리고 원자와 입자를 이해하는 데 중요한 실마리를 제공해왔다.

거울 속 실험

자연에는 거울대칭이 존재한다. 물리학자들의 언어로 표현하면 "반전성 (parity)은 보존된다." 다시 말해서, 물리법칙만으로는 눈앞에서 벌어지는 사건이 현실세계에서 일어나는 것인지, 아니면 거울에 비친 허상인지 구별할 수 없다는 뜻이다.●

수학을 싫어하는 독자들에게는 미안한 일이지만, 반전성 보존법칙을 논하면서 수학을 피해가기란 결코 쉬운 일이 아니다. 굳이 피해가자면

● 현실에서 일어나는 사건의 좌우를 뒤바꿔도 기존의 물리법칙은 여전히 성립한다.

못할 것도 없지만, 일단은 '공식적인 기록을 위해' 반전성 보존을 수학적으로 이해해보자. 자연의 법칙을 서술하는 방정식은 좌표의 z값을 $-z$로 바꿔도 달라지지 않는다. z축을 거울 면에 수직한 방향으로 잡고 z를 $-z$로 대치하면, 모든 사건은 거울에 비친 영상으로 바뀐다. 예를 들어 당신(또는 원자)이 거울로부터 16단위 떨어진 곳에 서 있다면, 거울에 비친 영상은 거울 속으로 16단위 떨어진 곳에 서있다. 당신의 몸을 이루고 있는 모든 원자의 z 좌표값을 $-z$로 바꾸면 거울에 비친 당신의 영상이 만들어진다. 이렇게 바꿨는데도 방정식이 변하지 않는다면(예를 들어 방정식에서 z가 z^2의 형태로 등장한다면), 자연에는 거울대칭이 존재하고 반전성은 보존된다.

한 물리학자가 한쪽 벽면이 거울로 덮여 있는 방에서 실험을 수행하고 있다. 거울 속에서는 실험의 모든 과정이 좌우가 바뀐 채 진행된다. 질문, 어느 쪽이 현실이고 어느 쪽이 거울영상인지 구별할 수 있을까? (거울 앞, 또는 거울 속에 있는) 앨리스는 객관적인 실험을 통해 자신이 어떤 세상에 있는지 알아낼 수 있을까? 실험장면을 찍은 비디오테이프를 과학자에게 보여준다면, 이 실험이 진짜인지, 아니면 거울에 비친 허상을 찍은 것인지 알아차릴 수 있을까? 1956년 12월까지 통용되던 답은 "no"였다. 제아무리 전문가라고 해도 현장에서 실물을 직접 만져보지 않는 한, 비디오영상이 현실인지 거울에 비친 허상인지 구별할 수 없었다. 눈썰미 좋은 한 사람이 "저기 좀 보세요! 코트의 단추가 전부 왼쪽에 달려 있잖아요. 그러니까 저건 거울영상입니다!"라고 외칠 수도 있다. 그러나 단추를 오른쪽에 다는 것은 인간이 만들어낸 관습일 뿐이다. 어떤 물리법칙도 단추를 왼쪽에 다는 것을 금지하지 않는다. 인간 특유의 관습이나 선입견을 모두 버리고, 비디오영상 속에서 물리법칙에 어긋난 무언가를 찾아야 한다.

1957년 1월 이전까지는 거울 속 세상에서 물리법칙에 위배되는 사례가 단 한 번도 발견되지 않았다. 자연의 법칙하에서 현실과 거울 속은 완전히 공평한 세상이었다. 거울 속에서 일어나는 모든 사건은 현실세계에서도 일어날 수 있고, 그 반대도 마찬가지였다. 반전성은 확실히 유용한 개념이다. 반전성을 이용하면 분자와 원자, 그리고 원자핵의 상태를 체계적으로 분류할 수 있고 물리학자의 노동량도 많이 줄어든다. 옷을 벗은 사람이 한쪽 절반을 칸막이로 가린 채 단상 위에 서있다면, 우리는 칸막이 뒤에 가려진 모습을 머릿속에 그릴 수 있다. 이것이 바로 대칭의 미학이다.

물리학자들은 1957년 1월에 발생한 사건을 "반전성의 몰락"이라고 불렀다. 이 일을 계기로 물리학자들은 사고방식 자체를 바꾸었고, 충격적 결과를 수용하는 데에도 어느 정도 익숙해졌다. 놀라운 것은 이 충격적인 발견이 너무도 단순하고 신속하게 이루어졌다는 점이다.

상하이 카페

1957년 1월 4일 금요일 정오, 매주 금요일은 중국음식으로 점심을 때우는 날이었다. 컬럼비아대학교 물리학과 교수들은 약속장소인 리정다오 교수의 연구실 앞에 모여들었다. 잠시 후, 10여 명의 물리학자들은 120번가 퍼핀피직스빌딩을 나와 125번가에 있는 상하이 카페로 발걸음을 옮겼다. 중국음식을 먹는 전통은 리정다오가 시카고대학교에서 컬럼비이대학교로 자리를 옮긴 1953년부터 시작되었는데, 당시 그는 갓 박사학위를 받은 신출내기였음에도 불구하고 물리학계의 슈퍼스타로 떠오르고 있었다.

금요일 점심시간은 물리학과 교수들이 격의 없이 대화를 나누는 자리였다. 아니, 대화라기보다는 거의 수다에 가까웠다. 가끔은 서너 명이 동시에 목소리를 높여서 그릇이 흔들릴 정도였다. 조용한 시간은 겨울멜론수프를 후루룩거리며 마시거나 불사조 용고기, 통살새우볼, 해삼탕 등 양념이 강한 화북식 요리를 정신없이 먹을 때뿐이었다(당시 미국에서는 이런 음식 먹을 수 있는 음식점이 흔치 않았다.). 하지만 그날은 물리학과 건물에서 출발할 때부터 대화의 주제가 반전성으로 이미 정해져 있었다. 동료 교수이자 워싱턴의 미국 표준국에서 실험을 수행 중이던 우젠슝(吳健雄, C. S. Wu)으로부터 새로운 뉴스가 날아들었기 때문이다.

식당에 앉아 본격적인 대화로 들어가기 전에, 리정다오는 웨이터가 주고 간 주문표를 작성하기 시작했다. 상하이 카페에 올 때마다 그가 하는 일인데, 결코 만만한 작업이 아니다. 리정다오는 근엄한 표정으로 메뉴를 읽다가 웨이터에게 중국어로 무언가를 묻더니 찌푸린 표정으로 주문내용을 적어나갔다. 잠시 후 다시 질문을 하고 글자 몇 개를 수정하더니, 마치 신의 가호를 기원하듯 천장을 한번 바라보고는 속기사처럼 써 내려갔다. 다 되었는가? 오늘 주문한 음식에는 음과 양, 색상, 문양, 그리고 향기가 적절한 조화를 이루고 있는가? 오케이. 리정다오는 만족스러운 표정으로 펜을 내려놓고 웨이터에게 주문표를 건네주었다. 이제 대화에 낄 준비가 된 것이다.

그는 잠시 숨을 고른 후 격앙된 목소리로 우리에게 말했다. "우젠슝한테서 전화가 왔는데, 엄청난 파장을 불러올 데이터가 나왔다고 합니다!"

*

다시 한쪽 벽이 거울로 덮여 있는 실험실로 돌아가보자. 우리가 이곳에서 어떤 실험을 하건(산란실험, 입자생성실험, 중력실험, 갈릴레오의 낙하실험 등등 ……), 거울 속 세상에서 벌어지는 모든 사건은 실제 세상과 동일한 물리법칙을 따른다. 즉, 현실과 거울 속 세상 사이에 반전대칭이 존재하는 것이다. 그렇다면 반전성이 위배(違背, violated)되는 경우는 과연 어떤 경우일까? 가장 단순하면서 객관적인 실험은 나사를 돌려보는 것이다. 나무토막에 반쯤 박힌 나사못에 전동드라이버를 끼우고 시계방향으로 돌린다. 이때 나사못이 나무 안으로 들어가면 그 나사는 오른나사(right-handed screw)이다. 그러나 거울에 비친 전동드라이버는 반시계방향으로 돌아가고, 그런데도 나사못은 나무 안으로 들어가고 있으니 거울 속 나사는 왼나사이다. 여기까지는 기존의 상식과 다르지 않다. 이제 우리가 '(물리법칙에는 어긋나지만)왼나사가 존재할 수 없는 희한한 세상'에 살고 있다고 가정해보자. 이런 세상에서 위와 똑같은 실험실을 만들고 똑같은 실험을 하면 거울대칭은 붕괴된다. 오른나사의 거울영상이 존재할 수 없기 때문이다. 다시 말해서, 반전성이 위배된 것이다.

이것은 리정다오와 프린스턴대학교의 동료 양전닝이 약한 상호작용(약력)법칙의 검증방법을 제안하면서 서두에 꺼냈던 이야기다. 이들의 제안을 실험에 옮기려면 오른나사(또는 왼나사)에 대응하는 입자가 있어야 하고, 전동드라이버처럼 '회전'과 '운동방향'을 결합해야 한다. 팽이처럼 자전하는 입자를 상상해보자. 입자의 이름은 뮤온이다. 이것을 가운데 축을 중심으로 회전하는 원통이라고 생각해보자. 실린더형 뮤온은 양쪽 끝면이 똑같기 때문에 시계방향으로 도는지, 반시계방향으로 도는지 판별할 수 없다. 이 점을 확인하기 위해, 당신(A)과 친구(B) 사이에서 원통이 회전한다고 상상해보자. 두 사람은 각각 원통의 납작한 면을 바라보고 있다. A가 볼 때 원통이 시계방향으로 회전하고 있다면, B의 눈에는 반시계방향으로 회전하고 있다. 두 사람이 아무리 논쟁을 벌여도 해결할 방법은 없다. 이것이 바로 반전성이 보존되는 상황이다.

리정다오와 양전닝은 스핀을 가진 입자(회전하는 입자)의 붕괴를 관측하여 약력이론을 검증한다는 천재적 아이디어를 떠올렸다. 뮤온이 붕괴될 때 생성되는 입자 중 하나는 전자이다. 앞에서 뮤온을 원통이라고 가정했으니, 원통의 양끝에 있는 두 개의 면 중 한곳에서만 전자가 튀어나온다고 가정하자. 이것으로 '방향'이 결정되었다. 그리고 이 방향을 기준으로 '시계방향 회전'과 '반시계방향 회전'도 정의할 수 있다. 전자가 튀어나오는 면은 나사못과 전동드라이버가 접촉하는 면(나사의 머릿부분)에 해당한다. 전자를 기준으로 회전방향이 시계방향일 때, 그 뮤온을 '오른손잡이 뮤온(right-handed muon)'으로 정의하자. 그런데 뮤온이 항상 이런 식으로 붕괴된다면 뮤온은 좌우를 차별한다는 뜻이고, 붕괴과정에서 거울대칭이 위배된다.● 뮤온의 자전축이 거울 면에 평행하도록 세팅해놓으면 확실하게 알 수 있다. 실제 뮤온은 오른손잡이고 거울에 비친 뮤온은 왼손잡이다. 그런데 왼손잡이 뮤온은 자연에 존재하지 않는다.

우젠슝의 실험에 관한 소문은 크리스마스 때부터 돌고 있었으나 모두들 휴가 중이이어서 만날 수가 없었다. 1월 4일(금요일)의 점심식사는 컬

● 여기서 말하는 "거울대칭"이란 단순히 좌우가 바뀐 영상이 아니라, 좌우가 바뀌어도 동일한 물리법칙이 적용되는 상황을 의미한다.

실험실	거울에 비친 실험실

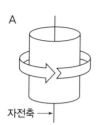

A

자전축 →

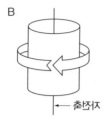

B

← 춤잔첝자

A는 자전하는 입자를 나타낸다.
B는 A의 거울영상이다.
C는 A를 거꾸로 뒤집은 그림인데
B와 똑같다. 그러므로 B는 자연에
존재하며, 거울대칭이 유지된다.

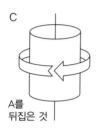

C

A를
뒤집은 것

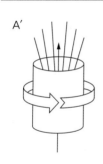

A′

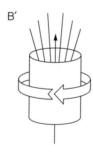

B′

A′은 붕괴 중인 뮤온을 나타낸다.
자전축의 방향은 전자가 방출되는
방향과 같다. 따라서 전자는 '오른
손잡이'를 전적으로 선호한다.
B′은 A′의 거울영상으로, 왼손잡이
뮤온이 붕괴되면서 전자를 방출하
고 있다.
실험을 통해 모든 뮤온이 오른손잡
이로 판명되었다면, B′은 자연에 존
재하지 않는다.
예를 들어 A′의 위–아래를 뒤집은
C′은 B′과 다르다. 즉, 거울대칭이
위배되었다.

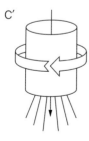

C′

럼비아대학교 물리학과 교수들이 크리스마스 이후로 처음 만나는 자리였다. 1957년에 우젠슝은 나와 같이 컬럼비아대학교의 교수로 재직중이었다. 원자핵 방사능붕괴를 주로 연구했던 그녀는 실험 분야에서 발군의 실력을 발휘했으며, 학문에 관한 한 제자들에게 한 치의 여유도 주지 않는 가혹한 교수로 유명하여 학생들 사이에서 '장개석 총통의 부인'으로 통했다. 또한 우젠슝은 데이터가 정확하고 결과를 분석하는 능력도 탁월하여 누구나 신뢰하는 실험물리학자였다.

리정다오와 양전닝은 1956년 여름에 반전성 보존법칙을 검증하는 아이디어를 떠올렸고, 우젠슝은 곧바로 실험에 착수했다. 그녀가 선택한 실험대상은 불안정한 방사성원소인 코발트-60이었는데, 이 원자핵은 자발적으로 붕괴하여 니켈 원자핵으로 변하고, 부산물로 뉴트리노와 양전자를 방출한다. 이 현상을 실험실에서 관찰하면 코발트 원자핵에서 갑자기 양전자가 방출되는 것처럼 보이는데,● 이것을 베타붕괴(beta decay)라 한다. '베타'라는 명칭이 붙은 이유는 전자의 원래 이름이 베타입자였기 때문이다. 그런데 붕괴현상은 왜 일어나는 것일까? 물리학자들은 이런 현상을 약한 상호작용(weak interaction)이라 부른다. 즉, 자연에 '약력(weak force)'이라는 힘이 존재하여 방사능원소의 붕괴를 유발한다는 것이다. 힘은 밀고 당길 뿐만 아니라, 코발트가 니켈로 변하면서 렙톤(경입자)을 방출하는 것처럼 원자의 종을 바꾸기도 한다. 1930년대 이후에 발견된 여러 가지 반응들 중 상당수가 약력에 기인한 것으로 판명되었다. 이탈리아 태생의 미국 물리학자 엔리코 페르미는 약력의 수학적 체계를 확립하

● 뉴트리노는 검출하기 어렵기 때문에 보이지 않는다.

여 코발트-60 등 다양한 원소에서 일어나는 붕괴현상을 정확하게 예견했다.

리정다오와 양전닝은 1956년에 공동으로 발표한 논문 〈약력의 반전성 보존에 관한 문제(Question of Parity Conservation in the Weak Force)〉에서 몇 가지 반응을 선택하여, 약력이 작용하는 과정에서 반전성(거울대칭)이 위배될 가능성을 제시했다. 두 사람의 관심사는 자전하는 원자핵에서 전자가 방출되는 방향이었는데, 전자가 어느 한쪽 방향을 특별히 선호한다면 이는 곧 코발트원자가 '단추가 한쪽 방향으로 달린 코트'만 입고 다닌다는 뜻이다. 그렇다면 거울이 설치된 실험실에서 방출되는 전자를 관측했을 때, 어느 쪽이 현실이고 어느 쪽이 거울에 비친 허상인지 구별할 수 있다.

평범한 연구와 위대한 연구의 차이는 무엇일까? 문학, 미술, 음악에도 똑같은 질문을 제기할 수 있다. 예술 분야에서는 작품 하나가 탄생할 때까지 작가가 견뎌온 시련의 시간들이 작품의 가치를 결정한다. 과학에서 이론의 가치를 결정하는 것은 '실험'이다. 실험으로 검증된 훌륭한 이론은 오래된 질문에 답을 제시하고, 새로운 연구 분야를 창출하고, 새로운 질문을 제기한다.

리정다오의 정신세계는 참으로 섬세하고 미묘했다. 점심메뉴를 고를 때나 중국산 도자기를 감정할 때, 또는 학생들의 능력을 평가할 때 그의 입에서 나오는 말은 마치 원석을 다듬는 칼처럼 날카로웠다. 그의 예리한 통찰력은 양전닝과 함께 쓴 논문에도 유감없이 발휘되어 있다(그때만 해도 나는 양전닝에 대해 잘 모르고 있었다.). 리정다오와 양전닝은 중국인 특유의 대담함을 발휘하여 실험데이터를 재분석한 끝에 놀라운 사실을 깨달았다. 반전성 보존을 하나의 물리법칙으로 확립했던 방대한 양의 실험데이터가 방사능붕괴(약력)에는 적용되지 않았던 것이다. 이때 나는 생전 처음으로 "자연에 존재하는 힘들이 모두 동일한 보존법칙을 따르지는 않는다."는 사실을 알게 되었다.

리정다오와 양전닝은 두 팔을 걷어붙이고 거울대칭을 테스트할 수 있는 방사능붕괴 사례들을 집중적으로 연구하기 시작했다. 두 사람은 거울대칭의 성립여부를 누구나 확인할 수 있는 실험법을 고안하여 논문으로 발표했고, 우젠슝은 코발트-60을 이용하여 그 실험을 수행하기로 마음먹었다. 문제는 코발트 원자핵들이 모두 같은 방향으로 자전하도록 만드는 것이었는데, 이를 위해서는 코발트-60을 매우 낮은 온도까지 냉각시켜야 했다. 그러나 당시 컬럼비아대학교에는 고성능 냉각장치가 없었기 때문에, 우젠슝은 스핀정렬기술이 이미 확보되어 있는 미국 표준국으로 실험실을 옮겼다.

*

그날 점심식사의 마지막 코스는 파와 부추를 곁들인 잉어요리였다. 웨이터가 음식을 서빙하는 동안 리정다오가 중요한 정보를 알려주었다. 우젠슝의 실험에서 예상치의 열 배가 넘는 '대단한 결과'가 나왔다는 것이다. 그러나 실험데이터는 소문으로만 돌 뿐이었고, 자세한 내용은 아무도 모르고 있었다(리정다오는 내가 잉어의 머릿부분을 좋아한다는 것을 알고 그 부위를 잘라서 내 접시에 담아주었다.). 그 순간, 내 머릿속에 한 가지 의문이 떠올랐다. "만일 우젠슝이 그토록 대단한 결과를 얻었다면, 뉴트리노가 두 개의 성분을 갖고 있는 것은 아닐까……?" 리정다오는 설명을 계속 이어나갔지만 나는 혼자 생각에 사로잡혀 나머지 이야기를 거의 듣지 못했다.

점심식사가 끝난 후 학교로 돌아온 우리는 사무관련 회의와 세미나에 참석했다. 그러나 나는 우젠슝의 '대단한 결과'에 마음을 빼앗겨 아무 것도 귀에 들어오지 않았다. 리정다오가 작년 8월에 브룩헤이븐에서 초청강연을 할 때에는 "뮤온과 파이온에서 반전성이 위배되는 경우는 아주 미미할 것"이라고 했었다.

그런데 대단한 결과라니? 나도 작년 8월에 파이온-뮤온의 연쇄붕괴를 검토한 적이 있는데, 그때 깨달은 사실은 "실험이 적절히 수행되려면 두 개의 연속반응에서 반전성 위배가 나타나야 한다."는 것이었다. 당시 나는 성공적인 실험을 위해 요구되는 한계값이 얼마인지 확인도 해보지 않고 무작정 계산을 진행했었다. 그런데 우젠슝의 그토록 큰 값을 얻었다면⋯⋯.

그날 저녁, 나는 돕스페리에 있는 우리 집에서 저녁식사를 한 후 어빙턴에 있는 네비스 연구소에서 대학원생 한 명을 데리고 당직근무를 섰다. 그곳에 있는 400메가전자볼트짜리 가속기는 1950년대에 발견된 메손(중간자)을 생성하고 연구하는 데 주로 사용되고 있었다. 당시에는 신경 쓸 메손이 몇 종류 되지 않았으니, 지금 생각해보면 참으로 행복한 시절이었다. 물론 네비스 연구소에서는 중간자뿐만 아니라 파이온에도 각별한 신경을 쓰고 있었다.

네비스 입자가속기에서 양성자빔이 표적을 때리면 강력한 파이온빔이 분출된다. 파이온은 불안정한 입자이기 때문에, 표적에서 분출되어 가속기 밖으로 나온 후 차폐막을 지나 실험실에 도달하는 동안 20퍼센트는 약붕괴를 일으켜 뮤온과 뉴트리노로 분해된다. 이 과정을 기호로 쓰면 다음과 같다.

$$\pi \rightarrow \mu + \nu \ (\text{비행 도중 붕괴됨})$$

이때 생성된 뮤온은 원래 파이온이 진행하던 방향과 거의 같은 방향으로 나아간다. 만일 이 과정에서 반전성이 위배된다면, 스핀축(자전축)이 진행방향과 반대인 뮤온보다 진행방향과 같은 뮤온이 더 많을 것이다. 그런데 이 차이가 크게 나타난다는 것은 모두 같은 방향으로 자전하는 입자가 자연에 존재한다는 뜻이다. 우젠슝이 극저온 자기장 안에서 코발트-60으로 수행한 실험은 이 가능성을 강하게 시사하고 있었다. 실험의 관건은 스핀축의 방향이 알려진 뮤온이 전자와 뉴트리노로 붕괴되는 사건을 가능한 한 많이 관측하는 것이었다.

실험

소밀강(Saw Mill River) 주변의 언덕은 숲이 아름답기로 유명하다. 그러나 금요일 저녁에는 북쪽 공원도로에 교통체증이 심해서 잘 보이지 않는다. 이 길은 허드슨강을 따라 리버데일(Riverdale)과 용커스(Yonkers)를 거쳐 북쪽으로 길게 뻗어 있다. 나는 이 길을 따라 자동차를 몰다가 갑자기 '대단한 결과'의 의미를 떠올렸다. 자전하는 물체가 붕괴할 때 특별한 자전축방향을 선호한다면 관심을 가질 만하다. 예를 들어 어떤 붕괴과정에서 1,030개의 전자가 특정 방향으로 방출되고 그 반대방향으로 970개가 방출되었다면 결론을 내리기가 어렵다. 그러나 빈도수가 1,500:500이라면 이야기가 달라진다. 이런 경우는 발견하기도 쉽고, 뮤온의 스핀을 체계화하는 데에도 큰 도움이 될 것이다. 이것을 실험으로 확인하려면 스핀방향이 모두 같은 뮤온 샘플이 필요하다. 이 뮤온은 사이클로트론에서 발사되어 우리의 실험장을 향해 날아오기 때문에, 진행방향 자체가 스핀의 기준이 된다. 우리에게 필요한 것은 대부분이 오른나사방향으로 자전하는 뮤온빔이다(대부분이 왼나사방향이어도 상관없다.). 뮤온이 관측장비에 도달하면 몇 개의 계수기를 거친 후 탄소블록에서 정지한다. 그러면 우리는 뮤온의 진행방향으로 방출된 전자와 반대방향으로 방출된 전자의 수를 헤아린다. 만일 두 값이 큰 차이를 보인다면 반전성 위배가 증명된다. 완전 대박이다!

생각이 여기까지 미치자, 금요일 저녁의 느긋했던 기분이 온데간데없이 사라졌다. 그런 실험이라면 우리도 할 수 있다. 나의 대학원생 제자인 마르셀 바인리히(Marcel Weinrich)가 뮤온과 관련된 실험을 해오고 있으니, 그의 실험장비를 조금 수정하면 '대단한 결과'를 얻을 수 있을 것 같았다. 나는 컬럼비아대학교 가속기에서 뮤온이 생성되는 과정을 다시 점검해보았다. 하늘 높은 줄 모르던 대학원생 시절, 나는 경마를 좋아했던 틴로트와 함께 가속기 외부로 방출된 파이온과 뮤온을 연구한 적이 있으니, 이 분야에서는 어느 정도 전문가인 셈이었다.

나는 전체 실험과정을 머릿속에 그려보았다. 지름 6미터에 무게가 4,000톤이나 되는 거대한 자석 사이에 스테인리스강으로 만든 거대한 진공상자가 샌드위치처럼 끼어 있다. 자석의 중심부에 설치된 가느다란 튜브에서 발사된 양성자는 라디오주파수 전압에 맞춰 점점 큰 나선궤적을 그리면서 400메가전자볼트까지 가속되고, 자석의 가장자리에 도달했을 때 직선궤도로 발사되어 대기하고 있던 흑연 표적을 때린다. 400메가

● 뮤온의 진행방향을 오른손 엄지손가락과 일치시켰을 때, 나머지 네 손가락이 감긴 방향으로 자전하면 오른나사방향, 그 반대이면 왼나사방향이다.

전자볼트면 양성자가 흑연 속의 탄소원자핵과 충돌하면서 파이온을 생성하기에 충분한 에너지다.

내 마음의 눈에는 표적에서 튀어나오는 파이온이 생생하게 보였다. 이들은 강력한 사이클로트론 자석의 양극 사이에서 태어나 가속기의 테두리 쪽을 향해 점점 큰 원을 그리면서 소멸의 춤을 춘다. 어느 순간 갑자기 뮤온이 나타나 파이온의 원래 운동을 이어받는다. 자기장은 자석의 테두리로 갈수록 빠르게 감소하기 때문에 뮤온 입자들이 한 줄기로 집중되고, 이들은 3미터 두께의 차폐막에 나 있는 구멍을 통해 우리가 대기 중인 실험실에 도달한다.

나의 제자 바인리히가 수행했던 실험에서는 7.5센티미터 두께의 필터를 이용하여 뮤온의 속도를 늦추고, 다양한 재질로 이루어진 2.5센티미터 두께의 블록에 뮤온이 정착하도록 세팅되어 있었다. 음전하를 띤 뮤온은 다양한 원자들과 부드럽게 충돌하면서 에너지를 잃다가, 결국은 양전하를 띤 원자핵에 포획된다. 그런데 뮤온이 원자핵의 궤도 안에 진입하면 스핀에 영향을 받게 되고 실험은 수포로 돌아간다. 그래서 우리는 양전하를 띤 뮤온을 사용하기로 했다. 양(+)의 뮤온이 최종목적지인 블록에 도달하면 어떤 일이 벌어질까? 아마도 조용히 자전하면서 붕괴될 기회를 엿보고 있을 것이다. 블록의 재질도 몇 가지 후보를 놓고 신중을 기한 끝에 가장 적절해 보이는 탄소를 선택했다.

1957년 1월의 어느 금요일, 허드슨강을 따라 북쪽으로 차를 몰던 나는 드디어 가장 중요한 생각에 도달했다. 파이온이 붕괴되면서 생성된 모든 (또는 대부분의) 뮤온의 스핀이 어떻게든 같은 방향으로 정렬되어 있다면, 이는 곧 파이온-뮤온 붕괴반응에서 반전성이 크게 위배되었음을 의미한다. 리정다오가 말했던 '대단한 결과'가 바로 이것이다! 이제 뮤온이 가속기 밖으로 나와서 우아한 곡선을 그리며 차폐막의 구멍을 통과할 때까지, 스핀축이 진행방향과 나란하게 유지된다고 가정해보자(g인자의 값이 2에 가까우면 이런 일이 생긴다.). 그리고 수많은 뮤온들이 탄소원자와 부드럽게 충돌하여 속도가 서서히 줄어들 때에도 스핀과 진행방향 사이의 관계가 변하지 않는다고 가정하자. 이런 일이 실제로 발생한다면, 나는 스핀이 같은 다량의 뮤온 샘플을 확보하게 된다!

뮤온의 수명이 100만 분의 2초라는 것도 나에게는 다행이었다. 우리의 실험장비는 뮤온의 붕괴과정에서 방출된 전자를 감지하도록 이미 세팅되어 있었으므로, 스핀축에 의해 정의된 방향과 그 반대방향으로 방출되는 전자의 개수를 비교할 수 있었다. 간단히 말해서, 거울대칭을 검증하는 실험이었던 것이다. 두 숫자가 다르게 나오면 반전성은 죽는다! 그것도 내 손에 죽는다!

그러나 실험이 성공하려면 약간의 기적이 필요했다. 작년 8월에 발표된 리정다오와 양전닝의 논문에는 반전성이 위배되는 경우가 아주 적을 것이라고 예견되어 있었다. 한 번의 실험에서 결과가 미미하게 나왔다면 인내를 갖고 다시 시도해볼 수 있겠지만, 두 번 연속 0.01퍼센트 이하로 나온다면 의욕을 상실할 것이 뻔하다. 우리의 실험이 성공하려면 파이온이 붕괴되면서 생성된 뮤온들이 대부분 같은 방향으로 자전해야 하고(기적1), 이 뮤온들이 붕괴되면서 전자를 방출할 때 뮤온의 스핀축을 기준으로 관측 가능한 비대칭이 존재해야 한다(기적 2).

용커스 요금소를 지날 때쯤 나는 극도로 흥분해 있었다(1957년에는 통행료가 겨우 5센트였다.). 나는 '반전성 위반 사례가 많이 나타나면 뮤온은 틀림없이 특정 방향으로 편극(偏極, polarized)되어 있을 것'•이라는 확신이 들었다. 또한 뮤온의 스핀이 갖고 있는 자기적 특성 때문에, 자기장 속에서 스핀이 입자의 운동방향으로 고정될 것 같았다(그러나 뮤온이 흑연블록에 흡수되어 에너지를 잃으면 어떤 일이 일어날지 짐작하기가 어려웠다.). 만일 내 생각이 틀렸다면 뮤온의 스핀축은 여러 방향으로 뒤틀릴 것이고, 스핀축을 기준 삼아 전자가 방출되는 방향을 관측할 수도 없을 것이다.

다시 한 번 정리해보자. 파이온이 붕괴되면 뮤온이 생성되고, 뮤온의 스핀축은 진행방향과 같다. 이것은 거의 기적에 가깝다. 이제 뮤온이 붕괴될 때 전자가 어느 방향으로 방출되는지 확인하려면 뮤온을 강제로 정지시켜야 한다. 뮤온이 블록을 때리기 전에 어느 방향에서 왔는지 이미 알고 있으므로, 도중에 방해요소가 없다면 뮤온이 정지하거나 붕괴될 때 스핀 방향을 알 수 있다. 우리가 할 일이란 뮤온이 정지한 곳으로 전자감지기의 팔을 회전시켜서 거울대칭을 확인하는 것뿐이다.

손에 식은땀이 흐르기 시작했다. 필요한 계수기는 실험실에 있다. 고에너지 뮤온이 탄소블록에 도달했음을 알려주는 전자장비도 테스트를 통과하여 적절한 자리에 설치되어 있었다. 계수기 네 개가 장착된 망원경도 있다. 이 장비가 뮤온에서 방출된 전자를 감지해줄 것이다. 이제 남은 일은 이 장비들이 탄소블록 주변을 자유롭게 이동할 수 있도록 하나의 판 위에 설치하는 것이다. 한두 시간이면 충분하다. 와우! 꽤나 긴 밤이 될 것 같았다.

잠시 집에 들러 급하게 저녁을 먹고 아이들과 쉬고 있는데, IBM의 물리학자 리처드 가윈(Richard Garwin)으로부터 전화가 걸려왔다. 그는 컬럼비아대학교 캠퍼스 근처에 있는 IBM 연구소에서 원자물리학을 연구하

• 여러 입자의 스핀이 한 방향으로 통일된 상태.

고 있었다. 딕(Dick, 가윈의 애칭)은 평소에 컬럼비아대학교 물리학과 교수들과 자주 어울렸지만 그날 상하이 카페에 오지 못했기 때문에 우젠슝의 최근 실험결과를 뒤늦게나마 알고 싶어 했다.

나는 앞뒤 볼 것 없이 단도직입적으로 말했다. "이봐, 딕. 아주 간단한 방법으로 반전성 위배여부를 테스트할 수 있는 아이디어가 떠올랐어. 지금 당장 우리 연구실로 와서 좀 도와주지 않겠나?" 딕은 뉴욕 브롱크스 북쪽의 소도시 스카즈데일 근처에 살고 있었다. 그날 저녁 8시, 딕과 나는 영문을 몰라 어리둥절해진 대학원생이 보는 앞에서 그가 세팅해놓은 실험장비들을 열심히 분해하고 있었다. 그 불쌍한 학생은 나의 제자인 바인리히였는데, 학위 논문을 쓰기 위해 며칠 밤을 세워가며 어렵게 만들어놓은 장비가 낱낱이 분해되었으니, 그의 마음도 갈가리 찢어졌을 것이다. 딕에게는 스핀축을 중심으로 전자의 분포를 측정할 수 있도록 전자망원경을 세팅하는 임무가 주어졌다. 이것도 결코 만만한 작업이 아니었다. 망원경의 위치를 바꾸면 뮤온과의 거리가 달라져서 데이터에 영향을 줄 수도 있기 때문이다.

실험장치를 세팅하던 중, 딕 가윈이 또 하나의 결정적인 아이디어를 떠올렸다. "이봐, 이 무거운 판때기를 돌리려고 애쓰지 말고, 자석 안에서 뮤온의 방향을 돌리는 게 낫지 않겠어?" 그 순간, 나는 거의 숨이 멎을 것 같았다. 맞아! 당연히 그게 낫지! 자전하는 하전입자는 조그만 자석이므로, 자기장 안에 놓인 나침반처럼 돌아간다. 단, 뮤온-자석에 역학적 힘이 작용하여 계속해서 돌아갈 것이다. 정말이지 간단하고도 심오한 아이디어였다.

적절한 시간 안에 뮤온이 360도 돌아가려면 자기장의 세기가 얼마나 되어야 할까? 계산은 아주 쉽다. '적절한 시간'이 얼마인지가 문제다. 뮤온의 반감기는 1.5마이크로초(100만 분의 1.5초)이다. 즉, 뮤온의 절반은 생성된지 1.5마이크로초만에 전자와 뉴트리노로 분해된다는 뜻이다. 그러므로 자석 안에서 뮤온을 1마이크로초당 1도씩 '천천히' 회전시키면 단 몇 도 돌아갔을 때 뮤온이 몽땅 사라져서 0도일 때와 180도일 때를 비교할 수 없다. 즉, 뮤온의 '꼭대기'에서 방출된 전자의 수와 '바닥'에서 방출된 전자의 수를 비교할 수 없게 되어 실험은 수포로 돌아갈 것이다. 반대로 자기장을 왕창 키워서 1마이크로초당 1,000도씩 '빠르게' 회전시키면 뮤온이 감지기를 너무 빠르게 지나가서 흐릿한 분포밖에 얻을 수 없다. 우리는 이런저런 가능성을 고려한 끝에 1마이크로초당 45도씩 회전시키기로 결정했다.

원통에 구리선을 수백 번 감은 후 몇 암페어의 전류를 흘려보내면 필요한 자기장을 얻을 수 있다. 주변을 둘러보니 마침 합성수지로 만든 원통이 있길래, 바인리히에게 자재창고에 가서 구리선을 가져오라고 했다. 그 사이에 우리는 뮤온 제동용 흑연토막을 잘라서 실린더 안에 고정시키고 원거리에서 조종이 가능하도록 도선을 전원에 연결했다. 밤이 깊어가면서 정신이 살짝 몽롱해졌지만, 다행히 자정 전에 모든 준비를 마칠 수 있었다. 매주 토요일 오전 8시가 되면 정비를 위해 가속기를 끄도록 되어 있었기 때문에 가능한 한 서둘러야 했다.

새벽 1시, 계수기가 데이터를 기록하기 시작했다. 다양한 방향으로 방출된 전자의 개수가 누적기록장치에 기록되었다. 그러나 가윈의 아이디어를 받아들여 전자망원경을 회전시키는 대신 자기장 안에서 뮤온의 스핀축을 회전시켰기 때문에, 각도를 직접 측정할 수 없었다. 이런 세팅에서는 전자의 '도착시간'이 바로 방향에 해당한다. 물론 만사가 잘 풀린 건 아니었다. 가능한 한 많은 양성자가 표적을 때리도록 하기 위해 새벽에 불려나왔다고 투덜대는 가속기 운전기사를 계속 달래야 했고, 흑연블록에서 정지하는 뮤온의 수를 정확하게 세기 위해 계수기의 위치를 여러 번 바꿔야 했다. 뮤온에 가해준 자기장의 세기도 여러 번 확인했다.

몇 시간 동안 데이터를 수집한 후 중간점검을 해보니, 스핀축을 기준으로 0도에서 방출된 전자와 180도 방향으로 방출된 전자의 개수에 커다란 차이가 나타났다. 그런데 데이터가 다소 불분명하여 마음이 복잡했다. 이 상황에서 기뻐해야 하나, 실망해야 하나……. 다음날 아침 8시에 데이터를 확인해보니 후자 쪽이었다. "뮤온이 방출되는 모든 방향은 동등하다."는 기본 가정과도 일치하지 않았기 때문이다. 원래 존재했던 거울대칭이 깨져야 이슈가 될 텐데, 그런 대칭조차 없는 것으로 나왔으니 도대체가 말이 되질 않았다. 우리는 가속기 운전기사에게 4시간만 더 작동시켜달라고 애원했지만 일언지하에 거절당했다. 하긴, 내가 그였어도 거절했을 것이다. 무리하게 돌리다가 고장이라도 나면 모든 책임을 혼자 뒤집어써야 하니까. 어깨를 축 늘어뜨린 채 실험장비가 세팅되어 있는 가속기실로 돌아왔는데, 또 하나의 재앙이 우리를 기다리고 있었다. 전선을 감아놓은 합성수지 원통이 전류에서 발생한 열을 이기지 못해 구부러졌고, 그 바람에 뮤온을 정지시키는 탄소블록이 떨어져 나왔다. 그러니까 뮤온은 제대로 된 자기장에 놓여 있지 않았던 것이다. 우리는 잠시동안 서로를 책망한 후(사실은 대학원생한테 다 뒤집어 씌웠다!) 다시 마음을 가다듬었다. 오케이, 실험은 실패했지만 우리 아이디어는 여전히 유용하다!

우리는 주말에 할 일을 생각해보았다. 우선 적절한 자기장을 생성하고, 흑연블록에서 멈추는 뮤온과 그곳에서 방출되는 전자의 수를 가능한 한 늘여야 한다. 그리고 양전하를 띤 뮤온이 탄소원자에 포획되는 몇 마이크로초 사이에 무슨 일이 일어나는지 잘 생각해봐야 한다. 흑연블록 안에서 양전하를 띤 뮤온이 자유전자를 포획하면 뮤온의 스핀이 흐트러져서 또 다시 실험을 망칠 것이다.

딕과 나, 그리고 대학원생 바인리히는 각자 집으로 돌아가 잠시 눈을 붙이고 오후 2시에 다시 모였다. 우리는 각자 업무를 할당하여 주말 내내 쉬지 않고 일했다. 나는 붕괴되는 파이온에서 탄생하여 흑연블록으로 날아오는 뮤온의 운동을 다시 계산하고, 뮤온의 궤적을 따라 스핀과 운동방향을 추적했다. 또한 거울대칭이 최대한으로 위배된다고 가정하고, 모든 뮤온의 자전축이 진행방향과 나란해지도록 만들었다. 이제 거울대칭의 위배 사례가 최대값의 절반만 돼도 진동하는 곡선을 볼 수 있을 것이다. 제대로만 된다면 반전성 위배가 증명될 뿐만 아니라, 위배되는 정도를 100퍼센트에서 0퍼센트사이의 숫자로 나타낼 수 있었다.(0퍼센트면 안 된다. 그러면 우리는 망한다!) 혹시 여러분은 과학자를 '냉철하고 객관적인 사람'으로 알고 있는가? 만일 그렇다면 이 기회에 바로잡아주기 바란다. 전혀 그렇지 않다! 특히 이런 상황에서는 누구 못지않게 감정적이다. 우리는 반전성이 위배되기를 너무도 간절하게 바라고 있었다. 반전성은 젊고 예쁜 여자가 아니고 우리도 청소년이 아니었건만, 무언가를 그토록 보고 싶어 한 적은 없었던 것 같다. 다만, 과학자는 열정 때문에 연구방법이 달라져선 안 되며, 스스로를 냉정하게 비판할 줄도 알아야 한다.

가윈은 합성수지 원통을 치워버리고 흑연덩어리에 전선을 감은 후 내구성을 확인하기 위해 두 배의 전류를 흘려보냈다. 합격. 바인리히는 계수기의 위치를 조절하고 전자망원경을 정지용 블록에 더 가깝게 접근시켜서 테스트를 해보았다. 이것도 합격. 우리는 이 실험으로부터 논문 거리가 나오기를 간절히 기도하면서 모든 세팅을 두 번, 세 번 확인했다.

월요일 아침, 의외의 변수가 발목을 잡았다. 가속기에 심각한 문제가 생겨서 화요일 오전 8시까지 가동을 멈추게 된 것이다. 오케이, 상관없다. 준비할 시간이 그만큼 많아졌으니까. 그런데 역시 세상에 비밀이란 없는 법, 주말에 우리가 가속기에 들러붙어 무언가를 시도했다는 소문이 일부 교수에게 새어나갔고, 상하이 카페에서 점심식사를 같이 했던 젊은 동료 교수 한 명이 네비스 연구실로 찾아와 질문을 퍼부었다. 나는 대충 둘러대며 답을 회피했지만, 그의 날카로운 눈을 피해갈 수는 없었다.

"말 안 하셔도 다 압니다. 반전성을 확인하려는 거죠? 근데 그거 잘 안 될 거예요. 뮤온이 탄소블록에 도달하면 에너지를 잃으면서 스핀이 뒤죽박죽 섞일 거라고요." 실망스러운 반응이었지만 나의 투지를 꺾지는 못했다. 그 순간 나는 컬럼비아대학교 물리학과의 정신적 지주인 이시도어 라비의 말을 되새기고 있었다. "스핀은 아주 미끄러운 놈이다."

월요일 오후 6시, 가속기가 예정보다 빨리 정상을 되찾았다. 급한 마음에 허둥지둥 실험장비를 확인하다가 구리선에 감긴 채 널판 위에 얹혀 있는 표적이 눈에 들어왔다. 어쩐지 위치가 조금 낮은 것 같아서 조준경으로 확인해보니 아니나 다를까, 제 위치에서 2.5센티미터쯤 내려와 있었다. 주변을 둘러보니 나사못 보관용으로 쓰는 맥스웰하우스 커피캔이 눈에 뜨이길래 널판을 채우고 캔 위에 표적을 놀려놓았다. 다시 조준경으로 확인. 완벽했다!(나중에 스미스소니언 연구소에서 우리 실험을 재현한다며 커피캔을 빌려달라고 했는데, 실험실을 아무리 뒤져도 찾을 수 없었다.)

갑자기 장내 스피커로 안내방송이 들려왔다. "이제 가속기 전원을 켤 예정이니, 가속기실에 계신 분들은 모두 나가주시기 바랍니다."(이럴 때 안 나가고 버텼다간 졸지에 닭튀김이 된다!) 우리는 밖으로 나와서 주차장을 가로질러 실험실건물로 이동했다. 감지기에서 나온 전선은 이곳에 있는 전자장비에 연결된다. 가원은 몇 시간 전에 집으로 돌아갔고, 바인리히는 허기진 배를 움켜쥐고 있다가 도저히 못 참겠다며 식당으로 달려갔다. 나는 감지기에서 날아온 신호의 분석절차를 확인하기 위해 두툼한 노트를 꺼내들었다. 그 노트에는 다른 사람들이 휘갈겨놓은 낙서가 곳곳에 남아 있었는데, 예를 들면 "이런 젠장!", "대체 누가 커피주전자 켜놨어?" "니 마누라한테 전화 왔음. 몹시 화났음. 나라면 전화하지 않겠음" 등이었다. 개중에는 "3번 계수기를 조심할 것. 간간이 스파크가 일고 숫자를 빼먹기도 함"과 같이 유용한 낙서도 있었다.

오후 7시 15분, 양성자빔의 강도가 정상으로 돌아왔고 파이온을 생성하는 표적도 원격조정을 통해 제 위치에 자리 잡았다. 그러자 곧바로 계수기들이 도달한 입자를 세어나가기 시작했다. 물론 내 눈은 "뮤온이 정지한 후 다양한 시간간격으로 방출되는 전자의 개수"에 고정되었다. 6, 13, 8 …… 아직은 숫자가 작다.

오후 9시 30분에 가원이 돌아왔다. 나는 다음날 아침 6시에 가원과 교대하기로 약속하고 연구실을 나왔다. 차를 몰고 집으로 가는데 마치 거북이를 타고 가는 기분이었다. 거의 20시간 동안 잠을 못 잤으니 제정신일 리가 없다. 너무 피곤해서 밥도 못 먹을 지경이었으니까. 침대에 쓰러져 잠을 청하려는데 갑자기 전화벨이 울렸다. 시계를 보니 새벽 3시였다. 전화기 속에서 가원이 목청껏 소리를 질러댔다. "이봐, 이건 꼭 와서 직접 봐야해! 지금 당장 오라고! 우리가 해냈다니까!"

화요일 새벽 3시 25분. 주차장에 차를 대고 연구실에 들어섰다. 가원이 계수데이터를 프린트해서 노트에 붙이고 있었는데, 숫자를 보는 순간 모든 게 분명해졌다. 0도 방향으로 방출된 전자가 180도 방향으로 방출된 전자보다 두 배 이상 많았던 것이다. 자연은 오른손잡이 스핀과 왼손잡이 스핀의 차이를 분명하게 보여주고 있었다. 바로 그때, 가속기 출력이 최대치에 도달하면서 계수판의 눈금이 빠르게 올라가더니. 0도 방향은 2,560, 180도 방향은 1,222에 도달했고 그 중간에 해당하는 각도에서도 매우 적절한 값들이 표시되었다. 통계적 관점에서 볼 때 이 정도면 엄청난 결과다. 반전성이 위배돼도 한참 위배되었다! 손바닥에 식은땀이 흐르고 가슴은 터질 것 같고……. 내 몸은 섹스할 때와 거의 비슷한 증세를 보이고 있었다.(물론 완전히 같지는 않다!) 나는 잠시 숨을 고른 후 세부사항을 점검하기 시작했다. 무언가가 잘못 되어서 지금과 같은 결과가 나올 수도 있을까? 물론 가능성은 많다. 전지의 수를 헤아리는 전기회로가 오작동을 일으켰을지도 모른다. 그래서 몇 시간 동안 확인해봤는데 아무 문제없다. 이런 식으로 일일이 확인하자니 한도 끝도 없을 것 같다. 우리가 얻은 결과를 다른 방식으로 확인할 수는 없을까?

새벽 4시 30분. 우리는 가속기 운전기사에게 빔을 꺼달라고 했다. 그리고 가속기실로 뛰어내려가 전자망원경의 방향을 90도 돌려놓았다. 우리가 실험을 제대로 수행했다면, 계수기 데이터는 90도에 해당하는 시간만큼 이동할 것이다. 빙고! 정확하게 그만큼 이동했다.

아침 6시, 나는 리정다오에게 전화를 걸었다. 내 전화를 기다리고 있었다는 듯, 벨이 딱 한 번 울리고는 곧바로 받았다. "하이, 티디! 우리가 파이온-뮤온-전자 연쇄붕괴반응에서 표준편차보다 20배나 큰 신호를 발견했어. 이제 반전성 법칙은 죽은 거야!" 리정다오는 극도로 흥분하여 속사포처럼 질문을 퍼부었다. "그래요? 전자의 에너지는 얼마였는데요? 전자의 에너지가 변할 때 비대칭은 어떻게 변하던가요? 뮤온의 스핀축은 도착 직전에 진행하던 방향과 같았나요?" 일부 질문은 그 자리에서 답할 수 있었고, 나머지는 그날 오후에 밝혀졌다. 가원은 계수판을 읽으면서 그래프를 그려나갔고, 나는 향후일정을 계획했다. 오후 7시부터 컬럼비아대학교의 동료 교수들로부터 전화가 빗발치기 시작했다. 가윈은 8시쯤 집으로 돌아갔고 곧바로 바인리히가 도착했다.(그래, 그를 잊고 있었군!) 밤 9시가 되자 연구실은 사건의 진상을 알기 위해 찾아온 동료 교수와 기술자, 그리고 비서 들로 북새통을 이뤘다.

그런 상황에서는 도저히 실험을 계속할 수가 없었다. 다시 식은땀이 흐르고 가슴이 뛰기 시작했다. 우리의 실험을 계기로 물리학이 달라졌다. 이제 이 심오하고 놀라운 사실을 전 세계에 알려야 한다. 우리는 반전성 실험 덕분에 자기장에 예민하게 반응하는 편극된 뮤온과, 방출된 전자로부터 뮤온의 스핀을 추적하는 방법 등 새로운 실험기술도 터득했다.

그 후 서너 시간에 걸쳐 시카고, 캘리포니아, 유럽 등지에서 전화가 쇄도했다. 시카고와 버클리, 리버풀, 제네바, 그리고 모스크바에서 가속기를 다루던 입자물리학자들은 마치 비상시에 파일럿들이 비행기가 있는 격납고로 뛰어가듯 자신의 가속기가 있는 연구소로 달려갔다. 우리는 일주일동안 실험을 계속하면서 모든 가정과 결과를 일일이 확인했지만, 속으로는 하루라도 빨리 논문을 발표하고 싶었다. 그 후 6개월 동안 일요일만 빼고 가속기를 풀가동하면서 산더미 같은 데이터를 확보했고, 다른 실험팀도 비슷한 실험을 수행하여 우리의 결과가 옳다는 것을 확인했다.

우젠슝은 우리의 명확한 결과를 접하고 그다지 기뻐하지 않았다. 우리는 그녀에게 '공동으로 논문을 발표하자'고 제안했으나, 매사에 철저했던 그녀는 결과를 확인하는 데 일주일이 더 필요하다며 우리의 제안을 거절했다.*

우리의 실험은 말로 표현하기 어려울 정도로 물리학계에 엄청난 영향을 미쳤다. 우리는 자연에 거울대칭이 존재한다는 소중한 믿음에 도전장을 내밀었고, 결국 그 믿음을 파괴했다. 이 책의 뒷부분에 다시 언급되겠지만, 몇 년 후 다른 대칭도 이와 비슷한 수순을 밟게 된다. 그러나 이론물리학자들은 폐기된 대칭을 못내 아쉬워하며 간간이 불편한 심기를 드러내기도 했는데, "나는 신이 살짝 왼손잡이라는 것을 도저히 믿을 수 없다."는 볼프강 파울리의 항변은 지금까지도 명언으로 남아 있다. 신이 오른손잡이여야 한다는 뜻이 아니라, 좌우를 차별하지 않는 "양손잡이"이기를 바랐던 것이다.

1957년 2월 6일, 뉴욕 파라마운트 호텔에서 개최된 미국 물리학회에 2,000명이 넘는 물리학자들이 모여들었다. 참가인원이 어찌나 많았는지 대들보에 매달린 사람도 있었다. 유력 일간지들은 새로운 소식을 1면에 내보냈고,《뉴욕타임스》는 입자와 거울그림을 곁들여가며 반전성 위배의 의미를 자세히 소개했다. 그러나 운명의 그날 새벽 3시에 두 명의 물리학자가 새로운 진리 앞에서 느꼈던 희열에 비하면, 세간의 법석은 아무 것도 아니었다.

- 6개월을 끌었는데 일주일을 더 못 기다렸다니, 선뜻 이해가 가지 않는다. 이 스토리를 우젠슝의 입장에서 서술한다면 완전히 다른 이야기가 될지도 모른다. 리정다오와 양전닝은 1957년에 노벨상을 받았고 저자인 레더먼도 1988년에 받았지만 우젠슝은 끝까지 상을 수상하지 못했다. 그러나 역자가 보기에 우젠슝의 업적은 이 세 사람에게 결코 뒤지지 않는다.

7장

||||||||||||||||||||||||||||||||||||||||||||||||||||||||||||||||||||||||||||||||||||||||||||||||||||||||||||||||||||

원자
: 아토모스!

우주에서 제일 작은 물체를 발견한 물리학자 세 사람이 바로 어제 노벨상을
받았다더군요.
알고 보니 패밀리 레스토랑 데니스에서 파는 스테이크였대요.
저는 전부터 알고 있었어요. 먹어본 사람은 알겠지만, 그거 정말 작거든요!

— 제이 레노

1950~1960년대는 미국 과학의 전성기였다. 1990년대는 경쟁으로 일관
하고 있지만, 1950년대에는 좋은 아이디어와 결단력만 있으면 누구나 연
구 보조금을 탈 수 있었다. 아마도 이것은 '건강한 과학'의 좋은 본보기
가 될 것이다. 미국은 1950~1960년대에 과학의 씨앗을 심었고, 지금 그
열매를 신나게 거둬들이는 중이다.

입자가속기에 의해 밝혀진 원자핵의 내부는 갈릴레오가 망원경으로
밝힌 천체 못지않게 경이로운 세계였다. 갈릴레오 이후로 인류는 또 다
시 기존의 상식에 위배되는 지식을 받아들여야 했다. 20세기 중반에 발
견된 새로운 지식은 과거와 달리 바깥세상이 아닌 '안쪽 세상'에 관한 것
이었지만, 심오함에 있어서는 결코 뒤지지 않았다. 파스퇴르가 미생물을
발견하여 생물학적 우주에 눈을 떴던 것처럼, 핵의 내부는 우리가 사는
곳과 완전히 다른 세상이었다. 우리의 영웅 데모크리토스의 유별난 추측
(또 그의 목소리가 들리는 것 같다. "추측? 추측이라고? 누구 맘대로 추측이래?")도 이
제는 더 이상 화젯거리가 되지 않는다. 눈에 보이지 않는 아주 작은 입자
가 존재한다는 것이 이제는 당연한 사실로 자리 잡았기 때문이다. 작은

것을 보려는 인간의 노력은 안경과 현미경을 거쳐 궁극의 아토모스를 추적하는 입자가속기까지 도달했고, 여기서 가속된 입자빔으로 강력한 충돌을 일으켜 그리스 알파벳으로 명명된 수많은 하드론을 만들어냈다.

하드론 대량생산의 즐거움을 논하려는 게 아니다. 입자를 발견한 사람이 하도 많아서, 이제는 무언가를 새로 발견해도 주목받기 어렵다. 새 하드론을 발견하고 싶은가? 차세대 입자가속기가 가동되는 날을 기다리면 된다. 1984년, 페르미 연구소에서 개최된 물리학자 학회에 폴 디랙이 참석하여 "내 방정식으로부터 양전자의 존재가 처음 예견되었을 때, 그 결과를 도저히 받아들일 수 없었다."고 회고했다(그로부터 몇 년 후, 칼 앤더슨이 양전자를 발견했다.). 디랙이 양전자를 예견했던 1927년은 파격적인 이론을 환영하는 시대가 전혀 아니었다. 페르미 연구소에서 디랙이 연설을 하고 있을 때 청중석에 앉아 있던 빅터 바이스코프가 손을 들고 "1922년에 아인슈타인도 양전자의 존재를 심각하게 고려한 적이 있다."고 했다. 그러자 디랙은 별거 아니라는 듯 손을 내저으며 말했다. "그는 운이 좋았던 것뿐이오." 1930년에 볼프강 파울리도 뉴트리노의 존재를 세상에 알리기 전에 심각한 고민에 빠졌다. 그는 물리학에 새로운 입자가 도입되는 것을 극도로 꺼렸으나, 에너지 보존법칙을 위배하지 않으려면 그 방법밖에 없었다. 뉴트리노를 도입하느냐, 에너지 보존법칙을 포기하느냐, 이 두 가지를 놓고 고민하다가 어쩔 수 없이 뉴트리노를 택한 것이다. 수백년 동안 유지되어왔던 물리학계의 보수적 성향은 시도 때도 없이 나타나는 입자들에 밀려 역사의 뒤안길로 사라졌다. 가수 밥 딜런(Bob Dylon)의 노랫말처럼, "시대는 변하고 있다(The times they are a-changin')." 새로운 현상을 설명하기 위해 새로운 입자를 최초로 도입한 사람은 일본의 이론물리학자 유가와 히데키였다. 그가 도입한 파이온은 과학의 패러다임이 바뀌었음을 알리는 일종의 신호탄이었다.

1950~1960년대 초의 이론물리학자는 수백 개의 하드론을 특성에 따라 분류하고, 실험하는 동료를 쫓아다니며 새로운 뉴스를 수집하느라 몹시 바쁜 나날을 보냈다. 그들에게 하드론은 흥미로우면서도 지독한 골칫거리였다. 탈레스와 엠페도클레스, 데모크리토스의 시대 이후로 우리가 줄곧 추구해왔던 단순함은 다 어디로 갔는가? 입자의 세계는 도저히 제어할 수 없는 동물원 같았고, 물리학자들은 앞으로 입주할 동물의 수가 무한대일지도 모른다는 불안감에 빠져들었다.

이 장에서는 데모크리토스와 보스코비치의 꿈이 실현되어온 과정을 자세히 살펴볼 예정이다. 이 과정은 과거와 현재의 우주만물을 구성하는 소립자와 그들 사이에 작용하는 힘을 설명하는 '표준모형'의 발달사와 맥을 같이하고 있다. 언뜻 보면 표준모형은 데모크리토스의 모형보다 복잡한 것 같다. 데모크리토스의 원자모형에 따르면 모든 물질은 궁극의 단위인 아토모스로 이루어져 있고, 아토모스는 고유한 형태를 통해 서로 결합되어 있다. 그러나 표준모형에서 물질입자들은 매개입자를 통해 작용하는 세 가지 힘에 의해 결합상태를 유지한다. 모든 입자들은 수학적으로 서술되는 복잡한 춤을 추면서 상호작용을 교환하고 있는데, 이것을 일상적인 언어나 그림으로 표현할 방법은 없다. 그러나 다른 면에서 보면 표준모형은 데모크리토스가 상상했던 것보다 단순하다. 우리는 페타치즈의 아토모스와 슬개골의 아토모스, 그리고 브로콜리를 구성하는 아토모스를 따로 생각할 필요가 없다. 우주에 존재하는 궁극의 아토모스는 단 몇 개뿐이다. 이들을 다양한 방식으로 조합하면 무엇이건 만들어낼 수 있다. 앞에서 우리는 이 중 일부를 이미 소개받았다. 전자와 뮤온, 그리고 뉴트리노가 바로 그들이다. 나머지는 이제 곧 만나게 될 것이다.

이 장은 조금 거창하게 말해서 '승리의 장'이다. 물질의 최소단위를 찾아온 여정이 드디어 이 장에서 마무리되기 때문이다. 1950~1960년대 초만 해도 물리학자는 데모크리토스의 수수께끼가 언젠가 반드시 풀린다는 확신을 갖지 못했다. 하드론만 해도 수백 개였으니, 몇 개의 소립자로 우주만물을 설명하는 것은 거의 불가능해 보였다. 그래서 물리학자들은 입자보다 힘을 집중적으로 파고들었고, 수많은 시행착오를 거친 끝에 중력과 전자기력, 그리고 강력과 약력이라는 네 종류의 힘으로 모든 현상을 설명할 수 있게 되었다. 그중에서 중력은 입자가속기로 다루기에는 너무 약하기 때문에, 주로 천문학적 규모에서 존재감을 드러낸다. 사실 표준모형에서 중력이 누락된 데에는 피치 못할 사정이 있는데, 이 내용은 나중에 따로 언급할 것이다. 어쨌거나 중력을 제외한 나머지 세 개의 힘은 이론과 실험을 통해 완벽하게 규명된 상태이다.

전기력

1940년대는 전자기력의 양자 이론이 위대한 승리를 거둔 시대였다. 디랙은 1927년에 전자의 운동을 서술하는 이론을 구축하면서 양자 이론과 상대성 이론을 성공적으로 결합시켰다. 그러나 전자기력은 성질이 워낙 사나웠기에, 양자 이론과 전자기력의 결혼은 고질적인 문제가 해결되지 않은 채 억지로 진행된 강제결혼이었다.

양자 이론과 전자기력을 하나로 통합하려는 시도는 간단히 말해서 '무한대와 벌이는 전쟁'이었다. 1940년대 중반에 전쟁의 한쪽 진영에는 무한대가 있었고, 반대진영에는 당대 최고의 물리학자인 파울리, 바이스코프, 하이젠베르크, 한스 베테, 그리고 디랙이 있었다. 그리고 새로 충원된 신병인 코넬대학교의 리처드 파인먼과 하버드대학교의 줄리언 슈윙거(Julian Schwinger), 프린스턴대학교의 프리먼 다이슨(Freeman Dyson), 일본의 도모나가 신이치로(朝永振一郎)가 무한대와의 한판승부를 준비하고 있었다. 무한대가 갑자기 어디서 튀어나왔냐고? 간단히 설명하면 다음과 같다. 전자가 갖고 있는 어떤 물리량을 디랙의 상대론적 양자역학으로 계산하면 무한대라는 답이 얻어진다. 그냥 '큰 값'이 아니라, 문자 그대로 '무한대'다.

무한대가 얼마나 큰 수인지 알고 싶다면 모든 정수의 개수를 떠올린 후 거기에 1을 더하면 된다. 무한대가 아무리 커도 더 큰 무한대가 항상 존재한다. 물리학자들을 괴롭히는 무한대는 분모가 0인 형태로 자주 나타난다. 즉, 0이 아닌 수를 0으로 나누면 무한대가 된다. 휴대용 계산기는 이 값을 "EEEEE……."라는 공손한 형태로 표시한다. 계산기의 액정에 이런 표시가 뜨면 계산 중에 어디선가 바보짓을 했다는 뜻이다. 고색창연한 기계식 계산기로 이런 계산을 수행했다면 귀에 거슬리는 잡음을 내다가 '펑!' 하는 소리와 함께 자욱한 연기를 내뿜었을 것이다. 이론물리학자에게 무한대는 전자기학과 양자 이론의 결혼에 심각한 문제가 생겼음을 알리는 불길한 징조였다("결혼"이라는 말이 자주 나오는데, 재미있는 비유이긴 하지만 적절한 표현은 아니다. 앞으로는 사용을 자제하겠다.). 어쨌거나 파인먼과 슈윙거, 그리고 도모나가는 1940년대 말에 각자 독립적으로 무한대와 전투를 벌여 부분적인 승리를 거두었다. 전자와 같은 하전입자의 특성을 계산하여 유한한 값을 얻어내는 데 성공한 것이다.

이들이 무한대와의 전쟁에 참전하게 된 것은 컬럼비아대학교의 물리학자이자 나의 스승이었던 윌리스 램의 실험 때문이었다. 제2차 세계대전이 끝난 직후에 램은 대학원생들에게 주요과목을 강의하면서 전자기학을 연구하고 있었다. 또한 그는 전쟁 때 컬럼비아대학교에서 개발한 레이더기술을 이용하여 수소원자의 에너지준위를 규명하는 실험을 수행했는데, 이 실험에서 얻은 데이터는 그 무렵에 새로 탄생한 양자적 전자기이론을 검증하는 기준이 되었다. 이 책에서는 자세한 내용을 생략하고 넘어가기로 한다. 중요한 것은 램의 실험이 '제대로 작동하는' 전자기력 이론을 구축하는 데 결정적인 역할을 했다는 사실이다.

여기서 탄생한 이론이 '재규격화된 양자전기역학(renormalized quantum electrodynamics)'이다. 이론물리학자들은 양자전기역학(quantum electrodynamics, QED)을 이용하여 전자와 뮤온(전자의 덩치 큰 형제)이 갖고 있는 물리량을 소수점 이하 열 번째 자리까지 정확하게 계산할 수 있었다.

QED는 장이론(field theory)이다. 즉, QED는 두 개의 물질입자 사이에 힘이 전달되는 과정을 설명하고 있다. 두 개의 전자는 거리가 가깝건 멀건, 항상 상대방을 잡아당긴다. 뉴턴과 맥스웰은 이 '원격작용'을 만족스럽게 설명하지 못했다. 접촉을 하지도 않았는데 어떻게 힘이 전달되는 것일까? QED에서 장은 양자화된다. 즉, 장은 아주 작은 양자로 분해되고, 개개의 양자는 입자에 대응된다. 그러나 이 입자는 물질입자가 아닌 '장입자(field particle)'로서, 빛의 속도로 힘을 전달하고 있다. 이것이 바로 앞에서 말한 매개입자이다. QED의 경우 전자기력을 매개하는 입자는 광자이며, 다른 힘들도 그들만의 매개입자를 갖고 있다. 전자기력과 약력, 그리고 강력은 매개입자를 통해 가시화될 수 있다.

가상입자

진도를 더 나가기 전에, 실재입자(實在粒子, real particle)와 가상입자(假像粒子, virtual particle)의 차이부터 알아보자. 실재입자는 현실세계에 존재하는 입자로서 공간상의 한 지점 A에서 다른 지점 B로 이동할 수 있고, 에너지가 보존되며, 가이거계수기에 도달하면 "딸깍!"소리를 낸다. 반면에 가상입자는 A에서 B로 이동할 수 없고, 에너지가 보존되지 않으며, 계수기에 검출되지도 않는다. 힘을 매개하는 입자(매개입자)는 실재입자로 존재할 수도 있지만, 이론물리학에서는 주로 가상입자의 형태로 등장한다. 그래서 실재입자와 가상입자는 종종 동의어로 취급된다. 한 입자에서 다른 입자로 힘을 전달하는 입자는 종류를 막론하고 모두 가상입자이다. 주변에 에너지가 충분하면 전자는 실재광자를 방출하여 가이거계수기에 "딸깍!" 소리를 낸다. 반면에 가상입자는 양자역학의 관대함이 낳은 논리적 구조물에 가깝다. 양자역학의 법칙에 의하면 에너지를 빌려서 입자를 만들어낼 수 있다. 단, 에너지 대출기간은 하이젠베르크의 불확정성 원리에 의해 결정된다. 다시 말해서 에너지 대여량에 대출기간을 곱한 값은 플랑크상수를 원주율의 두 배로 나눈 값보다 커야 한다. 글로 쓰니까 좀 복잡하게 들리는데, 수식으로 표현하면 아주 간단명료하다.

$$\triangle E \cdot \triangle t \rangle h/2\pi$$

보다시피 에너지를 많이 빌릴수록($\triangle E$가 클수록) 대출기간은 짧아진다($\triangle t$는 작아진다.). 그러므로 가상입자는 질량이 클수록 수명이 짧다.

이런 관점에서 보면 텅 빈 공간은 가상광자, 가상전자와 가상양전자,

가상쿼크와 가상반쿼크, 심지어는 (확률은 지극히 작지만) 가상골프공과 가상반골프공 등으로 가득 차 있는 셈이다. 이 역동적인 진공 속에서는 실재입자의 특성에 수정이 가해지는데, 다행히 큰 수정은 아니어서 완전히 무시하고 살아도 상관없다. 그러나 이 차이는 측정 가능하며, 여기에 한 번 발을 들여놓으면 정확도를 놓고 벌어지는 이론과 실험의 치열한 경쟁에 어쩔 수 없이 휘말리게 된다(입자물리학자들이 바로 그런 사람들이다.). 전자를 예로 들어보자. 실재전자의 주변은 가상광자들로 구름처럼 에워싸여 있다. 전자의 존재가 감지되는 것은 그 주변에 가상광자가 있기 때문이다. 그러나 바로 이 가상광자들 때문에 전자의 물리적 특성에 변화가 초래된다. 게다가 가상광자는 수시로 전자-양전자 쌍(e^+, e^-)으로 분해되었다가 순식간에 다시 합쳐지면서 광자로 되돌아오는데, 이 찰나의 과정조차도 실재전자에 영향을 미친다.

5장에서 나는 전자의 g인자 값을 잠시 언급한 적이 있다. 양자전기역학(QED)으로 계산된 이론 값과 기발한 실험을 통해 관측된 실험 값은 소수점 이하 11번째 자리까지 정확하게 일치한다. 뮤온의 g인자도 이와 비슷한 정밀도로 알려져 있다. 뮤온은 전자보다 무겁기 때문에 뮤온의 g인자는 전령입자(매개입자)의 존재를 한층 더 분명하게 입증해준다. 뮤온의 매개입자는 전자의 매개입자(광자)보다 에너지가 커서 더 많은 영향을 준다. 즉, 매개입자의 장이 뮤온의 특성에 훨씬 강한 영향을 미치는 것이다. 매우 추상적인 개념이긴 하지만 이론과 실험은 놀라울 정도로 정확하게 일치하고 있다. 이것이 바로 이론의 위력이다.

뮤온의 자기적 성질

나는 컬럼비아대학교의 물리학과 교수로 부임한 후 첫 번째 안식년(1958~ 1959년)을 CERN에서 보냈다(포드재단과 구겐하임재단에서 내게 지급되는 월급을 반씩 부담했다.). CERN은 1954년에 유럽 12개국이 공동으로 설립한 연구기관으로, 고에너지 물리학 연구에 필요한 고가의 장비를 건설하여 함께 사용하고 있다. CERN의 필요성이 처음 대두된 것은 제2차 세계대전의 여파가 채 가시지 않은 1940년대 말이었는데, 전쟁의 주축국이었던 독일과 이탈리아가 회원국으로 참여했다는 것은 많은 점을 시사한다. 역시 과학기술은 정치와 이념을 초월한 인류 공동의 가치인 것 같다. 내가 CERN을 방문했을 때 그곳의 소장은 나의 오랜 후원자이자 친구인 질베르토 베르나르디니였다. 컬럼비아에서 간단한 조언으로 안개상자의 문제를 해결했던 바로 그 사람이다. 나의 방문목적은 유럽여행을 하고, 스키를 배우고, 스위스와 프랑스 국경 근처 제네바 외곽에 둥지를 틀고 있는 CERN의 이곳저곳을 구경하는 것이었다. 그 후 1979년까지 20년 동안 나는 이 웅장하고 다양한 언어가 통용되는 연구소를 수시로 방문하여 실험을 수행했다. 이 기간 동안 CERN에서 지낸 시간을 모두 합하면 거의 4년 가까이 될 것이다. CERN의 연구원은 프랑스어와 영어, 이탈리아어, 그리고 독일어를 주로 사용하지만 공식언어는 오류로 가득한 포트란(Fortran)이었다. 물론 급할 때는 바디랭귀지도 잘 통한다. 내가 보기에 CERN은 '음식은 최고지만 건물은 최악'이고, 페르미 연구소는 정확하게 그 반대다. 내가 로버트 윌슨에게 "CERN의 주방장을 페르미 연구소로 스카우트하자."고 강력하게 권했을 정도였다. 우리는 CERN과 페르미 연구소를 "협력적인 경쟁자", 또는 "선의의 경쟁자"로 부르고 있지만 그건 양측이 만났을 때 이야기고, 각자 따로 일할 때는 절대로 상대방을 칭찬하지 않는다(사실은 싫어할 때가 더 많다.).

나는 CERN에서 베르나르디니의 도움을 받아 이른바 'g-2(g 마이너스 2)'라는 실험을 수행했다. 몇 가지 트릭을 이용하여 뮤온의 g인자를 '무조건 정확하게' 측정하는 실험이다. 첫 번째 트릭은 뮤온이 파이온에서 편극된 채로 방출된다는 것이다. 즉, 대부분의 뮤온은 진행방향과 스핀축의 방향이 같다. 두 번째 트릭은 '지 마이너스 투'라는 실험제목에 함축되어 있다(프랑스 연구원은 이 실험을 '제이 모양 되Jzay moins deux'라 불렀다.). g인자의 값은 뮤온이나 전자처럼 자전하는 하전입자의 고유특성인 '초소형 자석'의 세기와 관련되어 있다.

디랙의 '구식' 이론으로 계산된 g인자의 값은 에누리 없이 2.0이다. 그러나 QED가 발전하면서 이 값은 약간의 수정이 불가피해졌다. 뮤온이나 전자는 그 주변에 형성된 장의 양자적 진동을 '느끼기' 때문이다. 앞서 말한 대로 전하를 띤 입자는 광자를 방출할 수 있다. 이 광자는 전하가 서로 반대인 한 쌍의 입자로 분해되었다가 아주 짧은 시간 안에 다시 광자로 되돌아올 수도 있다. 텅 빈 공간에 고립되어 있는 전자는 가상광자에 의해 교란되고, 광자에서 갑자기 나타난 가상입자 쌍에 의해 교란되고, 아주 잠시동안 생성된 자기장의 영향도 받는다. 이를 포함한 여러 가지 미묘한 가상효과들이 끊임없이 발생하면서 전자를 다른 모든 하전입자들과 (아주 약하게나마) 연결시키고 있다. 바로 이 효과 때문에 전자의 특성이 미세하게 달라지는 것이다. 이론물리학자들은 장에 의한 모든 영향으로부터 단절된 상상 속의 전자를 '벌거벗은 전자(naked electron)'라 하고, 현실세계의 모든 영향에 노출되어 있는 실제 전자를 '옷 입은 전자(dressed electron)'라 부른다. 참으로 희한한 명명법이다.

전자의 g인자는 이 책의 5장에서 이미 언급되었다. 1950년대 말의 이론물리학자들은 전자보다 뮤온의 g인자에 관심이 많았다. 뮤온은 전자보다 200배나 무겁고, 전자처럼 가상광자를 방출할 수 있고, 이 가상광자는 더욱 신비한 과정에 연루되어 있기 때문이다. 한 이론물리학자가 여러 해 동안 집념과 끈기를 발휘하여 어렵게 알아낸 뮤온의 g인자 값은 다음과 같았다.

$$g = 2 \times (1.001165918)$$

1987년 발표된 이 결과는 파인먼, 도모나가, 슈윙거가 구축한 QED의 결정판이었다. 물리학자들은 1 다음에 붙어 있는 0.001165918을 "복사보정(輻射補正, radiative correction)"이라 부른다. 이 값과 관련된 재미있는 일화가 하나 있다. 컬럼비아대학교 물리학과에서 에이브러햄 파이스 교수가 강의시간에 복사보정을 열심히 설명하고 있는데, 갑자기 건물관리기사가 손에 렌치를 들고 강의실로 들어왔다. 파이스 교수가 그쪽으로 몸을 굽히며 용건을 물어보려고 하는데, 뒤에 앉아 있던 한 학생이 소리쳤다. "교수님! 라디에이터를 고치러 온 것 같은데요?(he's here to correct radiator!)"

이 값이 정말로 맞는지 확인하려면 뮤온의 g인자를 직접 측정해보는 수밖에 없다. 한 가지 트릭은 g 대신 'g와 2의 차이', 즉 g2의 값을 측정하는 것이다. 큰 값에 아주 작은 값이 더해진 수를 통째로 측정하지 않고, 작은 값(0.001165918)만 따로 골라내서 측정한다는 뜻이다. 예를 들어 동전의 무게를 측정할 때, 당신이 동전을 들고 몸무게를 잰 뒤 동전을 놓고 다시 몸무게를 재서 두 값의 차이를 계산한다고 생각해보라. 누가 이런 짓을 하고 있겠는가? 당연히 동전의 무게를 직접 재는 쪽이 편하다. 이제 뮤온이 자기장 안에서 궤도운동을 하고 있다고 가정해보자. 궤도운동을 하는 하전입자는 g인자를 갖고 있는 하나의 조그만 자석이다. 맥스웰의 이론에 의하면 이 값은 정확하게 2이지만, 궤도운동 외에 스핀에 의한 g인자까지 고려하면 2보다 아주 조금 큰 값을 갖는다. 따라서 뮤온은 두 종류의 자석을 갖고 있는 셈이다. 하나는 내부자석(스핀)이고, 다른 하나는 외부자석(궤도운동)이다. 뮤온이 자기장 안에서 궤도운동을 하는 동안 스핀-자석효과를 측정하면 2.0이라는 값이 빠지면서 2를 초과한 나머지를 알아낼 수 있다. 값이 아무리 작아도 상관없다.

커다란 원을 그리며 움직이는 화살을 상상해보자. 이 화살은 항상 원의 접선방향을 향하고 있다(여기서 화살은 뮤온의 스핀축을 의미한다.). 이런 경우에는 무조건 g = 2.000이다. 입자가 원궤도를 아무리 많이 돌아도 조그만 스핀화살표는 항상 원의 접선방향으로 놓여 있다. 그러나 실제 g의 값이 2와 조금 다른 경우, 화살표는 원궤도를 한 바퀴 돌 때마다 접선방향에서 몇 분의 1도씩 벗어난다. 예를 들어 250바퀴를 돈 후에 화살표(스핀축)가 마치 반지름처럼 궤도의 중심을 가리켰다고 하자. 이런 식으로 1,000바퀴를 돌고 나면 화살표는 완전히 한 바퀴를 돌아서(360도 회전) 처음 가리켰던 접선방향으로 되돌아올 것이다. 바로 여기서 반전성 위배가 우리의 구세주로 등장한다. 반전성이 위배되기 때문에, 뮤온의 붕괴와 함께 방출된 전자의 방향을 관측함으로써 화살표의 방향(뮤온의 스핀축 방향)을 알아낼 수 있다! 스핀축과 접선 사이의 각도가 클수록 g와 2의 차이는 커진다. 즉, 이 각도를 정확하게 관측할수록 뮤온의 g인자를 정확하게 알 수 있다는 뜻이다. 이해가 가는가? 이런 부실한 설명으로 어떻게 알겠냐고? 오케이, 상관없다. 이해가 안 갈 땐 그냥 믿으면 된다!

내가 설계한 실험은 스케일이 크고 복잡했지만, 1958년에는 젊고 똑똑한 물리학자를 지금보다 훨씬 쉽게 모을 수 있었다. 나는 1959년 여름에 미국으로 돌아온 후 주기적으로 CERN을 방문하여 조금씩 진도를 나가다가 1978년이 되어서야 비로소 실험을 끝내고 뮤온의 g인자 값을 논문으로 발표할 수 있었다.(끈기 하나는 진짜 인정받을 만 하지 않은가?) 전자의 g인자는 훨씬 정확하게 알려져 있다. 그러나 전자의 수명은 영원한 반면, 뮤온은 탄생 후 100만 분의 2초만 살다가 사라진다. 전자는 느긋하게 관측해도 상관없지만, 뮤온의 특성을 관측하려면 엄청 서둘러야 한다. 이런 점을 감안해서 비교해주기 바란다. 자, 결과는? (두두두두……)

$$g = 2 \times (1.001165923 \pm 0.00000008)$$

오차범위가 10억 분의 8이므로, 앞에 소개했던 이론값은 이 구간에 포함된다. 즉, 우리의 실험은 이론적 계산이 옳다는 것을 입증했다.

이 모든 데이터는 QED가 그만큼 정확한 이론임을 말해주고 있다. 파인먼과 도모나가, 그리고 슈윙거는 QED를 확립한 공로를 인정받아 1965년에 노벨상을 공동으로 수상했다. 사실 QED에는 몇 가지 신기한 구석이 있는데, 그중 하나는 이 책의 주제와 관련되어 있어서 잠시 짚고 넘어가기로 한다. 다름이 아니라 바로 무한대에 관한 문제이다. 전자의 질량을 예로 들어보자. 초기 양자장 이론으로 전자의 질량을 계산했을 때, 물리학자들은 다들 뒤로 넘어갔다. 점입자인 전자의 질량이 무한대로 나왔기 때문이다. 전자가 산타의 선물이라면, 산타는 전자를 제조할 때 음전하를 아주 작은 부피 안에 꽉꽉 눌러 넣었을 것이다. 그런데 좁은 곳에 무언가를 우겨 넣으려면 일을 해야 하고, 이 일은 거대한 질량으로 나타난다. 거대한 질량이라고? 전자의 질량은 0.511메가전자볼트, 그러니까 10^{-30}킬로그램밖에 안 된다. 질량을 가진 입자들 중 최경량급이다.

파인먼과 그의 동료들은 무한대와 마주칠 때마다 이미 알고 있는 전자의 질량을 끼워 넣는 식으로 문제를 피해갔다. 일반인에게는 임시방편 땜질처럼 보이겠지만, 물리학자들은 이것을 "재규격화(renormalization)"라는 거창한 이름으로 부르고 있다. 어쨌거나 물리학에는 무한대가 발붙일 곳이 전혀 없기 때문에, 수학적으로 문제만 일으키지 않는다면 어떻게 피해가건 상관없다. 무슨 이론이 그렇게 어설프냐고? 아니다. QED는 정말 정확한 이론이다. 물리학 역사를 통틀어 이론과 실험이 그토록 정확하게 일치한 것은 QED가 처음이었다. 그러나 문제를 정면으로 돌파하지 않고 슬쩍 피해갔기 때문에, 질량은 여전히 째깍거리는 시한폭탄으로 남아 있었다. 그리고 이 폭탄은 신의 입자를 만나면서 기어이 터지고 말았다.

약한 핵력(약력)

러더퍼드 시대의 과학자들에게 가장 큰 미스터리는 방사능이었다. 원자핵과 입자들이 어떻게 다른 입자로 변할 수 있다는 말인가? 1930년대에 명쾌한 이론으로 이 미스터리를 해결한 사람은 엔리코 페르미였다.

물리학에 관심 있는 사람이라면 페르미의 천재성과 관련된 일화를 한 번쯤 들어봤을 것이다. 페르미는 제2차 세계대전 중 미국정부가 비밀리에 추진했던 맨해튼 프로젝트의 연구원이었는데, 뉴멕시코주의 앨라모고도(Alamogordo)에서 원자폭탄을 실험하던 날 그는 폭탄이 설치된 곳으로부터 14.5킬로미터 떨어진 곳에서 바닥에 납작 엎드려 있다가 폭탄이 터진 후 벌떡 일어나 손에 쥐고 있던 종잇조각을 아래로 떨어뜨렸다. 처음에 종잇조각은 조용히 나풀거리며 페르미의 발 위로 떨어졌다. 그러나 몇 초 후 충격파가 도달하면서 종잇조각이 몇 센티미터 날아갔다. 페르미는 이 간단한 실험을 토대로 원자폭탄의 위력을 현장에서 계산했는데, 그 결과는 며칠 후 발표된 공식결과와 거의 정확하게 일치했다.(그러나 나의 친구인 이탈리아 물리학자 에밀리오 세그레Emilio Segré는 페르미가 시카고대학교에서 경비지출 내역서를 작성할 때마다 쩔쩔 맸다면서 "그도 어쩔 수 없는 인간"이라고 했다.)

대부분의 물리학자들이 그렇듯이 페르미도 수학게임을 좋아했다. 한번은 그가 다른 물리학자들과 함께 식당에서 점심식사를 하던 중 유리창에 쌓인 먼지가 눈에 들어왔다. 그는 잠시 생각에 잠겼다가 문제 하나를 떠올렸다. "저 먼지가 제 무게를 못 이겨 떨어질 때까지 얼마나 많이 쌓일 수 있을까?" 동료들은 "밥 먹다 웬 봉창 두드리는 소리냐."며 의아해했지만, 페르미는 아주 심각했다. 그는 자연의 기본상수에서 시작하여 전자기적 상호작용과 절연물질을 서로 들러붙게 만드는 유전체의 인력 등을 고려하여 냅킨 위에 수식을 써 내려갔다.(답이 얼마로 나왔는지는 나도 모르겠다.) 맨해튼 프로젝트가 한창 진행되던 무렵, 어느 날 로스알라모스(Los Alamos)에서 한 물리학자가 차를 몰다가 코요테를 치는 사고가 발생했는데, 이 소식을 접한 페르미는 "자동차-코요테의 상호작용(접촉사고)은 일종의 충돌 사건이므로, 빈도수와 발생장소를 추적하면 사막에 거주하는 코요테의 개체수를 계산할 수 있다."고 장담했다. 사실, 몇 개의 사례로부터 전체 사건발생횟수를 추적하는 것은 입자물리학자들의 일상사이다.

페르미는 정말로 똑똑했고, 다른 사람들도 이 사실을 대부분 인정했다. 물리학 용어에 남겨진 그의 이름만 봐도 그가 얼마나 지대한 영향을 미쳤는지 쉽게 알 수 있다. 어디 보자……. 우선 페르미 연구소와 엔리코 페르미 연구소가 있고, 페르미온(fermion, 쿼크와 렙톤의 총칭), 페르미 통계(Fermi statistics, 굳이 알 필요 없음), 그리고 페르미라는 길이단위도 있다. 1페르미는 10^{-13}센티미터이다. 나도 내 이름을 딴 물리용어가 하나만 있어도 소원이 없겠다. 언젠가 컬럼비아대학교의 동료인 리정다오에게 "새 입자가 발견되면 당신과 내 이름을 섞어서 리온(Lee-on)으로 명명하자."고 제안한 적이 있는데, 아직까지 감감무소식이다.

로스알라모스에서 코요테의 수를 헤아리고 시카고대학교 지하에 세계 최초의 핵반응기를 건설한 것도 대단한 일이었지만, 역시 페르미의 최고 업적은 우주의 근본법칙을 알아낸 데 있다. 그는 약력의 작동 원리를 완벽하게 설명했다.

잠시 베크렐과 러더퍼드의 시대로 되돌아 가보자. 베크렐은 1896년에 별 생각 없이 우라늄과 인화지를 함께 서랍에 넣어뒀다가 운 좋게 방사능을 발견했다. 검게 변한 인화지를 보고 "우라늄에서 눈에 보이지 않는 무언가가 방출되었다."고 생각한 것이다. 그 후 러더퍼드가 알파, 베타, 감마 방사선의 물리적 특성을 설명한 이래로 전 세계 물리학자들의 관심은 베타입자에 집중되었고, 얼마 후 베타입자의 정체는 전자로 판명되었다.

대체 이 전자는 어디서 온 것일까? 얼마 지나지 않아 "원자핵의 상태가 자발적으로 변할 때 전자가 방출된다."는 사실이 알려졌다. 1930년대의 물리학자들은 원자핵이 양성자와 중성자로 이루어져 있으며, 이들이 불안정한 상태에 놓였을 때 방사능을 방출한다고 생각했다. 물론 모든 원자핵이 방사선을 방출하지는 않는다. 원자핵 안에서 양성자 또는 중성자의 붕괴여부와 붕괴방식은 에너지 보존법칙과 약력에 의해 결정된다.

1920년대 말, 일단의 물리학자들이 방사능의 정체를 규명하기 위한 초정밀실험을 수행했다. 실험의 목적은 방사능이 방출되기 전의 핵의 질량과 방출된 후의 질량, 그리고 방출된 전자의 에너지와 질량을 측정하여 전후상태를 비교하는 것이었다.(상기하자, $E=mc^2$!) 그런데 애써 실험을 끝내고 결과를 비교해보니, 방출 전과 방출 후의 에너지와 질량이 같지 않은 것으로 드러났다. 방출 전 질량이 방출 후 질량(더하기 에너지)보다 조금 크게 나온 것이다. 에너지가 도중에 사라졌다. 대체 어디로 갔을까? 볼프강 파울리는 "조그만 중성입자가 에너지의 일부를 갖고 탈출했다."는 과감한 가설을 제안했다.

1933년, 엔리코 페르미가 모든 의문을 해결했다. 전자는 원자핵에서 방출되기 전에 몇 개의 중간단계를 거치고 있었는데, 그 과정은 다음과 같다. 일단 원자핵 안에서 중성자가 양성자로 붕괴되면서 파울리가 말했던 정체불명의 중성입자가 전자와 함께 방출된다. 페르미는 이 입자를 뉴트리노(중성미자)로 명명했다. '작은 중성입자'라는 뜻이다. 또한 그는 이 과정에 힘이 개입되어 있음을 간파하고, 그 힘을 약력이라 불렀다. 약력은 강력이나 전자기력과 상대가 안 될 정도로 약한 힘이다. 예를 들어 낮은 에너지에서 약력은 전자기력보다 1,000배쯤 약하다.

뉴트리노는 전하가 없고 질량도 거의 0에 가까워서 1930년대의 기술로는 검출할 수 없었다. 지금도 뉴트리노를 검출하려면 최첨단 기술을 총동원해야 한다. 뉴트리노는 1950년대까지 한 번도 검출되지 않았지만, 그 존재를 의심하는 사람은 거의 없었다. 뉴트리노가 없으면 붕괴과정에서 에너지가 보존되지 않기 때문이다. 요즘 입자가속기에서 쿼크를 비롯하여 신비한 입자들이 복잡한 반응을 일으킬 때, 반응 전과 반응 후의 에너지 대차대조표가 맞지 않으면 뉴트리노가 에너지의 일부를 훔쳐 달아

난 것으로 간주하고 있다. 증거는 없지만 수입과 지출이 맞지 않으니, 교활한 탈세자가 활개치고 다닌다고 가정할 수밖에 없는 것이다.

다시 약력으로 돌아가자. 페르미가 서술한 붕괴(중성자가 양성자와 전자, 그리고 뉴트리노로 '해체'되는 과정)는 혼자 돌아다니는 자유중성자에서 수시로 일어나고 있다. 그러나 원자핵을 구성하고 있는 중성자의 경우에는 특별한 환경에서만 이런 붕괴가 일어난다. 이와는 반대로 혼자 돌아다니는 자유양성자는 (적어도 우리가 아는 한) 붕괴되지 않지만, 원자핵 속에 갇혀 있을 때에는 중성자와 양전자, 그리고 뉴트리노로 붕괴된다. 자유중성자가 약붕괴(weak decay)를 일으킬 수 있는 것은 에너지 보존법칙 덕분이다. 중성자는 양성자보다 무겁기 때문에 자유중성자가 양성자로 변하면 질량에너지가 남는다. 이 여분의 에너지로부터 전자와 뉴트리노가 생성되어 약간의 운동에너지를 갖고 탈출할 수 있는 것이다. 자유양성자는 밑천이 딸리기 때문에 이런 식으로 붕괴될 수 없다. 그러나 원자핵 안에 갇혀 있는 양성자는 다른 입자들의 영향을 받으면서 질량에 변화가 생긴다. 양성자와 중성자가 붕괴하여 안정성을 높이고 원자핵의 질량을 줄일 수만 있다면, 이들은 가차 없이 붕괴한다. 그러나 원자핵이 이미 가장 낮은 질량-에너지상태를 점유하고 있으면 아무 일도 일어나지 않는다. 지금까지 알려진 바에 의하면 모든 하드론(양성자와 중성자, 그리고 이들의 사촌격인 수백 종의 입자들)은 약력을 통해 붕괴된다. 단, 혼자 돌아다니는 자유양성자는 예외이다.

약력을 서술하는 이론은 점차 일반화되었고, 새로운 데이터가 꾸준히 공급되면서 약력의 양자장 이론으로 발전했다. 이와 함께 새로운 혈통의 물리학자들이 대거 출현했는데, 파인먼, 겔만, 리정다오, 양전닝, 슈윙거, 로버트 마샥(Robert Marshak) 등 대부분이 미국 소재 대학의 교수들이었다.(나는 이 책을 쓰면서 밤마다 악몽에 시달리고 있다. 내가 미처 언급하지 못한 물리학자들이 테헤란의 외곽에 모여서 "그 예의 없는 레더먼을 즉각적으로, 완전히 재규격화시키는 사람에게 이론의 천국으로 들어가는 입장권을 수여하겠다."며 나를 성토하는 꿈이다. 앞으로는 될 수 있으면 많은 사람을 언급하도록 노력하겠으나, 편집자가 나와 생각이 다를까봐 걱정이다……)

살짝 붕괴된 대칭: 우리는 어떻게 존재하게 되었는가

약력의 가장 큰 특징은 반전대칭이 보존되지 않는다는 것이다. 약력 이외의 다른 힘들은 반전대칭을 칼같이 지키고 있다. 물리학자들에게는 커다란 충격이었다. 왜 하필 약력만 삐딱하게 구는 걸까? 그런데 알고 보니 이뿐만이 아니었다. 이 세계와 반세계(反世界, anti-world) 사이에 존재할 것으로 믿어왔던 또 하나의 대칭이 P(parity, 반전성)대칭 위배를 입증할 때와 동일한 실험에서 또 다시 위배된 것이다. 두 번째 대칭은 전하의 부호를 반대로 바꾸는 전하반전(charge conjugation), 또는 C로 알려져 있다. C대칭도 P대칭과 마찬가지로 약력의 경우에만 붕괴된다.* C위배가 입증되기 전만 해도, 물리학자들은 반물질로 만들어진 세계가 일상적인 물질로 만들어진 세계와 동일한 물리법칙을 따른다고 믿었다. 그러나 실험데이터는 "No!"라고 강하게 외치고 있었다. 약력에는 전하반전대칭이

---

* 입자가 '붕괴'된다는 것은 하나의 입자가 여러 개로 분해된다는 뜻이고, 대칭이 '붕괴'된다는 것은 이미 존재했거나 존재했을법한 대칭이 더 이상 존재하지 않는다는 뜻이다. '붕괴'라는 단어가 하도 자주 나와서 한번 정리해 보았다.

존재하지 않았던 것이다.

　이론물리학자들은 한 발 뒤로 물러나 새로운 개념을 도입했다. 바로 CP대칭이다. 이것은 두 개의 변환을 동시에 적용했을 때 성립하는 대칭으로, 대략적인 내용은 다음과 같다. 여기 두 개의 물리계 a, b가 있다. a는 우리에게 익숙한 일상적인 계이고, b는 a의 좌우를 모두 뒤바꿈과 '동시에' 전하의 부호까지 반대로 바꿔놓은 계이다. 즉, b는 a의 거울영상(P)에 전하의 부호가 반대인(C) 세상이다. 이런 경우에 a와 b가 동일한 물리법칙을 만족한다면, a와 b 사이에는 CP대칭이 존재한다. 이론물리학자들은 P대칭이나 C대칭보다 CP대칭이 훨씬 더 깊고 심오한 대칭이라고 주장했다. 자연은 C와 P를 개별적으로 유지하지 않지만, 이들이 동시에 적용된 CP대칭만은 존중해준다는 것이다. 그러나 1964년에 프린스턴의 두 물리학자 발 피치(Val Fitch)와 제임스 크로닌(James Cronin)은 중성 케이온(이 입자는 1956~1958년에 브룩헤이븐 연구소에서 우리 연구팀에 의해 발견되었다.)의 특성을 연구하던 중 CP대칭이 완벽하지 않다는 사실을 발견했다.

　완벽하지 않다고? 이론물리학자들은 신경질적인 반응을 보였지만 예술가들에게는 반가운 소식이었다. 예술가와 건축가들은 대칭에서 살짝 벗어난 그림이나 건축물을 선보이면서 우리의 고정관념에 딴지를 걸곤 한다. 언뜻 보기에 좌우가 같은 것 같으면서 대칭에서 살짝 벗어난 프랑스의 사르트르성당이 대표적 사례이다. CP위배는 1,000번에 2~3회 관측될 정도로 드물게 나타났지만 어쨌거나 완벽한 대칭은 아니었고, 이론물리학자들은 다시 원점으로 돌아갔다.

　내가 CP위배를 언급하는 이유는 세 가지가 있다. 첫째, CP위배는 '살짝 붕괴된 대칭'을 보여주는 대표적 사례이기 때문이다. 누구나 당연히 믿고 있는 자연의 본질적 대칭이 존재하지 않는다는 것을 입증하려면 대칭을 붕괴시킬 만한 무언가를 도입해야 한다. 이 '무언가'는 실제로 대칭을 붕괴시키는 대신 보이지 않는 곳에 숨겨서, 자연이 비대칭적으로 보이게 만든다. 신의 입자가 바로 이런 식으로 대칭을 숨기고 있는데, 자세한 내용은 8장에서 다룰 예정이다. 두 번째 이유는 CP위배를 개념적으로 이해하는 것이 표준모형의 문제점을 해결하는 데 가장 중요한 요소이기 때문이다.

CP위배를 언급하는 마지막 이유(스웨덴 왕립과학원이 피치와 크로닌의 실험에 관심을 갖는 이유이기도 하다.)는 CP위배를 우주진화모형에 적용하면 지난 50년 동안 천체물리학자들을 괴롭혀왔던 문제가 해결되기 때문이다. 1957년 이전에는 천체관측으로 얻어진 모든 데이터가 물질과 반물질 사이의 완벽한 대칭을 시사하고 있었다. 물질과 반물질이 완전히 동등한 자격으로 우주에 등장했다면, 행성과 태양계, 은하수, 그리고 망원경에 잡힌 모든 은하는 왜 한결같이 반물질이 아닌 물질로 이루어져 있을까?

우주론에 의하면 빅뱅이 일어난 후 온도가 내려가면서 물질과 반물질이 모두 소멸되고 우주에는 순수한 복사에너지만 남았으며(물질과 반물질이 만나면 복사에너지를 방출하면서 무로 사라진다.), 이 시기에는 온도가 너무 낮아서 더 이상의 물질이 생성될 수 없었다. 그러나 우리의 육체는 분명히 물질로 이루어져 있다! 물질과 반물질이 태고에 이미 다 사라졌는데, 어떻게 우리가 존재하게 되었을까? 피치와 크로닌의 실험에서 그 해답을 찾을 수 있다. 즉, CP대칭이 살짝 붕괴되어 물질이 반물질보다 조금 더 많았기 때문에, 이들이 몽땅 사라진 후에 남은 초과분이 우리를 포함한 현재의 우주를 만들었다. 이 자리를 빌어 피치와 크로닌에게 감사의 말을 전한다. 그들이 아니었으면 큰일날 뻔했다! 정말 대단한 친구들이다.•

조그만 중성입자 포획하기

물리학자들은 약력에 관한 대부분의 정보를 뉴트리노빔에서 얻었다. 그
런데 이 동네로 들어가면 또 다른 이야기가 펼쳐진다. 파울리가 1930년
에 제안했던 가설(약력에만 영향을 받는 작은 중성입자의 존재)은 1930~1960
년에 걸쳐 다양한 방법으로 증명되었다. 약붕괴를 일으키는 원자핵과 입
자의 종류가 점점 많아지고 측정기술이 향상되면서, 작은 중성입자가 에
너지와 운동량을 갖고 도망간다는 가설이 점차 설득력을 갖게 되었다.
그런데 이 입자를 과연 검출할 수 있을까?

그것은 결코 쉬운 일이 아니었다. 뉴트리노는 제아무리 두터운 방해물
도 아무런 흔적을 남기지 않은 채 가뿐하게 통과한다. 이들은 약력을 통
해서만 상호작용을 교환하는데, 약력은 아주 짧은 거리에서만 작용하기
때문에 다른 입자와 충돌할 확률이 거의 0에 가깝다. 뉴트리노가 적어도
한 번 이상 충돌을 일으키게 하려면, 두께가 1광년(10조 킬로미터)에 달하
는 납덩이를 표적으로 써야 한다! 실현에 옮기려면 꽤 많은 돈이 들어갈
것이다. 그러나 다량의 뉴트리노를 동원하면 이 정도로 무지막지한 두
께가 아니어도 충돌을 유발할 수 있다. 1950년대 중반에 원자로에서 발
생한 다량의 뉴트리노를 염화카드뮴이 들어 있는 거대한 탱크로 발사하
는 실험이 진행되었다.(방사능이 얼마나 심했을지 생각만 해도 끔찍하다. 그리고 염
화카드뮴은 1광년 두께의 납보다 훨씬 저렴하다.) 뉴트리노의 수가 충분히 많으

- 추가 질문: 왜 하필 반물질이 아닌 물질이 더 많았을까? 답: 어느 쪽이 많았건 상관없다. "이
  기는 편이 우리 편" 아니던가. 둘 중 어느 쪽이 남았건, 우리는 남은 쪽을 "물질"이라고 불렀을
  것이다.

면(실제 원자로에서 생성되는 입자는 대부분이 뉴트리노가 아닌 반뉴트리노이다.) 그들 중 일부가 양성자와 충돌하여 양전자와 중성자를 생성하는 역-베타붕괴를 일으킨다. 여기서 생성된 양전자는 혼자 떠돌아다니다가 결국은 전자를 만나서 소멸하고, 그 잔해로 광자 두 개가 생성되어 각기 반대방향으로 날아간다. 광자가 가는 길목에는 세탁용 액체세제가 대기하고 있는데, 이 액체에 광자가 진입하면 강한 빛을 방출하면서 광자가 도달했음을 알린다. 이 실험에서 중성자와 한 쌍의 광자가 검출되면서, 30여 년 전에 예견된 뉴트리노가 실존하는 입자임을 보여주는 최초의 증거가 확보되었다.

1959년, 물리학자들에게 심각한 위기가 닥쳤다. 그것도 하나가 아니라 두 개였다. 태풍의 진원지는 컬럼비아대학이었으나, 위기감은 순식간에 전 세계로 퍼져나갔다. 약력과 관련하여 그때까지 확보된 모든 데이터는 '자연붕괴'로부터 얻어진 것이었다. 즉, 약력을 연구하려면 파이온이나 뮤온이 다른 입자로 붕괴될 때까지 그저 바라보는 수밖에 없었다. 이 과정에 관여하는 에너지는 붕괴된 입자의 정지질량인데, 기껏해야 몇 메가전자볼트에서 100메가전자볼트 정도였다. 원자로에서 탈출하여 약력충돌을 일으키는 뉴트리노의 에너지도 몇 메가전자볼트에 불과하다. 물리학자들은 반전성 위배를 약력이론에 접목시켜서 원자핵, 파이온, 뮤온, 람다 등 온갖 입자들의 붕괴 데이터를 만족시키는 우아한 이론을 만들어냈다. 증명하긴 어렵지만, 여기에는 서구문명의 붕괴도 포함되어 있었다.

폭발하는 방정식

첫 번째 위기는 약력의 수학체계와 관련되어 있다. 약력을 서술하는 방정식에는 힘의 세기를 가늠하는 에너지가 등장하는데, 여기에 입자의 정지질량에너지(1.65MeV, 37.2MeV 등)를 대입하면 올바른 답이 얻어진다. 방정식의 각 항들을 이리저리 갖고 놀다보면 입자의 수명과 붕괴방식, 전자의 스펙트럼선 등을 알 수 있으며, 이 모든 답은 실험결과와 정확하게 일치한다. 그러나 에너지항에 100메가전자볼트를 대입하면 약력이론은 뒤죽박죽 엉망이 된다. 우리가 보는 앞에서 방정식이 폭발하는 것이다. 물리학자들은 이 현상을 "유니터리의 위기(unitarity crisis)"라고 불렀다.

이것은 심각한 딜레마를 야기한다. 낮은 에너지에서는 방정식에 아무런 문제가 없는데, 고에너지로 가면 전혀 먹혀들지 않는다. 작은 숫자는 괜찮고, 큰 숫자는 안 된다. 우리가 알고 있는 약력이론은 저에너지 영역에서만 통용되는 반쪽 진리에 불과했다. 약력을 완전히 이해하려면 고에너지 영역에서도 옳은 답을 주는 새로운 물리학이 필요했다.

두 번째 위기는 관측되지 않은 반응과 관련되어 있다. 뮤온이 전자와 광자로 붕괴되는 빈도수는 기존의 이론으로 계산 가능하다. 약력이론에 의하면 뮤온은 반드시 붕괴되어야 한다. 네비스 연구소에서 갓 박사학위를 받은 청년들이 이 붕괴를 기다리며 며칠 밤을 새우다가 허탕을 친 사례도 허다하지만, 물리학의 대가 중의 대가였던 겔만은 "금지되지 않은 사건은 언젠가는 반드시 일어난다."고 했다. 세부 분야를 막론하고 모든 물리학에 적용되는 절대법칙이다. 물리법칙이 어떤 사건의 발생을 금지하지 않는다면, 그 사건은 "언제든지 일어날 수 있으며", "언젠가는 반드시 일어나야 한다!" 뮤온이 전자와 광자로 분해되는 것은 분명 금지된 사건이 아니다. 그런데 왜 우리는 그 사건을 보지 못하는가? 대체 무엇이 $\mu \rightarrow e + \gamma$ 붕괴를 가로막고 있는가?(γ는 광자를 나타내는 기호이다.)

두 위기는 새로운 물리학에 대한 기대를 한껏 높여놓았다. 이론물리학자들은 앞다투어 새로운 가설을 내놓았고, 실험물리학자들도 끓는 피가 용솟음쳤다. 이런 상황에서 무엇을 해야 할까? 실험쟁이들은 두들기고, 자르고, 깎아내고, 측정하고, 납덩이를 쌓는 것 외에 무언가를 해야만 했다.

청부살인업자와 2종 뉴트리노 실험

1959년 11월, 컬럼비아대학교에서 리정다오가 물리학이 처한 어려움을 주제로 세미나를 했다. 그런데 세미나가 끝난 직후에 같은 대학 조교수인 멜빈 슈워츠(Melvin Schwartz)의 머릿속에 엄청난 아이디어가 떠올랐다. 충분히 넓은 공간을 점유하는 고에너지 파이온빔을 만들면, 그중 10퍼센트만 뮤온과 뉴트리노로 붕괴해도 꽤 강력한 뉴트리노빔을 얻을 수 있지 않을까? 비행 도중에 파이온은 사라지고 뮤온과 뉴트리노가 파이온의 에너지를 나누어 가진 채로 등장할 것이다. 즉, 공간에는 10퍼센트의 파이온이 붕괴하면서 출현한 뮤온 및 뉴트리노빔과 아직 붕괴되지 않은 90퍼센트의 파이온빔, 그리고 처음에 표적에서 파이온과 함께 튀어나온 온갖 파편들이 함께 존재하게 된다. 이 모든 것들이 두꺼운 강철벽을 향하도록 조준하면(나중에 계산해본 결과, 두께가 12미터 이상이면 오케이였다.) 다른 입자들은 모두 걸러지고 뉴트리노빔만 통과할 것이다. 뉴트리노는 6400만 킬로미터짜리 강철벽도 통과할 수 있기 때문이다. 이로써 우리는 강철벽 너머로 순수한 뉴트리노빔을 얻는 데 성공했다. 뉴트리노는 약력을 통해서만 상호작용을 교환하기 때문에, 이 입자빔으로 충돌을 일으키면 뉴트리노와 약력의 특성을 집중적으로 연구할 수 있다.

이 실험이 뜻대로만 되어준다면 위기 1과 위기 2가 한 방에 해결된다. 멜빈의 아이디어를 그대로 적용하면 메가전자볼트가 아닌 기가전자볼트 단위의 고에너지 수준에서 약력을 연구할 수 있으며, $\mu \to e + \gamma$ 붕괴가 관측되지 않는 이유를 알 수 있을지도 모른다.

두 명 이상의 학자가 똑같은 논문을 거의 동시에 발표하는 것은 과학계에 흔히 있는 일이다. 멜빈이 자신의 아이디어를 논문으로 발표했을 무렵, 소련의 물리학자 브루노 폰테코르보(Bruno Pontecorvo)도 거의 같은 내용의 논문을 발표했다. 그는 1950년대에 정치적 이념을 좇아 이탈리아에서 소련으로 망명할 정도로 철저한 공산주의 신봉자였으나, 소련의 관료주의적 체제에서는 그의 번뜩이는 아이디어를 도저히 실현할 수 없었다. 그가 공산주의자인 것은 아무런 문제가 안 되지만, 공산국가에서 재능을 마음껏 발휘하지 못한 것은 물리학계의 큰 손실이 아닐 수 없다. 사실 국제물리학회는 이념과 사상을 초월하여 물리학자끼리 돈독한 우정을 나누는 친목의 장이다. 1960년에 내가 모스크바 학회에 참석했을 때, 소련 친구에게 물어본 적이 있다. "이봐, 예브게니. 여기 모인 러시아 물리학자 중에서 누가 진정한 공산주의자야?" 예브게니는 회의장을 둘러보더니 손가락으로 폰테코르보를 가리켰다.

1959년 말, CERN에서 꿈같은 안식년을 끝내고 컬럼비아대학교로 돌아와 보니 약력에 닥친 위기와 슈워츠의 아이디어가 핫이슈로 떠오르고 있었다. 슈워츠는 "현존하는 가속기로는 내가 원하는 수준의 뉴트리노빔을 얻을 수 없다."고 장담했지만, 내 생각은 달랐다. 당시 브룩헤이븐에서는 30기가전자볼트짜리 에이지 싱크로트론(Alternating Gradient Synchrotron, AGS) 공사가 거의 마무리되어가고 있었는데, 몇 가지 계산을 해보니 AGS로 슈워츠의 아이디어를 구현할 수 있을 것 같았다. 나는 계산을 몇 차례 확인한 후 그에게 보여주었고, 결국은 그도 내 생각에 동의했다. 더 이상 미룰 이유가 없었기에 곧바로 팀을 조직하고 실험설계에 들어갔는데, 1960년대에는 전례를 찾아볼 수 없을 정도로 엄청난 규모였다. 연구팀은 대학 동료인 잭 스타인버거(Jack Steinberger)와 포스트닥, 대학원생 등 모두 7명으로 구성되었다. 잭과 멜빈, 그리고 나는 브룩헤이븐 연구소에서 점잖고 친절한 사람으로 소문이 나 있었다. 한번은 우리 셋이 가속기실에서 걸어가고 있는데, 뒤에서 누군가의 목소리가 들려왔다. "헤이, 저기 살인청부업자들이 가고 있어!"

우리는 현역에서 은퇴한 해군함정에서 수천 톤의 강철을 입수하여 거대한 입자감지기 주변에 두꺼운 담을 쌓았다. 한번은 신문기자가 강철을 어디서 가져왔냐고 묻기에 "미주리호에서 가져왔다."고 대답했다가 곤혹을 치른 적이 있다. 미주리호는 현재 진주만에서 해상박물관으로 활용되고 있으니, 완전 헛소리를 한 셈이다. 그러나 우리의 강철벽이 한때 전함의 일부였던 것만은 분명하다. 또 한 번은 내가 농담 삼아 "전쟁이 벌어지면 강철벽을 허물어서 해군으로 돌려보내겠다."고 했다가 이야기가 와전되어 "해군이 전쟁을 치르기 위해 브룩헤이븐 연구소의 강철벽을 징발해갔다."는 소문이 나돈 적도 있다.(그때가 1960년이었는데, 대체 무슨 전쟁이 있었는지 지금도 미스터리다.)

실험장비 중에는 군함에서 떼어온 구경 30센티미터짜리 대포도 있었다. 크기로 보나 재질로 보나, 입자빔을 하나로 모아서 표적에 발사하는 장비로는 안성맞춤이었다. 문제는 포신 내벽에 강선이 나 있어서 필터용 베릴륨을 채워 넣기가 어렵다는 것이었다. 그래서 나는 깡마른 대학원생을 선발하여 포신 안에 들어가 강선 사이에 강철 솜을 끼워 넣게 했다. 그 학생은 한 시간 동안 버둥거리다가 온몸이 땀에 절은 채 기어 나오더니 거의 비명을 지르듯 소리쳤다. "더는 도저히 못 하겠어요! 저 그만둘래요!" 나는 더 크게 소리쳤다. "안 돼! 이 일은 자네가 끝내야 돼! 대포 구경에 맞는 사람은 너밖에 없단 말이야!"

준비과정이 마무리된 후, 알루미늄 10톤으로 만들어진 감지기 주변을 전함에서 뜯어온 강철판으로 에워쌌다. 우리가 사용한 감지기 '스파크상자(spark chamber)'는 일본의 물리학자 슈지 후쿠이(Shuji Fukui)가 발명한 것으로, 이 장치에 통달한 프린스턴대학교의 크로닌에게 많은 도움을 받았다. 그리고 슈워츠는 감지기 설계도를 수정하여 몇 킬로그램에서 10톤 규모로 확장시켜주었다. 스파크상자 내부에는 2.5센티미터 두께의 알루미늄 극판이 1.2센티미터 간격으로 설치되어 있는데, 이웃한 극판 사이에는 커다란 전위차가 걸려 있어서 하전입자가 이 틈을 지나가면 경로를 따라 스파크가 일어나고, 이 광경을 카메라가 촬영하도록 세팅되어 있다. 아 …… 말로 하니까 정말 쉽다! 감지기 때문에 고생한 이야기를 늘어놓자면 책 한 권을 써도 모자랄 지경이다. 하지만 결과는 정말 환상적이었다! 입자가 감지기를 지나가면 네온가스 안에 입자의 궤적이 적황색 빛을 발하면서 선명하게 나타났다.

우리는 시험용으로 스파크상자 모형을 만들어서 전자와 파이온빔에 노출시켰다. 당시 사용되던 대부분의 스파크상자는 면적이 약 0.1제곱미터(30×30센티미터)인 극판이 20개쯤 설치되어 있었는데, 우리가 설계한 스파크상자는 0.4제곱미터짜리 극판 100개가 사용되었으며, 가능한 한 많은 뉴트리노가 충돌하도록 마음속으로 주문까지 걸어놓았다. 우리 7인방은 반구형 스파크간극과 자동접착기 등 각종 기계장치와 전자장비를 직접 만들면서 밤낮을 가리지 않고 일했다.(간간이 공학자와 기술자의 도움을 받기도 했다.)

1960년 말의 어느 날, 드디어 실험이 시작되었다. 그러나 중성자를 비롯한 기타 입자들이 만들어낸 배경잡음(background noise)* 때문에 스파크 상자가 오작동을 일으키는 등 모든 게 엉망이었다. 입자 10억 개 중 하나가 장벽을 통과해도 당장 문제가 발생했다. 10억 분의 1이면 엄청 작은 확률 같지만, 입자의 수가 많으면 발생횟수가 꽤 높다. 우리는 몇 주일에 걸쳐 강철벽에 중성자가 통과할 만한 틈새가 있는지 일일이 확인했고, 배선상태를 확인하기 위해 마루바닥에 묻혀 있는 전선까지 들춰냈다(이때 멜빈 슈워츠가 마루 밑으로 기어 들어갔다가 구조물에 걸려 갇히는 바람에 장정들을 불러 간신히 꺼낸 적도 있다.). 또 강철벽의 두께가 조금이라도 모자라는 부분이 발견되면 전함에서 수거한 녹슨 철판을 덧대서 규격을 맞췄다. 하루는 브룩헤이븐 연구소의 가속기 관리소장이 갓 완공된 소중한 기계 주변에 고철더미를 쌓아올리는 우리를 보다못해 호통을 쳤다. "당신들, 우리 가속기를 넝마로 만드는 그 짓거리를 계속하려면 내 시체를 밟고 지나가야 할 거요!" 하지만 그의 말대로 넝마 쌓기를 그만 두었다면 차폐막 안쪽에 쌓았을 것이고, 그러면 그는 정말로 시체가 되었을지도 모른다. 우리는 "넝마를 쌓되, 가능한 한 예쁘게 쌓는다."는 조건으로 간신히 위기를 넘겼다. 팀원들이 열심히 일해준 덕분에 11월말 경에는 배경소음이 제어 가능한 수준으로 줄어들었다.

---

* 여기서는 '소리'가 아니라, 원치 않는 입자나 작은 파편을 의미한다.

우리가 한 일을 대충 설명하면 다음과 같다.

AGS에서 발사된 양성자가 표적을 때릴 때마다 평균 3개의 파이온이 생성된다. 우리가 만든 장치는 매 초당 10^{11}개(1000억 개)의 파이온과 함께 중성자와 양성자, (가끔씩)반양성자 등 다양한 입자를 만들어냈다. 이들은 강철벽에 도달하기 전에 15미터 거리를 이동하는데, 그 사이에 파이온의 10퍼센트가 붕괴된다. 1초당 수백 억 개의 뉴트리노가 생성되는 셈이다. 그러나 이 중 일부만이 우리가 애써 만들어놓은 두께 12미터짜리 강철벽에 도달한다. 벽 건너편으로 30센티미터 떨어진 곳에는 스파크상자가 대기 중이다. 우리의 계산에 의하면 일주일에 한 번 꼴로 스파크상자 안에서 뉴트리노가 충돌하는 광경을 볼 수 있다. 그 일주일 동안 무려 5억×10억 개(5×10^{17}개)의 입자들이 AGS와 강철벽 사이를 날아다닌다. 그러니 배경잡음에 민감할 수밖에!

우리가 예상했던 뉴트리노 충돌 사건은 두 가지였다. 뉴트리노가 알루미늄 원자핵과 충돌하여 (1) 뮤온이 생성되고 원자핵이 들뜬 상태가 되거나, (2) 전자가 생성되고 원자핵이 들뜬 상태가 되는 경우이다. 알루미늄 원자핵은 우리 관심사가 아니므로 어떻게 되건 상관없다. 중요한 사실은 충돌과정에서 뮤온과 전자가 거의 동일한 빈도수로 생성된다는 점이다(들뜬 원자핵에서 파이온 등 다른 입자가 튀어나올 수도 있다.).

하늘은 스스로 돕는 자를 돕는다고 했던가? 우리는 8개월 동안 총 56회의 뉴트리노 충돌 사건을 관측할 수 있었다(그중 다섯 건은 살짝 의심스러웠다.). 별일 아닌 것 같지만, 나는 첫 번째 충돌 사건을 관측했던 날을 결코 잊을 수 없다. 그날 우리는 일주일치 데이터가 담겨 있는 두루마리 필름을 현상하고 있었는데, 대부분이 텅 비어 있거나 엉뚱한 우주선입자의 궤적이 찍혀 있었다. 그러다 어느 사진에서 길고 긴 뮤온의 궤적이 선명하게 드러나 있지 않은가! 그것은 우리의 노력이 헛되지 않았음을 보여주는 첫 번째 증거이자, 더할 나위 없이 값진 보상이었다.

이런 실험은 세계 어디에서도 실행된 적이 없었기 때문에, 일단은 그 사진이 진짜 뉴트리노의 충돌에서 비롯된 것인지 확인할 필요가 있었다. 우리는 각자 경험과 지식을 총동원하여 부정적인 경우를 상상해보았지만, 모든 데이터는 뉴트리노가 알루미늄 원자핵과 충돌하여 뮤온이 생성되었음을 확실하게 보여주고 있었다. 그렇다면 이제 남은 일은 한시라도 빨리 발표하는 것뿐이다. 얼마 후, 브룩헤이븐 연구소의 대강당에서 슈워츠가 실험결과를 발표했다.(독자들도 그 광경을 보았어야 한다!) 그는 마치 법정에 선 변호사처럼 모든 부정적인 가능성을 하나둘씩 배제시켜가면서, 자신에 찬 어조로 우리의 실험이 성공했음을 선언했다. 청중들도 박수를 치며 축하해주었는데, 그 자리에 있던 슈워츠의 어머니가 기쁨의 눈물을 너무 과하게 흘리는 바람에 잠시 부축해서 밖으로 모시고 나와야 했다.

실험의 결과는 크게 세 가지로 요약된다.(이상하게도 중요한 실험은 항상 결과가 세 가지다.) 파울리는 원자핵으로부터 전자가 방출되는 베타붕괴에서 손실된 에너지를 보충하기 위해 뉴트리노를 도입했다. 그래서 파울리의 뉴트리노는 항상 전자와 관련되어 있었다. 그러나 우리의 실험에서는 뉴트리노가 표적과 충돌하여 뮤온을 만들어냈다. 즉, 우리의 뉴트리노는 전자를 생산하지 않았다. 어떻게 그럴 수 있었을까?

우리는 실험에 사용된 뉴트리노가 '뮤온성(muon-ness)을 갖고 있다.'고 결론 내릴 수밖에 없었다. 우리의 뉴트리노는 파이온이 붕괴될 때 뮤온과 함께 탄생했기 때문에, 뮤온의 특성이 어떻게든 뉴트리노에 각인된 것이다.

회의적인 청중을 설득하려면 우리의 실험장비가 다른 장비보다 뮤온 관측에 더 우월하지 않으며, 설계가 부실하여 전자를 관측하지 못하는 것도 아님을 입증해야 했다. 갈릴레오의 망원경 논쟁이 다시 부활한 것이다. 다행히도 우리는 실험용 전자빔을 발사하여 우리의 실험장치가 전자를 관측할 수 있음을 성공적으로 입증할 수 있었다.

우주선에 섞여 있는 뮤온이 감지기의 뒤쪽으로 침투하여 중간에서 멈췄는데, 이것을 '밖으로 나가는 뉴트리노에서 생성된 뮤온'으로 오인했을 수도 있다. 우리는 이런 경우를 미리 예상하여 감지기에 차단용 블록을 설치해놓았다. 그런데 이 장치가 제대로 작동했다는 것을 어떻게 확신할 수 있을까?

문제의 핵심은 입자가속기가 가동을 중단했을 때에도 감지기가 계속 작동했다는 점이다.(가속기 가동시간은 전체의 50퍼센트였다.) 가속기가 꺼져 있는 동안 나타나는 뮤온은 당연히 우주선에 섞여 있는 놈들이다. 그러나 우리 감지기에는 이런 뮤온이 단 한 번도 검출되지 않았다. 그러니까 우주선 뮤온은 우리가 설치한 차단용 블록을 통과하지 못한 것이다.

내가 이 실험에 얽힌 이야기를 자세히 늘어놓는 이유는 실험이라는 것이 결코 만만한 작업이 아니며, 결과를 해석하는 것도 지극히 미묘한 일임을 강조하기 위해서다. 언젠가 하이젠베르크는 수영장 밖에서 서성이는 동료들에게 이런 말을 한 적이 있다. "자네들은 멋지게 빼 입고 물 근처를 오락가락하고 있지. 그렇다고 해서 너희들이 옷을 입은 채 수영을 한다고 결론지을 수 있을까?"

우리는 자연에 최소한 두 종류의 뉴트리노가 존재한다고 결론지었다. 하나는 전자와 관련되어 있고(파울리가 예견했던 뉴트리노), 다른 하나는 뮤온과 관련되어 있다(우리의 실험에서 검출된 뉴트리노). 그래서 우리는 이들을 각각 "전자뉴트리노(electron neutrino)"와 "뮤온뉴트리노(muon neutrino)"로 부르기로 했다. 두 입자의 차이는 무엇일까? 표준모형의 용어로 표현하면 "향(香, flavor)"이 다르다. 그 후로 물리학자들은 다음과 같은 표를 만들었다.

전자뉴트리노   뮤온뉴트리노
전자   뮤온

기호로 쓰면 다음과 같다.

$$\nu_e \qquad\qquad \nu_\mu$$
$$e \qquad\qquad \mu$$

전자는 자신과 사촌지간인 전자뉴트리노 밑에 있고, 뮤온도 자신의 사촌격인 뮤온뉴트리노 밑에 자리 잡았다. 그 전에는 강력의 영향을 받지 않는 입자(렙톤)로 세 가지(e, ν, μ)가 알려져 있었으나, 우리의 실험이 성공하면서 네 가지(e, ν_e, μ, ν_μ)로 늘어났다. 그 후로 우리의 실험은 "2종 뉴트리노 실험(Two Neutrinos)"으로 알려졌는데, 내막을 모르는 사람들은 2인조 이탈리아 댄스팀을 떠올렸을 것이다. 위의 표에서 같은 세로줄에 있는 입자는 같은 족에 속하는 렙톤들이다.● 1족에는 우주 어디에나 존재하는 전자와 전자뉴트리노가 있고, 2족에는 뮤온과 뮤온뉴트리노가 있

● 족 대신 세대(generation)라는 용어를 쓰기도 한다.

다. 현재 뮤온은 우주에서 쉽게 발견되지 않으며, 우리가 관측할 수 있는 뮤온은 가속기에서 생성되거나 우주선과 대기입자가 고속으로 충돌하면서 생성된 것뿐이다. 태초에 우주가 뜨거웠던 시절에는 뮤온과 뮤온뉴트리노가 다량으로 존재했다. 전자의 뚱뚱한 형제인 뮤온이 처음 발견되었을 때, 이시도어 라비가 퉁명스럽게 물었다. "그건 또 누가 주문한 거야?" 2종 뉴트리노 실험은 라비의 질문에 약간의 실마리를 제공한다.

그렇다. 2종의 뉴트리노는 $\mu \rightarrow e + \gamma$ 붕괴가 관측되지 않는 이유를 완벽하게 설명했다. 앞서 말한 바와 같이 뮤온은 전자와 광자로 붕괴되어야 하는데, 이 과정은 단 한 번도 관측된 적이 없다. 단계적으로 살펴보면 일단 뮤온은 전자와 두 개의 뉴트리노로 붕괴되고, 두 개의 뉴트리노는 입자(정상적인 뉴트리노)와 반입자(반뉴트리노)이기 때문에 서로 만나 소멸하면서 광자를 방출한다. 그런데 이 광자를 본 사람이 아무도 없는 것이다. 왜 그럴까? 이제 그 이유가 분명해졌다. 양전하를 띤 뮤온이 양전자와 두 개의 뉴트리노로 붕괴하는 것은 사실이지만, 이때 생성된 뉴트리노 쌍은 전자뉴트리노와 반뮤온뉴트리노였다. 이들은 각기 다른 족에 속하기 때문에 소멸되지 않고 그대로 남아 있어서 광자가 생성되지 않았고, 그 결과 $\mu \rightarrow e + \gamma$ 붕괴가 관측되지 않았던 것이다.

청부살인업자들이 수행한 실험의 두 번째 중요한 결과는 뜨거운 뉴트리노빔과 차가운 뉴트리노빔이 물리학의 새로운 도구로 등장했다는 점이다. 우리 실험이 알려지고 얼마 지나지 않아 CERN과 페르미 연구소, 브룩헤이븐, 그리고 소련의 세르푸코프(Serpukhov)에서도 뉴트리노빔을 사용하기 시작했다. 이 실험을 하기 전만 해도 물리학자들은 뉴트리노의 존재를 확신하지 못하고 있었다. 그런데 그 입자로 아예 빔을 만들었으니, 이보다 확실한 증거는 없을 것이다.

이쯤에서 눈치 빠른 독자들은 나에게 묻고싶을 것이다. "대단하십니다. 아주 잘나셨습니다. 그런데 고에너지에서 약력방정식이 폭발한다는 첫 번째 위기는 어떻게 된 건가요?" 사실 우리의 1961년 실험은 에너지가 커질수록 충돌횟수가 증가한다는 사실을 입증했다. 위에 언급한 세계적 규모의 가속기연구소들은 1980년대까지 1분당 몇 회 꼴로 수백만 건의 뉴트리노 관련사건을 수집했는데(그 사이에 입자빔의 에너지가 크게 향상되었고, 감지기도 수백 톤으로 커졌다. 1961년에 우리는 기껏해야 일주일에 한두 건이었다.) 이것으로 약력의 고에너지 위기가 좀 더 분명하게 드러났을 뿐, 아직은 해결되지 않은 채로 남아 있다. 저에너지 이론에서 예견된 대로, 뉴트리노 충돌 사건은 에너지가 클수록 빈번하게 발생한다. 그러나 충돌발생률이 걷잡을 수 없을 정도로 커질 것이라는 우려는 1982년에 W입자가 발견되면서 많이 경감되었다. 자세히 설명하려면 새로운 물리학을 도입해야 하는데, 이 내용은 나중에 다루기로 한다.

브라질의 부채와 미니스커트

우리 실험의 세 번째 결과는 노벨상이었다. 슈워츠와 스타인버거, 그리고 나는 노벨상을 받았다. 그러나 실험이 완료되고 27년이 지난 후에야 수상이 결정되었다. 여기서 재미있는 일화 하나, 한 기자가 노벨상 수상자로 선정된 과학자의 집에 찾아갔다가 그의 아들과 인터뷰를 했다. "너도 나중에 아빠처럼 노벨상을 받고싶니?" "아뇨, 싫어요!" "싫다고? 왜?" "전 혼자서 받을 거예요!"

노벨상에 관하여 몇 가지 하고 싶은 말이 있다. 노벨상은 학자들에게 단연 최고의 영예를 선사한다. 1회 수상자인 뢴트겐(1901년)을 비롯하여 러더퍼드, 아인슈타인, 보어, 하이젠베르크 등 역대 수상자들의 이름만 들어도 가슴이 뛸 정도다. 노벨상을 받은 동료에게는 감히 범접할 수 없는 아우라가 느껴진다. 숲 속에서 함께 노상방뇨를 했던 허물없는 친구라 해도, 그가 노벨상을 받으면 갑자기 다른 사람처럼 보인다.

그동안 나는 여러 차례에 걸쳐 노벨상 후보로 거론되었었다. 1956년에 '수명이 긴 중성케이온'을 발견했을 때 노벨상을 받을 수도 있었다. 이 신기한 입자는 지금도 CP대칭을 연구할 때 중요한 도구로 사용되고 있다. 또는 파이온-뮤온 반전성에 관한 연구로 (우젠슝과 함께) 상을 받을 수도 있었지만, 스톡홀름은 끝내 이론물리학자를 선택했다.[•] 물론 타당한 결정이었다고 생각되지만, 편극된 뮤온과 이들의 비대칭붕괴는 지금도 응집물리학과 원자 및 분자물리학 등 여러 분야에서 광범위하게 응용되고 있으며, 이를 주제로 한 국제학회가 지금도 정기적으로 열리고 있다.

매년 10월이 오면 은근히 신경이 쓰였고, 노벨상 수상자 명단이 발표될 때마다 "우째 그런 일이……."라며 서운해하는 가족들을 달래야 했다. 노벨상을 받지 못한 물리학자 중에는 수상자 못지않게 위대한 업적을 남긴 사람이 수도 없이 많다.(화학과 의학은 물론이고 문학이나 경제학 분야도 크게 다르지 않을 것이다.) 그런데 왜 못 받았냐고? 나도 모르겠다. 어느 정도는 운도 따라야 하고, 사회적 분위기의 영향도 받을 것이고, 그리고 또 …… 알라신의 가호도 필요하다.

그러나 나는 노벨상을 받기 전에도 여러 면에서 운이 좋았고, 분에 넘

• 리정다오와 양전닝을 두고 하는 말이다.

치는 대접도 받았다. 내가 좋아하는 일을 했을 뿐인데 1958년에 컬럼비아대학교의 교수가 되어 충분한 급여를 받았고(미국의 대학교수는 서구사회에서 제일 좋은 직업에 속한다. 원하는 건 무엇이든 할 수 있고, 심지어는 누군가를 가르칠 수도 있다!), 1956~1979년에는 젊은 대학원생 52명의 도움을 받으며 왕성한 연구활동을 펼쳐나갈 수 있었다.(1979년에 페르미 연구소의 소장이 되었다.) 그동안 상도 여러 번 받았는데, 대부분의 수상소식은 내가 정신없이 바쁠 때 날아들곤 했다. 나는 미국 과학아카데미의 회원으로 선출되었고(1964) 1965년에는 린든 존슨 대통령으로부터 과학 분야 대통령상을 수상했으며, 그 외에도 각종 단체로부터 많은 상과 표창을 받았다. 1983년에는 제3세대 쿼크와 렙톤(바닥쿼크와 타우렙톤)을 발견한 공로로 마틴 펄(Martin Perl)과 함께 울프상(Wolf Prize)을 공동으로 수상했다. 명예박사 학위도 받았는데, 사실 이것은 수백 개 대학에서 매년 4~5명에게 수여하고 있으므로 상이라기보다는 일종의 홍보행사에 가깝다. 어쨌거나 이 정도로 과분한 영예를 누렸으니, 굳이 노벨상을 바라볼 이유는 없을 것 같다. 글쎄 …… 과연 그럴까?

1988년 10월 10일 오전 6시, 내가 노벨상 수상자로 선정되었음을 알리는 전화가 걸려왔다. 나는 지극히 공손한 말투로 통화를 마치고 아내 엘렌(Ellen)과 함께 한동안 미친 사람처럼 배꼽을 잡고 웃었다. 그러나 얼마 후 축하전화가 쇄도하기 시작했고, 그때부터 우리의 삶은 달라지기 시작했다. 《뉴욕타임스》의 기자가 상금을 어디에 쓸 생각이냐고 묻길래 반농담 삼아 "경주마를 살지, 스페인의 성을 살지 아직 결정하지 못했다."고 했다. 그러나 나의 대답은 《뉴욕타임스》에 고스란히 실렸고, 일주일 후에 한 부동산 중개업자로부터 "카스티유성이 매물로 나왔다."는 안내까지 받았다.

이미 유명한 사람이 노벨상을 받으면 몇 가지 부작용이 나타난다. 나는 2,200명의 직원들이 일하고 있는 페르미 연구소의 소장이었기에 직원들을 모두 모아놓고 별도의 수상연설을 안 할 수가 없었는데, 평소에도 제법 웃기는 소장으로 인정받고 있었지만 상을 받은 후에는 어느새 자니 카슨(Johnny Carson)과 비슷한 수준으로 격상되어 있었다(게다가 친숙했던 직원들이 갑자기 나를 VIP 취급하여 몹시 당혹스러웠다.).《시카고 선타임즈》의 헤드라인은 "노벨상, 우리 동네로 떨어지다."였고《뉴욕타임스》는 혀를 길게 내밀고 있는 내 사진을 1면에 실었다.(얼굴의 주름이 유난히 돋보였다!)

 이 모든 난리는 결국 서서히 누그러진다. 그러나 세월이 아무리 흘러도 노벨상을 동경하는 대중들의 마음은 변하지 않는 것 같다. 시카고시에서 나를 위해 마련한 환영회에 참석했을 때, 사회자는 나를 "1988년도 노벨 평화-물리학상 수상자"라고 소개했다. 시카고의 공립학교를 지원하는 등 뭔가 거창한 일을 벌일 때, 나의 노벨상 타이틀은 약발이 정말 잘 먹혔다. 사람들은 내 말을 경청해주었고 닫혀 있던 문을 활짝 열어주었으며, 어느덧 우리는 소외된 도심지역의 교육환경을 개선하는 프로그램까지 진행하게 되었다. 그러나 동전에는 양면이 있는 법, 평화상이건 문학상이건 물리학상이건, 일단 노벨상을 받으면 갑자기 모든 분야의 전문가가 된다. 아니, 좋건 싫건 전문가가 되어야만 한다. 브라질의 부채 문제? 그까짓 거, 일도 아니다. 사회보장제도 개선? 맡겨만 주시라! 가장 이상적인 여성의 치마 길이? 당연히 짧을수록 좋다! 나는 미국의 과학교육을 개선하는 일이라면 노벨상 수상자 타이틀을 기꺼이 팔아먹을 의향이 있다. 노벨상을 한 번쯤 더 받는다면 효과백배일 것이다.

강한 핵력

물리학자들은 약력과의 전쟁에서 위대한 승리를 거두었다. 그러나 강력의 영향을 받는 수백 종의 하드론이 여전히 우리를 괴롭히고 있었다. 강력은 원자핵을 단단하게 유지시켜주는 힘이다. 앞에서도 말했지만 모든 입자들은 질량, 전하, 스핀 등 고유의 특성을 갖고 있다.

파이온을 예로 들어보자. 자연에는 질량이 비슷한 세 종류의 파이온이 존재한다. 물리학자들은 다양한 충돌실험을 통해 이들의 특성을 규명한 후 하나의 입자족으로 묶어놓았다.(이상한 짓이라는 거, 나도 안다.) 이들의 전하는 각각 +1, -1, 0(중성)이다. 파이온뿐만 아니라 모든 하드론은 소규모의 입자족을 형성하고 있다. 예를 들어 케이온족은 K^+, K^-, K^0, $\overline{K}^0$이며 (+, -, 0은 전기전하를 나타내고, 두 번째 중성 케이온의 위에 얹은 '-'는 반입자라는 뜻이다.), 시그마입자족은 Σ^+, Σ^0, Σ^-이다. 원자핵을 구성하는 양성자와 중성자도 하나의 입자족에 속한다.

같은 입자족에 속하는 입자들은 질량이 비슷하고, 강력충돌(strong collision, 강력이 작용하는 충돌 사건)에서 거동방식도 비슷하다. 이런 특성을 표현하기 위해 도입한 것이 바로 하전스핀(isotopic spin), 또는 아이소스핀(isospin)이다. 예를 들어 핵자(nucleon)*는 아이소스핀이 다른 하나의 객체로 간주할 수 있다. 즉, 양성자와 중성자는 똑같은 핵자인데, 아이소스핀이 다를 뿐이다. 이와 비슷하게 파이온도 아이소스핀이 각기 다른 세 가지 상태(π^+, π^-, π^0)로 분류할 수 있다. 또한 아이소스핀은 강력충돌과정에

---

* 양성자와 중성자의 통칭.

서 전하처럼 보존되는 양이다. 양성자와 반양성자가 격렬하게 충돌하면 47개의 파이온과 8개의 바리온(baryon)● 등 여러 입자가 생성될 수 있지만, 충돌 전과 충돌 후의 아이소스핀 총량은 변하지 않는다.

물리학자들은 하드론의 특성을 가능한 한 많이 찾아내서 각 특성에 따라 꾸준히 분류해왔다. 앞에서도 말했지만, 뭐가 뭔지 모를 때는 일단 분류부터 하는 게 상책이다. 그 결과 기묘도수(strangeness number), 바리온수(baryon number), 하이퍼론수(hyperon number) 등 이름만 들어서는 도통 알 수 없는 다양한 분류기준이 도입되었다. 이름마다 '수(number)'가 들어 있는 이유는 이들 모두가 양자적 특성이어서 양자수로 표현되기 때문이다. 그리고 양자수는 보존법칙을 만족한다. 이론물리학자, 그리고 실험을 포기한 실험물리학자들은 생물학자들로부터 영감을 받아 이와 같은 식으로 거창한 하드론 체계를 만들어놓았다. 이론물리학자들은 수학적 대칭을 열렬히 신봉하기 때문에, 입자의 거동을 서술하는 방정식에도 근본적인 대칭이 존재한다고 굳게 믿고 있다.

1961년, 칼텍의 물리학자 머리 겔만이 소위 "팔정도(八正道, Eightfold Way)"라는 또 하나의 분류체계를 발견했다. 팔정도는 소승불교의 경전 아함경(阿含經)에 등장하는 여덟 가지 수행방법으로, "바르게 보고, 바르게 생각하고, 바르게 말하고 ……." 뭐, 대충 그런 내용이다. 겔만은 하드론을 8개와 10개로 이루어진 수학적 군(群, group)과 마술처럼 일치시켰는데, 여기에 괜히 불교용어를 갖다 붙이는 바람에 "역시 자연의 질서는 동양철학과 불가분의 관계에 있다."는 억측이 한동안 세간에 나돌았다.

● 중입자(重粒子), 하드론 중 세 개의 쿼크로 이루어진 입자의 총칭.

1970년대 말, 그러니까 바닥쿼크가 발견되었던 그 무렵에 나는 페르미 연구소에서 발간하는 뉴스레터의 편집자로부터 짧은 자서전을 써달라는 부탁을 받았다. 나는 당연히 페르미 연구소 사람들만 읽는 글이라 생각하고 "리언 레더먼이 직접 쓴 나만의 자서전(An Unauthorized Autobiography, by Leon Lederman)"이라는 제목으로 글을 실었다. 그런데 끔찍하게도 이 글이 외부로 유출되어 CERN의 뉴스레터에 실렸고, 미국 과학진흥협회에서 발간하는 《사이언스》에까지 게재되어 수십만 명의 과학자들에게 고스란히 공개되고 말았다. 독자들을 위해 여기 일부 내용을 소개한다. "그(레더먼)의 창의력이 최고조에 달했던 시기는 겔만으로부터 중성 K메손의 존재 가능성에 관한 강의를 들을 때였다. 그는 이 강의를 들으면서 두 가지 결심을 했다. 첫째, 자기 이름 가운데에 겔만처럼 '-'를 끼워넣고……."

이름이야 아무러면 어떤가? 철자가 아무리 희한해도 겔만이 위대한 물리학자라는 사실에는 변함이 없다. 팔정도를 통해 분류된 하드론 목록을 보고 있노라면 문득 멘델레예프의 주기율표가 떠오른다. 멘델레예프가 비슷한 화학원소들을 같은 세로줄에 배열했다는 것을 기억하는가? 그는 전자가 발견되기도 전에 주기적 특성에 따라 원자를 분류했고, 이 분류법은 원자의 내부구조를 밝히는 데 중요한 단서를 제공했다. 원자의 내부에서는 무언가가 주기적으로 반복되면서 내부구조를 만들어가고 있었다. 원자의 구조가 알려진 지금, 주기율표를 되돌아보면 그런 식으로 분류될 수밖에 없었던 이유가 한눈에 들어온다. 겔만의 분류법도 이와 비슷한 수순을 밟게 되지 않을까?

쿼크의 비명소리

물리학자들이 양자수에 따라 하드론을 분류해놓고 보니, 아무래도 무언가가 빠진 것 같았다. 하드론들은 자신에게 내부구조가 더 있다며 일제히 비명을 질러댔고, 일부 귀 밝은 물리학자들이 그 소리에 귀 기울이며 내부구조를 파고들었다. 1964년에 겔만은 세 가지 논리적 구조물을 도입하면 하드론의 조직화된 패턴을 설명할 수 있다는 가정하에, '쿼크(quark)'라는 개념을 최초로 도입했다. 이 용어는 제임스 조이스(Jame Joyce)의 살짝 부담스러운 소설 《피네간의 경야(Finnegan's Wake)》 중 "마크 대왕을 위한 세 개의 쿼크(Three quarks for Muster Mark!)"라는 구절에서 따온 것으로 알려져 있다. 겔만의 동료였던 조지 츠바이크(Goerge Zweig)는 비슷한 시기에 CERN에 머물면서 하드론을 연구하다가 이와 비슷한 아이디어를 떠올렸는데, 그는 이것을 "에이스(ace)"라고 불렀다.

이 획기적인 아이디어가 어떻게 탄생했는지는 영원히 알 수 없을 것이다. 다만, 겔만이 쿼크를 떠올렸던 무렵에 나도 그와 함께 컬럼비아대학교에 있었기 때문에 나름대로 들은 소문은 있다. 1963년의 어느 날, 겔만이 컬럼비아대학교에서 하드론의 팔정도대칭에 관하여 세미나를 했는데, 청중석에 앉아 있던 이론물리학자 로버트 서버(Robert Serber)가 한 마디 거들었다. "기본체계가 8이라면, 세 가지 하부단위가 가능하지 않을까요?" 겔만도 그의 지적에 동의했다. 그러나 그 하부단위가 입자라면 분수전하를 가진 입자가 존재해야 한다. 전하가 1/3, 2/3, -1/3과 같은 분수라니, 이런 입자는 발견된 적도 없고 들어본 적도 없었다.

입자의 세계에서 전기전하의 기본단위는 '전자의 전하량'이다. 모든 전자는 정확하게 1.602193×10^{-19}쿨롱(C)이라는 전하를 갖고 있다. 쿨롱은 전하의 단위인데, 신경 쓰지 않아도 된다. 모든 입자의 전하는 전자의 전하량의 정수배로 나타나기 때문에, 물리학자들은 편의를 위해 1.602193×10^{-19}쿨롱을 1로 간주한다. 이런 단위를 사용하면 양성자의 전하는 1.0000이며, 파이온과 뮤온도 마찬가지다.(뮤온의 경우에는 1 다음에 0이 더 많이 붙는다.) 자연에 존재하는 전하는 0, 1, 2 …… 와 같이 정수로 표현된다. 예를 들어 어떤 입자의 전하가 2라는 것은 전자의 전하의 두 배, 즉 $2 \times (1.602193 \times 10^{-19})$쿨롱이라는 뜻이다. 또한 전하는 플러스(+)와 마이너스(-)의 두 종류가 있다. 왜 하필 두 종류일까? 그 이유는 아무도 모른다. 그냥 자연은 그렇게 생겨먹었다. 전자가 무언가와 부딪혀서 상처가 나거나, 자신의 전하를 걸고 포커게임을 하다가 조금 잃고 끝냈다면 0.83 같은 전하가 존재할 수도 있을 텐데, 현실세계는 그렇지 않다. 전자와 양성자, 그리고 파이온의 전하는 항상 1.0000이다.[●]

서버가 제안했던 분수전하는 완전 난센스였다. 그런 입자는 한 번도 발견된 적이 없다. 모든 전하가 정수로 딱 떨어진다는 것이 오히려 더 신기하긴 하지만, 어쨌거나 여기에는 단 한 번의 예외가 없었으므로 오랜 세월을 거쳐오면서 물리학자들의 직관 속에 굳게 자리 잡고 있었으며, '양자화된(quantized)[●●]'전하는 그 저변에 깔려 있는 대칭성을 찾는 도구로 사용되어왔다. 그러나 겔만은 쿼크가설을 계속 밀고 나가면서(컬럼비아의 일부 교수들에게는 그가 문제의 핵심을 흐리는 것처럼 보였다.) "쿼크는 실재하는 입자가 아니라 편의상 도입한 수학적 개념일 뿐"이라고 했다.

●   단, 전자의 전하는 -1.0000이다.

●●   값이 연속적이지 않고 띄엄띄엄한.

1964년에 탄생한 세 개의 쿼크는 요즘 "위쿼크(up quark)"와 "아래쿼크(down quark)", 그리고 "기묘쿼크(strange quark)"라는 이름으로 불리고 있다. 약자로 쓰면 각각 u, d, s이다. 물론 이들의 반입자 파트너인 반쿼크도 존재한다($\bar{u}$, $\bar{d}$, $\bar{s}$). 쿼크의 속성은 이들이 모여서 기존의 모든 하드론이 만들어질 수 있도록 정교하게 선택되었다. 위쿼크의 전하는 +2/3이고 아래쿼크와 기묘쿼크의 전하는 -1/3이며, 반쿼크들은 전하의 크기가 같고 부호만 반대이다. 전하 이외의 다른 양자수들도 알맞게 세팅되어 있다. 예를 들어 양성자는 위쿼크 2개와 아래쿼크 1개로 이루어져 있어서 (uud), 총 전하가 2/3 + 2/3 - 1/3 = 1로 딱 맞아떨어진다. 중성자는 위쿼크 1개와 아래쿼크 2개로 이루어져 있으며(udd), 총 전하는 2/3 - 1/3 - 1/3 = 0이다. 중성자는 원래 전하가 없으니, 이것도 정확하게 맞아떨어진다.

쿼크모형에 의하면 모든 하드론은 3개의 쿼크, 또는 2개의 쿼크로 이루어져 있다. 하드론은 바리온(중입자)과 메손(중간자)으로 나눌 수 있는데, 바리온은 양성자와 중성자의 친척으로 모두 3개의 쿼크로 이루어져 있다. 메손은 파이온이나 케이온처럼 2개의 쿼크로 이루어져 있지만, 반드시 쿼크와 반쿼크의 조합이어야 한다. 예를 들어 양성 파이온(π^+)은 u와 $\bar{d}$의 조합으로, 전하는 2/3 + 1/3 = 1이다.($\bar{d}$는 아래쿼크의 반입자인 반아래쿼크로, 전하는 +1/3이다.)

쿼크가설이 처음 제기되었을 때 스핀과 전하, 그리고 아이소스핀과 같은 쿼크의 양자수는 몇 개의 바리온(양성자, 중성자, 람다입자 등)과 메손에 맞아떨어지도록 조절되었다. 그런데 이때 만들어놓은 규칙이 나중에 발견된 수백 개의 하드론에도 정확하게 맞아 들어갔다. 단 몇 개의 입자에만 적용되는 임시방편이 아니었던 것이다! 쿼크로 이루어진 입자에는 각 쿼크의 특성이 그대로 반영되었으며, 쿼크들 사이의 상호작용을 통해 적절한 상태를 유지하고 있었다.

쿼크는 또 하나의 흥미로운 특성을 갖고 있다. 대부분 사람들은 혼자 있을 때와 여럿이 섞여 있을 때 행동거지가 같지 않다. 그리고 항상 그런 건 아니지만, 혼자 있을 때의 모습을 '진정한 모습'으로 간주하곤 한다. 그런데 이제 곧 알게 되겠지만 쿼크는 절대로 혼자 돌아다니는 법이 없다. 그래서 쿼크의 진정한 모습은 우리가 그것을 관측하는 환경을 감안하여 추측하는 수밖에 없다. 어쨌거나 쿼크로 이루어진 입자들 중 비교적 잘 알려진 명단은 다음과 같다.

바리온		메손	
uud	양성자	$u\bar{d}$	양성 파이온
udd	중성자	$d\bar{u}$	음성 파이온
uds	람다입자	$u\bar{u} + d\bar{d}$	중성 파이온
uus	시그마 플러스(Σ^+)	$u\bar{s}$	양성 케이온
dds	시그마 마이너스(Σ^-)	$s\bar{u}$	음성 케이온
uds	시그마 제로(Σ^0)	$d\bar{s}$	중성 케이온
dss	크사이 마이너스(Ξ^-)	$\bar{d}s$	중성 반케이온
uss	크사이 제로(Ξ^0)		

물리학자들은 단 세 종류의 쿼크만으로 수백 개의 하드론을 만들어낼 수 있다는 사실을 깨닫고 크게 기뻐했다.("에이스ace"라는 용어는 아무도 모르게 사라졌다. 이름 짓기에 관한 한, 겔만을 따라올 사람은 없다.) 자고로 좋은 이론은 자연현상을 예측할 수 있어야 한다. 이미 알려진 현상을 설명하는 것도 좋지만, 아직 관측되지 않은 현상을 예측했다가 나중에 사실로 밝혀지면

완전 대박이다. 이런 점에서 쿼크가설은 (뒷걸음질치다가 쥐를 잡은 듯한 느낌이 살짝 들지만) 엄청난 성공을 거두었다. 예를 들어 세 개의 기묘쿼크로 이루어진 **sss**는 기존의 입자목록에 존재하지 않았으나 딱히 금지된 입자도 아니었기에, 물리학자들은 일단 '오메가 마이너스(Ω^-)'라는 이름을 붙여 두었다. 기묘쿼크가 들어 있는 입자는 확실한 특성을 갖고 있기 때문에, **sss**의 특성도 예측 가능했다. 그런데 1964년에 브룩헤이븐 연구소의 거품상자에서 Ω^-가 드디어 그 모습을 드러냈고, 물리적 특성도 겔만이 주문했던 내용과 정확하게 일치했다.

그렇다고 모든 문제가 해결된 것은 아니었다. 쿼크들끼리는 어떤 식으로 결합하는가? 쿼크모형이 등장한 후 약 30년 동안 강력과 관련된 수천 편의 이론 및 실험논문이 발표되었으며, 발음하기도 어려운 '양자색역학 (quantum chromodynamics, QCD)'은 쿼크들을 시멘트처럼(!!!) 단단하게 결합시키는 매개입자 글루온을 도입하기에 이르렀다. 여기까지는 모든 게 순조로웠다.

보존법칙

고전물리학에는 세 가지 보존법칙이 있다. 에너지 보존법칙, 운동량 보존법칙, 그리고 각운동량 보존법칙이 바로 그것이다. 뒤에 이어지는 8장에서 알게 되겠지만, 이 법칙들은 시간 및 공간의 특성과 깊이 관련되어 있다. 양자 이론으로 가면 보존되는 양이 훨씬 많아지는데, 이들은 원자와 원자핵, 그리고 그 안에서 진행되는 모든 과정에 대하여 불변이다. 양자적 보존량으로는 전기전하와 반전성, 아이소스핀, 기묘도(strangeness),

바리온수(baryon number), 렙톤수(lepton number) 등이 있다.[*] 앞에서 우리는 자연에 존재하는 힘들이 동일한 대칭을 반영하지 않는다는 사실을 확인한 바 있다. 예를 들어 전자기력과 강력에서는 반전성이 보존되지만, 약력에서는 보존되지 않는다.

보존법칙을 검증하려면 전하와 같은 특정한 성질이 반응 전과 반응 후에 어떻게 달라지는지 확인해야 하고, 이를 위해서는 엄청난 수의 반응을 일일이 관측해야 한다. 에너지 보존법칙과 운동량 보존법칙은 너무도 확고한 법칙이어서, 어떤 반응이 이것을 어기는 것처럼 보이면 새로운 입자를 강제로 끼워 넣어서라도 어떻게든 보존법칙을 살리는 게 상책이다. 볼프강 파울리가 바로 이런 식으로 뉴트리노의 존재를 예견했고, 결국 그것은 사실로 판명되었다. 또한 보존법칙은 일어날 수 없는 반응을 사전에 제외시키는 역할도 한다. 예를 들어 전자는 두 개의 뉴트리노로 붕괴될 수 없다. 이런 붕괴반응에서는 전하가 보존되지 않기 때문이다. 양성자가 붕괴되지 않는 것도 보존법칙으로 설명할 수 있다. 바리온수는 쿼크의 종류와 개수에 따라 결정되는 양인데, 양성자와 중성자, 람다입자, 시그마입자 등은 바리온수가 +1이고, 이들의 반입자는 바리온수가 -1이다. 모든 메손과 매개입자, 그리고 렙톤은 바리온수가 0이다. 그런데 바리온수가 엄격하게 보존된다면, 가장 가벼운 바리온인 양성자는 절대로 붕괴될 수 없다. 양성자가 붕괴되면 그보다 가벼운 입자들이 생

---

[*] 기묘도는 하드론에 들어 있는 반기묘쿼크의 개수에서 기묘쿼크의 개수를 뺀 값이고, 바리온수는 하드론에 들어 있는 쿼크의 개수에서 반쿼크 개수를 뺀 값의 1/3로 정의된다. 위의 목록에서 바리온의 바리온수는 모두 1이고, 메손의 바리온수는 0이다. 렙톤수는 한 입자를 구성하는 렙톤의 개수에서 반렙톤의 개수를 뺀 값이다.

성될 텐데, 이들은 바리온수가 모두 0이기 때문이다. 물론 양성자와 반양성자가 충돌하는 경우에는 충돌 전의 바리온수가 0이므로 무엇이건 생길 수 있다. 따라서 바리온수 보존법칙은 양성자가 안정한 이유를 설명해준다. 중성자가 양성자+전자+반뉴트리노로 붕괴되는 과정과 원자핵 안에서 양성자가 중성자+양전자+뉴트리노로 붕괴되는 과정에서 바리온수는 보존된다.

영원히 죽지 않는 녀석들은 불쌍하다. 혼자 돌아다니는 양성자는 바리온수 보존법칙 때문에 파이온으로 붕괴될 수 없고, 에너지 보존법칙 때문에 중성자+양전자+뉴트리노로 붕괴될 수 없으며, 전하 보존법칙 때문에 뉴트리노나 광자로 붕괴될 수도 없다. 보존법칙은 이밖에도 여러 종류가 있어서 이 세계의 형태를 결정한다. 만일 양성자가 붕괴된다면 우리의 존재 자체가 커다란 위협을 받는다. 우주의 나이는 약 137억 살인데, 양성자의 수명이 이보다 길다면 우주공화국의 앞날에 그다지 큰 영향을 주지는 않을 것이다.

그러나 새로 대두된 통일장 이론(unified field theory)에 의하면 바리온수는 엄격하게 보존되지 않는다. 물리학자들은 양성자붕괴를 관측하기 위해 대규모 실험을 수행해왔는데, 아직 발견된 사례는 없다. 그러나 바리온수 비보존은 보존법칙이 '근사적으로' 성립할 수도 있음을 보여주었다(반전성도 그중 하나이다.). 바리온은 붕괴 후 상태가 기존의 법칙에 위배되지 않는 데도 쉽게 붕괴되지 않고 꽤 오랫동안 버틴다. 물리학자들은 이 현상을 설명하기 위해 기묘도라는 개념을 도입했다가, 결국 람다나 케이온 같은 입자의 기묘도가 쿼크의 존재를 시사한다는 사실을 알게 되었다. 람다입자와 케이온은 실제로 붕괴하고, 이 과정에서 기묘쿼크(s)는 더 가벼운 아래쿼크(d)로 변한다. 그러나 이 과정에는 약력만 개입되어 있으며, 강력은 s가 d로 변하는 데 아무런 기여도 하지 않는다. 다시 말해서, 강력이 개입된 과정에서는 기묘도가 보존된다는 뜻이다. 약력은 문자 그대로 약한 힘이기 때문에 람다입자와 케이온, 그리고 이들이 속한 입자족은 붕괴가 비교적 느리게 진행된다.(허용된 붕괴과정은 전형적으로 10^{-23}초가 걸리는데, 이들의 수명은 10^{-10}초이다.)

모든 보존법칙에는 그에 대응하는 보존량이 존재한다.(탈레스에서 셸던 글래쇼에 이르는 동안 대칭은 물리학에서 핵심적인 역할을 해왔다.) 이것은 1920년 대에 독일태생의 유태계 여류수학자 에미 뇌터(Emmy Noether)가 증명한 수학정리로, 특정 물리량이 변하지 않는 것이 자연의 섭리라기보다 '수학적 결과'임을 보여주고 있다.

이제 다시 본론으로 돌아가자.

니오븀 공

쿼크모형은 Ω^-를 비롯하여 많은 면에서 큰 성공을 거두었지만, 쿼크를 본 사람은 아무도 없었다. 두 눈으로 직접 본 사람이 없다는 뜻이 아니라, 물리학적 관점에서 그렇다는 이야기다. 츠바이크는 처음부터 쿼크(그는 "에이스"라고 불렀다.)를 실재하는 입자로 간주했지만, 겔만의 생각은 달랐다. 현재 페르미 연구소의 소장인 존 피플(John People)이 젊은 실험물리학자였던 시절, 쿼크를 발견하기 위해 무진 애를 쓰고 있는데 어느 날 겔만이 다가와 이런 조언을 해주었다. "쿼크에 너무 집착하지 말게. 그건 그저 '수량을 헤아리는 도구'일 뿐이라네."

실험물리학자에게 이런 말을 하는 것은 칼잡이에게 결투를 신청하는 거나 다름없다. 아닌게 아니라, 때맞춰 전 세계적으로 쿼크 사냥 붐이 일기 시작했다. 그러나 거물급 범죄자에게 거액의 현상금이 걸리면 엉터리 신고가 남발하기 마련이다. 사람들은 쿼크를 찾기 위해 우주선을 뒤지고, 심해 퇴적층을 파헤치고, 포도주도 마셨다.(어라? 쿼크가 여기 있었네? 딸꾹!) 누구든지 쿼크의 증거를 찾기만 하면 물리학사에 이름을 남길 수 있었다. 이런 기회는 날이면 날마다 오는 게 아니었다! 전 세계의 모든 가속기들은 쿼크를 감옥에서 해방시키기 위해 풀가동되었고, 실험물리학자들은 감지기 앞에서 점차 망부석이 되어갔다. 사실 전하가 1/3이거나 2/3인 입자를 찾는 것은 그리 어려운 일이 아니었으나, 대부분의 실험은 아무것도 건지지 못하고 전기요금만 낭비했다. 스탠퍼드대학교의 한 실험물리학자는 니오븀(Nb)으로 만든 작은 공으로 실험을 수행한 후 "드디어 쿼크를 발견했다."고 공언했다가 재실험에서 동일한 결과를 얻지 못하여 사람들을 실망시켰다. 그때 일부 버릇없는 대학원생들은 "쿼크를 포획하려면 니오븀 공이 필요하다."고 적힌 티셔츠를 입고 다니기도 했다.

쿼크는 유령 같은 존재이다. 혼자 자유롭게 돌아다니는 쿼크는 한 번도 발견된 적이 없고 개념 자체도 확실하지 않았기 때문에, 물리학자들은 쿼크의 존재를 완전히 신뢰하지 않았다. 그러던 중 1960년대 말에 쿼크(또는 그와 유사한 무언가)의 존재를 강하게 시사하는 일련의 실험결과가 발표되었다. 원래 쿼크는 지나칠 정도로 많은 하드론을 분류하기 위해 도입된 개념이다. 그런데 양성자가 세 개의 쿼크로 이루어져 있다면, 왜 그 정체를 드러내지 않는가? 하긴, 포기가 너무 빠르긴 했다. 우리는 쿼크를 "볼 수 있다." 이제 모두 러더퍼드 시대로 돌아가서 처음부터 다시 시작하자!

돌아온 러더퍼드

1967년, SLAC의 물리학자들이 양성자의 세부구조를 규명하기 위해 새로 만든 전자빔으로 일련의 산란실험을 실행했다. 수소기체(양성자)가 들어 있는 용기를 향해 고에너지 전자빔을 발사했더니, 처음 입사된 방향과 큰 각도를 이루면서 저에너지 전자가 튀어나왔다. 양성자 내부에 있는 점입자들이 러더퍼드의 알파입자 산란실험에서 원자핵과 비슷한 역할을 한 것이다. 그러나 SLAC의 실험에는 훨씬 미묘한 구석이 있었다.

SLAC의 물리학자 리처드 테일러(Richard Taylor)와 MIT의 캐나다 출신 물리학자 제롬 프리드먼(Jerome Friedman), 헨리 켄들(Henry Kendall)이 이끄는 스탠퍼드 연구팀은 리처드 파인먼과 제임스 비요르켄에게 커다란 도움을 받았다. 당시 파인먼은 강한 상호작용(강력)을 집중적으로 연구하고 있었는데, 가장 큰 관심사는 역시 양성자의 세부구조였다. "양성자의 내부에는 무엇이 존재하는가?" 그의 연구본거지는 패서디나에 있는 칼텍이었지만, 틈날 때마다 스탠퍼드를 방문하여 실험팀에게 많은 도움을 주었다. 스탠퍼드대학교의 이론물리학자였던 비요르켄은 실험방식에 지대한 관심을 보였는데(사람들은 그를 비제이Bj라 불렀다.), 아직 미완성인 실험데이터를 보고는 "하드론의 내부구조를 지배하는 기본법칙이 그 안에 들어 있다."고 했다.

이 시점에서 우리의 오랜 친구인 데모크리토스와 보스코비치를 떠올릴 필요가 있다. 데모크리토스의 아토모스는 더 이상 쪼갤 수 없는 물질의 최소단위였다. 쿼크모형에 의하면 양성자는 세 개의 쿼크로 이루어진 끈적한 덩어리이며, 그 안에서 쿼크는 엄청 빠른 속도로 움직이고 있다. 그러나 이들은 결코 낱개로 분리되지 않기 때문에, 실험자의 관점에서 볼 때 양성자는 분해될 수 없는 것처럼 보인다. 한편 비스코비치는 아토모스가 점이라고 주장했다. 그렇다면 양성자는 아토모스가 아니다. MIT-SLAC 연구팀은 파인먼과 비요르켄의 조언을 받아들여 '분할 불가능성'보다 '점입자성'에 초점을 맞추기로 했다. 실험데이터를 점입자모형으로 해석할 때에는 과거 러더퍼드의 해석보다 훨씬 세심한 주의를 기울여야 한다. 이런 점에서 볼 때 당대 최고의 이론물리학자 두 사람이 실험팀을 도운 것은 커다란 행운이었다. 결국 이들이 얻은 데이터는 양성자의 내부에 점입자가 움직이고 있음을 입증해주었으며, 테일러와 프리드먼, 그리고 켄들은 쿼크의 존재를 입증한 공로로 1990년에 노벨상을 수상했다(이 장의 첫머리에서 제이 레노가 언급했던 "우주에서 제일 작은 물체를 발견한 세 명의 물리학자"가 바로 이들이다.).

여기서 질문 하나, 쿼크는 혼자 돌아다니는 법이 없는데, 이들은 어떻게 쿼크를 볼 수 있었을까? 강철구 세 개를 상자에 집어넣고 뚜껑을 닫았다고 상상해보자. 당신은 상자를 흔들고, 이리저리 기울여보고, 소리를 분석한 후 "공 세 개가 들어 있다."는 결론에 도달한다. 단, 쿼크는 강철구보다 좀 더 미묘하여 항상 가까이 붙은 채 단체로 몰려다니기 때문에 원래의 특성이 변할 수 도 있다. 이 점도 고려해야 하는데 …… 좌우지간 조심, 조심, 최대한 부드럽게 다뤄야 한다!

이론물리학자들은 실험데이터에 근거하여 쿼크에 현실성을 불어넣기 시작했고, 자유쿼크●가 발견되지 않는 것도 어느덧 미덕으로 간주되고 있었다. 당시 핵물리학자들 사이에는 '쿼크속박(quark confinement)'이라는

● 핵자에서 탈출하여 혼자 돌아다니는 쿼크.

용어가 대대적으로 유행했는데, 그 이유를 설명하기 위해 다양한 모형이 제시되었지만 논쟁을 끝낼 만한 수작(秀作)은 없었다. 쿼크들을 서로 떼어놓을 수 없는 이유는 둘 사이의 거리가 멀어질수록 결합력이 더욱 강해지기 때문이다. 이들을 떼어놓으려고 에너지를 왕창 투입하면 바로 이 에너지로 인해 쿼크-반쿼크 쌍이 생성되면서 쿼크가 네 개로 늘어난다. 즉, 두 개의 메손이 생성된 것이다. 기다란 끈의 한쪽을 집으로 가져가려고 세게 잡아당겼더니 …… 이크, 줄이 끊어지면서 두 개가 되어버렸다.

전자산란실험을 통해 쿼크의 구조를 규명하는 일은 캘리포니아의 독무대였다. 그러나 이 무렵에 우리 실험팀도 브룩헤이븐에서 매우 비슷한 데이터를 확보해놓고 있었다. 그래서 나는 "비요르켄이 뉴욕에 있었다면 내가 쿼크를 발견했을 것"이라고 반 농담 삼아 이야기하곤 했다.

SLAC과 브룩헤이븐의 실험팀은 쿼크를 연구하는 방법이 두 가지 이상 있다는 것을 입증했다. 두 팀 모두 표적은 양성자였는데, 테일러-프리드먼-켄들은 탐사입자로 전자를 사용한 반면 우리는 양성자를 사용했다. SLAC팀은 전자를 "충돌영역 블랙박스" 안으로 쏘아보낸 후 튀어나오는 전자를 관측했다. 실제 실험에서는 양성자와 파이온 등 다른 입자들도 튀어나왔지만, 그들은 전자 이외의 입자는 모두 무시했다. 브룩헤이븐에서는 우라늄 표적(그 안에 들어 있는 양성자)에 양성자를 충돌시킨 후, 그곳에서 튀어나온 뮤온 쌍을 집중적으로 관측했다.(앞부분을 대충 읽은 독자들을 위한 팁: 전자와 뮤온은 둘 다 렙톤에 속하며 물리적 특성도 똑같다. 다만 뮤온은 전자보다 200배쯤 무겁다.)

앞서 말한 대로 SLAC의 실험은 원자핵을 발견했던 러더퍼드의 산란실험과 비슷하다. 그러나 러더퍼드는 단순히 알파입자를 원자핵에 충돌시켜서 튀어나오는 각도를 관측한 반면, SLAC의 실험은 훨씬 복잡하게 진행되었다. 이론물리학자들의 표현을 빌면 SLAC의 기계에서 발사된 전자는 블랙박스* 안으로 '전령광자를 침투시킨다.' 이 광자가 적절한 특성을 갖고 있다면 세 개의 쿼크 중 하나에 흡수될 수 있다. 전령광자를 성공적으로 '토스'한 전자는 에너지와 운동량이 변한 채로 블랙박스영역을 빠져나와 감지기에 도달한다. 다시 말해서, 밖으로 튀어나온 전자는 자신이 내보낸 전령광자의 특성과, 그 광자를 잡아먹은 쿼크에 대한 정보를 우리에게 알려주는 것이다. 전령광자에 관한 데이터를 분석해보면, 그것이 양성자 안에 있는 점입자에게 흡수되었음을 알 수 있다. 그 외의 해석은 불가능하다.

브룩헤이븐의 이중뮤온실험(dimuon experiment, 두 개의 뮤온이 생성되기 때문에 이렇게 불렀다. 내가 참여했던 실험이다.)에서는 고에너지 양성자를 블랙박스 영역으로 침투시켜, 그 안에서 전령광자가 방출되도록 유도했다. 이때 생성된 전령광자는 블랙박스를 이탈하기 전에 뮤온과 반뮤온으로 변환되고, 이들이 블랙박스를 떠나 감지기에 도달하여 전령광자에 대한 정보를 알려주는 식이다. 그러나 1972년 전까지는 뮤온 쌍 실험에 대한 이론적 기초가 확립되지 않아서, 정확한 해석을 내릴 때까지 미묘한 중간과정을 수없이 거쳐야 했다.

실험데이터를 최초로 해석한 사람은 스탠퍼드대학교의 물리학자 시드니 드렐(Sidney Drell)과 그의 제자 퉁모얀(Tung Mo Yan)이었다. 역시 스탠퍼드의 학자들은 핏속에 쿼크가 흐르는 모양이다. 이들이 내린 결론은 다음과 같다. "뮤온 쌍을 창출한 광자는 입사된 양성자 안에 있던 쿼크가

---

* 앞에서도 말했지만 진짜 상자가 아니라 충돌이 일어나는 지극히 작은 영역을 의미한다.

표적 속의 반쿼크와 충돌 후 소멸하면서 발생한 것이다(또는 그 반대일 수도 있다.)." 이들의 해석은 '드렐-얀 실험'으로 알려져 있다. 사실 두 사람은 데이터를 해석했을 뿐이고 실험을 수행한 사람은 우리였는데, 최종결과에 이름을 빼앗겨서 조금 억울하다는 생각이 들었다.

어느 날, 새로 출간된 파인먼의 책을 읽다가 이중뮤온실험을 "드렐-얀 실험"으로 표기한 부분이 눈에 들어왔다. 나는 곧바로 드렐에게 전화를 걸어서 하고 싶은 말을 했다. "이봐, 자네가 할 일이 생겼어. 지금부터 파인먼씨의 책을 구입한 사람들한테 일일이 전화를 걸어서 47쪽에 나오는 드렐-얀이라는 이름을 펜으로 지우고, 그 자리에 '레더먼'이라고 적어 넣으라고 해. 별로 어려운 일 아니지?" 드렐은 흔쾌히 동의했다. 그러면 그렇지, 정의는 언제나 승리하는 법이다!(이 일로 파인먼을 괴롭히진 않았다.)

그 후로 드렐-얀-레더먼 실험은 여러 곳에서 재현되었고, 양성자와 메손이 쿼크로 이루어져 있음을 보여주는 하나의 증거로 자리 잡았다. 그러나 모든 물리학자를 쿼크신봉자로 개종시키기에는 역부족이었다. 사실 브룩헤이븐에는 회의론자들을 설득할 수 있는 충분한 데이터가 쌓여 있었다. 다만 우리가 그 가치를 알아채지 못했던 것뿐이다.

우리는 1968년 실험에서 전령광자의 질량이 클수록 뮤온 쌍의 생성회수가 서서히 줄어드는 것을 확인하고자 했다. 전령광자는 임의의 질량을 가질 수 있지만, 질량이 클수록 수명이 짧고 생성되기도 어렵다. 바로 하이젠베르크의 불확정성 원리 때문이다. 질량이 클수록 탐색할 수 있는 영역이 좁아지기 때문에, 에너지가 증가할수록 사건발생횟수(생성된 뮤온 쌍의 수)는 줄어든다. 이 상황을 그래프로 그려보면 아래 그림과 같다. 수평방향으로 나 있는 x축은 증가하는 질량을 나타내고, 수직방향 y축은 뮤온 쌍의 개수를 나타낸다.

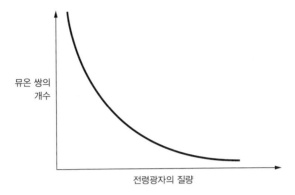

우리는 블랙박스에서 튀어나오는 광자의 질량이 증가할수록 뮤온 쌍의 개수가 매끄럽게 감소할 것이라고 생각했다. 그러나 정작 실험에서 얻어진 결과는 아래 그림과 같았다.

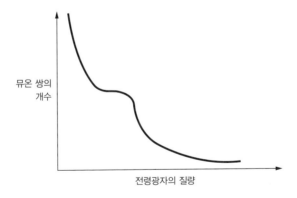

보다시피 매끄럽게 감소하던 곡선이 약 3메가전자볼트의 질량 근처에서 어깨처럼 불룩 튀어 나와 있다.(이 현상은 "레더먼 어깨Lederman Shoulder"로

알려져 있다. 이번에는 당당히 내 이름을 올리는 데 성공했다!) 그래프가 예상에서 벗어났다는 것은 전령광자(드렐-얀 효과)만으로는 설명할 수 없는 어떤 현상이 존재한다는 뜻이다. 우리는 이 "어깨"를 새 입자로 간주하지 않았으며, 논문으로 발표하지도 않았다. 아마도 이것은 쿼크 근처까지 갔다가 아슬아슬하게 놓쳐버린 첫 번째 실험이었을 것이다. 잘하면 쿼크의 존재를 입증할 수도 있었는데, 참으로 안타까운 실수였다.

1968년에는 비요르켄조차도 브룩헤이븐의 이중뮤온실험을 쿼크와 연관짓지 못했을 것이다. 사실 이 실험은 내가 개인적으로 가장 좋아했던 실험이었고, 아이디어도 매우 독창적이었다. 특히 기술적인 부분은 아이들도 이해할 수 있을 정도로 단순했는데, 지나치게 단순해서 중요한 발견을 놓친 것이다. 그때 내가 얻은 데이터에는 첫째, 양성자의 내부에 점입자가 존재한다는 증거와 둘째, '색전하(나중에 다룰 예정)'가 존재한다는 증거, 그리고 셋째, J/Ψ입자(제이/프사이, 곧 다룰 예정)의 증거가 모두 들어있었다. 이들 하나 하나가 모두 노벨상 감이다. 만일 우리가 데이터를 제대로 분석했다면 노벨위원회는 최소한 두 개의 노벨상을 절약할 수 있었을 것이다!●

11월 혁명

향후 물리학을 송두리째 바꿔놓을 두 건의 실험이 브룩헤이븐과 SLAC

● 프리드먼-켄들-테일러 대신 레더먼이 혼자 받았을 거라는 이야기다.

에서 각각 1972년과 1973년에 시작되었다. 파리에서 대서양을 건너온 파도가 최종적으로 도달하는 곳, 세계에서 가장 아름다운 풍광으로 소문난 롱아일랜드 남쪽 해변에서 10분 거리에 브룩헤이븐 연구소가 위치하고 있다(한때 이곳은 군사기지였다.). 여기서 미국대륙을 가로질러 캘리포니아주 팰러앨토로 가면 스페인풍 스탠퍼드대학교 캠퍼스의 갈색 언덕 위에 스탠퍼드 선형가속기센터, 즉 SLAC이 자리 잡고 있다. 두 연구소에서 수행한 실험은 구체적 동기가 없는 저인망식 낚시에 가까웠으나, 1974년 11월에 두 팀의 연구결과가 합쳐지면서 전 세계 물리학계를 발칵 뒤집어놓았다. 이것이 바로 물리학사에 길이 남을 '11월 혁명'이다. 물리학자가 두 명 이상 모인 자리에는 예외 없이 11월 혁명이 화제 거리로 떠올랐고, 그들은 맥주를 들이키며 물리학의 위대한 승리를 자축했다.

먼저 한 가지 짚고 넘어갈 것이 있다. 쿼크가설을 받아들인다 해도, 전자가 궁극의 단위인 아토모스라는 사실에는 변함이 없다. 그렇다면 점형태의 아토모스는 쿼크와 렙톤, 두 종류가 되는 셈이다. 전자는 뮤온 및 뉴트리노와 함께 렙톤에 속한다. 슈워츠-스타인버거-레더먼이 2종 뉴트리노실험을 통해 렙톤의 수를 4개로 늘려놓지만 않았다면 그런대로 만족스러웠을 것이다. 그러나 렙톤은 분명히 네 종류였다(전자, 전자뉴트리노, 뮤온, 뮤온뉴트리노) 1972년에 누군가가 기본입자 분류표를 작성했다면 아마 다음과 같았을 것이다.

쿼크: **u d s**

렙톤: e   μ

ν_e ν_μ

으…… 보기만 해도 끔찍하다. 이러니 아무도 표를 안 만들었지! 렙톤은 2×2 형태인데 쿼크는 세 개다. 게다가 이론물리학자들은 이미 3이라는 숫자에 환멸을 느끼고 있었다.

이론물리학자 셸던 글래쇼와 비요르켄은 "네 번째 쿼크가 존재한다면 훨씬 보기 좋을 것"이라고 예견한 바 있다(아마 1964년경이었을 것이다.). 쿼크가 네 종류면 쿼크와 렙톤이 둘 다 4개이므로 대칭성이 회복될 것 같다. 1970년에 글래쇼와 그의 동료들은 다소 복잡하면서도 깔끔한 논리를 통해 네 번째 쿼크의 존재 가능성을 한층 더 높여놓았다. 그 후로 글래쇼는 쿼크가설의 열렬한 지지자가 되어 여러 권의 책을 집필했으며, 표준모형을 구축하는 데 핵심적인 역할을 했다. 지지자와 반대자들 사이에서 "셸리(Shelly)"라는 애칭으로 통했던 그는 흥미로운 책과 특유의 시가(여송연), 그리고 이론물리학을 향한 날카로운 비평으로 대중의 사랑을 받았다.

글래쇼는 네 번째 쿼크에 '맵시쿼크'라는 이름을 붙이고 대대적인 홍보에 나섰다. 그는 전 세계의 세미나와 학회, 워크샵 등을 일일이 찾아다니면서 "맵시쿼크를 반드시 찾아야 한다."며 실험물리학자들을 설득했다. 새로운 쿼크를 도입하면 쿼크와 렙톤 사이에 4:4 대칭이 성립하고 쿼크끼리도 짝이 맺어지며(위/아래, 기묘/맵시), 약력이론이 앓고 있는 고질병도 고칠 수 있다는 것이 그의 지론이었다. 사실 실험물리학자는 실험 하나가 자신의 모든 경력을 좌우할 수도 있기 때문에, 확실한 물증이 없으면 선뜻 나서기가 쉽지 않다. 그러나 새로운 가설에 비교적 우호적인 일부 이론물리학자는 글래쇼의 주장에 적극적인 호응을 보였다. 그러던 중 1974년 여름에 메리 가이아드(Mary Gaillard, 물리학계에서 희귀종에 속하는 여성 물리학자이자 남녀 통틀어 최고의 물리학자)와 벤 리(Ben Lee, 이휘소), 그리고 존 로즈너(Jon Rosner)가 역사에 남을 리뷰논문 〈맵시를 찾아서(Search for Charm)〉를 발표했다.[●] 이 논문은 특히 실험물리학자들에게 큰 반향을 불러일으켰는데, 주된 이유는 c(맵시쿼크)와 그 반입자인 c̄(반맵시쿼크)가 충돌영역인 블랙박스 안에서 생성되었다가 곧바로 결합하여 중성메손이 방출될 수도 있음을 지적했기 때문이다. 또한 이들은 브룩헤이븐의 우리 실험팀이 얻었던 뮤온 쌍 관련 데이터를 언급하면서 "3기가전자볼트 근처에서 나타난 레더먼 어깨는 cc̄가 붕괴되어 뮤온이 생성되었다는 증거일 수도 있다."고 했다. 다시 말해서, 3기가전자볼트가 cc̄의 질량일 수도 있다는 이야기다.

충격사냥

그래도 이때까지는 이론물리학자들의 상상일 뿐이었다. 11월 혁명에 관한 논문과 저서를 보면 당시 실험물리학자들은 이론물리학자의 아이디어를 검증하기 위해 등골이 빠지도록 실험에 몰입했으나, 사실 그 실험이라는 것은 아무거나 걸려라는 식의 저인망 낚시와 비슷했다. 브룩헤이븐의 물리학자들도 데이터에서 새로운 물리학의 탄생을 알리는 경보가 울리기를 기대하며 일종의 '충격사냥(bump hunting)'을 하고 있었다.

글래쇼와 가이아드가 맵시를 논하고 있을 때, 실험물리학자들도 나름

● 리뷰논문(review paper)은 최신 연구성과를 종합하고 거기에 자신의 의견을 덧붙여 평가한 논문으로, 대부분 해당 분야의 최고 전문가들이 집필한다.

대로 문제를 안고 있었다. 그 무렵에는 전자-양전자 충돌기(e^-e^+)와 양성자가속기가 서로 경쟁하면서 입자물리학자도 '렙톤파'와 '하드론파'로 나뉘어 갑론을박을 벌이고 있었다. 렙톤파가 한 일은 그리 많지 않았지만 선전은 꽤나 요란했다! 전자는 내부구조가 없는 점입자이기 때문에, 초기상태가 아주 깔끔하다. e^-(전자)와 e^+(양전자, 전자의 반입자)가 서로 마주 보고 달려오다가 블랙박스 안에서 충돌하면 전령광자가 생성된다. 복잡할 게 하나도 없다. 이 광자의 에너지는 전자와 양전자의 에너지를 더한 값과 같다.

전령광자는 아주 짧은 시간 동안 존재하다가 한 쌍의 입자로 물질화되는데, 이 입자 쌍은 보존법칙에 입각하여 적절한 질량과 에너지, 스핀, 그리고 몇 가지 양자수를 갖고 있다. 이 경우 블랙박스에서 튀어나와 우리에게 관측되는 것은 세 가지인데 또 다른 e^-e^+ 쌍이거나 뮤온-반뮤온 쌍, 또는 다양한 조합의 하드론이다. 단, 하드론의 종류는 전령광자의 에너지와 양자적 특성에 따라 달라진다. 또한 입자의 최종상태는 초기 조건에 따라 다양한 형태로 나타날 수 있는데, 다양한 정도는 측정기술에 의해 좌우된다.

이것을 양성자 두 개가 충돌하는 경우와 비교해보자. 양성자는 세 개의 쿼크로 이루어져 있고 쿼크끼리는 서로 강력을 행사하고 있다. 즉, 쿼크 사이에는 강력의 전령입자인 글루온이 빠른 속도로 교환되고 있다(글루온은 이 장의 끝 부분에서 다룰 예정이다.). 이 정도만 해도 복잡한데, 여기에 한술 더 떠서 글루온이 (예를 들어) 위쿼크에서 아래쿼크로 날아가다가 자신의 본분을 잊고 (전령광자처럼)쿼크와 반쿼크로 물질화될 수도 있다. 예를 들면 s와 $\bar{s}$로 나타나는 식이다. 단, 이 $s\bar{s}$ 쌍은 수명이 아주 짧다. 글루온이 제시간 안에 쿼크에 흡수되려면 원래의 모습으로 되돌아가야 하기 때문이다. 그러나 s̄s 쌍으로 존재하는 동안은 매우 복잡한 사건을 야기한다.

전자가속기를 고집하는 물리학자들은 양성자를 쓰레기통이라 불렀다. 따라서 그들에게 양성자-양성자, 또는 양성자-반양성자 충돌실험은 두 개의 쓰레기통이 충돌하여 깨진 계란껍질과 바나나껍질, 커피찌꺼기, 그리고 찢어진 복권이 사방으로 흩어지는 사건에 불과했다.

스탠퍼드의 전자-양전자(e^-e^+) 충돌기 SPEAR는 1973~1974년부터 데이터를 수집해오다가 난처한 상황에 봉착했다. 하드론이 생성되는 충돌사건의 발생빈도가 이론적 예견치보다 높았던 것이다. 그 속사정은 매우 복잡했지만, 1974년 10월까지는 별다른 관심을 끌지 못했다. 버튼 리히터(Burton Richter)가 이끌었던 SLAC의 물리학자들은 충돌하는 두 입자의 에너지 합이 3.0기가전자볼트 근처일 때 일어나는 신기한 효과에 주목하기 시작했다(이 값은 독자들에게도 익숙할 것이다. 이 무렵에 리히터는 스탠퍼드를 떠나 있었다.).

그 무렵, 동쪽으로 4,800킬로미터 거리에 있는 브룩헤이븐에서는 사무엘 팅(Samuel C. C. Ting)이 이끄는 MIT의 실험팀이 1967년에 우리가 수행했던 이중뮤온실험을 재현하고 있었다. 팅은 미시간대학교에서 박사학위를 받은 후 CERN에서 박사후 과정을 거쳤으며, 1960년대 초에 컬럼비아대학교의 조교수로 부임하면서 우리 연구팀에 합류하여 무뎠던 감각을 날카롭게 다듬었다.(대만 보이스카우트의 총지휘자였다는 소문도 있다.)

세심하고 투지 넘치면서 매사 정확하고 체계적이었던 팅은 컬럼비아대학에서 나와 몇 년 동안 함께 일하다가 독일 함부르크 근처에 있는 DESY 연구소에서 몇 년을 보낸 후 MIT의 교수로 부임하면서 곧바로 입자물리학의 실력자(5위? 6위?)로 떠올랐다. 나는 그를 천거하는 추천서를 쓸 때 일부러 그의 약점을 강조하곤 했는데(이런 내용이 없으면 고용주가 추천서를 잘 믿지 않는다.), 결론은 항상 똑같았다. "팅은 열정적이고 까다로운 중국인 물리학자입니다." 솔직히 말해서 나는 팅에게 일종의 콤플렉스를 갖고 있었다. 내가 어렸을 적에 우리 아버지는 조그만 세탁소를 운영했는데, 길 건너편에 있는 중국인 세탁소와 경쟁하느라 몹시 어려운 시기를 보냈다.(다들 알겠지만 소규모 서비스업종에서는 중국인을 이기기가 힘들다.) 그 후로 나는 중국인 물리학자만 보면 괜히 신경이 곤두서곤 했다.

팅은 DESY 연구소의 전자가속기를 다루면서 전자충돌의 산물인 e^-e^+ 쌍을 분석하는 데 세계적인 전문가가 되었고, 전자쌍을 검출하는 것이 드렐-얀 실험……(이크, 실수!)이 아니라 팅의 이중렙톤실험(dilepton experiment)에 훨씬 유리하다고 생각했다. 그는 1974년에 브룩헤이븐에서 고에너지 양성자를 표적에 입사하여 블랙박스에서 튀어나오는 e^-e^+ 쌍을 분석했는데, 이때 사용한 감지기는 7년 전에 우리가 만들었던 것과는 비교가 되지 않는 최신형이었다.(이 무렵에 SLAC팀은 전자-양전자 충돌에 진념하고 있었다.) 또한 팅은 조르주 샤르파크가 발명한 비례도선상자(PWC)를 이용하여 e^-e^+ 쌍을 낳은 전령광자(또는 그 외의 다른 입자)의 질량을 정확하게 측정했다. 뮤온과 전자는 모두 렙톤에 속하므로, 둘 중 어떤 쌍을 관측할 것인지는 실험자의 취향에 따라 선택해도 상관없다. 당시 팅은 새로운 가설을 입증하려는 것이 아니라, 아무도 본 적 없는 새로운 현상을 마구잡이로 찾고 있었다. 출처는 확실치 않지만 그는 이런 말을 한 적도 있다. "이론물리학자와 중국음식을 같이 먹는 건 언제나 즐겁다. 그러나 그들이 주장하는 내용을 증명하기 위해 실험실에서 날밤을 새우는 것은 시간낭비일 뿐이다." 장차 맵시쿼크를 발견하게 될 사람이 한 말치고는 참 과격하면서도 아이러니하다.

브룩헤이븐과 SLAC의 연구팀은 결국 같은 것을 발견할 운명이었다.

그러나 두 팀 모두 1974년 10월 전까지는 상대방 실험이 어디까지 진전되었는지 알지 못했고, 알아볼 겨를도 없었다. 그런데 두 실험이 어떻게 연결되었을까? SLAC 실험은 전자와 양전자를 충돌시킨 후 첫 단계로 가상광자를 만들어낸다. 반면에 브룩헤이븐 실험은 복잡하고 너저분한 초기상태에서 가상광자가 출현하여 e^-e^+ 쌍으로 분해되었을 때에만 관측이 가능하다. 그러니까 두 실험은 일시적으로 임의의 질량/에너지를 가질 수 있는 전령광자를 다룬 것이다. 전령광자의 에너지는 충돌하는 힘에 따라 달라진다. SLAC의 충돌실험과 관련하여 충분히 검증된 모형에 의하면, 이 과정에서 생성된 전령광자는 하드론(세 개의 파이온, 또는 파이온 한 개와 두 개의 케이온, 또는 양성자-반양성자와 두 개의 파이온, 또는 한 쌍의 뮤온, 또는 전자-반전자 쌍 등)으로 분해될 수 있다. 단, 이 과정에서 에너지와 운동량, 스핀 등은 보존되어야 한다.

그러므로 충돌하는 두 빔의 에너지를 더한 값보다 질량이 작은 무언가가 존재한다면, 그것은 충돌을 통해 생성될 수 있다.● 이 새로운 '무언가'가 광자처럼 잘 알려진 양자수를 갖고 있다면, 두 빔의 에너지 합이 무언가의 질량과 일치할 때 대량으로 생성될 수 있다. 테너가 내는 목소리의 진동수(높이)가 유리잔의 고유진동수와 같을 때 유리잔이 깨지는 광경을 본 적이 있을 것이다. 새로운 입자가 생성되는 원리도 이와 비슷하다.

브룩헤이븐 실험에서는 가속기에서 생성된 양성자가 표적 틀에 고정되어 있는 작은 베릴륨 조각을 때린다. 상대적으로 큰 양성자가 상대적

● 질량과 에너지는 $E = mc^2$를 통해 서로 연결되어 있다. 그러나 물리학자들은 $c=1$인 단위계를 자주 쓰기 때문에, 질량과 에너지를 굳이 구별하지 않는다.

으로 큰 베릴륨 원자핵을 때리면 온갖 종류의 사건이 일어날 수 있다. 쿼크가 쿼크를 때릴 수도 있고, 쿼크가 반쿼크를 때릴 수도 있으며, 쿼크가 글루온을 때릴 수도 있고, 글루온이 글루온을 때리는 경우도 있다. 가속기의 출력이 얼마이건 개개의 쿼크들이 양성자의 에너지를 나눠 갖기 때문에, 충돌 사건의 에너지는 가속기의 출력보다 훨씬 작다. 그래서 팅이 관측했던 렙톤 쌍은 에너지가 다소 중구난방이었다. 초기상태가 이렇게 복잡하면 실험이 어려워질 것 같지만, 결과도 그만큼 다양하게 나오기 때문에 팅에게는 유리하게 작용했다. 쓰레기통 두 개가 충돌했으니, 별의 별 잡동사니가 다 나왔을 것이다. 그러나 오만가지 파편 속에서 새로운 '무언가'를 찾아내기란 결코 쉬운 일이 아니었다. 그 속에 새로운 입자가 섞여 있음을 입증하려면 동일한 실험을 여러 번 반복 수행하여 일관성 있는 결과를 얻어내야 한다. 그리고 무엇보다도 감지기의 성능이 좋아야 한다. 다행히 팅의 감지기는 최고의 성능을 자랑했다.

SLAC의 SPEAR는 사정이 정반대였다. 이곳에서는 전자와 양전자가 충돌한다. 아주 단순하다. 두 개의 점입자, 물질과 반물질이 충돌하면서 소멸되고 새로운 무언가가 탄생한다. 바로 전령광자이다. 이 에너지 덩어리는 아주 잠시동안 빛의 형태로 존재하다가 곧 물질로 되돌아온다. 만일 초기의 빔에너지가 각각 1.5525기가전자볼트였다면, 매번 그 두 배인 3.105기가전자볼트 규모의 충돌이 발생하는 셈이다. 이런 질량을 가진 입자가 자연에 존재한다면, 광자 대신 이 입자가 생성된다. 발견을 하기 싫어도 어쩔 수 없이 하게 되는 것이다. 충돌에너지는 이미 정해져 있기 때문에, 다른 에너지로 전환하려면 자석을 비롯한 여러 가지 장치를 다시 세팅해야 한다. 스탠퍼드의 물리학자들은 원하는 에너지 수준으로 정밀하게 맞출 수 있는 기술을 확보하고 있었다. 그러나 솔직히 말해서

나는 그 실험에 회의적인 생각을 품고 있었다. SPEAR타입 가속기의 단점은 출력에너지를 바꿀 때 아주, 지극히, 조금씩 천천히 바꿔야 한다는 것이다. 그 대신 적절한 에너지에 맞추기만 하면(또는 누군가에게 귀띔을 받았을 수도 있다. 실제로 이것이 쟁점으로 부각되었다.) 하루 이틀 안에 새로운 입자를 발견할 수 있다.

다시 브룩헤이븐으로 돌아가자. 1967~1968년에 우리가 '이중뮤온 어깨'를 발견했을 때 데이터의 범위는 1~6기가전자볼트였고, 6기가전자볼트에서 생성된 뮤온 쌍의 개수는 1기가전자볼트일 때 생성된 개수의 100만 분의 1에 불과했다. 그런데 3기가전자볼트 근방에서 뮤온 쌍의 수가 갑자기 많아졌다가 3.5기가전자볼트에서 다시 원래의 감소추세로 되돌아갔다. 즉, 3~3.5기가전자볼트 사이에서 그래프가 불룩 튀어나온 것이다. 우리 7인방은 1969년에 논문을 준비하던 중 '어깨' 부분의 해석방법을 놓고 약간의 논쟁을 벌였다. 새로운 입자인데 감지기가 둔해서 뭉개진 것일까? 아니면 다른 비율로 전령광자를 만들어내는 새로운 과정이 존재하는 것일까? 1969년에는 뮤온 쌍이 생성되는 과정을 아무도 모르고 있었다. 나는 우리 데이터로 새로운 발견을 주장하는 것이 무리라고 생각했다.

드디어 1974년 11월 11일, SLAC과 브룩헤이븐의 연구팀이 한 자리에 모였다. 두 팀의 데이터를 비교해보니 3.105기가전자볼트에서 증대효과가 뚜렷하게 나타났다. SLAC에서는 출력을 이 값에 맞췄을 때(결코 쉬운 일이 아니었다!) 입자계수기의 수치가 수백 배까지 치솟았다가 3.100~3.120기가전자볼트로 재조정하니 다시 정상적인 수치로 되돌아왔다. 공명이 일어나는 구간이 너무 좁았기 때문에 발견할 때까지 시간이 오래 걸린 것이다. SLAC팀은 그 전에도 이 에너지영역을 탐색한 적이 있는

데, 출력을 세밀하게 조절하지 못하여 증대현상을 놓쳤었다. 팅이 확보한 브룩헤이븐의 데이터에는 방출된 렙톤 쌍의 개수가 정확하게 측정되어 있었는데, 3.10기가전자볼트 근처에서 날카로운 피크가 나타났다. 팅은 이 피크를 보는 순간 자신이 물질의 새로운 상태를 발견했다고 확신했다.

브룩헤이븐과 SLAC, 과연 누가 먼저였을까? 사람들은 이 문제를 놓고 치열한 공방을 벌였다. 누가 먼저 알아냈는가? 평소 그토록 점잖던 물리학계에 어느새 비난과 유언비어가 난무하고 있었다. "SLAC의 한 과학자가 팅의 결과를 입수하여 특정 에너지영역을 집중 공략했다."는 설도 있고, "원래 팅은 자신의 결과에 확신이 없었는데 SLAC팀의 발표를 전해 듣고 몇 시간 사이에 생각을 정리해서 발표했다."는 설도 있다. SLAC팀은 새로운 입자를 "Ψ(프사이)"라 불렀고, 팅은 "J"라고 불렀기에, 결국 이 입자는 "J/Ψ"라는 희한한 이름을 갖게 되었다. 이로써 물리학계에는 사랑과 평화가 '대충' 회복되었다.

왜 그리도 난리법석인가

흥미로운 사건임은 분명하다. 그런데 왜 그리도 야단법석을 떨었을까? 11월 11일에 있었던 브룩헤이븐/SLAC의 공동발표는 순식간에 전 세계로 퍼져나갔다.[*] CERN의 한 과학자는 당시의 분위기를 회고하면서 "말로 표현하기 어려울 정도였다. 복도에 나가보니 모든 사람들이 삼삼

---

[*] 당시에는 인터넷이 없었다!

오오 모여서 그 이야기를 나누고 있었다."고 했다. 일요일판 《뉴욕타임스》에는 "새롭고 놀라운 입자가 발견되다."라는 제목기사가 1면 헤드라인을 장식했고, 《사이언스》는 "두 개의 새로운 입자, 물리학자에게 기쁨과 수수께끼를 선사하다."라는 타이틀과 함께 자세한 내용을 소개했다. 과학작가 월터 설리번(Walter Sullivan)은 얼마 후 《뉴욕타임스》에 기고한 글에 "물리학계가 그토록 소란스러웠던 적은 일찍이 없었다……. 게다가 지금도 그 끝이 보이지 않는다."라고 적어놓았다. 그로부터 2년 후인 1976년에 팅과 리히터는 J/Ψ입자를 발견한 공로로 노벨 물리학상을 공동으로 수상했다.

나는 페르미 연구소에서 E-70이라는 폼 나는 제목의 실험에 전념하던 중 이 소식을 접하게 되었다. 그로부터 17년이 지난 지금, 당시의 느낌이 어땠는지 가물가물하지만 어쨌거나 과학자로서, 그리고 입자물리학자로서 기뻐했던 것만은 분명하다. 가만……, 지금 조금씩 생각나는데, 당장 달려가서 목을 조르고 싶을 정도로 그들이 부러웠다. 지극히 정상적인 반응이라고 생각한다. 그러나 팅이 수행했던 실험은 원래 내 실험이었다! 팅은 샤르파크 상자와 같은 첨단장비 덕분에 실험의 정확도를 환상적으로 높일 수 있었지만, 1967~1968년에는 그런 것이 아예 존재하지 않았다. 내가 브룩헤이븐에서 수행했던 실험에는 노벨상을 받을 만한 요소가 적어도 두 개 이상 들어 있었다. 감지기의 성능이 좀 더 좋았다면, 비요르켄이 그 시기에 컬럼비아대학교를 방문했다면, 그리고 우리가 조금만 더 똑똑했다면……. 나한테 햄이 있다면 햄치즈 샌드위치를 만들 수 있을 텐데……. 물론 치즈랑 식빵도 있다면……. 다 부질 없는 소리다.

누구를 원망하랴, 다 내가 부족한 탓이다. 1967년에 그래프에서 이상한 돌출부(어깨)를 발견한 후, 나는 당시 건설 중이던 고에너지 가속기를 이용하여 이중렙톤 물리학을 연구하기로 마음먹었다. 1971년에 CERN 에서는 유효에너지가 브룩헤이븐 가속기의 20배에 달하는 양성자-양성 자 충돌기 ISR이 본격가동에 들어갔다. 나는 브룩헤이븐의 꿈을 포기하 고 CERN에 실험계획서를 제출했는데, 1972년에 그곳에서 실험을 수 행하다가 또 다시 J/Ψ 검출에 실패했다. 예기치 않은 배경파이온이 너 무 많이 생성된 데다, 새로 도입한 납땜유리 입자감지기가 ISR의 복사 에너지에 과다하게 노출되었기 때문이다. 그러나 배경파이온은 결국 새 로운 발견으로 인정되었다. 우리가 관측한 고횡단운동량(high-transverse-momentum) 하드론은 양성자의 내부에 쿼크가 존재한다는 또 다른 증거 였던 것이다.

한편 1971년에 페르미 연구소에서는 200기가전자볼트짜리 입자가속 기를 준비하고 있었는데, 나는 이곳에도 실험계획서를 제출했다. 나의 실험은 1973년 초에 시작될 예정이었으나 …… 그게 생각대로 되지 않 았다. 굳이 변명을 하자면 그 무렵 페르미 연구소에 새로 유입된 데이터 에 한눈을 파느라 바빴고(사실 그 데이터는 연못에 풀어놓은 붉은 청어와 꽃새우였 다.), 이중렙톤실험에 착수할 무렵에는 11월 혁명이 이미 터진 후여서 김 이 많이 빠진 상태였다. 그러니까 나는 브룩헤이븐과 CERN, 그리고 페 르미 연구소를 옮겨가면서 매번 J/Ψ입자를 놓친 것이다. 입자물리학분 야의 실패사례로는 단연 챔피언 감이다.

"J/Ψ의 발견이 뭐가 그리도 대단한가?" 이 질문에는 아직 답을 하지 않았다. J/Ψ입자는 하드론이다. 그러나 하드론은 이미 수백 종이나 발견 되었다. 거기에 희한한 이름을 가진 하드론이 하나가 더 추가되었을 뿐 인데, 왜들 그렇게 난리를 쳤을까? 그 이유는 바로 질량 때문이다. J/Ψ

의 질량(약 3GeV)은 양성자의 세 배가 넘고, 질량의 '선명도(sharpness)'는 0.05메가전자볼트밖에 안 된다.●

선명도의 의미는 다음과 같다. 불안정한 입자의 질량은 하나의 값으로 결정되지 않는다. 바로 하이젠베르크의 불확정성 원리 때문이다. 입자의 수명이 짧을수록 질량분포의 폭은 넓어진다. 여기서 질량분포란 종류가 같은 입자의 질량을 여러 번 측정하여 그래프를 그렸을 때 종(鐘)모양으로 나타나는 확률분포곡선을 의미한다. 예를 들어 곡선의 중앙부분이 3.105메가전자볼트였다면 이 값이 바로 입자의 질량이고, 곡선의 폭은 입자의 수명에 해당한다. 앞에서 여러 번 강조한 바와 같이, 불확정성 원리에는 관측행위가 반영되어 있다. 완벽하게 안정한 입자는 질량을 관측할 시간이 무한대이므로 최상의 정밀도를 발휘하여 완벽한 질량을 알아낼 수 있다. 그러므로 이런 입자의 질량분포곡선을 그린다면 폭은 무한히 좁을 것이다. 즉, 질량이 단 하나의 값으로 완벽하게 결정된다. 그러나 수명이 짧은 입자의 질량은 정확하게 결정될 수 없으며,(관측자가 시간이 없어서 서두르기 때문이 아니라, 원리적으로 그렇다.) 제아무리 정밀한 장비를 사용한다 해도 측정결과는 넓은 구간에 걸쳐 퍼지게 된다. 예를 들어 강한 상호작용을 교환하는 전형적인 입자의 수명은 10^{-23}초이며, 질량은 약 100메가전자볼트에 걸쳐 퍼져 있다.●●

또 한 가지, 자유양성자를 제외하고 모든 하드론은 불안정하다. 하드론(또는 임의의 입자)의 질량이 클수록 붕괴되는 경우의 수가 많기 때문에

● 지금까지 발견된 J/Ψ의 질량이 0.05메가전자볼트라는 좁은 간격 안에 몰려있다는 뜻이다.

●● 질량분포의 중간값이 700메가전자볼트라면, 이 입자의 질량은 600~800메가전자볼트이다.

수명은 짧아진다. 그런데 J/Ψ는 질량이 엄청나게 크면서(1974년 당시에는 제일 무거운 입자였다.) 질량분포가 다른 하드론보다 1,000배 이상 좁은 영역에 집중되어 있다. 따라서 J/Ψ는 수명이 길다. 무언가가 J/Ψ의 붕괴를 방해하고 있는 것이다.

벌거벗은 맵시

J/Ψ는 왜 붕괴되지 않는가?

이론물리학자들에게 물었더니 일제히 손을 들고 "저요! 저요!"를 외친다. 오케이, 답이나 한 번 들어보자. "새로운 양자수가 존재하기 때문입니다!" "새로운 보존법칙이 적용되기 때문입니다!" 사실 둘은 같은 이야기다. 그렇다면 무엇이 보존되는가? 여기부터는 답이 제 각각이다. 적어도 당분간은 그랬다.

데이터는 계속 쏟아지는데, 그 원천은 e^+e^- 가속기뿐이었다. SPEAR는 이탈리아 가속기 ADONE, 그리고 독일의 DORIS와 연합하여 3.7메가전자볼트에서 또 하나의 돌출부를 발견했다. 이름하여 Ψ'(프사이 프라임)이다. 이번에는 스탠퍼드가 단독으로 발견했기 때문에 J를 붙일 필요가 없었다(팅의 연구팀은 게임에서 누락되었다. 그들의 가속기로는 J/Ψ가 한계였기 때문이다.). 그러나 혼신의 노력에도 불구하고 J/Ψ의 선명도가 높은 이유는 여전히 미지로 남아 있었다.

그러던 어느 날, 매우 그럴듯한 추측이 등장했다. "혹시 J/Ψ는 우리가 오랫동안 기다려왔던 맵시쿼크와 반맵시쿼크 쌍으로 이루어진 속박원자, 즉 $c\bar{c}$가 아닐까?" 다시 말해서, 쿼크와 반쿼크로 이루어진 메손(중간자)일 수도 있다는 것이다. 글래쇼는 매우 흥분하여 J/Ψ 입자를 "차모늄 (charmonium)"이라고 불렀다. 훗날 이 추측은 결국 옳은 것으로 판명되었 지만, 그렇게 되기까지는 2년의 세월이 추가로 소요되었다. 정체를 규명 하기가 어려웠던 이유는 c와 c̄가 결합했을 때 맵시쿼크의 고유한 특성 이 사라지기 때문이다. c의 특성을 c̄가 지워버리는 것이다. 모든 메손은 쿼크와 반쿼크로 이루어져 있지만, 종류가 다르기 때문에 이런 현상이 나타나지 않는다. 예를 들어 파이온은 ud̄로 이루어져 있다.

J/Ψ의 후보로 처음 떠오른 것은 맵시쿼크와 다른 반쿼크의 조합이었 다. 이런 식으로 결합하면 맵시쿼크의 특성이 살아 있을 것이므로, 물리 학자들은 이것을 "벌거벗은 맵시(naked charm)"라 불렀다. 예를 들어 cd̄ 메손에서 d̄는 자신의 결합상대인 c의 특성을 상쇄시키지 않기 때문에, c 는 자신의 본모습을 있는 그대로 보여줄 것이다. 물론 c가 혼자 돌아다 닌다면 본모습에 제일 가깝겠지만 자유쿼크는 존재하지 않으므로 [맵시 쿼크] + [다른 반쿼크]가 최상의 조합이다. 실제로 cd̄ 메손은 1976년에 거슨 골드하버(Gerson Goldhaber)가 이끄는 SLAC-버클리 연구팀에 의해 스탠퍼드의 e^+e^- 충돌기에서 발견되었다. 이 메손은 D^0(디 제로)로 명명되 었으며, 그 후로 전자가속기로 D시리즈를 찾는 실험이 15년 동안 줄기 차게 이어졌다. 요즘 cū, cs̄, cd̄는 물리학 박사학위 논문의 단골메뉴가 되었고, 첨단분광학 덕분에 쿼크의 특성도 많이 알려진 상태이다.

J/Ψ의 질량이 한 값에 집중되어 있는 이유도 밝혀졌다. 맵시(charm)는 새로운 양자수이며, 강력의 보존법칙은 맵시쿼크가 질량이 더 작은 쿼크 로 변하는 것을 허용하지 않는다. 이런 변화가 일어나려면 약력과 전자 기력이 개입되어야 하는데, 이들 두 힘은 훨씬 느리게 작용하기 때문에 J/Ψ의 수명이 길고 질량이 집중되었던 것이다.

상황이 여기까지 진척되자 쿼크를 믿지 않던 물리학자들도 두 손을 들고 말았다. 쿼크모형은 다양한 현상을 예견했고, 그 예견은 실험을 통해 모두 사실로 확인되었다. 쿼크의 속박문제(혼자 돌아다니는 자유쿼크가 존재하지 않는 이유)는 아직 후련하게 해결되지 않았지만, 이 정도면 겔만도 쿼크가 실존하는 입자임을 인정했을 것이다. 어쨌거나 맵시쿼크가 등장하면서 입자분류표는 아래와 같이 균형 잡힌 모습으로 수정되었다.

쿼크

위쿼크(u)	맵시쿼크(c)
아래쿼크(d)	기묘쿼크(s)

렙톤

전자뉴트리노(ν_e)	뮤온뉴트리노(ν_μ)
전자(e)	뮤온(μ)

이로써 쿼크는 네 종류(네 가지 향)로 늘어났고, 렙톤은 여전히 네 종류였다. 위의 분류표를 세로방향으로 읽으면 두 개의 세대(generation)로 나눌 수 있는데 u-d-ν_e-e를 1세대 입자, c-s-ν_μ-μ를 2세대 입자라 한다. 우리가 사는 세상을 이루고 있는 것은 대부분 1세대 입자이며, 2세대 입자는 고열의 입자가속기 속에서 아주 짧은 시간 동안 존재한다. 2세대 입자는 특성이 아주 유별나고 단명하지만, 그렇다고 이들을 무시할 수는 없다. 자연이 이들에게 어떤 역할을 부여했는지 우리는 반드시 알아내야 한다.

나는 이 책에서 J/Ψ의 존재를 예견하고 개념을 확립한 이론물리학자를 자세히 거론하지 않았다. SLAC이 실험의 중심지였다면 이론의 중심지는 하버드대학교였다. 그곳에서도 특히 스티븐 와인버그와 셸던 글래쇼의 활약이 두드러졌는데, 이들은 젊은 대학원생과 포스트닥들에게 많은 도움을 받았다. 굳이 이론물리학자를 칭찬해야 한다면 헬렌 퀸(Helen Quinn)을 꼽고싶다. 그녀는 차모늄이 한창 뜨고 있을 때 그 분야를 열심히 연구했고, 우리 역할모델팀의 일원이기도 했다.

제3세대

자신이 연루된 최근 사건을 공정하게 기술하는 것은 누구에게나 어려운 일이다. 사건을 객관적 시점에서 되돌아보려면 어느 정도 시간이 필요하기 때문이다. 하지만 지금 나에게는 선택의 여지가 없으니, 어떻게든 사실에 가깝게 서술하도록 최선을 다해볼 생각이다.

   1970년대에는 초대형 입자가속기와 고성능 감지기 덕분에 아토모스를 향한 발걸음이 그 어느 때보다 빨라졌다. 실험물리학자들은 이전보다 훨씬 다양한 입자를 다루었고 더욱 작은 영역에서 힘을 연구했으며, 에너지의 최전선을 탐색해나갔다. 물론 이 모든 일은 튼튼한 재정지원이 있어야 가능한 일이다. 그러나 1970년대 후반에 베트남전의 후유증과 기름값 파동으로 국가재정이 어려워지면서 기초과학연구에 어두운 그림자가 드리워지기 시작했고, 그 와중에 가장 큰 영향을 받은 사람은 우리처럼 미시적 영역을 탐구해온 물리학자들이었다. 고에너지 물리학자들은 대규모 실험실의 실험장비를 공유하면서 어려운 시기를 헤쳐나가는 수밖에 없었다.

반면에 돈 들어갈 곳이 별로 없는 이론물리학자들은 산더미처럼 쌓인 데이터 덕분에 최고의 전성기를 구가했다(이들에게는 종이와 연필, 그리고 교수휴게실만 있으면 된다.). 대표적 인물로는 이 책에서 이미 여러 차례 소개된 리정다오, 양전닝, 파인먼, 겔만, 글래쇼, 와인버그, 비요르켄을 비롯하여 마르티누스 벨트만, 헤라르뒤스 엇호프트(Gerard 't Hooft), 압두스 살람(Abdus Salam), 제프리 골드스톤(Jeffrey Goldstone), 피터 힉스(Peter Higgs) 등이 있다.

사람들은 '느리면서 꾸준하게 나아가는 진보'보다 '미지를 향한 무모한 도전'을 선호하는 경향이 있다. 실험물리학에 종사하는 사람들도 마찬가지다. 1975년에 마틴 펄은 독단적으로 "SLAC의 데이터가 다섯 번째 렙톤의 존재를 시사하고 있다."고 주장했다. 처음에는 동의하는 사람이 거의 없었지만 그는 삼총사의 다르타냥처럼 동료들과 결투까지 불사하면서 자신의 주장을 밀고 나갔고, 결국은 모두를 설득시키는데 성공했다. 훗날 "타우(τ)"로 명명된 이 입자는 가벼운 사촌인 전자와 뮤온처럼 두 가지 부호(τ^+, τ^-)로 존재한다.

이로써 제3세대 입자사냥이 본격적으로 시작되었다. 전자와 뮤온은 각각 뉴트리노 파트너를 갖고 있었으므로, 타우입자도 그에 해당하는 뉴트리노(ν_τ)가 존재해야 자연스러울 것 같았다.

한편 페르미 연구소의 레더먼 연구팀은 이중뮤온실험의 올바른 수행법을 확실하게 파악했다. 그리고 기존의 장비를 효율적으로 조합하여 에너지영역을 J/Ψ의 3.1기가전자볼트에서 페르미 연구소의 400기가전자볼트 가속기로 얻을 수 있는 한계인 25기가전자볼트까지 끌어올렸다.(정지된 표적에 입자를 쏘는 방식이었으므로, 유효에너지는 가속기 출력의 극히 일부에 불과하다.) 그 후 우리는 9.4기가전자볼트, 10.0기가전자볼트, 10.4기가전자볼트에서 세 개의 선명한 돌출부를 발견했는데, 이때 수집된 이중뮤온 데이터는 전 세계 실험실에서 얻은 데이터의 100배가 넘는 엄청난 양이었다. 우리는 새 입자에 입실론(Upsilon, Υ, 남아 있는 그리스문자가 별로 없어서 이름을 정하는 데 애를 먹었다.)이라는 이름을 붙이고, J/Ψ가 거쳤던 수순을 그대로 반복했다. 여기서 보존되는 것은 예쁨쿼크(beauty quark)였는데, 미적 감각이 떨어지는 물리학자들은 그것을 "바닥쿼크(bottom quark, b)"라 불렀다. 입실론입자는 바닥쿼크와 반바닥쿼크로 이루어진 '원자'로 해석되었으며, 질량이 큰 돌출부(10.0GeV와 10.4GeV)는 이 새로운 원자의 들뜬 상태에 해당했다. 사람들은 J/Ψ가 발견되었을 때만큼 호들갑을 떨지는 않았지만, 3세대 입자의 출현에 흥분을 감추지 못하면서 당연한 의문을 떠올렸다. 이제 얼마나 더 남았는가? 자연은 왜 앞 세대 입자의 복사판을 계속 만들어내고 있는가?

입실론입자가 발견된 과정은 다음과 같다. 컬럼비아대학교와 페르미연구소, 그리고 스토니브룩(롱아일랜드)의 물리학자들로 구성된 우리 연구팀에는 최고의 실력을 자랑하는 젊은 실험가들이 포진해 있었다. 최첨단 분광기에는 도선상자와 자석, 입자계수기의 일종인 섬광 호도스코프(scintillation hodoscope), 그리고 기타 관측용 상자와 자석이 추가되었다. 데이터수집장치로는 천재공학자 윌리엄 시패치(William Sippach)가 설계한 최신형 장비가 사용되었다. 또한 우리는 에너지가 일정한 입자빔을 사용했는데, 문제의 소지가 있음을 누구나 알고 있었지만 딱히 다른 방도가 없었다.

존 요(Jon Yoh)와 스티브 허브(Steve Herb), 월터 이네스(Walter Innes), 그리고 찰스 브라운(Charles Brown)은 지금까지 내가 보아왔던 포스트닥 중 단연 최고였다. 이들 덕분에 실험에 필요한 소프트웨어는 최고 수준으로 업그레이드되었다. 문제는 감지기가 100조 번 중 한 번 꼴로 일어나는 충돌 사건을 잡아낼 정도로 예민해야 한다는 것이었다. 이토록 드물게 일어나는 이중뮤온 사건을 가능한 한 많이 기록하려면, 실험과 무관한 입자들까지 모두 잡아내도록 감지기의 성능을 극대화시켜야 한다. 또한 방사능으로 가득 찬 환경에서 사람과 감지기를 안전하게 보호하는 방법도 개발해야 한다. 이것은 참으로 미묘한 작업이다. 데이터를 확보하려면 가능한 한 방사능을 많이 쪼여야 하고, 사람과 장비를 보호하려면 방사능을 줄여야 하기 때문이다. 우리는 수많은 시행착오를 겪으면서 필요 없는 정보를 걸러내는 방법을 서서히 익혀나갔다.

우리는 실험을 준비하는 과정에서 이중전자 검출방식을 적용하여 4기가전자볼트가 넘는 영역에서 25개의 전자쌍을 얻었다. 그런데 신기하게도 이들 중 12건은 6기가전자볼트에 집중되어 있었다. 또 다른 돌출부일까? 우리는 몇 차례 토론을 거친 후 6기가전자볼트짜리 입자의 존재가능성을 시사하는 논문을 발표하기로 결정했다. 그러나 6개월 후 300건의 데이터를 확보하여 다시 확인해보니 6기가전자볼트에서 나타났던 돌출부가 사라지고 없었다. 처음에는 이 입자에 "입실론"이라는 이름까지 붙여놓았는데 말짱 도루묵이 된 것이다. 우리는 아쉬움을 달래며 그 가짜 돌출부의 이름을 "웁스-리언(oops-leon)"으로 정정했다.

그 후 우리는 준비단계에서 쌓은 경험을 총동원하여 표적과 차폐막, 자석, 검출용 상자 등을 가장 이상적인 자리에 설치하고 1977년 5월부터 데이터수집에 들어갔다. 한 달에 27건, 또는 300건의 데이터로 만족하던 시대는 역사의 저편으로 사라졌고, 배경잡음 없이 일주일에 수천 건의 데이터를 수집하는 시대가 도래한 것이다. 물리학의 역사에서 새로운 도구 덕분에 탐사영역이 확장된 사례는 그리 흔치 않다. 흔히 망원경과 현미경을 대표적 사례로 꼽지만, 새 도구를 처음 사용하면서 우리가 느꼈던 흥분과 희열은 망원경이나 현미경보다 훨씬 강렬했을 것이다. 어쨌거나 실험을 시작한지 일주일 후, 9.5기가전자볼트 근처에서 넓은 돌출부가 나타났다. 우리는 웁스-리언의 전철을 밟지 않기 위해 마음을 가라앉히고 실험을 계속했는데, 데이터가 쌓일수록 돌출부의 존재는 점점 더 분명해졌다. 사실은 준비단계에서 포스트닥 존 요가 바로 이 영역에서 돌출부를 발견했으나, 당시에는 6기가전자볼트에 온 정신이 팔려있어서 샴페인 병 상표에 "9.5"라고 적어놓고 냉장고에 넣어두었다.

그해 6월에 우리는 존 요가 숨겨놓은 샴페인으로 발견을 자축한 후, 스티브 허브를 대표선수로 내세워 페르미 연구소 대강당에서 실험결과를 발표했다(외부에 알린 적이 없는데, 신기하게도 다들 귀신같이 알고 있었다.). 그것은 페르미 연구소의 설립이래 처음 이루어낸 중요한 발견이었다. 그리고 6월말에는 9.5기가전자볼트에서 발견된 770건의 피크를 정리하여 논문을 작성했다. 물론 결과를 잘못 해석했을 수도 있으므로, 맨파워를 총동원하여 모든 가능한 경우를 철저하게 분석했다.(안타깝게도 우리 팀에는 우먼파워를 발휘할 사람이 없었다.) 감지기가 오작동을 일으키지는 않았는가? 소프트웨어에 오류는 없는가? 우리는 답을 이미 알고 있는 다양한 질문을 제기한 후 그 결과를 일일이 확인해가면서 데이터의 신뢰도를 높였고, 8월에는 추가데이터와 정교한 분석 덕분에 입실론족에 속하는 세 개의 좁은 피크를 발견하여 입실론(Υ), 입실론 프라임(Υ'), 입실론 더블프라임(Υ'')으로 명명했다. 1977년까지 알려진 물리학으로는 이 데이터를 설명할 방법이 없었다. 드디어 바닥쿼크가 모습을 드러낸 것이다!

우리는 입실론입자를 "b쿼크와 그 반입자인 $\bar{b}$쿼크가 결합한 바닥상태"라고 결론지었고, 이의를 제기하는 사람도 거의 없었다. J/Ψ는 $c\bar{c}$ 메손이고, Υ는 $\mathbf{b\bar{b}}$ 메손이었다. 입실론의 출현을 알린 돌출부는 10기가전 자볼트 근처에서 나타났으므로, $\mathbf{b}$쿼크의 질량은 그 절반인 5기가전자볼 트쯤 될 것이다. $\mathbf{c}$의 질량은 1.5기가전자볼트였으니, $\mathbf{b}$쿼크는 지금까지 발견된 쿼크 중 가장 무거웠다. $\mathbf{c\bar{c}}$와 $\mathbf{b\bar{b}}$ 같은 '원자'는 에너지가 가장 낮 은 바닥상태를 포함하여 다양한 들뜬 상태에 놓일 수 있다. 우리가 발견 한 세 개의 피크는 $\mathbf{b\bar{b}}$의 바닥상태와 두 개의 들뜬 상태였다.

입실론과 관련된 흥미로운 사실 중 하나는 우리 같은 실험물리학자들 도 무거운 쿼크가 무거운 반쿼크 주변을 돌아다니는(또는 그 반대인) 원자 의 운동방정식을 풀 수 있었다는 점이다. 양자역학치고는 다소 고전적인 슈뢰딩거의 방정식으로도 충분했기 때문이다. 우리는 이 사실에 잔뜩 고 무되어 이론물리학자들과 '입실론의 에너지준위 계산하기' 경쟁을 벌였 는데, 역시 프로는 프로였다. 이론물리학자 승!

분야를 막론하고, 새로운 발견은 언제나 극도의 환희를 안겨준다. 존 요가 번갯불에 콩 볶아먹듯 뚝딱 해치운 첫 번째 분석에서 돌출부가 나 타났을 때, 나는 소리를 지르고싶을 정도로 기뻤지만 한편으로는 걱정이 앞섰다. "그럴 리가 …… 그럴 리가 없어. 전에도 이랬다가 헛물만 들이 켰다고." 그러면서도 이 소식을 한시라도 빨리 알리고 싶었다. 누구한테? 나의 아내와 아이들, 친구들, 그리고 특히 한동안 이렇다할 실적이 없어 서 고민에 빠져 있는 페르미 연구소의 소장 밥 월슨에게 알려주고 싶었 다. 우리는 독일의 DORIS 가속기와 놀고 있는 동료들에게 전화를 걸어 e^+e^- 충돌기의 출력을 입실론 수준까지 높일 수 있는지 물어보았다. 그 당 시 이 에너지에 도달할 수 있는 가속기는 DORIS뿐이었기 때문이다. 그 들은 절묘한 솜씨를 발휘하여 에너지를 최대한으로 끌어올렸고, 결국 멋 지게 성공했다. 이렇게 기쁠 수가!(사실은 가슴을 쓸어내리며 안도의 한숨을 쉬었다.) 그 다음으로 떠오르는 생각은 …… 과연 이걸로 상을 받을 수 있을까?

우리의 실험이 한창 진행되고 있을 때 연구소에서 화재가 발생했다. 1977년 5월의 어느 날, 자석의 전류를 측정하는 장비에서 스파크가 발생하여 전선으로 옮겨 붙은 것이다(역시 싼 게 비지떡이었다!). 화재 자체도 큰 재앙이었지만, 더욱 심각한 문제는 전기회로가 타면서 발생한 염소가스가 소방관이 살포한 물과 반응하여 대기 중에 염산을 만들었다는 것이다. 이 염산기체는 온갖 전자장비에 사뿐히 내려앉아 트랜지스터를 야금야금 갉아먹었다.

화재현장에서 인명을 구조할 때는 구조대원의 경험과 사람들의 질서의식, 그리고 순간적인 판단력이 결과를 좌우하지만, 화재진압 후 전자장비를 되살리는 작업은 거의 예술에 가까운 섬세함이 요구된다. 나는 사태를 수습하기 위해 CERN에서 화재사고를 겪어본 적이 있는 친구에게 도움을 청했고, 그는 스페인 소재 독일회사에서 근무하는 네덜란드인 예세(Jesse)의 전화번호를 알려주었다. 화재가 발생한 다음날인 일요일 오후 3시에 간신히 전화가 연결되어 그에게 사정을 이야기했더니, 흔쾌히 와서 도와주겠다고 했다. 예세는 화요일에 시카고에 도착할 예정이며, 사고수습에 필요한 화학약품은 독일에서 출발하는 수송기에 실어 수요일에 도착할 예정이었다. 그러나 그에게 미국비자가 발급되려면 최소한 10일이 걸릴 테니, 아무리 서둘러도 실현 가능성이 없어 보였다. 나는 마드리드에 있는 미국대사관에 전화를 걸어서 통사정을 했다.

나: 이건 국가안보가 걸려 있는 중차대한 일입니다. 원자핵에너지도 관련되어 있고요. 수백만 달러가 오락가락 하는 일인데 …….

담당자: 아무리 급해도 절차는 따르셔야 합니다!

나: 그러니까 그게 …… 저는 컬럼비아대학교 물리학과 교수 리언 레더먼인데요…….

담당자: 네? 컬럼비아대학교라고요? 진작 말씀하시지, 제가 그 학교 56학번입니다!

나: (아이고 하느님, 감사합니다!)아, 그러시군요. 좀 도와주시겠습니까?

담당자: 그분한테 대사관에 와서 저를 찾으라고 하세요. 곧바로 발급해드리죠.

예세는 화요일에 도착하여 5트랜지스터가 50개씩 박혀 있는(1975년이었음을 상기할 것) 기판 900개를 점검하기 시작했고, 수요일에는 화학약품이 배달되었다. 통관절차가 하도 복잡해서 애를 먹었지만 에너지부의 도움을 받아 간신히 연구소로 옮겨오는 데 성공했다. 목요일에는 페르미 연구소의 물리학자와 사무직원들은 물론이고 아내와 여자친구 등 연구소가 중단되면 생계에 위협을 받을 만한 사람들이 모두 모여서 회로기판을 비밀용액 A에 담갔다가 다시 B에 담근 후 질소기체로 건조시키고, 낙타털로 만든 브러시로 잔여물을 조심스럽게 털어낸 후 차곡차곡 쌓아나갔다. 작업 도중에 네덜란드식 주문을 경건하게 외우는 순서가 있지 않을까 내심 기대했는데, 아쉽게도 그런 의식은 없었다.

예세는 스페인의 기마병들과 훈련을 같이 받았을 정도로 승마에 조예가 깊은 사람이었다. 그를 우리 집에 초대했을 때 내가 말을 세 마리 갖고 있다고 했더니, 당장 나의 아내를 끌고 페르미 연구소의 승마클럽으로 달려가 말을 타기 시작했다. 우리 승마팀도 나름대로 기초실력은 갖춘 편이었는데, 예세의 실력은 우리와는 비교가 안 될 정도로 뛰어났다. 덕분에 우리는 플라잉체인지, 패시지, 라바드, 코르벳, 도약 등 마장마술의 각종 기교를 제대로 배울 수 있었다. 이로써 우리는 CERN이나 SLAC의 호전적인 물리학자들이 말을 타고 침범해와도 연구소를 지켜줄 기마수비대를 확보하게 되었다.

금요일에 우리는 기판을 제자리에 설치한 후 작동여부를 일일이 확인했고, 토요일 오전에는 조심스럽게 시험가동을 해보았다. 그리고 며칠 후에 실험을 해보니 이전과 같은 에너지영역에서 돌출부가 나타났다. 할렐루야! 그 후 예세는 몇 주 동안 더 머무르면서 환상적인 승마실력으로 우리를 매료시켰고, 화재예방을 위한 기본교육도 시켜주었다. 게다가 그는 수리비를 한 푼도 받지 않고, 수리에 사용된 화학약품 비용만 청구했다. 예세가 없었다면 3세대 쿼크와 렙톤은 한참 후에 발견되었을지도 모른다.(발견장소가 페르미 연구소라는 보장도 없다!)

"바닥(bottom)"이라는 이름에는 어딘가에 "꼭대기쿼크"가 존재한다는 가정이 깔려 있다.(내 주장대로 '예쁨beauty'이라는 이름이 채용되었다면 그 상대역은 "진실쿼크truth-quark"였을 것이다.) 이로써 입자분류표는 아래와 같이 재정비되었다.

1세대 입자	2세대 입자	3세대 입자
쿼크		
위($\mathbf{u}$)	맵시($\mathbf{c}$)	꼭대기? ($\mathbf{t}$)
아래($\mathbf{d}$)	기묘($\mathbf{s}$)	바닥($\mathbf{b}$)
렙톤		
전자뉴트리노(ν_e)	뮤온뉴트리노(ν_μ)	타우뉴트리노(ν_τ)
전자(e)	뮤온(μ)	타우(τ)

이 글을 쓰고 있는 시점에 꼭대기쿼크는 아직 발견되지 않았다.[*] 타우 뉴트리노도 실험실에서 확실하게 발견된 적은 없지만, 그 존재를 의심하는 사람은 없다. 페르미 연구소의 패기만만한 물리학자들은 우리의 2종 뉴트리노 실험을 확장한 3종 뉴트리노 실험을 수행하겠다며 다양한 실험계획서를 제출했으나, 비용이 너무 많이 들어서 모두 거절당했다. 표에서 왼쪽 아래에 있는 부분(v_e, e, v_μ, μ)은 1962년에 실행된 2종 뉴트리노 실험을 통해 확립되었다. 그리고 바닥쿼크와 타우렙톤의 경우 1970년대 말에 발견되었다.

이 분류표에 몇 가지 힘을 추가하면 갈릴레오가 피사의 사탑에서 "천연 입자가속기"로 낙하실험을 한 이후로 입자가속기를 통해 얻어진 모든 데이터가 간결하게 정리된다. 물리학자들은 이 분류표를 "표준모형"이라 부른다(부담되지 않는다면 외워두기 바란다.).

1993년 현재 이 모형은 입자물리학의 정설로 자리 잡은 상태이다. 페르미 연구소의 테바트론과 CERN의 전자-양전자 충돌기(LEP)는 1990년대의 입자물리학을 선도하면서 표준모형을 넘어 미지의 세계를 탐구하고 있다. 코넬대학교의 DESY와 브룩헤이븐의 SLAC, 그리고 일본 츠쿠바대학의 KEK도 표준모형의 수많은 변수와 그 저변에 깔려 있는 진리를 규명하기 위해 고군분투하고 있다.

아직도 할 일은 산더미처럼 남아 있다. 쿼크의 특성을 좀 더 자세히 규명하는 것도 그중 하나이다. 자연에 존재하는 쿼크의 조합은 (1) 쿼크와 반쿼크로 이루어진 메손($q\bar{q}$)과 (2) 쿼크 세 개로 이루어진 바리온(qqq)뿐

● 꼭대기쿼크는 1995년에 페르미 연구소에서 발견되었다.

이다. 여기에 주어진 재료를 잘 섞으면 $u\bar{u}$, $u\bar{c}$, $u\bar{t}$, $\bar{u}c$, $\bar{u}t$, $d\bar{s}$, $d\bar{b}$, 그리고 **uud**, **ccd**, **ttb** 등 …… 수백 가지 조합을 만들어낼 수 있다.(전부 몇 개인지는 나도 잘 모르겠다. 주변에 물어보면 아는 사람이 분명히 있을 것이다.) 이들은 이미 발견되어 입자목록에 올라있거나, 자연의 베일을 덮은 채 누군가가 발견해주기를 기다리고 있다. 이들의 질량과 수명, 그리고 붕괴방식을 분석하면 강력과 약력의 특성을 더욱 정확하게 파악할 수 있다. 아직도 할 일은 많다.

실험물리학자들이 매달려온 또 하나의 핫이슈는 '중성흐름(neutral current)'이다. 이것은 신의 입자를 찾아가는 우리의 여정에 핵심적인 역할을 한다.

다시 보는 약력

1970년대에는 불안정한 하드론의 붕괴와 관련하여 다량의 데이터가 확보되었다. 하드론 붕괴는 위쿼크가 아래쿼크로 변하거나 아래쿼크가 위쿼크로 변하는 등 쿼크의 다양한 반응을 관찰할 수 있는 절호의 기회이다. 지난 수십 년 동안 실행되어온 뉴트리노 산란실험에는 더욱 많은 정보가 담겨 있다. 그동안 쌓인 실험데이터들은 약력이 W^+, W^-와 Z^0라는 세 종류의 무거운 입자에 의해 매개되고 있음을 강하게 시사하고 있다. 약력이 미치는 범위는 10^{-19}미터밖에 안 되기 때문에, 이 매개입자들은 굉장히 무거워야 한다. 양자 이론에 따르면 매개입자(전령입자)의 질량이 클수록 힘이 작용하는 범위는 좁아진다. 전자기력이 무한히 먼 거리까지 작용하는 이유는 매개입자인 광자의 질량이 0이기 때문이다.

그런데 왜 약력의 매개입자는 3개나 되는가? 왜 번거롭게 세 개의 입자들(양전하, 음전하, 중성)이 장을 매개하고 있는 걸까? 그 이유를 설명하려면 화살표(→)를 이용하여 물리학의 대차대조표를 작성해야 한다. 화살표를 중심으로 왼쪽은 반응 전, 오른쪽은 반응 후에 해당되며, 각 항목에는 전기전하가 위첨자로 붙어 있다. 예를 들어 중성입자가 하전입자로 붕괴되면 양전하를 띤 입자와 음전하를 띤 입자가 함께 생성되어야 한다.

제일 먼저 중성자가 양성자로 붕괴되는 전형적인 약력과정부터 살펴보자. 기호로 표기하면 다음과 같다.

$$n \longrightarrow p^+ + e^- + \bar{\nu}_e$$

이 붕괴과정은 앞에서도 본 적이 있다. 중성자는 양성자와 전자, 그리고 반뉴트리노로 붕괴된다. 좌변에 있는 중성자의 전하는 0이고, 우변에서는 양성자의 양전하와 전자의 음전하가 서로 상쇄되므로 총전하는 역시 0이다(뉴트리노와 반뉴트리노는 전기적으로 중성이다.). 모든 것이 완벽해 보인다. 그러나 이것은 "개구리 알에서 올챙이가 나왔다."는 식의 피상적인 설명에 불과하다. 알 내부에서 어떤 과정을 거쳐 올챙이가 생성되었는지 알 길이 없기 때문이다. 앞서 말한 대로 중성자는 위쿼크 한 개와 아래쿼크 두 개로 이루어진 복합체이며(udd), 양성자도 이와 비슷하게 위쿼크 두 개와 아래쿼크 한 개로 이루어져 있다(uud). 따라서 중성자가 양성자로 붕괴되려면 아래쿼크 하나가 위쿼크로 변해야 한다. 이제 중성자 내부에서 어떤 일이 벌어지고 있는지 자세히 들여다보자. 위의 반응식을 쿼크언어로 쓰면 다음과 같다.

$$\mathbf{d} \longrightarrow \mathbf{u} + e^- + \bar{\nu}_e$$

즉, 중성자 안에 있던 아래쿼크 중 하나가 위쿼크로 변하면서 전자와 반뉴트리를 방출한다. 그러나 이것도 대략적인 서술에 불과하다. 전자와 반뉴트리노는 아래쿼크에서 곧바로 방출된 것이 아니라, W^-가 개입된 중간과정에서 생성된 입자이다. 약력의 양자 이론에 의하면 중성자붕괴는 다음과 같이 두 단계에 걸쳐 진행된다.

$$(1)\ \mathbf{d}^{-1/3} \longrightarrow W^- + \mathbf{u}^{+2/3}$$
$$(2)\ W^- \longrightarrow e^- + \bar{\nu}_e$$

첫 단계에서는 아래쿼크가 W^-와 위쿼크로 붕괴되고, 두 번째 단계에서는 W^-가 전자와 반뉴트리노로 붕괴된다. W는 약력을 매개하는 입자로서 붕괴반응에 관여한다. $\mathbf{d}$가 $\mathbf{u}$로 변하는 과정에서 전하가 보존되려면 매개입자 W의 전하는 반드시 음(-)이어야 한다. W^-의 전하 -1에 $\mathbf{u}$의 전하 +2/3을 더하면 좌변에 있는 $\mathbf{d}$의 전하 -1/3과 일치하기 때문이다. 이제야 모든 것이 분명해졌다.

원자핵 안에서는 위쿼크가 아래쿼크로 붕괴되어 양성자가 중성자로 변할 수 있는데, 이 과정은 $\mathbf{u} \rightarrow W^+ + \mathbf{d}$를 거쳐 $W^+ \rightarrow e^+ + \bar{\nu}_e$로 진행된다. W^-가 W^+로 바뀐 것은 전하 보존법칙 때문이다. 그러므로 지금까지 관측된 쿼크의 붕괴과정, 즉 중성자가 양성자로, 또는 양성자가 중성자로 변하는 과정을 설명하려면 W^+와 W^-가 모두 있어야 한다. 그러나 이것도 아직은 전부가 아니다.

1970년대에 얻은 뉴트리노빔 관련 실험데이터는 '중성흐름'의 존재를 강하게 시사하고 있었다. 다시 말해서, 약력을 매개하는 무거운 중성입자가 존재한다는 뜻이다. 통일장 이론의 선두주자였던 이론물리학자 셸던 글래쇼는 약력이 오직 하전입자에 의해 매개되는 듯한 과거의 실험결과에 크게 실망하여 실험물리학자들에게 중성흐름 관측실험을 수행하도록 촉구했고, 결과는 그의 예상에서 크게 빗나가지 않았다. 중성흐름 사냥이 본격적으로 시작된 것이다.

전류의 '류(流, current)'는 흐른다는 뜻이다. 물은 강이나 파이프를 통해 흐르고, 전류는 도선이나 용액을 타고 흐른다. W^+와 W^-는 한 상태에서 다른 상태로 이동하는 입자의 '흐름'을 매개하는데, 이때 전하와 관련된 정보를 추적하기 위해 중성흐름의 개념이 도입되었다. W^+는 양전하의 흐름(양성흐름)을 매개하고, W^-는 음전하의 흐름을 매개한다. 이 흐름은 방금 전에 다뤘던 자발적 약붕괴(weak decay) 과정을 통하여 광범위하게 연구되어왔으나, 가속기 안에서 뉴트리노가 충돌할 때 생성될 수도 있다. 물리학자들이 이 사실을 알게 된 것은 브룩헤이븐의 2종 뉴트리노 실험에서 개발된 뉴트리노빔 덕분이었다.

브룩헤이븐에서 우리가 발견했던 뮤온뉴트리노가 양성자와 충돌할 때 (좀 더 정확하게 말해서 양성자 내부의 위쿼크와 충돌할 때) 어떤 일이 벌어지는지 알아보자. 반뮤온뉴트리노가 위쿼크와 충돌하면 아래쿼크와 양전하를 띤 뮤온이 생성된다.

$$\bar{\nu}_\mu + \mathbf{u}^{2/3} \longrightarrow \mathbf{d}^{-1/3} + \mu^{+1}$$

이 반응식을 소리 내서 읽을 때는 "반뮤온뉴트리노 더하기 업쿼크는 아래쿼크 더하기 양의 뮤온"이라고 읽으면 된다. 뉴트리노와 위쿼크가 충돌하면 위쿼크는 아래쿼크로 변하고 뉴트리노는 뮤온으로 변한다. 앞에서 그랬던 것처럼, 이 반응도 약력이론에 입각하여 두 단계로 나누어 쓸 수 있다.

$$(1)\ \bar{\nu}_\mu \longrightarrow W^- + \mu^+$$
$$(2)\ W^- + \mathbf{u} \longrightarrow \mathbf{d}$$

반뉴트리노가 위쿼크와 충돌하면 뮤온으로 변하여 충돌지역을 탈출하고, 위쿼크는 아래쿼크로 변한다. 그리고 이 모든 과정은 W^-입자에 의해 매개된다. 즉, 음성흐름이 존재하게 되는 것이다. 1955년에 이론물리학자들(특히 글래쇼의 스승이었던 줄리언 슈윙거)은 아래와 같은 반응에서 중성흐름을 예견한 바 있다.

$$\nu_\mu + \mathbf{u} \longrightarrow \mathbf{u} + \nu_\mu$$

이 과정에서 무슨 일이 일어나는 것일까? 일단 뮤온뉴트리노와 위쿼크가 양변에 다 있으니, 뉴트리노가 위쿼크에 부딪힌 후 이전처럼 변신을 꾀하지 않고 그대로 튕겨나왔다. 그리고 위쿼크는 뉴트리노에게 얻어맞아 뒤로 조금 물러나긴 했겠지만 여전히 위쿼크로 남아 있다. 또한 위쿼크는 양성자(또는 중성자)의 일부이므로, 양성자 역시 약간 교란되었을 뿐 여전히 양성자로 남아 있다. 겉모습만 보면 뮤온뉴트리노가 위쿼크를 때린 후 그냥 튕겨나온 것처럼 보인다. 그러나 실제로는 훨씬 미묘한 과정이 진행되고 있다. 이전 반응($\nu + \mathbf{u} \rightarrow \mathbf{d} + \mu$)에서 위쿼크가 아래쿼크로 변하거나 아래쿼크가 위쿼크로 변하려면 W^- 또는 W^+의 도움을 받아야 했다. 위의 반응에서 뉴트리노가 위쿼크를 걸어차려면(또는 위쿼크에 흡수되려면) 매개입자를 방출해야 하는데, 좌변과 우변의 총전하량이 같아지려면 매개입자는 전기적으로 '중성'이어야 한다.

이 반응은 전기력이 작용하는 방식과 비슷하다. 두 개의 양성자를 예로 들어보자. 이들 사이에는 중성매개입자인 광자가 교환되며, 그 결과로 두 양성자가 서로 상대방을 밀어내는 '쿨롱의 힘'이 작용한다. 이 과정에서는 그 어떤 입자도 이름이 바뀌지 않는다. 그런데 두 반응이 비슷한 것은 우연이 아니다. 약력과 전자기력이 통일되기를 간절히 원하는 통일교도들(글래쇼와 그의 동료들을 따르는 통일장 이론 추종자들)에게는 이런 과정이 반드시 필요했다.

그래서 실험물리학자에게는 다음과 같은 과제가 떨어졌다. 뉴트리노가 핵자와 충돌한 후 다시 뉴트리노가 방출되는 반응을 인공적으로 만들어낼 수 있는가? 물론 핵자에 가해진 충격도 관측할 수 있어야 한다. 1960년에 우리가 수행했던 2종 뉴트리노 실험에서 (약간 모호하지만)이런 반응이 일어났다는 증거가 있었는데, 멜빈 슈워츠는 그것을 "쓰레기"라 부르며 무시해버렸다. 그때 우리 실험에서는 중성입자가 입사된 후 중성입자가 튀어나왔으며, 전하도 변하지 않았다. 표적핵자는 이 충돌로 인해 분해되었지만, 브룩헤이븐의 저에너지 뉴트리노빔으로는 많은 에너지를 생성할 수 없었다. 슈워츠는 이 현상을 "중성흐름"이라 불렀는데, 언제부턴가 물리학자들은 중성의 약력매개입자를 W^0가 아닌 Z^0로 부르기 시작했다.(무슨 이유가 있었을 텐데, 기억이 나지 않는다. 아무튼 "지-제로"라고 읽으면 된다.) 친구들 앞에서 아는 척 하고 싶을 땐 Z^0보다 "중성흐름"으로 부르는 것이 좋다. 그래야 "약력이 작용하려면 중성매개입자가 필요하다."는 뜻이 명확해지고, 훨씬 더 있어 보이기 때문이다.

가빠지는 숨소리

이론물리학자들의 생각을 잠시 들여다보자.

약력은 1930년대에 페르미에 의해 처음으로 알려진 힘이다. 그는 약력의 이론 체계를 세울 때 전자기력의 양자장 이론인 양자전기역학(QED)을 모델로 삼고, 약력이 전자기력의 역학법칙을 따르는지 확인해보았다. QED에서 장의 개념은 매개입자인 광자가 물려받았으므로, 약력을 서술하는 페르미의 이론에도 매개입자가 있어야 한다. 과연 어떤 입자일까?

광자는 질량이 없다. 그래서 광자가 매개하는 전자기력은 무한히 먼 거리까지 전달된다.(물론 거리가 멀수록 전자기력은 약해진다.) 그런데 약력은 아주 짧은 거리에서만 작용하기 때문에, 페르미는 약력의 매개입자에 무한대의 질량을 부여했다. 매우 논리적이다. 페르미가 창안한 약력이론의 수정 버전(슈윙거의 이론으로 알려져 있다.)에는 약력의 매개입자로 W^+와 W^-가 도입되었다. 이와 비슷한 입자를 도입한 이론물리학자로는 리정다오, 양전닝, 겔만 등 …… 이 있는데, 약력이론을 특정인의 공으로 돌리면 99퍼센트의 물리학자들이 격분할 것이므로 자세한 명단은 생략한다. 내가 이 책을 쓰면서 당연히 언급해야 할 물리학자를 빠뜨렸다면, 그것은 기억력이 나빠서가 아니라 그를 개인적으로 싫어하기 때문일 것이다.

이제 복잡한 부분으로 들어갈 차례다. 표제음악●에서 특정 인물이나 동물이 등장할 때면 그에 해당하는 특정선율이 흘러나온다. 예를 들어 프로코피에프의 〈피터와 늑대(Peter and Wolf)〉에서 피터의 유도동기

● 구체적인 스토리나 사상이 들어 있는 음악.

(leitmotif)*가 흘러나오면 곧이어 피터가 등장한다는 뜻이다. 지금 우리의 경우에는 부드러운 선율보다 영화 〈죠스〉의 주제곡처럼 불안감을 증폭시키는 효과음이 훨씬 잘 어울린다. 대체 무슨 소리를 하고 있냐고? 바로 이 책의 주제인 '신의 입자'의 등장이 무르익었다는 뜻이다. 하지만 좀 더 뜸을 들이고 싶다. TV 드라마나 몰래카메라도 결정적인 순간을 뒤로 미루며 질질 끌수록 재미있지 않던가?

양자장 이론을 고전 전자기학에 적용한 QED는 물리학 역사상 전례를 찾아볼 수 없을 정도로 커다란 성공을 거두었고, 여기에 고무된 몇 명의 젊은 이론물리학자들이 1960년대 말에서 1970년대 초에 걸쳐 QED를 다른 힘으로 확장한다는 청운의 꿈을 안고 양자장 이론을 연구하기 시작했다. 그러나 앞서 말한 바와 같이 여기서 얻어진 원격작용의 우아한 해는 곧바로 수학적 난관에 봉착했다. 방정식에 등장하는 양들이 작고 측정 가능해야함에도 불구하고, 무한대로 발산해버린 것이다. 파인먼과 그의 동료들은 전자의 전하(e)나 질량(m) 등 측정 가능한 양에서 무한대를 걷어내기 위해 재규격화라는 트릭을 개발했다. QED는 재규격화가 가능한 이론이다. 즉, QED에 나타나는 모든 무한대는 재규격화를 통해 유한한 값으로 만들 수 있다. 그러나 양자장 이론을 다른 힘(약력, 강력, 중력)에 적용해보니 무한대가 속출하면서 모든 것이 뒤죽박죽 엉망이 되었고, 양자장 이론의 유용성마저 도마 위에 오르게 되었다. 전자기력은 되는데 다른 힘은 왜 안 되는가? 일부 이론물리학자들은 그 이유를 밝히기 위해 QED를 재검토하기 시작했다.

● 악극이나 표제음악에서 특정인물이나 사물, 또는 특정한 감정을 상징하는 선율.

이론과 실험이 소수점 이하 11번째 자리까지 정확하게 일치하는 초정 밀이론 QED는 게이지 이론(gauge theory)으로 알려진 더욱 큰 이론 체계의 일부분이다. 여기서 말하는 게이지란 'HO-게이지 기차모형●'에서와 마찬가지로 '척도'를 의미한다. 게이지 이론은 자연에 존재하는 추상적 대칭에 기초한 이론으로, 실험적 사실과 밀접하게 관련되어 있다. 1954년에 양전닝과 로버트 밀스는 게이지대칭의 위력을 강조하는 논문을 발표하여 게이지 이론의 서막을 열었다. 그 후로 이론물리학자들은 관측된 현상을 설명할 때 새로운 입자를 도입하는 대신, 그 현상을 예측하는 대칭을 찾는 데 주력했다. 게이지대칭을 QED에 적용하면 전자기력이 자연스럽게 유도되고, 전하보존법칙이 성립하고, 무한대가 발생하지도 않는다. 게다가 게이지대칭이 존재하는 이론은 재규격화가 가능하다.(이 문장은 입에 붙을 때까지 달달 외워두었다가 나중에 친구들과 점심식사를 할 때 써먹을 만하다. 효과는 내가 보장한다.) 그러나 게이지 이론은 게이지입자(gauge particle)의 존재를 전제로 깔고 있다. 이들이 바로 우리가 알고 있는 매개입자들이다. QED(전자기력)의 광자, 약력의 W^+와 W^-, 그리고 강력의 글루온이 여기에 속한다.

최고의 이론물리학자들이 약력을 깊이 파고든 데에는 두 가지 이유가 있었다. 첫째, 약력은 무한대가 남발하고 게이지 이론에 끼워 넣는 방법도 불분명하여 천재들의 성취동기를 자극했고, 둘째, 아인슈타인이 추구했던 통일장 이론●●이 젊은 이론물리학자들 사이에서 물리학의 성배

● 　독일제 장난감 기차 모형.

●● 　네 개의 힘을 하나로 통합한 이론.

(聖杯)로 떠올랐기 때문이다. 그들의 주된 목적은 약력과 전자기력을 통일하는 것이었으나, 결코 만만한 작업이 아니었다. 약력은 전자기력보다 훨씬 약하고, 힘이 작용하는 범위도 엄청나게 짧고, 반전성 같은 대칭도 성립하지 않기 때문이다. 하지만 이 세 가지만 빼면 두 힘은 완벽하게 똑같다!

여기에 또 한 가지 이유를 추가하자면 '학자로서 누릴 수 있는 최고의 영예' 때문이다. 누구든지 이 수수께끼를 푸는 사람은 역사에 길이 남을 물리학자가 될 수 있었다. 이 분야의 선두주자는 프린스턴대학교의 스티븐 와인버그, 와인버그의 공상과학클럽 회원인 셸던 글래쇼, 영국 임페리얼컬리지의 천재 파키스탄인 압두스 살람, 네덜란드 위트레흐트대학교의 마르티누스 벨트만, 그리고 벨트만의 제자인 헤라르뒤스 엇호프트 등이었다. 이들보다 나이가 많은(그래봐야 30대였지만) 슈윙거와 겔만, 파인먼도 게임에 합류했고, 제프리 골드스톤과 피터 힉스는 결정적 순간을 기다리는 피콜로주자였다.

1960년에서 1970년대 중반까지 이론물리학계에 불어닥쳤던 한바탕 소동을 여기서 일일이 나열할 필요는 없을 것 같다. 어쨌거나 그 난리 통 속에서 드디어 재규격화가 가능한 약력 이론이 탄생했고, 약력과 전자기력(QED)의 결혼도 자연스럽게 보이기 시작했다. 그러나 두 이론을 통일한 약전자기 이론(electroweak theory)이 제대로 작동하려면 네 종류의 매개입자(W^+, W^-, Z^0, 광자)를 하나의 가족으로 결합시켜야 했다.(마치 첫 결혼에서 낳은 아들들과 두 번째 결혼에서 낳은 딸들을 화장실이 하나뿐인 집에 몰아넣고 평화롭게 같이 살기를 바라는 것과 비슷하다.) 다행히도 약전자기 이론은 Z^0 덕분에 게이지 이론의 요구사항을 만족할 수 있었다. 그리고 네 개로 이루어진 매개입자군은 반전성 위배와 약력이 약하다는 조건을 만족했다. 그러나

1960년대 말까지는 W 나 Z 입자가 단 한 번도 관측되지 않았고, Z^0 에서 유래되었을 법한 반응도 발견된 적이 없었다. 어린아이조차도 약력과 전자기력의 엄청난 차이를 잘 알고 있는 마당에, 아무런 증거도 없는 약전자기 이론을 논하는 것이 대체 무슨 의미란 말인가?

연구실이나 집에 혼자 있을 때, 학회 참석차 비행기 좌석에 홀로 앉아 있을 때, 이론물리학자의 머리에서 떠나지 않는 고민거리가 있었으니, "약력이 짧은 거리에서만 작용하려면 매개입자가 무거워야 한다."는 요구사항이 바로 그것이었다. 게이지대칭은 무거운 매개입자를 예견하지 않았는데 이런 입자가 포함되어 있는 약력을 게이지 이론에 우겨 넣었으니 당연히 부작용이 생겼고, 그 부작용은 '무한대'라는 끔찍한 형태로 나타났다. 또 무거운 W^+, W^-, Z^0 를 질량이 없는 광자와 함께 한 집에 살게 하는 것도 문제였다.

그 무렵, 영국 맨체스터대학교의 물리학자 피터 힉스가 새로운 입자를 도입하여 문제를 해결한다는 아이디어를 내놓았고(이 입자는 8장에서 자세히 다룰 예정이다.). 당시 하버드 교수였던 스티븐 와인버그가 힉스의 아이디어를 면밀히 검토했다. 칙칙한 실험실에서 막노동이나 하는 우리 배관공들의 눈에는 약력과 전자기력 사이에 존재한다는 대칭이 전혀 보이지 않는다. 이론물리학자들도 이런 사정을 잘 알면서, 기본방정식에서 대칭을 필사적으로 찾고 있다. 그러니까 사력을 다해 대칭을 찾아놓고, 실험 결과를 방정식으로 설명할 때에는 그 대칭을 깨뜨려서 현실세계로 돌아오는 것이다. 이 세계는 추상적으로 완벽한데, 세세한 부분을 들여다보면 불완전하다. 내 말이 맞는가? 잠깐! 이런 것은 내 머리에서 나온 생각이 아니다.

아무튼 힉스의 아이디어가 작동하는 방식은 다음과 같다.

와인버그는 힉스의 논문에 착안하여, 일단 질량이 없는 매개입자 4개로 서술되는 약전자기력에서 출발했다가 (살짝 시적으로 표현하면) 이론의 예기치 않은 성분 때문에 입자가 질량을 획득하게되는 기발한 논리를 만들어냈다.(내 말이 맞지? 틀렸다구? 결국 힉스의 아이디어를 이용해서 대칭을 파괴한 거잖아!) W와 Z입자는 이 과정을 통해 없던 질량이 생기고 광자는 그대로 남는다. 그리고 한통속이었던 이론은 약력과 전자기력으로 갈라진다. 무거운 W, Z입자는 이리저리 돌아다니면서 방사능입자를 만들어내는데, 이 반응은 가끔 우주를 가로질러 날아가는 뉴트리노의 방해를 받는다. 한편 매개광자는 전기를 생성하고, 우리는 거기에 기꺼이 돈을 지불한다. 방사능(약력)과 빛(전기력)은 서로 깔끔하게(?) 엮여있다. 사실 힉스의 아이디어는 대칭을 붕괴시킨 게 아니라 숨겨놓은 것이다.

그렇다면 남은 질문은 하나뿐이다. 이 난해한 수학적 장광설을 과연 어느 누가 믿어줄까? 티니 벨트만(작다는 뜻의 tiny가 아님!)과 헤라르뒈스 엇호프트는 이 내용을 좀더 철저하게 연구하여 (여전히 미스터리한) 힉스의 트릭을 이용하여 대칭을 붕괴시키면 이론의 최대 걸림돌인 무한대가 깨끗이 사라지고, 이론이 삐걱거리면서 깔끔해진다는 것을 증명했다. 좋은 말로 해서, 재규격화되었다는 뜻이다.

방정식상으로는 예전에 무한대였던 항들이 서로 기적처럼 상쇄되어 유한한 값을 내놓는다. 그런데 이런 항들이 엄청나게 많다! 엇호프트는 이 작업을 체계적으로 수행하기 위해 컴퓨터 프로그램을 작성했고, 1971년 7월의 어느 날 복잡한 적분에서 다른 복잡한 적분을 빼는 과정을 지켜보고 있었다. 각각의 적분을 따로 계산하면 모두 무한대인데, 컴퓨터가 최종적으로 내뱉은 값은 정확하게 "0"이었다. 무한대가 사라진 것이다. 엇호프트는 이 결과를 정리하여 학위 논문을 썼다. 아마도 드브로이의 논문과 함께 역사에 길이 남을 박사학위 논문이 될 것이다.

Z^0를 찾아서

이론 이야기는 이것으로 충분하다. 솔직히 말해서 나에게는 너무 복잡하다. 부족한 부분은 이 책의 뒷부분에서 보충할 예정이니, 일단은 이쯤에서 덮어두기로 하자. 지난 40여 년 동안 학부신입생에서 포스트닥까지, 수많은 학생을 가르쳐오면서 확실하게 깨달은 교육원리가 하나 있다. 처음 봤을 때 97퍼센트를 이해하지 못했다 해도, 두 번째로 볼 때는 매우 친숙하게 느껴진다는 것이다.

이 모든 이론들은 현실세계에서 어떤 의미를 갖는가? 가장 큰 의미는 8장에서 논하기로 하고, 1970년대 실험물리학자들에게 와 닿았던 의미는 "모든 것이 제대로 맞아 돌아가려면 Z^0가 존재해야 한다."는 것이었다. 그리고 Z^0가 입자라면 무조건 찾아야 했다. Z^0는 이복누이인 광자처럼 전기적으로 중성이지만, 형제인 W^-쌍둥이를 닮아서 매우 무겁다. 그러므로 우리가 할 일은 무거운 광자를 닮은 무언가를 찾는 것이었다.

나를 포함한 다수의 실험물리학자들은 W입자를 찾기 위해 무진 애를 써왔다. 우리는 뉴트리노 충돌실험으로 W입자에 접근을 시도해보았지만 아무런 소득도 올리지 못했다. 그때 우리가 내린 결론은 Z^0의 질량이 2기가전자볼트를 넘는다는 것이었다. 만일 이보다 가볍다면 브룩헤이븐에서 수행했던 우리의 두 번째 뉴트리노 실험에서 발견되었어야 한다. 우리는 양성자 충돌실험도 시도해보았으나 W는 여전히 나타나지 않고, W의 예상 질량은 5기가전자볼트 이상으로 높아졌다. 이론물리학자들도 W입자의 예상 질량을 계속 높여가다가 1970년대 말에는 70기가 전자볼트까지 올려놓았는데, 당시의 가속기로는 도저히 도달할 수 없는 세계였다.

Z^0는 어떤가? 뉴트리노가 원자핵에 의해 산란되면서 W^+를 방출한다면(또는 반뉴트리노가 동일한 상황에서 W^-를 방출한다면) 뮤온으로 변할 것이다. 그러나 뉴트리노가 Z^0를 방출한다면 그냥 뉴트리노로 남을 것이다. 앞에서도 말했지만 렙톤을 추적하는 동안에는 전하가 변하지 않기 때문에 물리학자들은 이것을 중성흐름이라 불렀다.

중성흐름을 감지하기란 결코 쉽지 않다. 증거라고는 흔적 없이 들어왔다가 흔적 없이 나가는 뉴트리노와 원자핵에서 튀어나온 한 무리의 하드론들 뿐이다. 감지기에 도달한 하드론은 배경중성자의 거동만 보여줄 뿐, 별로 도움이 되지 않는다. 1971년에 CERN에서는 초대형 거품상자 가가멜(Gagamelle)이 가동에 들어갔다. 당시 운영되던 출력 30기가전자볼트짜리 가속기 PS는 약 1기가전자볼트의 뉴트리노를 만들어냈는데, 1972년까지는 "뮤온 없는 사건●"을 관측하느라 여념이 없었다. 같은 시기에 페르미 연구소에서는 육중한 전자뉴트리노 감지기를 향해 50기가전자볼트짜리 뉴트리노를 쏘아보내고 있었다.(이 감지기를 관리했던 사람은 위스콘신대학교의 데이비드 클라인David Cline과 펜실베이니아대학교의 알프레드 만 Alfred Mann, 그리고 하버드대학교와 CERN, 북부이탈리아를 종횡무진 누비고 다녔던 카를로 루비아였다.)

중성흐름의 발견에 관한 이야기는 인간의 관심과 과학의 사회정치학

● 배경잡음 없이 순수한 중성흐름에 의해 나타나는 사건.

적 측면이 복잡하게 얽혀 있기 때문에 공정한 관점에서 서술하기가 쉽지 않다. 다른 건 다 생략하고, 1973년에 가가멜 그룹이 다소 감질나는 논지로 중성흐름의 발견을 선언했다는 사실만 밝혀둔다. 페르미 연구소의 클라인-만-루비아 연구팀도 비슷한 데이터를 얻었는데, 배경사건이 워낙 많이 섞여 있어서 그다지 신뢰가 가지 않았다. 처음에 이들은 중성흐름을 발견한 것으로 결론지었다가 곧바로 철회한 후, 다시 철회를 철회했다. 결과가 자꾸 번복되자 누군가가 이들의 발견을 "교류 중성흐름●"이라 부르면서 빈정대기도 했다.

1974년에 런던에서 열린 로체스터학회(격년으로 개최되는 물리학회)에서 모든 것이 분명해졌다. CERN의 연구팀이 중성흐름을 발견했고, 페르미 연구소의 데이터가 그 사실을 입증했다. 결론은 "Z^0 비슷한 무언가가 존재한다."는 것, 그게 전부였다. 이로써 중성흐름은 1974년에 그 존재가 입증되었으나, Z^0입자가 실제로 발견될 때까지는 9년의 세월을 더 기다려야 했다(1983년에 CERN에서 발견되었다.). 질량은 약 91기가전자볼트, 과연 무겁긴 무거웠다.

그 후 1992년 중반까지 CERN의 LEP(대형전자-양전자충돌기)와 네 개의 초대형 감지기는 Z^0를 200만 번 이상 관측했고, Z^0의 후속 붕괴로부터 엄청난 양의 데이터가 쏟아지면서 1,400명의 물리학자들은 즐거운 비명을 질렀다. 그 옛날 어니스트 러더퍼드가 알파입자를 발견한 후 원자핵을 발견하는 도구로 사용했던 것처럼, 우리도 뉴트리노를 발견한 후 뉴트리노빔을 이용하여 매개입자를 발견하고, 쿼크를 연구하는 등 다양한

● 오락가락하는 중성흐름이라는 뜻이다.

목적에 사용해왔다. 어제의 미스터리는 오늘의 발견을 낳고, 그것은 내일의 도구로 사용된다.

다시 보는 강력: 글루온

1970년대의 표준모형은 하나의 문제를 남겨놓고 있었다. 쿼크끼리는 결합력이 매우 강해서 혼자 돌아다니는 쿼크는 존재하지 않는다. 그렇다면 쿼크의 결합은 어떤 식으로 이루어지는가? 물리학자들은 이 문제를 양자장 이론으로 해결하려 했지만 결과는 실망스러웠다. 비요르켄은 전자를 양성자 내부의 쿼크와 충돌시키는 스탠퍼드 가속기의 초기 실험결과를 분석하던 중 놀라운 사실을 발견했다. 쿼크의 결합력이 무엇이건 간에, 쿼크들 사이의 거리가 가까울수록 힘의 세기가 놀라울 정도로 약해졌던 것이다.

기존의 직관과 다르긴 했지만, 강력에 게이지대칭을 적용하려던 물리학자들에게는 더없이 반가운 소식이었다. 게이지 이론에 의하면 강력은 가까울수록 약해지고 멀수록 강해진다. 하버드대학교의 데이비드 폴리처(David Politzer)와 프린스턴대학교의 데이비드 그로스(David Gross), 프랭크 윌첵은 이 사실을 이론적으로 확립하고 '점근적 자유성(asymptotic freedom)'이라는 이름을 갖다 붙였다. 정치인도 부러워할 만한 멋진 이름이다. 여기서 '점근적'이란 아주 가까이 접근하되 닿지는 않는다는 것을 의미한다. 그래서 쿼크는 점근적 자유성을 갖고 있다. 하나의 쿼크가 이웃 쿼크에 가까이 접근할수록 둘 사이의 결합력은 약해진다. 두 개의 쿼크가 아주 가까이 접근하면 둘 다 자유입자처럼 행동한다는 뜻이다. 그러나 둘 사이의 거리가 멀어지면 결합력이 강해진다. 그런데 가까운 거리는 고에너지를 의미하므로, 강력은 에너지가 클수록 약해지는 셈이다. 가까우면 강해지고 멀면 약해지는 전기력과 완전히 정반대다. 더욱 중요한 것은 강력도 다른 힘과 마찬가지로 매개입자가 필요하다는 점이다. 물리학자들은 이 입자를 글루온이라 부르는데, 언제 누가 붙인 이름인지는 나도 잘 모르겠다. 아무튼 무언가에 이름을 붙였다는 것은 그 대상에 대하여 아는 것이 별로 없다는 뜻이다.

쿼크와 관련된 정보가 쌓이면서 문헌에서만 언급되어왔던 '색(유럽에서는 colour라고 쓴다.)'이 또 하나의 중요한 변수로 떠올랐다. 이것은 겔만이 창안한 쿼크의 특성 중 하나로, 우리 눈에 보이는 색상과는 아무런 관계도 없다. 쿼크의 색을 도입하면 특정 실험결과를 설명할 수 있을 뿐만 아니라, 몇 가지 중요한 사실도 예측할 수 있다. 예를 들어 양성자는 두 개의 위쿼크와 한 개의 아래쿼크로 이루어져 있는데, 파울리의 배타원리에 의하면 두 개 이상의 동일한 입자는 하나의 양자상태를 공유할 수 없으므로 언뜻 생각하면 배타원리가 위배된 것처럼 보인다. 그러나 두 개의 위쿼크 중 하나는 청색이고 다른 하나가 녹색이라면 그 외의 특성이 모두 같다 해도 동일한 양자상태가 아니기 때문에 배타원리에 위배되지 않는다. 강력에서 색은 전기력에서의 전하와 동등한 역할을 한다.[•]

겔만을 비롯하여 이 분야를 연구했던 이론물리학자들은 쿼크의 색을 세 종류로 구분했다. 그 옛날 패러데이와 벤저민 플랭클린이 전하를 +와 −의 두 종류로 구분한 것과 비슷한 이치다. 쿼크의 경우에는 전하가 세

[•] 그래서 색을 "색전하"라 부르기도 한다.

종류여서 +와 -만으로 표현할 수가 없기 때문에, 따로 '색'이라는 개념을 도입한 것이다. 그런데 왜 하필 색이었을까? 아마도 그림 그릴 때 쓰는 팔레트에서 착안한 것 같다. 색상에는 기본 3원색이 있고, 이들을 섞으면 다양한 색을 만들 수 있기 때문이다.● 수학적으로 보면 전하는 +방향과 -방향만 있으므로 1차원이고, 쿼크의 색은 적(red), 청(blue), 녹(green)이 각각 하나의 축을 이루는 3차원이라 할 수 있다. 또한 쿼크로 이루어질 수 있는 조합이 메손(쿼크와 반쿼크)과 바리온(세 개의 쿼크)밖에 없는 이유도 색으로 설명된다. 이런 식으로 결합해야 전체 색상이 사라지기 때문이다. 즉, 메손과 바리온은 쿼크의 개별적 속성을 갖고 있지 않다. 적색 쿼크와 반적색 반쿼크가 결합하면 색이 없는 메손이 된다. 적색과 반적색이 서로 상쇄되기 때문이다. 양성자를 구성하는 세 개의 쿼크도 적, 청, 녹색이 결합하여 백색이 된다.(팽이의 표면에 세 가지 색을 구획별로 칠한 후 돌리면 흰색으로 보이는 것과 비슷하다. 물론 쿼크의 색은 눈에 보이는 색과 아무런 관련이 없다. 그냥 개념만 차용한 것뿐이다.) 쿼크의 백색이란 색이 없다는 뜻이다.

이렇게 보면 '색'이라는 말이 꽤 그럴듯하게 들리지만, 물리학을 모르는 사람에게는 오해를 사기 딱 좋은 용어다. 3색 대신 삼돌이, 삼룡이, 삼식이를 쓸 수도 있고 A, B, C로 써도 상관없다. 아무튼 색을 띤 쿼크는 글루온과 함께 블랙박스 안에 영원히 갇혀 있다. 이들은 가이거계수기에 감지되지 않고 거품상자에 흔적을 남기지 않으며, 입자감지기에 도달하지도 않을 것이다.

쿼크 사이의 거리가 가까워질수록 강력이 약해진다는 것은 '통일'이라

● 쿼크의 3색은 빛의 삼원색이다.

는 관점에서 볼 때 매우 흥미로운 현상이다. 입자들 사이의 거리가 가까워지면 이들의 상대적 에너지는 증가한다(가까운 거리는 높은 에너지를 의미한다.). 그러므로 쿼크의 접근적 자유성은 고에너지에서 강력이 약해진다는 것을 의미한다. 이것은 통일 이론을 추구하는 물리학자들에게 매우 바람직한 소식이었다. 충분히 높은 에너지에서 강력의 세기가 약전자기력과 비슷해질 수도 있기 때문이다.

매개입자는 어떤가? 색력(色力, color-force)을 운반하는 입자를 어떻게 서술할 것인가? 우리가 아는 사실은 글루온이 두 가지 색(하나의 색color과 다른 반색anticolor)을 동시에 갖고 있으며, 이들이 쿼크에 의해 흡수되거나 방출되면서 쿼크의 색을 바꾼다는 것이었다. 예를 들어 적-반청 글루온(red-antiblue gluon)은 적색 쿼크를 반청색 쿼크로 변환시킨다. 이것이 바로 강력이 작용하는 방식이다. 최고의 작명가로 이름을 떨친 겔만은 QED과 운율을 맞춰서, 강력을 서술하는 이론에 "양자색역학(QCD)"이라는 이름을 붙여놓았다. 다양한 색 변환 임무가 착오 없이 수행되려면 글루온의 수가 충분히 많아야 한다. 이런저런 경우를 모두 탐색해본 결과, 8개의 글루온이면 충분하다는 결론이 내려졌다. 이론물리학자에게 "왜 하필 8개입니까?"라고 물으면 대개 이런 대답이 돌아온다. "당연하죠. 9 빼기 1은 8이잖아요!"

자유쿼크가 존재하지 않는 이유는 강력의 특성으로 설명할 수 있다. 쿼크가 서로 가까이 붙어 있으면 둘 사이에 작용하는 인력이 상대적으로 약해진다. 이런 경우에는 쿼크의 양자적 상태와 충돌실험에 의한 영향을 어렵지 않게 계산할 수 있다. 이론물리학자에게는 제일 만만한 영역이다. 그러나 쿼크 사이의 거리가 멀어질수록 인력이 강해지고, 거리를 더 벌리기 위해 요구되는 에너지의 양도 빠르게 증가한다. 그래도 충분한 에너지를 가하면 떼어놓을 수 있지 않을까? 아니다. 외부에서 투입되는 에너지를 점점 키워가다 보면, 두 개의 쿼크가 분리되기 한참 전에 새로운 쿼크-반쿼크 쌍이 생성된다. 이것은 글루온이 단순한 매개입자가 아니기 때문에 나타난 결과이다. 글루온은 자기들끼리도 힘을 교환하고 있다. 전자기력을 매개하는 광자는 자기들끼리 완전히 못 본 척 하는데, 글루온은 속사정이 훨씬 복잡하다. 이것이 QCD와 QED의 가장 큰 차이점이다.

그래도 QED와 QCD는 많은 공통점을 갖고 있다. 특히 고에너지 영역으로 가면 두 이론의 공통점이 두드러지게 나타난다. QCD는 오랜 시간 동안 아주 조금씩, 서서히 진보하여 성공을 거둔 이론이다. 먼 거리에서는 강력의 정체가 모호해지기 때문에 정확한 계산을 할 수 없다. 그래서 강력에 관한 실험논문에는 "우리의 실험결과는 QCD의 예견과 모순되지 않는다."는 식의 애매 모호한 문장이 자주 등장한다.

혼자 돌아다니는 쿼크를 절대로 볼 수 없다면, QCD는 어떤 이론이 되어야 하는가? 우리는 실험을 통해 원자에 구속되어 있는 전자를 느낄 수 있고, 관측할 수도 있다. 그렇다면 하드론 속에 구속되어 있는 쿼크와 글루온에 대해서도 동일한 관측을 할 수 있을까? 비요르켄과 파인먼은 "입자들이 아주 세게 충돌했을 때 에너지를 얻은 쿼크가 바깥을 향해 탈출을 시도하다가, 다른 쿼크의 영향권을 벗어나기 직전에 가느다란 하드론빔(3~4개, 또는 8개의 파이온일 수도 있고 케이온이나 핵자일 수도 있다.)으로 변신한다."는 가설을 제안한 적이 있다. 원래의 쿼크가 진행하던 방향으로 가늘게 뻗어나가는 이 입자빔을 '제트(jet)'라 한다. 실험물리학자들은 이 가설을 확인하기 위해 제트를 찾기 시작했다.

그러나 1970년대의 가속기로는 넓게 퍼지고 속도가 느린 하드론빔밖에 만들 수 없었기 때문에 제트를 판별하기가 쉽지 않았다. 제트의 존재를 확인하려면 밀도가 더 높고 가느다란 빔이 필요했다. 이 분야에서 첫 번째 성공을 거둔 사람은 MIT에서 박사학위를 받고 SLAC에서 실험을 진행하던 게일 한슨(Gail Hanson)이었다. 그녀는 세밀한 통계분석을 거쳐 "SPEAR로 유도된 3기가전자볼트짜리 e^+e^- 충돌의 파편 속에서 하드론의 징후가 발견되었다."고 결론지었다. 들어간 것은 전자였고, 나온 것은 쿼크와 반쿼크였다. 단, 이들은 운동량을 보존하기 위해 서로 등을 맞댄 채 튀어나왔기 때문에 하드론의 징후를 보인 것이다. 양은 많지 않았지만 데이터 분석결과는 이것이 '제트'임을 분명하게 보여주고 있었다. 데모크리토스와 내가 CDF 제어실에서 대화를 나누고 있을 때, 10여 개의 하드론으로 이루어진 가느다란 제트 두 가닥이 서로 반대방향으로 날아가면서 몇 분마다 한 번씩 대형스크린에 밝은 섬광을 만들어내고 있었다. 제트라는 것이 '고에너지-고운동량을 갖고 있으면서 밖으로 나가기 전에 옷을 입는' 쿼크의 산물이 아니라면, 그런 구조가 존재할 이유가 없다.

그러나 이 분야에서 1970년대 최고의 발견은 독일 함부르크에 있는 e^+e^- 충돌기 PETRA를 통해 이루어졌다. 이 기계는 30기가전자볼트의 총 에너지로 전자와 양전자를 충돌시켜서 두 개의 제트구조를 만들어냈는데, 증거가 너무나 명확하여 따로 분석할 필요도 없었다. 연구원들은 데이터 속에서 쿼크의 존재를 '거의' 확인할 수 있었다. 그러나 거기에는 쿼크 외에 다른 무언가가 섞여 있었다.

PETRA에는 네 개의 입자감지기가 연결되어 있는데, 그중 하나가 양팔 솔레노이드 분광계, 즉 TASSO(Two-Armed Solenoidal Spectrometer)이다. 당시 TASSO 운영팀은 '세 개'의 제트가 나타나는 사건을 찾고 있었다.

QCD에 의하면 e^+와 e^-가 소멸하여 쿼크와 반쿼크가 생성되었을 때, 밖으로 나가는 쿼크는 꽤 높은 확률로 매개입자인 글루온을 방출한다. 또한 충돌현장에는 가상 글루온을 실제 글루온으로 바꿀 정도로 충분한 에너지가 존재한다. 이 글루온은 쿼크를 닮아서 수줍음이 많고, 충돌영역인 블랙박스를 탈출하기 전에 옷을 입는다. 그러므로 e^+와 e^-가 충돌하면 세 줄기의 제트가 발생하는 것이다. 단, 이 효과를 관측하려면 에너지가 충분히 커야 했다.

PETRA는 1978년에 총 에너지 13기가전자볼트와 17기가전자볼트에서 가동되었지만 아무런 결과도 얻지 못했다. 그러나 총 에너지를 27기가전자볼트로 올린 실험에서는 무언가가 TASSO에 감지되었고, 위스콘신대학 교수인 우사우란(吳秀蘭, Sau Lan Wu)이 데이터 분석에 착수했다. 그녀는 특별히 작성된 컴퓨터 프로그램을 이용하여 하나당 3~10개의 궤적(하드론)으로 이루어진 세 줄기의 하드론 제트를 40건 이상 발견했는데, 그 배열이 마치 메르세데스 벤츠의 엔진뚜껑 장식처럼 보였다.

얼마 후 PETRA의 또 다른 연구팀이 3중 제트 사건을 추가로 발견했고, 1년 후에는 수천 건으로 불어났다. 드디어 글루온이 감지기에 모습을 드러낸 것이다. 글루온의 궤적은 CERN의 이론물리학자 존 엘리스(John Ellis)가 QCD를 이용하여 계산했는데, 그의 결과는 3중 제트실험을 활성화시키는 데 중요한 역할을 했다. 글루온의 발견은 1979년 여름에 페르미 연구소에서 개최된 학회에서 공식적으로 발표되었으며, 당시 나에게 떨어진 임무는 〈필 도너휴 쇼(Phil Donahue show)〉라는 TV 프로그램에 출연하여 시청자들에게 이번 발견의 의미를 설명하는 것이었다. 그러나 나는 그 자리에서 글루온의 발견보다 페르미 연구소 근방에서 방목되고 있는 버펄로들이 방사능 조기경보기가 아님을 강조하는 데 훨씬 많은 에너지를 소모했다. 물론 물리학계의 최대뉴스는 당연히 글루온이었다. 뒤에서 다시 언급되겠지만 글루온은 보손(boson)에 속한다. 아메리카 들소 바이즌(bison)이 아니다!

이로써 우리는 모든 매개입자를 확보했다. 유식한 말로는 '게이지보손'이라고 한다('게이지'는 게이지대칭을 의미하고, '보손'은 정수 스핀을 갖는 입자의 거동을 이론적으로 서술했던 인도의 물리학자 보스S. N. Bose의 이름에서 따온 것이다.). 물질을 구성하는 입자들은 한결같이 스핀이 1/2이며, 이들을 통틀어 페르미온이라 한다. 반면에 모든 매개입자들은 스핀이 1이며, 이들을 통틀어 보손이라 한다. 우리는 앞에서 몇 가지 자세한 사항을 건너뛰었다. 예를 들어 광자는 1905년에 아인슈타인이 이론적으로 예견한 후 1923년에 아서 콤프턴의 엑스선 산란실험을 통해 발견되었다.(표적으로는 원자에 들어 있는 전자가 사용되었다.) 중성흐름은 1970년대 중반에 발견되었지만, W 입자와 Z 입자는 1983~1984년에 CERN의 LHC에서 발견되었다. 그리고 글루온은 언급했던 바와 같이 1979년에 '공식적으로' 발견되었다.

강력은 쿼크와 쿼크 사이에 작용하는 힘으로, 글루온을 통해 매개된다. 그렇다면 중성자와 양성자 사이에 작용하는 '구식' 강력의 정체는 무엇인가? 물리학자들은 이것을 '중성자와 양성자 속에서 새어나온 글루온의 잔류효과(殘留效果, residual effect)'로 이해하고 있다. 파이온의 교환으로 설명되었던 구식 강력은 쿼크와 글루온 사이에서 벌어지고 있는 복잡한 상호작용의 결과인 것이다.

여정의 끝?

물리학자들은 1980년대로 진입하면서 모든 물질입자(쿼크와 렙톤)와 세 종류의 힘(중력은 제외)을 매개하는 매개입자(또는 게이지보손)을 손에 넣었다. 물질입자에 매개입자를 추가하면 표준모형이 완성된다. 오랜 여정을 거쳐 물리학자들이 알아낸 "우주의 비밀"은 다음과 같다.

쿼크는 세 가지 색을 갖고 있다는 사실을 기억하기 바란다. 굳이 종류를 헤아린다면 쿼크는 18종, 렙톤은 6종, 매개입자는 12종이다. 그런데 모든 물질입자는 자신의 반입자 파트너를 갖고 있으므로, 이것까지 고려하면 총 $2 \times (18 + 6) + 12 = 60$종이 된다. 누가 물어봤냐고? 나도 그냥 해본 소리다. 우리에게는 위의 목록만으로 충분하다. 마침내 우리는 데모크리토스의 아토모스를 발견했다. 적어도 지금은 그렇게 믿고싶다. 그 아토모스란 바로 쿼크와 렙톤이다. 그리고 세 종류의 힘과 그 힘을 매개하는 게이지보손들은 데모크리토스가 말했던 "꾸준하고 격렬한 운동"을 설명해준다.

우주 전체를 이 조그만 표 안에 때려 넣는 것이 다소 오만하게 보일 수도 있다. 그러나 인간은 이런 식의 통합을 본능적으로 추구하는 존재인 것 같다. 사실 표준모형은 서양의 역사에 반복적으로 나타났던 주제이다. 표준모형이라는 명칭은 1970년대부터 사용되었지만, 물리학의 역사를 돌아보면 다른 표준모형도 여러 개 존재했었다. 그들 중 일부를 선별하여 보기 좋게 표로 정리했으니, 관심 있는 독자들은 참고하기 바란다.

표준모형은 왜 미완성인가? 가장 명백한 이유는 꼭대기쿼크가 아직 발견되지 않았기 때문이며, 또 하나의 결정적인 이유는 중력이 누락되어

물질		
1세대	2세대	3세대
쿼크		
u	c	t ?
d	s	b
렙톤		
ν_e	ν_μ	ν_τ
e	μ	τ

힘

게이지보손

전자기력	광자(γ)
약력	W^- W^+ Z^0
강력	8개의 글루온

있기 때문이다. 이 고색창연한 힘을 표준모형에 어떻게 포함시켜야 할지, 지금으로선 속수무책이다. 그리고 또 한 가지, 미학적인 관점에서 볼 때 표준모형은 너무 복잡하다. 만물을 흙, 공기, 불, 물과 사랑/투쟁으로 이해했던 엠페도클레스의 모형과 다른 점이 별로 없다. 표준모형에는 매개변수(parameter)가 너무 많다. 우여곡절 끝에 비행기 조종석에 앉긴 했는데, 조절해야 할 손잡이가 너무 많은 것이다.●

● 각 입자의 특성(질량, 전하 등)과 기본상수들(c, h 등)이 매개변수에 속한다. 이 값들은 이론적으로 예견할 방법이 없기 때문이다.

표준모형: 초간단 역사

제안자	연대	입자	힘	학점	논평
탈레스 (밀레투스인)	기원전 600년	물	언급되지 않음	B⁻	이 세계가 작동하는 원리를 신에 의지하지 않고 자연적 원인으로 설명함.(역사상 최초!) 신화를 논리로 대체함.
엠페도클레스 (아크라가스인)	기원전 460년	흙, 공기, 불, 물	사랑과 투쟁	B⁺	모든 물질을 구성하는 '다중 입자'의 개념을 도입함.
데모크리토스 (아브데라인)	기원전 430년	보이지 않고 분할할 수 없는 아토모스	꾸준하고 격렬한 운동	A	이 이론에는 입자의 종류가 너무 많음. 게다가 종류마다 생긴 모양도 제각각임. 그러나 더 이상 쪼갤 수 없는 '아토모스'의 개념은 현대에도 소립자의 정의로 사용되고 있음.
아이작 뉴턴 (영국인)	1687년	질량이 있고 단단하면서 관통할 수 없는 원자	중력(우주), 미지의 힘(원자)	C	원자를 좋아했지만 깊이 파고들지 않았음. 그의 중력 이론은 1990년대의 대가들에게 지독한 골칫거리를 안겨줌.
로저 조지프 보스코비치 (달마티아인)	1760년	"점", 보이지 않고 모양이 없으며 크기도 없음	점 사이에 작용하는 인력과 척력	B⁺	이론이 불완전하고 제한적이나 '반지름이 0인 점입자'의 개념은 힘의 장이라는 개념을 낳아 현대물리학을 먹여 살림.
존 돌턴 (영국인)	1808년	원자-화학원소의 기본단위: 탄소, 산소 등	원자 사이에 작용하는 인력	C⁺	데모크리토스의 용어를 그대로 사용한 것(아토모스→아톰)은 섣부른 판단이었으나(돌턴의 원자는 세부분할이 가능함), '외형'이 아닌 '무게'로 원자를 구별한 것은 향후 훌륭한 실마리가 되었음.
마이클 패러데이 (영국인)	1820년	전기전하	전자기력 (더하기 중력)	B	원자의 개념을 전기에 적용하여 전류를 '전기를 띤 미립자의 흐름'으로 간주함.
드미트리 멘델레예프 (시베리아인)	1870년	50종이 넘는 원자로 원소 주기율표를 작성	힘은 고려하지 않음	B	돌턴의 원자개념을 수용하여 당시 알려진 모든 원소들을 체계화함. 주기율표는 원자의 내부에 더욱 깊고 의미심장한 구조가 존재하고 있음을 시사함.
어니스트 러더퍼드 (뉴질랜드인)	1911년	두 개의 입자: 원자핵과 전자	강한 핵력, 전자기력, 중력	A⁻	원자핵을 발견함으로써 돌턴의 원자 내부에서 새로운 단순성을 밝힘.

제안자	연대	입자	힘	학점	논평
비요르켄, 페르미, 프리드먼, 겔만, 글래쇼, 켄들, 레더먼, 펄, 리히터, 슈워츠, 스타인버거, 테일러, 팅 외 수천 명	1992년	6개의 쿼크와 6개의 렙톤, 그리고 이들의 반입자. 쿼크는 세 종류의 색을 가질 수 있음	전자기력, 강력, 약력(힘을 매개하는 12개의 매개입자), 그리고 중력	(미완성)	"허허허……." (데모크리토스의 웃음)

그렇다고 해서 표준모형이 '과학의 위대한 업적'에 끼지 못한다는 뜻은 아니다. 표준모형은 수많은 과학자들이 밤을 잊은 채 연구에 몰입하여 어렵게 일궈낸 현대물리학의 상징이다. 그러나 이론의 아름다움과 범용성에 감탄하면서도 마음 한구석은 여전히 불편하다. 고대 그리스 철학자들도 애정을 가질 만한, 좀 더 단순한 이론이 아쉬운 것이다.

잠깐, 귀를 기울여 보라. 허공에서 웃음소리가 들리는 것 같지 않은가?

8장

드디어, 신의 입자!

그리고 신은 자신이 창조한 세상을 바라보며 아름다움에 경탄했다. 너무나 아름다워서 눈물이 날 지경이었다. 그것은 한 종류의 입자와 하나의 힘, 그리고 그 힘을 매개하는 한 종류의 매개입자로 이루어진 극도로 단순한 세상이었다.

그런데 자신이 창조한 세상을 다시 한 번 바라보다가 조금 지루하다는 느낌이 들었다. 그래서 신은 약간의 계산을 수행한 후 우주에게 팽창할 것을 명령했다. 그러자 우주는 빠르게 팽창하면서 차가워졌고, 온도가 충분히 낮아졌을 때 신의 진정한 대리인인 힉스장이 출현했다. 창조의 순간에는 온도가 너무 높아서 그 존재를 드러내지 않았던 힉스장이 우주 전역을 장악하게 된 것이다. 그 후 입자들은 힉스장으로부터 에너지를 빨아들이면서 질량을 점차 키워갔다. 그러나 입자들마다 자라는 방식이 달라서 어떤 입자는 엄청나게 무거워졌고 어떤 입자는 아주 작은 질량만 갖게 되었으며, 또 어떤 입자는 질량을 전혀 획득하지 못했다. 그리하여 초기에는 한 종류뿐이었던 입자는 12종으로 늘어났고, 서로 구별되지 않았던 물질입자와 매개입자가 뚜렷한 개성을 띠고 각자의 길을 가게 되었으며, 초기에 한 종류뿐이었던 매개입자는 12종으로, 힘은 네 종류로 늘어났다. 그리고 탄생 초기에 무한하고 무의미한 아름다움으로 가득 차 있던 우주에는 민주당원과 공화당원이 존재하게 되었다.

신은 살짝 수정된 세상을 바라보며 배꼽을 쥐고 웃었다. 그는 힉스를 소환하여 앞에 앉혀놓고 웃음을 간신히 참아가며 준엄하게 물었다.

"그대는 어찌하여 이 세상의 대칭을 망가뜨렸는가?"

자신이 야단맞고 있음을 어렴풋이 눈치챈 힉스는 억울하다는 표정으로 변명을 늘어놓기 시작했다.

"두목님, 저는 대칭을 망가뜨리지 않았습니다. 에너지 소모라는 묘수를 써서 대칭을 숨겨놓은 것뿐입니다. 그래서 두목님의 피조물은 무료함에서 벗어나 복잡한 세상이 되었습니다.

똑같은 물체들로 이루어진 이 황량한 세상에서 원자핵과 원자, 분자, 그리고 행성과 별들이 탄생하리라는 것을 어느 누가 예견할 수 있었겠습니까? 번갯불과 열기가 초래한 혼돈 속에서 복잡한 분자가 탄생하고, 그로부터 유기물로 가득한 습지와 석양, 그리고 바다가 형성되리라는 것을 어느 누가 예견할 수 있었겠습니까? 또 원시생명체가 진화하면서 생긴 물리학자가 당신이 창조하고 제가 교묘하게 숨겨놓은 진실을 파헤치게 되리라는 것을 어느 누가 예견했겠습니까?"

그러자 신은 웃음을 멈추고 힉스를 용서했다. 그리고 힉스의 공을 인정하여 연봉을 크게 올려주었다.

— 신 신약성서 3장 1절

이 장에서 우리가 할 일은 신 신약성서에 적혀 있는 시적인(?) 내용을 입자우주론이라는 딱딱한 과학의 언어로 번역하는 것이다. 표준모형에 관한 우리의 논의도 아직은 끝나지 않았다. 아직 매듭이 지어지지 않은 문제도 있고, 매듭지을 수 없는 문제도 있다. 이들은 표준모형을 넘어 그다음 단계로 나아가기 위해 반드시 짚고 넘어가야 할 문제들이다. 또 미시세계에 대하여 지금과 같은 관점을 확립하는 데 결정적 공헌을 했던 몇 가지 실험에 대해서도 언급할 필요가 있다. 자세한 내용을 알고 나면 표준모형이 얼마나 막강한 이론이며 적용한계가 어디까지인지, 어느 정도 감을 잡을 수 있을 것이다.

표준모형에는 두 가지 결함이 있다. 첫 번째 결함은 입자목록이 아직 완성되지 않았다는 점이다. 꼭대기쿼크는 1993년 초 현재 아직 발견되지 않았으며, 뉴트리노 중 하나(타우뉴트리노)는 감질 나는 증거만 있을 뿐, 아직은 직접 검출된 사례가 없다. 그리고 이미 발견된 입자들 중 일부는 물리적 특성이 불분명하다. 예를 들어 뉴트리노의 정지질량이 0인지 아닌지는 아직도 확실치 않고, CP대칭이 위배되는 과정(물질의 기원과 관련된 과정)도 불분명하다. 그리고 무엇보다 중요한 문제는 표준모형의 수학적 타당성을 유지하기 위해 '힉스장'이라는 새로운 현상을 도입해야 한다는 것이다. 표준모형의 두 번째 결함은 순전히 미학적인 문제이다. 물리학자들은 자연의 섭리가 가능한 한 단순하기를 바라는데, 궁극의 이론치고는 내용이 너무 복잡하다. 표준모형은 궁극의 이론이 아니라, 도중에 거쳐가는 정류장일 수도 있다.

힉스의 개념과 힉스보손(힉스입자)은 위에서 나열한 모든 문제들과 일일이 연관되어 있다. 표준모형의 문제를 해결하는 열쇠를 힉스가 쥐고 있는 것이다. 오죽하면 이 책의 제목을 《신의 입자(The God Particle)》라고 지었겠는가.

표준모형의 몸부림

뉴트리노부터 생각해보자.

"어떤 뉴트리노?"

어떤 것이건 상관없다. 일단은 뉴트리노 중에서 제일 가벼운 전자뉴트리노(입자분류표의 1세대 뉴트리노)에서 시작해보자.

"전자뉴트리노? 오케이."

전자뉴트리노는 전하가 없다.

강력이나 전자기력의 영향을 받지 않으며,

크기가 없어서 공간을 점유하지 않는다. 반지름이 0이다.

확실하진 않지만 질량이 없을 수도 있다.

우주에 존재하는 그 어떤 것도 존재감이 이렇게 빈약하지 않다(대학의 학장과 정치가는 제외한다.). 뉴트리노의 영향은 가느다란 속삭임보다 약하다.

한 아이가 파리를 바라보며 동시를 썼다.

> 혼자 벽에 붙어 있는 작은 파리야
>
> 넌 친구도 없니?
>
> 엄마는?
>
> 아빠도 없어?
>
> 날 놀리는 거니? 이 나쁜 녀석아!

나도 뉴트리노를 상상하며 시를 써보았다.

> 이 세상에 존재하는 작은 뉴트리노야
>
> 빛의 속도로 이 세상에 내던져졌지
>
> 근데 전하도 없고, 질량도 없고, 크기도 없다구?
>
> 관습에 역행하다니, 부끄러운 줄 알아!

그래도 뉴트리노는 엄연히 존재한다. 궤적이 있으니 위치가 있고, 항상 광속에 가까운 속도로(또는 광속으로) 특정 방향을 향해 날아간다. 또 뉴트리노는 스핀도 갖고 있다. "크기가 없다면서 대체 뭐가 자전한다는 거야?"라고 묻는다면 당신은 양자 이론 이전의 낡은 사고방식에서 벗어나지 못한 구식인간으로 낙인찍히겠지만, 어쨌거나 뉴트리노는 자전하고 있다. 스핀이란 입자 고유의 특성이며, 뉴트리노의 질량이 정말로 0이라면 변하지 않는 속도와 스핀이 결합하여 '카이랄성(chirality, 손대칭성이라고도 한다.)'이라는 새로운 특성을 부여한다. 일단 카이랄성이 주어지면 입자의 진행방향에 대한 스핀방향(시계방향 또는 반시계방향)은 하나의 값으로 영원히 고정된다. 카이랄성이 '오른손잡이'라는 것은 입자가 시계방향 스핀을 갖고 진행한다는 뜻이며, 카이랄성이 '왼손잡이'라는 것은 반시계방향 스핀을 갖고 진행한다는 뜻이다. 그리고 여기에는 사랑스러운 대칭이 존재한다. 게이지 이론은 모든 입자들이 질량이 없으면서 카이랄대칭(chiral symmetry)을 가질 것을 강력하게 권하고 있기 때문이다.

카이랄대칭은 초기우주에 존재했던 우아한 대칭 중 하나로서, 하나의 무늬가 끝없이 반복되는 벽지와 비슷하다. 도중에 복도나 문, 또는 구석과 만나도 아랑곳없이 반복된다. 그러나 자신이 창조한 세상이 단조롭고 따분하다고 느낀 조물주는 힉스장을 소환하여 입자에 질량을 부여하도록 명령했고, 그 결과로 카이랄대칭이 붕괴되었다. 그런데 없던 질량이 생기면 왜 카이랄대칭이 붕괴되는 것일까? 질량이 있는 입자는 더 이상 빛의 속도로 달릴 수 없다. 그렇다면 관측자인 당신은 입자보다 빠르게 움직일 수 있고, 이런 경우 당신의 관점에서 볼 때 입자는 이전과 반대방향으로 움직인다. 그런데 입자의 스핀은 변하지 않았으므로, 카이랄성이 오른손잡이에서 왼손잡이로(또는 왼손잡이에서 오른손잡이로) 바뀌게 된다. 다시 말해서, 관측자의 관점(속도)에 따라 입자의 카이랄성이 달라질 수 있다는 것이다. 그러나 카이랄대칭을 놓고 한바탕 벌어진 전쟁에서 어찌어찌 살아남은 뉴트리노는 항상 왼손잡이이며, 반뉴트리노는 한결같이 오른손잡이이다. 이 방향성은 뉴트리노가 갖고 있는 몇 안 되는 특성 중 하나이다.

물론 뉴트리노는 약력의 영향을 받는다는 특성도 갖고 있다. 뉴트리노는 영원의 시간이 소요되는 약력과정(약력이 개입된 반응)을 통해 생성된다 (가끔은 백만 분의 몇 초 이내에 일어나는 경우도 있다.). 앞서 말한 대로 뉴트리노는 다른 입자와 충돌할 수 있지만 충돌이 일어나려면 아주 가까이 접근해야 하기 때문에 확률이 매우 낮다. 두께 2.5센티미터짜리 강철판을 향해 뉴트리노 한 개를 발사했을 때, 철판 안에 들어 있는 입자와 뉴트리노가 충돌할 확률은 대서양 속 어딘가에 표류하고 있는 조그만 보석을 찾을 확률과 비슷하다. 좀 더 구체적으로 말하면, 대서양의 아무 곳이나 찍어서 바닷물을 한 컵 떴을 때, 보석이 그 안에 들어 있을 확률과 비슷하다. 뉴트리노는 이토록 상호작용에 인색하고 특성도 거의 없지만, 은밀한 곳에서 우주의 운명을 좌우하고 있다. 예를 들어 별의 내부에서 방출된 엄청난 양의 뉴트리노가 별의 폭발을 유발하여 그 안에서 생성된 무거운 원소들을 우주공간에 흩뿌리고, 이들이 다시 뭉쳐서 우리의 생활을 지배하는 지구의 지하자원이 되었다.

요즘 물리학자들은 뉴트리노의 질량을 측정하기 위해 혼신의 노력을 기울이고 있다. 표준모형의 일원인 3종의 뉴트리노가 우주론학자들이 말하는 '암흑물질(dark matter)'의 강력한 후보로 떠올랐기 때문이다. 암흑물질은 우주 전체에 퍼져 있으면서 막강한 중력을 행사하는 것으로 추정되는 가상의 물질이다. 지금까지 알려진 바에 의하면 뉴트리노는 질량이 극단적으로 작거나 아예 질량이 0이거나 둘 중 하나인데, 뉴트리노의 질량이 전자의 100만 분의 1에 불과하다 해도, 질량이 0인 경우와는 이론적으로 엄청난 차이를 유발한다. 뉴트리노의 존재와 그 질량은 표준모형이 풀어야 할 중요한 수수께끼로 남아 있다.

숨겨진 단순성: 표준모형의 황홀경

과학자(특히 영국 과학자)가 누군가에게 정말 화가 나서 최악의 욕설을 퍼붓고 싶어졌다면, 그의 입에서는 아마도 이런 말이 튀어나올 것이다. "이런 고집불통 아리스토텔레스쟁이 같으니라구!" 그들에게 이보다 더 심한 욕은 없다. 아리스토텔레스는 갈릴레오가 용기를 내서 그의 오류를 지적할 때까지 거의 2,000년 동안 물리학의 발전을 가로막아온 원흉으로 알려져 있기 때문이다(사실 구체적인 증거는 없다.). 갈릴레오는 피사의 두오모 광장에 모인 군중 앞에서 아리스토텔레스의 추종자들에게 수치심을 안겨주었다.(그러나 요즘 피사의 사탑 주변에는 온갖 기념품가게와 아이스크림 가판대가 늘어서, 있어서 당시의 분위기를 떠올리기에는 역부족이다.)

사탑에서 실행된 낙하실험에 관해서는 앞에서 이미 다루었다. 깃털은 천천히 떨어지고 쇠공은 빠르게 떨어진다. 언뜻 보면 "무거운 것은 빠르게 떨어지고 가벼운 것은 느리게 떨어진다."는 아리스토텔레스의 주장이 옳은 것 같다. 우리의 직관과 딱 맞아떨어진다. 또한 바닥에서 공을 굴리면 한동안 잘 굴러가다가 결국은 멈춰 선다. 아리스토텔레스의 설명은 다음과 같다. "정지상태는 가장 자연스러운 상태이다. 자연은 정지상태를 선호한다. 물체는 힘이 가해지는 동안 움직이며, 힘이 제거되면 운동도 멈추면서 자연스러운 정지상태로 되돌아간다." 역시 명쾌한 설명이다. 우리의 일상적인 경험과 일치하는 것 같다. 그러나 …… 이것도 틀렸다. 갈릴레오는 아리스토텔레스 한 사람을 위해서가 아니라, 여러 세대에 걸쳐 그를 숭배하고 그의 세계관을 아무런 의심 없이 맹목적으로 수용해왔던 철학자들을 위해 섣부른 비난을 자제했다.

갈릴레오는 운동의 법칙에서 심오한 단순성을 발견했다. 그러나 이 단순성은 운동의 방해요인을 제거했을 때에만 그 모습을 드러낸다. 공기저항과 마찰 등은 우리가 당연하게 받아들이는 현실세계의 일부인데, 바로 이들이 운동법칙의 단순성을 가리고 있었던 것이다. 또한 갈릴레오는 현실세계에서 포물선과 2차 방정식 등 수학적인 속성을 발견했다. 아폴로 11호가 달에 착륙했을 때 인류 최초로 달에 발자국을 남긴 닐 암스트롱(Niel Armstrong)은 공기가 없는 달 표면에서 깃털과 망치를 동시에 떨어뜨렸다. 갈릴레오의 낙하실험을 전 세계 시청자들이 보는 앞에서 재현한 것이다. 공기저항이 없으면 깃털과 망치는 똑같이 가속되다가 바닥에 동시에 도달하고, 마찰이 없는 수평면에서 공을 굴리면 영원히 굴러간다. 공은 마룻바닥보다 깨끗하게 닦은 테이블 위에서 더 멀리 굴러가고, 에어트랙(air track)●이나 미끄러운 얼음 위에서는 훨씬 더 멀리 굴러간다. 공기저항과 마찰이 없는 운동을 상상하려면 약간의 능력이 필요하지만, 일단 떠올리기만 하면 운동법칙과 시공간에 대하여 새로운 통찰을 얻을 수 있다.

갈릴레오 덕분에 우리는 '숨은 대칭'을 알게 되었다. 자연은 추상적인 수학으로 서술되는 대칭과 단순성, 그리고 아름다움을 은밀한 곳에 숨겨두고 있다. 그리고 지금은 갈릴레오의 공기저항과 마찰 대신 표준모형이

● 위쪽으로 공기를 분사하여 물체가 바닥에 닿지 않은 채 움직이도록 만든 장치.

그 자리를 대신하고 있다. 1990년대의 표준모형을 이해하려면, 약력을 매개하는 무거운 입자가 발견되기까지 거쳐온 과정을 되돌아볼 필요가 있다.

표준모형: 1980년

1980년대의 물리학은 으스대는 이론으로 시작되었다. 300년에 걸친 입자물리학의 역사를 등에 업은 표준모형이 무대 중앙에 잔뜩 폼을 잡고 앉아서, 실험물리학자들에게 "아직 빈칸이 몇 군데 있으니 열심히 찾아서 채워 넣어 보라"며 거의 명령을 내리는 형국이었다. 1980년은 약력을 매개하는 W^+, W^-, Z^0와 꼭대기쿼크가 발견되기 전이었다. 또한 타우뉴트리노의 존재를 확인하려면 3중 뉴트리노실험을 수행해야 하는데, 방법은 알려져 있었지만 과정이 너무 복잡하고 성공확률도 낮아서 승인이 떨어지지 않았다. 그러나 전하를 띤 타우렙톤에 관한 실험데이터는 타우뉴트리노의 존재를 강하게 시사하고 있었다.

전자-양전자 충돌기와 양성자가속기 등 전 세계 모든 입자가속기의 최대 현안은 꼭대기쿼크를 발견하는 것이었다. 일본에서는 트리스탄(Tristan)이라는 새로운 장치가 건설 중이었는데(일본문화와 게르만 신화 사이에 무슨 관계가 있다고 이런 이름을 지었을까?), 꼭대기쿼크의 질량이 바닥쿼크의 7배인 35기가전자볼트를 넘지 않는다면, e^+e^- 충돌기 트리스탄은 꼭대기쿼크와 반꼭대기쿼크의 조합인 $t\bar{t}$를 만들어낼 수 있었다. 그러나 1986년에 완공된 후에도 t는 모습을 드러내지 않았다. 35기가전자볼트보다 무거웠던 것이다.

통일의 환상

유럽인들이 W입자 사냥에 전력을 기울인 것은 이 분야에서 자신이 세계최고임을 입증하려는 과시욕의 발로였다. 그러나 W를 발견하려면 가속기의 출력이 충분히 커야 했다. 어느 정도로 커야 할까? 그것은 W입자의 질량에 달려 있다. 카를로 루비아의 끈질긴 권유를 받아들인 CERN은 기존의 400기가전자볼트짜리 양성자가속기를 업그레이드하여 1978년에 양성자-반양성자 충돌기를 가동하기 시작했다.

1970년대 말에 이론물리학자들은 W와 Z입자의 질량을 '양성자의 100배'로 추정했고(양성자의 정지질량은 약 1GeV이다. 외우기도 쉽다!), CERN은 1억 달러를 들여 W, Z입자를 생성하기에 충분한 가속기와 이들을 잡아낼 수 있는 고성능 입자감지기를 건설하기로 결정했다. 이론적인 예상치만 믿고 선뜻 투자하기에는 너무 큰돈이다. 대체 뭘 믿고 이런 거금을 쏟아 부었을까?

당시 물리학자들은 궁극의 이론인 통일장 이론이 거의 완성되었다는 환상에 빠져 있었다. 그것은 6개의 쿼크와 6개의 렙톤, 그리고 네 가지 종류의 힘으로 이루어진 이론이 아니라, 한 종류의 입자와 하나의 웅장한 힘(그렇다, 정말 웅장하다!)으로 모든 현상을 통합한 이론이었다. 고대 그리스의 철학자들이 생각했던 물, 공기, 흙, 불이 더욱 이상적인 형태로 진화한 것이다.

단순하면서도 모든 만물을 포함하는 통일이론은 물리학 최후의 성배였다. 1901년 초에 아인슈타인은 분자력(전기력)과 중력의 관계에 대하여 논문을 쓴 적이 있다.(당시 그는 22세였다.) 그 후 1925년부터 1955년까지, 아인슈타인은 전자기력과 중력을 통일하는 이론을 연구하다가 별다른 소득 없이 세상을 떠났다. 그러나 자연에는 약력과 강력도 있다. 이들을 포함하지 않는 한, 아인슈타인의 노력은 어차피 실패할 운명이었다. 그가 실패할 수밖에 없었던 두 번째 이유는 20세기 물리학의 금자탑인 양자역학을 고려하지 않았기 때문이다. 아인슈타인은 양자역학 탄생 초기에 중요한 공헌을 했음에도 불구하고, 죽는 날까지 양자역학을 받아들이지 않았다. 그러나 양자역학 없이 네 개의 힘을 하나로 통일하는 것은 원리적으로 불가능하다. 이들 중 세 개의 힘을 어설프게 통일한 양자장 이론이 1960년대에 등장한 후 점차 세밀한 수정이 가해지면서, 대통일이라는 원대한 꿈이 가시권 안으로 들어왔다.

그 후로 이론물리학자들은 너나할 것 없이 통일이론에 뛰어들었다. 1950년대 초에 하이젠베르크와 파울리가 소립자에 관한 새로운 통일이론을 발표했을 무렵, 컬럼비아대학의 푸핀홀 301호에서 세미나가 개최되었다. 세미나실은 그야말로 북새통을 이뤘는데, 맨 앞줄에는 닐스 보어와 이시도어 래비, 찰스 타운즈, 리정다오, 폴리카프 쿠시, 윌리스 램, 그리고 제임스 레인워터가 앉아 있었다(이들은 이미 노벨상을 받았거나 앞으로 받게 될 사람들이었다.). 그 자리에는 잘나가는 포스트닥과 대학원생 일부도 초대되었는데, 개중에는 소방법을 완전히 무시하고 대들보에 걸터앉거나 등산용 자일에 매달린 채 강연을 듣는 젊은이도 있었다. 그날 한 이론물리학자가 발표한 내용은 도저히 이해하기 어려웠지만, 내가 이해를 못한다고 해서 그 이론이 옳다는 뜻은 아니었다. 발표가 끝나자 청중석에 앉아 있던 파울리가 한마디 날렸다. "완전히 미친 이론이구만!" 보어의 평은 더욱 인상적이었다. "당신 이론의 문제점은 충분히 미치지 않았다는 거요." 가차 없는 혹평이었지만 결국은 보어가 옳았다. 그 이론은 다른 수많은 이론들처럼 요란하게 등장했다가 소리소문 없이 사라졌다.

힘을 올바르게 서술하는 이론이라면 반드시 갖춰야 할 두 가지 기본 조건이 있다. 첫째, 특수 상대성 이론을 고려한 양자장 이론이어야 하고, 둘째, 게이지대칭을 갖고 있어야 한다. 특히 (적어도 우리가 아는 한) 두 번째 조건을 만족해야 수학적으로 타당하면서 재규격화가 가능하다. 그러나 게이지대칭에는 또 다른 의미가 담겨 있다. 게이지대칭의 개념은 신기하게도 아직 양자장 이론에 편입되지 않은 중력으로부터 출현했다. 아인슈타인의 중력 이론은 관측자가 정지상태에 있거나, 중력장 하에서 가속운동을 하고 있거나(시속 1,600킬로미터로 자전하고 있는 지구 표면 근처에서 자유낙하하는 물체), 동일한 형태의 물리법칙이 적용될 것이라는 희망사항에서 출발했다. 통째로 회전하는 실험실과 직선경로를 따라 일정한 속도로 매끄럽게 움직이는 실험실에서는 힘이 사뭇 다른 방식으로 작용한다. 그러나 아인슈타인은 관측자가 어떤 운동 상태에 있건 간에, 모든 경우에 동일한 형태로 적용되는 물리법칙을 찾았다. 그리고 자신이 창안한 일반 상대성 이론(1915년)에 이와 같은 '불변성(invariance)'을 요구했더니, 중력이라는 힘의 존재가 자연스럽게 유도되었다. 나는 지금 초간단 버전으로 대충 이야기하고 있지만, 대학원생 시절에는 이 부분을 이해하느라 거의 죽을 고생을 했다! 상대성 이론은 자연의 힘을 내포하는 고유의 대칭을 갖고 있으며, 이 경우에 내포된 힘은 다름 아닌 중력이다.

이와 비슷하게 게이지대칭은 방정식에 좀 더 추상적인 불변성을 요구한다. 그리고 이로부터 방정식의 종류에 따라 약력, 강력, 그리고 전자기력이 자연스럽게 유도된다.

게이지

이로써 우리는 신의 입자로 이어지는 이면도로의 초입에 도달했다. 도로에 진입하기 전에 몇 가지 개념을 정리해보자. 제일 먼저 생각할 것은 물질입자, 즉 쿼크와 렙톤이다. 이들 모두는 (희한한 양자단위로) 1/2이라는 스핀을 갖고 있다. 그리고 입자로 표현되는 몇 개의 역장(力場, force field)이 있다. 바로 양자장이다. 장을 서술하는 입자의 스핀은 모두 1이며, 앞에서는 이들을 '매개입자(전령입자)' 또는 '게이지보손'이라고 불렀다. 광자와 W, Z입자, 그리고 글루온이 여기에 속하는데 이들은 실험을 통해 모두 발견되었고 질량도 알려져 있다. 이제 물질입자와 매개입자를 좀 더 정확하게 이해하기 위해, 불변성과 대칭의 의미를 다시 한 번 생각해보자.

게이지대칭은 앞에서도 몇 번 언급되었는데, 우리는 매번 그 주변에서 탭댄스만 추었을 뿐 내부를 후련하게 들여다보지 못했다. 독자들도 여전히 긴가민가할 것이다. 말주변이 신통치 않은 내 탓도 있지만, 사실 게이지대칭은 워낙 난해한 개념이어서 완벽하게 설명하기란 거의 불가능하다. 뭐가 그렇게 어렵냐고? 책은 영어로 써야 하는데, 게이지 이론은 수학언어로 써 있기 때문이다.[*] 이것을 영어로 설명하려면 비유법에 의존하는 수밖에 없다. 또 탭댄스를 추겠다고? 그렇다. 하지만 어떤 식으로든 도움은 될 것이다.

---

[*] 게다가 영어를 한국어로 옮기면 두세 배쯤 더 어려워진다. 글재주가 서툰 역자의 탓도 있지만, 기본적으로 한국어는 수학과 친하지 않다.

구(球, sphere)를 예로 들어보자. 임의의 축을 중심으로 아무렇게나 회전시켜도 구의 모습은 변하지 않는다. 그래서 구는 완벽한 대칭을 갖고 있다. 이런 경우에 구를 회전시키는 행위는 수학적으로 표현할 수 있다. 또한 회전한 후 구의 상태도 수학방정식으로 표현할 수 있는데, 이것은 회전하기 전 상태를 서술하는 방정식과 완전히 똑같다.(구는 회전시켜도 변하지 않는다!) 즉, '구의 대칭성'이 '구의 회전을 서술하는 방정식의 불변성'을 낳은 것이다.

구는 너무 단순하고 썰렁하니, 회전대상을 공간으로 바꿔보자. 텅 빈 공간도 구와 마찬가지로 회전에 대하여 불변이다. 따라서 물리학 방정식도 회전에 대하여 불변이어야 한다. 이것을 수학적으로 표현하면 다음과 같다. xyz 좌표계를 임의의 축을 중심으로, 임의의 각도로 회전시켜도 방정식에는 그 각도가 등장하지 않는다.[*] 이런 종류의 대칭은 앞에서도 다룬 적이 있다. 예를 들어 무한히 넓은 평면 위의 한 지점 A에 놓여 있는 물체는 임의의 방향으로 임의의 거리만큼 이동할 수 있으며(도착지점을 B라 하자), 그 물체가 속한 물리계는 이동 전과 이동 후에 완전히 똑같다(불변이다.). 이런 경우에 A에서 B로 가는 이동을 '병진(竝進, translation)'이라 하며, 공간은 병진에 대하여 불변이다. 예를 들어 A에서 B까지 12미터를 이동했을 때, 계를 서술하는 원래 방정식의 해당 항에 12미터를 더해주면 이 값들이 자기들끼리 어찌어찌 상쇄되어 최종 방정식에는 12미터가 등장하지 않는다. 즉, 물리학 방정식은 병진변환에 대하여 불변이다. 그런데 아직 하나가 남아 있다. 바로 에너지 보존법칙이다. 신기하게도 에

---

[*] 방정식에 각도가 등장하면 돌아간 각도에 따라 방정식이 변하기 때문이다.

너지의 불변성은 시간대칭과 관련되어 있다. 즉, 물리학의 법칙은 시간변환에 대하여 불변이다. 예를 들어 물리학 방정식의 시간과 관련된 항에 일괄적으로 15초를 더해주면, 이들이 또다시 상쇄되어 방정식이 원래모습으로 되돌아간다. 중간결론: 물리학 방정식은 회전변환과 병진변환, 그리고 시간이동에 대하여 불변이다.

이것으로 대충 준비는 끝났다. 이제 결정타를 날릴 차례다. 공간에 대칭을 적용하면 우리가 몰랐던 새로운 특성이 드러난다. 7장에서 에미 뇌터라는 여성수학자의 이름을 언급한 적이 있다. 그녀는 1918년에 엄청나게 중요한 수학정리를 증명했는데, 내용은 다음과 같다. "모든 대칭(변환을 가해도 방정식에 나타나지 않는 성질. 공간회전, 공간병진, 시간이동)에는 그에 대응하는 보존법칙이 존재한다!" 그리고 보존법칙은 실험을 통해 확인할 수 있다. 뇌터의 정리는 병진불변성을 운동량 보존법칙에 연결시키고, 회전불변성을 각운동량 보존법칙에, 시간불변성을 에너지 보존법칙에 각각 연결시켜준다. 이 논리를 거꾸로 적용하면 보존법칙에 시간과 공간의 대칭성이 담겨 있는 셈이다.

막간 C에서 논했던 반전성 보존은 미시적 양자영역에 적용되는 '불연속 대칭(discrete symmetry)'의 한 사례이다. 거울변환이란 문자 그대로 물리계의 좌표를 거울에 비친 영상처럼 반전시키는 변환을 의미한다. 수학적으로 표현하면 거울면에 수직한 방향으로 나 있는 축을 z축이라 했을 때, 모든 z좌표값을 $-z$로 대치시키는 변환에 해당한다. 주어진 물리계를 이런 식으로 변환시켰는데 달라진 게 하나도 없다면, 그 계는 거울대칭을 갖고 있다. 앞서 말한 대로 강력과 전자기력은 거울대칭을 갖고 있지만 약력은 그렇지 않다. 1957년에 우리 실험팀에게 극도의 환희를 선사했던, 바로 그 주인공이다.(반전성위배!)

지금까지는 앞에서 다뤘던 내용을 되돌아보는 일종의 복습이었다. 독자들도 내용을 이해하는 데 별 문제 없으리라 생각한다.(왠지 그런 느낌이 든다.) 위에 들었던 사례들은 기하학과 관련된 대칭이었는데, 7장에서 보았듯이 자연에는 한층 더 추상적인 대칭이 존재한다. 물리학 역사상 최고의 이론인 양자전기역학(QED)은 수학적 표현에 드라마틱한 변화를 가했을 때 불변인 것으로 판명되었다. 그 변환이란 회전이나 병진변환 또는 거울반전이 아니라, 장에 가해진 추상적 변환이다. 이 변환의 정식 명칭은 '게이지변환(gauge transformation)'인데, 내용이 너무 수학적이어서 구구절절 늘어놓을 필요는 없을 것 같다. 그저 QED의 방정식이 게이지변환에 대하여 불변이라는 사실만 기억하면 된다. 즉, QED는 게이지대칭을 갖고 있다. 게이지대칭은 실로 막강한 대칭이어서, 이것 하나만 있으면 전자기력의 모든 특성을 유도해낼 수 있다. 옛날 물리학에는 이런 식의 논리가 없었지만, 요즘은 대학원과정 교과서에 아주 자세히 나와 있다.(물론 물리학과의 모든 대학원생이 이 공부를 하는 것은 아니다.) 게이지대칭에 의하면, 전자기력을 매개하는 광자는 질량이 없어야 한다. 이처럼 '무질량(無質量, masslessness)'은 게이지대칭과 관련되어 있기 때문에, 광자를 '게이지보손'이라 부르는 것이다('보손'은 원래 정의가 따로 있지만, 흔히 정수스핀을 갖는 매개입자를 통칭하는 용어로 쓰인다.). 사실은 QED뿐만 아니라 강력과 약력도 게이지대칭을 갖는 방정식으로 표현된다. 그래서 모든 매개입자들(광자, W, Z, 글루온)은 게이지보손이다.

아인슈타인은 통일이론에 거의 30년 동안 매달리다가 끝을 보지 못하고 세상을 떠났다. 그러나 1960년대 말에 글래쇼와 와인버그, 그리고 살람이 약력과 전자기력을 성공적으로 통일하여 아인슈타인의 영전에 커다란 위안을 안겨주었다. 흔히 '약전자기 이론'으로 알려져 있는 이 이론의 가장 중요한 결과는 두 힘의 매개입자들(광자, W^+, W^-, Z^0)이 하나의 입자족을 이룬다는 것이었다.

이제 그동안 엄청나게 뜸들여왔던 신의 입자가 등장할 차례다. 게이지 이론에서 무거운 W입자와 무거운 Z입자를 어떻게 이끌어낼 것인가? 광자와 W^+, W^-, Z^0는 같은 입자족에 속하는데, 광자만 질량이 없고 W^+, W^-, Z^0는 엄청나게 무겁다. 대체 그 이유가 무엇인가? 이들의 질량에 큰 차이가 있기 때문에, 전자기력과 약력은 완전히 다른 방식으로 작용한다.

골치 아픈 이야기는 잠시 뒤로 미루자. 이론이야기를 하도 길게 했더니 머리가 지끈거린다. 이론물리학자들이 위의 질문에 답하기 전에, 우리는 W입자부터 찾아야 한다. 입자가 존재한다는 증거도 없는데, 장황하게 떠들어본들 무슨 소용인가?

W 찾기

앞에서도 말한 바와 같이, CERN은 거금을 들여서 W입자 사냥에 나섰다.(사실은 카를로 루비아 한 사람에게 투자한 거나 다름없다.) 이론물리학자들의 예상대로 W입자의 질량이 100기가전자볼트 근처라면, 가속기의 충돌에너지가 100기가전자볼트를 넘어야만 W를 발견할 수 있다. 400기가전자볼트짜리 양성자가 정지상태에 있는 양성자에 충돌하면 기껏해야 질량이 27기가전자볼트인 입자를 만들어낼 수 있을 뿐이다. 나머지 에너지는 운동량을 보존하는 데 쓰인다. 루비아가 충돌기 건설을 제안한 것은 바로 이런 이유 때문이었다. 그는 CERN의 400기가전자볼트짜리 초대형양성자싱크로트론(SPS)을 반양성자 생성원으로 사용한다는 제안서를 제출했다. 여기서 충분한 양의 반양성자가 생성되면 SPS의 자기고리에 주입하여 충돌을 유도하게 되는데, 자세한 과정은 앞서 6장에서 설명한 바 있다.

이보다 늦게 완공된 테바트론과 달리, SPS는 초전도 가속기가 아니었기 때문에 최대에너지에 한계가 있었다. 양성자빔과 반양성자빔이 SPS의 최대능력인 400기가전자볼트까지 가속되면 총 800기가전자볼트를 얻을 수 있다. 이 정도면 정말 엄청난 양이다. 그러나 각 빔에서 사용할 수 있는 에너지는 270기가전자볼트뿐이었다. 왜 400기가전자볼트가 아닐까? 첫 번째 이유는 충돌이 일어나는 동안 자석에 고전류를 흘려보내야 하는데(수 시간 동안), CERN의 자석은 이런 경우를 고려한 부품이 아니어서 과도한 열이 발생하기 때문이고, 두 번째 이유는 그 정도로 강한 자기장을 긴 시간 동안 유지하는 데 들어가는 비용이 상상을 초월했기 때문이다. 원래 SPS의 자석은 정지표적실험에서 몇 초 동안 400기가전자볼트의 에너지로 빔을 생성한 후, 곧바로 자기장이 0으로 감소하도록 설계되었다. 두 개의 빔을 충돌시킨다는 루비아의 아이디어는 가히 천재적인 발상이었으나, 문제는 SPS가 애초부터 충돌용으로 제작된 기계가 아니라는 점이었다.

CERN의 이사회는 루비아의 제안을 받아들여 270기가전자볼트짜리 충돌기를 건설하기로 결정했다. 그러면 총에너지는 540기가전자볼트가 되는데, W입자의 예상 질량은 약 100기가전자볼트였으므로 목적을 이루는 데에는 별 문제가 없다고 판단한 것이다. 1978년, 마침내 프로젝트 승인이 떨어지면서 거액의 스위스프랑이 지급되고, 루비아는 두 개의 팀을 꾸렸다. 첫 번째 팀은 프랑스, 이탈리아, 네덜란드, 영국, 노르웨이, 그리고 가끔 방문하는 양키들로 이루어진 가속기 전문가팀으로, 공용어는 엉터리 영어였지만 가속기와 관련된 언어소통에는 아무런 문제가 없었다. 실험물리학자들로 이루어진 두 번째 팀은 시적인 상상력을 총동원하여 양성자-반양성자 충돌에서 생성된 입자들을 감지하는 초대형 입자감지기 UA-1을 설계했다.

반양성자 가속기팀의 일원이었던 네덜란드의 공학자 시몬 판 데르 메이르는 가속기 저장고리의 작은 부피 안에 반양성자를 압축저장하는 방법을 개발했다. '통계적 냉각법(stochastic cooling)'으로 알려진 이 방법 덕분에 루비아의 연구팀은 충분한 양의 반양성자를 확보했고, 이것을 밑천 삼아 1초당 5만 번의 양성자-반양성자 충돌을 일으킬 수 있었다. 자타공인 최고의 테크니션이었던 루비아는 팀원들을 재촉하고, 지지자들을 확보하고, 판로를 개척하고, 사방에 전화를 걸고, 충돌기 홍보에 적극 나서는 등 거의 슈퍼맨에 가까운 능력을 발휘했다. 그가 보유한 최고의 기술은 "할 이야기가 있으면 어디든 간다."[*]는 적극적인 마인드였다. 루비아는 세미나를 할 때도 기관총 연사 스타일을 고집했다. 자신이 발표하려는 주제에 아첨과 허세, 과장 등을 적절히 섞어서 환등기 슬라이드 필름을 1분에 5장씩 넘기는 사람은 전 세계 물리학자들 중 아마도 루비아 밖에 없을 것이다.

• Have talk, will travel, 1950~60년대에 방영되었던 TV 서부활극 〈Have gun, will travel(총이 있으면 어디든 간다.)〉을 패러디한 것.

카를로와 고릴라

카를로 루비아는 물리학자들 사이에서 "과학의 영웅"으로 통한다. 루비아가 W와 Z입자를 발견한 공로로 노벨상을 받은 직후 산타페(Santa Fe)에서 국제학회가 열렸는데, 나에게 주어진 임무는 루비아가 연설을 하기 직전에 청중들에게 그를 소개하는 것이었다. 그때 나는 청중들에게 다음과 같은 이야기를 들려주었다.

　스톡홀름에서 노벨상 시상식이 있던 날, 스웨덴의 국왕 올라프가 단상에 올라와 난처한 표정으로 말했다. "실무진이 실수를 하는 바람에 금년에는 노벨상 메달을 한 개밖에 준비하지 못했습니다. 저희가 대책을 마련했으니, 모두들 왕궁 뒤뜰에 모여주시기 바랍니다." 카를로가 그곳으로 가보니 마당에 텐트 세 개가 설치되어 있고, 진행자가 상황을 설명해주었다. "금년에는 철인 3종경기로 노벨상 수상자 한 명을 뽑겠습니다. 가장 짧은 시간 안에 세 개의 임무를 완수한 사람이 메달의 주인공이 될 것입니다. 첫 번째 텐트에는 불가리아를 와해시켰던 술, 슬리보비츠 4리터가 술독에 담겨 있습니다. 주어진 시간은 20초! 그 안에 다 마셔야 성공으로 간주합니다. 두 번째 텐트에는 고릴라를 한 마리 넣어뒀는데, 사랑니 때문에 몹시 고통스러워하고 있습니다. 주어진 임무는 이 불쌍한 고릴라의 사랑니 뽑기, 제한시간은 40초입니다. 세 번째 텐트에는 이라크에 파병된 미군들 사이에서 최고 인기를 누렸던 매춘부가 대기중입니다. 임무는 이 여인에게 완벽한 만족을 선사하는 것, 제한시간은 60초입니다. 자, 노벨상 수상자로 선정되신 여러분, 행운을 빕니다!"

　출발을 알리는 총성과 함께 카를로가 첫 번째 텐트로 뛰어들어갔다. 벌컥벌컥 술 마시는 소리가 들리더니, 18.6초만에 빈 술독을 들고 나왔다. 1단계 통과.

카를로는 잠시도 지체하지 않고 두 번째 텐트로 뛰어들어갔다. 역시 예상했던 대로 고릴라의 처절한 비명소리가 텐트 밖으로 쩌렁쩌렁 울려 퍼졌고, 얼마 후 잠잠해지더니 39.1초만에 카를로가 텐트 밖으로 걸어나왔다. 그런데 세 번째 텐트를 살짝 들춰보고는 안으로 들어가지 않고 사람들을 향해 소리쳤다. "거, 이빨 아프다는……(딸꾹!) 고릴라는……(딸꾹!) 어디 있는 거야?"

학회에서 제공된 와인 맛이 좋았는지, 청중들은 일제히 웃으면서 나의 농담을 받아주었다. 소개가 끝나자 카를로가 연단 쪽으로 걸어오면서 나에게 귓속말로 속삭였다. "난 통 뭔 소린지 모르겠어요. 나중에 설명해주세요."

루비아는 바보들을 너그럽게 봐주지 않았으며, 그의 강력한 통제에 불만을 느끼는 사람도 많았다. 루비아가 노벨상을 받은 후, 작가 게리 토브스(Gary Taubes)는 《노벨상의 꿈(Nobel Dreams)》이라는 제목으로 루비아의 전기를 집필했는데, 읽어본 사람은 알겠지만 칭찬으로 일관한 책은 아니었다. 언젠가 겨울학회에 참석했을 때, 나는 카를로를 포함한 사람들 앞에서 슬쩍 농담을 던졌다. "《노벨상의 꿈》의 영화판권이 팔렸다네요. 허리둘레가 카를로랑 제일 비슷한 시드니 그린스트리트(Sydney Greenstreet)가 카를로 역을 맡기로 했대요." 그러자 누군가가 금방 나서서 초를 쳤다. "정말 잘 어울리겠어요! 그린스트리트가 이미 죽었다는 것만 빼면 완벽한 캐스팅이네요!" 롱아일랜드에서 여름학회가 열렸을 때에는 누군가가 해변에 이런 푯말을 세워놓았다. "수영금지. 카를로가 대서양을 사용 중임."

루비아는 W입자 수색에 동원된 모든 연구팀을 거세게 몰아붙였다.

270기가전자볼트의 양성자와 270기가전자볼트의 반양성자가 정면충돌하면 50~60종의 입자들이 생성되는데, 루비아는 이들을 감지하고 분석하는 초대형 입자감지기에 사활을 걸고 제작팀을 수시로 찾아 독려했다. 또 판 데르 미르가 발명한 반양성자 집적기(antiproton accumulator, 'AA고리'라고도 함)의 제작에도 각별한 관심을 갖고 모든 과정을 일일이 감독했다. 여기서 생성된 초강력 반양성자빔은 SPS 자석고리에 주입되어 양성자와 격렬한 충돌을 일으킨다. 고리에는 라디오주파수 동공(radio frequency cavity)이 설치되어 있고, 작동 중에 발생한 열은 냉각수로 식혔으며, 특별한 기기로 이루어진 상호작용홀(interaction hall)에서 UA-1 감지기가 조립되었다. UA-1과 경쟁관계에 있던 UA-2 감지기는 젊고 열정적인 50명의 연구원들이 개발한 장비로서 그다지 고성능은 아니었지만(UA-2로는 뮤온을 감지할 수 없었다.), UA-1과 무관하게 독립적으로 운용되면서 UA-1이 발견한 것을 재확인하는 임무를 띠고 있었다.

루비아의 임무는 가속기를 향한 CERN 이사회의 열정을 유지시키고, CERN의 가속기 사업을 세계적인 뉴스거리로 부각시키고, W입자를 찾는 실험을 설계하고 준비하는 것이었다(이 모든 일을 한 사람이 해냈다는 게 믿어지지 않는다.). 유럽의 여러 국가들은 CERN의 가속기 사업을 계기로 유럽이 과학을 선도하는 시대가 올 것을 기대하면서 루비아를 전폭적으로 지지했다. 한 일간지 기자는 "가속기 사업이 실패하면 유럽 각국의 수상들은 물론이고 교황까지 입지가 위태로워질 것"이라는 우려 섞인 기사를 내보내기도 했다.

1981년, 드디어 모든 준비가 끝났다. UA-1과 UA-2, 그리고 AA-고리가 제 자리에 설치되어 기초테스트를 통과했다. 첫 번째 실험의 목적은 충돌기와 감지기의 성능을 종합적으로 테스트하는 것이었는데, 부분적으로 유출이 발생하고 일부 기술자들이 실수를 범하고 약간의 사고도 있었지만, 어쨌거나 데이터를 얻어내는 데 성공했다! 그것도 이미 알고 있는 내용이 아니라 새로운 정보가 담겨 있는 데이터였다. CERN의 연구원들은 1982년에 파리에서 개최될 예정인 로체스터학회에서 그럴듯한 결과를 발표하기 위해 혼신의 노력을 기울였다.

UA-2는 개발착수시기도 늦었고 예산규모와 인원수도 UA-1보다 적었지만 쿼크의 증거인 하드론 제트를 UA-1보다 먼저 발견하여 세간의 주목을 받았다. 다윗과 골리앗의 싸움에서 관중들의 환호성이 터지려면 역시 다윗이 이겨야 한다(골리앗은 죽을 맛이겠지만……). 남에게 지는 것을 누구보다 싫어했던 루비아는 제트의 발견을 "CERN의 위대한 승리"로 선언하고 관계자들에게 후한 보상을 해주었다. 충돌기와 감지기, 그리고 컴퓨터 소프트웨어가 일사불란하게 작동하여 값진 성과를 올린 것이다. 이제 됐다. 제대로 작동한다! 제트가 발견되었으니 W입자가 발견되는 것은 시간문제였다.

29번 입자의 여행

지금부터 입자감지기의 작동 원리를 설명할 참인데, 복잡한 기계구조를 일일이 늘어놓아 봐야 독자들의 머리만 복잡해질 뿐, 별 도움이 안 될 것 같다. 이럴 때는 입자와 함께 감지기 안으로 직접 들어가 보는 것이 최선이다. 단, 여행지를 UA-1 대신 페르미 연구소의 CDF 감지기로 바꿔보자. 모든 "4파이(4π) 감지기(충돌지역을 완전히 에워싸고 있는 감지기의 총칭. 여기서 4π는 "모든 방향"을 뜻한다.)"는 작동 원리가 비슷한데, UA-1보다는 CDF

가 더 최신형이다. 양성자와 반양성자가 충돌하면 온갖 부산물이 모든 방향으로 튀어나오는데, 이들 중 평균 30퍼센트는 중성입자이고 나머지 70퍼센트는 하전입자이다. 감지기의 임무는 입자가 날아가는 곳과 그곳에서 일어나는 과정을 밝히는 것이다. 모든 실험이 그렇듯이, 감지기도 성공률이 그리 높지 않다.

자, 지금부터 입자와 함께 여행을 떠나보자. 어떤 입자가 좋을까……. 오케이, 마침 29번 트랙에서 입자가 오고 있으니, 저놈을 따라가는 게 좋겠다. 입자는 충돌선과 특정각도를 이루면서 날아간다. 바로 앞에 진공용기(빔 튜브)의 얇은 금속벽이 길을 막고 있지만 걱정할 것 없다.(관람객인 우리는 뭐든지 다 통과한다고 가정하자) 입자는 벽을 가볍게 통과한 후 가느다란 금선(金線, gold wire)이 여러 개 도열해 있는 길이 50센티미터짜리 기체상자 안으로 들어간다. 간판은 없지만 이곳은 샤르파크의 비례도선상자(PWC)이다. 이곳에서 입자는 40~50개의 선을 스쳐 지나가는데, 입자가 전하를 띠고 있으면 가까이 있는 도선이 "지금 입자가 내 곁을 지나갔다."는 신호와 함께 최단 접근거리를 기록한다. 모든 도선이 남긴 기록을 종합하면 입자의 경로를 알아낼 수 있다. 또한 도선상자에는 강한 자기장이 걸려 있어서 하전입자가 이곳을 지나가면 경로가 휘어지고, 컴퓨터는 휘어진 경로의 곡률로부터 29번 입자의 운동량을 계산하여 실험자에게 알려준다.

PWC를 빠져나온 입자는 에너지를 측정하는 열량계구역(calorimeter sector)으로 진입한다. 그 후로 겪게 될 과정은 입자의 종류에 따라 다르다. 29번 입자가 전자(e^-)였다면, 좁은 간격으로 늘어서 있는 얇은 납판들과 부딪히면서 모든 에너지를 예민한 감지기에게 전달하고, 납판 사이에 샌드위치 고기처럼 끼게 된다. 그러면 "29번 입자가 납-신틸레이터 열량계 안에서 7~10센티미터 전진한 후 멈춰 섰다."는 정보가 컴퓨터에게 전달되고, 컴퓨터는 이 정보를 분석하여 결론을 내린다. "그건 전자다!" 반면에 29번 입자가 하드론이었다면 열량계 안에서 에너지를 모두 잃을 때까지 25~50센티미터를 전진할 것이다. 두 경우 모두 납판을 통과하면서 측정된 에너지는 입자의 궤적으로부터 계산된 운동량을 기준으로 재확인절차를 거친다. 그러나 컴퓨터는 중간계산만 할 뿐, 최종결론은 실험자가 내려야 한다.

29번 입자가 전하를 띠지 않은 중성입자였다면, 도선상자는 아무런 정보도 얻어내지 못한다. 그러나 열량계 안에서의 거동은 하전입자나 중성입자나 근본적으로 똑같다. 두 경우 모두 입자는 열량계 안에 있는 물질과 핵충돌을 일으키면서 사방으로 파편을 쏟아내고, 이들이 또 다른 충돌을 일으켜서 2차 파편을 만들어내고……. 이런 식으로 에너지가 바닥날 때까지 계속된다. 이 과정에서 중성입자의 다양한 정보를 입수할 수 있다. 그러나 중성입자는 자기장 안에서 궤적이 휘어지지 않기 때문에 운동량을 측정할 수 없고, 도선상자 안에 흔적을 남기지 않기 때문에 진행방향도 정확하게 알 수 없다. 중성입자의 하나인 광자는 전자처럼 비교적 짧은 시간 안에 납판에 흡수되면서 자신의 정체를 쉽게 드러낸다. 그러나 중성입자인 뉴트리노는 아무런 흔적도 남기지 않은 채 원래 갖고 있던 에너지와 운동량을 고스란히 챙겨서 감지기를 떠나간다. 마지막으로 뮤온은 열량계에 진입하여 소량의 에너지를 잃고(뮤온은 핵충돌을 일으키지 않는다.), 열량계를 빠져나와 75~150센티미터 두께의 철벽을 통과한 후 뮤온 전용 감지기에 도달한다(도선상자 또는 섬광계수기). 이곳에 무언가가 도달하면 무조건 뮤온으로 간주해도 무방하다.

지금까지 우리는 29번 입자의 여정을 따라가보았다. 물론 모든 입자가 똑같은 여정을 거치는 것은 아니며, 우리가 본 것은 그중 하나일 뿐이다. 감지기에는 하나의 사건 당 약 100만 비트의 정보가 저장되는데, 문서로 치면 약 100페이지 분량에 해당한다. 정보수집시스템은 사건의 중요도를 신속하게 판단하여 사소한 데이터는 폐기하고 중요한 데이터를 골라내서 완충기억장치(buffer memory, 버퍼메모리)로 전송하고, 다음 기록을 위해 모든 레지스터를 초기상태로 되돌린다. 가속기가 제대로 작동한다면 평균 100만 분의 1초 간격으로 데이터가 저장될 것이다. 가장 최근에 수행된 테바트론 실험에서(1990~1991년) CDF 감지기의 자기테이프에는 책 100만 권, 또는 브리태니커 전집 5,000세트에 해당하는 데이터가 저장되었다.

방출된 입자 중 수명이 짧은 것은 빔튜브 안의 충돌지역에서 생성되었다가 불과 몇 밀리미터 이동한 후 스스로 붕괴된다. W와 Z입자는 수명이 너무 짧아서 이동거리를 측정할 수 없기 때문에, 이들이 붕괴되면서 탄생한 입자를 관측하여 그 존재를 추정하는 수밖에 없다. 이 입자들은 충돌 사건이 일어날 때마다 어지럽게 날아다니는 파편 속에 숨어 있는데, W입자가 워낙 무겁기 때문에 붕괴된 입자의 에너지도 평균 에너지보다 높아서 골라내기가 비교적 쉽다. 꼭대기쿼크나 힉스입자도 붕괴과정을 미리 예측할 수 있으면 이와 비슷한 방법으로 그 존재를 확인할 수 있다.

방대한 양의 컴퓨터데이터를 자연현상으로 '번역'하는 작업도 결코 만만치 않다. 수만 개의 신호를 일일이 확인하고, 끝없이 이어지는 컴퓨터코드를 분석하여 의미 있는 사건을 골라내야 한다. 테바트론 충돌기 실험에서 하나의 자연현상을 알아내려면, 고도로 숙련된 전문가들(똑똑한 대학원생이나 포스트닥도 포함됨) 일개 군단이 모여 2~3년 동안 중노동을 해야 한다. 페르미 연구소에서 이루어낸 모든 업적은 이런 복잡다단한 과정을 거쳐 얻어진 것이다.

드디어 해냈다!

충돌물리학을 개척한 CERN에서 모든 장치들이 제대로 작동했다는 것은 설계가 올바르게 이루어졌다는 뜻이다. 1983년 1월에 루비아는 W입자가 발견되었음을 공식적으로 선포했다. 감지기에 다섯 개의 사건이 뚜렷하게 잡혔는데, W입자가 붕괴되면서 나타난 결과로 해석하는 것 외에는 다른 방도가 없었기에 그와 같은 결론을 내린 것이다.

그리고 바로 그 다음날, UA-2 운영팀이 네 개의 사건을 추가로 보고했다. 두 경우 모두 다양한 핵 파편을 만들어낸 100만 회의 충돌 사건을 철저히 분석한 끝에 내려진 결론이었다. 데이터가 얼마나 확실했길래 회의론자들까지 설득할 수 있었을까? W입자를 발견하는 데 가장 도움이 되는 붕괴는 $W^+ \rightarrow e^+ + \nu_e$와 $W^- \rightarrow e^- + \bar{\nu}_e$이다. 이런 붕괴가 일어났음을 확신하려면 (1) 관측된 하나의 궤적이 100퍼센트 전자가 확실하고, (2) 그 전자의 에너지가 W의 질량의 절반에 가까워야 한다. 보이지 않는 뉴트리노가 가져간 '손실된 운동량'은 충돌 후 관측된 모든 운동량의 합과 충돌 전 초기상태 운동량의 합(이 값은 0이다!)을 비교하여 계산할 수 있다. CERN 충돌기의 독특한 세팅상태에서 W입자가 거의 정지상태에 있었다는 것도 행운으로 작용했다. 새로운 입자가 발견되었음을 확신하려면 여러 가지 조건이 만족되어야 하는데, 그중에서도 가장 중요한 조건은 'W입자의 출현을 암시하는 모든 후보사건에서 관측된 W의 질량'이 (허용된 오차범위 안에서)같아야 한다는 것이다.

CERN의 모든 임직원과 연구원 앞에서 W입자가 발견되었음을 선포하는 영예는 루비아에게 주어졌다. 8년간 공들여왔던 노력이 결실을 맺는 자리여서 다소 긴장하긴 했지만 특유의 쇼맨십과 열정적인 논리(!)를 구사해가며 청중들을 완전히 사로잡았고, 마지막 마무리 멘트가 끝나는 순간 천둥 같은 환호성이 터져나왔다. 평소 루비아를 싫어했던 사람들도 박수를 치며 그를 응원해주었다. 발표회장은 한마디로 장관, 그 자체였다. 그로부터 2년 후, 루비아와 판 데르 메이르는 공동으로 노벨상을 수상했다.

W입자가 발견되고 6개월이 지난 어느 날, Z^0의 증거가 처음으로 포착되었다. 전하가 없는 Z^0는 e^+와 e^-, 또는 μ^+와 μ^- 등 여러 가지 형태로 붕괴될 수 있다. 왜 그럴까? 7장을 졸면서 읽은 독자들을 위해 다시 한 번 설명하자면 $-Z^0$가 중성이기 때문에 붕괴 후 생성된 입자들의 전하의 합은 0이 되어야 하는데, 전하가 서로 반대인 모든 입자 쌍들이 이 조건을 만족하기 때문이다. 전자-반전자 쌍과 뮤온-반뮤온 쌍은 감지기를 통해 정확하게 관측할 수 있으므로, 가속기의 출력만 받쳐준다면 Z^0는 W보다 찾기 쉽다. 그러나 Z^0는 W보다 무겁기 때문에 해당사건이 자주 발생하지 않는다는 점이 문제이다. UA-1팀과 UA-2팀은 1983년 말에 Z^0의 발견을 공식적으로 선포했다. 그리고 이들의 질량은 약전자기 이론에서 예견된 값과 거의 정확하게 일치했다. 이로써 전자기력과 약력은 이론적·실험적으로 완벽하게 통일되었다.

표준모형 마무리하기

현재 W입자의 존재는 UA-1과 UA-2, 그리고 페르미 연구소의 테바트론에 새로 도입된 CDF에서 수만 번에 걸쳐 확인되었다. W입자의 질량은 약 79.31기가전자볼트이다. CERN의 "Z^0 생산공장"으로 통하는 LEP(대형 전자-양성자 저장고리로 둘레 27킬로미터짜리 전자가속기이다.)에서는 Z^0의 증거가 200만 번 이상 관측되었다. Z^0의 질량은 약 91.175기가전자볼트이다.

일부 가속기는 그야말로 '입자 대량생산공장'을 방불케 한다. 첫 번째 공장은 로스알라모스와 밴쿠버, 그리고 취리히에 있는 가속기로 주 생산 품목은 파이온이었다. 현재 캐나다는 케이온 생산공장을 설계중이며, 스페인은 타우/맵시쿼크 공장을 건설할 예정이다. 그 외에 바닥쿼크 생산공장이 3~4개 있고, CERN의 Z^0 공장은 1992년부터 본격적인 생산에 들어갔다. 이에 비하면 SLAC의 Z^0 프로젝트는 거의 구멍가게 수준이다.

입자를 대량생산하면 생성과정의 세밀한 부분까지 알아낼 수 있다. 특히 무거운 입자는 붕괴방식이 다양하기 때문에(수천 가지나 되는 경우도 있다.) 모든 붕괴과정의 샘플을 확보하려면 무조건 많이 볼수록 유리하다. 특히 Z^0의 경우에는 다양한 붕괴방식을 연구함으로써 약력과 약전자기력의 특성을 알아낼 수 있으며, 붕괴과정에서 '무엇이 나타나지 않는지'를 아는 것도 많은 도움이 된다. 예를 들어 꼭대기쿼크의 질량이 Z^0의 절반 이하라면, $Z^0 \rightarrow t + \bar{t}$를 '강제로' 일으킬 수 있다. 즉, (아주 드물긴 하겠지만) Z입자는 꼭대기쿼크와 반꼭대기쿼크로 이루어진 메손으로 붕괴될 수도 있다. 물론 앞에서 말한 대로 Z^0는 전자/반전자 쌍이나 뮤온/반뮤온 쌍, 또는 바닥쿼크/반바닥쿼크 쌍으로 붕괴될 확률이 훨씬 높다. 이런 입자 쌍의 생성을 이론적으로 예견했는데 실제로 발견되었다면, Z^0 가 꼭대기쿼크/반꼭대기쿼크로 붕괴되는 사건도 언젠가는 일어날 것이다. 위에서 "강제로"를 강조한 것은 전체주의를 지향하는 물리학의 규칙 때문이다. 양자 이론의 확률에 따라 Z^0를 대량생산한다면 언젠가는 꼭대기쿼크의 증거를 발견하게 될 것이다. 그러나 CERN과 페르미 연구소을 비롯한 여러 연구소에서 Z^0를 그렇게 많이 생산했음에도 불구하고 Z^0가 꼭대기쿼크와 반꼭대기쿼크로 붕괴되는 사건은 단 한 번도 관측되지 않았다. 왜 그럴까? 가능한 설명은 '꼭대기쿼크의 질량이 Z^0의 절반보다 크기 때문'이다. 그래서 Z^0가 지금까지 발견되지 않은 것이다.

붕괴는 수명을 단축시킨다

이론물리학자들은 통일이론을 열심히 밀어붙이면서 다양한 입자를 가정해왔다. 보통 이런 입자의 물리적 특성은 질량을 제외하고 이론 안에서 자체적으로 결정된다. 그리고 가상의 입자가 발견되지 않는다는 사실로부터 질량의 하한값을 알 수 있다. 모든 입자는 '무거울수록 생성되기 어렵다.'는 규칙을 따르기 때문이다.

구체적인 예를 들어보자. 리(Lee)라는 이론물리학자가 양성자-반양성자 충돌에서 에너지가 충분히 높을 때 어떤 입자가 생성된다고 가정하고, 그 입에 리온(Lee-on)이라는 이름을 붙여놓았다. 리온이 실험실에서 생성될 확률은 질량이 클수록 작아진다. 리는 하루에 생성되는 리온의 개수와 질량 사이의 관계를 그래프로 작성하여 학계에 발표했다. 예를 들어 질량이 20기가전자볼트인 경우에는 하루에 평균 1,000개의 리온이 생성되고 30기가전자볼트일 때는 2개, 50기가전자볼트인 경우에는 1/1,000개의 리온이 생성될 것으로 예측했다. 만일 리온의 질량이 50기가전자볼트라면 실험물리학자는 가속기를 1,000일 동안 쉬지 않고 가동해야 리온과 관련된 사건 하나를 간신히 건질 수 있다. 게다가 이것이 다른 효과나 배경잡음이 아님을 확인하려면 동일한 사건을 적어도 10회 이상 관측해야 한다. 한 실험물리학자가 큰맘 먹고 가속기를 150일 동안 가동했는데(이 정도면 아무리 서둘러도 1년은 족히 걸린다. 가속기도 쉬어야 하기 때문이다.) 아무런 사건도 관측되지 않았다. 그래프를 확인해보니 리온의 질량이 40기가전자볼트인 경우에 기계를 150일 동안 가동하면 10건의 사건이 관측되는 것으로 나와 있다. 이들 중 절반은 놓쳤을 수도 있으므로, 줄잡아 서너 건은 관측되었어야 한다. 하지만 그는 150일 동안 아무것도 보지 못했다. 결론적으로 리온의 질량은 40기가전자볼트가 넘는다.

그 다음에 할 일은 무엇일까? 리온이나 꼭대기쿼크, 또는 힉스입자가 시간과 돈을 들여 찾을 만한 가치가 충분히 있다면, 실험물리학자는 다음 세 가지 중 하나를 선택할 수 있다. (1) 가동시간을 늘이면 된다. 하지만 이건 너무 단순하고, 힘들고, 비용도 많이 든다. (2) 가속기의 휘도를 높인다.* 빙고! 1990년대에 페르미 연구소는 이 방법을 채택하여 충돌 빈도를 거의 100배까지 높일 수 있었다. 가속기의 에너지가 충분히 크면(테바트론의 최대 출력은 1.8 TeV이다. 이 정도면 충분하다.) 휘도를 높이는 것이 꽤 효율적이다. (3) 가속기의 출력을 키우면 무거운 입자가 생성될 확률이 높아진다. 그래서 SSC를 열심히 만들고 있다.

---

* 빔 안에 들어 있는 입자의 수를 늘인다.

W와 Z입자가 발견된 후로 입자목록에는 6개의 쿼크와 6개의 렙톤, 그리고 12개의 게이지보손(매개입자)이 올라있다. 표준모형에는 우리가 아직 다루지 않은 미스터리가 남아 있지만, 그 전에 먼저 짚고 넘어갈 것이 있다. 입자를 3세대로 구분하면 몇 가지 패턴이 눈에 뜨이는데, 그중 하나는 아래 세대로 갈수록(1→2→3세대로 갈수록) 질량이 커진다는 것이다. 지금과 같이 차가운 우주에서는 질량의 차이에 많은 의미가 담겨 있지만, 우주가 젊고 뜨거웠던 시절에는 별 의미가 없었다. 초기우주에는 모든 입자들이 엄청난 에너지를 갖고 있어서(10억×10억 TeV), 3세대 꼭대기쿼크와 1세대 위쿼크의 정지질량의 차이는 입자 하나가 갖고 있는 에너지에 비하면 새 발의 피에 불과했다. 그러니까 옛날, 옛날, 아주 먼 옛날에는 모든 쿼크와 모든 렙톤이 동등한 자격을 갖고 있었다는 이야기다. 이유는 잘 모르겠지만, 태초에 조물주는 모든 입자가 필요했고, 그들을 똑같이 사랑했다. 그러므로 우리도 모든 입자를 중요한 존재로 받아들여야 한다.

그런데 CERN에서 얻은 Z^0 관련 데이터는 또 다른 결론을 제시하고 있다. 4세대나 5세대 입자가 존재할 가능성이 거의 없다는 것이다. 어떻게 이런 결론이 내려졌을까? 스위스의 아름다운 풍광과 호화로운 레스토랑으로 둘러싸인 곳에 사는 과학자들이 어찌하여 이토록 야박한 결론에 도달한 것일까?

논리는 아주 깔끔하다. Z^0는 다양한 방식으로 붕괴될 수 있고 각 붕괴방식마다 고유의 붕괴확률이 있기 때문에, 이들이 Z^0의 수명을 조금씩 단축시킨다. 질병과 전쟁, 자연재해 등 위험요소가 많은 곳에서 사람의 평균수명이 단축되는 것과 같은 이치다. 그러나 이것은 대략적인 비유이다. 각각의 붕괴모드는 Z^0를 '사망'에 이르게 하는 요인이므로, 정확한 수명을 산출하려면 각 붕괴모드가 Z^0에 미치는 영향을 모두 더해줘야 한다. 사실 Z^0입자의 질량은 발견될 때마다 조금씩 다르다. 양자역학에 따르면 불안정한 입자(영원히 살지 못하는 입자)의 질량은 하나의 값으로 정확하게 결정되지 않는다. 하이젠베르크의 불확정성 원리는 입자의 수명이 질량에 미치는 영향을 말해주고 있다. 수명이 길면 질량분포가 좁고(입자의 질량이 하나의 값 근처에 집중되어 있고), 수명이 짧으면 질량분포가 넓다. 다시 말해서, 수명이 짧을수록 입자의 질량이 중구난방이라는 것이다. 이론물리학자들은 입자의 수명과 질량 사이의 관계를 수학공식으로 정리하여 의기양양하게 내놓는다. Z^0관련 데이터가 충분히 많고 가속기 건설을 위해 수억 스위스프랑을 확보했다면, 질량분포의 폭을 측정하는 것은 일도 아니다.

e^+와 e^-의 충돌에너지가 Z^0의 질량인 91.175기가전자볼트에 크게 못 미친다면, 가속기에서 생성된 Z^0입자의 수는 '0'이다. 운영자는 감지기에 Z^0입자가 조금이라도 나타날 때까지 가속기의 출력을 높인다. 가속기의 에너지가 클수록 Z^0의 출현빈도도 높아진다. SLAC에서 J/Ψ입자를 발견할 때 이런 방법을 사용했으나, Z^0의 폭은 무려 2.5기가전자볼트나 된다. 즉, 질량분포곡선이 91.175기가전자볼트에서 피크를 이루고, 89.9기가전자볼트와 92.4기가전자볼트로 가면 출현빈도가 절반으로 떨어진다는 뜻이다.(J/Ψ의 질량분포 폭은 이보다 훨씬 좁은 0.05GeV였다.) 종 모양으로 생긴 질량분포곡선으로부터 폭을 알 수 있고, 이 값이 입자의 수명을 결정한다. 그런데 Z^0의 모든 붕괴방식이 Z^0의 수명을 조금씩 단축시키기 때문에, 질량분포의 폭이 약 0.20기가전자볼트만큼 넓어진다.

이것이 4세대 입자와 무슨 관계라는 말인가? 입자분류표에서 보았듯이 각 세대는 질량이 아주 작은(또는 아예 0인) 뉴트리노를 갖고 있다. 만일 4세대 입자에도 질량이 작은 뉴트리노가 존재한다면, Z^0의 붕괴방식 중에는 뉴트리노 v_x와 그 반입자 $\bar{v}_x$를 포함하는 붕괴가 반드시 존재해야 하고, 이것 때문에 Z^0의 질량분포 폭은 0.17기가전자볼트 만큼 넓어진다. 그래서 실험물리학자들은 Z^0의 질량분포 폭을 매우 세밀하게 측정했고, 그 결과는 3세대 모형에서 예견된 값과 정확하게 일치했다. Z^0의 폭과 관련된 실험데이터가 4세대 뉴트리노의 존재 가능성을 없애버린 것이다. LEP로 수행된 네 번의 실험은 한결같이 '입자는 3세대만 존재한다.'는 결론에 도달했다.

우주론학자들도 몇 년 전에 이와 동일한 주장을 펼친 적이 있다. 이들은 빅뱅 직후 우주가 팽창하고 온도가 내려가면서 양성자와 중성자가 결합하여 화학원소가 생성되었던 과정을 추적하다가 이와 같은 결론에 도달했다. 우주에 존재하는 수소와 헬륨의 양(비율)은 우주에 존재하는 뉴트리노의 종류에 따라 달라지는데(자세한 설명은 생략한다.), 천체관측 데이터를 분석해보면 '뉴트리노의 종류는 3개뿐'이라는 결론에 도달하게 된다.

이것으로 표준모형은 거의 완성되었다. 아직 발견되지 않은 것은 꼭대기쿼크뿐이다.[•] 타우뉴트리노도 발견되지 않았지만 앞서 말한 대로 그리 심각한 문제는 아니다. 중력은 이론물리학자들의 이해가 깊어질 때까지 뒤로 미뤄둘 수밖에 없다. 아, 물론 신의 입자(힉스입자)도 아직 발견되지 않았다.

[•] 이 책이 첫 출간된 후 얼마 지나지 않은 1995년, 페르미 연구소에서 발견되었다.

꼭대기쿼크를 찾아서

CERN의 양성자-반양성자 충돌기와 페르미 연구소의 CDF가 동시에 가동되고 있던 1990년, 〈NOVA〉라는 TV 프로그램에서 "꼭대기를 향한 경쟁(Race to the Top)"이라는 다큐멘터리를 방영한 적이 있다. 당시 CDF 의 에너지는 1.8테라전자볼트였고 CERN은 그 1/3인 620기가전자볼트 에 불과했다. CERN의 과학자들은 구리선을 좀 더 효율적으로 냉각시 켜서 빔에너지를 270기가전자볼트에서 310기가전자볼트까지 올리는 데 성공했지만 1/3이라는 한계를 넘지는 못했다. 그러나 CERN은 9년 동 안 쌓아온 경험과 소프트웨어, 그리고 데이터 분석기술이 뛰어났고, 페 르미 연구소의 아이디어를 차용하여 충돌비율(collision ratio)를 우리보다 높여놓은 상태였다. 또한 UA-1 감지기는 1989~1990년에 현역에서 은 퇴했고, CERN의 소장으로 부임한 루비아는 UA-2에 희망을 걸었다. 제 일 시급한 과제는 꼭대기쿼크를 발견하는 것이었지만, W 입자의 질량을 좀 더 정확하게 측정하는 것도 그 못지않게 중요했다. W 의 질량은 표준 모형의 핵심적인 변수였기 때문이다.

NOVA 프로그램이 한창 제작되고 있을 때, CERN과 페르미 연구소 는 꼭대기쿼크에 대하여 아무런 증거도 찾지 못한 상태였다. 그리고 이 프로가 방영될 무렵에는 CERN이 레이스를 포기하여 사실상 경쟁이 끝 난 상태였다. 두 그룹은 아직 알려지지 않은 꼭대기쿼크의 질량을 이용 하여 신호가 나타나지 않는 이유를 분석했다. 앞에서 말한 대로 입자의 질량은 입자가 발견되지 않는다는 사실로부터 유추할 수 있다. 당시 이 론물리학자들은 꼭대기쿼크의 생성과정과 붕괴방식 등 질량을 제외한 거의 모든 특성을 알고 있었다. 꼭대기쿼크가 생성될 확률은 질량에 따라 크게 달라진다. 페르미 연구소와 CERN이 추정한 꼭대기쿼크의 최소질량은 60기가전자볼트였다.

페르미 연구소의 CDF는 꾸준히 가동되었고, 그 대가가 조금씩 나타나기 시작했다. 충돌기 가동을 멈출 때까지 CDF는 11개월 동안 1000억 개(10^{11}개)의 충돌 사건을 관측했는데, 꼭대기쿼크는 끝내 나타나지 않았고 질량의 최소값을 91기가전자볼트까지 올려놓았다. 바닥쿼크보다 적어도 18배 이상 무겁다는 뜻이다. 이 결과는 통일장 이론에 매달려온 이론물리학자들에게 별로 반가운 소식이 아니었다. 약전자기 이론을 그대로 확장한 통일모형은 꼭대기쿼크의 질량을 이보다 훨씬 작은 값으로 예견했기 때문이다. 그러나 이 일을 계기로 일부 이론물리학자들은 꼭대기쿼크에 각별한 관심을 갖기 시작했다. 질량이라는 개념은 힉스입자와 어떻게든 연관되어 있다. 꼭대기쿼크의 막대한 질량에서 어떤 실마리를 찾을 수는 없을까? 꼭대기쿼크를 발견하여 질량을 측정하기 전까지는 아무것도 알 수 없었다.

이론물리학자들은 다시 계산으로 돌아갔다. 꼭대기쿼크의 질량이 예상보다 엄청나게 컸지만 그래도 표준모형은 여전히 건재했다. 그들은 이론에서 허용되는 꼭대기쿼크 질량의 상한값이 250기가전자볼트임을 확인했다. 행여 이 값을 넘어서면 표준모형은 심각한 위기에 직면하게 된다. 실험물리학자들은 마음을 가다듬고 다시 꼭대기쿼크 사냥에 나섰으나, 질량이 91기가전자볼트가 넘는다는 사실이 알려지면서 CERN은 경쟁에서 탈락하고 말았다. e^+e^- 충돌기로는 도저히 그곳까지 도달할 수 없기 때문이다. 이제 남은 후보는 페르미 연구소의 테바트론 뿐이다. 그러나 목적을 달성하려면 1초당 충돌횟수를 지금보다 적어도 50배 이상 높여야 한다. 이것은 1990년대 충돌실험의 최대 현안으로 남아 있다.

표준모형: 불안정한 체계

내가 제일 좋아하는 슬라이드가 한 장 있다. 흰 가운을 입은 여신이 휘황찬란한 후광을 배경으로 서서 '우주기계'를 응시하는 그림이다. 이 기계에는 20가지 값을 세팅하는 20개의 손잡이가 달려 있고, 각 손잡이에는 "우주를 창조하려면 이 손잡이를 당기시오."라고 적혀 있다(학교 화장실의 손 건조용 드라이기에 "학장님한테 메시지를 받고 싶으면 버튼을 누르시오."라는 낙서가 적혀 있길래, 나의 그림에 써먹어 보았다.). 레버를 작동해서 20가지 숫자를 결정하면 하나의 우주가 만들어진다. 그런데 숫자의 의미는 무엇일까? (물리학자들은 이것을 "변수parameter"라 부른다.) 일단 쿼크와 렙톤의 질량을 결정하는 데 12개의 숫자가 필요하고, 힘의 세기를 결정하는 데 3개의 숫자가 필요하다(네 번째 힘인 중력은 아직 표준모형의 정식멤버가 아니다.). 또한 각 힘 사이의 상호관계를 규정하는 데 몇 개의 수가 더 필요하고 CP대칭위배를 나타내는 숫자도 있어야 하며, 힉스입자의 질량을 비롯하여 몇 가지 항목을 결정하는 숫자가 추가로 요구된다.

위에 나열한 숫자가 결정되면 그 외의 모든 변수들은 자동으로 정해진다. 중력법칙에 등장하는 지수 '2'와 양성자의 질량, 수소원자의 크기, H_2O분자 및 DNA 이중나선의 구조, 물이 어는 온도, 1995년도 알바니아의 국민총생산 등 모든 삼라만상의 특성이 결정되는 것이다. 구체적인 계산법은 당장 떠오르지 않지만, 앞에서 말한 우주기계가 알아서 해줄 것이다.

2,000년이 넘도록 '단순한 우주'를 그토록 추구해왔는데 변수가 20개라니, 아무리 생각해도 너무 많다. 자존심이 있는 창조주라면 우주 창조용 기계에 이토록 많은 손잡이를 주렁주렁 달아놓지는 않았을 것이다.

한 개, 또는 두 개면 충분할 것 같다. 그간의 경험으로 미루어볼 때, 자연은 훨씬 더 우아해야 한다. 표준모형이 직면하고 있는 진짜 문제는 바로 이것이다. 미학적인 관점에서 볼 때 너무 번잡스럽다. 6개의 쿼크와 6개의 렙톤, 힘을 운반하는 12개의 게이지보손(매개입자)들, 게다가 쿼크에는 세 가지 색이 있고 모든 입자는 반입자까지 갖고 있다. 그리고 대기실에서는 중력이 대기 중이다. 탈레스가 옆에 있으면 그의 옷자락이라도 잡고 싶은데, 그는 이미 2,500년 전에 죽었다.

중력은 왜 제외되었을까? 중력 이론(아인슈타인의 일반 상대성 이론)과 양자역학을 조화롭게 결합시키지 못했기 때문이다. 중력에 양자 이론을 적용한 양자중력 이론(quantum gravity)은 1990년대 이론물리학의 최대 현안으로 떠오르는 중이다. 우주를 거대한 스케일에서 서술할 때에는 양자역학이 필요 없다. 그러나 태초의 우주는 원자보다 작았었다. 그냥 작은 정도가 아니라, 훨씬 작았을 것으로 추정된다. 모든 행성과 별들, 수천 억 개의 별들로 이루어진 수천 억 개의 은하들이 원자보다 훨씬 작은 영역에 집중되어 있으면 중력이 막강한 위력을 발휘한다. 이 엄청난 중력의 소용돌이 속에 양자역학의 법칙을 적용해야 하는데, 그 방법을 모르는 것이다! 일반 상대성 이론과 양자역학을 결혼시키는 것은 현재 이론물리학자들이 당면한 최대 현안이자 최고의 난제이다. 이 문제의 해결사를 자처하는 이론으로는 '초중력(super gravity)'과 '초대칭(super symmetry)', '초끈(superstring)', '만물의 이론(Theory of Everyrhing, TOE)' 등이 있다.

방금 열거한 이론들은 희한한 수학논리를 과감하게 펼쳐나간다. 가장 눈에 띄는 것은 이 세계가 9차원 공간과 1차원 시간으로 이루어진 10차원 시공간이라는 주장이다. 하지만 우리는 분명히 3차원 공간(동-서, 남-북, 위-아래)과 1차원 시간으로 이루어진 4차원 시공간에서 살고 있다. 아무리 머리를 쥐어짜도 3차원 공간에 다른 차원을 끼워 넣을 여지가 없는데, 이론물리학자들은 아무 문제없다며 여유만만이다. 여분의 6차원이 눈에 보이지 않는 작은 공간에 돌돌 말려 있기 때문이라고 한다. 소위 말하는 '차원다짐(dimensional compactificatiom)'이다.

요즘 이론물리학자들은 원대한 꿈을 꾸고 있다. 뜨거운 열기 속에서 단순한 법칙으로 운영되었던 초기우주를 아무런 변수 없이 설명하는 이론을 찾고 있는 것이다. 필요한 것은 단 하나의 방정식뿐이며, 모든 변수값은 이론 체계 안에서 자연스럽게 유도된다. 문제는 후보로 거론되고 있는 이론이 우리 눈에 보이는 현실세계와 너무나 동떨어져 있다는 점이다. 이 이론은 '플랑크질량(Planck mass)'이라는 극단적인 영역에서 적용되는데, 우주가 이 영역에 있을 때 모든 입자들은 초전도초충돌기(SSC)에서 강제로 가속된 입자보다 1000조 배나 많은 에너지를 갖고 있었다. 그러나 이 영광의 시기는 1조×1조×1조 분의 1초밖에 지속되지 않았으며, 이 시기(?)를 지나면 이론은 수많은 혼돈만 야기할 뿐, 우주가 왜 지금과 같은 형태로 진화했는지 아무런 설명도 내놓지 못한다.

만물의 이론(TOE)은 1980년대 중반에 젊은 이론물리학자 사이에서 선풍적인 인기를 끌었다. 그들은 긴 세월을 투자해서 약간의 보상을 받는 대신, 첨단이론을 내세우는 리더를 따라 플랑크질량을 향해 돌진해갔다(일부 물리학자들은 그들을 "쥐떼"라고 불렀다.). 페르미 연구소와 CERN에서 실험에 몰두했던 우리 실험물리학자에게는 엽서 한 장 오지 않았고 팩스도 잠잠했다. 그러나 얼마 가지 않아 이론물리학자들은 서서히 몽상에서 깨어나기 시작했다. TOE에 투신했던 신참 중에는 연구 분야를 바꾸는 사람이 점점 많아졌고, 플랑크질량의 세계로 달려갔다가 크게 실망하고 돌아온 사람들은 좀 더 현실적인 분야를 찾아 뿔뿔이 흩어졌다. 이론물리학자들의 대담한 모험은 아직 끝나지 않았지만, 이들은 과거의 흥분과 조급함에서 벗어나 전통에 입각한 통일이론을 연구하고 있다.

완벽한 우아함을 추구하면서 물리학의 천하통일을 꿈꾸는 이론들은 '대통일 이론', '구성모형(constituent model)', '초대칭 이론', '테크니컬러(Technicolor)' 등 이름부터 화끈하다. 이 모든 이론들은 데이터가 전혀 없다는 공통점을 갖고 있다! 실험을 통해 검증할 방법이 전혀 없다는 뜻이다. 검증의 도마 위에 오를 일이 없으니 자기주장을 펼치는 데 아무런 제약이 없다. 예를 들어 초대칭 이론(짧게 줄이면 '수지SUSY'라는 예쁜 이름으로 변신한다. 물리학자들을 대상으로 인기투표를 한다면 수지가 단연 1등으로 뽑힐 것이다.)은 입자의 종류를 고스란히 두 배로 불려놓았다. 앞에서 말한 대로 쿼크와 렙톤의 통칭인 페르미온은 스핀이 1/2이고, 매개입자의 통칭인 보손은 스핀이 1이다. 그런데 초대칭 이론은 페르미온과 보손 사이에 '초대칭'이라는 대칭을 도입하여 모든 페르미온과 보손을 일대일로 짝지어놓고 희한한 이름을 붙여놓았다. 예를 들면 전자의 초대칭짝은 셀렉트론(selectron)이고 렙톤의 초대칭짝은 슬렙톤(slepton)이며, 쿼크의 초대칭짝은 스쿼크(squark)라는 식이다. 또한 스핀이 1인 보손의 초대칭짝은 스핀이 1/2인 페르미온으로, 이름 뒤에 '-이노(-ino)'라는 접미어가 붙는다. 그래서 글루온의 초대칭짝은 글루이노(gluino)이고 광자의 초대칭짝은 포티노(photino)이며, W와 Z의 초대칭짝은 각각 위노(wino)와 지노(zino)가 되었다. 이름이 귀엽다고 해서 좋은 이론이 될 수는 없지만, 어쨌거나 초대칭 이론은 지금도 이론물리학자 사이에서 인기가 좋은 편이다.

1990년대에 테바트론이 성공적으로 업그레이드되고 2000년대에 새로운 가속기가 출현하면 스쿼크와 위노의 탐색작업은 어느 정도 탄력을 받게 될 것이다. 텍사스에 건설중인 SSC가 완공되면 탐색 가능한 질량영역이 2테라전자볼트로 높아진다. '질량영역(mass domain)'은 다소 애매한 용어인데, 새로운 입자를 생성하는 반응의 상세과정에 따라 달라질 수 있다. 아무튼 초대칭 이론을 선도하는 물리학자들 대부분은 "SSC에서 초대칭입자가 발견되지 않으면 모두 한 자리에 모여서 연필을 꺾겠다." 고 약속했다.

그러나 SSC에게는 스쿼크나 슬렙톤을 발견하는 것보다 더욱 중요한 임무가 있다. 현대물리학의 결정체라 할 만한 표준모형은 아직도 두 가지 심각한 결함을 안고 있는데, 하나는 앞에서 언급한 미학적 측면의 결함이고 다른 하나는 이보다 구체적이다. 일단 표준모형에는 입자가 너무 많고 힘도 네 종류나 된다. 미학적 관점에서 볼 때 전혀 우아하지 않다. 게다가 더욱 난처한 것은 그 많은 입자들이 쿼크와 렙톤에 무작위로 부여된 질량에 의해 구별된다는 점이다. 매개입자의 질량에 따라 힘의 특성이 크게 달라지는 것도 문제이다. 표준모형의 구체적인 결함은 에너지 영역이 달라졌을 때 이론에 일관성이 없다는 것이다. 장이론은 지금까지 얻어진 실험데이터와 놀라울 정도로 정확하게 일치하지만, 아직 실험으로 도달할 수 없는 고에너지 영역에 이론을 적용하면 말도 안 되는 결과를 쏟아낸다. 방금 언급한 두 가지 결함은 표준모형에 어떤 하나의 요소 (그리고 하나의 힘)를 용의주도하게 추가함으로써 보완될 수 있다. 그 요소란 다름 아닌 '힉스(Higgs)'이다.

드디어……

눈에 보이는 모든 것들은 판지로 만든 가면일 뿐이라네. 하지만 합리적이면서 알 수 없는 무언가가 불합리한 가면 뒤에 숨어 있는 실체를 드러내곤 하지. 그러니 무언가를 부수고 싶다면 가면을 부숴 버려야 하네!
— 에이허브 선장

허먼 멜빌(Herman Melville)의 소설 《모비딕(Moby Dick)》은 미국문학을 대표하는 걸작이지만 내용은 참으로 실망스럽다(적어도 선장들에게는 그렇다.). 이 책에는 모비딕이라는 흰색 바다포유동물(흰 고래)를 찾아서 기어이 작살을 꽂으려는 에이허브 선장의 집념이 수백 페이지에 걸쳐 장황하게 묘사되어 있다. 그 고래는 에이허브의 한쪽 다리를 빼앗아갔고, 에이허브는 복수를 원한다. 일부 비평가들은 흰 고래가 에이허브의 다리뿐만 아니라 훨씬 중요한 것을 빼앗아갔다고 했다. 그래야 도에 넘치는 그의 분노를 이해할 수 있기 때문이다. 에이허브는 1등 항해사 스타벅(Starbuck)에게 "모비딕은 단순한 고래가 아니다!"라고 힘주어 강조한다. 고래라는 겉모습은 가면일 뿐이며, 가면 뒤에는 에이허브가 대적해야 할 자연의 거대한 힘이 도사리고 있다. 그리하여 에이허브와 선원들은 수백 페이지에 걸쳐 바다를 누비며 질량이 다양한 고래들을 죽이다가 마침내 철천지원수인 흰 고래와 마주친다. 에이허브는 흰 고래와 필사의 결투를 벌이다가 결국 익사하고, 선원들도 대부분 죽고 배는 침몰한다. 이것으로 끝이다. 정말 허탈하고 실망스럽다. 에이허브가 더 큰 작살을 갖고 있었다면 결말이 달라질 수도 있었는데, 19세기 해양생물포획법에 저촉되었던 모양이다. 우리는 그의 전철을 밟지 말자. 다행히 모비입자는 유효사거리 안에 있다.

질문을 하나 제기해보자. 표준모형은 판지로 만든 가면인가? 저에너지에서 모든 실험데이터와 일치했던 이론이 고에너지에서는 왜 엉터리이론으로 돌변하는가? 가능한 답은 다음과 같다. "표준모형에는 어떤 요소가 누락되어 있다. 하지만 이것을 추가해도 기존의 데이터(페르미 연구소 수준의 데이터)는 거의 변하지 않기 때문에, 이론과 실험이 잘 일치했던 기존의 결과는 달라지지 않는다." 누락된 요소는 새로운 입자일 수도 있고, 힘의 새로운 거동방식일 수도 있다. 방금 제시한 답이 맞는다면 새로 추가된 현상은 저에너지에서 이론에 거의 아무런 영향도 주지 않고, SCC 이상의 고에너지에서는 이론을 크게 변화시킬 것이다. 그리고 이론에 이 현상이 누락되어 있으면(우리는 그 현상이 무엇인지 아직 모르고 있으므로) 고에너지 영역에서 수학적 불일치가 발생할 것이다.

뉴턴의 고전물리학도 이와 비슷한 상황에 처한 적이 있다. 일상적이고 평범한 현상들을 거의 완벽하게 설명했던 고전물리학은 물체의 속도에 제한을 두지 않았었다. 즉, 고전적으로 임의의 물체는 무한히 빨라질 때까지 가속될 수 있었다.(비용문제는 따지지 말자!) 그러나 아인슈타인의 특수 상대성 이론은 물체의 속도에 상한값을 부과했고, 광속에 가까운 속도로 움직이는 물체는 고전역학의 예상에서 크게 벗어났다. 특수 상대성 이론을 총알이나 로켓처럼 (광속에 비해) 느려터진 물체에 적용하면 고전물리학과 거의 동일한 결과를 주지만, 물체의 속도가 광속에 가까워지면 길이가 줄어들고 질량이 커지는 등 새로운 효과가 나타난다. 결국 뉴턴의 고전물리학은 느린 물체의 운동을 서술하는 근사적 이론이었던 것이다. "어떤 물체도 빛보다 빠르게 이동할 수 없다."는 상대성 이론의 계명은 고전물리학 신봉자들에게 커다란 충격을 안겨주었으나, 고에너지 영역에서 표준모형 신봉자들이 받았던 충격에 비하면 아무것도 아니다. 이 내용은 잠시 후에 다루기로 한다.

질량 위기

이 장의 첫머리에서 인용한 〈신 신약성서〉의 구절처럼, 힉스입자는 질량이 없었던 입자들에게 질량을 부여함으로써 이 세계의 진정한 대칭을 보이지 않는 곳에 숨겨놓았다. 실로 새롭고도 기발한 아이디어다. 데모크리토스가 만물의 최소단위인 아토모스의 개념을 제안한 이후로 과학자들은 물체의 세부구조를 추적해오면서 '단순함'을 하나의 미덕으로 간직해왔다. 그리고 우리는 분자에서 화학원자로, 원자핵으로, 그리고 양성자와 중성자(그리고 그리스식 이름을 가진 수많은 메손들)를 거쳐 쿼크에 도달했다. 과거의 사례를 보면 최소단위에 도달했다며 한시름 놓을 때마다 세부구조가 발견되었으니, 이번에도 쿼크 안에 어떤 난쟁이들이 살고 있을지도 모른다. 얼마든지 그럴 수 있다. 그러나 우리가 오랫동안 기다려왔던 완벽한 이론이 이런 과정을 거쳐 모습을 드러낼 것 같지는 않다. 아마도 완벽한 이론은 단순한 무늬를 몇 조각의 거울에 반사시켜서 현란한 무늬를 만들어내는 만화경과 비슷할 것이다. 힉스의 궁극적인 목적은 〈신 신약성서〉의 우화에서처럼, 더욱 흥미롭고 복잡한 세상을 창조하는 것이었을지도 모른다.(이쯤 되면 과학이 아니라 철학에 가깝다.)

새로운 아이디어란 '힉스장(Higgs field)'이 우주의 모든 공간을 가득 채우고 있다는 것이다. 이는 곧 당신이 맑은 날 밤하늘의 별들을 올려다볼 때 힉스장을 통해 보고 있음을 의미한다. 그리고 입자들은 힉스장의 영향을 받아 질량을 획득한다. 사실 이것은 새로운 개념이 아니다. 입자는 앞에서 논했던 중력장이나 전자기장 등 (게이지)장으로부터 에너지를 얻을 수 있기 때문이다. 예를 들어 당신이 납덩어리를 들고 에펠탑에 오른다면 납덩어리는 중력장 안에서 위치가 변하기 때문에 위치에너지를 획득하게 된다. 또한 질량과 에너지는 $E = mc^2$을 통해 서로 연결되어 있으므로, 위치에너지가 증가한 것은 질량이 증가한 것과 동일하다. 지금의 경우에는 지구-납덩어리로 이루어진 물리계의 질량이 증가한다. 이제 현대물리학의 아이콘이라 할 수 있는 아인슈타인의 방정식 $E = mc^2$을 조금 복잡하게 만들어보자. 이 방정식에서 질량 m은 두 부분으로 나눌 수 있다. 하나는 입자가 정지상태에 있을 때 측정한 정지질량(rest mass) m_0이고, 나머지 부분은 입자의 운동(테바트론 속에서 가속되는 양성자)이나 장 속의 위치에너지를 통해 '획득한' 질량이다. 원자핵 내부의 상황도 이와 비슷하다. 예를 들어 중수소의 원자핵을 구성하고 있는 양성자와 중성자를 강제로 떼어놓으면 두 입자의 질량의 합은 증가한다.

그러나 입자가 힉스장으로부터 획득한 에너지는 우리에게 친숙한 장에서 획득한 에너지와 몇 가지 다른 점이 있다. 가장 큰 차이는 힉스장에서 얻은 에너지가 정지질량이라는 점이다. 사실 힉스이론의 가장 흥미로운 버전에 의하면, 한 입자의 '모든 정지질량'은 힉스장으로부터 생성된다. 또 한 가지 차이점은 힉스장으로부터 빨아들인 질량의 양이 입자마다 다르다는 것이다. 이론물리학자들은 표준모형에 등장하는 모든 입자의 질량이 '입자와 힉스장 사이의 결합강도를 가늠하는 척도'라고 말하기도 한다.

힉스장이 쿼크와 렙톤에 미치는 영향은 1896년에 네덜란드의 물리학자 피터르 제이만이 발견했던 '제이만효과(Zeeman effect)'와 비슷한 점이 있다. 원자의 내부에 있는 전자에 자기장을 걸어주었을 때, 원래 하나였던 전자의 에너지준위가 여러 개로 갈라지는 현상을 제이만효과라 한다. 이때 외부에서 걸어준 자기장(여기서는 힉스장과 비슷한 역할을 한다.)은 전자가 누리고 있던 공간의 대칭을 붕괴시킨다. 예를 들어 하나였던 에너지준위가 자기장의 영향을 받아 A, B, C 세 개로 갈라졌다면, A는 장으로부터 에너지를 획득한 준위이고 B는 에너지를 잃은 준위이며, C는 변하지 않은 준위이다. 물론 이런 현상이 나타나는 이유는 완벽하게 알려져 있다. 양자전기역학(QED)이 모든 것을 설명해준다.

그렇다면 힉스장은 어떤 법칙에 따라 입자에 질량을 부여하고 있는가? 아직은 아무도 모른다. 그러나 답이 주어져야 할 질문은 이미 나와 있다. 왜 하필 W^+, W^-, Z^0, 위, 아래, 맵시, 기묘, 꼭대기, 바닥쿼크, 그리고 렙톤만 질량을 갖고 있는가? 힉스장은 어떤 기준으로 이들을 선택했는가? 지금으로서는 아무리 눈을 씻고 봐도 규칙이 보이지 않는다. 입자의 질량은 경량급 전자(0.0005GeV)에서 중량급 꼭대기쿼크(91GeV 이상)까지 넓은 영역에 걸쳐 있다. 힉스의 기묘한 아이디어는 약전자기 이론에 적용되어 기념비적인 성공을 거두었다. 이 이론에서 힉스장은 전자기력과 약력의 단일성을 감추는 수단으로 도입되었다. 두 힘이 하나로 통일된 상태에서는 질량이 없는 4개의 매개입자(W^+, W^-, Z^0, 광자)가 약전자기력을 매개한다. 그런데 힉스장이 개입되자마자 W와 Z는 힉스의 정수(精髓)를 빨아들여 무거워졌고, 광자만 그대로 남았다. 그리하여 약전자기력은 약력(매개입자가 뚱뚱해서 힘이 약하다.)과 질량 없는 광자가 매개하는 전자기력으로 분리되었다. 이론물리학자들은 이 상황을 설명할 때 "대칭이 자발적으로 붕괴되었다."고 말하지만, 나는 "힉스가 질량을 부여하는 능력으로 대칭을 숨겼다."는 표현이 더 마음에 든다. W와 Z의 질량은 약전자기이론의 변수로부터 거의 정확하게 예견되었으며, 엇호프트와 벨트만은 이 이론에서 무한대가 발생하지 않는다는 것을 증명했다.(이론물리학자들의 환호성이 들리는 것 같다.)

질량에 관한 이야기를 다소 길게 늘어놓는 이유는 내가 물리학자가 된 후로 평생을 질량과 함께 살아왔기 때문이다. 1940년대에 전자와 뮤온의 질량이 핫이슈로 떠오른 적이 있다. 뮤온의 질량은 전자의 200배인데, 이것만 빼면 두 입자는 완전히 똑같다. 더욱 흥미로운 것은 이들이 강력과 무관한 렙톤이라는 점이다. 나는 이 문제에 완전히 매료되어 뮤온을 최고 연구과제로 삼았다. 전자와 뮤온의 거동방식에서 다른 점을 찾으면 질량의 차이가 어떤 결과를 초래하는지 알 수 있을 것 같았다.

전자가 원자핵에 포획되면 원자핵이 뒤로 되튕기면서 뉴트리노가 방출된다. 뮤온도 똑같은 현상을 일으킬 수 있을까? 우리는 뮤온이 원자핵에 포획되는 과정을 관측했고, 결과는 대성공이었다. 원자핵에 포획된 뮤온도 뉴트리노를 방출했다! 또한 고에너지 전자빔은 양성자를 산란시킨다.(이 반응은 스탠퍼드에서 연구되었다.) 우리는 브룩헤이븐에서 전자 대신 뮤온빔을 사용하여 동일한 반응을 관측했는데, 처음에는 반응율이 전자의 경우와 조금 다르게 나타나서 잔뜩 흥분했지만, 결국은 아무런 차이도 발견하지 못했다. 그러나 우리 연구팀은 전자와 뮤온이 각기 다른 뉴트리노 짝을 갖고 있다는 사실을 알아냈다.[*] 입자의 자기적 특성을 나타내는 g인자는 전자와 뮤온에서 조금 다르게 나왔지만, 질량에 의한 효과

● 7장의 〈청부살인업자의 2종 뉴트리노 실험〉 부분에서 언급되었다.

를 제거하면 완전히 똑같아진다.

질량의 근원을 알아내려는 모든 시도는 한결같이 실패로 끝났다. 그 와중에 파인먼은 "뮤온은 왜 무거운가?"라는 유명한 질문을 제기했는데, 지금 우리는 (완벽하진 않지만)나름대로 답을 갖고 있다. 우리들 중 목소리가 제일 큰 친구가 나서서 외친다. "힉스 때문입니다!" 물리학자들은 지난 50여 년 동안 질량의 근원을 찾기 위해 노력해왔고, 힉스가 등장하면서 질량문제는 새로운 국면을 맞이했다. 질량은 뮤온만의 문제가 아니었던 것이다. 힉스장은 모든 입자에 질량을 부여하고 있다. 그렇다면 파인먼의 질문은 다음과 같이 수정되어야 한다. "힉스장은 어떤 규칙에 입각하여 입자의 질량을 결정하고 있는가?"

질량은 입자의 운동 상태에 따라 다르고 계의 배열에 따라 달라지기도 하며, 일부 입자는 정지질량이 아예 없다(광자는 확실하게 없고, 뉴트리노도 0일 것으로 추정된다.). 이 모든 사실을 종합해볼 때, 질량은 물체의 '근본적 속성'이 아닐지도 모른다. 이 시점에서 과거에 무한대로 나왔던 질량을 다시 한 번 생각해볼 필요가 있다. 그때 물리학자들은 문제를 정면돌파하지 않고 '재규격화'라는 길을 따라 옆으로 피해갔다. 질량이 각기 다른 쿼크와 렙톤, 그리고 매개입자를 다루다 보면 이와 비슷한 문제에 직면하게 된다. 그래서 우리는 "질량이란 입자의 근본적인 속성이 아니라, 입자가 주변 환경과 상호작용을 교환하면서 획득한 후천적 성질"이라는 힉스의 주장에 마음이 끌리는 것이다. 쿼크와 렙톤의 질량이 원래 모두 0이었다고 가정하면 "질량은 전하나 스핀과 달리 입자 고유의 성질이 아니다."라는 힉스의 논리가 더욱 그럴듯하게 들린다. 물질입자의 질량이 0이면 카이랄대칭이 만족되어, 입자의 스핀과 진행방향 사이의 관계가 영원히 변하지 않는다. 그러나 이 목가적인 풍경은 힉스가 만들어낸 현상 때문에 더 이상 보이지 않는다.

여기에 한 가지 추가할 것이 있다. 앞에서 우리는 스핀이 1인 게이지보손(매개입자)과 스핀이 1/2인 페르미온(물질입자)을 다룬 적이 있다. 그렇다면 힉스입자는 어떤 부류에 속하는가? 힉스입자는 스핀이 0인 보손이다. 스핀은 공간상에서 특정한 방향성을 갖고 있는데, 힉스장은 공간의 모든 지점에서 입자에 질량을 부여할 뿐, 방향성까지 물려주지는 않는다. 그래서 물리학자들은 힉스를 "스칼라보손(scalar boson, 방향성이 없는 보손)"이라 부르기도 한다.

유니터리의 위기

힉스장이 입자에 질량을 부여한다는 것은 확실히 흥미로운 가설이다. 그러나 내가 가장 좋아하는 이론물리학자인 티니 벨트만은 힉스장을 '표준모형에 타당성을 부여하는 핵심요소'로 평가했다. 힉스를 도입하지 않으면 표준모형은 간단한 테스트조차 통과하지 못한다는 것이다.

이 말의 의미를 이해하기 위해, 다시 충돌문제로 돌아가보자. 한 실험물리학자가 100개의 입자가 장전된 발사장치를 화투장 크기의 철판을 향해 조준해놓았다. 이런 경우에 이론물리학자는 산란이 일어날 확률을 계산할 수 있다(양자역학으로는 확률밖에 계산할 수 없다.). 예를 들어 계산 결과가 100개의 입자 중 10개가 산란되는 것으로 나왔다면, 산란확률은 10퍼센트이다. 입자가 산란될 확률은 우리가 사용하는 입자빔의 에너지에 따라 달라지는데, 에너지가 작은 경우에는 입자들 사이에 작용하는 힘의 종류(강력, 약력, 전자기력)에 상관없이 이론에서 예측된 확률과 실험결과가 정확하게 일치한다. 여기서 한 가지 주목할 점은 약력의 경우 에너지가 클수록 산란확률이 높아진다는 것이다. 예를 들어 실험물리학자가 입자 빔의 에너지를 키우면 10퍼센트였던 산란확률이 40퍼센트로 높아지는 식이다. 그런데 에너지를 계속 키워나가면서 계산을 수행하다가 어느 시점에서 확률이 100퍼센트를 초과했다면, 그 이론은 타당성을 잃게 된다. 100퍼센트가 넘는 확률은 존재할 수 없기 때문이다. 입자가 도중에 번식을 하지 않는 한, 산란입자가 입사입자보다 많을 수는 없다. 이런 경우에 이론물리학자는 "유니터리성이 위배되었다."고 말한다. 확률이 1을 초과했다는 뜻이다.

약력을 서술하는 이론에서 바로 이런 문제가 발생했다. 에너지가 작을 때는 이론과 실험이 정확하게 일치했는데, 고에너지로 가면서 확률이 1을 넘어선 것이다. 그런데 이 사실이 알려졌을 무렵에는 세계 최대의 가속기를 동원해도 이론에 재앙을 초래하는 고에너지에 도달할 수 없었다. 이론이 실패했다는 것은 어떤 입자나 과정, 또는 그 비슷한 무언가가 누락되었다는 뜻이다. 그것을 찾아서 끼워 넣으면 확률이 1을 초과하는 불상사는 일어나지 않을 것이다. 앞에서도 말했지만 약력은 원자핵의 방사능붕괴를 설명하기 위해 페르미가 도입한 힘이었다. 원자핵붕괴는 기본적으로 저에너지에서 일어나는 현상이기 때문에, 페르미의 약력이론은 100메가전자볼트 이하에서 일어나는 다양한 붕괴현상을 정확하게 예측할 수 있었다. 사실 우리가 1960년에 실행했던 2종 뉴트리노 실험의 목적 중에는 고에너지에서 약력이론의 타당성을 확인하는 것도 포함되어 있었다(당시에는 300GeV에서 유니터리 위기가 발생하는 것으로 알려져 있었다.). 우리는 몇메가전자볼트까지 실험을 수행한 후 약력이론이 유니터리 위기를 향해 나아가고 있음을 확인했고, 이 사실이 알려지면서 이론물리학자들은 약력이론에 100메가전자볼트짜리 W입자가 빠져 있음을 깨달았다. W입자가 누락된 페르미의 이론은 질량이 무한대인 매개입자를 포함하는 이론과 수학적으로 동등하며, 100메가전자볼트는 구식이론이 잘 먹혀 들어갔던 100메가전자볼트와는 비교가 안 될 정도로 큰 값이다. 약력이론에 닥친 유니터리 위기를 피해가려면 100메가전자볼트짜리 W입자를 반드시 포함시켜야 했다.

약력 이야기를 다시 꺼낸 이유는 표준모형에 닥친 유니터리 위기가 얼마나 심각한지를 강조하기 위해서다. 이제 재앙은 1테라전자볼트에서 발생한다. 만일 …… 만일 특별한 속성을 가진 무거운 중성입자가 존재한다면 이 위기를 극복할 수 있다. 과연 어떤 입자일까 ……? 힉스입자가 아니겠냐고? 오케이, 일단 그렇다고 하자.(앞에서는 "힉스장"으로 불렀는데, 장의 양자가 바로 입자이기 때문에 이들을 엄격하게 구별할 필요는 없다.) 표준모형을 위기에서 건져줄 구세주는 모든 입자에 질량을 부여한다는 힉스입자일 수도 있고, 그와 비슷한 다른 무언가일 수도 있다. 또한 힉스입자는 하나일 수도 있고, 입자족으로 존재할 수도 있다.

힉스 위기

이제 답을 찾아야 할 질문이 사방에 널려 있다. 힉스입자는 어떤 특성을 갖고 있는가? 힉스입자의 질량은 얼마인가? 충돌실험에서 힉스입자가 생성된다해도, 그것이 힉스입자임을 어떻게 알아볼 수 있는가? 힉스입자의 종류는 몇 가지인가? 힉스는 입자에 질량 전체를 부여하는가, 아니면 질량의 일부만을 부여하는가? 그리고 이로부터 어떤 사실을 추가로 알아낼 수 있는가? 어차피 힉스입자는 인공물이 아닌 신의 작품이므로, 기어이 보고 싶다면 기다리는 수밖에 없다. 남은 생애를 착하게 살면 천국에 가서 확인할 수 있을지도 모른다. 그때까지 기다리기 싫다면 텍사스 주 왁사해치에 한창 건설 중인 80억 달러짜리 SSC에 의존하는 방법도 있다. 이 기계는 처음부터 힉스입자를 생성하는 목적으로 설계되었으니 기대를 걸어볼 만하다.

우주론학자들은 우주팽창 과정을 설명하는 과정에서 도입한 스칼라장 때문에 한동안 골머리를 앓다가, 힉스의 아이디어를 접하고 쾌재를 불렀다. 힉스의 임무가 하나 더 늘어난 것이다. 이 내용은 9장에서 다루기로 한다.

지금의 힉스장은 고에너지(또는 고온)에 파괴될 수 있다. 에너지가 큰 곳에서는 양자적 요동(quantum fluctuation)이 힉스장을 무력화시킨다. 대칭이 남아 있던 우주 초기에는 온도가 너무 높아서 힉스장이 지금과 같은 역할을 하지 못했다. 그러나 우주의 온도가 10^{15}K(또는 100GeV) 아래로 떨어지자 힉스가 입자들에게 질량을 부여하기 시작했다. 힉스가 활동을 개시하기 전까지만 해도 W와 Z, 그리고 광자는 질량이 없었으며, 약력과 전자기력은 약전자기력이라는 하나의 통일된 힘으로 존재했었다. 그러나 우주의 온도는 팽창과 함께 빠르게 식어갔고, 힉스가 활동을 개시하면서 W와 Z는 질량을 획득했으며(이유는 알 수 없지만 광자는 힉스의 사랑을 받지 못했다.), 그 결과로 약전자기력의 대칭이 붕괴되었다. 그 후 우주에는 W^+, W^-, Z^0를 통해 매개되는 약력과 광자를 통해 매개되는 전자기력이 따로 존재하게 되었다. 무거운 입자의 관점에서 볼 때 힉스장은 끈적거리는 오일에 비유할 수 있다. 그 속에 빠지면 앞으로 전진하기가 어려워지는데, 이것은 입자가 큰 질량을 획득하여 동작이 굼떠지는 것과 비슷하다. 그러나 가벼운 입자에게 힉스장은 물 같은 존재여서 비교적 헤쳐 나가기 쉽고, 광자나 뉴트리노(?)에게는 없는 거나 마찬가지다.

힉스장의 원조인 피터 힉스의 이론에 대해서는 아직 구체적인 언급을 하지 않았다. 앞에서 말할 기회가 몇 번 있었는데, 자꾸 뒤로 미루다가 여기까지 오게 되었다. 더 미뤘다간 더 이상 기회가 없을 것 같아서, 지금 확실하게 짚고 넘어가기로 한다. 힉스의 이론은 '숨은 대칭' 또는 '자발적 대칭붕괴'라고도 한다. 이 아이디어는 에든버러대학교의 입자물리학자 피터 힉스에 의해 처음 도입된 후, 이론물리학자 스티븐 와인버그와 압두스 살람의 약전자기 이론에서 핵심적인 역할을 했다(두 사람의 연구는 개별적으로 진행되었다.). 먼 옛날, 약전자기력은 질량이 없는 네 개의 입자를 통해 매개되면서 행복한 시절을 누리다가, 자발적 대칭붕괴를 겪으면서 광자를 통해 매개되는 전자기력과 W^+, W^-, Z^0를 통해 매개되는 약력으로 분리되었다. 약전자기 이론은 줄리언 슈윙거가 닦아놓은 기초 위에 셸던 글래쇼가 뼈대를 세우고, 그 위에 와인버그와 살람이 지붕을 얹어 완성한 이론이다.(슈윙거는 수학적으로 타당한 약전자기 이론이 존재한다는 것을 어렴풋이 알고 있었지만 본격적으로 뛰어들지는 않았다.) 제프리 골드스톤과 마르티뉘스 펠트만, 그리고 헤라르뒤스 엇호프트의 공로도 빼놓을 수 없다. 그 외에도 수많은 물리학자들이 약전자기 이론의 탄생에 직-간접적으로 공헌했다. 이름을 일일이 나열하지 못해 미안하지만, 인생이란 원래 그런 것이다. 전구 하나를 켜는 데 몇 사람의 이론물리학자가 필요할까?

대칭의 관점에서 힉스를 바라볼 수도 있다. 고온에서는 자연의 대칭이 온전하게 보존된다. 단순하면서도 품위가 넘친다! 그러나 온도가 내려가면 아름답던 대칭이 붕괴되면서 만사가 복잡해지기 시작한다. 몇 가지 비유를 들어보자.

자석을 예로 들어보자. 자석이 자성을 띠는 이유는 저온에서 원자자석들[*]이 일정한 방향으로 정렬되어 있기 때문이다. 이렇게 만들어진 자석은 N극과 S극이라는 방향성을 갖게 되고, 특정방향을 선호한다는 것은 대칭성이 깨졌음을 의미한다. 반면에 자성을 띠지 않은 철은 특정방향을 선호하지 않으므로 공간적인 대칭성을 갖고 있다. 자석에 열을 가하면 분자들이 에너지를 얻어 요동치기 시작하고, 이 운동이 격해지면 일사불란했던 배열이 흐트러지면서 자성을 상실한다. 즉, 대칭이 복구된 것이다. 대칭의 또 다른 사례로는 멕시코모자를 들 수 있다. 이 모자는 가운데(머리를 덮는 부분)가 불룩하게 솟아있고 가장자리 챙 부분은 위로 살짝 말려 있어서, 가운데 수직 축을 중심으로 완벽한 회전대칭성을 갖고 있다. 모자의 꼭대기에 조그만 돌멩이를 얹어놓으면 대칭성이 그대로 유지되지만 안정한 상태는 아니다(높은 에너지상태). 바람이 불거나 손끝으로 조금만 건드려도 돌멩이는 아래로 굴러 떨어질 것이다. 이 돌멩이가 모자챙으로 이루어진 골짜기에 도달하면(낮은 에너지상태) 모자의 형태는 변하지 않았지만 대칭은 붕괴된다. 돌멩이가 특정방향으로 굴러 내려와 특정위치에 안착했기 때문이다.

또 다른 예로 완벽한 구(球)를 생각해보자. 구의 내부는 뜨거운 수증기로 가득 차있다. 이 상태에서는 완벽한 대칭이 유지된다. 그러나 구를 냉각시키면 수증기가 물로 변하고, 더 냉각시키면 물위에 얼음이 둥둥 떠다닐 것이다(남은 공간은 잔여기체가 채우고 있다.). 단순히 열을 빼았었을 뿐인데, 완벽했던 대칭이 엉망진창으로 붕괴되었다. 여기에 중력까지 작용

● 개개의 원자는 자석과 비슷한 성질을 갖고 있다.

하면 대칭은 더욱 심하게 붕괴될 것이다. 그러나 다시 열을 가하면 원래의 대칭이 아름답게 복원된다.

힉스가 등장하기 전에 우주는 대칭적이면서 따분했다. 그러나 힉스의 출현과 함께 우주는 복잡하면서 흥미진진한 곳이 되었다. 앞으로 밤하늘을 올려다볼 때 우주공간이 힉스장으로 가득 차있음을 떠올린다면 신비감이 훨씬 배가될 것이다. 우리가 사랑하는 모든 것들이 힉스 덕분에 존재하게 되었으니, 그에게도 약간의 사랑을 나눠줘야 할 것 같다.

1990년대에 페르미 연구소에서 우리가 관측했던 입자와 힘의 특성을 올바르게 예측하는 공식(으……!)을 상상해보자. 고에너지 영역에 이 공식을 적용하면 온갖 난센스가 판을 친다. 그래서 거기에 힉스장을 끼워 넣었더니…… 아하! 1테라전자볼트의 에너지에서도 완벽하게 작동하는 이론이 얻어졌다. 힉스가 표준모형을 구하고, 세상을 구했다. 그렇다면 표준모형은 검증을 통과한 것일까? 전혀 아니다. 그것은 그저 이론물리학자가 할 수 있는 최선이었을 뿐이다. 내가 아는 한, 신은 이론물리학자보다 똑똑하다.

잠시 진공에 대하여

맥스웰 시대의 물리학자들은 빛(전자기파)을 매개하는 매질이 우주공간을 가득 메우고 있다고 생각했다. 그들은 이 매질을 "에테르"라고 부르면서, 빛을 매개하는 데 필요한 모든 속성을 부여했다. 또한 에테르는 빛의 속도를 측정하는 절대 좌표계 역할을 했다. 그러나 아인슈타인은 번뜩이는 논리로 에테르가 공간에 지워진 필요 없는 짐이라는 것을 증명했다. 그런데 공간에서 에테르를 걷어내면 무엇이 남을까? 아무것도 남지 않는다. 굳이 말하자면 완전한 무가 남는다. 바로 데모크리토스가 발명했던(사실은 발견했던) '허공(void)'이다. 오늘날 허공은 '진공상태(vacuum state)'라는 좀 더 세련된 이름으로 불리면서 물리학의 최대 현안으로 떠오르고 있다.

진공상태란 물질이 전혀 존재하지 않으면서 에너지와 운동량도 없는 상태를 말한다. 한마디로 '아무것도 없는 상태'이다. 언젠가 제임스 비요르켄은 진공상태에 관한 대화를 나누던 중 "음악계에서 존 케이지(John Cage)가 시도했던 것을 입자물리학계에서 내가 시도해보고 싶다."고 했다. 물리학회 발표회장 연단에 서서 4분 33초 동안 아무 말도 안 하고 조용히 서 있다가 내려오겠다는 것이다.● 좌장의 눈치가 보여서 결국 실행에 옮기진 못했지만, 꽤 의미 있는 시도라고 생각한다.

그러나 순수하기 그지없었던 진공상태의 개념은 20세기 이론물리학자들의 손을 타면서 심하게 오염되었다.(당장 환경청에 고발하고 싶지만, 환경운동단체인 시에라클럽의 눈에 뜨일 때까지 기다리기로 했다.) 그들 덕분에 진공은 19세기의 에테르보다 훨씬 복잡한 곳으로 변했다. 에테르를 대신한 것은 유령 같은 가상입자들과, 종류가 얼마나 많은지 알 수 없는 힉스장이었다. 우주공간에서 힉스장이 주어진 임무를 성실하게 수행하고 있다면, 적어도 한 종류의 중성 힉스입자가 반드시 존재해야 한다. 아마도 이것은 빙산의 일각에 불과할 것이다. 새로 도입된 에테르를 완전하게 서술하려면 각종 힉스보손으로 이루어진 동물원을 통째로 도입해야 할지도

● 존 케이지의 〈4분 33초〉는 연주자가 피아노 앞에 앉아 4분 33초 동안 건반은 한 번도 건드리지 않고 약간의 손놀림만 보여주다가 끝나는 곡이다.

모른다. 그리고 여기에는 새로운 힘과 새로운 과정이 개입되어 있다. 힉스에 관하여 지금까지 우리가 알아낸 내용은 다음과 같다. 힉스 에테르를 대표하는 입자들 중 적어도 하나는 스핀이 0이고, 다른 입자의 질량과 밀접하게 얽혀 있으며, 1테라전자볼트 이하의 에너지에 해당하는 온도에서 자신의 모습을 드러내야 한다. 힉스입자의 세부구조에 대해서는 의견이 분분하다. 힉스입자가 기본입자라고 주장하는 사람도 있고, 쿼크와 비슷한 입자로 구성된 복합체라고 주장하는 사람도 있다. 후자의 경우라면 붕괴과정을 통해 언젠가는 실험실에서 발견될 것이다. 또 꼭대기쿼크의 엄청난 질량에 매혹된 일부 물리학자들은 힉스입자가 꼭대기쿼크와 반꼭대기쿼크의 속박상태라고 믿고 있다. 누구의 주장이 맞는지는 오직 실험데이터가 말해줄 것이다. 의견이 아무리 분분해도, 우리가 별을 볼 수 있다는 것은 여전히 기적에 가깝다.

새로 도입된 에테르●는 위치에너지를 가늠하는 기준틀(reference frame) 역할을 한다. 그러나 힉스장 하나만으로는 진공을 가득 메우고 있는 온갖 파편들과 이론에서 예견된 다양한 입자들을 설명할 수 없다. 게이지 이론은 요구사항을 줄줄이 늘어놓고, 우주론학자들은 가짜진공(false vacuum)●●을 연구하느라 여념이 없고, 진공은 팽창하는 우주를 따라 끝없이 뻗어나가고 있다.

번뜩이는 아이디어와 깊은 통찰력으로 사랑스러웠던 원래 진공을 우리에게 되돌려줄 제2의 아인슈타인은 언제쯤 나타날 것인가?

● 　힉스장을 말한다.
●● 　최저에너지보다 높은 불안정한 진공상태. 우리의 우주가 초기에 이런 상태였을 것으로 추정된다.

힉스를 찾아라!

표준모형을 구해준 힉스는 위대한 입자이다. 그런데 왜 모든 물리학자들에게 보편타당한 진리로 수용되지 않았을까? 힉스입자에 자신의 이름을 빌려준 피터 힉스조차도 지금은 다른 연구를 하고 있다(입자에 그의 이름을 붙인 것은 그의 생각이 아니었다.). 힉스이론을 수정·보완하는 데 한 몫을 담당했던 벨트만은 힉스입자를 가리켜 "무지를 덮는 양탄자"라고 했고, 글래쇼는 좀 더 과격하게 "이론의 약점을 하수구로 내버리는 변기"라고 했다. 그 외에도 힉스입자를 싫어하는 물리학자들이 꽤 많았는데, 그들이 내세우는 주된 이유는 '실험적 증거가 없다.'는 것이었다.

힉스장의 존재를 어떻게 증명할 수 있을까? QED와 QCD, 그리고 약전자기이론과 마찬가지로 힉스장은 매개입자인 힉스보손을 갖고 있다. 힉스장의 존재를 증명하고 싶은가? 방법은 간단하다. 힉스입자를 찾으면 된다. 표준모형에 의하면 가장 가벼운 힉스입자의 질량은 1테라전자볼트를 넘지 않는다.(이론상으로는 더 무거운 힉스입자도 존재할 수 있다.) 왜 그런가? 초경량 힉스입자의 질량이 1테라전자볼트를 초과하면 표준모형은 수학적 타당성을 잃고 유니터리 위기에 직면하기 때문이다.

힉스장과 표준모형, 그리고 신이 우주를 창조한 방식은 힉스보손의 발견여부에 따라 그 운명이 달라질 판이다. 그러나 안타깝게도 지금은 1테라전자볼트짜리 입자를 생성할 수 있는 가속기가 존재하지 않는다.

문제없다. 까짓 거, 만들면 된다.

데저트론

1981년, 우리는 페르미 연구소의 테바트론과 양성자-반양성자 충돌기를 건설하느라 정신없이 바쁜 나날을 보내면서도, 한편으로는 CERN의 W입자 사냥소식에 촉각을 곤두세우고 있었다. 그해 늦은 봄에 우리는 초전도자석의 성능에 확신을 갖게 되었고, 우리가 원하는 성능과 규격에 맞춰 대량생산도 가능하다는 결론에 도달했다. 우리는 비교적 저렴한 비용으로 1테라전자볼트의 질량영역에 도달할 수 있음을 (적어도 90퍼센트 이상)확신했다.

일이 예상보다 순조롭게 풀리면서 우리의 관심은 자연스럽게 '차세대 입자가속기'로 옮겨갔다. 초전도자석의 성능과 제작가능성을 확인했으니, 그대로 덩치만 키우면 테바트론을 훨씬 능가하는 기계를 만들 수 있을 것 같았다. 그러나 1981년에 미국 입자물리학의 미래는 브룩헤이븐에서 진행 중인 이사벨 프로젝트(Isabelle project)에 저당 잡힌 신세였다. 이 프로젝트는 400기가전자볼트짜리 양성자-양성자 충돌기를 1980년까지 완성하는 것을 목적으로 1974년에 시작되었으나, 기술적인 문제가 발생하여 계속 지연되고 있었다.

1981년 5월에 열린 페르미 연구소 연례회의에서 실험실 현황보고가 끝난 후, 나는 "1테라전자볼트의 신개척지"라는 제목으로 입자물리학의 미래를 제시하면서 "CERN의 카를로 루비아는 머지않아 LEP(대형 전자-양전자 충돌기) 터널을 초전도자석으로 덮을 것"이라고 강조했다. 재래식 전자석으로 작동하는 LEP는 전자의 에너지손실을 줄이기 위해 엄청난 크기로 제작되었다. 전자가 자기장 안에서 원운동을 하면 복사에너지를 방출하면서 에너지를 잃기 때문이다(앞에서도 말했지만 반지름이 작을수록 더 많은 복사에너지가 방출된다.). 27킬로미터에 달하는 원형트랙을 전자석으로 덮어놓은 LEP는 '약한 자기장과 큰 덩치'의 상징이었다. 그러나 이 기계를 양성자충돌기로 전환하면 큰 이득을 볼 수 있다. 양성자는 질량이 커서 복사에너지를 많이 방출하지 않기 때문이다. LEP 설계자들은 처음부터 이 사실을 염두에 두고 있었다. LEP에 초전도자석을 설치하면 고리 하나당 양성자를 5테라전자볼트까지 가속하여 총 10테라전자볼트의 충돌에너지를 얻을 수 있다. 그러나 당시 미국에서 2테라전자볼트짜리 테바트론을 능가하는 유일한 가속기는 공사에 난항을 겪고 있는 이사벨뿐이었다(이사벨의 충돌에너지는 400GeV + 400GeV = 0.8TeV였지만, 충돌빈도가 높다는 장점을 갖고 있었다.).

1982년까지 페르미 연구소의 초전도자석 프로그램과 CERN의 양성자-반양성자 충돌기 프로그램은 그런대로 잘 굴러가고 있었다. 그러나 그해 8월에 미국 고에너지물리학자들이 콜로라도 주의 스노우매스(Snowmass)에 모여 입자물리학의 현주소와 미래를 논하는 자리에서 나는 "사막의 입자가속기"라는 제목으로 실험 입자물리학의 새로운 미래를 제시했다. 지금까지 검증된 기술을 총동원하여 초전도자석으로 1테라전자볼트를 훨씬 능가하는 세계 최대의 가속기를 건설하자고 제안한 것이다. 질량이 1테라전자볼트 이상인 입자를 만들어내려면 충돌에 관여하는 쿼크들이 최소한 1테라전자볼트의 에너지를 갖고 있어야 하고, 쿼크와 글루온을 실어 나르는 양성자의 에너지는 이보다 훨씬 커야 한다. 1982년에 내가 추정한 에너지는 빔 하나당 10테라전자볼트였다. 나는 새로운 가속기의 규모와 예상되는 건설비용을 제시하면서 "힉스입자를 찾으려면 이 정도 출혈은 감수해야 한다."고 강력하게 주장했다.

사람들은 내가 제안한 가속기를 "데저트론(Desertron)"이라 불렀다. 덩치가 너무 크기 때문에 사람이 거의 살지 않으면서 땅값이 싸고 계곡이나 언덕이 없는 곳에 지어야 하는데, 이 조건을 모두 만족하는 장소가 사막(desert)밖에 없었기 때문이다. 그러나 나는 뉴욕에서 태어나 지하철을 당연하게 여기면서 살아왔기 때문에, 초대형 지하터널을 미처 생각하지 못했다. 독일의 입자가속기 HERA는 인구밀집지역인 함부르크 지하에 건설되었고, CERN의 LEP는 프랑스와 스위스의 국경을 가로지르는 쥐라산맥(Jura Mountains) 지하를 통과한다.

나는 데저트론 프로젝트를 위해 미국의 모든 연구소들이 참여한 연합회를 구성하고자 했다. 그러나 SLAC은 전통적으로 전자가속기만을 추구해왔고 브룩헤이븐은 빈사상태에 빠진 이사벨라 프로젝트를 살리느라 여념이 없었으며, 코넬대학교는 전자가속기 CESR II를 업그레이드하는 데 몰두하고 있었다. 나는 서로 경쟁관계에 있는 사람들을 하나로 결속시키기 위해 데저트론 연구소의 명칭을 좀 더 극적인 "슬러미헤이븐 투(Slermihaven II)"로 바꾸었다.

과학정책에 관한 이야기를 길게 늘어놓을 필요는 없을 것 같다. 아무튼 미국 입자물리학회는 1년 동안 내홍을 앓은 끝에 이사벨 프로젝트(도중에 CBA, Colliding Beam Accelerator로 개명되었다.)를 공식적으로 폐기하고 데저트론 쪽으로 관심을 돌렸다. 빔 하나당 20테라전자볼트를 발휘하게 될 SSC 프로젝트가 드디어 장도에 오른 것이다. 그와 동시에(1983년 7월) 페르미 연구소에서 새로 가동에 들어간 양성자가속기가 512기가전자볼트에 도달하여 각종 일간지의 헤드라인을 장식했고, 그해 말에 테바트론은 900기가전자볼트를 찍었다.

레이건 대통령과 초충돌기: 실화

1986년, 드디어 SSC 계획서가 완성되었다. 이제 남은 일은 백악관에 제출하여 레이건 대통령의 재가를 받는 일뿐이었다. 그 무렵 미국 에너지부의 차관보가 페르미 연구소의 소장인 나에게 "각료회의에서 참고할 수 있도록 10분짜리 동영상을 만들어달라"는 부탁을 해왔다. 어떻게 하면 대통령에게 고에너지 물리학을 10분 만에 이해시킬 수 있을까? 게다가 지금 대통령은 과학과 별로 친하지 않은 레이건이 아닌가? 우리는 한참 동안 고민하다가 한 가지 아이디어를 떠올렸다. 한 무리의 고등학생을 페르미 연구소에 초청하여 주요시설을 보여준 후, 학생들로부터 다양한 질문을 수집하여 답을 제시하는 식으로 영상홍보물을 작성하는 것이었다. 아무리 과학에 무관심한 대통령이라 해도 이 비디오를 보면 고에너지 물리학의 기본개념을 어느 정도는 이해할 수 있으리라 생각했다. 그래서 우리는 연구소 인근의 고등학생들을 초청하여 약간의 사전교육을 시킨 후 학생들이 스스로 연구소를 둘러보도록 유도했다. 그리고 한 직원이 그들과 동행하면서 견학 현장을 30분 동안 촬영했고, 편집과정을 거쳐 14분으로 줄였다. 그러나 워싱턴의 담당자는 "집중 가능한 시간은 10분이니, 절대로 10분을 넘으면 안 된다."며 으름장을 놓았다. 우리는 분량을 10분으로 줄여서 워싱턴으로 보냈고, 며칠 후에 담당자로부터 연락이 왔다. "뭐가 그리 복잡해요? 우리가 요구했던 거랑 비슷하지도 않잖아!"

어쩔 수 없이 학생들의 질문을 지웠다. 나중에 다시 보니 아이들의 질문이 다소 난해하긴 했다. 질문을 내레이션으로 대치하고(이 대본은 내가 직접 썼다.) 아이들의 견학장면은 그대로 살려두었다. 수정작업을 완성하고 나니 전보다 훨씬 단순하고 깔끔해졌는데, 그래도 마음이 놓이지 않아 비전공자들에게 미리 보여주고 반응을 확인했다. 오케이, 이 정도면 됐다. 우리는 수정된 비디오를 다시 백악관으로 보냈고, 얼마 후 전화가 걸려왔다.

"조금 나아지긴 했네요. 하지만 여전히 복잡해요!"

슬슬 긴장되기 시작했다. 잘못하면 SSC뿐만 아니라 내 자리까지 위태로울 지경이었으니까. 그날 밤 나는 새벽 3시에 잠에서 깨어 침대에 우두커니 앉아 있다가 문득 기발한 아이디어를 떠올렸다. 다음 비디오는 이런 식으로 만들면 될 것 같았다. 연구소 정문 앞, 메르세데스 벤츠의 차 문이 열리고 50대 중반의 점잖은 신사가 내리면서 내레이션이 나간다. "연방 지방법원 판사 실베스터 매튜가 정부출연 연구소를 방문했습니다." 판사는 자신을 맞이하는 세 명의 연구소 대표들(그중 한 명은 여성이어야 한다.)과 인사를 나누며 방문목적을 이야기한다. "최근에 이곳으로 부임하여 매일 출근할 때마다 연구소 앞을 지나가는데, 직접 구경하고 싶어서 찾아왔습니다." 그는 《시카고 트리뷴》을 통해 페르미 연구소를 알게 되었고 우리가 '볼트'와 '원자'를 다룬다는 사실도 알게 되었다. 물리학을 공부한 적은 없었지만 연구소에서 무슨 일을 하는지 궁금하여 출근길에 잠시 시간을 낸 것이다. 그는 건물 안으로 들어서며 동행한 물리학자들에게 "시간을 내줘서 고맙다."고 인사한다.

평생 물리학과 무관하게 살아온 정부관리, 자신이 이해하지 못한다는 것을 자신 있게 말할 수 있는 지성인을 주인공으로 내세우면 레이건대통령이 그 사람의 입장에서 우리의 메시지를 들어줄 것이다. 나머지 8분 30초 동안 판사는 물리학자의 설명을 수시로 끊으면서 좀 더 천천히, 자세히 설명해달라고 부탁한다. 러닝타임이 9분에 접어들었을 때, 판사는 롤

렉스 손목시계를 힐끔 쳐다보고 젊은 과학자들에게 감사표시를 하면서 방문소감을 밝힌다. "여러분이 하는 이야기를 대부분 이해하지 못했지만, 이곳에서 일하는 분들의 열정과 탐구욕을 피부로 느낄 수 있었습니다. 당신들을 보니 서부개척시대가 생각나는군요. 혼자 말을 타고 광활한 미개척지를 향해 떠나는……." (이 대사는 내가 썼는데, 다시 읽어도 멋지다!)

얼마 후 세 번째 비디오가 워싱턴에 도착했고, 담당자로부터 전화가 걸려왔다. "드디어 해내셨군요! 환상적이에요, 아주 좋습니다! 이번 주말에 데이비드 캠프에서 상영될 겁니다."

나는 안도의 한숨을 내쉬고 집으로 돌아와 오랜만에 단 잠을 잤다. 그러나 새벽 4시에 잠에서 깨어나 비디오 내용을 되새겨보다가 치명적인 오류를 발견했다. 비디오에 등장한 판사가 시카고 배우협회에서 섭외한 배우라는 사실을 미처 알리지 않은 것이다. 게다가 그 무렵에 레이건대통령은 마땅한 대법원장 후보를 지명하지 못해 골머리를 앓고 있었기 때문에, 비디오에 감명을 받고 그 배우를 …… 생각만 해도 끔찍했다. 나는 발을 동동 구르며 날이 밝기를 기다리다가 아침 8시에 워싱턴으로 전화를 걸었다.

"아, 저…… 그 비디오 말인데요……."

"그거요? 걸작이라고 이미 말씀 드렸는데요."

"아뇨, 내용이 문제가 아니라……."

"아주 훌륭합니다! 걱정 마세요. 지금쯤 데이비드 캠프로 가고 있을 걸요?"

"안 됩니다! 제 말 좀 들어보세요! 그 판사는 진짜 판사가 아니라 우리가 뽑은 배우라구요. 혹시나 대통령께서 그 사람을 만나고 싶다고 할 수도 있는데, 그 배우의 인상이 워낙 지적이어서 정말로 그 사람을……."

(한동안의 침묵)

"대법원장을 말씀하시는 건가요?"

"네."

(다시 침묵 후 킬킬거리는 웃음소리)

"제가 대통령께 그 사람이 배우라고 말씀드리면 당장 대법원장으로 임명하실 겁니다. 차라리 모르고 계시는 게 나아요."

그로부터 얼마 후, 대통령의 재가가 떨어졌다. 조지 윌(George Will)의 논평기사에 의하면 아주 짧은 시간 안에 결정이 내려졌다고 한다. 장관들 사이에는 찬반양론이 팽팽하게 대립하고 있었는데, 결정적인 순간에 레이건 대통령이 미식축구팀의 유명한 쿼터백이 한 말을 인용했다. "깊숙이 던져라(Throe deep)." 이는 곧 "당장 시작하자(Let's do it)."는 말과 같은 뜻이었다. 드디어 SSC가 정부의 공식정책으로 인정받은 것이다.

그 후 SSC 프로젝트 진행위원들은 적절한 부지를 찾아 미국과 캐나다 전역을 돌아다니며 1987년 한 해를 다 보냈다. 세간의 관심도 날이 갈수록 증폭되어 왁사해치의 시장은 군중들 앞에서 "미국은 힉스스칼라보손을 발견한 최초의 국가가 되어야 합니다!"라며 가속기의 필요성을 강조했고, TV 연속극 〈댈러스(Dallas)〉에서는 석유재벌 유잉(J. R. Ewing)이 SSC 건설 부지 일대를 사들인다는 에피소드가 방영되기도 했다.

나는 SSC 사업을 홍보하기 위해 미국 전역을 돌아다니며 (조금 과장해서) 수백만 번의 연설을 했다. 한 번은 미국 주지사회의에 초대되어 SSC 홍보연설을 하고 있는데, 텍사스 주지사가 도중에 나서서 말을 끊었다. 나의 "왁사해치" 발음이 잘못되었다는 것이다. 원래 뉴욕사람과 텍사스 사람은 말투가 많이 다른데, 나의 어눌한 발음이 그 차이를 훨씬 넘어섰던 모양이다. 나는 텍사스 주지사에게 정중히 사과한 후 살짝 변명을 늘어놓았다. "주지사님, 그래도 저는 노력했습니다. 왁사해치에 갔을 때 왁사해치 발음을 어떻게 하는지 확인하려고 식당 종업원에게 물어봤다고요. '제가 지금 와있는 곳을 뭐라고 부릅니까?' 그랬더니 아주 똑똑한 발음으로 가르쳐주더군요. '버-거-킹'이라고 말이죠." 내 말이 끝나자 주지사들은 파안대소를 했지만, 텍사스 주지사는 웃지 않았다.

1987년은 '3대 슈퍼(Three Supers)'의 해였다. 첫 번째 슈퍼는 초신성(Supernova)이었는데, 지구로부터 16만 광년 거리에 있는 대마젤란성운에서 초신성이 폭발하여 역사상 처음으로 태양계 밖에서 날아온 뉴트리노를 관측하는 데 성공했다. 두 번째 슈퍼는 고온 초전도체(high-temperature superconductivity)로, 실현 가능한 온도에서 초전도현상을 보이는 합금이 발명되어 자기부상열차를 비롯한 현대과학의 기적이 가시권 안으로 들어왔다. 당시 우리는 고온 초전도체 덕분에 SSC의 건설비용이 크게 절감될 것으로 기대했으나, 지금 돌아보면 참으로 순진한 생각이었다. 고온 초전도체는 지금도(1993년) 활발히 연구되고 있지만 상업용으로 개발되려면 아직 한참을 기다려야 한다.

세 번째 슈퍼는 초충돌체(Super Collider)의 건설 부지를 찾는 일이었다. 후보지 중에는 페르미 연구소도 포함되어 있었는데, 둘레 85킬로미터짜리 SSC의 주 고리(main ring)에 입자를 쏘아보내는 주입기로 테바트론이 적절하다고 판단되었기 때문이다. 그러나 미국 에너지부는 모든 조건을 면밀히 검토한 후 텍사스 주의 왁사해치를 선택했다. 최종결과가 발표되었던 1988년 10월의 어느 날, 우리는 어두운 표정으로 회의실에 모여 페르미 연구소의 미래를 걱정했다.

1993년 현재 SCC 건설작업은 2000년 완공을 목표로 꾸준히 진행되고 있다. 페르미 연구소는 양성자-반양성자 충돌횟수를 늘이기 위해 장비를 개선해나가는 중이다. 업그레이드가 끝나면 SSC의 탐색영역 중 에 너지가 가장 낮은 영역의 실험을 수행할 수 있고, 꼭대기쿼크를 발견할 가능성도 높아진다.*

유럽도 가만히 있지 않았다. CERN의 소장 카를로 루비아는 "LEP터 널을 초전도자석으로 덮겠다."고 선언했다. 앞에서 말한 대로 가속기의 에너지는 고리의 지름과 자기장의 세기에 의해 결정된다. 그런데 CERN 의 가속기는 둘레가 27킬로미터로 이미 고정되어 있기 때문에, 설계자들 은 자기장의 세기를 키우는 데 총력을 기울이고 있다. 이들의 목표는 10 테슬라인데(SSC의 1.6배, 테바트론의 2.5배이다.), 계획대로 된다면 유럽은 17 테라전자볼트짜리 가속기를 보유하게 된다. SSC의 출력이 40테라전자 볼트이니, 만만치 않은 경쟁자가 될 것이다.

미국의 SSC와 유럽의 LHC에 투입된 인력과 비용은 가히 상상을 초 월한다. 물론 규모가 큰 만큼 위험부담도 크다. 힉스의 아이디어가 틀린 것으로 판명된다면 어쩔 것인가? 그런 불상사가 일어난다 해도, 1테라 전자볼트의 에너지영역을 탐구할 만한 가치는 얼마든지 있다. 그 결과에 따라 우리의 표준모형은 수정되거나 폐기될 것이다. 우리의 여정은 동인 도를 향해 떠났던 콜럼버스의 항해와 비슷하다. 그는 동인도에 도달하지 못했지만 결국동인도보다 훨씬 흥미로운 신천지를 발견하지 않았던가.

● SSC 프로젝트는 1993년 10월 31일에 공식적으로 취소되었다. 그러나 꼭대기쿼크는 1994년 에 페르미 연구소에서 발견되어 그해 4월에 논문을 제출했고, 이 논문이 인정되어 1995년 3월 2일에 공식적으로 '발견'을 선포했다.

9장

||||||||||||||||||||||||||||||||||||||||||||||||||||||||||||||||||||||||||||||||||||||||||||||||

내부공간과 외부공간,
그리고 시간 이전의 시간

당신은 피카딜리 길을 걸어갑니다

고색 창연한 손에

양귀비나 백합꽃을 들고서 -

당신이 신비의 길을 걸어갈 때

사람들은 말할 겁니다

이 젊은이가 심오한 말로 자신을 표현한다면

정말 보기 드물게 심오한 사람일 거라고.

— 길버트 앤 설리번의 〈인내〉 중에서

영국의 낭만파 시인 퍼시 비시 셸리(Percy Bysshe Shelly)는 1821년에 발표한 시론 〈시의 변호(Defense of Poetry)〉에서 다음과 같이 주장했다. "예술가에게 주어진 신성한 과업 중 하나는 과학의 새로운 지식을 흡수하여 인간의 요구에 맞게 가공하고, 인간의 감정에 맞게 채색하여 인간천성의 일부로 변환시키는 것이다."

낭만파 시인들 중 셸리의 주장에 동의한 사람은 별로 없다. 그래서인지 지금 지구라는 행성과 미국이라는 나라의 과학적 의식은 실망스러운 수준에 머물러있다. 바이런(Byron)과 키츠(Keats), 셸리, 그리고 프랑스, 이탈리아, 우르두(Urdu)에서 과학의 중요성을 서정적으로 표현했던 시인들이 미국에도 있었다면, 일반대중의 과학적 소양은 지금보다 훨씬 높았을 것이다. 물론 이 책을 읽는 독자들은 '과학에 무지한 일반대중'에서 제외된다. 내 책을 구입해준 고객이어서가 아니라, 결코 쉽지 않은 내용을 9장까지 참고 읽어왔기 때문이다. 이제 독자들은 나의 친구이자 동료이며, 칙령에 따라 완전하게 검증된 '과학교양인'이 되었다.

한 통계자료에 의하면 과학을 전공하지 않은 일반인들 중에서 분자의 정의를 내리거나 현재 살아 있는 과학자의 이름을 하나 이상 댈 수 있는 사람이 전체의 1/3을 넘지 않는다고 한다. 나는 이 우울한 통계자료에 하나만 더 추가하고 싶다. "리버풀 사람들 중 비-아벨리안 게이지 이론 (non-Abelian gauge theory)을 이해하는 사람이 60퍼센트도 안 된다는 사실을 알고 계십니까?" 1987년 하버드대학교 졸업식이 거행되던 날, 졸업생 중 23명을 무작위로 선발하여 겨울보다 여름이 따뜻한 이유를 물었는데, 답을 제대로 알고 있는 사람은 단 두 명에 불과했다. 그들 중 상당수는 '여름에는 태양이 더 가깝기 때문'이라고 했는데, 이것은 완전히 틀린 대답이다. 여름이 더운 이유는 태양이 가까워서가 아니라, 지구의 자전축이 공전면에 대하여 기울어져 있기 때문이다. 여름에는 기울어진 방향이 태양 쪽을 향하기 때문에, 북반구의 태양고도가 높아져서 태양 빛이 지면에 대하여 거의 수직에 가까운 각도로 입사된다. 그래서 지구의 절반은 여름이고, 나머지 절반(남반구)은 겨울이다. 물론 6개월이 지나면 상황은 역전된다.

1987년도 하버드대학교 졸업생 중 정답을 대지 못한 21명은 계절이 변하는 이유를 모른 채 평생을 살아온 셈이다(다른 학교도 아니고 하버드라니, 하나님 맙소사!). 물론 평범한 사람들이 우리에게 놀라움을 선사하는 경우도 있다. 몇 년 전, 맨해튼 지하철에서 한 노인이 기초미적분학 문제를 풀던 중 어려운 부분에 막혀서 쩔쩔매다가 옆 좌석에 앉아 있던 생면부지의 승객에게 도움을 청했다. "저, 실례지만 혹시 미적분 할 줄 아십니까?" "아, 네. 조금 할 줄 압니다." 그 승객은 노인의 문제를 풀어주고 다음 정류장에서 내렸다. 노인이 지하철에서 미적분학 공부를 하는 것도 드문 일이었지만, 그 노인의 옆자리에 앉아 있던 사람은 노벨상 수상자인 이론물리학자 리정다오였다.

나도 지하철에서 비슷한 경험을 한 적이 있는데 결말은 사뭇 달랐다. 어느 날 시카고에서 통근열차를 탔는데, 정신병원에서 파견된 한 간호사가 환자 여러 명을 인솔하고 나와 같은 기차를 타게 되었다. 그런데 하필 환자들이 내가 있는 곳으로 모여드는 바람에 본의 아니게 그들 중 한 사람이 되었다. 여기까지는 오케이. 그런데 잠시 후 간호사가 다가와 환자의 수를 세기 시작했다. "하나, 둘, 셋……." 그 다음에 나와 눈이 마주쳤고, 간호사가 눈을 가늘게 뜨며 물었다. "댁은 누구세요?"

"아, 네. 저는 리언 레더먼이라고 합니다. 페르미 연구소의 소장이고 노벨상도 받았지요."

그녀는 나를 손가락으로 가리키며 계속 세어나갔다. "물론 그러시겠죠. 넷, 다섯, 여섯……."

과학에 대한 무지와 무관심은 정말 심각한 문제다. 특히 요즘은 인류의 복지가 과학기술에 크게 의존하고 있기 때문에 결코 가볍게 넘길 일이 아니다. 과학은 아직 완성단계에 이르지 못했지만 웅장하고 아름다우며, 알면 알수록 단순하다. 영국의 수학자이자 과학사가인 제이콥 브로노우스키(Jacob Bronowski)는 과학의 속성을 다음과 같이 서술했다.

> 과학은 전혀 다르게 보였던 자연현상들을 하나로 통합하면서 발전해왔다. 패러데이는 전기적 현상과 자기적 현상을 하나의 체계로 통합했고, 제임스 클러크 맥스웰은 여기에 빛을 추가하여 고전 전자기학을 완성

했다. 아인슈타인은 시간과 공간, 그리고 질량과 에너지를 하나로 통합했으며, 태양을 스쳐 지나가는 빛의 경로와 총알의 궤적을 하나의 이론으로 설명했다. 또한 그는 맥스웰의 방정식과 자신의 중력장방정식을 통합하는 하나의 우아한 이론을 찾으면서 남은 여생을 보냈다.

사무엘 테일러 콜리지(Samuel Taylor Coleridge)는 아름다움을 정의할 때마다 항상 같은 결론에 도달했다. "아름다움이란 다양함 속에 존재하는 통일성이다." 과학의 목적은 다양한 자연에서 통일성을 찾는 것이다. 좀 더 정확히 말하면 과학이란 우리의 다양한 경험 속에서 통일성을 찾으려는 인간노력의 산물이다.

내부공간/외부공간

과학의 속성을 좀 더 실감나게 느끼기 위해, 잠시 천체물리학으로 눈길을 돌려보자. 최근 들어 입자물리학과 천체물리학은 전례 없이 가까운 사이가 되었다. 한때 나는 두 분야의 친밀한 관계를 '내부공간과 외부공간의 연결'이라 불렀다.

내부공간은 원자핵 규모 이하의 미시세계로서 강력한 입자가속기를 통해 탐구되는 영역이며, 외부공간은 최첨단 천체망원경으로 탐구되는 방대한 우주를 의미한다. 몇 년 전에는 적외선, 자외선, 엑스선, 감마선 등 모든 영역의 전자기파를 관측할 수 있는 고성능 천체망원경이 지구궤도에 안착하여, 그동안 대기에 가려 보이지 않던 우주를 관측할 수 있게 되었다.

지난 100년 동안 우주론이 밝혀낸 내용을 종합하면 '우주론의 표준모형'이 얻어진다. 이 이론에 의하면 우주의 역사는 지금으로부터 약 137억 년 전에 초고온, 초고밀도 상태에서 시작되었다. 태초의 우주는 온도와 밀도가 무한대이거나 거의 무한대에 가까웠다. 물리학자들은 '무한대'라는 말만 들으면 거의 경기를 일으키지만, 무한히 작은 영역에 무한히 많은 내용물이 밀집되어 있었으니 무한대라는 단어를 피해갈 길이 없다. 어쨌거나 태초에 우주는 대폭발을 일으킨 후 팽창을 겪으면서 점차 식어갔다.

우주론학자들은 이런 사실을 어떻게 알아냈을까? 1929년에 미국의 천문학자 에드윈 허블은 천체의 이동속도를 관측하다가 천억 개의 별들로 이루어진 은하들이 지구로부터 일제히 멀어지고 있다는 놀라운 사실을 발견했고, 여기에 기초한 빅뱅 이론이 1930년대에 등장했다. 처음에 허블은 멀리 떨어진 은하에서 날아온 빛을 스펙트럼으로 분해한 후 이것을 지구에 있는 원소의 스펙트럼선과 비교했는데, 모든 선들이 약속이나한 듯 붉은색 쪽으로 이동해 있었다. 빛(단색광)을 방출하는 광원(光源)이 관측자로부터 멀어지고 있을 때, 관측자에게 도달한 빛의 파장은 붉은색 쪽으로 이동한다. 이것이 바로 그 유명한 '적색편이(red shift, 적색이동이라고도 한다.)'로 관측자와 광원 사이의 상대운동 때문에 나타나는 현상이다. 그로부터 몇 년 후, 허블은 모든 은하들이 지구로부터 멀어지고 있다는 결론에 도달했다. 그런데 왜 다들 멀어지는 것일까? 물론 모든 은하들이 일제히 다가오는 것보다는 멀어지는 편이 낫겠지만, 왠지 우주적 '왕따'가 된 기분이다. 그러나 은하들은 지구에 아무런 감정도 없다. 그들이 멀어지는 것은 은하 자체의 움직임 때문이 아니라, 공간 자체가 팽창하고 있기 때문이다. 안드로메다은하의 트와일로 행성에 살고 있는 천문학자 헤드위나 너블(Hedwina Knubble)의 망원경에도 모든 은하들이 그녀로부터 멀어져 가는 것처럼 보일 것이다. 실제로 멀리 있는 천체일수록 더욱 빠른 속도로 멀어지고 있다. 이것이 바로 허블의 법칙이다. 우주가 팽창하는 과정을 동영상으로 찍었다가 거꾸로 재생하면 은하들이 점점 모여들다가 아주 작은 한 점으로 집중될 것이다. 물론 이 장관을 구경하려면 동영상을 지난 137억 년 동안 찍어놓았어야 한다.

우리가 사는 세상을 2차원 평면이라고 가정해보자. 이런 세상에는 동서와 남북만 있을 뿐, '위아래'라는 개념이 아예 존재하지 않는다. 평면을 구부려서 공 모양으로 만들어도 세상은 여전히 2차원이다. 이제 우리는 팽창하고 있는 거대한 풍선의 표면에 살고 있다. 우리뿐만 아니라 모든 행성, 별, 은하들도 풍선의 표면에 놓여 있다. 모든 것이 2차원이다. 이런 상태에서 풍선이 팽창한다면, 당신이 어디에 살고 있건 주변의 모든 천체들이 당신으로부터 멀어져 가는 것처럼 보일 것이다. 풍선 위에서 임의의 두 점 사이의 거리는 팽창과 함께 멀어진다. 3차원 우주도 2차원과 크게 다르지 않다. 공간상의 어느 지점에서 바라봐도 모든 천체들이 일제히 멀어지고 있으므로, 우주에는 특별한 지점이 존재하지 않는다. 즉, 공간의 모든 점들은 완벽하게 동등하다. 거기에는 중심도 없고 가장자리도 없다. 완벽한 민주주의다. 별이 멀어지는 것은 그 별이 공간을 가로질러 달아나기 때문이 아니라, 공간 자체가 팽창하고 있기 때문이다. 사실 '팽창하는 3차원 공간'을 머릿속에 그리는 것은 그리 쉬운 일이 아니다. 거기에는 안도, 바깥도 없고 오직 팽창하는 우주만 존재한다. 그렇다면 대체 무엇을 향해 팽창하는 것일까? 다시 풍선 표면으로 돌아가서 생각해보자. 지금 우리가 느끼는 3차원 공간은 풍선의 2차원 표면에 해당한다.

빅뱅 이론은 처음 등장했을 때부터 반대파의 공격에 끊임없이 시달려왔다. 그러나 이론의 체계가 잡혀감에 따라 두 가지 확실한 결과가 유도되면서 반대론자들의 목소리가 많이 누그러졌고, 지금은 우주의 기원을 설명하는 이론 중 하나로 자리 잡았다. 두 가지 결과 중 하나는 빅뱅때 작렬했던 빛(매우, 지극히, 엄청나게 뜨거웠음)의 흔적이 지금도 우주공간에 복사에너지의 형태로 남아 있다는 것이다. 책의 앞부분에서 언급한바와 같이 빛은 광자로 이루어져 있고, 광자의 에너지는 파장에 반비례한다. 그런데 공간이 팽창한다는 것은 두 점 사이의 거리, 즉 길이가 팽창한다는 뜻이므로 빛의 파장도 길어진다. 우주가 탄생할 때 방출된 빛은 파장이 거의 0에 가까웠으나, 공간이 팽창함에 따라 파장이 점점 길어져서 137억 년이 지난 지금은 마이크로파 영역까지 도달했다(마이크로파의 파장은 수 밀리미터이다.). 즉, 빅뱅 이론이 맞다면 우주 전체에 빅뱅의잔해인 마이크로 복사파가 남아 있어야 한다. 흔히 '우주배경복사(cosmic background radiation)'로 알려진 이 마이크로파는 1965년에 발견되어 빅뱅이론의 타당성을 입증했다. 우주공간은 파장이 긴 광자로 가득 차 있었던것이다. 우주가 지금보다 훨씬 작고 뜨거웠던 시절에 여행을 시작한 광자가 수십 억 년이 지난 어느 날 뉴저지 벨 연구소의 안테나에 도달했다. 정말 기이한 운명이다!

　우주배경복사가 발견된 후 파장의 분포가 현안으로 떠올랐고(자세한 내용은 5장에서 이미 언급되었다. 기억이 나지 않으면 잠시 되돌아가서 다시 읽어볼 것을 권한다.), NASA의 COBE위성이 이 임무를 훌륭하게 완수했다. 여기서얻은 데이터에 플랑크의 방정식을 적용하면 광자의 융단폭격을 받은 우주의 평균온도(공간, 별, 먼지, 궤도를 벗어나 삑삑거리는 인공위성 등 우주를 구성하는 모든 요소의 평균온도)를 계산할 수 있다. 가장 최근에 수집된 데이터(1991년)로부터 계산된 우주의 평균온도는 2.73K(섭씨 영하 270.27도)이며, 이것은 빅뱅 이론의 타당성을 입증하는 또 하나의 중요한 증거이다.

그래도 의문은 여전히 남아 있었다. 천체물리학자들이 마이크로파 우주배경복사 데이터에 기초하여 지역에 따른 온도 차이를 계산해보니, 우주 전역의 온도가 0.1퍼센트의 오차 이내로 거의 똑같았다. 왜 그런가? 두 물체의 온도가 같으려면 과거 한때 이 물체들은 접촉상태에 있었어야 한다. 그러나 천체물리학자들은 "우주 반대편에 있는 두 천체는 우주가 탄생한 이후로 한 번도 접촉한 적이 없다."고 확신했다. 접촉한 적이 '거의' 없는 게 아니라 전혀, 단 한 번도 없다는 것이다.

그들이 접촉가능성을 강하게 부인한 데에는 그럴 만한 이유가 있었다. COBE위성에 관측된 마이크로복사파가 우주에서 처음 방출된 것은 빅뱅 후 30만년 경이었다. 30만 년이면 꽤 긴 세월이지만, 현재 우주의 나이와 비교하면 탄생 초기나 다름없다. 그런데 이 무렵에도 우주를 구성하는 물질들은 충분한 거리를 두고 떨어져 있었기 때문에, 빛의 속도로 교신을 주고받는다 해도 서로 온도를 맞출 시간이 없었다. 하지만 지금의 우주는 모든 지점에서 온도가 거의 똑같다. 왜 그런가? 빅뱅 이론으로는 이 의문을 해결할 수 없었다. 그렇다면 빅뱅은 폐기되어야 하는가? 천체물리학자들은 이 문제를 "인과율 위기(causality crisis)", 또는 "등방성 위기(isotropy crisis)"라고 불렀다. 원인(접촉)없는 결과(등온)가 발생했다는 점에서 인과율의 위기였고, 우주 어디를 둘러봐도 별, 은하, 먼지 등이 고르게 분포되어 있는데(등방성) 그 원인을 알 수 없으니 등방성의 위기였다. 이런 문제에도 불구하고 빅뱅 이론을 고수하려면 "한 번도 접촉한 적 없는 수십 억 개의 우주조각들이 지금처럼 비슷하게 생긴 것은 순전히 우연이었다."고 주장하는 길뿐이다. 그러나 우리는 우연을 좋아하지 않는다. 복권을 구입했거나 시카고컵스의 팬이라면 확률에 의존할 수도 있지만, 과학에서는 천만의 말씀이다. 과학에서 우연처럼 보이는 일이 발생했다는 것은 무언가 중요한 요인이 누락되었다는 뜻이다. 이 점에 관해서는 나중에 다시 논하기로 한다.

무한대의 출력을 발휘하는 입자가속기

빅뱅 이론이 거둔 두 번째 커다란 성공은 우주의 구성요소와 관련되어 있다. 주변을 둘러보면 이 세상에서 제일 흔한 것이 공기, 흙, 물, 그리고 옥외광고판이지만(불은 눈에 자주 뜨이지 않는다.), 분광망원경을 통해서 보면 우주에서 제일 흔한 것은 수소(H)이고, 두 번째가 헬륨(He)이다. 우주의 98퍼센트는 이 두 가지 원소로 이루어져 있으며, 나머지 90여종의 원소들이 남은 2퍼센트를 채우고 있다. 분광망원경을 이용하면 우주에서 가벼운 원소들이 차지하는 비율을 매우 정확하게 알 수 있는데, 이 값은 빅뱅 이론으로 계산한 값과 정확하게 일치한다! 그런데 우주에 존재하는 원소의 상대적 비율을 어떻게 연필과 종이만으로 알아낼 수 있었을까?

빅뱅이 일어나기 전, 우주의 삼라만상은 아주 작은 영역 안에 똘똘 뭉쳐 있었다. 하나당 1000억 개의 별들로 이루어진 수천 억 개의 은하들, 지금 우리 눈(또는 망원경)에 보이는 모든 것들이 바늘의 끝보다 훨씬 작은 공간 안에 꽉꽉 눌려 담겨 있었다는 이야기다. 그 속이 얼마나 혼잡했을지 상상해보라! 온도는 거의 10^{32}K에 달했고(현재 우주의 온도는 약 3K 다.), 물질은 가장 작은 구성단위로 분해된 상태였다. 일상적인 말로 표현하자면 "쿼크와 렙톤으로 조리된 엄청나게 뜨거운 플라스마 수프"쯤 될 것이다.(다른 무언가가 더 있었을지도 모른다. 원자가 완전히 분해된 상태를 '플라스마

plasma'라 한다.) 이 속에서 각 입자들은 약 10^{19}기가전자볼트의 에너지를 갖고 서로 격렬하게 충돌하고 있었다. SSC 초충돌기의 1조 배에 달하는 에너지다. 중력은 현존하는 네 종류의 힘들 중 가장 약한 힘이지만, 이와 같은 극미의 영역에서는 가장 큰 위력을 발휘한다.

그러던 어느 날● 이 조그만 덩어리가 대폭발을 일으켰고, 갓 태어난 우주는 팽창과 함께 온도가 내려가면서 충돌이 서서히 잦아들었다. 그 후 온도가 어느 지점에 이르렀을 때 쿼크들이 서로 결합하여 양성자와 중성자를 비롯한 하드론이 생성되기 시작했고, 빅뱅 후 3분쯤 지났을 무렵에는 양성자와 중성자가 안정적으로 결합하여 원자핵을 만들 수 있을 정도로 온도가 내려갔다(그 전에는 온도가 너무 높아서 양성자와 중성자가 결합을 시도해도 금방 흩어졌다.). 이 시기를 '핵합성 시기(nucleaosynthesis peroid)'라 한다. 우리는 핵물리학을 잘 알고 있으므로, 이 무렵에 생성된 화학원소의 상대적 비율을 계산할 수 있다. 핵합성시기에는 주로 가벼운 원소들이 만들어졌으며, 무거운 원소들은 별의 내부에서 서서히 '조리'되었다. 물론 원자가 출현하려면 더 기다려야 한다. 전자가 원자핵에 포획되어 안정적인 궤도를 유지하려면 온도가 더 내려가야 하기 때문이다. 그래서 이 시기에는 원자도 없었고, 화학자도 필요 없었다. 그러나 빅뱅 후 30만 년이 지났을 때 드디어 중성원자가 만들어지면서 광자가 자유롭게 날아다니기 시작했다. 우주배경복사에 남아 있는 광자는 바로 이 시기에 방출된 것들이다.

● 사실 "어느 날"이라는 말은 이치에 맞지 않는다. 빅뱅이 일어나기 전에는 시간조차 흐르지 않았기 때문이다.

핵합성 프로젝트는 완전 성공이었다. 각 원소의 상대적 비율을 이론적으로 계산한 값은 관측결과와 정확하게 일치했다. 와우! 이 계산은 핵물리학과 약력이론, 그리고 초기우주의 조건을 모두 종합한 결과이므로, 빅뱅 이론의 타당성을 입증하는 강력한 증거였다.

앞에서 나는 내부공간과 외부공간이 서로 연결되어 있다고 말한 바 있다. 초기우주는 무한대의 돈을 들여 제작한 입자가속기와 마찬가지다. 천체물리학자들이 우주의 진화과정을 규명하려면 쿼크와 렙톤, 그리고 힘과 관련된 모든 것을 알아야 한다. 그리고 6장에서 말했듯이 입자물리학자들에게는 '창조주가 단 한차례 실행했던 거대한 충돌실험'의 데이터가 주어져 있다. 물론 빅뱅 직후부터 10^{-13}초 사이에는 물리법칙이 어떻게 적용되는지 확실치 않다.

그럼에도 불구하고 우리는 빅뱅과 우주의 진화에 대하여 꽤 많은 사실을 알아냈으며, 지금도 계속 앞으로 나아가는 중이다. 우리가 갖고 있는 데이터는 해당사건이 일어나고 거의 130억 년이 지난 후에 관측된 것이다. 이 정보는 130억 년 동안 우주공간을 배회하다가 우연히 지구의 망원경에 포착되었다. 또한 우리에게는 표준모형과 입자가속기에서 얻은 데이터가 있으며, 에너지영역을 꾸준히 확장해나가고 있다. 그러나 이론물리학자들은 인내력이 부족하여, 빅뱅 후 10^{-13}초에 해당하는 가속기 데이터를 찾고 있다. 천체물리학자들은 우주 초기에 적용되었던 법칙을 알아내기 위해 이론물리학자들을 몰아붙이고, 그 와중에 힉스, 통일장, 미세구조(쿼크의 내부) 등 산더미 같은 논문이 양산되었다. 그중 대부분은 표준모형을 넘어 빅뱅과 우주의 기원을 논하는 지극히 현학적인 논문들이다.

쏟아지는 이론, 이론들……

토요일 새벽 1시 15분, 우리 집에서 수백 미터 떨어진 페르미 연구소에서 양성자와 반양성자가 격렬하게 충돌하고 있다. 탄탄한 실전경험을 갖춘 342명의 과학자와 대학원생들, 즉 CDF 연구팀이 5,000톤짜리 감지기에서 새로운 파편을 찾아내기 위해 날밤을 새고 있다. 이들 뿐만이 아니다. 보통 이 시간에는 10여 명의 연구원들이 제어실에서 가속기를 조종하고 있으며, 고리 주변에 설치된 D-제로 감지기(D-Zero detector)에도 321명의 과학자들이 달라붙어서 수시로 상황을 점검하며 눈이 빠지도록 모니터를 노려보고 있다. 이번 실험은 시작한 지 한 달이 지났는데, 처음에는 말썽도 많았지만 도중에 충돌율을 높이기 위해 몇 가지 부품을 업그레이드하는 기간을 포함하여 총 16개월 동안 진행될 예정이다. 실험의 제1목적은 꼭대기쿼크를 발견하는 것이며, 그 외에도 표준모형을 검증하고 확장하는 데 중요한 실마리를 제공할 것이다.

이곳에서 8,000킬로미터 거리에 있는 CERN에서도 표준모형에서 가지를 친 다양한 확장이론을 검증하기 위해 수많은 실험물리학자들이 혼신의 노력을 기울이고 있다. 물론 이론물리학자들도 놀고 있지는 않을 것이다. 지금부터 이론물리학의 총아로 떠오르고 있는 세 가지 이론을 아주 간단하게 소개하고자 한다. 나의 도마 위에 오른 이론은 대통일 이론(GUT)과 초대칭 이론, 그리고 초끈 이론(superstring theory)이다. 물론 나는 전문가가 아니므로 수박 겉 핥기식 설명밖에 할 수 없다. 이 이론들이 얼마나 심오한지는 이론의 창시자와 그들의 어머니, 그리고 가까운 친구들만이 알고 있을 것이다.

본론으로 들어가기 전에 '이론'이라는 단어를 다시 한 번 생각해보자.

일반대중들은 이 단어를 다소 부정적인 의미로 사용하는 것 같다. "그건 니 생각이지!(That's your theory!)"나 "그건 이론일 뿐이잖아!(That's only a theory!)"라는 말만 봐도 그렇다. "이론이니까 믿을 수 없다."는 뉘앙스가 팍팍 풍긴다. 그러나 양자 이론과 뉴턴의 이론은 완전하게 확립되었으며, 수많은 실험을 통해 충분히 검증되었다. 그런데도 '이론'이라고 불리는 것은 의심의 여지가 남아 있어서가 아니라 처음에 불리던 이름이 그대로 굳어졌기 때문이다. 뉴턴의 역학도 검증되기 전에는 분명히 '이론'이었다. 그 후 다양한 실험을 통해 진리로 밝혀졌지만, 지금도 여전히 '이론'으로 불린다. 앞으로도 영원히 그럴 것이다. 하지만 초끈 이론이나 GUT는 이미 알려진 사실에 과감한 가정을 덧붙인 상상의 산물이다. 좋은 이론이 되려면 무엇보다 검증이 가능해야 한다. 과거 한때는 사색적인 이론이 반드시 필요했던 시절도 있었다. 그런데 요즘은 빅뱅 때 일어났던 사건을 장황하게 늘어놓는 등 실험적으로 검증될 수 없는 이론이 사방에 난무하고 있다.

대통일 이론

앞서 말한 바와 같이 약력과 전자기력은 W^+, W^-, Z^0, 광자를 통해 매개되는 약전자기력으로 통일되었다. 그리고 세 가지 색의 쿼크와 글루온의 거동을 서술하는 QCD에 대해서도 언급한 바 있다. 오늘날 이 힘들은 게이지대칭을 만족하는 양자장 이론으로 서술된다.

약력과 전자기력을 통일했으니, 강력도 당연히 같은 체계로 통일하고 싶을 것이다. 물론 이론물리학자들은 오래 전부터 이런 시도를 해왔다.

QCD와 약전자기력을 통일하는 이론이 바로 대통일 이론이다. 온도가 100기가전자볼트(대충 W입자의 질량으로, 온도로 환산하면 10^{15}K에 해당한다.)인 세상에서는 약력과 전자기력이 구별되지 않는다. 8장에서도 말했지만 현재의 입자가속기를 동원하면 이 온도에 충분히 도달할 수 있다. 그러나 대통일 이론을 검증하려면 가속기의 에너지가 10^{15}기가전자볼트에 도달해야 한다. 과대망상증에 걸린 과학자 수백만 명을 동원한다 해도 이런 가속기는 절대 만들 수 없다. 여기서 10^{15}기가전자볼트라는 수치는 약력과 전자기력, 그리고 강력의 세기에서 이론적으로 유추한 값이다. 이 세 개의 변수는 에너지에 따라 달라지는데, 에너지가 클수록 강력은 약해지고 약력은 강해져서 10^{15}기가전자볼트에 이르면 세 힘의 세기가 모두 같아진다. 여기가 바로 대통일 이론이 적용되는 지점이며, 자연의 대칭성이 가장 높아지는 지점이기도 하다. 물론 아직은 검증되지 않은 이론일 뿐이지만, 지금까지 얻어진 데이터로 미루어볼 때 이 에너지 근처에서 세 개의 힘이 하나로 수렴할 가능성은 있다.

대통일 이론은 여러 종류가 있다. 사실대로 말하자면 지나치게 많다. 그리고 이들은 한결같이 떴다가 사라지기를 반복하고 있다. 예를 들어 초기의 대통일 이론은 "양성자는 중성 파이온과 양전자로 붕괴되며, 수명은 약 10^{30}년"이라고 예견했다. 현재 우주의 나이는 이보다 훨씬 짧은 10^{10}년이므로, 이 주장이 맞는다 해도 붕괴된 양성자는 극히 일부일 것이다. 양성자 붕괴는 정말로 심각한 사건이다. 우리는 양성자를 안정한 하드론으로 간주해왔으며, 양성자의 안정성은 우주와 경제의 안전을 위해서도 반드시 필요한 요소이다. 대통일 이론에 의하면 하나의 양성자가 붕괴될 확률은 먼지의 먼지에 붙은 티끌의 티끌보다 작지만, 실험을 통해 확인할 방법은 있다. 예를 들어 양성자의 수명이 정말로 10^{30}년이라면, 양성자 한 개를 앞에 놓고 뚫어지게 바라보는 실험을 했을 때 1년 안에 그 녀석이 붕괴될 확률은 10^{-30}이다. 물론 이런 실험을 위해 1년을 낭비할 사람은 없다. 그러나 물 1만 톤을 갖다놓고 1년을 기다리면 양성자가 붕괴되는 현장을 1,000번 관측할 수 있다. 1만 톤의 물 안에는 무려 10^{33}개의 양성자가 들어 있기 때문이다.(내가 계산해봤으니 믿어도 된다.)

그래서 진취적인 물리학자들은 오하이오 주 이리호(Lake Eire)의 지하광산으로, 일본 토야마산의 지하갱도로, 그리고 프랑스와 아탈리아를 잇는 몽블랑 터널로 진출했다. 왜 다들 땅속으로 내려갔냐고? 그래야 우주배경복사의 방해를 받지 않기 때문이다. 그들은 한 변이 20미터 남짓한 입방체 용기를 터널과 갱도 속에 설치하고, 그 안에 물을 가득 채워 넣었다. 그리고 양성자가 붕괴될 때 방출되는 에너지를 관측하기 위해 용기 주변에 고성능 광전증폭관(photomultiplier tube)을 수백 개 설치해놓았다. 그러나 지금까지 양성자 붕괴는 한 번도 관측되지 않았다.[*] 그렇다고 헛수고를 한 것은 아니다. 이 야심찬 실험 덕분에 양성자의 예상수명이 조금 더 길어졌다. 양성자가 정말로 불안정하다면, 실험의 효율을 감안할 때 양성자의 수명은 10^{32}년 이상이다.

1987년 2월의 어느 날, 양성자 붕괴를 오랫동안 기다려온 물리학자들에게 귀가 번쩍 뜨이는 뉴스가 날아들었다. 이리호와 토야마산 지하실험실에서 거의 동시에 뉴트리노가 다량으로 관측된 것이다. 그런데 거의 같은 시간에 대마젤란성운에서 폭발하는 초신성이 천체망원경에 포착되었다(이 사건은 앞에서 말한 '3대 슈퍼' 중 하나였다.). 천문학자들은 이때 방출된

---

[*] 2016년 4월초까지도 관측되지 않았다.

빛의 양과 지하실험실에서 관측된 뉴트리노의 양을 비교했고, 결과는 정확하게 일치했다. 지하실험실의 뉴트리노는 초신성에서 날아온 것이었다. 당시 천문학자들의 우쭐대는 모습을 독자들도 봤어야 하는데! 아무튼 양성자는 붕괴되지 않았다.

대통일 이론(GUT)은 지금 어려운 시기를 겪고 있지만 과거에도 그랬던 것처럼 다시 살아날 것이다. 이 분야에 투신한 이론물리학자들은 여전히 열정이 넘친다. GUT를 검증하기 위해 10^{15}기가전자볼트짜리 가속기를 만들 필요는 없다. 양성자 붕괴 이외에 검증 가능한 다른 결과가 있기 때문이다. 예를 들어 GUT 중 하나인 SU(5)이론에 의하면 전기전하는 전자의 1/3이라는 최소단위로 양자화되어 있다. 즉, 모든 전하는 1/3의 정수배로 나타난다.(쿼크의 전하를 기억하는가?) 오케이, 아주 만족스럽다. 또 다른 결과는 쿼크와 렙톤이 하나의 입자족으로 통합된다는 것이다. 즉, (양성자 내부에 있는)쿼크는 렙톤으로 바뀔 수 있고, 렙톤은 쿼크로 바뀔 수 있다.

또 GUT는 엄청나게 무거운 입자(X보손)의 존재를 예견하고 있다. 이 입자의 질량은 양성자의 1,000조 배나 된다. X보손이 가상입자로 나타날 가능성은 아주, 지극히, 엄청나게 작지만 어쨌거나 0은 아니기 때문에, 그 결과로 양성자 붕괴를 예견하게 된 것이다. 그런데 여기에는 실용적인 측면도 있다. 예를 들어 수소원자의 핵(양성자 한 개)이 순수한 복사에너지로 변환되면 핵융합의 100배에 해당하는 에너지가 방출된다. 몇 톤의 물만 있으면 미국전역에 하루치 에너지를 공급할 수 있다. 물론 지금 이 방법을 써먹으려면 물을 GUT 수준의 온도까지 데워야 한다. 열의 없는 교사 때문에 유치원 시절부터 과학에 흥미를 잃은 아이들이 언젠가 이 꿈 같은 기술을 실현해줄지도 모른다. 그러니 우리는 선생님들을 도와야 한다!

GUT 수준의 온도(10^{28}K)에서는 한 종류의 물질(렙토쿼크쯤 될까?)과 한 종류의 힘만이 존재하고, 일련의 입자들이 그 힘을 매개한다. 대칭과 단순함이 극에 도달한 상태이다. 아, 물론 중력이 자기도 끼워달라며 그 옆을 졸졸 따라다니고 있을 것이다.

초대칭

초대칭(Supersymmetry, SUSY)은 도박꾼형 이론물리학자들이 선호하는 이론이다. 이 이론은 앞에서도 잠시 언급한 적이 있다. 초대칭 이론에서는 물질입자(쿼크와 렙톤)와 매개입자(글루온, W, ……)가 하나로 통일된다. 실험으로 검증 가능한 결과도 엄청나게 많이 내놓았는데, 실제로 검증된 것은 하나도 없지만 꽤 재미있다!

초대칭 이론에 의하면 모든 입자는 자신의 초대칭짝을 파트너로 갖고 있다. 우선 매개입자부터 소개한다. 중력을 매개하는 중력자의 초대칭짝은 그래비티노(gravitino)이고 W의 초대칭짝은 위노, 광자의 초대칭짝은 포티노 등이다. 그 다음, 물질입자로 넘어가서 쿼크의 초대칭짝은 스쿼크이고 렙톤의 초대칭짝은 슬렙톤이다. 그런데 문제는 그 다양한 초대칭 입자들이 한 번도 관측되지 않았다는 점이다. 그래도 이론물리학자들은 할 말이 있다. "반물질이라는 게 있잖아요!" 1930년대까지만 해도 물리학자들은 모든 입자들이 반입자 짝을 갖고 있다고 꿈에도 생각하지 못했다. 그리고 독자들도 기억하다시피, 대칭은 깨지기 위해 존재하는 것이다.(거울처럼?) 파트너입자가 관측되지 않는 이유는 질량이 너무 크기 때문이다. 충분히 큰 가속기만 있으면 얼마든지 만들어낼 수 있다.

수학에 능숙한 이론물리학자들은 "이론이 달갑지 않은 입자를 줄줄이 양산했지만 대칭이 워낙 아름다우니, 그것으로 퉁 치자."며 우리를 위로한다. 또한 초대칭 이론은 진짜배기 양자중력 이론으로 우리를 인도해준다. 일반 상대성 이론(최신판 중력 이론)을 기존의 방법으로 양자화하면 재규격화가 불가능할 정도로 무한대가 기승을 부리는데, 초대칭을 도입하면 아름다운 양자중력 이론이 가시권으로 들어오는 것이다.

이 이론에서 힉스입자는 대칭이 부족하여 다른 입자에 질량을 부여하는 본연의 임무를 수행할 수 없다. 그래서 초대칭은 힉스입자를 초대칭국 시민으로 개화시킨다. 힉스입자는 스칼라보손이기 때문에(스핀 = 0) 주변의 번잡한 진공에 쉽게 영향을 받는다. 공간 속에서 갑자기 나타났다가 순식간에 사라지는 다양한 질량의 가상입자들이 힉스에게 에너지(질량)를 부여하여, 결국 힉스의 질량은 약전자기 이론에서 정해진 값을 한참 초과하게 된다. 하지만 걱정할 것 없다. 초대칭 파트너들이 힉스의 질량을 줄여주기 때문이다. 즉, W입자가 힉스를 뚱뚱하게 만들면 위노(W의 초대칭짝)가 그 효과를 상쇄하여 적절한 질량을 유지시켜준다. 그렇다고 해서 초대칭 이론이 옳다는 뜻은 아니다. 초대칭은 그저 아름다운 '이론'일 뿐이다.

논쟁은 아직도 계속 진행 중이다. 그리고 그 와중에 초중력, 초공간기하학(geometry of hyperspace, 수학체계는 우아하지만 끔찍하게 복잡함) 등 난해한 용어들이 난무하고 있다. 실험적인 측면에서 한 가지 흥미로운 것은 초대칭 이론이 고맙게도 암흑물질의 후보인 중성입자를 천거해준다는 점이다. 암흑물질은 관측 가능한 우주공간을 가득 메우고 있는 가설상의 물질로서, 이것이 없으면 지금까지 관측된 별과 은하의 분포를 설명할 길이 없다.[*] 초대칭입자는 빅뱅 시대에 생성되었을 것으로 추정되며, 가장 가벼운 초대칭짝들(포티노, 힉시노, 그래비티노 등)이 지금까지 살아남아서 암흑물질을 이루고 있을지도 모른다. 차세대 입자가속기가 완성되면 이들의 존재를 입증해줄 것이다. 수지 …… 과연 얼마나 예쁠지 몹시 기대된다!

초끈 이론

1980년대 중반쯤, 어떤 잡지에 "만물의 이론(Theory of Everything, TOE)"이라는 제목으로 초끈 이론을 찬양하는 장문의 기사가 실렸다. 내 기억이 맞는다면 아마 《타임(*Time*)》이었을 것이다. 최근에는 더 멋진 제목의 책이 출간되었다. 이름하여 《초끈 이론, 만물의 이론인가?(*Superstrings, Theory of Everything?*)》(이 제목을 읽을 때는 뒤로 가면서 톤을 올려야 한다.). 끈 이론은 중력을 포함한 모든 힘과 모든 입자, 그리고 시간과 공간을 아무런 변수 없이, 무한대도 없이 통일시켜주는 이론이다.[**] 그야말로 천하무적이다. 단, 이 이론에서 기존의 점입자들은 짧은 끈으로 대치된다. 또한 끈 이론은 인간의 상상력과 수학적 능력을 극단으로 밀어붙인다. 수학적으로 복잡한 이론은 과거에도 종종 있었지만, 이 부분에서 끈 이론

● 암흑물질이 없으면 중력이 부족하여 은하가 지금의 형태를 유지하지 못하고 산산이 흩어져야 한다.

●● 끈 이론에 초대칭을 도입한 것이 초끈 이론이다. 저자는 끈 이론과 초끈 이론을 굳이 구별하지 않고 있다.

은 타의 추종을 불허한다. 이론물리학계에 끈 이론 열풍이 불어닥치면서 수많은 스타가 탄생했는데, 대표적 인물로는 가브리엘레 베네치아노(Gabrielle Veneziano), 존 슈워츠, 앙드레 느뵈(André Neveu), 피에르 라몽(Pierre Ramond), 제프 하비(Jeff Harvey), 조엘 셔크(Joel Sherk), 마이클 그린(Michael Green), 데이비드 그로스, 그리고 피리를 불면서 젊은 학자들을 끈 이론으로 이끄는 에드워드 위튼(Edward Witten)이 있다. 뉴저지에서 끈 이론을 연구하는 4명의 이론물리학자들은 "프린스턴 현악 4중주단(Princeton String Quartet)"으로 불리기도 한다.

끈 이론은 아틀란티스대륙이나 오즈(Oz)처럼 머나먼 세상을 서술하는 이론이다. 주 활동무대가 플랑크영역이기 때문이다. 빅뱅우주론, 그것도 우주 탄생 직후가 아니면 이렇게 극단적인 영역을 다룰 일이 없다. 어차피 이런 영역에서 일어나는 사건은 실험으로 검증할 수 없기 때문이다. 물론 그렇다고 해서 끈 이론을 연구할 필요가 없다는 뜻은 아니다. 꿈같은 상상이지만, 수학적 모순 없이(무한대가 없이) 오즈의 세계를 서술하는 "단 하나"의 이론이 존재하고, 그 이론의 저에너지 극한이 표준모형과 일치한다면, 물리학자들은 기쁜 마음으로 연필과 삽을 내려놓을 것이다. 그러나 초끈 이론은 유일성에 연연하지 않는다. 초끈 이론의 기본가정을 만족하면서 데이터의 세계로 가는 길은 엄청나게 많다. 초끈 이론의 또 다른 특징은 …… 그렇다. 8장에서 말한 대로 이 이론은 시공간이 10차원이라고 주장한다. 초끈 이론에 의하면 우리가 사는 세상은 9차원 공간과 1차원 시간으로 이루어져 있다.

앞에서 나는 우주의 팽창을 논할 때 설명을 좀 더 쉽게 하기 위해 공간을 2차원으로 줄인 적이 있다. 하지만 그것은 어디까지나 비유적인 이야기고, 우리가 사는 공간은 분명히 3차원이다. 그런데 9차원이라니? 나머지 6차원은 어디에 있는가? 끈 이론학자는 말한다. "돌돌 말려 있다." 말려 있다고? 끈 이론은 중력에서 출발한 이론이고 중력은 기하학에 기초를 두고 있으므로, 상상력을 극단까지 밀어붙이면 아주 작은 공의 내부에 돌돌 말려 있는 6차원을 상상할 수는 있다. 공의 지름은 10^{-33}센티미터, 즉 플랑크길이 수준으로, 점입자를 대체한 끈이 이 정도 길이를 갖고 있다. 이 끈이 진동하면서 우리가 알고 있는 모든 입자를 만들어낸다. 일반적으로 팽팽하게 당겨진 끈은 무한히 많은 진동모드를 갖고 있다. 바이올린을 비롯한 현악기들은 이 원리를 이용하여 다양한 소리를 만들어낸다.(그 옛날, 갈릴레오도 류트를 이용하여 이와 비슷한 실험을 했었다. 기억하는가?) 악기용 줄의 진동모드는 음의 높이, 즉 진동수에 따라 분류된다. 끈 이론의 미시적 끈을 서술하는 수학도 이와 비슷하다. 현실세계에 존재하는 입자는 끈의 최저진동수모드에 해당한다.

몇 년 전, 끈 이론의 선두주자인 에드워드 위튼이 페르미 연구소를 방문하여 초끈 이론을 주제로 환상적인 강연을 했다. 그런데 강연이 끝나고 박수가 터지기 전에 약 10초 동안 장엄한 침묵이 흘렀다. 페르미 연구소에서는 초청강연이 수시로 열리는데, 그런 희한한 광경은 생전 처음 보았다.(10초면 매우 긴 시간이다!) 나는 강연이 끝난 후 내가 들은 내용을 다른 동료들에게 알려주려고 눈썹이 휘날리게 뛰어갔으나, 도착할 즈음에는 거의 아무것도 생각나지 않았다. 발표자의 말주변이 좋으면 마치 내가 그 내용을 이해한 듯한 착각이 들지만, 몇 분만 지나면 말짱 도루묵이 된다.

초끈 이론은 복잡한 수학을 꾸준히 도입하고 다양한 방향으로 갈라져 나가면서, 예전보다는 한층 더 이해 가능한 수준으로 개선되었다. 이제 우리가 할 일은 그저 기다리는 것뿐이다. 초끈 이론은 지금도 이론물리학자들 사이에서 높은 인기를 누리고 있지만, TOE가 표준모형에 도달하려면 꽤 긴 시간이 소요될 것이다.

편평성 문제와 암흑물질

빅뱅 이론은 아직 해결되지 않은 몇 가지 난제를 안고 있는데, 그중 하나가 바로 '편평성 문제(flatness problem)'이다. 이 문제는 물리학자들(이론, 실험 모두)을 어리둥절하게 만들면서도, '태초'에 관하여 손에 잡힐 듯 말 듯한 실마리를 제공해준다. 편평성 문제의 해답이 어떤 쪽으로 내려지는가에 따라 우주는 영원히 팽창하거나, 아니면 팽창속도가 느려지다가 어느 순간부터 수축모드로 전환하거나, 둘 중 하나로 결정될 것이다. 이 문제는 다음과 같은 질문에서 출발한다. "우주에는 얼마나 많은 질량이 존재하는가?" 질량이 충분히 많으면 우주는 어느 순간부터 팽창을 멈추고 중력에 의해 수축되기 시작하여 '빅크런치(Big Crunch)'*를 맞이하게 된다. 이것이 소위 말하는 닫힌 우주(closed universe)이다. 반면에 질량이 충분치 않으면 우주는 영원히 팽창하면서 온도가 점점 내려갈 것이다. 이것은 열린 우주(open universe)이다. 그리고 이들 사이에 또 하나의 가능성이 있다. 우주에 존재하는 질량의 합이 어떤 임계값(이 값을 '임계질량critical mass'이라 한다.)과 일치하면 팽창속도가 서서히 느려지긴 하지만 수축되지는 않는다. 이것을 편평한 우주(flat universe)라 한다.

● 대붕괴. 모든 물질이 하나의 점으로 모여 으깨지는 우주의 종말.

지표면에서 발사되는 로켓을 예로 들어보자. 로켓의 속도가 너무 느리면 잠시 올라가다가 땅으로 떨어진다(닫힌 우주). 속도에 비해 지구의 중력이 너무 강하기 때문이다. 이와 반대로 로켓의 속도가 지나치게 빠르면 로켓은 지구의 중력을 벗어나 태양계를 향해 나아간다(열린 우주). 그렇다면 둘 중 어떤 경우에도 속하지 않는 특별한 속도가 있을 것이다. 즉, 그 특별한 속도에서 조금만 느려지면 땅으로 떨어지고, 조금만 빠르면 지구 중력권을 탈출하는, 그런 속도가 존재한다. 로켓이 정확하게 이 속도로 발사된 경우가 바로 '편평한 우주'에 해당한다. 이런 경우 로켓은 지구를 탈출한 후 계속해서 속도가 감소한다. 간단히 말해서, 최소한의 속도로 지구를 탈출한 것이다. 지구라는 행성에서 이 속도는 초속 11.3킬로미터이다. 이제 로켓을 빅뱅으로 대체하고, 탈출하거나 떨어지는 데 필요한 로켓의 무게(우주의 질량밀도)를 계산해보자.

별의 수를 헤아리면 우주의 중력질량을 대충 가늠할 수 있다. 이 계산은 천문학자들이 이미 해놓았는데, 팽창을 멈추기에는 턱없이 작은 값으로 밝혀졌다. 즉, 우리의 우주는 '아주 넉넉하게' 열린 우주였던 것이다. 그러나 별의 분포를 분석한 결과, 복사에너지를 방출하지 않는 미지의 암흑물질이 우주전역에 널리 퍼져 있지 않고서는 지금과 같은 분포를 유지할 수 없다는 결론에 도달했다. 그래서 관측된 질량과 암흑물질 추정량을 더해보니, 임계질량과 거의 비슷한 값이 얻어졌다.(아래로는 10퍼센트, 위로는 20퍼센트의 오차가 있다.) 그러나 '임계'라는 조건을 만족하려면 한 치의 오차도 없이 정확해야 하기 때문에, 우주가 계속 팽창할 것인지, 아니면 수축될 것인지는 아직 미지로 남아 있다.

암흑물질의 정체는 무엇일까? 후보에 오른 것은 대부분 입자들인데 액시온(axion), 포티노(photino) 등 이름도 특이하다. 이들 중 가장 흥미를 끄는 후보는 표준모형에 등장하는 뉴트리노들이다. 우주에는 다량의 뉴트리노가 빅뱅의 잔해로 남아 있을 것으로 추정된다. 만일 뉴트리노가 질량을 갖고 있다면 암흑물질의 후보로 손색이 없다. 지나치게 가벼운 전자뉴트리노를 제외시키면 두 개가 남는데, 그중 타우뉴트리노가 더 그럴듯하다. 왜냐하면 확실하게 존재하고, 질량이 전혀 알려지지 않았기 때문이다.

얼마 전에 우리는 페르미 연구소에서 타우뉴트리노의 질량을 측정하는 실험을 수행했다. 극도로 섬세하면서 독창적이었던 이 실험은 입자물리학과 우주론의 상호협조를 유도하는 이정표가 되었다.

매서운 바람이 몰아치는 어느 겨울 밤, 일리노이주의 황량한 평원에 외롭게 서 있는 조그만 전자공학동 실험실에서 홀로 당직을 서고 있는 대학원생을 상상해보자. 실험실에는 지난 8개월 동안 뉴트리노의 질량을 관측하는 실험이 진행되면서 산더미 같은 데이터가 쌓여있다. 그 학생은 실험의 진척상황을 확인한 후, 늘 하던 대로 뉴트리노의 질량효과에 관한 데이터를 확인하고 있다.(질량을 직접 측정하는 게 아니라, 특정 반응에서 질량에 의해 나타나는 효과를 관측하는 것이다.) 계산도 복잡하지 않다. 그냥 주어진 공식에 데이터를 대입하고 프로그램을 실행하면 된다.

어느 순간, 그 학생의 눈이 휘둥그래진다. "어? 이게 뭐지?" 그는 믿을 수 없다는 표정으로 모니터에 떠있는 수치를 바라본다. "하나님 맙소사!" 계산을 다시 해봐도 결과는 똑같다. 뉴트리노의 질량이 발견된 것이다! 이것으로 인류는 우주에 한 걸음 더 다가섰다. 22세의 그 청년은 지금 이 순간, 전 세계 70억 명의 사람들 중 우주의 미래를 알고 있는 유일한 사람이 되었다. 유레카!

꽤 흥미진진한 이야기다. 한 대학원생이 이런 일을 겪은 건 사실이지만, 결국 그 실험은 뉴트리노의 질량을 감지하는 데 실패했다. 그 날 얻었던 결과는 질량을 입증하기에 충분하지 않았던 것이다. 그러나 …… 언젠가는 충분한 데이터가 확보될 것이다. 그러므로 독자들은 불확실한 미래를 눈앞에 두고 있는 청소년들에게 "기운 내! 넌 할 수 있어!"라고 용기를 북돋아주기 바란다. 그리고 그들에게 실험은 언제든지 실패할 수 있지만 항상 실패하지는 않는다고 말해주기 바란다.

편평한 우주: 과연 기적일까

우주의 질량이 어쩌다가 임계질량에 가까워졌는지는 알 수 없지만, 어쨌거나 임계질량에 가까운 건 사실이다. 그리고 이것은 기적 중의 기적이다! 왜 그런가? 조물주는 우주를 창조할 때 여러 가지 질량을 선택할 수 있었을 텐데(예를 들면 임계질량의 10^6배, 또는 임계질량의 $1/10^{16}$배 등), 거의 편평한 질량을 선택했다. 사실 우리의 우주는 지금보다 훨씬 나빠질 수도 있었다. 탄생 직후부터 정신없이 팽창하여 거의 무의 상태가 되거나, 빅뱅 후 금방 수축되어 불발로 끝날 수도 있었는데, 137억 년 동안 잘 버텨왔다는 것은 그야말로 기적이다. 지금까지 알려진 사실에 의하면 빅뱅 후 1초만에 우주는 거의 완전하게 편평한 상태였다.[●] 여기서 조금만 초과했다면 원자핵이 생성되기도 전에 우주는 빅크런치로 끝났을 것이며, 조금이라도 모자랐다면 지금쯤 차디차게 얼어붙었을 것이다.

● 널빤지처럼 편평하다는 뜻이 아니라, 질량이 임계값에 매우 가까웠다는 뜻이다.

그런데 아무리 기적이라지만 확률이 작아도 너무 작다. 앞에서도 말했지만 과학자는 우연이나 기적을 별로 좋아하지 않는다. 이 불편한 심기에서 해방되려면 우주가 편평할 수밖에 없었던 '자연스러운' 원인을 찾아야 한다. 나의 대학원생 제자들이 뉴트리노가 암흑물질인지 확인하기 위해 추운 실험실에서 밤을 새우는 것도 바로 그 원인을 찾기 위해서다. 무한팽창인가? 아니면 빅클런치인가? 지금쯤이면 창조주도 궁금해할 것 같다. 물론 우리도 궁금하다.

1980년에 MIT의 이론물리학자 앨런 구스(Alan Guth)는 그 유명한 인플레이션 이론(Inflation theory)를 창안하여 우주공간의 온도가 3K로 균일한 이유와 편평성 문제, 그리고 빅뱅과 관련된 몇 가지 문제를 일거에 해결했다.

인플레이션과 스칼라입자

137억 년에 걸친 우주의 진화과정은 아인슈타인의 일반 상대성 이론에 대부분 담겨 있다. 우주의 온도가 10^{32}K까지 식은 후부터는 고전적(비양자역학적) 상대성 이론이 우주를 지배했으며, 이 무렵에 일어난 사건들은 아인슈타인의 이론으로 설명 가능하다. 그러나 운명의 장난인지, 일반 상대성 이론의 위력을 제대로 파악한 사람은 아인슈타인이 아니라 그의 동료였다. 허블의 우주팽창론이 알려지기 전이었던 1916년, 우주가 정적(靜的, static)이라고 굳게 믿었던 아인슈타인은 일반 상대성 이론의 장방정식에 우주의 팽창을 방지하는 우주상수항을 끼워 넣었다.(훗날 우주가 팽창한다는 사실이 밝혀졌을 때, 아인슈타인은 '인생 최대의 실수'라며 방정식에서 우주상수항을 지워버렸다.) 이 책은 우주론 책이 아니므로(그리고 우주론에 관한 좋은 책은 사방에 널려 있으므로) 그 개념을 자세히 설명할 필요는 없을 것 같다. 사실 우주론에 등장하는 많은 개념들은 내가 받는 월급의 수준을 훨씬 넘어서 있다.

앨런 구스는 우주팽창을 연구하다가 아인슈타인의 방정식에서 허용되는 하나의 과정을 발견했다. 우주는 양성자보다 작은 크기에서(10^{-15}미터) 시작하여 10^{-33}초 이내에 골프 공 크기까지 팽창할 수 있다는 것이다. 이 급격한 팽창(인플레이션)은 방향성이 없는 새로운 스칼라장의 영향을 받아 일어난다. 왠지 …… 힉스의 냄새가 나는 것 같지 않은가?

정말로 그랬다. 그것은 힉스였다! 천체물리학자들이 완전히 다른 분야에서 힉스를 발견한 것이다. 도대체 인플레이션이 무엇이기에 힉스장이 팽창을 유도했다는 말인가?

독자들도 잘 알다시피 힉스장은 입자의 질량과 밀접하게 관련되어 있다. 구스는 우주가 인플레이션 모드로 접어들기 전에 "엄청난 에너지를 보유한 힉스장으로 가득 차 있었다."고 가정했다. 이 힉스장 덕분에 초단시간-초고속 팽창이 가능했다는 이야기다. 이쯤 되면 물리학 버전 구약성서를 "태초에 힉스가 있었다."는 문장으로 시작해도 괜찮을 것 같다. 힉스장은 공간 전체에 걸쳐 일정한 값으로 퍼져 있지만, 이 값은 시간에 따라 변할 수 있다. 물리학의 법칙이 이것을 보장한다. 이 법칙을 아인슈타인의 방정식과 결합하면 창조의 순간 후 10^{-35}초에서 10^{-33}초 사이에 극적인 팽창이 일어난다. 우주론학자들에 의하면 초기우주는 '가짜진공' 상태에 있었다고 한다. 힉스장에 에너지가 담겨 있었으므로 진짜 진공이 아니라는 뜻이다. 그러던 중 어느 순간에 가짜진공에서 진짜진공으로 상태변화가 일어났고, 이때 방출된 에너지로부터 모든 입자와 복사가 생성되었다. 우리가 알고 있는 빅뱅과 차분한 팽창 및 온도의 하강은 그 후에 일어난 사건이다. 그러니까 우주의 역사는 빅뱅 후 10^{-33}초부터 시작된 셈이다.

힉스장은 입자를 생성하는 데 모든 에너지를 기증한 후 한동안 은퇴했다가 수학적 타당성을 유지하기 위해, 또는 무한대를 진압하기 위해, 또는 입자와 힘의 종류가 많아짐에 따라 점점 복잡해져 가는 상호작용을 감시하기 위해 여러 번에 걸쳐 다양한 모습으로 나타났다. 그야말로 '신의 입자의 재림'이다.

잠깐 스톱! 독자들이 무슨 생각을 하는지 안다. 하지만 이것은 결코 날조된 이야기가 아니다. 인플레이션이론의 창시자인 앨런 구스는 1980년 당시 33세의 젊은 입자물리학자로서, 그의 주된 관심은 기존의 표준빅뱅 이론에서 예견된 자기홀극(magnetic monopole)이었다. 자기홀극이란 자석의 N극과 S극이 함께 존재하지 않고 홀로 떨어져 나와 자기장을 만들어내는 가상의 물질(또는 입자)로서, N극과 S극이 따로 분리되면 이들 사이의 관계는 입자와 반입자의 관계와 비슷해진다. 당시 입자물리학자들 사이에는 '자기홀극 찾기'가 유행처럼 퍼져나갔고, 새로 만들어진 기계는 예외 없이 자기홀극 탐색에 동원되고 있었다. 그러나 뜨거운 관심에도 불구하고 자기홀극은 끝내 발견되지 않았다. 이론에 의하면 다량의 자기홀극이 우주 전역에 분포되어 있어야 하는데, 실제로는 아예 존재하지 않거나 있더라도 관측이 어려울 정도로 아주 드물었던 것이다. 앨런 구스는 우주론에 관한 한 아마추어였으나, 자기홀극이 희귀한 이유를 추적하던 중 '인플레이션을 도입하면 자기홀극문제뿐만 아니라 우주론이 직면하고 있는 여러 문제를 일거에 해결할 수 있다.'는 놀라운 사실을 발견했다. 훗날 구스는 이 시절을 회상하며 "나는 운이 좋았다. 필요한 모든 요소들이 이미 알려져 있었기에 그런 생각을 떠올릴 수 있었다."고 했다. 또한 볼프강 파울리는 그런 단순한 생각을 미처 떠올리지 못한 자신을 한탄하며 "너무 많이 아는 것도 병"이라고 했다.

구스는 인플레이션(급속팽창)을 도입하여 등방성 문제(또는 인과율 문제)와 편평성 문제를 해결했다. 그런데 어떻게 해결했을까? 지금부터 그 내용을 설명하면서 힉스에 대한 언급을 마무리하고자 한다. 우주는 인플레이션을 겪을 때 빛보다 훨씬 빠른 속도로 팽창했다. 아인슈타인의 특수상대성 이론에 의하면 어떤 속도도 빛보다 빠를 수 없지만, 이것은 공간 속을 가로지르는 물체나 신호에 해당되는 이야기고, 공간 자체가 팽창하는 속도는 상대성 이론의 제한을 받지 않는다. 태초에는 우주의 모든 부분이 서로 밀접하게 붙어 있었다. 그러나 인플레이션과 함께 공간이 빛보다 훨씬 빠른 속도로 팽창하면서 서로 맞닿아 있던 지역들은 인과율로 연결되지 않을 정도로 엄청나게 멀어졌다.● 그 후 팽창속도가 빛보다 느려지면서 공간의 각 지점들은 다시 인과율로 연결되었으며, 멀리 떨어진 별에서 방출된 빛이 우리에게 도달하여 우주를 관측할 수 있게 되었다. 어디선가 우주의 목소리가 들리는 것 같지 않은가? "헤이, 또 만났군. 오랜만이야!" 그렇다. 우주의 모든 지역이 균등한 이유는 태초에 서로 맞닿아 있으면서 정보를 충분히 교환했기 때문이다. 등방성 문제는 이렇게 해결되었다.

인플레이션우주는 편평성 문제에 대해서도 뚜렷한 답을 제시해준다. 우리의 우주는 임계질량을 갖고 있다. 그래서 팽창속도는 꾸준히 줄어

● 빛의 속도로 따라가도 그곳에 도달할 수 없다는 뜻이다.

들고 있지만 앞으로도 영원히 팽창할 것이다.* 그래서 우주는 편평하다. 아인슈타인의 일반 상대성 이론에 의하면 질량은 공간을 휘어지게 만들고, 질량이 클수록 휘어지는 정도도 크다. 즉, 질량이 밀집된 지역일수록 공간의 곡률이 커진다. 편평한 우주는 곡률이 양(+)인 우주와 곡률이 음(-)인 우주의 딱 중간이다. 질량이 많으면 곡률이 안으로 휘어져서 우주는 구의 표면처럼 닫힌 공간을 형성한다. 반면에 질량이 작으면 곡률의 부호가 바뀌어서 말안장의 표면처럼 열린 우주가 된다. 우주가 편평하다는 것은 우주가 임계질량을 갖고 있어서 곡률이 정확하게 0이라는 뜻이다. 초기우주에 존재했던 작은 곡률은 인플레이션을 겪으면서 거의 편평해졌다. 지금은 아주 편평한 상태이다. 우주가 완벽하게 편평한지(정확하게 팽창과 수축의 중간에 있는지) 확인하려면 질량분포를 계속 관측해나가면서 암흑물질을 찾아야 한다. 이 일은 천체물리학자들이 알아서 해줄 것으로 믿는다.

인플레이션이론이 해결한 문제는 이뿐만이 아니다. 예를 들어 빅뱅우주론은 우주에 은하와 별, 행성 등 질량밀집지역이 존재하는 이유를 설명하지 못한다. 여러분은 이렇게 생각할 지도 모른다. "아니, 그게 뭐가 문제라는 거지? 초기 플라스마 상태에 약간의 요동이 발생해서 일부가 뭉치고, 중력 때문에 주변 물질을 끌어 모으다보면 중력이 점점 더 강해지고, 이런 식으로 시간이 흐르다 보면 은하가 생길 수도 있는 거 아닌가?" 맞는 말이다. 그럴 수도 있다. 그러나 우연히 발생한 요동이 원인이

---

* 그러나 1998년에 우주의 팽창속도가 다시 빨라지고 있는 것으로 확인되었고, 그 이유를 설명하기 위해 '암흑에너지'의 개념이 도입되었다. 아래에 이어지는 설명은 1993년도 버전으로, 지금과는 다소 차이가 있다.

라면 은하는 아직 생성되지 않았어야 한다. 이 과정은 시간이 엄청 오래 걸리기 때문이다. 지금 은하가 존재하려면 인플레이션이 진행되는 동안 '은하의 씨'가 곳곳에 심어져 있었어야 한다.

은하의 씨를 연구하는 우주론학자들은 초기우주에서 주변보다 밀도가 조금 높은 지역(0.1퍼센트 이내)이 곳곳에 존재했다고 믿고 있다. 이런 불균형은 어디서 초래된 것일까? 앨런 구스의 인플레이션이론은 이 점에 대하여 아주 흥미로운 설명을 내놓았다. 인플레이션이 진행되는 동안에 유령 같은 양자적 요동이 발생하면 곳곳에 밀도가 다른 지점이 발생할 수 있다. 그 후 인플레이션이 계속 진행되면, 아주 미세했던 고밀도 부위가 지금의 은하처럼 커질 수 있다는 것이다. 1992년에 4월에 COBE 위성이 보내온 데이터에 의하면 우주배경복사의 온도가 방향에 따라 조금씩 다르게 나타나는데, 그 차이는 인플레이션이론에서 예견된 값과 정확하게 일치했다.

COBE의 데이터에는 빅뱅 후 30만 년 된 우주의 상태가 반영되어 있다. 물론 이 무렵의 분포는 인플레이션에서 초래된 것으로, 밀도가 높은 곳은 배경복사의 온도가 높고 밀도가 낮은 곳은 배경복사의 온도가 낮았다. 그러므로 지역에 따라 온도가 다르다는 것은 은하의 모태인 '우주적 씨앗'이 태초부터 존재했다는 실험적 증거가 된다. 당시 이 뉴스는 전 세계 일간지의 헤드라인을 장식했다. 지역에 따른 온도차이가 백만 분의 몇 도에 불과하여 관측하는 데 애를 먹었지만, 그 덕분에 우리는 균일한 원시수프 속에서 은하와 태양, 행성, 그리고 우리를 낳은 우주씨앗이 존재했음을 확인할 수 있었다. 다혈질로 유명한 천문학자 조지 스무트 (George Smoot)는 데이터를 확인한 후 "신의 얼굴을 보는 기분이었다."고 했다.

1987년에 천문학자와 우주론학자, 그리고 이론물리학자 들이 페르미 연구소에 모여 우주의 탄생을 주제로 열띤 토론을 벌인 적이 있다. 토론회의 정식 명칭은 '양자우주론(Quantum Cosmology)'이었는데, 양자중력이론이 없는 상황에서 이런 주제를 다룬다는 것 자체가 모순이었다. 하지만 어쩌겠는가? 아무도 모르는 것을 ……. 양자중력 이론이 없는 한, 초기우주의 물리적 상황은 영원히 알 수 없을 것이다.

그 학회에는 스티븐 호킹과 머리 겔만, 야코프 젤도비치(Yakov Zeldovich), 앙드레 린데(André Linde), 짐 하틀(Jim Hartle), 마이클 터너(Michael Turner), 록키 콜브(Rocky Kolb), 데이비드 슈람(David Schramm) 등 세계적인 전문가들이 대거 참석했다. 나도 그 자리에 있었는데, 토론은 매우 활발하게 진행되었지만 내용이 너무 수학적이고 추상적이어서 거의 알아들을 수가 없었다. 그날 내가 가장 관심 있게 들은 것은 우주의 기원에 대한 호킹의 요약강연이었다. 일요일 아침, 미국에 있는 16,427개의 교회에서 16,427명의 목사들이 16,427가지 설교를 하고 있을 바로 그 시간에, 호킹도 신에 관한 이야기를 하고 있었다. 다른 점이 있다면 강연내용이 육성이 아닌 기계음을 통해 전달되었다는 것뿐이다. 나는 호킹이 항상 그래왔던 것처럼 흥미롭고 복잡한 이야기를 길게 늘어놓을 거라고 예상했는데, 연단에 오른 그는 가장 심오한 생각을 가장 간결한 문장으로 표현했다. "과거의 우주는 그 자체로 우주였기에, 지금의 우주도 그 자체로 우주입니다."

호킹은 "양자우주론의 임무는 창조의 순간에 존재했을 초기 조건을 알아내는 것"이라고 했다. 이 임무가 완수되면 자연의 법칙이 향후의 진화과정을 알려줄 것이다(어떤 법칙이냐고? 나도 모른다. 지금 한창 공부 중인 초등학생들이 나중에 밝혀줄 것이다.). 새로운 이론은 우주의 초기 조건과 물리법칙의 조합으로 모든 관측데이터를 설명해야 하며, 그로부터 1990년대의 표준모형을 재현할 수 있어야 한다. 이런 대단한 이론이 출현하기 전에 SSC로부터 피사의 사탑 실험 이후 축적되어온 모든 데이터를 설명하는 새로운 표준모형이 탄생한다면 더욱 좋을 것이다. 혹평가로 유명한 파울리가 한번은 텅 빈 사각형을 그려놓고 "이것은 이탈리아의 화가 티티안의 걸작을 재현한 것이다. 사소한 부분은 생략했다."고 주장한 적이 있다. 우리가 그려놓은 '우주의 탄생과 진화'라는 그림도 붓질을 몇 번만 더 하면 완성될 지도 모른다. 어느 곳에 어떻게 덧칠을 해야 할지 아직은 알 수 없지만, 액자 하나만은 더 없이 아름답다.

시간이 시작되기 전

탄생 전의 우주로 다시 돌아가보자. 우리는 우주에 대하여 꽤 많은 사실을 알고 있다. 정강이뼈 한 조각으로 공룡의 형상을 복원하는 고생물학자나 흩어진 돌의 잔해로부터 고대도시를 복원하는 고고학자처럼, 우리는 '우주'라는 초대형 실험실에서 몇 개의 물리법칙을 알아냈다. 우주가 탄생했던 시기, 또는 그 이전의 시기에 도달하려면 물리학의 법칙에 입각하여 일련의 사건들을 거꾸로 되돌리는 방법밖에 없다.(증명할 수는 없지만 그렇게 믿고 있다.) 자연의 법칙은 우가 탄생하기 전부터 존재했을 것이다. 그래야 무언가가 법칙에 따라 진행되어 우주를 낳았을 것이기 때문이다. 말은 그럴듯하다. 다들 그렇게 믿고 있다. 그런데 증명할 수 있을까? 턱도 없다. "시간이 흐르기 전에는 무엇이 있었는가?" 이 질문의 답을 찾으려면 물리학을 버리고 철학의 영역으로 들어가야 한다.

시간이라는 개념은 사건의 발생과 밀접하게 관련되어 있다. 하나의 사건은 하나의 시간을 정의하고, 연속적으로 일어나는 두 개의 사건은 하나의 시간간격을 정의한다. 또한 심장박동이나 단진자, 일출과 일몰처럼 일정한 간격으로 반복되는 사건은 '시계'를 정의한다. 자, 지금부터 재미있는 상상의 세계로 들어가보자. 이 세상에 아무런 사건도 일어나지 않는다면 어떻게 될까? 시계도 없고, 음식도 없고, TV도, 전화도 없다. 아무것도 없다. 이런 세상에서는 시간이라는 개념이 존재하지 않는다. 있어봐야 써먹을 곳도 없다. 탄생 이전의 우주는 아마도 이런 상태였을 것이다. 빅뱅은 무엇보다도 시간을 창조했다는 점에서 정말로 위대한 사건이었다.

내가 말하고 싶은 것은 '시계가 정의되지 않으면 시간에 의미를 부여할 수 없다.'는 것이다. 파이온의 붕괴를 설명하는 양자 이론을 예로 들어보자. 붕괴가 일어나기 전에 파이온의 붕괴시간을 정확하게 예측하는 방법은 이 우주에 존재하지 않는다. 파이온은 붕괴하기 전까지 아무것도 변하지 않는다. 파이온의 붕괴는 파이온의 입장에서 볼 때 빅뱅이나 마찬가지다. 파이온의 개인적 빅뱅이 일어나기 전까지, 그 내부구조는 (우리가 제대로 이해하고 있다면) 동일한 상태로 유지된다. 이것을 '인류의 붕괴'와 비교해보자. 인류의 붕괴조짐은 도처에서 발견되었고, 지금도 가차없이 진행되고 있다! 그러나 양자세계에서 '파이온은 언제 붕괴되는가?'라거나 '빅뱅은 언제 일어났는가?'라는 질문은 아무런 의미가 없다. 우리는 그저 "빅뱅이 일어난 지 얼마나 지났는가?"라고 물을 수 있을 뿐이다. 이 질문에는 구체적인 답도 주어져 있다. 약 137억 년이 지났다.

빅뱅 이전의 우주를 굳이 상상한다면 '시간도 없고 특징도 없는 세상'일 것이다. 그러나 이 시기에도 우주는 물리법칙의 가호를 받고 있었다.

붕괴를 앞둔 파이온처럼, 물리법칙은 우주에게 폭발하고, 변하고, 상태전이가 일어날 명확한 확률을 부여했다. 여기서 이 책의 서두에 언급했던 비유적 표현을 업그레이드해보자. 태초의 우주를 거대한 산봉우리 꼭대기에 아슬아슬하게 놓여 있는 돌멩이에 비유한다면, 지금의 우주는 골짜기로 굴러 떨어져 어딘가에 안착한 돌멩이에 해당한다. 고전물리학에 의하면 아주 안정한 상태이다. 그러나 양자세계에는 터널링 현상(5장에서 언급했던 기이한 현상으로, 모든 물체는 에너지 장벽을 관통할 수 있다.)이 존재하므로, 돌멩이가 골짜기 바깥에서 나타났다가 절벽 능선을 넘어 아래로 굴러 떨어지면서 위치에너지를 방출하고, 이로부터 우리의 우주가 탄생할 수도 있다. 이 상상의 모형에서 힉스장은 절벽 역할을 한다.

우주의 시간을 거꾸로 되돌리면 시간과 공간은 하나의 점으로 수렴하고, 우주를 서술하던 방정식들은 의미를 상실한다. 이 시점부터는 과학 자체가 무의미해지고, 시간과 공간도 아무런 의미가 없다. 그런데 모든 의미가 한 순간에 갑자기 사라지는 것이 아니라, 하나의 점으로 수렴하면서 서서히 사라진다. 그렇다면 최후의 순간에는 무엇이 남을까? 우주가 탄생하기 전에도 물리법칙은 존재해야 하므로, 아마도 물리법칙이 남을 것이다.

시간과 공간, 그리고 우주의 시작을 설명하는 우아한 이론을 다루다보면 필연적으로 좌절감을 겪게 된다. 요즘은 실험과 관측으로 단 며칠 만에 증명할 수 있는 이론이 거의 없다. 1500년대 이후로 과학역사상 처음 있는 일이다. 아리토텔레스의 시대만 해도, 말의 치아 개수를 놓고 논쟁이 벌어지면 당장 마구간으로 달려가 말의 입을 강제로 벌리고 확인할 수 있었다. 그러나 요즘 물리학자들은 '우주의 존재'라는 한 조각의 데이터를 놓고 논쟁을 벌이는 중이다. 내가 이 책의 부제목을 "우주가 답이라면, 질문은 무엇인가?"로 정한 것은 바로 이런 이유 때문이다.

그리스로 돌아가다

새벽 5시. 9장의 마지막 페이지를 쓰다가 깜빡 잠이 들었다. 원고 마감일은 벌써 지났는데 머리를 아무리 쥐어짜도 멋진 글귀가 떠오르지 않는다. 그런데 바타비아에 있는 우리 집 근처에서 갑자기 요란한 소리가 들려왔다. 깜짝 놀라서 달려가 보니 마구간에 있는 말들이 마구 소리를 지르면서 발길질을 하고 있었다. 놀란 말들을 진정시키고 주변을 둘러보니, 토가를 걸치고 최신형 샌들을 신은 노인 한 분이 마구간을 향해 다가오고 있었다.

레더먼: 아니, 데모크리토스 선생님 아니십니까! 여기서 뭐 하시는 거예요?

데모크리토스: 말들을 부르고 있었지. 이집트에서 마차를 끌던 말을 자네가 봤어야 해. 그 말들은 키가 엄청나게 크고 하늘을 날 수도 있었어!

레더먼: 물론 그랬겠지요. 그나저나 어떻게 지내셨습니까?

데모크리토스: 자네, 시간 좀 낼 수 있겠나? 웨이크필드 가속기 제어실에서 나를 초대했거든. 2020년 1월 12일에 테헤란에서 가동식을 할거라네.

레더먼: 와우~! 제가 따라가도 되나요?

데모크리토스: 물론이지, 내 말만 잘 들으면 돼. 자, 내 손을 잡고 내가 하는 말을 따라하라구. 준비 됐나? 그럼 시작하세. $\Pi\lambda\alpha\nu\chi\kappa \ M\alpha\sigma\sigma$(Planck Mass, 플랑크질량).

레더먼: Πλανχκ Μασσ ·······.

데모크리토스: 더 크게!

레더먼: 플랑크매애애애쓰~!!

어느새 우리 두 사람은 우주선 엔터프라이즈호의 사령실처럼 생긴 작은 방에 와있었다. 벽에는 컬러스크린이 여러 개 걸려 있는데, 해상도가 무지 높다. 그러나 어디를 둘러봐도 오실로스코프나 다이얼은 보이지 않는다. 방의 한쪽 구석에는 한 무리의 젊은 남녀들이 활발한 토론을 벌이고 있다. 내 옆에 서있던 한 전문가가 손바닥 만한 버튼을 누르면서 스크린을 바라보았고, 또 한 사람의 전문가는 마이크 앞에 서서 페르시아어로 무언가 지시를 내리고 있다.

레더먼: 왜 하필 테헤란입니까?

데모크리토스: 세계평화가 이루어진 후 UN에서 가속기 부지를 놓고 고심하다가 동양과 서양의 문명이 처음 만났던 곳에 '신세계 입자가속기'를 건설하기로 결정했다네. 이곳의 정부가 가장 안정적인데다 지질학자도 많고, 인건비도 싸고, 물도 쉽게 댈 수 있고, 숙련공도 많기 때문이지, 게다가 아브데라 남쪽에서 이 동네 시시커밥이 제일 맛있거든.

레더먼: 가속기 규모는 어느 정도인가요?

데모크리토스: 이 기계에서는 500테라전자볼트짜리 양성자빔과 500테라전자볼트짜리 반양성자빔이 정면충돌할 거라네. 2005년에 SSC가 422기가전자볼트에서 힉스입자를 발견했는데, 그 후로 물리학자들이 "다른 힉스입자가 또 있는지 확인해야 한다."며 국회의원들을 들들 볶아댔거든.

레더먼: 힉스입자를 발견했다고요? 정말입니까?

데모크리토스: 힉스입자들 중 하나가 발견된 거지. 지금 물리학자들은 힉스입자가 여러 개라고 확신하고 있다네.

레더먼: 또 다른 소식은 없습니까?

데모크리토스: 아, 있지. 6개의 제트와 8개의 전자쌍이 연속으로 방출된 적이 있었다네. 그 대단한 광경을 자네도 봤어야 하는데! 그놈들은 결국 스쿼크와 글루이노로 밝혀졌지. 포티노도 조금 섞여 있었고…….

레더먼: 초대칭 말인가요?

데모크리토스: 그래, 가속기 출력이 20테라전자볼트를 넘었을 때부터 초대칭입자들이 마구 쏟아져 나오더라고.

데모크리토스가 강한 페르시아 억양으로 누군가를 부르니, 잠시 후 한 급사가 야크 소에서 갓 짜낸 따뜻한 우유 두 잔을 갖고 왔다. 노친네가 이곳에서도 꽤 파워가 있는 모양이다. 가속기에서 일어나는 충돌 사건을 스크린으로 볼 수 있냐고 물어봤더니 누군가가 나에게 가상현실 헬멧을 씌워주고 스위치를 눌렀다. 바로 그 순간, 와우! 산란되는 입자들이 마치 그림처럼 눈앞에 선명하게 나타났다! 2020년의 물리학자들(내가 살던 곳에서는 아직 유치원생이겠지만)은 역시 일일이 보여주고 떠 먹여줘야 이해를 하는 모양이다. 한동안 충돌동영상에 넋을 잃고 있는데, 아프리카식 헤어스타일을 한 키 큰 흑인여성이 노트처럼 생긴 컴퓨터를 들고 제어실로 들어와 분주히 돌아다니다가 나를 물끄러미 바라보더니 말을 걸어왔다. "그 청바지, 우리 할아버지께서 즐겨 입으시던 건데 …… 그런 차림으로 돌아다니는 걸 보니 UN 사령부에서 오신 분 맞죠? 우릴 감시하러 오셨나요?"

"아뇨, 저는 페르미 연구소에서 왔습니다. 몇 년 전에 그만 두긴 했지만 ……. 근데 지금 이곳에서 무슨 일이 벌어지고 있는 겁니까?"

그 후 한 시간 동안 나는 신경망회로와 제트 알고리즘, 꼭대기쿼크와 힉스입자의 출현지점, 진공증착 다이아몬드 반도체, 펨토바이트(femtobyte, 1,000기가바이트) 등 지난 25년 동안 이루어진 과학발전상에 대하여 자세한 강의를 들었다. 그녀는 미시간 출신의 물리학자로 디트로이트 과학고등학교를 나왔고, 그녀의 남편은 카자흐스탄 출신의 포스트닥으로, 최근에 에콰도르에 있는 키토대학교에 일자리를 얻었다고 한다. 그녀는 새로 건설된 가속기의 지름이 160킬로미터라고 했다. "그래요? 제가 상상했던 것보다 작군요." "아뇨, 크게 만들 수도 있었지만 1997년에 실온초전도체가 발명된 후로 굳이 크게 만들 필요가 없어졌어요." 그녀의 이름은 메르세데스였다.

메르세데스: 그래요, SSC의 연구개발팀이 니오뮴 합금에서 이상한 현상을 발견하여 끈질기게 파고든 끝에, 섭씨 10도에서 초전도현상이 나타나는 물질을 개발했어요. 이젠 선선한 가을날씨에도 초전도현상을 볼 수 있게 된 거죠.

레더먼: 임계자기장은 얼마나 되나요?

메르세데스: 50 테슬라요! 페르미 연구소의 테바트론은 4테슬라였잖아요. 맞죠? 요즘 초전도체 시장은 엄청나게 커졌어요. 2019년에 시장규모가 3000억 달러였으니까요. 초전도체를 생산하는 회사도 25개나 된답니다. 지금도 뉴욕과 로스앤젤레스 사이에는 초전도 자기부양열차가 시속 3,200킬로미터로 달리고 있어요. 강철섬유로 만든 송수관을 통해 대도시에 물이 공급되고 있구요. 그밖에도 새로운 응용 분야가 연일 신문에 실리고 있어요. 궁금하면 헬멧 왼쪽에 달린 단추를 손가락으로 가볍게 두

번 때려보세요. 지난 일주일 동안 보도된 신문기사가 뜰 거예요.

옆자리에 조용히 앉아 있던 데모크리토스가 대화에 끼어들었다.

데모크리토스: 쿼크 안에서 새로 발견된 건 없소?

메르세데스: (반색을 하며) 어머, 그게 제 박사학위 논문주제였어요! SSC의 마지막 실험에서 쿼크의 반지름이 10^{-21}센티미터 이하라는 게 밝혀졌거든요. 쿼크와 렙톤을 점입자로 간주한 건 확실히 좋은 근사법이었죠.

데모크리토스: (제자리에서 길길이 뛰고, 손뼉을 치고, 통쾌하게 웃으며) 그것 보라고! 내 그럴 줄 알았다니까! 결국 아토모스였잖아!

레더먼: 쿼크가 점이라는 건 우리도 알고 있었습니다. 다른 소식은 없나요?

메르세데스: CUNY에서 온 페드로 몬테아구도라는 젊은 이론물리학자가 초대칭과 힉스를 결합해서 'SUSY-GUT 방정식'을 유도했는데요, 이 방정식을 풀면 쿼크와 렙톤의 질량을 계산할 수 있어요. 힉스가 부여한 질량을 이론적으로 예측할 수 있게 된 거죠. 옛날에 보어가 수소원자의 에너지준위를 이론적으로 계산했던 것처럼 말이죠.

레더먼: 와우! 정말입니까?

메르세데스: 그럼요. 몬테아구도 방정식은 디랙과 슈뢰딩거의 뒤를 잇는 최고의 방정식이예요. 제가 입고 있는 티셔츠를 보세요.

메르세데스의 티셔츠에 적혀 있는 이상한 문자에 눈길이 멎는 순간, 갑자기 지진이 일어난 듯 천지가 흔들리면서 모든 것이 희미하게 사라져갔다.

"이런, 제길……." 어느새 나는 우리 집 거실 소파에 앉아 신문을 읽으며 중얼거리고 있다. 신문의 헤드라인에는 다음과 같은 기사가 대문짝만하게 실렸다. "미국 의회, 초충돌기 예산승인에 회의적." 컴퓨터 모뎀이 삑삑 거리며 전자메일이 왔음을 알린다. SSC 문제로 워싱턴에서 열리는 청문회에 출석하라는 내용이다.

마지막 인사

우리는 밀레투스에서 시작된 과학의 길을 따라 지금까지 꽤 먼 길을 걸어왔다. 발길을 재촉하느라 그냥 지나친 곳도 많다. 그러나 뉴턴과 패러데이, 돌턴, 러더퍼드 등 중요한 유적지는 빼놓지 않고 구경했다. 참, 맥도널드 햄버거도 맛있었다. 우리는 내부공간과 외부공간 사이의 시너지 효과를 확인했으며, 숲길을 달리는 드라이버처럼 나무 사이로 가끔씩 나타나는 과학의 성전(짓는 데 2,500년이나 걸렸다!)을 곁눈질로 구경하면서 꾸준히 달려왔다.

나는 이 여행 도중 독자들에게 여러 과학자를 되도록 자세히 소개하려고 노력했다. 다소 불경하게 군 적도 있지만, 그건 순전히 재미를 위한 개그였으니 너그럽게 이해해주기 바란다. 그런데 여기서 한 가지 분명하게 짚고 넘어갈 것이 있다. '과학자'와 '과학'은 엄연히 다른 객체라는 것이다. 과학자는 대부분 사람이기 때문에, 우리처럼 다양한 감정을 갖고 있다. 그들은 차분하면서도 야망이 크고 호기심과 자존심에 따라 행동하며, 천사 같은 도덕심과 강한 탐욕을 함께 갖고 있다. 또한 그들은 더없이 현명하면서도 노망든 노인처럼 유치한 구석도 있다. 과학자는 열정적이고 집착이 강하면서, 다른 한편으로는 태평스러운 사람들이다. 과학자 중에는 무신론자나 회의론자도 있고 냉소적인 사람, 신앙심이 깊은 사람, 또는 창조주에 인격을 부여하여 모든 걸 다 알고 있는 현자로 간주되거나, 영화 〈오즈의 마법사〉에 등장하는 배우 프랭크 모건(Frank Morgan)처럼 갈팡질팡하는 존재로 여겨지는 사람도 있다.

과학자의 능력도 개인에 따라 천차만별이다. 과학이 발전하려면 건축의 대가뿐만 아니라 시멘트를 섞는 인부도 필요하므로, 개인차가 큰 것은 별 문제가 안 된다. 과학자들 중에는 혀를 내두를 정도로 똑똑한 사람, 마술 같은 손재주를 가진 사람, 초자연적인 직관을 가진 사람, 그리고 가장 중요한 '운'을 타고난 사람이 있는가 하면 바보, 얼간이, 벽창호 같은 사람도 있다.

언젠가 어머니에게 이런 이야기를 했더니 나를 조용히 타이르셨다.
"애야, 너랑 비교해서 멍청해 보이는 사람은 멍청한 게 아니란다."
"아니에요, 그 사람들은 정말 멍청해요. 다른 멍청이들이랑 똑같다니까요!"
"멍청한데 어떻게 박사가 되었다니?"
"끈기 하나로 버틴 거죠. 가진 거라곤 그것뿐이니까요."
그렇다, 계속 퇴짜를 맞으면서도 끈질기게 달라붙으면 언젠가는 뜻을 이룰 수 있다. 학위를 주는 교수도 사람인지라, 찰거머리에게는 당할 재간이 없는 것이다.

그러나 천재건 바보건 간에, 모든 과학자는 지식의 전당인 과학에 공헌하고 있다는 자존심과 경외감을 갖고 있다. 과거 수메르인이 하늘에 닿는 바벨탑을 쌓았듯이, 지금의 과학자는 진리에 이르는 과학의 탑을 쌓는 중이다. 다른 점이 있다면 탑을 쌓겠다는 의지의 원동력이 종교가 아니라, 회의주의에 기초한 경외감이라는 점이다. 전 세계에서 모여든 과학자들은 각자 고유의 옷을 입고 고유의 언어를 쓰면서 자신에게 주어진 벽돌을 나르고 있다. 그러나 함께 섞여서 일을 하다보면 자연스럽게 상대방을 이해하게 되고, 그들 사이에는 거대하고 거룩한 공사에 함께 참여하고 있다는 공감대가 형성된다.

이제 독자들도 이 책을 덮고 현실생활로 되돌아갈 때가 되었다. 나는 지난 3년 동안 이 원고가 탈고되는 날을 학수고대해왔는데, 막상 마무리할 때가 되고 보니 독자들이 그리워질 것 같다. 비행기에 우두커니 앉아 있을 때나 늦은 밤에 원고를 써 내려갈 때, 미래의 독자들은 항상 나를 독려해주었다. 내 책을 읽게 될 독자는 은퇴한 역사선생님일 수도 있고 사설 마권업자일 수도 있으며, 대학생, 주류판매상, 오토바이 전문가, 고등학생일 수도 있다. 또는 내가 피곤에 지쳤을 때 내 머리칼을 쓰다듬어주는 아름다운 백작부인이어도 좋다. 소설 한 권을 다 읽은 후 등장인물을 떠나보내기 싫어하는 독자들처럼, 나 역시 독자들과 헤어지는 것이 못내 서운하다.

물리학의 종말?

책을 마무리하기 전에, '궁극의 티셔츠'에 대해 하고 싶은 말이 있다. 독자들은 이 책을 읽으면서 '신의 입자를 이해하면 우주의 궁극적 섭리를 이해할 수 있다.'는 느낌을 받았을 것이다. 사실 이것은 나 같은 사람이

할 일이 아니라, 깊은 사고를 하면서 월급을 받는 이론물리학자들이 할 일이다. 그중에는 환원주의가 거의 종착점에 도달했다고 믿는 사람도 있다. 몇 가지 누락된 부분만 채우면 자연의 모든 현상을 이해할 수 있다는 것이다. 아닌 게 아니라 그런 징후가 곳곳에서 보이고 있다. 환원주의가 진리로 등극한다면, 그때부터 과학은 복잡성에 집중하게 될 것이다. 슈퍼버키볼(super buckyball)로 불리는 풀러린(fullerene), 바이러스 퇴치법, 출근길 교통체증 해소법, 증오와 폭력 치유법 등 모두 한결같이 좋은 과제이다.

하지만 다른 관점도 있다. 미국의 유전학자 밴틀리 글래스(Bentley Glass)의 비유를 인용하자면, 우리는 광활한 해변에서 뛰어 노는 어린아이와 비슷하다. 이런 관점에서 보면 신개척지는 아직도 드넓게 펼쳐 있고, 신의 입자의 저변에는 화려하고 아름다운 세계가 숨어 있다. 언젠가는 그 장관에 익숙해지겠지만, 머지않아 전자와 쿼크, 그리고 블랙홀의 내부구조가 또 다시 우리를 미지의 세계로 인도할 것이다.

나는 '시간이 흐르면 결국 모든 것을 알게 된다.'고 굳게 믿는 낙관론자(이들은 자신의 밥줄이 곧 날아간다고 믿는 비관론자일 수도 있다.)를 좋아하는 편이다. 그러나 내 마음 속에서 꿈틀거리는 실험가 정신은 오만한 생각이 깃드는 것을 끝까지 거부하고 있다. 플랑크질량과 빅뱅 후 10^{-40}초의 세계를 탐구하는 극단적 실험을 생각하면, 밀레투스에서 왁사해치까지 달려온 우리의 여행은 위너베이고 호수(Lake Winnebago)의 크루즈여행처럼 안락해 보인다. 나는 태양계를 에워싸는 입자가속기와 거대한 감지기, 그리고 내 학생들이 잃어버린 숱한 수면시간을 생각하면서, 다른 한편으로는 이런 연구가 계속 진행될 때 사회적으로 만연하게 될 낙관주의를 걱정하기도 한다.

우리가 알고 있는 것, 그리고 앞으로 10년 안에 알게 될 내용은 40테라전자볼트짜리 초전도초충돌기(SSC)를 통해 관측될 것이다. 그러나 물리학의 미래를 위해서는 SSC보다 훨씬 큰 에너지영역에서 중요한 사건이 발견되어야 한다. 그럴 가능성은 얼마든지 있다. 지금은 상상조차 할 수 없는 새로운 법칙이 자연을 지배하고 있다면, 쿼크 안에 고대문명이 존재할 지도 모를 일이다. 허걱, 흰색 코트를 입은 사람들이 도착하기 전에 빨리 다른 질문으로 화제를 돌려야겠다.

과학은 우리 사회에 다양한 영향을 미쳐왔지만, 그중에서도 가장 큰 영향은 원자의 구조를 탐색하는 연구에서 비롯되었다. 놀라운 것은 최고의 과학자들조차 이 사실을 종종 망각한다는 점이다. 원자 탐구는 유전공학이나 재료과학, 또는 제어핵융합 분야에 아무런 해도 입히지 않으면서 스스로 몇 백만 배의 보상을 이끌어냈으며, 이런 분위기는 당분간 바뀌지 않을 것이다. 그동안 추상적인 연구에 투자해온 비용은 산업계 투자비용의 1퍼센트도 안 되지만, 지난 300년 동안 다우지수보다 훨씬 많은 것을 이루어냈다. 지난 세월 동안 인류의 삶의 질을 높여준 과학기술은 호기심에서 시작된 순수하고 추상적인 연구의 산물이었다. 그러나 정부의 과학정책은 사회의 요구를 '즉각적으로' 충족시켜주는 응용과학분야 쪽으로 치우쳐 있다. 아멘……

어쩔 수 없이 쓰는 맺음말

인상적이고 그럴듯한 맺음말을 쓰기 위해 교양과학서 수십 권의 맺음말을 다 읽어봤는데, 대부분이 너무 철학적이고 창조주의 의도를 작가(또는 작가가 좋아하는 다른 작가)의 입맛에 맞게 그려놓았다는 느낌이 들었다. 그리고 인기 있는 교양과학서의 맺음말이 크게 두 종류로 나누어진다는 것도 알았다. 그중 하나는 인류가 우주의 중심에서 변방으로 끊임없이 밀려나왔음을 독자들에게 상기시키면서 '겸손'이나 '자기비하'를 강조하는 맺음말이다. 우리의 지구는 태양계의 중심이 아니고 은하의 중심도 아니며, 우리의 은하도 특별한 구석이 전혀 없다. 그런데 하버드대학교를 나온 지식인조차 이런 이야기에 기가 죽지 않는다면, 우리의 육체를 포함하여 우리가 이룩한 모든 것이 다른 우주만물처럼 궁극적 단위로 이루어져 있음을 상기시키는 방법도 있다. 이런 논지를 선호하는 작가들은 모든 인류와 인간이 만든 모든 건조물이 우주의 진화과정에 아무런 영향도 미치지 못한다는 점을 강조한다. 겸손한 논평의 선두주자는 아마도 버트런드 러셀일 것이다. 여기서 잠시 과학에 대한 그의 논평을 들어보자.

> 과학으로 서술되는 세계는 간단히 말해서 목적 없고 의미도 없는 세계이다. 우리의 이상은 그런 세계에서 어떻게든 안주할 곳을 찾아야 한다. 인간은 결과를 알 수 없는 원인의 산물이다. 우리는 자신의 존재가 어떤 결과를 낳을지 알지 못한다. 인간의 근원, 성장, 희망과 두려움, 그리고 사랑과 믿음은 원자가 우연히 그렇게 배치되었기 때문에 나타난 결과일 뿐이다. 어떤 열정도, 어떤 영웅적 행위도, 어떤 사색과 느낌도 한 개인을 죽음에서 구원할 수 없다. 여러 세대에 걸친 노력과 헌신, 모든 영감(靈感), 그리고 천재들이 떠올린 모든 생각들은 태양계의 소멸과 함께 사라질 것이며, 인간이 이룩한 모든 업적도 언젠가는 우주의 파편 속에 묻힐 운명이다. 이런 식의 사고에 논쟁의 여지가 없는 것은 아니지만, 만물의 궁극적 소멸을 부정하는 철학은 살아남기 어렵다. 오

직 죽음과 절망의 토대만이 영혼의 안식처를 안전하게 떠받칠 수 있다.

인간은 단명하고 무력하다. 우리를 향해 서서히, 그러나 가차 없이 다가오는 운명의 그림자를 피해갈 길은 없다. ……

이 글을 읽으면서 "와우!"라는 감탄사가 절로 튀어나왔다. 정곡을 찌르는 논평이다. 스티븐 와인버그는 이것을 좀 더 간결하게 표현했다. "우주는 많이 알수록 무의미하게 보인다." 그것 참……. 인간이라는 존재가 갈수록 초라해진다.

그러나 우주를 이해하려는 인간의 노력을 동정의 대상이 아닌 찬양의 대상으로 바라보는 작가도 있다. 이들은 "신의 의도를 알기 위해 노력하는 것은 가치 있는 행위이며, 그렇게 함으로써 인간은 우주의 중요한 일부가 된다."고 강조한다. 갑자기 우리가 우주의 중심으로 되돌아간 느낌이다. 이와 비슷한 성향을 가진 일부 철학자들은 이 세계가 마음의 산물이며, 마음은 거대한 계획의 중요한 일부라고 믿고 있다. 일단 마음에 든다. 무의미한 존재보다는 어딘가에 필요한 존재가 훨씬 낫다.

그러나 나는 위에서 말한 두 가지 관점을 적절하게 섞고 싶다. 그리고 우리가 신의 의도를 실행하고자 한다면, 신의 모습을 다양하게 보여주었던 할리우드의 전문가들에게 도움을 청하는 것도 나쁘지 않을 것 같다. 그래서 이 책의 피날레를 장식할 할리우드 버전의 대본을 독자들에게 미리 공개한다.

*

주인공은 노벨상을 유일하게 세 번이나 수상한 천체물리학회의 회장이다. 어느 날 밤, 그는 바닷가 모래사장에 두 발로 버티고 서서 별들이 보석처럼 빛나는 검은 하늘을 향해 주먹을 휘두르고 있다. 인류 역사상 가장 위대한 업적을 남긴 그가 부서지는 파도를 배경으로 하늘을 향해 있는 힘을 다하여 큰 소리로 외치고 있다. "이봐요, 내가 당신을 창조했어요. 당신은 내 생각의 산물입니다. 당신의 존재에 이유와 목적을 부여하고, 아름다움을 선사한 장본인은 바로 나였습니다! 나의 생각과 설명이 없었다면 당신은 지금도 여전히 무용지물로 남았을 겁니다. 안 그렇습니까?"

그 순간, 하늘에 밝은 기운이 소용돌이치면서 한 줄기 빛이 우리의 주인공에게 쏟아진다. 배경에는 바흐의 〈미사곡 B단조〉가 장엄하게 흐른다. 스트라빈스키의 〈봄의 제전〉에 나오는 피콜로 솔로도 좋다. 음악이 절정에 이르렀을 때 하늘의 빛이 서서히 모여들면서 미소 띤 신의 얼굴이 나타난다. 그러나 그의 얼굴에는 감미로운 슬픔이 가득 배어 있다.

화면이 점점 어두워지면서 엔딩 크레딧이 올라간다.

감사의 말

글쓴이가 기혼자라면, 보통 원고 타이프는 아내의 몫으로 남겨진다. 그런데 대법원에 "감사의 글에 타이프를 쳐준 아내에게 감사한다는 글쓰기 없기"라는 개정안을 제출한 사람은 앤서니 버지스(Anthony Burgess, 아니면 이름이 버지스 메러디스Burgess Meredith였던가?)였다. 적어도 우리(레더먼과 테레시) 기억에는 그렇다. 다행히도 우리 두 사람은 아내에게 타이프를 맡기지 않았으므로 마음 놓고 감사해도 된다. 그래서 나의 아내와 테레시의 아내에게 제일 먼저 감사의 말을 전하는 바이다.

이론물리학자이자 우주론학자인 마이클 터너는 원고에서 오류를 찾아 일일이 수정하면서(대부분이 심각한 오류였지만, 가끔은 사소한 것도 있었다.) 도중에 길을 잃지 않도록 방향을 잡아주었다. 사실 이 책은 실험적인 부분이 많기 때문에, 편집자에게 수정을 요구하는 것은 종교개혁을 이끌었던 마틴 루터(Martin Luther)가 95개조 반박문을 발표하기 전에 교황에게 검열을 받는 것과 비슷하다. 사정이 이러하니, 마이클 터너가 이 책의 최종본에서 또 다시 오류를 발견한다면 편집자를 비난해주기 바란다.

페르미 국립연구소(그리고 페르미 연구소의 수호성자인 워싱턴의 에너지부)의 여러 사람들은 우리에게 영감을 불어 넣어주고 기술적인 지원도 아끼지 않았다.

애머스트대학 도서관 사서 윌리스 브라이드갬(Willis Bridegam)은 로버트 프로스트 도서관과 5개 대학 도서연계시스템을 자유롭게 이용할 수 있도록 도와주었으며, 카렌 폭스(Karen Fox)는 자료를 최대한으로 활용할 수 있는 창의적인 아이디어를 제공했다.

사전원고 편집자인 페그 엔더슨(Peg Anderson)은 난데없이 물리학의 세계에 휘말려 연신 질문을 연발했는데, 한결같이 정곡을 찌르는 질문이었다. 그녀는 물리학의 전쟁터에서 혁혁한 공을 세워, 명예 물리학 학사로 현지 임관되었다.

우리는 《옴니》의 탁월한 인터뷰편집자 케이틀린 스타인(Kathleen Stein)과의 인터뷰 덕분에 이 책을 쓸 생각을 했다. 첫 씨앗을 뿌려준 그에게 감사드린다.(씨앗이 아니라 바이러스였던가? 아무튼…….)

린 네스비트(Lynn Nesbit)는 이 책에 대한 신뢰가 우리보다 더 깊었다.

그리고 이 책의 편집을 맡았던 존 스털링(John Sterling)은 모든 것을 종합하고 다듬어서 한 권의 책으로 탄생시켰다. 그가 따뜻한 욕조에 몸을 담글 때마다 우리를 생각하면서 즐거운 비명을 질러주기를 기대해본다.

리언 레더먼, 딕 테레시

물리학의 역사와 참고 문헌

과학자가 역사를 논할 때에는 정신을 바짝 차리고 들어야 한다. 전문 역사학자가 생각하는 과학의 역사와 사뭇 다르기 때문이다. 아니, 다른 정도가 아니라 거의 '지어낸 역사'에 가깝다. 물리학자 리처드 파인먼은 과학자가 말하는 과학의 역사를 "관례에 충실한 상상의 역사"라고 했다. 왜 그런가? 과학자는 역사를 교육의 수단으로 생각하기 때문이다(물론 나라고 예외일 수 없다.). "보라, 여기 순차적으로 일어난 과학적 사건들이 있다. 처음에는 갈릴레오가 있었고, 그 후에 뉴턴이 있었다. 그는 떨어지는 사과를 바라보면서 어쩌고저쩌고……." 그러나 이 기간에는 갈릴레오와 뉴턴뿐만 아니라 후대에 알려지지 않은 수많은 과학자들이 있었다. 과학의 새로운 개념은 몇 명의 과학자가 이어달리기를 하듯 깔끔하게 전수되지 않는다. 새로운 개념이 진화하는 과정은 글로 표현하기 어려울 정도로 복잡다단하여, 단 몇 명의 슈퍼스타를 언급하는 것만으로는 그 진수를 전달할 수 없다. 물론 현대과학도 마찬가지다. 게다가 요즘은 미디어가 발달하여 펜을 잘못 놀렸다간 수많은 사람들에게 해를 입히기 십상이다.

뉴턴의 시대에도 과학논문과 관련 서적들이 다량으로 쏟아져 나왔다. 그리고 과학자들은 뉴턴이 태어나기 훨씬 전부터 '최초 발견자'라는 타이틀을 놓고 격한 논쟁을 벌여왔다. 역사학자들은 모든 자료를 펼쳐놓고 전후관계를 면밀히 검토한 후, 각 인물과 개념에 대하여 방대한 역사서를 집필한다. 그러나 스토리텔링이라는 관점에서 볼 때 과학자의 '지어낸 역사'가 독자에게 훨씬 가깝게 와 닿는다. 별로 중요하지 않은 곁다리 사건들을 죄다 걸러내고 메인이벤트만 깔끔하게 요약되어 있기 때문이다.

　지난 50년에 걸친 물리학의 역사를 집필하면서 참고 서적을 몇 권으로 축약하기란 보통 어려운 일이 아니다. 개중에는 참고 문헌이 아예 없는 경우도 있었는데, 과학자들 사이에서 '진실'로 통한다면 역사의 일부로 간주해야 한다. 다행히도 입자물리학 분야에는 독자들에게 도움이 될 만한 책이 몇 권 있다. 물론 여기 소개된 도서목록은 완전하지 않으며 아이디어를 창시한 원조가 직접 집필한 책도 아니지만, 입자물리학의 역사를 정리하는 데 꽤 많은 도움이 되리라 믿는다(실험에 중점을 두긴 했지만 무작위 순이다.).

　존 메이너드 케인스(John Maynard Keynes)가 집필한 뉴턴의 전기와 리처드 웨스트폴의 《*Never at Rest*》(케임브리지: 케임브리지대학교 출판부, 1981), 에이브러햄 파이스의 《*Inward Bound: Of Matter and Forces in the Physical World*》(뉴욕: 옥스퍼드대학교 출판부, 1986), 그리고 윌리엄 댐피어(William Dampier)의 《*A History of Science*》(케임브리지: 케임브리지대학교 출판부, 1948)에서 큰 도움을 받았다. 비교적 최근에 출간된 과학자의 전기로는 월터 무어(Walter Moore)의 《*Schrödinger: Life and Thought*》(케임브리지: 케임브리지대학교 출판부, 1989)와 데이비드 캐시디(David Cassidy)의 《*The Life and Science of*

Werner Heisenberg》(뉴욕: W. H. Freeman, 1991)이 있으며, 그 외에 존 앨린 게이드(John Allyne Gade)의 《*The Life and Times of Tycho Brahe*》(프린스턴: 프린스턴대학교 출판부, 1947), 스틸먼 드레이크(Stillman Drake)의 《*Galileo at Work: His Scientific Biography*》(시카고: 시카고대학교 출판부, 1978), 피에트로 레돈디(Pietro Redindi)의 《*Galileo Heretic*》(프린스턴: 프린스턴대학교 출판부, 1987), 에밀리오 세르게(Emilio Sergé)의 《*Enrico Fermi, Physicist*》(시카고: 시카고대학교 출판부, 1970) 등이 있다. 하인즈 페이겔스(Heinz Pagels)가 집필한 두 권의 책 《*The Cosmic Code*》(뉴욕: Simon & Schuster, 1982), 《*Perfect Symmetry*》(뉴욕: Simon & Schuster, 1985)과 폴 데이비스(Paul Davis)의 《*Superforce*》(뉴욕: Simon & Schuster, 1984)도 읽을 만하다.

과학자가 아닌 작가들도 훌륭한 과학책을 많이 썼는데, 대표적인 작품으로는 필립 J. 힐츠(Philip J. Hilts)의 《*Scientific Temperaments*》(뉴욕: Simon & Schuster, 1982)와 로버트 P. 크리스(Robert P. Crease)와 찰스 C. 만(Charles C. Mann)이 공동저술한 《*The Second Creation: Makers of the Revolution in Twentieth Century Physics*》(뉴욕: Macmillan, 1986)이 있다.

우주의 탄생비화는 물리학이라기보다 철학에 가깝다. 시카고대학교의 우주론학자 마이클 터너(Michael Turner)도 이 점에 동의했다. 찰스 C. 만은 미세구조상수를 주제로 과학지 《*Omni*》에 멋진 글을 기고했는데, 글의 제목은 역시나 "137"이었다. 또한 데모크리토스와 레우키포스, 엠페도클레스 등 소크라테스 이전의 철학자에 관해서도 많은 양서들이 나와 있는데, 대표적인 책으로는 버트런드 러셀(Bertrand Russell)의 《*A History of Western Philosophy*》(뉴욕: Touchstone, 1972), W. K. C. 거스리(W. K. C. Guthrie)의 《*The Greek Philosophers: From Thales to Aristotle*》(뉴욕: Harper & Brothers, 1960)과 《*History of Greek Philosophy*》(케임브리지: 케임브리지대학교 출판부, 1978), 프레데릭 코플리스턴(Frederick Coplestone)의 《*A History of Philosophy: Greece & Rome*》(뉴욕: Doubleday, 1960), 그리고 W. H. 오든(W. H. Auden)이 편저한 《*The Portable Greek Reader*》(Viking Press, 1948) 등이 있다.

과학적 사건과 관련인물을 시대순으로 정리하고 싶다면 찰스 C. 질리스피(Charles C. Gillispie)가 편집한 《*The Dictionary of Scientific Biography*》(뉴욕: Scribner's, 1981)를 참고하기 바란다. 여러 권으로 되어 있으니 돈을 주고 살 필요는 없고, 도서관에서 필요한 부분을 골라 읽으면 된다.

그 외에 요하네스 케플러의 논문을 정리한 앨런 J. 로크(Alan J. Roche)의 《*Johann Kepler*》(볼티모어: Williams & Wilkins, 1931)와 《*Chemical Atomism in the Nineteenth Century*》(콜럼버스: 오하이오주립대학교 출판부, 1984)도 읽어볼 만하다. 9장에 등장하는 버트런드 러셀의 우울한 글은 그의 저서인 《*A Free Man's Worship*》(1923)에서 인용한 것이다.

옮긴이 후기

내가 학창시절에 실험이 아닌 이론물리학을 택한 것은 이론이 좋아서가 아니라, 실험에 기반을 둔 공부에 전혀 익숙하지 않았기 때문이다(손재주가 서툴러서, 또는 기기가 제대로 작동하지 않아서 기대했던 결과를 얻은 적이 거의 없다.). 반면에 이론물리학은 뛰어난 손재주를 요구하지 않고 치명적인 실수를 해도 지우개만 있으면 언제든지 쉽게 고칠 수 있으므로, 나는 별다른 고민 없이 이론물리학을 택했다. "할 줄 아는 사람은 실천하고, 할 줄 모르는 사람은 가르친다(Those who can, do. Those who can't, teach.)"는 불변의 진리가 나에게도 적용된 것이다.

이 책의 저자인 리언 레더먼은 실험물리학자이다. 입자가속기의 태동기에 이 분야에 투신하여 평생을 실험실에서 살다가 페르미 연구소의 소장을 거쳐 노벨상까지 받았으니, 당대 최고의 실험물리학자로 손색이 없다. 그러나 이 정도의 명성을 가진 그 조차도 이론물리학자들에 대하여 어쩔 수 없는 피해의식을 갖고 있는 듯하다. 오죽하면 이론물리학자를 "송로버섯을 찾기 위해 들판에 돼지를 풀어놓은 농부"에, 실험물리학자를 "송로버섯을 찾자마자 주인에게 빼앗기는 돼지"에 비유했을까. 하긴, 온몸에 기름때를 묻힌 채 주 5~6일을 차가운 바닥에서 새우잠을 자며 거대하고 예민한 장비와 씨름하는 실험물리학자보다는 논문이 수북이 쌓인 연구실 책상 앞에 앉아서 계산에 전념하는 이론물리학자가 훨씬 지적이고 우아하게 보인다. 이들은 턱없이 비싼 장비를 구입하기 위해 물주를 찾아가 고개를 숙일 필요도 없고, 한순간의 실수로 수억 원의 연구비를 날릴 염려도 없으며, 언제 고장날지 모를 기계를 다루지 않으니 게으름만 피우지 않으면 날밤을 새울 일도 없다. 그래서인지 교양물리학서적 집필자의 90퍼센트 이상은 이론물리학자들이다. 나 역시 실험물리학자가 쓴 책을 번역한 것은 이번이 처음인데, 작업하는 내내 마음 한구석이 편치 않았다. 이론물리학자라는 미명하에 실험물리학자들이 애써 차려놓은 밥상을 거의 공짜로 먹어치우며 맘 편하게 살아왔다는 자책감이 들었기 때문이다(사실 저자가 이 사실을 수시로 일깨우는 바람에 자책감에서 자유로울 틈이 없었다.). 그러나 덕분에 실험에 대하여 꽤 많은 사실을 알게 되었다. "이렇게 저렇게 …… 하면 입자가속기가 작동한다."는 것은 물리학과 학부생들도 알고 있지만, "요렇게 조렇게 …… 하면 입자가속기가 망가진다."는 것은 장비를 직접 다뤄본 사람만이 알 수 있다. 장담하건대, 이 책을 읽으면 입자가속기에 대하여 웬만한 이론물리학자보다 유식해질 것이다.

입자물리학자들에게 "물리학에서 가장 중요한 개념은 무엇인가?"라는 설문지를 돌린다면, 아마도 절반 이상이 '대칭(symmetry)'이라고 답할 것이다. 대칭에는 좌우대칭, 거울대칭, 회전대칭, 병진대칭 등 여러 종류가 있지만, 가장 근본적인 단계에서 자연의 특성을 좌우하는 것은 겔으로 드러나는 외관상의 대칭이 아니라 자연의 법칙에 내재되어 있는 대칭이다. 그중에서도 현대 입자물리학을 견인한 일등공신은 "자연을 바라보는 척도를 바꿔도 자연의 속성은 변하지 않는다."는 게이지대칭으로, 입자물리학의 표준이론인 표준모형은 바로 이 대칭성에 기초하고 있다.

1950년대에 이론 물리학자들은 양자장 이론을 이용하여 자연에 존재하는 힘(전자기력 약력, 강력)을 하나로 통일하는 원대한 작업에 착수했는데, 그들의 길을 안내하는 가이드는 단연 게이지대칭이었다. 장이론에 대칭을 도입해보니 각 힘들이 매개입자를 통해 힘을 교환한다는 결론이 내려졌고, 이 입자에는 '게이지입자'라는 그럴듯한 이름까지 주어졌다. 그러나 게이지입자는 질량이 없기 때문에(질량이 있으면 게이지대칭이 붕괴된다.) 현실에 부합되지 않았다. 모든 입자는 고유의 질량을 갖고 있기 때문이다.

이 딜레마를 해결한 구세주는 '자발적 대칭붕괴(SSB)'였다. 자연의 법칙은 근본적인 단계에서 대칭성을 갖고 있지만, 현실세계에서는 그 대칭이 살짝 붕괴되어 있다는 것이다. 사실 자세히 들여다보면 이 세상에 완벽한 대칭은 없다. 사람의 심장은 왼쪽(또는 오른쪽)에 있고 자동차의 핸들도 왼쪽(또는 오른쪽)에 있으며, 타자는 방망이로 공을 친 후 오른쪽으로 뛴다. 사람의 얼굴도 좌우가 다르기 때문에 사진에 찍힌 자신의 얼굴이 다소 낯설게 느껴진다(자신의 얼굴은 주로 거울을 통해 보기 때문이다.). 확실히 그렇다. 우리가 사는 세상은 기본적으로 대칭형이지만, 그 대칭이 조금 깨져 있기 때문에 온갖 다양성이 창출된다.

게이지대칭이 붕괴되면 게이지입자들은 질량을 갖게 된다. 이때 입자에 질량을 부여하는 것이 바로 이 책의 주인공인 '힉스입자'이다(대칭붕괴를 통해 힉스가 다른 입자에게 질량을 부여하는 과정을 '힉스 메커니즘Higgs Mechanism'이라 한다.). 이것으로 시나리오는 완성되었다. 그런데 힉스입자는 정말로 존재하는가? 이 의문을 해결하는 방법은 오직 하나, 힉스입자를 직접 발견하는 것뿐이다. 그래야 표준모형은 '가설'이라는 딱지를 떼어낼 수 있다.

유럽과 미국의 물리학자들은 저마다 무기를 들고 힉스입자 사냥에 뛰어들었다. 그러나 이 책이 출간된 1990년대 초만 해도 유럽 입자물리학 연구소(CERN)의 전자-양전자 충돌기(LEP)와 미국 페르미 연구소의 입자가속기 테바트론은 힉스입자를 발견하기에 역부족이었다. 그래서 미국은 초전도초충돌기(SSC)라는 사상 최대 규모의 입자가속기를 건설하기로 결정하고 텍사스 주 왁사해치에 거대한 터널을 뚫었으나, 이 무렵에 소련이 붕괴되면서 미국-소련 간 과학경쟁이 동력을 잃는 바람에 모든 계획이 백지화되었다(저자가 책의 시작에서 말하는 "블랙데이"란 바로 이 결정이 내려진 날을 말한다.). 미국정부는 이미 뚫어놓은 터널을 메우는 데 다시 수조 원의 돈을 쏟아 부었다. 반면에 CERN에서는 LEP를 대형하드론충돌기(LHC)로 업그레이드하여 유리한 고지를 점령했다.

결국 힉스입자는 LHC에서 발견되었다(공식적인 발표 날짜는 2013년 10월 4일이다). 이로써 유럽은 미국에 통쾌한 역전승을 거두었고 힉스입자는 '실존하는 입자'로 교과서에 오르게 되었으며, 표준모형은 구관이 명관임을 다시 한 번 입증했다. 이 책의 초판은 힉스입자는커녕, 꼭대기쿼크가 발견되기도 전인 1993년에 출간되었으니 고색창연한 구간(舊刊)에 속한다. 그러나 지난 20년 사이에 표준모형은 꼭대기쿼크와 힉스입자를 발견한 것 외에 이론상으로는 큰 변화가 없었으므로 거의 신간이나 다름없다. 게다가 이 책의 저자는 힉스입자에 "신의 입자(God particle)"라는 별명을 부여한 장본인이고 실험입자물리학으로 노벨상을 수상한 대가이니만큼, 이론이 아닌 실험가의 눈으로 입자물리학의 역사를 조명한 것만으로도 커다란 의미가 있다. 단, 실험물리학자의 눈물어린 항변과 힉스를 유럽에 빼앗긴 원통함은 어쩔 수 없이 들어줘야 한다(35등과 36등은 친구가 될 수 있지만, 1등과 2등은 영원한 적이다!).

　힉스입자라는 타이틀을 걸고 출간된 수많은 교양과학서적 중 실험에 8할 이상을 할애한 책은 아마도 이 책이 유일할 것이다. 레더먼의 글을 읽다보면 마치 내가 실험팀의 일원이 되어 뮤온과 힉스입자를 사냥하고 있는 듯한 착각이 든다. 대부분의 교양과학서적은 내용이 지나칠 정도로 깔끔하게 정돈되어 있어서 '그들만의 리그'라는 인상을 주기 십상인데, 레더먼은 깊은 식견과 오랜 세월 쌓아온 현장감각으로 모든 독자를 알뜰하게 챙기면서 결승점으로 안내하고 있다. 그리고 무엇보다도 그의 글에는 유머가 있다. 그것도 썰렁한 유머가 아니라, 음식과 최상의 조화를 이루는 향신료처럼 적재적소에 삽입되어 읽는 즐거움을 배가시켜준다(그의 농담이 재미없다고 느꼈다면 그것은 번역자의 능력이 딸린 탓이니 너그럽게 이해해주기 바란다.). 재미있고 유익한 과학 책, 말은 쉽지만 역시 아무나 쓰는 게 아니었다.

　이토록 의미 있는 책을 번역할 기회를 주신 휴머니스트의 모든 분에게 진심으로 감사드린다. 그리고 번역이 진행되는 동안 유용한 정보를 제공하면서 물심양면으로 도와주신 성북 SLP 영어학당의 양의숙 원장님에게도 깊이 감사드린다. 이분들의 독려와 응원이 없었다면 나는 지금도 원서와 씨름을 벌이고 있을 것이다. 탈고한 후에도 후련한 마음보다는 서툰 영어와 어설픈 문장력으로 역사에 길이 남을 명저에 누를 끼치지나 않았는지 걱정이 앞선다. 그러나 레더먼옹께서 행여 나의 실수를 바람결에 전해 듣는다 해도 너그럽게 용서해주리라 믿는다. 적어도 지금은 그렇게 믿고 싶다.

2017년 1월
박병철

찾아보기

신의 입자

1판 1쇄 발행일 2017년 2월 6일
1판 5쇄 발행일 2021년 5월 17일

지은이 리언 레더먼, 딕 테레시
옮긴이 박병철

발행인 김학원
발행처 (주)휴머니스트출판그룹
출판등록 제313-2007-000007호(2007년 1월 5일)
주소 (03991) 서울시 마포구 동교로23길 76(연남동)
전화 02-335-4422 **팩스** 02-334-3427
저자·독자 서비스 humanist@humanistbooks.com
홈페이지 www.humanistbooks.com
유튜브 youtube.com/user/humanistma **포스트** post.naver.com/hmcv
페이스북 facebook.com/hmcv2001 **인스타그램** @humanist_insta

편집주간 황서현 **편집** 임은선 임재희 **디자인** 민진기디자인
용지 화인페이퍼 **인쇄** 청아디앤피 **제본** 정민문화사

한국어판 ⓒ (주) 휴머니스트출판그룹, 2017

ISBN 979-11-6080-006-7 03420